21 世纪普通高等教育基础课系列教材

新编大学物理教程

上册

主　编　陈兰莉　石明吉
副主编　于家辉　方世超
杨林坡　张云云
参　编　王生钊　龚　裴
陈　岩　乔　崇

机械工业出版社

本套书依据教育部高等学校大学物理课程教学指导委员会编制的2023版《理工科类大学物理课程教学基本要求》的框架编写而成，涵盖了该基本要求的核心内容，并增加了部分拓展内容。本套书编写团队成员陈兰莉、宋金璠、石明吉等在2021年度被教育部授予课程思政教学名师，教材编写凝聚了编者多年的教学经验，力求生动、简洁、富有吸引力。本套书分为上、下两册，共18章，包含力学、热学、电磁学、振动和波、波动光学、相对论和量子力学、核物理和粒子物理等内容，由基本内容、本章逻辑主线、拓展阅读、思考题及习题等板块构成。此外，为了拓展读者的知识面、提高学习兴趣，还增加了部分选学内容（以“*”号标识）；第18章介绍了物理学在前沿科学和技术中的应用，以适应不同专业学生需求。

本套书可作为理工科院校尤其是应用型本科院校的大学物理教材，对物理类专业学生也有一定的参考价值。

图书在版编目（CIP）数据

新编大学物理教程. 上册/陈兰莉，石明吉主编. 北京：机械工业出版社，2025. 1. --（21世纪普通高等教育基础课系列教材）. -- ISBN 978-7-111-77044-2

Ⅰ. O4

中国国家版本馆CIP数据核字第202480K98E号

机械工业出版社（北京市百万庄大街22号　邮政编码100037）
策划编辑：张金奎　　责任编辑：张金奎　汤　嘉
责任校对：薄萌钰　宋　安　　封面设计：王　旭
责任印制：邓　博
北京盛通印刷股份有限公司印刷
2025年1月第1版第1次印刷
184mm×260mm · 18.25印张 · 472千字
标准书号：ISBN 978-7-111-77044-2
定价：56.80元

电话服务	网络服务
客服电话：010-88361066	机　工　官　网：www.cmpbook.com
010-88379833	机　工　官　博：weibo.com/cmp1952
010-68326294	金　书　网：www.golden-book.com
封底无防伪标均为盗版	机工教育服务网：www.cmpedu.com

前　言

“杠杆轻撬，一个世界从此转动；王冠潜底，一条定理浮出水面；苹果落地，人类飞向太空；蝴蝶振羽，风云为之色变；三棱镜中折射出七色彩虹，大漠荒原上升腾起蘑菇烟尘。”这就是美妙的物理学，实验室中窥探上帝的杰作——对称而又简洁，有趣而又深刻。

一、物理学的研究对象

物理学是探讨物质结构、运动基本规律和相互作用的科学。

物理学是一门实验科学，物理学实验是物理学理论正确与否的仲裁者。

随着科学的发展，从物理学中不断地分化出了粒子物理、原子核物理、原子分子物理、凝聚态物理、激光物理、电子物理、等离子体物理等名目繁多的新分支。此外，从物理学和其他学科中还生长出来了天体物理、地球物理、化学物理、生物物理等众多交叉学科。

物理学是一切自然科学的基础，也是当代工程技术的支柱。

二、物理学对科学技术的推动以及在学生全面素质培养中的作用

现代科学技术正以惊人的速度发展。在物理学中，每一学科的发展都成为新技术发明或生产方法改进的基础。第一，物理学定律是揭示物质运动的规律的，使人们在技术上运用这些定律成为可能；第二，物理学有许多预言和结论，为开发新技术指明了方向；第三，新技术的发明、改进和传统技术的根本改造，无论是原理或工艺，也无论是试验或应用，都直接与物理学有着密切的关系。若没有物理基本定律与原理的指导，可以毫不夸大地说，就不可能有现代生产技术的大发展。

在 18 世纪以蒸汽机为动力的生产时代，蒸汽机的不断提高改进，物理学中的热力学与机械力学是起着相当重要的作用的。19 世纪中期开始，电力在生产技术中日益发展起来了，这是与物理中电磁学理论建立与应用分不开的。现代原子能的应用、激光器的制造、人造卫星的上天、电子计算机的发明以及生物工程的兴起等，都是与物理学理论有着千丝万缕的密切联系的。物理学本身就是以实验为基础的科学，物理学实验既为了物理学发展创造条件，同时也为了现代工农业生产技术的研究打下了基础。从 20 世纪初开始，超高压装置、超低温设备、油扩散真空泵的先后发明，为现代创造极端物质材料提供了条件。随着电力和电子技术的广泛应用，出现了各种用途重大、精确计量的电动装置和电子仪器。自伦琴发现 X 光、汤姆逊发现电子以后，相继又有阿普顿质谱仪的发明以及同位素测定、红外线光谱、原子光谱等仪器的产生。20 世纪 30 年代发明的电子示波器、电子显微镜，以及 20 世纪 40 年代发明的电子计算机等，不但使物理学家可直接观察到电子运动规律和物质结构等微观现象，而且也为技术应用开拓了一条技术研究及自动化控制的新途径。

20 世纪以来，以相对论与量子力学的创立为标志的现代物理学研究工作，从理论和实践两个方面，对人类认识和社会发展起到了难以估量的作用。物理学理论的发展，正在从三个层次上把人类对自然界的认识推进到了前所未有的深度和广度。在微观领域内，已经深入到基

本粒子的亚核世界（10^{-15}cm），并建立起统一描述电磁、弱、强相互作用的标准模型，还引起了人们测量观、因果观的深刻变革。特别是量子力学的建立，为描述自然现象提供了一个全新的理论框架，并成为现代物理学乃至化学、生物学等学科的基础。在宇观领域内，研究的探针已达到10^{28}cm 的空间标度和10^{17}s 的宇宙纪元；广义相对论的理论预言，在巨大的时空尺度上得到了证实，引起了人们时空观、宇宙观的深刻变革。在宏观领域内，关于物质存在状态和运动形式的多样性、复杂性的探索，也取得了突破性的进展。

在世纪之交的 1999 年 3 月，第 23 届国际纯粹物理与应用物理联合会（IUPAP）在美国亚特兰大举行，与会代表通过了题为“物理学对社会的重要性”的决议，认为：（1）物理学是一项激动人心的智力探险活动，它鼓舞着年轻人，并扩展着我们关于大自然知识的疆界；（2）物理学发展着未来技术进步所需的基本知识，而技术进步将持续驱动着世界经济发动机的运转；（3）物理学有助于技术的基本建设，它为科学进步和发明的利用，提供所需训练有素的人才；（4）物理学在培养化学家、工程师、计算机科学家，以及其他物理科学和生物医学科学工作者的教育中，是一个重要的组成部分；（5）物理学扩展和提高我们对其他学科的理解，诸如地球科学、农业科学、化学、生物学、环境科学，以及天文学和宇宙学——这些学科对世界上所有民族都是至关重要的；（6）物理学提供发展应用于医学的新设备和新技术所需的基本知识，如计算机层析术（CT）、磁共振成像、正电子发射层析术、超声波成像和激光手术等，改善了我们生活的质量。物理学探索视野的广阔性、研究层次的广谱性、理论适用的广泛性，决定了在今后很长时期内，它仍将发挥其中心科学和基础科学的作用。

可以说，物理学的基本原理已渗透到物质世界的方方面面，物理学“判天地之美，析万物之理”。物理学习的过程从某种意义上来说也是培养学生实用技能的过程，学好物理学就能为大学生更好地学好其他科学知识打下坚实的基础，有助于培养大学生严密的逻辑思维能力，并在这一过程中逐渐形成一种科学态度和科学精神。物理思想的强弱、物理基础的厚薄、物理兴趣的浓淡都直接影响着大学生的适应性、创造力和发展潜力。因此，大学物理是大学生应当学好的最重要的基础课之一，也是大学期间一门不可替代的素质教育课。

三、本套书的写作思想

本套书是为适应当前形势的发展和大学物理课程教学改革的需求，按照 2023 版《理工科类大学物理课程教学基本要求》而编写的，内容包含力学、热学、电磁学、光学、近代物理等五大板块，分为上、下两册。为了方便教师组织教学，课程章节的前后设置上则没有完全拘泥于上述板块形式，而是按照实际教学前后衔接的需求，把振动和波放在了波动光学之前。在具体的内容编排上，力求减少与中学重叠的经典物理学部分，增加课程思政专题和与新工科新专业相关的一些物理专题，落实新时代教育“立德树人”的根本任务和“三位一体”的人才培养目标，为在大学物理课程中开展课程思政教学提供借鉴和帮助。

本套书编写的具体指导思想：（1）对标卓越人才培养和“一流课程”建设目标，推动课程教学的内涵发展和教学质量的提高；（2）应对新科技革命挑战，加强了与专业相关的近代物理教学，例如量子物理的基本理论、基本方法和基本应用，筑牢新工科人才培养的物理基础；（3）落实立德树人根本任务，实施课程思政建设；（4）适应高中新课标修订和新高考改革，做好大中物理教育的衔接，体现以学生学习和发展为中心的教育理念；（5）兼顾不同学校类型培养目标的差异和不同专业的特点，设置一部分可供不同专业选修的教学模块。

科学技术的飞速发展，使人们对现代人才的素质需求有了新的认识，未来国家与国家之间的竞争，核心是科学技术的竞争，是人才的竞争，高校作为培养未来社会现代化建设需要的高素质人才的重要基地，起着重要的作用。大学生能否适应未来社会的发展，成为对社会有用的人才，取决于高校的教育教学质量。因此，转变教育思想、更新教育观念、深化教育改革、培养高素质人才是我国高校面临的重要任务。本书的编写，对标卓越人才培养和“一流课程”的建设目标，目的是推动课程教学的内涵发展和教学质量的提高、着重培养大学生的全面素质与综合创新能力。具体特点如下：

1. 注重课程内涵建设，落实立德树人根本任务

做好课程内涵建设，落实立德树人指导思想。（1）在物理学的能量守恒和转化定律、相对论、光的波粒二象性、电与磁的联系等众多知识中，处处闪耀着辩证唯物主义世界观的光芒；（2）北斗导航、嫦娥奔月、问天探火、中国天眼、东方超环，一次又一次举世瞩目的科学壮举、一个又一个令人振奋的大科学装置，以物理学等基础学科为根基，中国科技人正在为人类的发展进步贡献着中国力量；（3）钱学森、邓稼先、钱三强、杨振宁等一代代科学家，以他们的聪明才智、同时更以他们的科学精神和人格魅力，成为激励我们前行的精神动力；（4）科学思维训练与科学方法的养成，是物理学最重要的课程目标，也是贯穿于整个物理学学习过程中最根本的问题，物理学的学习可以让我们更好地认识、适应、保护和改造这个现实世界。

2. 注意科学与哲学的统一

本套书的编写旨在在讲科学的同时，让学生从根本上把握物理学原理的实质，提炼出其中的物理本原，包括其哲学意义。力图避免过去一些传统物理教材从头到尾陷入公式化的海洋，对学生缺乏必要的启发与引导，致使学生最终“不识庐山真面目，只缘身在此山中”。爱因斯坦说：“物理书都充满了复杂的数学公式。可是思想及理念，而非公式，才是每一物理理论的开端。”（爱因斯坦《物理学的进化》）。苏东坡有诗云：“横看成岭侧成峰，远近高低各不同。”相对论中关于“相对”二字的理解，解释狭义相对论中的相对性原理，总把相对性说成是两个参考系在描述物理规律时是等价的。相对论中相对性原理的本质，重点在于作为认识主体的人与客体之间的相对性。一切物理理论，包括相对论和量子力学，既是对自然规律的发现，也是人类的发明。爱因斯坦谆谆告诫我们：不要去讨论绝对空间、绝对时间和绝对运动，而应该讨论相对空间、相对时间和相对运动。爱因斯坦的相对论是试图寻找这世界最本源的理论，他把参考系从惯性系推广到非惯性系，把相对性原理从狭义讲到广义，提出了广义相对论。相对论成功的经验实际上向我们昭示，空间和时间的概念不是属于客体的，而是主体为了描述客体的运动而引入的。一个粒子的空间和时间坐标是主体赋予它的，因此，它们只能是相对的，而且只有当运动有所变化时才能真正（在严格意义下）被认识到。空间、时间坐标尚且如此，更不用说动量和能量了。简言之，没有变化就没有信息。信息并非客观存在，而是主体施变于客体时才共同创造出来的。物理作为“物”之“理”，只能是相对的道理，而不是绝对真理。有时我们觉得，有些物理理论比如量子力学的某种解释不很清楚，其实很大程度上是由于我们自己早已进入了理论，却还以为我们正在讨论着纯客观世界。本书试图在相关物理学原理的讲述中，做到科学与哲学的统一，让科学印证哲学，让哲学指导科学。

3. 妥善处理数学与物理的关系

物理与数学，的确有着千丝万缕的联系。但作为适用于工科学生的大学物理，数学公式过多就会难教、难学，甚至淹没了本质上的物理思想及理念。本套书对数学的分量和难度是注意控制的，但绝不是回避。这是因为重视数字和数学，正是西方哲学之所以能促进科学发展的精髓所在。没有数学就没有物理学。反过来，正因为物理学比其他任何自然科学都更成功地运用了数学，所以学物理便成为学数学的捷径。我们在内容组织编排中注意做到循序渐进，把重点放在启发思考、引起同学兴趣上，对于繁杂的公式推导，不提出过高的要求，从而使部分数学基础稍差的同学能够克服讨厌或害怕数学的心理，并转变为愿意学、能学会，进而喜欢学，这对他们将来的职业生涯会有深远的影响。

4. 融入开放性思想，培养学生大胆质疑、深入思考的创新精神

经过多年的教学与思考，我们体会到：封闭式教学只能培养出书呆子。书当然不可不读，但“尽信书不如无书”。因此，本套书在写法上做了一个新的尝试，即以介绍自然现象和实验事实为主，而避免把已有的理论当作是天经地义，必要时要介绍理论曲折的发展过程，同时介绍不同的看法，力求反映科学的严谨性和科学发展中固有的大胆怀疑精神，提倡发散式思维。这一尝试集中地表现在第5章（相对论）和第16章（量子物理基础）中。把现有理论讲得天衣无缝，推导得环环相扣、无懈可击，未必就是教学的最高境界，必要时，我们展现了理论的发展过程，甚至描述了这期间走过的弯路，这样对学生的启迪作用或许会更大。

5. 从形式编排上，注意前后衔接、前呼后应

在前面介绍了质点的角动量、角动能等概念后，我们才能在刚体力学中引入转动惯量等概念描述刚体的运动，进而到第10章讨论分子的自由度等概念，做到前呼后应。物理学认识是逐步深化的：从宏观到微观，再回到宏观（甚至发展到“宇观”）。在学习中应分辨什么是看得见的“可观察量”，什么是看不见的理论上讨论的量。我们始终强调实验是第一性的，但也重视理论，因为有时候只有靠理论才能告诉我们在实验中将看到什么。

四、本书的编写分工

本书是套书的上册，共9章，由南阳理工学院教师编写，陈兰莉、石明吉担任主编，具体编写分工为：陈兰莉编写前言和第7、9章及附录B、C、D，并对全书进行统稿、审校；石明吉编写第3、8章及附录A；张云云编写第1章习题简答；杨林坡编写第2章；方世超编写第1、6章；于家辉编写第4、5章以及各章习题简答（除第1章）；王生钊、龚裴、陈岩、乔崇参与了书中部分内容的编写与校对工作；所有编者均参与了微课视频的录制。

编写适合教学改革需要的教材是一种探索，加之编者水平所限，难免有不妥和疏漏之处，恳请读者批评指正。

编　者

目　录

第 1 章 质点运动学

质点是一个理想化的物理模型，就是把物体抽象成一个有质量但不存在体积与形状的点。在物体的大小和形状不起作用，或者所起的作用并不显著而可以忽略不计时，我们可近似地把该物体看作是一个具有质量，大小和形状可以忽略不计的理想物体，称为质点。

一般而言，可以把物体看作质点主要有以下几种情形：

1）物体上所有点的运动情况都相同，可以把它看作一个质点。例如，我们可以把做平动的物体看作质点。

2）物体的大小和形状对研究问题的影响很小，可以把它看作一个质点。

3）转动的物体，只要不研究其转动且符合第 2 条，也可看成质点。

例如，在我们讨论地球的公转时，由于地球的半径远远小于地球到太阳的距离，可以认为地球上各点的运动情况是相同的，这时可以把地球作为一个质点来处理，误差很小。但是如果我们讨论的是地球的自转，就不能把它当作质点来处理。质点模型的优点是能使复杂问题在一定的条件下得以简化，使我们能够忽略那些次要因素而专注于问题的主要方面。更重要的是：由于物体可以看作由质点构成的集合体，所以讨论质点的运动规律，是讨论复杂物体运动规律的基础。

质点运动学讨论质点运动的描述，这包括质点的位置、位移、速度和加速度等。物体的运动具有相对性，这首先表现在位置上。当我们谈到某物体的位置时，总是要相对于另一参考物体而言。例如，我们在学校里可以说："电话亭在第一教学楼正南面 50m 处。"此例中"第一教学楼"就是描述中的参考系。这个在运动的描述中被选用的参考物又称**参考系**，为了能对运动进行定量的描述，可以在参考系上建立一个**坐标系**，最常见的是笛卡儿直角坐标系（见 1.1 节），其他还有自然坐标系（见 1.2 节）、极坐标系（见 1.3 节）、球坐标系、柱坐标系等。

1.1 质点运动的描述

1. 位置和位移

（1）**位置矢量** 质点相对于参考系的位置，主要是距离和方向两个因素，很适于用矢量描述。采用笛卡儿坐标系，如图 1-1 所示，一质点位于 P 点，作矢量 $\boldsymbol{r}=\overrightarrow{OP}$，质点位置即可以用矢量 $\boldsymbol{r}$ 来描述。$\boldsymbol{r}$ 称为质点的**位置矢量**，简称**位矢**或**矢径**。位矢 $\boldsymbol{r}$ 的大小 $r=|\boldsymbol{r}|$ 为质点到原点 O 的距离，位矢 $\boldsymbol{r}$ 的方向即为质点相对于原点的方向，也即在 O 点观测质点的方向。

设 P 点在 x、y、z 坐标轴上的坐标（投影）分别为 x、y、z，则可以把 $\boldsymbol{r}$ 表示为

$$\boldsymbol{r}=x\boldsymbol{i}+y\boldsymbol{j}+z\boldsymbol{k} \tag{1-1}$$

式中，$\boldsymbol{i}$、$\boldsymbol{j}$、$\boldsymbol{k}$ 分别为沿三个坐标轴方向的单位矢量（大小为 1，仅表示方向）。习惯上把 x、y、z 称为位矢 $\boldsymbol{r}$ 的三个分量。分量是标量，只有大小和符号（指正、负号）。由位矢的三个分量可以求出位矢的大小（模）以及方向余弦。位矢的大小为

$$r = |\boldsymbol{r}| = \sqrt{x^2+y^2+z^2} \tag{1-2}$$

位矢的方向可用位矢与三个坐标的夹角的余弦表示，称为位矢的方向余弦，即

$$\cos\alpha = \frac{x}{r},\quad \cos\beta = \frac{y}{r},\quad \cos\gamma = \frac{z}{r} \tag{1-3}$$

对于 xOy 平面内质点的运动，可以用位矢的斜率来表示方向。位矢的斜率为

$$\tan\alpha = \frac{y}{x} \tag{1-4}$$

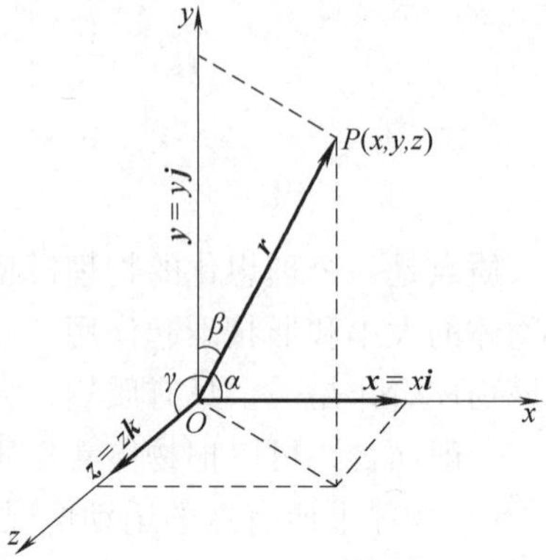

图 1-1　笛卡儿坐标系

（2）**运动方程**　当质点运动时，其位矢 $\boldsymbol{r}$ 随时间而变，也就是说位矢 $\boldsymbol{r}$ 是时间 t 的函数，这意味着位矢的分量 x、y、z 也是时间 t 的函数，即

$$\boldsymbol{r} = \boldsymbol{r}(t) = x(t)\boldsymbol{i} + y(t)\boldsymbol{j} + z(t)\boldsymbol{k} \tag{1-5}$$

式（1-5）也可以用分量表示为

$$x = x(t),\quad y = y(t),\quad z = z(t) \tag{1-6}$$

在任何一个具体问题中，式中的 x、y、z 都是具体的函数。例如，对 xOy 平面内的平抛物体运动，质点的位矢 $\boldsymbol{r} = v_0 t\boldsymbol{i} + \frac{1}{2}gt^2\boldsymbol{j}$，其分量为 $x = v_0 t$，$y = \frac{1}{2}gt^2$。式（1-5）表示质点位置随时间的变化规律，由它可以确定质点在任意时刻 t 的位矢 $\boldsymbol{r}$，故称为质点的**运动方程**，式（1-6）为**运动方程的分量形式**。质点运动方程包含了质点运动中的全部信息，是解决质点学问题的关键所在。

（3）**轨道方程**　轨道为质点运动时在空间形成的轨迹，其曲线方程称为**轨道方程**。运动方程的分量式（1-6）就是以时间 t 为参量的轨道方程，从式（1-6）中消去 t，即可得到一般的轨道方程。例如，对于前面谈到的平抛物体运动，由 $x = v_0 t$ 和 $y = \frac{1}{2}gt^2$ 消去 t 即可得到 $y = \frac{gx^2}{2v_0^2}$，这是一个抛物线方程。

（4）**位移**　机械运动意味着物体的位置随着时间而变化，对于质点，我们用位移的概念来描述在一个运动过程中质点位置的变化。如图 1-2 所示，质点 t 时刻在 P_1 点，位矢为 $\boldsymbol{r}_1$；$t+\Delta t$ 时刻在 P_2 点，位矢为 $\boldsymbol{r}_2$，则定义该过程中质点的位移为矢量 $\overrightarrow{P_1P_2} = \boldsymbol{r}_2 - \boldsymbol{r}_1 = \Delta\boldsymbol{r}$。记作：**位移矢量**

$$\Delta\boldsymbol{r} = \boldsymbol{r}_2 - \boldsymbol{r}_1 \tag{1-7}$$

按运动方程式（1-5）有

$$\Delta\boldsymbol{r} = \boldsymbol{r}_2 - \boldsymbol{r}_1 = (x_2 - x_1)\boldsymbol{i} + (y_2 - y_1)\boldsymbol{j} + (z_2 - z_1)\boldsymbol{k} = \Delta x\boldsymbol{i} + \Delta y\boldsymbol{j} + \Delta z\boldsymbol{k} \tag{1-8}$$

可见，位移矢量的三个分量为

$$\Delta x = x_2 - x_1,\quad \Delta y = y_2 - y_1,\quad \Delta z = z_2 - z_1 \tag{1-9}$$

若知道了位移矢量的三个分量 Δx、Δy 和 Δz，则位移的大小和方向余弦可以按照求位矢大小和方向时所用的方法求出，即

$$|\Delta \boldsymbol{r}| = \sqrt{(\Delta x)^2 + (\Delta y)^2 + (\Delta z)^2}$$

$$\cos\alpha = \frac{\Delta x}{|\Delta \boldsymbol{r}|}, \quad \cos\beta = \frac{\Delta y}{|\Delta \boldsymbol{r}|}, \quad \cos\gamma = \frac{\Delta z}{|\Delta \boldsymbol{r}|}$$

与位移相仿的物理量是路程。**路程** s 定义为质点在运动过程中所经历的轨迹的长度。路程是标量，即只有大小，没有方向，这一点容易和位移区别。而且在一般情况下，路程与位移的大小 $|\Delta \boldsymbol{r}|$ 也不相等。如图1-2所示，在 t 到 $t+\Delta t$ 过程中，质点路程 s 为 P_1 与 P_2 两点之间的弧长 $\widehat{P_1P_2}$，而位移的大小 $|\Delta \boldsymbol{r}|$ 为 P_1 与 P_2 之间直线的长度 $\overline{P_1P_2}$。但是在 $\Delta t\to 0$ 时，路程等于位移的大小，即 $\mathrm{d}s = |\mathrm{d}\boldsymbol{r}|$。

运动过程中质点到原点 O 的距离 r 的变化用 $\Delta r = \Delta|\boldsymbol{r}|$ 表示，如图1-2所示。在一般情况下，它与位移的大小 $|\Delta \boldsymbol{r}|$ 也不相等，即 $\Delta r \neq |\Delta \boldsymbol{r}|$。例如，圆周运动，若以圆心为坐标原点，则质点到原点 O 的距离 r 是一个常量，即有 $\Delta r = 0$，但是质点位移的大小 $|\Delta \boldsymbol{r}|$ 则显然不为零（设质点运动时间 $t < T$，T 为周期）。

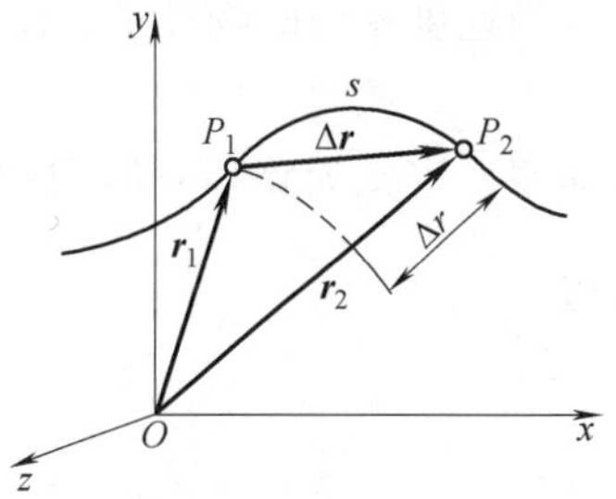

图1-2　位移矢量

2. 速度

速度描述质点运动的快慢和运动的方向，用位移与时间的比值来表示。

（1）**平均速度**　质点在一个过程中的平均速度直接定义为过程中质点的位移与时间间隔的比值，即

$$\bar{\boldsymbol{v}} = \frac{\Delta \boldsymbol{r}}{\Delta t} \tag{1-10}$$

显然，平均速度是一个矢量，它的方向也就是过程中质点位移的方向。把式（1-8）代入式（1-10）可以得到平均速度的三个分量为

$$\bar{v}_x = \frac{\Delta x}{\Delta t}, \quad \bar{v}_y = \frac{\Delta y}{\Delta t}, \quad \bar{v}_z = \frac{\Delta z}{\Delta t} \tag{1-11}$$

（2）**瞬时速度**　按照平均速度的定义可以理解，时间间隔 Δt 取得越短，则平均速度对质点运动的描述就越细致。我们把 $\Delta t\to 0$ 时的平均速度的极限定义为质点在时刻 t 的**瞬时速度**，简称为**速度**，则有

$$\boldsymbol{v} = \lim_{\Delta t\to 0}\frac{\Delta \boldsymbol{r}}{\Delta t} = \frac{\mathrm{d}\boldsymbol{r}}{\mathrm{d}t} \tag{1-12}$$

即速度为位矢对时间的变化率。速度通常被表述为质点在单位时间内的位移，但它并不定义于单位时间，而是定义于无穷小的时间间隔，故称为瞬时速度。速度是矢量，它的方向为 $\Delta t\to 0$ 时 $\Delta \boldsymbol{r}$ 的极限方向。

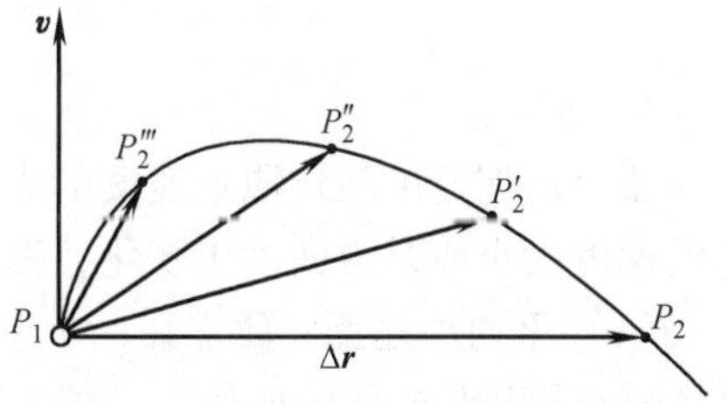

图1-3　质点速度的方向沿着轨道的切向

在图1-3中可以看出，当 $\Delta t\to 0$ 时 $\Delta \boldsymbol{r}$ 趋于轨道在 P 点的切线方向。所以我们说，速度的方向沿着轨道的切线方向，且指向前进的一侧。质点的速度描述质点的

运动状态，速度的大小表示质点运动的快慢，速度的方向表示质点的运动方向。

把式（1-5）代入式（1-12），注意到 $\boldsymbol{i}$、$\boldsymbol{j}$、$\boldsymbol{k}$ 为常矢量，有

$$\boldsymbol{v}=\frac{\mathrm{d}\boldsymbol{r}}{\mathrm{d}t}=\frac{\mathrm{d}x}{\mathrm{d}t}\boldsymbol{i}+\frac{\mathrm{d}y}{\mathrm{d}t}\boldsymbol{j}+\frac{\mathrm{d}z}{\mathrm{d}t}\boldsymbol{k} \tag{1-13}$$

速度矢量与它的三个分量的关系定义为

$$\boldsymbol{v}=v_x\boldsymbol{i}+v_y\boldsymbol{j}+v_z\boldsymbol{k} \tag{1-14}$$

对比可知速度矢量的三个分量为

$$v_x=\frac{\mathrm{d}x}{\mathrm{d}t},\quad v_y=\frac{\mathrm{d}y}{\mathrm{d}t},\quad v_z=\frac{\mathrm{d}z}{\mathrm{d}t} \tag{1-15}$$

速度的大小和方向余弦可以由它的三个分量确定。

与速度相仿的物理量是速率，平均速率定义为路程与时间间隔的比值 $\bar{v}=\dfrac{\Delta s}{\Delta t}$。瞬时速率简称速率，定义为路程对时间的变化率 $v=\dfrac{\mathrm{d}s}{\mathrm{d}t}$，由于在 $\Delta t\to 0$ 时 $\mathrm{d}s=|\mathrm{d}\boldsymbol{r}|$，而 $\mathrm{d}t$ 永远是正量，所以

$$v=\frac{\mathrm{d}s}{\mathrm{d}t}=\frac{|\mathrm{d}\boldsymbol{r}|}{\mathrm{d}t}=\left|\frac{\mathrm{d}\boldsymbol{r}}{\mathrm{d}t}\right|=|\boldsymbol{v}|$$

即速率等于速度矢量的大小。

速度$\boldsymbol{v}$的定义表示速度是位矢 $\boldsymbol{r}$ 对时间 t 的导数，那么反过来，位矢 $\boldsymbol{r}$ 就应该能用速度$\boldsymbol{v}$对时间 t 的积分来表示。由式（1-12）可得

$$\mathrm{d}\boldsymbol{r}=\boldsymbol{v}\mathrm{d}t$$

此式表示，在 $\Delta t\to 0$ 时，质点的位移 $\mathrm{d}\boldsymbol{r}$ 等于速度$\boldsymbol{v}$与时间间隔 $\mathrm{d}t$ 的乘积。这很像匀速运动，因为在极短的时间内，速度确实可以看作是不变的。若初始条件为 $t=0$ 时质点位矢为 $\boldsymbol{r}_0$，又设在任意 t 时质点位矢为 $\boldsymbol{r}$，把上式对运动过程积分，则有

$$\int_{r_0}^{r}\mathrm{d}\boldsymbol{r}=\int_0^t\boldsymbol{v}\mathrm{d}t$$

即

$$\Delta\boldsymbol{r}=\boldsymbol{r}-\boldsymbol{r}_0=\int_0^t\boldsymbol{v}\mathrm{d}t \tag{1-16}$$

式（1-16）为位移与速度的积分关系，称为位移公式。用这个公式可由速度$\boldsymbol{v}$来求位移 $\Delta\boldsymbol{r}$，进而通过初始位置 $\boldsymbol{r}_0$ 来求位矢 $\boldsymbol{r}$。把式（1-5）和式（1-14）代入式（1-16），可得到位移公式的三个分量式

$$x=x_0+\int_0^t v_x\mathrm{d}t,\quad y=y_0+\int_0^t v_y\mathrm{d}t,\quad z=z_0+\int_0^t v_z\mathrm{d}t \tag{1-17}$$

3. 加速度

质点的加速度描述质点速度的大小和方向变化的快慢。由于速度是矢量，所以无论是质点的速度大小或是方向发生变化，都意味着质点有加速度。

（1）**平均加速度** 质点在一个运动过程中的平均加速度定义为运动过程中质点速度的增量 $\Delta\boldsymbol{v}$与时间间隔 Δt 的比值。如图 1-4 所示，设质点在 t 时刻速度为$\boldsymbol{v}_1$，在 $t+\Delta t$ 时刻速度为$\boldsymbol{v}_2$，速度增量 $\Delta\boldsymbol{v}=\boldsymbol{v}_2-\boldsymbol{v}_1$，则平均加速度为

$$\bar{\boldsymbol{a}}=\frac{\Delta \boldsymbol{v}}{\Delta t} \tag{1-18}$$

（2）**瞬时加速度**　质点在 t 时刻的瞬时加速度简称为加速度，定义为 $\Delta t \to 0$ 时平均加速度的极限，即

$$\boldsymbol{a}=\lim_{\Delta t \to 0}\frac{\Delta \boldsymbol{v}}{\Delta t}=\frac{\mathrm{d}\boldsymbol{v}}{\mathrm{d}t}=\frac{\mathrm{d}^2\boldsymbol{r}}{\mathrm{d}t^2} \tag{1-19}$$

即加速度为速度对时间的变化率。很明显，加速度与速度的关系类似于速度与位矢的关系，学习中可以通过对比来加深理解。加速度矢量 $\boldsymbol{a}$ 的方向为 $\Delta t \to 0$ 时速度变化 $\Delta \boldsymbol{v}$的极限方向。在直线运动中，加速度的方向与速度方向相同或相反；相同时速率增加，如自由落体运动；相反时速率减小，如上抛运动。而在曲线运动中，加速度的方向与速度方向并不一致，如斜抛运动。

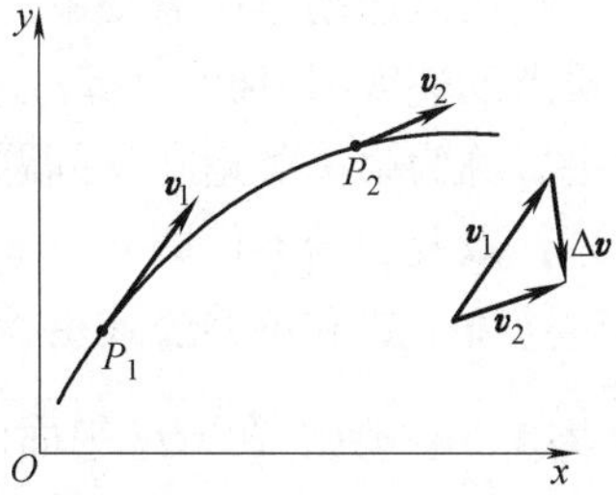

图 1-4　速度的增量

把式（1-14）代入式（1-19），可以得到加速度矢量的三个分量式

$$\begin{cases} a_x=\dfrac{\mathrm{d}v_x}{\mathrm{d}t}=\dfrac{\mathrm{d}^2x}{\mathrm{d}t^2} \\ a_y=\dfrac{\mathrm{d}v_y}{\mathrm{d}t}=\dfrac{\mathrm{d}^2y}{\mathrm{d}t^2} \\ a_z=\dfrac{\mathrm{d}v_z}{\mathrm{d}t}=\dfrac{\mathrm{d}^2z}{\mathrm{d}t^2} \end{cases} \tag{1-20}$$

由加速度的三个分量式可以确定加速度的大小和方向余弦。

由 $\boldsymbol{a}=\mathrm{d}\boldsymbol{v}/\mathrm{d}t$ 可得 $\mathrm{d}\boldsymbol{v}=\boldsymbol{a}\mathrm{d}t$，把此式对运动过程积分可得到速度与加速度的积分关系为

$$\Delta \boldsymbol{v}=\boldsymbol{v}-\boldsymbol{v}_0=\int_0^t \boldsymbol{a}\mathrm{d}t \tag{1-21}$$

式中，$\boldsymbol{v}_0$ 为初时时刻质点的速度；$\boldsymbol{v}$为 t 时刻质点的速度。式（1-21）称为**速度公式**，它的分量形式为

$$\begin{cases} v_x-v_{0x}=\int_0^t a_x\mathrm{d}t \\ v_y-v_{0y}=\int_0^t a_y\mathrm{d}t \\ v_z-v_{0z}=\int_0^t a_z\mathrm{d}t \end{cases} \tag{1-22}$$

在一般情况下，质点的加速度可以随时间而改变。而在一些特定情况下，如忽略空气阻力的抛体运动，其加速度是一个恒量，此时质点的运动为匀加速运动。匀加速运动的速度公式和位移公式较为简单，统称为**匀加速运动公式**。速度公式为

$$\boldsymbol{v}-\boldsymbol{v}_0=\int_0^t \boldsymbol{a}\mathrm{d}t=\boldsymbol{a}t$$

或

$$\boldsymbol{v}=\boldsymbol{v}_0+\boldsymbol{a}t \tag{1-23}$$

位移公式为

$$\boldsymbol{r}-\boldsymbol{r}_0=\int_0^t \boldsymbol{v}\mathrm{d}t=\int_0^t(\boldsymbol{v}_0+\boldsymbol{a}t)\mathrm{d}t=\boldsymbol{v}_0t+\frac{1}{2}\boldsymbol{a}t^2$$

或

$$\boldsymbol{r}=\boldsymbol{r}_0+\boldsymbol{v}_0t+\frac{1}{2}\boldsymbol{a}t^2 \tag{1-24}$$

在质点运动学中需要解决的问题大致可分为两类。一类是已知质点的运动方程 $\boldsymbol{r}=\boldsymbol{r}(t)$，求质点的速度$\boldsymbol{v}$和加速度 $\boldsymbol{a}$。这一类问题的处理方法主要是按速度和加速度的定义通过求导来解决，称为第一类运动学问题，如下面的例 1-1。第二类运动学问题是已知质点的加速度 $\boldsymbol{a}=\boldsymbol{a}(t)$，以及初始条件即 $t=0$ 时的位矢 $\boldsymbol{r}_0$ 和速度$\boldsymbol{v}_0$，求质点的速度$\boldsymbol{v}$和位矢 $\boldsymbol{r}$。这一类问题主要通过速度公式和位移公式由积分来解决，如下面的例 1-3。

例 1-1　一质点在 xOy 平面内运动，运动方程为 $\boldsymbol{r}=A\cos\omega t\boldsymbol{i}+A\sin\omega t\boldsymbol{j}$，其中 A、ω 为正常量，求质点的轨道方程，以及质点在任意时刻 t 的位矢、速度及加速度的大小和方向。

解　质点运动方程的分量形式为

$$x=A\cos\omega t,\ y=A\sin\omega t$$

联立消去 t 可得到轨迹方程

$$x^2+y^2=A^2$$

这是一个圆的方程，圆心在原点 O，半径为 A，如图 1-5 所示，可见质点在作圆周运动。

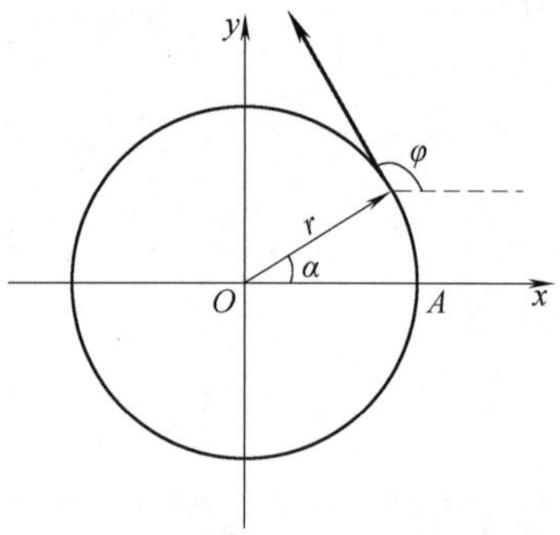

图 1-5　例 1-1 图

位矢大小为

$$r=\sqrt{x^2+y^2}=A$$

位矢的方向可用位矢的斜率表示：

$$\tan\alpha=\frac{y}{x}=\tan\omega t \tag{a}$$

质点速度为

$$\boldsymbol{v}=\frac{\mathrm{d}\boldsymbol{r}}{\mathrm{d}t}=-\omega A\sin\omega t\boldsymbol{i}+\omega A\cos\omega t\boldsymbol{j}$$

速度的分量为

$$v_x=-\omega A\sin\omega t,\ v_y=\omega A\cos\omega t$$

故速度的大小即速率为

$$v=\sqrt{v_x^2+v_y^2}=\omega A$$

质点的速率为常量，即质点作匀速率圆周运动。质点速度的方向角的斜率为

$$\tan\varphi=\frac{v_y}{v_x}=-\cot\omega t \tag{b}$$

比较式（a）和式（b），可知位矢和速度的斜率的乘积为 -1，即速度$\boldsymbol{v}$和位矢 $\boldsymbol{r}$ 垂直，速度沿圆周的切线方向。质点的加速度为

$$\boldsymbol{a}=\frac{\mathrm{d}\boldsymbol{v}}{\mathrm{d}t}=-\omega^2A\cos\omega t\boldsymbol{i}-\omega^2A\cos\omega t\boldsymbol{j}=-\omega^2\boldsymbol{r}$$

可见加速度方向与位矢相反，指向圆心。加速度的大小为

$$a = |-\omega^2 \boldsymbol{r}| = \omega^2 A$$

即加速度的大小也是一个常量。

下面的例1-2也属于第一类运动学问题，需要通过求导来解出结果。

***例1-2** 如图1-6所示，河岸上有人在 h 高处通过定滑轮以速度 $\boldsymbol{v}_0$ 收绳拉船靠岸。求船在距岸边为 x 处时的速度和加速度。

解 如图建立坐标，小船到岸边距离为 x，绳子长度为 l，则有

$$l^2 = h^2 + x^2 \tag{a}$$

由式（a）可解得

$$x^2 = l^2 - h^2$$

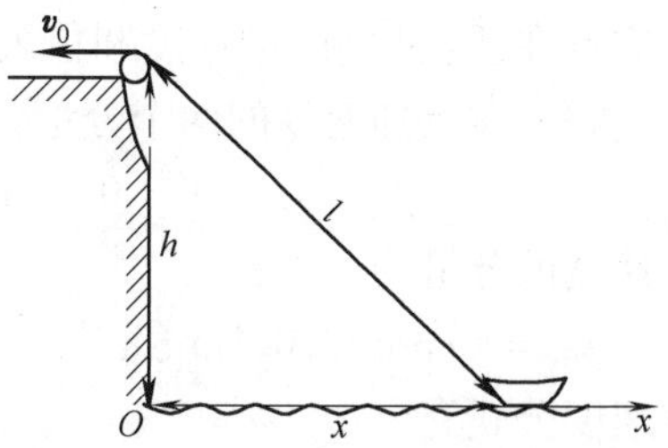

图1-6 例1-2图

此式可看作小船的运动方程，其中 l 是 t 的函数。小船的速度大小为

$$v = \frac{\mathrm{d}x}{\mathrm{d}t} = \frac{\mathrm{d}x}{\mathrm{d}l} \cdot \frac{\mathrm{d}l}{\mathrm{d}t} = \frac{l}{x} \cdot (-v_0) = -\frac{\sqrt{x^2 + h^2}}{x} v_0$$

在上式的推导中用到了 $\frac{\mathrm{d}l}{\mathrm{d}t} = -v_0$，负号表示绳子的长度在缩短。

小船的加速度大小为

$$a = \frac{\mathrm{d}v}{\mathrm{d}t} = \frac{\mathrm{d}}{\mathrm{d}t}\left(-v_0 \frac{l}{x}\right) = -v_0 \cdot \frac{x^2 - l^2}{lx^2} \cdot v = -\frac{h^2 v_0^2}{x^3}$$

在上式的推导中用到了 $\frac{\mathrm{d}x}{\mathrm{d}t} = v$，即为小船的速度。

细心的读者可以发现，上面的计算过程还是比较烦琐的。如果把式（a）看作运动方程的隐式，用隐函数求导的方法求速度和加速度会简便一些。将式（a）两边同时对时间 t 求导可得

$$2l \frac{\mathrm{d}l}{\mathrm{d}t} = 2x \frac{\mathrm{d}x}{\mathrm{d}t}$$

注意到上式中 $\frac{\mathrm{d}l}{\mathrm{d}t} = -v_0$，$\frac{\mathrm{d}x}{\mathrm{d}t} = v$，故有

$$-lv_0 = xv \tag{b}$$

解得

$$v = -\frac{lv_0}{x} = -\frac{\sqrt{x^2 + h^2}}{x} v_0$$

再将式（b）对时间求导得到

$$-\frac{\mathrm{d}l}{\mathrm{d}t} v_0 = \frac{\mathrm{d}x}{\mathrm{d}t} v + x \frac{\mathrm{d}v}{\mathrm{d}t}$$

其中 $\frac{\mathrm{d}v}{\mathrm{d}t} = a$ 为船的加速度，故有

$$v_0^2 = v^2 + xa$$

解得

$$a=\frac{v_0^2-v^2}{x}=-\frac{h^2v_0^2}{x^3}$$

例 1-3 如图 1-7 所示，一质点在 xOy 平面内斜上抛，忽略空气阻力，加速度大小为 $g=9.81\mathrm{m\cdot s^{-2}}$，方向向下，$t=0$ 时刻质点位置在 $x_0=10.2\mathrm{m}$、$y_0=12.4\mathrm{m}$ 处，初速度大小为 $v_0=23.2\mathrm{m\cdot s^{-1}}$，仰角为 $\alpha=30°$。求质点在任意时刻 t 的速度和位矢的两个分量。

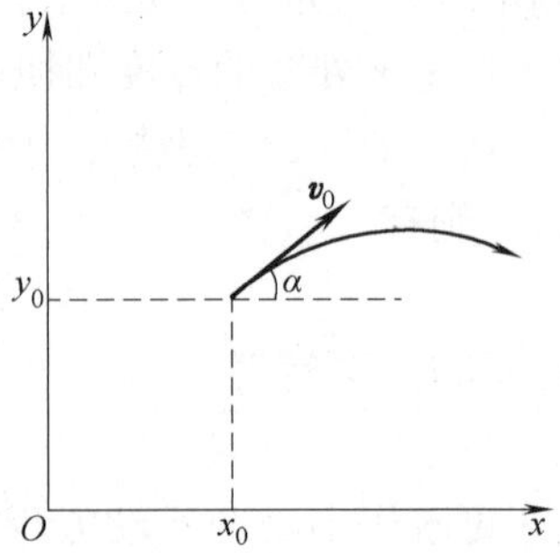

图 1-7 例 1-3 图

解 质点加速度的两个分量为

$$a_x=0,\quad a_y=-g$$

初速度的分量为

$$v_{0x}=v_0\cos\alpha=20.1\mathrm{m\cdot s^{-1}},\quad v_{0y}=v_0\sin\alpha=11.6\mathrm{m\cdot s^{-1}}$$

按速度公式有

$$v_x=v_{0x}+\int_0^t a_x\mathrm{d}t=v_{0x}=20.1\mathrm{m\cdot s^{-1}}$$

$$v_y=v_{0y}+\int_0^t a_y\mathrm{d}t=v_{0y}-gt=11.6-9.81t$$

式中，t 的单位为 s；v_x、v_y 的单位为 $\mathrm{m\cdot s^{-1}}$。按位移公式有

$$x=x_0+\int_0^t v_x\mathrm{d}t=x_0+v_xt=10.2+20.1t$$

$$y=y_0+\int_0^t v_y\mathrm{d}t=y_0+\int_0^t(v_{0y}-gt)\mathrm{d}t=y_0+v_{0y}t-\frac{1}{2}gt^2=12.4+11.6t-4.91t^2$$

式中，t 的单位为 s；x、y 的单位为 m。此题也可以直接套用匀加速运动公式（1-23）和公式（1-24）的分量式得到结果。

下面的例 1-4 属于第二类运动学问题，需要通过积分来求解。

例 1-4 一质点沿 x 轴运动，其速度与位置的关系为 $v=-kx$，其中 k 为一正常量。若 $t=0$ 时质点在 $x=x_0$ 处，求任意时刻 t 时质点的位置、速度和加速度。

视频讲解

解 按题意有 $v=-kx$，按速度的定义把上式改写为

$$\frac{\mathrm{d}x}{\mathrm{d}t}=-kx$$

这是一个简单的一阶微分方程，可以通过分离变量法求解，分离变量有

$$\frac{\mathrm{d}x}{x}=-k\mathrm{d}t$$

对方程积分，按题意 $t=0$ 时质点位置在 $x=x_0$ 处，有

$$\int_{x_0}^{x}\frac{\mathrm{d}x}{x}=\int_0^t(-k)\mathrm{d}t$$

积分得

$$\ln\frac{x}{x_0}=-kt$$

解出质点位置为

$$x=x_0\mathrm{e}^{-kt}$$

质点速度为

$$v=\frac{\mathrm{d}x}{\mathrm{d}t}=-kx_0\mathrm{e}^{-kt}$$

质点加速度为

$$a=\frac{\mathrm{d}v}{\mathrm{d}t}=k^2x_0\mathrm{e}^{-kt}$$

1.2 切向加速度和法向加速度 自然坐标系

笛卡儿坐标系是一种普遍使用的坐标系，它沿空间的三个方向 x、y、z 来分解运动。在有的问题中这样分析并不是最简捷的方法，可以考虑用其他的坐标系来描述运动。**自然坐标系**是一种较为常用的描述坐标，它采用轨道的切向和法向来分解运动。我们常说，匀速率圆周运动的加速度是向心（法向）加速度，这实际上就是自然坐标语言。自然坐标比较适于描述圆周运动，特别是圆周运动的加速度。

1. 圆周运动的切向加速度和法向加速度

如图1-8a所示，一质点沿一圆周运动，圆心在 O，圆半径为 R。为了阐述方便，我们仍在圆中设立了一个笛卡儿平面坐标来帮助分析。设质点 t 时刻在 P_1 点，位矢为 $\boldsymbol{r}$，速度为$\boldsymbol{v}$；$t+\Delta t$ 时刻质点在 P_2 点，位矢为 $\boldsymbol{r}+\Delta\boldsymbol{r}$，速度为$\boldsymbol{v}+\Delta\boldsymbol{v}$。其中 $\Delta\boldsymbol{r}$ 为过程中质点的位移，$\Delta\boldsymbol{v}$为速度的增量。

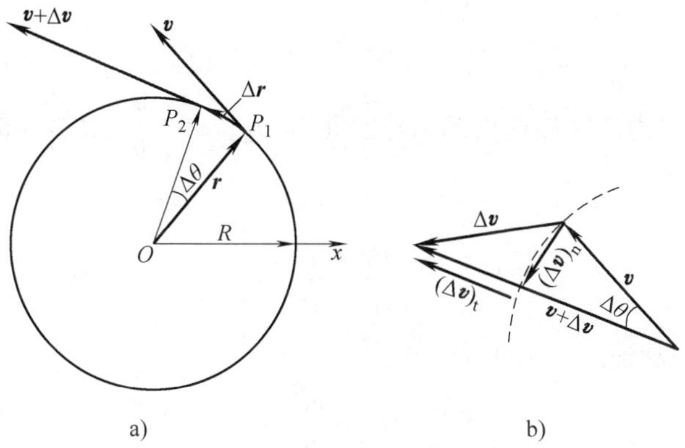

图1-8 圆周运动中的速度增量

速度增量的矢量图可以用图1-8b表示，在图中，我们已经把 $\Delta\boldsymbol{v}$分解为两个分矢量：

$$\Delta\boldsymbol{v}=(\Delta\boldsymbol{v})_\mathrm{n}+(\Delta\boldsymbol{v})_\mathrm{t}$$

式中，$(\Delta\boldsymbol{v})_\mathrm{n}$ 与初速度$\boldsymbol{v}$在一个等腰三角形中；$(\Delta\boldsymbol{v})_\mathrm{t}$ 沿着末速度$\boldsymbol{v}+\Delta\boldsymbol{v}$的方向。这两个分矢量的含义不同：$(\Delta\boldsymbol{v})_\mathrm{n}$ 代表速度方向的改变，$(\Delta\boldsymbol{v})_\mathrm{t}$ 代表速度大小的改变。把上式两边同时除以过程的时间间隔 Δt，并令 $\Delta t\to 0$ 有

$$\frac{\mathrm{d}\boldsymbol{v}}{\mathrm{d}t}=\frac{(\mathrm{d}\boldsymbol{v})_\mathrm{n}}{\mathrm{d}t}+\frac{(\mathrm{d}\boldsymbol{v})_\mathrm{t}}{\mathrm{d}t}$$

记作

$$\boldsymbol{a}=\boldsymbol{a}_{\mathrm{n}}+\boldsymbol{a}_{\mathrm{t}} \tag{1-25}$$

式中，左边 $\boldsymbol{a}=\mathrm{d}\boldsymbol{v}/\mathrm{d}t$ 为质点在 t 时刻的加速度；右边第一项

$$\boldsymbol{a}_{\mathrm{n}}=\frac{(\mathrm{d}\boldsymbol{v})_{\mathrm{n}}}{\mathrm{d}t} \tag{1-26}$$

称为法向加速度；第二项

$$\boldsymbol{a}_{\mathrm{t}}=\frac{(\mathrm{d}\boldsymbol{v})_{\mathrm{t}}}{\mathrm{d}t} \tag{1-27}$$

称为切向加速度，它们的大小和方向将在下面分析。式（1-25）的含义是：质点的加速度为法向加速度和切向加速度的矢量和。

下面我们先分析法向加速度 $\boldsymbol{a}_{\mathrm{n}}$，这个分析与匀速率圆周运动中讨论向心加速度的过程完全相同。图 1-8a 中位矢 $\boldsymbol{r}$ 和位移 $\Delta\boldsymbol{r}$ 所在的等腰三角形与图 1-8b 中速度 $\boldsymbol{v}$ 和速度增量 $(\Delta\boldsymbol{v})_{\mathrm{n}}$ 所在的等腰三角形相似，所以有

$$\frac{|(\Delta\boldsymbol{v})_{\mathrm{n}}|}{|\boldsymbol{v}|}=\frac{|\Delta\boldsymbol{r}|}{|\boldsymbol{r}|}$$

式中，$|\boldsymbol{v}|$ 为质点在 P_1 处的速率，即 v；$|\boldsymbol{r}|$ 为位矢大小即圆半径 R，故上式可记作

$$\frac{|(\Delta\boldsymbol{v})_{\mathrm{n}}|}{v}=\frac{|\Delta\boldsymbol{r}|}{R}$$

将此式两边同除以 Δt 并令 $\Delta t\to 0$ 得到

$$\frac{1}{v}\left|\frac{(\mathrm{d}\boldsymbol{v})_{\mathrm{n}}}{\mathrm{d}t}\right|=\frac{1}{R}\left|\frac{\mathrm{d}\boldsymbol{r}}{\mathrm{d}t}\right|$$

按式（1-26），$\left|\frac{(\mathrm{d}\boldsymbol{v})_{\mathrm{n}}}{\mathrm{d}t}\right|$ 为法向加速度的大小，记作 a_{n}；而 $\left|\frac{\mathrm{d}\boldsymbol{r}}{\mathrm{d}t}\right|$ 为速度的大小，即速率 v，因而上式简化为

$$\frac{a_{\mathrm{n}}}{v}=\frac{v}{R}$$

于是我们得到质点法向加速度的大小为

$$a_{\mathrm{n}}=\frac{v^2}{R}$$

法向加速度的方向按式（1-26）为 $(\mathrm{d}\boldsymbol{v})_{\mathrm{n}}$ 的方向，即 $\Delta t\to 0$ 时 $(\Delta\boldsymbol{v})_{\mathrm{n}}$ 的极限方向，按图 1-8b 所示显然是与速度 $\boldsymbol{v}$ 垂直，是指向圆心的，故 $\boldsymbol{a}_{\mathrm{n}}$ 称为向心加速度即法向加速度。

下面分析切向加速度 $\boldsymbol{a}_{\mathrm{t}}$。在图 1-8 中可以看到，$\Delta\boldsymbol{v}$ 的分量 $(\Delta\boldsymbol{v})_{\mathrm{t}}$ 的大小等于速度的增加量，记作

$$|(\Delta\boldsymbol{v})_{\mathrm{t}}|=\Delta v$$

把此式两边同除以 Δt 并令 $\Delta t\to 0$ 有

$$\left|\frac{(\mathrm{d}\boldsymbol{v})_{\mathrm{t}}}{\mathrm{d}t}\right|=\frac{\mathrm{d}v}{\mathrm{d}t}$$

按式（1-27），$\left|\frac{(\mathrm{d}\boldsymbol{v})_{\mathrm{t}}}{\mathrm{d}t}\right|$ 即为切向加速度的大小，记作 a_{t}，而 $\frac{\mathrm{d}v}{\mathrm{d}t}$ 为速率的变化率。于是我们有

结论：切向加速度的大小等于速率的变化率，即 $a_t=\frac{dv}{dt}$；切向加速度的方向按式（1-27）应为 $(d\boldsymbol{v})_t$ 的方向，即 $\Delta t\to 0$ 时 $(\Delta\boldsymbol{v})_t$ 的极限方向，按图1-8所示就是速度$\boldsymbol{v}$的方向，故称为切向加速度。

此处有一个说明，以上结论是按照图1-8所示的情况得出的，此时质点的速率是在增加。若质点的速率是在减少，则速度增量的分解应如图1-9所示。此时若令 $\Delta t\to 0$，则 $(\Delta\boldsymbol{v})_t$ 的极限方向应与速度$\boldsymbol{v}$的方向相反，即切向加速度将逆着速度$\boldsymbol{v}$的方向。

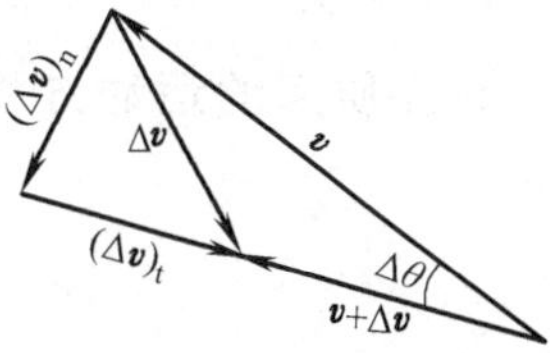

图1-9 速率减小时的速率增量

综合以上两种情况，我们可以把切向加速度用标量来表示，其值为 $a_t=\frac{dv}{dt}$。当质点速率增加时 $a_t>0$，表示切向加速度沿速度$\boldsymbol{v}$的方向；当质点速率减小时 $a_t<0$，表示切向加速度逆着速度$\boldsymbol{v}$的方向。

把质点的加速度分解为切向加速度和法向加速度是自然坐标描述的主要特点，这样做的好处是两个分量的物理意义十分清晰：切向加速度描述质点速度大小变化的快慢，而法向加速度则描述质点速度方向变化的快慢。沿切向和法向来分解加速度仍属于正交分解，如图1-10所示，故质点加速度的大小为

$$a=\sqrt{a_t^2+a_n^2} \tag{1-28}$$

质点加速度与速度的夹角 φ 满足

$$\tan\varphi=\frac{a_n}{a_t} \tag{1-29}$$

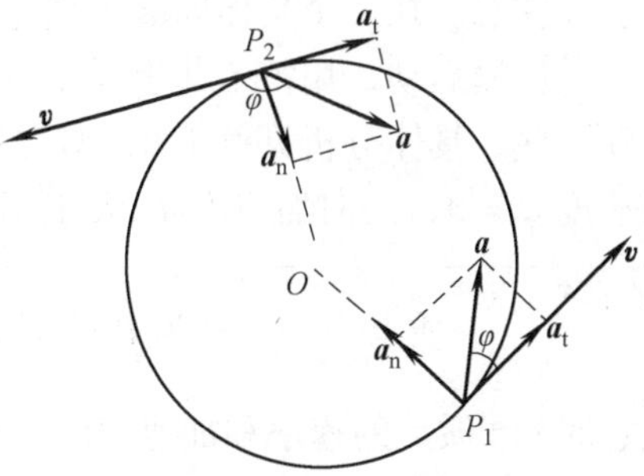

图1-10 切向加速度与法向加速度

式中，a_n 和 a_t 分别是切向加速度和法向加速度的大小。若质点的速率在增加，$a_t>0$，即切向加速度 $\boldsymbol{a}_t$ 沿速度$\boldsymbol{v}$的方向，如图1-10中 P_1 点的情况，此时 $\tan\varphi>0$，φ 为锐角；若质点的速率在减小，$a_t<0$，即 $\boldsymbol{a}_t$ 与$\boldsymbol{v}$反向，如图1-10中 P_2 点的情况，此时 $\tan\varphi<0$，φ 为钝角。但无论速率是增加或减小，从图1-10中可以看到，由于法向加速度 $\boldsymbol{a}_n$ 总是指向圆心，所以加速度总是指向轨道凹的一侧。

2. 一般曲线运动中的切向加速度和法向加速度　自然坐标系

一般曲线运动的轨迹不是一个圆周，但轨道上任何一点附近的一段极小的线元都可以看作某个圆的一段圆弧，这个圆叫作轨道在该点的曲率圆，如图1-11所示。其圆心叫作曲率中心，半径叫作曲率半径，曲率半径的倒数叫作曲率。当质点运动到这一点时，其运动可以看作是在曲率圆上进行的，所以前述的对圆运动的讨论及结论，包括式（1-25）到式（1-29）此时仍能适用。不同的是在一般曲线运动中法向加速度的大小为 $a_n=v^2/\rho$，其中 ρ 应是考察点的曲率半径，法向加速度的方向应是指向考察点的曲率中心。圆周运动是一种特殊的曲线运动，对圆周上的任一点，只有一个曲率圆即圆周自身，而一般曲线运动在轨迹的不同点有不同的曲率圆，如图1-11所示。

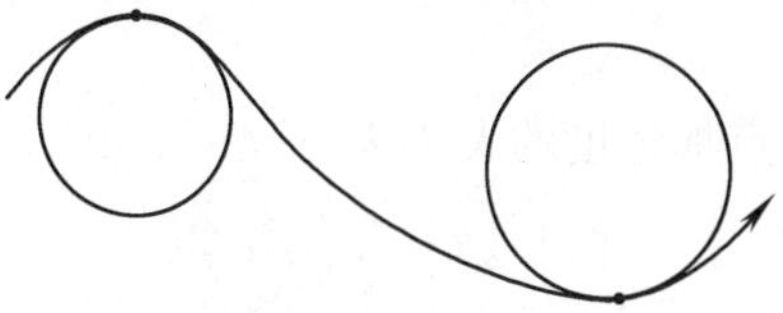

图1-11 轨道的曲率圆

上面讨论的是自然坐标对质点加速度的描述，下面简要介绍一下自然坐标对质点位置及

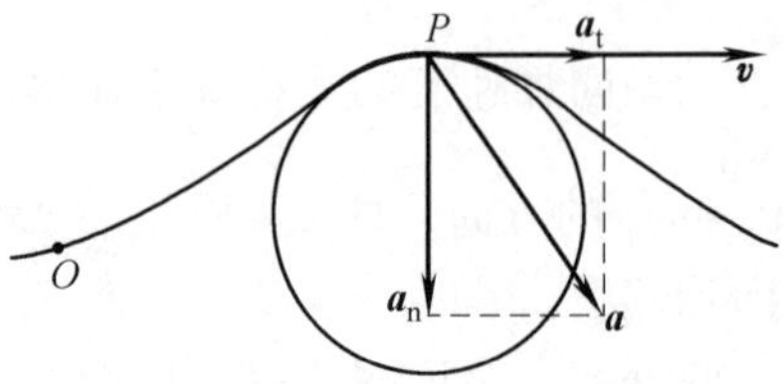

图 1-12 自然坐标系

速度的描述方法。在自然坐标中，质点运动的轨道是已知的，如图 1-12 所示。在轨道上取一参考点 O 作为原点，则质点在轨道上任一点 P 的位置可用 O 到 P 点的路程 s 来表示，因而质点路程随时间变化的方程为

$$s = s(t) \tag{1-30}$$

称作**质点的运动方程**。质点速度的大小用速率表示为

$$v = \frac{\mathrm{d}s}{\mathrm{d}t} \tag{1-31}$$

速度的方向为轨道的切线方向。质点的加速度用切向加速度和法向加速度来表示，这在前面已讨论过了，此处不再重复。

对于一个笛卡儿坐标系，在我们把质点的加速度分解为 a_x、a_y、a_z 三个分量时，x、y、z 的指向是完全确定的；而对于自然坐标系，当我们把加速度分解为 a_t 和 a_n 两个分量时，在轨道上不同的点，切向和法向的指向是各不相同的，即切向和法向的指向是变化的，这一点应该引起注意。在一个具体问题中究竟采用什么坐标系为好需要具体分析。

对斜抛运动，用笛卡儿坐标系方便一些，此时质点加速度 $a_x = 0$，$a_y = g$，用自然坐标系麻烦一些，具体分析见例 1-6；对匀速率圆周运动，用自然坐标系方便一些，此时质点的切向加速度 $a_t = 0$，法向加速度 a_n 大小不变，而用笛卡儿坐标系则麻烦一些，见上一节的例 1-1。

例 1-5 一质点沿一半径为 R 的圆周运动，路程 $s = v_0 t + \frac{1}{2}bt^2$，其中 v_0 和 b 为正常量，求在任意时刻 t 质点的速率和加速度的大小。

解 质点的速率

$$v = \frac{\mathrm{d}s}{\mathrm{d}t} = v_0 + bt$$

视频讲解

质点的切向加速度大小为

$$a_t = \frac{\mathrm{d}v}{\mathrm{d}t} = b$$

质点的法向加速度大小为

$$a_n = \frac{v^2}{R} = \frac{(v_0 + bt)^2}{R}$$

质点加速度的大小为

$$a = \sqrt{a_t^2 + a_n^2} = \sqrt{b^2 + \frac{(v_0 + bt)^4}{R^2}}$$

例 1-6 一质点作斜上抛运动，初速率为 v_0，仰角为 α，如图 1-13 所示。求质点轨道在起点 P_1 和顶点 P_2 的曲率半径。

解 质点的法向加速度

$$a_n = \frac{v^2}{R}$$

其中，R 即为本题要求的曲率半径。

对于 P_1 点，加速度 g 向下，法向加速度

$$a_n = g\cos\alpha$$

速率为 v_0，故有

$$g\cos\alpha = \frac{v_0^2}{\rho_1}$$

由此求得 P_1 点轨道的曲率半径为

$$\rho_1 = \frac{v_0^2}{g\cos\alpha}$$

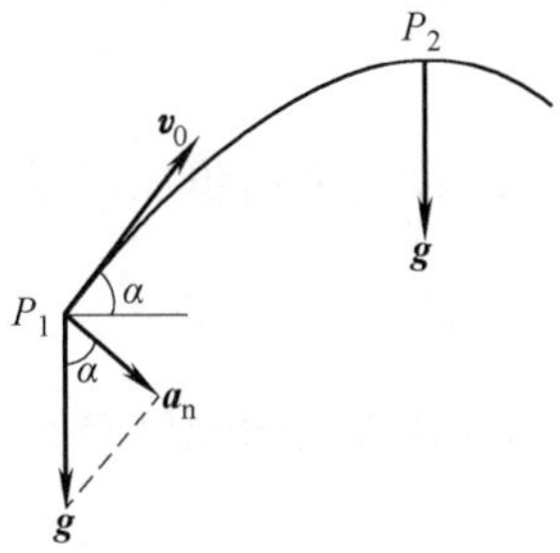

图 1-13　例 1-6 图

对于 P_2 点，加速度 g 向下，$a_n = g$，质点速率 $v = v_0\cos\alpha$，故有

$$g = \frac{v_0^2\cos^2\alpha}{\rho_2}$$

解得 P_2 点的曲率半径为

$$\rho_2 = \frac{v_0^2\cos^2\alpha}{g}$$

1.3　圆周运动的角量描述　平面极坐标系

平面极坐标系对圆周运动的描述可采用角量来描述。平面极坐标系的构成如图 1-14 所示，以平面上 O 点为原点（极点）、Ox 轴为极轴，就建立起一个平面极坐标系。平面上任一点 P 的位置，可用 P 到 O 的距离（极径）r 和 r 与 x 轴的夹角（极角）θ 来表示。

平面极坐标系适于描述质点的圆周运动，以圆心为极点，再沿一半径方向设一极轴 Ox，则质点到 O 点的距离 r 即为圆半径 R，R 是一个常量，故质点位置仅用夹角 θ 即可确定。θ 称为质点的**角位置**，它实际上只代表质点相对于原点的方向，通常取逆时针转向的角位置为正值，θ 随时间 t 变化的关系式为

$$\theta = \theta(t) \tag{1-32}$$

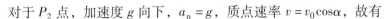

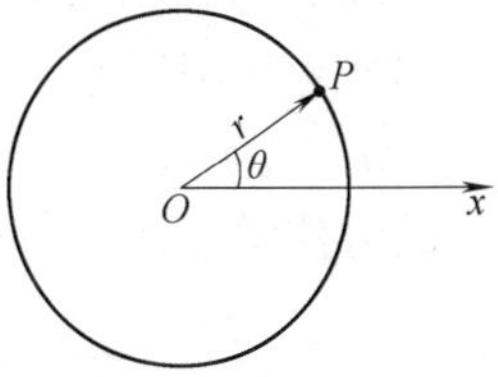

图 1-14　平面极坐标系对圆周运动的描述

称为角量运动方程，质点在从 t 到 $t+\Delta t$ 过程中角位置的变化叫作**角位移**，即

$$\Delta\theta = \theta(t+\Delta t) - \theta \tag{1-33}$$

在此过程中角位移与时间间隔的比值称为平均角速度，则有

$$\overline{\omega} = \frac{\Delta\theta}{\Delta t}$$

$\Delta t \to 0$ 时平均角速度的极限定义为质点在 t 时刻的瞬时角速度，简称为**角速度**，则有

$$\omega = \lim_{\Delta t\to 0}\frac{\Delta\theta}{\Delta t} = \frac{d\theta}{dt} \tag{1-34}$$

即角速度为角位置的时间变化率。角速度的单位是 $rad \cdot s^{-1}$ 或 s^{-1}。

质点在 t 到 $t+\Delta t$ 过程中角速度的增量 $\Delta\omega = \omega(t+\Delta t) - \omega(t)$ 与时间间隔 Δt 之比称为平均角加速度，则有

$$\bar{\beta}=\frac{\Delta\omega}{\Delta t}$$

在 $\Delta t \to 0$ 时平均角加速度的极限定义为质点在 t 时刻的瞬时角加速度，简称为**角加速度**，则有

$$\beta=\lim_{\Delta t\to 0}\frac{\Delta\omega}{\Delta t}=\frac{\mathrm{d}\omega}{\mathrm{d}t}=\frac{\mathrm{d}^2\theta}{\mathrm{d}t^2} \tag{1-35}$$

即角加速度为角速度对时间的变化率。角加速度的单位是 $\mathrm{rad\cdot s^{-2}}$ 或 $\mathrm{s^{-2}}$。

由 $\omega=\frac{\mathrm{d}\theta}{\mathrm{d}t}$ 可得 $\mathrm{d}\theta=\omega\mathrm{d}t$，将此式对过程积分，并设 $t=0$ 时质点角位置在 θ_0，t 时刻角位置在 θ，则有角位移公式

$$\theta-\theta_0=\int_0^t\omega\mathrm{d}t \tag{1-36}$$

用同样的方法可由 $\beta=\frac{\mathrm{d}\omega}{\mathrm{d}t}$ 得到角速度公式

$$\omega-\omega_0=\int_0^t\beta\mathrm{d}t \tag{1-37}$$

其中，ω_0 和 ω 分别为 $t=0$ 时及 t 时刻的角速度。

角加速度为恒量的圆周运动称为匀角加速度运动，其角速度公式为

$$\omega=\omega_0+\beta t \tag{1-38}$$

把式（1-38）代入式（1-36）可得到角位移公式：

$$\theta-\theta_0=\omega_0 t+\frac{1}{2}\beta t^2 \tag{1-39}$$

$$\theta=\theta_0+\omega_0 t+\frac{1}{2}\beta t^2 \tag{1-40}$$

式（1-38）、式（1-39）或式（1-40）称为**匀角加速圆周运动公式**。

当质点作圆周运动时，$R=$常数，只有角位置是 t 的函数，这样只需要一个坐标（即角位置 θ）就可描述质点的位置，这和质点的直线运动颇有些类似。因此，我们可以与匀变速直线运动的方法类似建立起描述匀角加速圆周运动的公式。即在匀角加速圆周运动中有

$$\begin{cases}\omega=\omega_0+\beta t\\ \theta=\theta_0+\omega_0 t+\dfrac{1}{2}\beta t^2\\ \omega^2-\omega_0^2=2\beta(\theta-\theta_0)\end{cases} \tag{1-41}$$

同时，

$$\mathrm{d}s=R\mathrm{d}\theta \tag{1-42}$$

不难证明，在圆周运动中，线量和角量之间存在如下关系，即

$$\begin{cases}v=\dfrac{\mathrm{d}s}{\mathrm{d}t}=R\dfrac{\mathrm{d}\theta}{\mathrm{d}t}=R\omega\\ a_{\mathrm{t}}=\dfrac{\mathrm{d}v}{\mathrm{d}t}=R\dfrac{\mathrm{d}\omega}{\mathrm{d}t}=R\beta\\ a_{\mathrm{n}}=\dfrac{v^2}{R}=R\omega^2\end{cases} \tag{1-43}$$

例 1-7 一质点沿半径 $R=1.61\text{m}$ 的圆周运动，$t=0$ 时质点位置 $\theta_0=0$，质点角速度 $\omega_0=3.14\text{s}^{-1}$。若质点角加速度 $\beta=1.24t$（t 以 s 为单位，β 以 s^{-2} 为单位），求 $t=2.00\text{s}$ 时质点的速率、切向加速度和法向加速度。

解 按角加速度公式，质点在 $t=2\text{s}$ 时的角速度为

$$\omega=\omega_0+\int_0^t\beta\text{d}t=3.14+\int_0^2 1.24t\text{d}t=5.62\text{s}^{-1}$$

速率

$$v=R\omega=9.05\text{m}\cdot\text{s}^{-1}$$

切向加速度

$$a_\text{t}=R\beta=4.00\text{m}\cdot\text{s}^{-2}$$

法向加速度

$$a_\text{n}=R\omega^2=50.9\text{m}\cdot\text{s}^{-2}$$

例 1-8 一质点从静止开始作匀角加速运动，角加速度为 β。请问：当质点的法向加速度等于切向加速度时质点的角速度多大？此时质点已运动了多长时间？转过了多大角度？

解 按题意要求有 $a_\text{n}=a_\text{t}$，即有

$$R\omega^2=R\beta$$

可得质点角速度为

$$\omega=\sqrt{\beta}$$

按匀角加速度运动的速度公式

$$\omega=\omega_0+\beta t=\beta t$$

可求出质点的运动时间

$$t=\frac{\omega}{\beta}=\frac{1}{\sqrt{\beta}}$$

再由匀角加速度的角速度位移公式，质点转过的角度为

$$\theta-\theta_0=\omega_0 t+\frac{1}{2}\beta t^2=\frac{1}{2}\beta t^2=\frac{1}{2}\text{rad}$$

1.4 相对运动

在几个不同的参考系中考察同一物体的运动时，其描述将是不相同的，这反映了运动的相对性。我们用笛卡儿坐标系来讨论这个问题，而且只讨论所用到的几个坐标系的 x、y、z 轴的指向始终相同的情况，如图 1-15 所示。

1. 相对位置和相对位移

运动的相对性首先表现在对质点位置的描述上。如图 1-15 所示，有两个坐标系 $Oxyz$ 和 $O'x'y'z'$，简称为 k 系和 k′系。若 t 时刻质点在 P 点，它相对于 k 系的位矢是 $\boldsymbol{r}_{P\text{k}}$，相对于 k′系的位矢是 $\boldsymbol{r}_{P\text{k}'}$，而 k′系相对于 k 系的位矢用 $\boldsymbol{r}_{\text{k}'\text{k}}$ 表示。在图 1-15 中可以看到，三个相

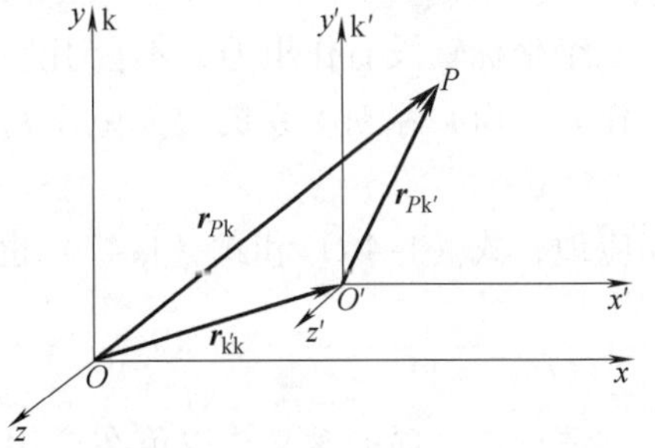

图 1-15 相对运动

对位矢有关系

$$\boldsymbol{r}_{Pk}=\boldsymbol{r}_{Pk'}+\boldsymbol{r}_{k'k} \tag{1-44}$$

这表示同一质点对于 k 和 k′两个坐标系的位矢 $\boldsymbol{r}_{Pk}$ 和 $\boldsymbol{r}_{Pk'}$ 不相等，这就是运动相对性的表现。式（1-44）描述相对位置之间的关系，称为**位置变换**。把位矢与其分量的关系即式（1-1）$\boldsymbol{r}=x\boldsymbol{i}+y\boldsymbol{j}+z\boldsymbol{k}$ 代入式（1-44）可得到位置变换的分量表示

$$\begin{cases}x_{Pk}=x_{Pk'}+x_{k'k}\\ y_{Pk}=y_{Pk'}+y_{k'k}\\ z_{Pk}=z_{Pk'}+z_{k'k}\end{cases}$$

此式称为坐标变换。显然，在 x、y、z 三个方向上，变换在形式上完全相同。在一个运动过程中，若质点 t 时刻的位置在 P_1 点，此时按式（1-44）有 $\boldsymbol{r}_{Pk}^{(1)}=\boldsymbol{r}_{Pk'}^{(1)}+\boldsymbol{r}_{k'k}^{(1)}$；在 $t+\Delta t$ 时刻质点位置在 P_2 点，有 $\boldsymbol{r}_{Pk}^{(2)}=\boldsymbol{r}_{Pk'}^{(2)}+\boldsymbol{r}_{k'k}^{(2)}$。

把这两个式子相减，再对照质点位移的定义，可得到相对位移之间的关系为

$$\Delta\boldsymbol{r}_{Pk}=\Delta\boldsymbol{r}_{Pk'}+\Delta\boldsymbol{r}_{k'k} \tag{1-45}$$

式中，$\Delta\boldsymbol{r}_{Pk}$、$\Delta\boldsymbol{r}_{Pk'}$、$\Delta\boldsymbol{r}_{k'k}$ 分别表示过程中质点对 k 系、对 k′系的位移以及 k′系对 k 系的位移，此式称为**位移变换**。把位移与其分量的关系即式（1-8）$\Delta\boldsymbol{r}=\Delta x\boldsymbol{i}+\Delta y\boldsymbol{j}+\Delta z\boldsymbol{k}$ 代入式（1-45）可以得到位移变换的分量表示，在 x 方向为 $\Delta x_{Pk}=\Delta x_{Pk'}+\Delta x_{k'k}$，在 y 和 z 两个方向的分量表示读者不难自己写出，在形式上与 x 方向的表示完全相同。

2. 相对速度和相对加速度

把式（1-44）对时间求导，可得到相对速度之间的关系即**速度变换**

$$\boldsymbol{v}_{Pk}=\boldsymbol{v}_{Pk'}+\boldsymbol{v}_{k'k} \tag{1-46}$$

把速度与其分量的关系即式（1-14）$\boldsymbol{v}=v_x\boldsymbol{i}+v_y\boldsymbol{j}+v_z\boldsymbol{k}$ 代入式（1-46）可得到速度变换的分量表示，在 x 方向为 $v_{Pkx}=v_{Pk'x}+v_{k'kx}$，在其他两个方向上的分量表示读者同理可以自己写出。

把式（1-46）再对时间 t 求导，可得**加速度变换**

$$\boldsymbol{a}_{Pk}=\boldsymbol{a}_{Pk'}+\boldsymbol{a}_{k'k} \tag{1-47}$$

它在 x 方向的分量表示为 $a_{Pkx}=a_{Pk'x}+a_{k'kx}$，在 y、z 方向的分量表示读者同理可以自己写出。

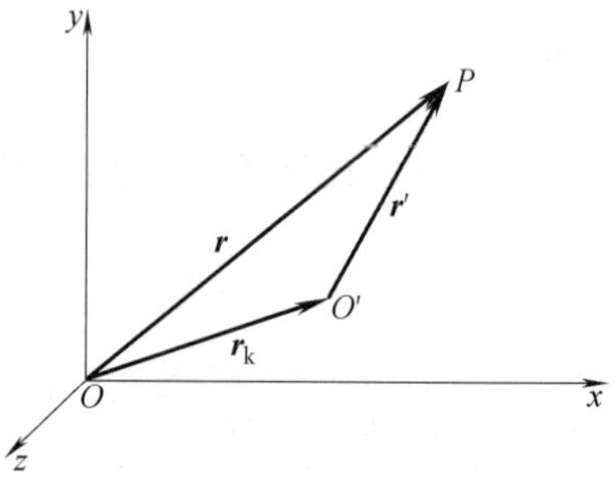

图 1-16　相对运动中位矢的简单表示

为了使上述几个变换在形式上简洁一些，例如对于 $\boldsymbol{r}_{Pk}=\boldsymbol{r}_{Pk'}+\boldsymbol{r}_{k'k}$［式（1-44）］，如图 1-16 所示（图中 k′系的三个坐标轴没有作出但并不会引起混淆），把质点对 k 系的位矢记作 $\boldsymbol{r}$，质点对 k′系的位矢记作 $\boldsymbol{r}'$，而 k′系对 k 系的位矢记作 $\boldsymbol{r}_k$，则式（1-44）可简单地记作

$$\boldsymbol{r}=\boldsymbol{r}'+\boldsymbol{r}_k$$

相应地，式（1-46）和式（1-47）也简化为

$$\boldsymbol{v}=\boldsymbol{v}'+\boldsymbol{v}_k$$

$$\boldsymbol{a}=\boldsymbol{a}'+\boldsymbol{a}_k$$

请记住各项的含义，以免在应用时弄错。还要理解同一个问题的不同提法，例如 $\boldsymbol{r}=\boldsymbol{r}_{Pk}$ 是质点 P 相对于 k 系的位矢，也可称为 k 系测得的质点的位矢。

例 1-9 如图 1-17 所示，一物体在 $t=0$ 时从 O 点以初速率$\boldsymbol{v}_0$、仰角 α 斜上抛，同时有一辆作匀速运动的汽车通过 O 点，车速为 $\boldsymbol{u}$。求在车上测得的物体运动方程、速度和加速度。当车速 u 为多大时，车上的人会认为物体是在作上抛运动？

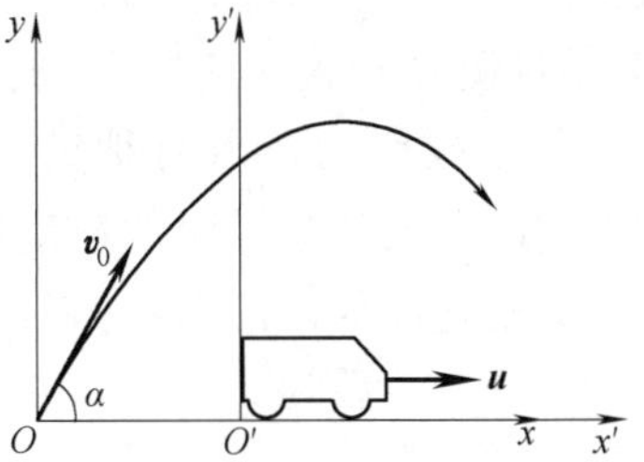

图 1-17 例 1-9 图

解 如图所示在地面设立坐标系 Oxy，在车上设立坐标系 $O'x'y'$。

物体相对于地面为斜上抛运动，故物体对地面参考系 Oxy 的位置为

$$x=v_0\cos\alpha\cdot t \tag{a}$$

$$y=v_0\sin\alpha\cdot t-\frac{1}{2}gt^2 \tag{b}$$

汽车相对于地面为匀速直线运动，故汽车对地面参考系的位置为

$$x_{\mathrm{k}}=ut$$

$$y_{\mathrm{k}}=0$$

按相对运动的位置变换，物体对汽车参考系 $O'x'y'$的位置，也即汽车上测得的物体的运动方程为

$$x'=x-x_{\mathrm{k}}=(v_0\cos\alpha-u)t \tag{c}$$

$$y'=y-y_{\mathrm{k}}=v_0\sin\alpha\cdot t-\frac{1}{2}gt^2 \tag{d}$$

汽车上测得物体的速度为

$$v_x'=\frac{\mathrm{d}x'}{\mathrm{d}t}=v_0\cos\alpha-u$$

$$v_y'=\frac{\mathrm{d}y'}{\mathrm{d}t}=v_0\sin\alpha-gt$$

汽车上测得物体的加速度为

$$a_x'=\frac{\mathrm{d}v_x'}{\mathrm{d}t}=0$$

$$a_y'=\frac{\mathrm{d}v_y'}{\mathrm{d}t}=-g$$

可见，汽车上测得物体的位置和速度与地面上测得的不相同，而加速度的测值却是相同的，都是重力加速度 g，方向向下。

若汽车上测得物体作上抛运动，则应该有

$$u=v_0\cos\alpha$$

此时

$$x'=0$$

而由式（d）可知依然为

$$y'=v_0\sin\alpha\cdot t-\frac{1}{2}gt^2$$

例 1-10 一火车在雨中向东行驶，当火车停下来时，乘客发现雨的速度与竖直方向成 30°角且偏向车头，当火车以 $12\mathrm{m}\cdot\mathrm{s}^{-1}$行驶时，雨的速度与竖直方向成 60°角且偏向车尾，求雨对地的速度的大小。

解 按题意，雨对地的速度 $\boldsymbol{v}_{\mathrm{RG}}$ 方向为向下偏东 30°，如图 1-18a 所示；车对地的速度 $\boldsymbol{v}_{\mathrm{TG}}$ 方向向东，大小为 $12\mathrm{m}\cdot\mathrm{s}^{-1}$；雨对车的速度 $\boldsymbol{v}_{\mathrm{RT}}$ 方向为向下偏西 60°。按相对运动的速度变换，它们之间的关系为

$$\boldsymbol{v}_{\mathrm{RG}}=\boldsymbol{v}_{\mathrm{RT}}+\boldsymbol{v}_{\mathrm{TG}}$$

即这三个矢量应组成一个三角形，如图 1-18b 所示。这是一个直角三角形，且两个锐角分别为 30°和 60°，故雨对地的速度的大小为

$$v_{\mathrm{RG}}=v_{\mathrm{TG}}\sin 30^{\circ}=\frac{v_{\mathrm{TG}}}{2}=6\mathrm{m}\cdot\mathrm{s}^{-1}$$

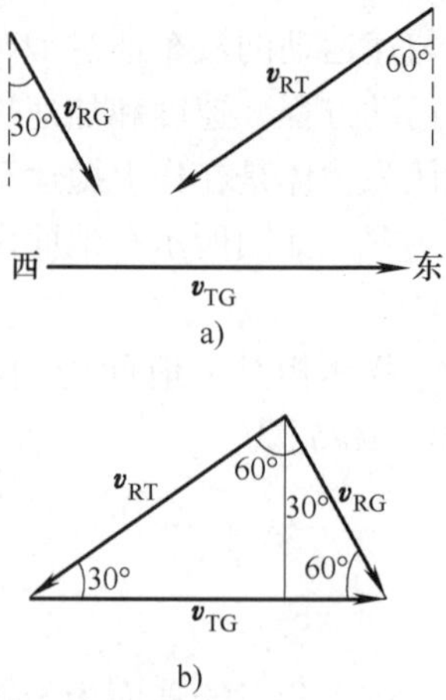

图 1-18 例 1-10 图

本章逻辑主线

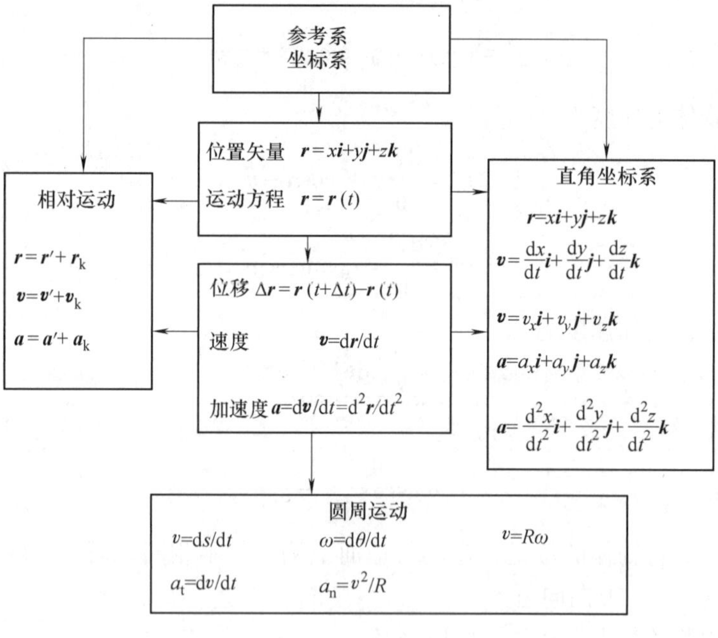

拓展阅读

北斗卫星导航系统的诞生

“复移小凳扶窗立，教识中天北斗星。”自古以来，北斗就是中华民族的指路明灯。北斗卫星导航系统是中国自行研制的全球卫星导航系统，它是继美国全球定位系统（GPS）、俄罗斯格洛纳斯卫星导航系统（GLONASS）之后第三个成熟的卫星导航系统。它是由 5 颗地球静

止轨道卫星、3颗地球同步轨道卫星，以及27颗中高轨道卫星，共计35颗卫星组成的卫星网。它不仅可以提供高精度、高准确的计时、授时以及导航功能，更能提供可用于日常通信和紧急救援的高可靠、广覆盖、低成本的双向短报文功能，这是其他导航系统都不具备的特殊的功能。

北斗卫星导航系统的建成，饱含着中华民族历经劫难的清醒和繁荣昌盛的复兴梦。大国重器，唯有自力更生，中国人的命运必须掌控在自己的手中。北斗卫星导航系统“三步走”发展战略：第一步，从20世纪80年代到2000年，一开始只是设想，1994年时工程正式立项，到2000年我国发射第二颗地球静止轨道卫星，导航服务可以覆盖我国周边地区；第二步，从2001年到2012年，2012年底建成北斗二号导航系统，可以覆盖亚太地区；第三步，从2013年到2020年，到2020年7月，北斗全球卫星导航系统星座部署全面圆满成功。我国北斗全球卫星导航系统从无到有、从弱到强的30多年的发展历程，体现着北斗卫星导航系统首任总设计师孙家栋、现任总设计师杨长风及一代代北斗人努力拼搏、无私奉献的精神。有很多感人的故事（扫码阅读），可以让我们体会到中国航天人“自主创新、开放融合、万众一心、追求卓越”的新时代精神，体会以国为重这一“北斗精神”的核心。

图1-19　北斗卫星系统 Logo

北斗卫星导航系统的诞生

习　题

一、填空题

1.1　一质点沿 x 轴运动的规律为 $x=t^2-4t+5$(SI)，则前3s内它的位移是________，路程是________。

1.2　物体通过两个连续相等位移的平均速度分别为 $v_1=10\text{m}\cdot\text{s}^{-1}$，$v_2=15\text{m}\cdot\text{s}^{-1}$，若物体作直线运动，则在整个过程中物体的平均速度为________。

1.3　质点的运动方程为：$x=-t+3t^2$，$y=5t-2t^2$（其中 x、y 的单位为m，t 的单位为s），则该质点的初速度 $\boldsymbol{v}=$________，加速度 $\boldsymbol{a}=$________。

1.4　已知质点的运动方程可表示为 $\boldsymbol{r}(t)=x(t)\boldsymbol{i}+y(t)\boldsymbol{j}+z(t)\boldsymbol{k}$，则 v_x 表示________________________；a_y 表示________________________。

1.5　在 x 轴上作变加速直线运动的车辆，其初始位置为 x_0，初速度为 v_0，加速度为 $a=kt$，则其速度与时间的关系 $v(t)=$________，运动方程 $x(t)=$________。

1.6　一质点沿 x 轴运动，速度与位置的关系为 $v=kx$，其中 k 为一正常量，则质点在任意 x 处的加速度为________。

1.7　请填空质点在运动过程中若满足下列条件时，质点是在作什么运动？

（1）$\left|\dfrac{\mathrm{d}\boldsymbol{r}}{\mathrm{d}t}\right|=0$，________；（2）$\dfrac{\mathrm{d}r}{\mathrm{d}t}=0$，________；

（3）$\left|\frac{dv}{dt}\right|=0$，________；（4）$\frac{dv}{dt}=0$，________。

1.8　一质点作半径 $R=1m$ 的圆周运动，其运动方程 $\theta=2t^2+3t(rad)$，则当 $t=2s$ 时，质点的角位置为________，角速度为________，角加速度为________，切向加速度为________，法向加速度为________。

1.9　在 x 轴上作变加速直线运动的质点，已知其初速度为 v_0，初始位置为 x_0，加速度 $a=Ct^2$（其中 C 为常量），则其速度与时间的关系为 $v=$________。

1.10　一质点沿半径为0.2m的圆周运动，其角位置随时间的变化规律是 $\theta=3+5t^2$(SI)。在 $t=3s$ 时，它的法向加速度 $a_n=$________，切向加速度 $a_t=$________。

1.11　一质点从静止出发沿半径 $R=1m$ 的圆周运动，其角加速度随时间 t 的变化规律是 $\beta=12t^2-6t$ (SI)，则质点的角速度 $\omega=$________。

1.12　以初速率 $\boldsymbol{v}_0$、抛射角 θ_0 抛出一物体，则其抛物线轨道最高点处的曲率半径为________。

1.13　质点由静止开始以匀角加速度 β 沿半径为 R 作圆周运动，如果在某一时刻此质点的总加速度 $\boldsymbol{a}$ 与切向加速度 $\boldsymbol{a}_t$ 成45°角，则此刻质点已转过的角度 θ 为________。

1.14　质点 A 在水平面沿一半径为 $R=1m$ 的圆轨道转动，转动的角速度与时间的函数关系为 $\omega=kt^2$，已知 $t=2s$ 时，质点 A 的速率为 $16m\cdot s^{-1}$，则 $t=1s$ 时，质点 A 的速率为________，加速度为________。

1.15　轮船在水上以相对于水的速度 $\boldsymbol{v}_1$ 航行，水流速度为 $\boldsymbol{v}_2$，一人相对于甲板以速度 $\boldsymbol{v}_3$ 行走。如人相对于岸静止，则 $\boldsymbol{v}_1$、$\boldsymbol{v}_2$ 和 $\boldsymbol{v}_3$ 的关系是________。

二、选择题

1.16　在质点的运动过程中，下列哪些情况是不可能的？（　　）

（A）$\boldsymbol{v}$ 不变而 v 变化；　（B）a 很大而 $\boldsymbol{v}$ 不变；

（C）v 不变而 $\boldsymbol{v}$ 变化；　（D）a 减小而 $\boldsymbol{v}$ 增加。

1.17　一质点作圆周运动，下列式子中哪些是正确的？（　　）

（A）$|\Delta\boldsymbol{r}|=s$　（B）$|d\boldsymbol{r}|=ds$

（C）$|\Delta\boldsymbol{r}|=\Delta r$　（D）$|d\boldsymbol{r}|=dr$

1.18　在以下几种运动中，质点的切向加速度和法向加速度均为零的是（　　）。

（A）匀速直线运动；　（B）匀速曲线运动；

（C）变速直线运动；　（D）变速曲线运动。

1.19　质点在同一高度以相同的速率分别作平抛运动和斜抛运动，落地时关于物体的描述，下面正确的是（　　）。

（A）速度方向相同，速度大小相同；　（B）速度方向相同，速度大小不同；

（C）速度方向不同，速度大小不同；　（D）速度方向不同，速度大小相同。

1.20　已知一电子在电场中的运动方程为 $\boldsymbol{r}=3t\boldsymbol{i}+(16-2t^2)\boldsymbol{j}$(SI)，则电子的运动轨迹为（　　）。

（A）$3y+\frac{2}{9}x^2=16$；　（B）$3y+2x^2=48$；

（C）$9y+2x^2=16$；　（D）$y+\frac{2}{9}x^2=16$。

1.21　一质点在平面上运动，已知质点位置矢量的表示式为 $\boldsymbol{r}=at^2\boldsymbol{i}+bt^2\boldsymbol{j}$（其中 a、b 为常量），则该质点作（　　）。

（A）匀速直线运动；　（B）变速直线运动；

（C）抛物线运动；　（D）一般曲线运动。

1.22　质点沿半径为 R 的圆周作匀速率运动，每 T 时间转一圈。在 $2T$ 时间间隔中，其平均速度（位移/时间）大小与平均速率（路程/时间）大小分别为（　　）。

（A）$2\pi R/T$，$2\pi R/T$；　（B）0，$2\pi R/T$；

（C）0，0；　（D）$2\pi R/T$，0。

1.23 某物体的运动规律为$\frac{dv}{dt}=-kv^2t$，式中的k为大于零的常量，当$t=0$时，初速度大小为v_0，则速度v与时间t的函数关系为（　　）。

（A）$v=\frac{1}{2}kt^2+v_0$；　　（B）$v=-\frac{1}{2}kt^2+v_0$；

（C）$\frac{1}{v}=\frac{1}{2}kt^2+\frac{1}{v_0}$；　　（D）$\frac{1}{v}=-\frac{1}{2}kt^2+\frac{1}{v_0}$。

1.24 一质点沿x轴运动，其运动方程为$x=5t^2-3t^3$，其中t以s为单位。当$t=2$s时，该质点正在（　　）。

（A）加速；　　（B）减速；

（C）匀速；　　（D）静止。

1.25 在相对地面静止的坐标系内，A、B两条船都以$2\text{m}\cdot\text{s}^{-1}$的速率匀速行驶，A船沿$x$轴正向，B船沿$y$轴正向。今在A船上设置与静止坐标系方向相同的坐标系，那么在A船上的坐标系中，B船的速度为（　　）。

（A）$2\boldsymbol{i}+2\boldsymbol{j}$；　　（B）$-2\boldsymbol{i}+2\boldsymbol{j}$；

（C）$-2\boldsymbol{i}-2\boldsymbol{j}$；　　（D）$2\boldsymbol{i}-2\boldsymbol{j}$。

三、计算题

1.26 有一质点沿x轴作直线运动，t时刻的坐标为$x=4.5t^2-2t^3$（SI），求：（1）第2s内的平均速度；（2）第2s末的瞬时速度。

1.27 一质点在x轴上运动，运动方程为$x=10t-5t^2$。（1）求$t=0$到$t=1$s过程中质点的位移和路程；（2）求$t=1$s到$t=3$s过程中质点的位移和路程；（3）在$t=0$及$t=3$s时刻质点的速率是在增加还是在减小？

1.28 如图1-20所示，一雷达站探测飞机的方位，在t_1时刻，飞机相对该站点的距离为s_1，s_1与水平方向的夹角为θ_1，经过一段时间后，在t_2时刻测得飞机相对该站点的距离为s_2，s_2与水平方向的夹角为θ_2，求出飞机在这段时间内的平均速度。

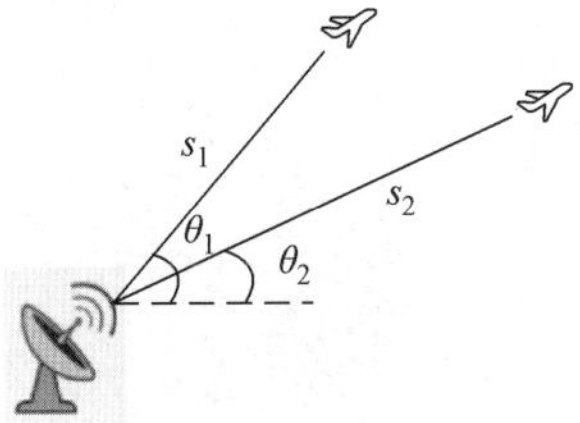

图1-20　题1.28图

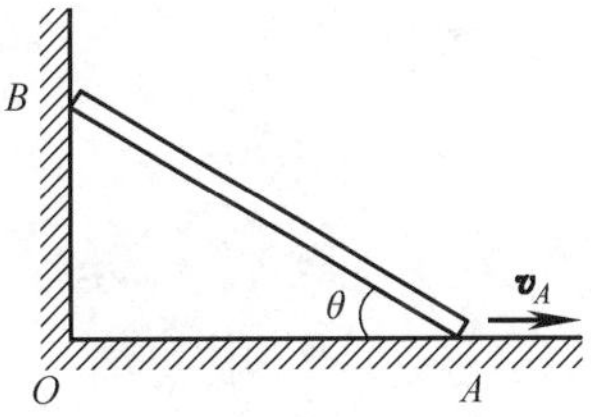

图1-21　题1.31图

1.29 一质点在Oxy平面运动，运动方程为$x=20+4t^2$，$y=10t+2t^3$，求在$t=1$时质点加速度的大小和方向。

1.30 一质点在Oxy平面运动，加速度$\boldsymbol{a}=6t\boldsymbol{j}$，若$t=0$时质点位置在$\boldsymbol{r}_0=10\boldsymbol{j}$，速度为$\boldsymbol{v}_0=4\boldsymbol{i}$，求质点的运动方程和轨迹方程。

1.31 如图1-21所示，一直杆靠墙因重力而下滑，到倾角$\theta=30°$时A端速度为$\boldsymbol{v}_A$，方向向右，求此时B端的速度。

1.32 如图1-22所示，一根长28.3m的旗杆垂直竖立在地面上，已知正午时分太阳正好在旗杆的正上方，求下午3点时杆顶在地面上影子的速度大小为多少？

1.33 一汽车在曲率半径为200m的弧形公路上行驶，其运动方程为路程$s=20t-0.2t^2$(SI)，求汽车在$t=1$s时的速度和加速度大小。

1.34 一质点沿一曲线运动，其切向加速度大小a_t为定值，设$t=0$时质点速率为v_0，路程为s_0，试推证匀切向加速运动公式：

$$v = v_0 + a_t t$$

$$s = s_0 + v_0 t + \frac{1}{2} a_t t^2$$

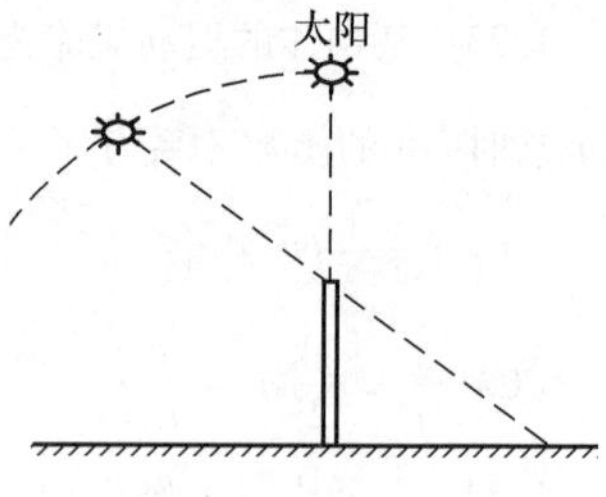

图 1-22　题 1.32 图

1.35　一跳伞运动员在跳伞过程中由于受到空气阻力的作用，其运动方程为 $y = b - c(t + k\mathrm{e}^{-t/k})$ (SI)，式中的 b、c 均为常量，y 是跳伞员距离地面的高度，求跳伞员在任意时刻的速度和加速度。

1.36　已知子弹的轨迹为抛物线，初速为 $\boldsymbol{v}_0$，并且 $\boldsymbol{v}_0$ 与水平面的夹角为 θ，求子弹轨迹的顶点及落地的曲率半径？

1.37　质点从静止出发沿半径 $R = 3\mathrm{m}$ 的圆周做匀变速运动，切向加速度 $a_t = 3\mathrm{m \cdot s^{-2}}$，问：(1) 经过多长时间后质点的总加速度恰好与半径成 45°角？(2) 在上述时间内，质点所经历的角位移和路程各为多少？

1.38　一质点圆周运动的轨迹半径 $R = 1.24\mathrm{m}$，质点的角加速度 $\alpha = 2t$ (α 的单位为 $\mathrm{rad \cdot s^{-2}}$，$t$ 的单位为 s)，若 $t = 0$ 时质点角速度为 $\omega_0 = 0.32\mathrm{rad \cdot s^{-1}}$，求 $t = 1\mathrm{s}$ 时质点的角速度、切向加速度和法向加速度。

1.39　一质点沿半径为 R 的圆周运动，角速度 $\omega = kt^2$ (ω 的单位为 $\mathrm{rad \cdot s^{-1}}$，$t$ 的单位为 s)，其中 k 为一正常量。设 $t = 0$ 时质点角位置 $\theta = 0$，求任意时刻 t 时质点的角位置、角加速度、切向加速度和法向加速度。

1.40　一质点作圆周运动的角速度和角位置的关系为 $\omega = -k\theta$ (ω 的单位为 $\mathrm{rad \cdot s^{-1}}$，$\theta$ 的单位为 s)，其中 k 为一正常量，求任意时刻 t 质点的角加速度、角速度和角位置。

1.41　某人在静水中的游泳速度是 $0.6\mathrm{m \cdot s^{-1}}$，当他要以最短的距离横渡一宽为 50m、水流速度为 $0.3\mathrm{m \cdot s^{-1}}$ 的河面时，应如何确定游行方向？到达对岸需要多长时间？

1.42　一船以速率 $v_1 = 30\mathrm{km \cdot h^{-1}}$ 沿直线向东行驶，另一小艇在其前方以速率 $v_2 = 40\mathrm{km \cdot h^{-1}}$ 沿直线向北行驶，问：(1) 在船上看小艇的速度为多少？(2) 在艇上看船的速度又为多少？

注：以上各题中，若非特别说明，均采用国际单位制 (SI)。

本章重要知识点讲解　　　　本章习题简答

第 2 章 质点动力学

本章我们重点讨论质点动力学的有关问题。质点动力学研究的是物体（抽象为质点模型）在力的作用下运动状态变化的规律。这个规律首先是由牛顿提出来的，即人们熟悉的牛顿运动定律。在该定律中，牛顿严格定义了力学中的一些重要物理量，如物体的惯性、力等，并且定量地给出了物体运动变化与物体受力之间的关系。与中学物理相比，大学物理中研究的质点动力学部分、物体的受力情况不再局限于恒力作用，我们要能够处理有关变力作用下的物体的运动问题。根据牛顿运动定律揭示的规律，已知物体的受力情况以及该物体在某一时刻的运动状态，则其后任一时刻该物体的运动状态都可以得出。原则上讲，在经典物理学涵盖的范围内，牛顿运动定律可以求解（质点）动力学的各种问题。由牛顿运动定律还可以推导得出动量定理、角动量定理和动能定理。本章还将讨论有关功和能量的关系，阐述力学系统的功能原理以及机械能守恒定律。

2.1 牛顿运动定律

1. 牛顿运动定律的内容

牛顿运动定律是宏观物体在机械运动中所遵从的基本规律，是牛顿经过长期的观察思考并继承了前人的研究成果于 1687 年在《自然哲学的数学原理》一书中提出来的。下面给出的牛顿运动定律的表述正是此书的中文释文。牛顿运动定律包括三条定律，通常简称为牛顿三定律，由于中学物理课程中对牛顿三定律有较为详细的讨论，这里仅就定律的表述以及对定律的理解应注意的问题做简要的阐述。

牛顿第一定律：每个物体会保持其静止或沿一直线作匀速运动的状态，除非有力加于其上迫使它改变这种状态。

牛顿第一定律涉及两个重要的力学概念。第一个是惯性的概念，物体在不受外力作用时都具有保持静止或者匀速直线运动状态的性质，物体的这种保持其原有运动状态的性质称为物体的**惯性**。因此牛顿第一定律又称为**惯性定律**。另一个是力的概念。力是物体之间的相互作用。当有力施加在物体上时，物体将改变原来的静止或匀速直线运动的状态，因此“力”是使物体运动状态发生变化的原因。牛顿指出：“力只存在于作用的过程中，当作用过去以后，它就不再留在物体之中，因为物体只需要它的惯性来保持它所得到的每一个新的状态。”

牛顿第二定律：运动的变化和所加的力成正比，并且发生在所加的力的直线方向上。牛顿第二定律中的“运动”应当理解为“运动的量”。牛顿指出，“运动的量是用它的速度和质量一起来量度的”。这个“运动的量”为物体的质量 m 与物体的运动速度$\boldsymbol{v}$的乘积，称为物体的动量，用 $\boldsymbol{p}$ 表示，即

$$\boldsymbol{p}=m\boldsymbol{v}$$

定律中“运动的变化”则应当理解为“运动的量随时间的变化”，也就是动量的变化，在数学上表示为动量对时间的一阶导数$\frac{\mathrm{d}\boldsymbol{p}}{\mathrm{d}t}$，这样，牛顿第二定律在数学上就可以表述为

$$\boldsymbol{F}=\frac{\mathrm{d}\boldsymbol{p}}{\mathrm{d}t}=\frac{\mathrm{d}(m\boldsymbol{v})}{\mathrm{d}t} \tag{2-1}$$

在经典力学适用的范围内，物体运动的速度都远远小于光在真空中的传播速度 c（$v \ll c$），属于低速运动。物体在低速运动的情况下，质量 m 基本上不随运动速度$\boldsymbol{v}$发生变化，可以视为一个常量，此时牛顿第二定律可以表示为

$$\boldsymbol{F}=m\frac{\mathrm{d}\boldsymbol{v}}{\mathrm{d}t}$$

由于$\frac{\mathrm{d}\boldsymbol{v}}{\mathrm{d}t}=\boldsymbol{a}$，$\boldsymbol{v}=\frac{\mathrm{d}\boldsymbol{r}}{\mathrm{d}t}$，上式又可以表示为

$$\boldsymbol{F}=m\frac{\mathrm{d}\boldsymbol{v}}{\mathrm{d}t}=m\frac{\mathrm{d}^2\boldsymbol{r}}{\mathrm{d}t^2} \tag{2-2}$$

或者

$$\boldsymbol{F}=m\boldsymbol{a} \tag{2-3}$$

式（2-3）是人们熟悉的牛顿第二定律的表述形式，它表示外力作用在物体上将使物体具有加速度，从而使物体的运动状态发生变化。加速度发生在物体所受的力的方向上，其大小与力的大小成正比。加速度与物体的质量 m 成反比，m 定量地表示了物体的惯性，称为物体的惯性质量。式（2-2）是用微分形式表示的牛顿第二定律，也称为**运动微分方程**。式（2-2）和式（2-3）都称为牛顿力学的质点动力学方程。

必须要指明的是，式（2-2）和式（2-3）都是在物体作低速运动的情况下得到的，当物体运动速度很高以至于接近真空光速或者可以和真空光速相比拟（不能超过真空光速）的时候，物体的质量 m 将会明显地依赖于运动速率 v 的变化而发生变化，其函数关系为

$$m=\frac{m_0}{\sqrt{1-\frac{v^2}{c^2}}}$$

式中，m_0 为物体静止不动时的质量，称为静质量。在这种情况下，式（2-1）仍然是成立的，但式中的 m 不能再作为常量提出，因而也不可能得到牛顿第二定律的式（2-2）或式（2-3）表述。此时动力学的基本方程将表现为爱因斯坦的相对论动力学基本方程。

牛顿第三定律：每一个作用总是有一个相等的反作用和它相对抗；或者说，两物体彼此之间的相互作用总是相等的，并且方向相反。

牛顿第三定律通常称为作用力与反作用力定律，可以表述为

$$\boldsymbol{F}=-\boldsymbol{F}'$$

它表明物体之间的作用是相互的。作用力与反作用力同时产生，同时消失；它们大小相等，方向相反，作用在同一条直线上；作用力与反作用力是性质相同的力。

2. 理解牛顿运动定律应注意的几个问题

牛顿运动定律是整个动力学的理论基础，牛顿第二定律是牛顿运动定律的核心，也是定量

计算的基本方程。在学习和理解的过程中还应当注意以下一些问题。

(1) 牛顿第二定律中的 $\boldsymbol{F}$ 可以是单个的力，也可以是合力。当力 $\boldsymbol{F}_i$ 单独作用在物体上时，它使物体具有的加速度为 $\boldsymbol{a}_i$，$\boldsymbol{F}_i = m\boldsymbol{a}_i$。当物体受到两个以上（$i=1,2,\cdots,n$）的力的作用时，实验表明，合力的作用效果与各分力作用效果的矢量和相等。以 $\boldsymbol{F}$ 表示合力，$\sum_{i=1}^{n} m\boldsymbol{a}_i$ 表示各分力作用效果的矢量和，由

$$\boldsymbol{F} = \sum_{i=1}^{n} m\boldsymbol{a}_i$$

可以得出

$$\boldsymbol{F} = \sum_{i=1}^{n} \boldsymbol{F}_i \tag{2-4}$$

式中，$\boldsymbol{F}_i$ 是第 i 个分力。式（2-4）称为**力的叠加原理**。力的叠加原理是我们将要学习到的物理学中一系列的叠加原理的基础。在大多数情况下，物体同时受到多个力的作用，此时牛顿第二定律 $\boldsymbol{F}=m\boldsymbol{a}$ 中，$\boldsymbol{F}$ 表示合力，$m\boldsymbol{a}$ 表示合力作用的总效果。

(2) 牛顿第二定律 $\boldsymbol{F}=m\boldsymbol{a}$ 或 $\boldsymbol{F}=m\dfrac{\mathrm{d}\boldsymbol{v}}{\mathrm{d}t}=m\dfrac{\mathrm{d}^2\boldsymbol{r}}{\mathrm{d}t^2}$都是矢量方程，它们表示物体具有的加速度的大小与所受的力的大小成正比，并且发生在力的方向上。如果所受的力的方向随时间发生变化，加速度的方向亦将同时发生变化。不过在应用牛顿第二定律求解具体问题时，一般应将矢量方程投影到各坐标轴上作分量式计算。如果采用笛卡儿直角坐标系，牛顿第二定律在 x、y、z 轴上的分量方程为

$$F_x = ma_x,\quad F_y = ma_y,\quad F_z = ma_z \tag{2-5}$$

或者

$$F_x = m\frac{\mathrm{d}v_x}{\mathrm{d}t} = m\frac{\mathrm{d}^2 x}{\mathrm{d}t^2},\quad F_y = m\frac{\mathrm{d}v_y}{\mathrm{d}t} = m\frac{\mathrm{d}^2 y}{\mathrm{d}t^2},\quad F_z = m\frac{\mathrm{d}v_z}{\mathrm{d}t} = m\frac{\mathrm{d}^2 z}{\mathrm{d}t^2}$$

如果讨论曲线运动时采用了自然坐标系，牛顿第二定律在法线方向和切线方向的分量方程为

$$F_{\mathrm{n}} = ma_{\mathrm{n}},\quad F_{\mathrm{t}} = ma_{\mathrm{t}} \tag{2-6}$$

切线方向的分量方程还可以表示为

$$F_{\mathrm{t}} = m\frac{\mathrm{d}v}{\mathrm{d}t} = m\frac{\mathrm{d}^2 s}{\mathrm{d}t^2}$$

(3) 牛顿第二定律是瞬时关系式，$\boldsymbol{F}(t)=m\boldsymbol{a}(t)$。物体在 t 时刻具有的加速度与同一时刻所受力的大小成正比，方向相同，并且表现为时间 t 的函数。在某些情况下，物体所受的力为恒力，物体具有的加速度为匀加速度，如自由落体运动，这时力与加速度都不随时间 t 变化。但是更普遍的情况表现为物体所受的力为变力，力的大小方向都可能发生变化，相应物体的加速度也是变化的，物体的加速度与力在时间上应表现为一一对应的关系。

(4) 牛顿运动定律使用的范围。

1) 牛顿运动定律适用于质点。牛顿运动定律中的“物体”是指质点，$\boldsymbol{F}=m\boldsymbol{a}$ 或 $\boldsymbol{F}=m\dfrac{\mathrm{d}\boldsymbol{v}}{\mathrm{d}t}=m\dfrac{\mathrm{d}^2\boldsymbol{r}}{\mathrm{d}t^2}$均针对质点成立。如果一个物体的大小、形状在讨论问题时不能够忽略不计，可以将该物体处理为由许许多多质点构成的质点系统（简称为质点系）。质点系中每一个质点的

运动规律都应当遵从牛顿运动定律。

2）牛顿力学适用于宏观物体的低速运动情况。在牛顿于1687年提出著名的牛顿三定律时，人们对物质及其运动的认识还仅仅局限于宏观物体的低速运动。宏观物体通常是指物体的线度大于10^{-10}m数量级，例如人们肉眼可见的各种物体，以及肉眼不可见的相对较大的尘埃、微粒等。低速运动则是指物体的运动速度远远小于光在真空中的传播速度。牛顿力学在宏观物体低速运动的范围内描述物体的运动规律是极为成功的。但是到了19世纪末期，随着物理学在理论上和实验技术上的不断发展，人类观察领域的不断扩大，实验上相继观察到了微观领域和高速运动领域中的许多现象，如电子、放射性射线等。人们发现用牛顿力学解释这些现象是不成功的。直到20世纪初量子力学诞生，才对微观粒子的运动规律给予了正确的解释，而对于高速运动的物理现象，则必须用爱因斯坦的相对论进行讨论。

3）牛顿力学只适用于**惯性参考系**。在质点运动学一章中曾经指出，运动是绝对的，但是对运动的描述是相对的，因此描述物体的运动必须相对于特定的参考系。运动学中参考系的选择可以是任意的，但是，用牛顿运动定律讨论动力学问题的时候，参考系的选择必须满足牛顿运动定律所揭示的规律。也就是说，对一个参考系，如果观察者在该参考系中观测到物体不受力的作用，物体就应当处于静止或匀速直线运动的状态，即在该参考系中牛顿第一定律成立，这种满足牛顿第一定律（惯性定律）的参考系称为**惯性参考系**，简称为**惯性系**。牛顿运动定律只适用于惯性系。惯性系的确定原则上应当根据牛顿第一定律由实验结果判断。实验表明，以银河系的中心为坐标原点，固定于银河系的参考系是很好的惯性系。以太阳中心为坐标原点的太阳参考系也是一个较好的惯性系。一般讨论问题时常常采用坐标原点固定于地球中心的参考系（地心系）或固定于地球表面上的参考系（地面系），它们都只是精度不算很高的惯性系。根据相对运动一节中的有关知识可以知道，假设有一个参考系k是惯性系，在该惯性系中观察某物体不受力的作用而保持静止或匀速直线运动的状态，这时有另一参考系k′相对于k系作匀速直线运动，在k′系中的观察者观察到该物体仍然不受力的作用，也保持着静止或匀速直线运动状态，只不过运动速度$\boldsymbol{v}$有所不同而已，即在k′系中牛顿第一定律也成立，因此k′系也是惯性系。这就得到有关惯性系的一个重要而实用的性质：凡是相对于某已知惯性系作匀速直线运动的参考系都是惯性系。当我们把地面参考系作为惯性系采用的时候，凡是相对于地面作匀速直线运动的参考系都可以视作惯性系。对于那些不能作为惯性系处理的参考系称为非惯性系，非惯性系中力学问题的处理将留待本章最后一节另行讨论。概括而言，牛顿力学适用的范围是质点、宏观物体、低速运动和惯性系。

2.2　物理量的单位和量纲

1. SI单位

一个物理量的定量表述通常由两个部分组成，一是该物理量的数值，二是该物理量的单位。单位的选择直接影响着数值的确定。例如，一根米尺的长度，以“米”（m）为单位，长度为1m；以“厘米”（cm）为单位，长度为100cm；以“市尺”（我国历史上及现代民间常用的一种长度单位）为单位，则为3尺。在历史上，同一物理量的单位往往有若干种，就像上面所举的长度单位一样，它们分属于不同的单位制。有一些单位制在使用的过程中由于种种原因已经逐渐被淘汰。目前国际上通用的单位制为**国际单位制**（system of international units），简称 SI。1984 年 2 月 27 日，国务院发布了《关于我国统一实行法定计量单位的命令》，根据国务院的命令，我国的法定计量单位是以国际单位制单位为基础，根据我国的情况，适当增加了一些其他单位构成的。以下对国际单位制做简要介绍。

国际单位制（SI）的构成为：

国际单位制（SI）
- SI 单位
  - SI 基本单位
  - SI 导出单位
- SI 单位的倍数单位

在国际单位制中，物理量的单位有两类：基本单位和导出单位。**基本单位**是从众多的物理量中选出少数几个量作为**基本量**。把基本量的单位确定为基本单位。物理学中 SI 基本单位只有 7 个，列在表 2.1 中。

表 2.1　SI 基本单位

量的名称	单位名称	单位符号	量的名称	单位名称	单位符号
长度	米	m	热力学温度	开［尔文］	K
质量	千克（公斤）	kg	物质的量	摩［尔］	mol
时间	秒	s	发光强度	坎［德拉］	cd
电流	安［培］	A			

注：圆括号中的名称，是它前面的名称的同义词；方括号中的字，在不致引起混淆、误解的情况下，可以省略。

由于各物理量之间存在着规律性的联系，当基本量确定之后，其他物理量就可以根据有关的物理定义、定律由基本量导出，称为**导出量**。导出量的单位则相应地由基本单位组合而成，称**导出单位**。例如，速度$\boldsymbol{v}$，按照定义$\boldsymbol{v}=\dfrac{\mathrm{d}\boldsymbol{r}}{\mathrm{d}t}$它就是一个导出量，它的单位由基本单位“米”和“秒”组成，表示为$\mathrm{m}\cdot\mathrm{s}^{-1}$，是一个导出单位。力学中大家熟悉的力、加速度、动量、能量、功等物理量均为导出量，它们的单位都是导出单位。

在物理量的表述中常常使用到**倍数单位**。人们会发现有时候反映一个物理现象所用的物理量的数值可能很大，也可能很小。例如，银河系的直径约为$7.6\times10^{22}\mathrm{m}$，而原子的半径仅约为$1\times10^{-10}\mathrm{m}$。这时候可以用基本单位的倍数或者分数作单位来表示物理量的大小，称为倍数单位。倍数单位是一种扩大或缩小的单位，它的名称由基本单位加上一个表示倍数或者分数的词头构成。SI 倍数单位的词头详见表 2.2。用倍数单位，原子半径的大小就可以表示为 0.1nm（纳米）。$1\times10^{3}\mathrm{m}$ 表示为 1km（千米），$1\times10^{-6}\mathrm{s}$ 表示为 1μs（微秒）。不过在实际使用中有些量的表述按照习惯和方便的原则可以不采用倍数单位，例如银河系的直径通常仍表示为$7.6\times10^{22}\mathrm{m}$，而很少表示为 76Zm（泽米）。

表 2.2　SI 词头

因数	词头名称		符　　号
	英文	中文	
10^{24}	yotta	尧［它］	Y
10^{21}	zetta	泽［它］	Z
10^{18}	exa	艾［可萨］	E
10^{15}	peta	拍［它］	P
10^{12}	tera	太［拉］	T
10^{9}	giga	吉［咖］	G
10^{6}	mega	兆	M

（续）

因数	词头名称		符　号
	英文	中文	
10^{3}	kilo	千	k
10^{2}	hecto	百	h
10^{1}	deca	十	da
10^{-1}	deci	分	d
10^{-2}	centi	厘	c
10^{-3}	milli	毫	m
10^{-6}	micro	微	μ
10^{-9}	nano	纳［诺］	n
10^{-12}	pico	皮［可］	p
10^{-15}	femto	飞［母托］	f
10^{-18}	atto	阿［托］	a
10^{-21}	zepto	仄［普托］	z
10^{-24}	yocto	幺［科托］	y

2. 量纲

导出量和基本量之间相关的物理规律性，还可以定性地用**量纲**表示。在不考虑数字因数的情况下，将导出量的单位用基本量的单位进行组合，形成一种单位之间关系的表达式，称为一个物理量的量纲。

力学中，SI 基本量是长度、质量和时间，相应的基本单位为 m、kg 和 s，以 L、M、T 分别表示这三个物理量的量纲，则某一物理量 Q 的量纲一般表示为

$$\dim Q = \mathrm{L}^{\alpha}\mathrm{M}^{\beta}\mathrm{T}^{\gamma}$$

式中，α、β、γ 称为量纲指数。例如，速度的单位为 $\mathrm{m\cdot s^{-1}}$，它的量纲即为 $\dim v = \mathrm{LT^{-1}}$，量纲指数 $\alpha=1$，$\beta=0$，$\gamma=-1$；力的单位为 N（$\mathrm{m\cdot kg\cdot s^{-2}}$），它的量纲即为 $\dim F = \mathrm{LMT^{-2}}$，量纲指数 $\alpha=1$，$\beta=1$，$\gamma=-2$。

量纲在物理学中是一个很重要而且很有用的概念，它能够定性地反映物理量之间内在的关联。量纲遵循一个基本的法则，那就是只有量纲相同的量才能够相加、相减和用等号相连接。根据这个法则，可以利用量纲分析法检验计算工作是否正确。例如，在计算匀加速直线运动时，有人拿不准公式 $v-v_0=2as$ 和 $v^2-v_0^2=2as$ 哪一个正确。根据量纲分析可以知道，前一式等号左边两项的量纲均为 $\mathrm{LT^{-1}}$，而等号右边的量纲为 $\mathrm{L^2T^{-2}}$，等号两边量纲不同，因此该式一定是错误的。而后一式等号左边的两项均是速度的平方，量纲为 $\mathrm{L^2T^{-2}}$，与等号右边的量纲相等，所以公式是正确的。量纲分析还可以在某些情况下为寻求未知的物理规律提供线索和有用的信息，并由此做出一些定性的判断。例如，当汽车车速在某一范围内时，汽车受到的空气阻力 F 只与车的截面积 S、空气密度 ρ 和车速 v 有关，可以预先假设 $F\propto S^a\rho^b v^c$，由力的量纲式 $\dim F=\mathrm{LMT^{-2}}$，以及面积、密度、速度的量纲式 $\dim S=\mathrm{L^2}$、$\dim\rho=\mathrm{ML^{-3}}$、$\dim v=\mathrm{LT^{-1}}$，有

$$\dim F = \mathrm{LMT^{-2}} = (\mathrm{L^2})^a(\mathrm{ML^{-3}})^b(\mathrm{LT^{-1}})^c$$

$$= L^{2a-3b+c}M^{b}T^{-c}$$

可得联立方程

$$\begin{cases} 2a-3b+c=1 \\ b=1 \\ -c=-2 \end{cases}$$

解出 $a=1$，$b=1$，$c=2$，于是有 $F \propto S\rho v^2$，由此可得出汽车所受的空气阻力与车的截面积 S 、空气密度 ρ 成正比，同时与车速的平方成正比的定性结论。

2.3 自然力与常见力

2.3.1 基本自然力

两物体之间的相互作用称为**力**。自然界中力的具体表现形式多种多样、形形色色。人们按照力的表现形式不同，习惯地将其分别称为重力、正压力、弹力、摩擦力、电力、磁力、核力等。但是就其本质而言，所有的这些力都归属于四种基本的自然力，那就是万有引力、电磁力、强力和弱力。而在宏观领域内表现出的力都根源于万有引力和电磁力。下面分别做简单的介绍。

1. 万有引力

万有引力是存在于一切物体之间的相互吸引力，万有引力遵循的规律由牛顿总结为**万有引力定律：任何两个质点都相互吸引，引力的大小与它们的质量的乘积成正比，与它们的距离的平方成反比，力的方向沿着两质点的连线方向**。设有两个质量分别为 m_1、m_2 的质点，相对位置矢量 $\boldsymbol{r}$，则两者之间的万有引力 $\boldsymbol{F}$ 的大小和方向由下式给出：

$$\boldsymbol{F} = -G\frac{m_1 m_2}{r^2}\boldsymbol{e}_r$$

式中，$\boldsymbol{e}_r$ 为 $\boldsymbol{r}$ 方向的单位矢量；负号表示 $\boldsymbol{F}$ 与 $\boldsymbol{r}$ 方向相反，表现为引力；G 为引力常量，$G = 6.67\times10^{-11}\,\mathrm{m^3\cdot kg^{-1}\cdot s^{-2}}$；$m_1$、$m_2$ 称为物体的引力质量，是物体具有产生引力和感受引力的属性的量度。引力质量与牛顿运动定律中反映物体惯性大小的惯性质量是物体两种不同的属性的体现，在认识上应加以区别。但是精确的实验表明，引力质量和惯性质量在数值上是相等的，因而一般教科书在做了简要说明之后不再加以区别。引力质量等于惯性质量这一重要结论是爱因斯坦广义相对论基本原理之一——等效原理的实验事实。

不能视为质点的物体之间计算万有引力时，应将物体分割为一系列质量元，根据引力定律分别计算各质量元之间的万有引力，然后再求矢量和，以得到任意形状、任意质量分布的物体之间的万有引力。作为一个特例，在计算质量均匀分布的球形物体对其他物体的万有引力时，可将其视为质量全部集中在球心的一个质点。

万有引力是长程力，两物体不论远近，万有引力都存在。地面上物体之间的万有引力很小，两个质量均为50kg的人相距1m远时，相互间的万有引力仅为 1.67×10^{-7}N，对人的行为不产生什么影响。微观粒子之间的万有引力更是微乎其微，完全可以忽略不计，有关数量级的比较见表2.3。表中力的强度是指两个质子的中心距离等于其直径时的相互作用力。在宇宙天体研究中，由于天体质量十分巨大，万有引力的作用将极其明显，甚至起决定性作用。

按照现代物理的理论，物体之间的引力作用是通过引力场传递的，质量为 m 的物体在空间形成引力场，不是物体的引力场在空间互相重叠产生作用。现代物理理论还预言，引力场是通过交换“引力子”来实现相互作用的。有关引力场的规律还在深入探寻之中。

表 2.3 四种基本自然力的特征

力的种类	相互作用的物体	力程	力的强度	媒介粒子
万有引力	全部粒子	∞	10^{-34} N	引力子
电磁力	带电粒子	∞	10^{2} N	光子
强力	夸克	$<10^{-15}$	10^{4} N	胶子
弱力	大多数（基本粒子）	$<10^{-17}$	10^{-2} N	中间玻色子

2. 电磁力

静止的点电荷之间存在电力，运动电荷之间除电力外还存在磁力。按照相对论的观点，运动电荷受到的磁力是其他运动电荷对其作用的电力的一部分，因此磁力源出于电力，故将电力与磁力合称为**电磁力**。

两个静止点电荷之间的电磁力遵从库仑定律，设点电荷的电荷量分别为 q_1、q_2，它们相对位置矢量为 $\boldsymbol{r}$，其相互作用的电磁力 $\boldsymbol{F}$ 为

$$\boldsymbol{F}=\frac{1}{4\pi\varepsilon_0}\frac{q_1q_2}{r^2}\boldsymbol{e}_r$$

式中，ε_0 为真空介电常量（也称真空电容率），是一个常量。库仑定律在数学形式上与万有引力定律有相似之处，与万有引力不同的是电磁力既可以表现为引力，也可以表现为斥力。电磁力的强度也比较大（见表 2.3），无论在宏观领域还是微观领域，都是极为重要的作用力，在原子及分子层次上，电磁力起主导作用，占支配地位。电磁力是长程力，通过电磁场传播，运动电荷在空间激发电磁场，电磁场对位于场中的其他电荷产生电磁相互作用。电磁相互作用是通过交换一种称为“光子”的媒介粒子来实现的，本书在第 6 ~ 8 章将较详细地讨论电磁场有关内容，在此不再赘述。

在人们的日常生活和生产实践中，最常见的力（除重力外）大多数都源于电磁力，如正压力、拉力、摩擦力、浮力、黏滞阻力等，此类力通过物体之间彼此接触形成，当构成物体的分子或原子彼此接近，哪怕是中性的分子或原子彼此接近时，由于它们都是由电荷构成的，仍然要或多或少对外显示电性而彼此相互作用，大量原子、分子之间电磁相互作用的宏观表现就形成了各色的接触力，电磁力是人们最熟悉、最经常感受到的力。

3. 强力

强力是作用于粒子（在早期的文献中称为“基本粒子”）之间的一种强相互作用力，它是物理学研究深入到原子核及粒子范围内才发现的一种基本作用力。原子核由带正电的质子和不带电的中子组成，质子和中子统称为核子。核子间的万有引力是很微弱的，约 10^{-34} N；质子之间的库仑力表现为排斥力，约为 10^{2} N，较之于万有引力大得多，但是绝大多数原子核相当稳定，且原子核体积很小，质量密度极大，说明核子之间一定存在着远比电磁力和万有引力强大得多的一种作用力，它能将核子紧紧地束缚在一起形成原子核，这就是强力（在原子核问题讨论中，特称为核力）。由表 2.3 可以看到，相邻核子间的强力比电磁力大两个数

量级。

强力是一种作用范围非常小的短程力，粒子间的距离为 $0.4\times10^{-15}\sim10^{-15}$m 时表现为引力，距离小于 0.4×10^{-15}m 时表现为斥力，距离大于 10^{-15}m 后迅速衰减，可以忽略不计。强力也是通过场传递的，粒子的场彼此交换称之为“胶子”的媒介粒子，实现强相互作用。由于强力的强度大而力程短，它是粒子间最重要的相互作用力。

4. 弱力

弱力也是各种粒子之间的一种相互作用，它支配着某些放射性现象，在 β 衰变过程中显示出重要性。弱力的作用力程比强力更短，仅为 10^{-17}m，强度也很弱。弱力是通过粒子的场彼此交换“中间玻色子”传递的。对强力和弱力我们不做重点讨论，对此有兴趣的同学可以参阅本书下册第 17 章的核物理和粒子物理部分以及其他的相关书籍。

2.3.2 技术中常见的力

1. 重力

重力是地球表面附近的物体受到的地球的吸引力。若近似地将地球视为一个半径 R、质量 m_E 的均匀分布的球体，质量为 m 的物体作为质点处理，则当物体距离地球表面 h（$h \ll R$）高度时，所受地球的引力（重力）大小为

$$F = G\frac{m_E m}{(R+h)^2} \approx G\frac{m_E}{R^2}m = mg$$

式中，$g = G\dfrac{m_E}{R^2}$为重力加速度，数值上等于单位质量的物体受到的重力，故也可以称为重力场的场强。

2. 弹力

两个物体彼此相互接触产生了挤压或者拉伸，出现了形变，物体具有消除形变恢复原来形状的趋势而产生了弹力。弹力是一种接触力，以形变出现为前提。弹力的表现形式多种多样，以下三种最为常见。

(1) **正压力** **正压力**是两个物体彼此接触产生挤压而形成的。由于物体要消除因挤压产生的形变而恢复原来的形状，所以正压力必然表现为一种排斥力。正压力的方向沿着接触面的法线方向，即与接触面垂直，大小则视挤压的程度而决定。很显然，两物体接触紧密，挤压及形变程度高，正压力就大；两物体接触轻微，挤压及形变程度低，正压力就小。两物体接触是否紧密，挤压及形变程度究竟有多高，将取决于物体所处的整个力学环境。图 2-1 中质量为 m 的物体分别置于水平地面及斜面上，其所受正压力的大小是不同的。这种力的大小取决于其他外部环境（物体所受的其他力），称之为约束力。在约束力的作用下，物体将约束在一定的曲面或者曲线上运动。约束力可以由实验测量，或者根据力学方程解出。图 2-2a 所示为夹具中的球体受正压力的示意图，图 2-2b 所示为一杆斜靠墙角，杆上压一重物，杆所受正压力的示意图。

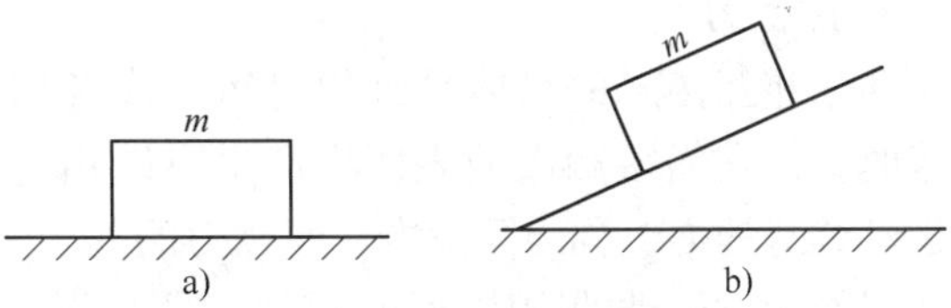

图 2-1 不同的力学环境中物体所受正压力的大小不一样

(2) **拉力** 此处说的**拉力**特指细杆或者细绳上的张力。拉力是杆或者绳上互相紧靠的质

量元彼此拉扯而形成的。在柔绳上，拉力的方向沿着绳的切线方向，因此弯曲的柔绳可以起到改变力的方向的作用。拉力的大小要根据拉扯的程度而定，也是一种约束力。

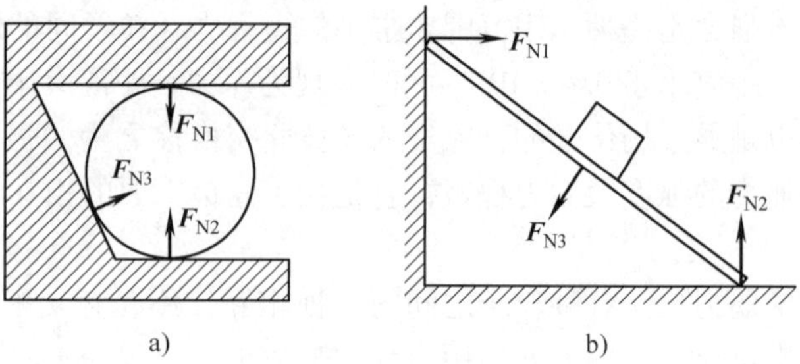

图 2-2　物体受正压力示意图

对于一段有质量的杆或者绳，其上各点的拉力是否相等呢？图 2-3 所示为一段质量为 Δm 的绳，$\boldsymbol{F}_{T1}$ 为该绳上左端点的拉力，$\boldsymbol{F}_{T2}$ 为右端点的拉力。根据牛顿第二定律 $F_{T2}-F_{T1}=\Delta ma$，只要加速度不等于零，就有 $F_{T1}\neq F_{T2}$。绳上拉力各点不同，这也是实际问题中真实的情况。在一般教科书的讨论中，对于一些简单的实际问题，为了将分析的重点集中到研究的物体上，常常在忽略次要因素的原则下忽略绳或者杆的质量，即令 $\Delta m=0$，称为轻绳或者轻杆。此时由 $F_{T2}-F_{T1}=\Delta ma=0$，可以得到 $F_{T1}=F_{T2}$ 的结果，也就是轻绳或者轻杆上拉力处处相等。这个结论显然是近似的，是运用理想模型的结果。

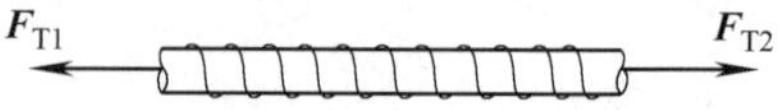

图 2-3　绳中的拉力

（3）**弹簧的弹性力**　弹簧在受到拉伸或压缩的时候产生**弹性力**，这种力总是试图使弹簧回复原来的形状，称为回复力。设弹簧被拉伸或被压缩 x，如图 2-4 所示，则在弹性限度内，弹性力由胡克定律给出：

$$F=-kx$$

式中，k 为弹簧的劲度系数；x 为弹簧相对于原长的形变量。它表明弹性力的大小与弹簧的形变成正比，而负号表示弹性力的方向始终与弹簧形变的方向相反，指向弹簧回复原长的方向。

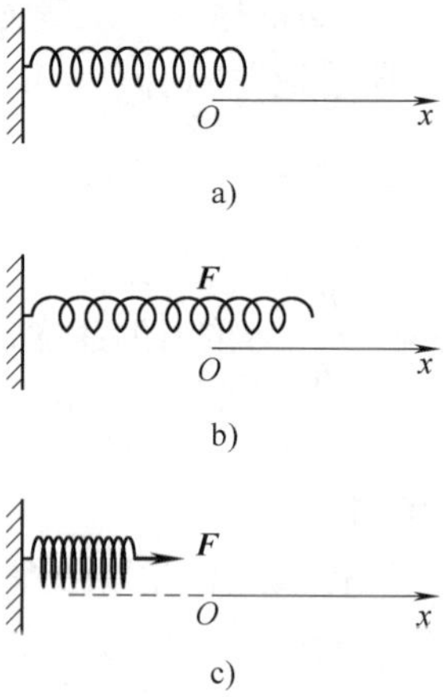

图 2-4　弹簧的弹性力

a）弹簧保持原长　b）弹簧被拉伸 x　c）弹簧被压缩 x

3. 摩擦力

两个相互接触的物体具有相对运动或者相对运动的趋势时，沿它们接触面的表面将产生阻碍相对运动或相对运动趋势的力，称为**摩擦力**。摩擦力的起因及微观机理十分复杂，表现形式因相对运动的方式以及相对运动的物质不同而有所差别，有干摩擦与湿摩擦之分，还有静摩擦、滑动摩擦及滚动摩擦之分。有关理论研究认为，各种摩擦力都源自于接触面分子或原子之间的电磁相互作用。这里我们只简单讨论静摩擦与滑动摩擦。

（1）**静摩擦**　静摩擦是两个彼此接触的物体相对静止而又具有相对运动的趋势时出现的。**静摩擦力**出现在接触面的表面上，沿着表面的切线方向，与相对运动趋势的方向相反，阻碍相对运动的发生。静摩擦力的大小可以通过一个简单的例子来说明：在图 2-5 中，给予水平粗糙平面上的物体一个向右的水平力 $\boldsymbol{F}$，物体并没有动，但是具有了向右运动的趋势，这时在物体与地面的接触面上将产生静摩擦力 $\boldsymbol{F}_s$。由于物体相对于地面静止不动，静摩擦力的大小与水平外力大小相等。经验告诉我们，在外力 $\boldsymbol{F}$ 逐渐增大到某一量值之前，物体一直能

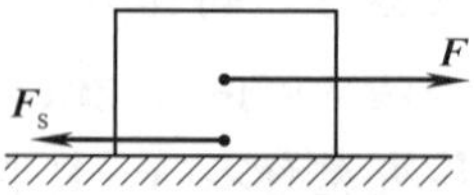

图 2-5　静摩擦力

保持对地静止，这说明在外力 $\boldsymbol{F}$ 增大的过程中，静摩擦力 $\boldsymbol{F}_s$ 也在增大，因此，静摩擦力是有一个变化范围的。当外力 $\boldsymbol{F}$ 增至某一量值时，物体开始相对地面滑动，这时静摩擦力也达到最大。实验表明，最大静摩擦力与两物体之间的正压力 $\boldsymbol{F}_N$ 的大小成正比，即

$$F_{s,max}=\mu_s F_N$$

式中，μ_s 为静摩擦因数，与接触物体的材料性质和表面情况有关。由以上分析可以知道，静摩擦力的规律应为

$$0 \leqslant F_s \leqslant F_{s,max}$$

在涉及静摩擦力的讨论中，最大静摩擦力往往作为相对运动启动的临界条件。

由于静摩擦力的方向与相对运动的趋势相反，在具体问题中显然应该分析各种可能的情形。例如，在图 2-6 中，表面粗糙的斜面上通过一个轻滑轮和一根轻柔绳连接 A、B 两个物体，且相对于斜面静止。定性分析可以知道，若 A 物体的质量过大，B 物体就具有沿斜面上滑的趋势，此时 B 物体受到的静摩擦力沿斜面向下；若 A 物体的质量过小，B 物体就具有沿斜面下滑的趋势，此时 B 物体受到的静摩擦力沿斜面向上。因此，要保持 A、B 相对于斜面静止，A 物体的质量应在某一范围内。超出此范围，物体保持相对于斜面静止所需的摩擦力超过最大静摩擦力，物体就相对于斜面运动。

（2）**滑动摩擦**　当互动接触的物体之间有相对滑动时，接触面的表面出现的阻碍物体间相对运动的力，称为**滑动摩擦力**。滑动摩擦力的方向沿接触面的切线方向，并与相对运动方向相反。滑动摩擦力的大小与物体的材料性质、表面情况以及正压力等因素有关，一般还与物体的相对运动速率有关，与相对速率 v 的关系可以粗略地用图 2-7 表示。在相对速率不是太大或太小的时候，可以认为滑动摩擦力的大小与物体间正压力 $\boldsymbol{F}_N$ 的大小成正比：

$$F_k=\mu_k F_N$$

式中，μ_k 是滑动摩擦因数。一些典型材料的滑动摩擦因数 μ_k 和静摩擦因数 μ_s 不加区别地使用，为的是将注意力集中在摩擦力的分析上而不是摩擦因数上。

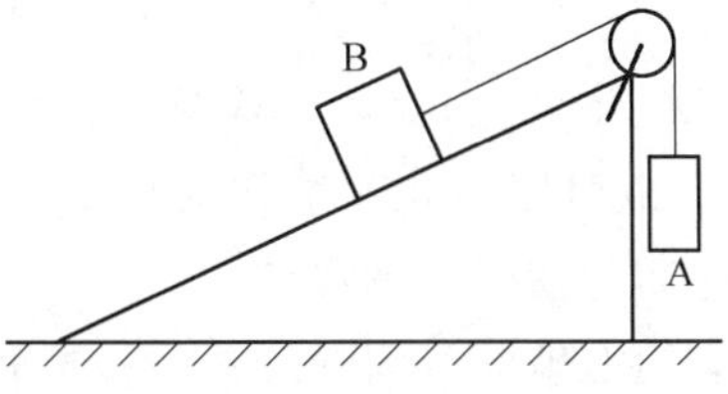

图 2-6　静摩擦力的方向分析

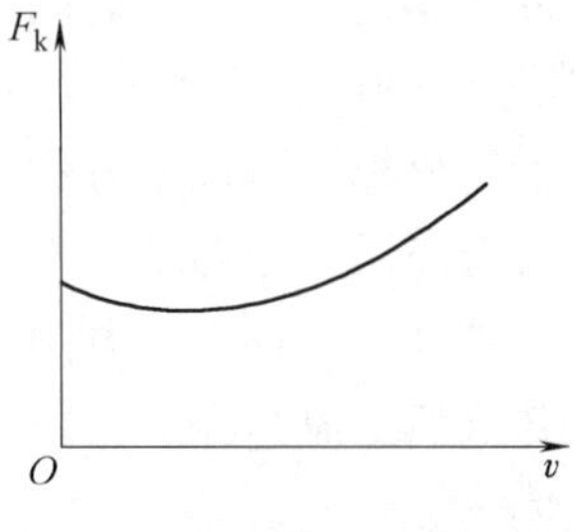

图 2-7　滑动摩擦力 F_k 的大小与相对速率v的关系

2.4　牛顿运动定律的应用

牛顿运动定律广泛地应用于科学研究和生产技术中，也大量地表现在人们的日常生活中。本节所指的应用主要涉及用牛顿运动定律解题，也就是对实际问题中抽象出的理想模型进行

分析及计算。

根据牛顿第二定律式（2-3）

$$\boldsymbol{F}=m\boldsymbol{a}$$

或式（2-2）

$$\boldsymbol{F}=m\frac{\mathrm{d}\boldsymbol{v}}{\mathrm{d}t}=m\frac{\mathrm{d}^2\boldsymbol{r}}{\mathrm{d}t^2}$$

牛顿运动定律的应用大体上可以分为两类。一类是已知物体的运动状态，求物体所受的力，如已知物体的加速度、物体的速度或者运动方程，求解物体所受的力。这类问题可以是求合力，也可以是求其中的某一分力，或者是求与此相关的物理量，如摩擦因数、物体质量等。另一类是已知物体的受力情况，求物体的运动状态，如求物体的加速度、速度，进而求物体的运动方程。已知受力情况求解物体的加速度，直接应用式（2-3）就可以了；如果还要求解物体的速度或者运动方程，通常需要求解微分方程（2-2），数学上要用到微分方程求解和积分的相关知识。

不论哪一类应用，参照以下程序都是有益的。

1. 隔离物体，受力分析

首先选择研究对象，研究对象可能是一个也可能是若干个，分别将这些研究对象隔离出来，然后依次对其做受力分析，画出受力图。凡两个物体彼此有相对运动，或者需要讨论两个物体的相互作用时，都应该隔离这两个物体再做受力分析。不要简单地采用“整体法”。牛顿运动定律是紧紧围绕“力”而展开的，正确分析研究对象的受力情况是正确完成后续步骤的前提。

2. 对研究对象的运动状况作定性的分析

根据题目给出的条件，分析研究对象是作直线运动还是曲线运动？是否具有加速度？研究对象不止一个时，彼此之间是否具有相对运动？它们的加速度、速度以及位移具有什么联系？将研究对象的运动建立起大致的图像，对定量计算是有帮助的。

3. 建立适当的坐标系

恰当地设置坐标系可以使方程的数学表达式以及运算求解达到最大的简化。例如，斜面上的运动，既可以沿斜面和垂直于斜面建立直角坐标系，也可以沿水平方向和竖直方向建立直角坐标系。选择哪一种设置方法，应该根据研究对象的运动情况来确定。

坐标系建立后，应当在受力图上一并标出，使力和运动沿坐标方向的分解一目了然。

4. 列方程

一般情况下可以先列出牛顿第二定律的矢量形式的方程（2-2）或者方程（2-3），然后再沿着各坐标轴方向列出分量式方程（2-5）或者方程（2-6）。当然也可以直接列出分量式方程。方程的表述应当物理意义清楚，等式的左边为物体所受的合外力，等式的右边为力的作用效果，即质点的质量乘以加速度，表明质点的加速度与所受合外力的大小成正比而且方向相同。不要在一开始列方程时就将某一分力随意移项到等式的右边，使方程表达的物理意义不清晰（这一点在后续的学习中也要引起注意）。必要的时候还要根据题目给出的具体情况，列出若干个约束方程，如与摩擦力相关的方程，与相对运动相关的方程。如果需要求解微分形式的牛顿运动方程（2-2），还应该根据题意列出初始条件。

5. 求解方程，分析结果

求解方程的过程应当用文字符号进行运算并给出以文字符号表述的结果，检查无误之后再代入具体的数值。以文字符号表述的方程和结果可以使各物理量的关系清楚，所表述的规律一目了然，既便于定性分析和量纲分析，又可以避免数值的重复计算。

例2-1 质量为 m_1、倾角为 θ 的斜块可以在光滑水平面上运动。斜块上放一小木块，质量为 m_2。斜块与小木块之间有摩擦，摩擦因数为 μ。现有水平力 $\boldsymbol{F}$ 作用在斜块上，如图2-8a所示。欲使小木块与斜块具有相同的加速度一起运动，水平力 $\boldsymbol{F}$ 的大小应该满足什么条件？

视频讲解

解 在本例中，虽然斜块与小木块之间没有相对运动，但小木块欲与斜块有相同的加速度，就必须要考虑斜块对小木块的静摩擦力作用，因此仍将小木块、斜块分别选作两个研究对象，隔离物体受力分析。

由题意分析，如果水平力 $\boldsymbol{F}$ 过小从而加速度 $\boldsymbol{a}$ 过小，小木块将有沿斜面下滑的趋势，此时斜块对小木块的静摩擦力沿斜面向上，如图2-8b所示；如果水平力 $\boldsymbol{F}$ 过大从而加速度 $\boldsymbol{a}$ 过大，小木块就有沿斜面上滑的趋势，此时小木块受到的静摩擦力沿斜面向下，如图2-8c所示。下面分别就两种情况列方程。

（1）小木块有沿斜面下滑的趋势。对照图2-8b，小木块受力有重力 $\boldsymbol{G}_2$、斜面对它的正压力 $\boldsymbol{F}_N$、斜面对它的静摩擦力 $\boldsymbol{F}_s$。按图示坐标，有

$$F_N\sin\theta - F_s\cos\theta = m_2 a \qquad (a)$$

$$F_N\cos\theta + F_s\sin\theta - m_2 g = 0 \qquad (b)$$

斜块受力有重力 $\boldsymbol{G}_1$、水平力 $\boldsymbol{F}$、水平面给予的支持力 $\boldsymbol{F}_R$、小木块给予的正压力 $\boldsymbol{F}'_N$（$F'_N = F_N$）以及静摩擦力 $\boldsymbol{F}'_s$（$F'_s = F_s$）。斜块只沿水平方向运动，故只需列出 x 方向的方程就可以了，即

$$F + F_s\cos\theta - F_N\sin\theta = m_1 a \qquad (c)$$

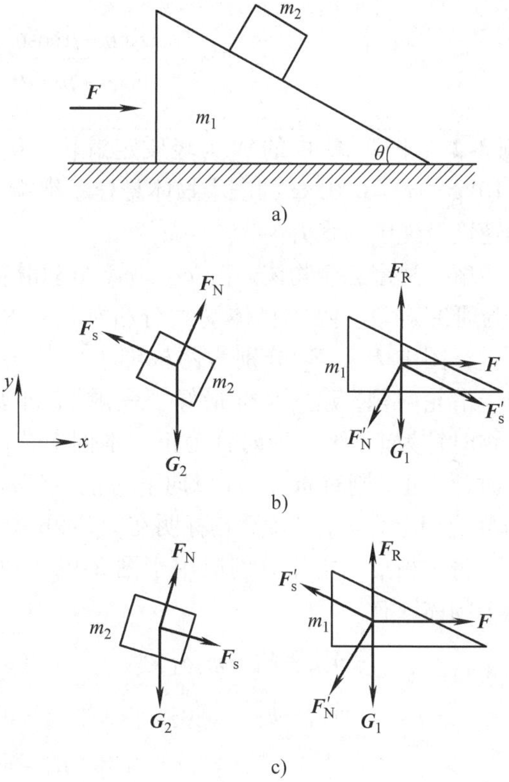

图2-8 例2-1图

再考虑到 m_1、m_2 相对静止，摩擦力为静摩擦力，应有

$$F_s \leqslant \mu F_N \qquad (d)$$

联立求解式（a）~式（d），可得

$$F \geqslant (m_1 + m_2) g \frac{\sin\theta - \mu\cos\theta}{\cos\theta + \mu\sin\theta} \qquad (e)$$

（2）小木块 m_2 有沿斜面上滑的趋势。参照图2-8c，对小木块除了静摩擦力 $\boldsymbol{F}_s$ 改为沿斜面向下外，其他力方向不变，因此应有

$$F_N\sin\theta + F_s\cos\theta = m_2 a \qquad (f)$$

$$F_N\cos\theta - F_s\sin\theta - m_2 g = 0 \qquad (g)$$

对斜块，静摩擦力改为沿斜面向上，在 x 方向上有

$$F - F_s\cos\theta - F_N\sin\theta = m_1 a \qquad (h)$$

静摩擦力 F_s 仍然满足

$$F_s \leqslant \mu F_N \qquad (i)$$

联立求解（f）~式（i），可得

$$F \leqslant (m_1 + m_2) g \frac{\sin\theta + \mu\cos\theta}{\cos\theta - \mu\sin\theta} \qquad (j)$$

因此，水平力 F 的大小应该满足

$$(m_1 + m_2) g \frac{\sin\theta - \mu\cos\theta}{\cos\theta + \mu\sin\theta} \leqslant F \leqslant (m_1 + m_2) g \frac{\sin\theta + \mu\cos\theta}{\cos\theta - \mu\sin\theta}$$

例 2-2　图 2-9a 中的 A 为轻质定滑轮，B 为轻质动滑轮。质量分别为 $m_1 = 0.20\text{kg}$、$m_2 = 0.10\text{kg}$、$m_3 = 0.05\text{kg}$ 的三个物体悬挂于绳端。设绳与滑轮间的摩擦力忽略不计，求各物体的加速度及绳中的张力。

解　选定三个物体 m_1、m_2、m_3 与动滑轮 B 为研究对象。隔离物体受力分析如图 2-9b 所示，图中 $\boldsymbol{F}_1$、$\boldsymbol{F}_2$ 分别为两根绳上的拉力。对于滑轮问题，建立坐标最好“一顺”，即要么顺时针为正，要么逆时针为正。本例中选择逆时针为正，则对 m_1、m_2 以向下为正，对 m_3 和 B 应向上为正，其示意均标明在图 2-9b 中。

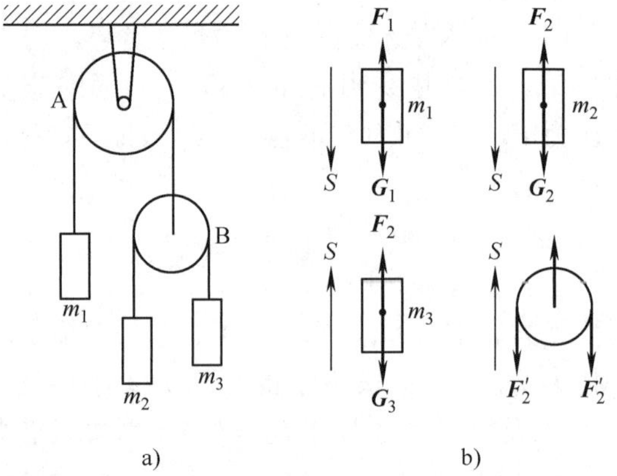

图 2-9　例 2-2 图

将牛顿第二定律分别应用于图 2-9b 中的四个物体，有

$$m_1 g - F_1 = m_1 a_1 \qquad (a)$$

$$m_2 g - F_2 = m_2 a_2 \qquad (b)$$

$$F_2 - m_3 g = m_3 a_3 \qquad (c)$$

$$F_1 - 2F_2 = m_B a_B = 0 \qquad (d)$$

其中，各物体的加速度均为对地面惯性系的加速度，由于四个方程中有五个未知量（a_1、a_2、a_3、F_1、F_2），不能满足求解的需要，所以还应该寻找其他的关系，考虑到 m_2 和 m_3 既相对于定滑轮 B 运动，又随 B 相对于地面（也可看作相对于定滑轮 A）运动，故应从相对运动入手列出有关的约束方程。设 m_2、m_3 相对于动滑轮 B 的加速度为 a'，根据相对运动的知识，有

$$a_2 = a' - a_1 \qquad (e)$$

$$a_3 = a' + a_1 \qquad (f)$$

联立求解以上六个方程，可得

$$a_1=\frac{m_1m_2+m_1m_3-4m_2m_3}{m_1m_2+m_1m_3+4m_2m_3}g=1.96\text{m}\cdot\text{s}^{-2}$$

$$a'=\frac{2m_1(m_2-m_3)}{m_1m_2+m_1m_3+4m_2m_3}g=3.92\text{m}\cdot\text{s}^{-2}$$

$$a_2=a'-a_1=1.96\text{m}\cdot\text{s}^{-2}$$

$$a_3=a'+a_1=5.88\text{m}\cdot\text{s}^{-2}$$

$$F_1=m_1(g-a_1)=1.57\text{N}$$

$$F_2=\frac{F_1}{2}=0.785\text{N}$$

例 2-3　在铅直平面内有一半径为 R 的圆形轨道，一质量为 m 的物体在轨道上滑行，如图 2-10a 所示。已知物体通过 A 点时的速率为 v，OA 与铅直方向的夹角为 θ，物体与轨道之间的摩擦因数为 μ，求物体经过 A 点时的加速度以及物体在 A 点时给予轨道的正压力。

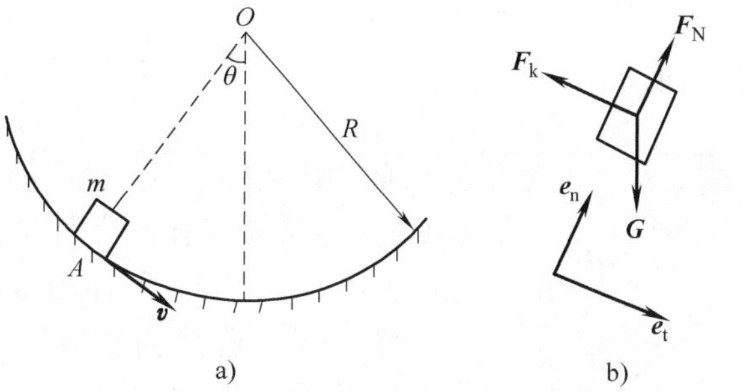

图 2-10　例 2-3 图

解　取物体 m 为研究对象，隔离物体受力分析如图 2-10b 所示。图中已标出物体重力 $\boldsymbol{G}$、轨道对物体的正压力 $\boldsymbol{F}_\text{N}$ 和滑动摩擦力 $\boldsymbol{F}_\text{k}$。因为物体作圆周运动，建立自然坐标系如图所示。将牛顿第二定律 $\boldsymbol{F}=m\boldsymbol{a}$ 投影到切线和法线方向上：

$$mg\sin\theta-F_\text{k}=ma_\text{t} \tag{a}$$

$$F_\text{N}-mg\cos\theta=ma_\text{n} \tag{b}$$

再考虑到

$$a_\text{n}=\frac{v^2}{R} \tag{c}$$

$$F_\text{k}=\mu F_\text{N} \tag{d}$$

联立求解式（a）~式（d），可得

$$a_\text{t}=g\sin\theta-\mu g\cos\theta-\mu\frac{v^2}{R}$$

$$a_\text{n}=\frac{v^2}{R}$$

所以，物体在 A 点的加速度为

$$\boldsymbol{a}=\left(g\sin\theta-\mu g\cos\theta-\mu\frac{v^2}{R}\right)\boldsymbol{e}_\text{t}+\frac{v^2}{R}\boldsymbol{e}_\text{n}$$

其大小为

$$a=\sqrt{\left(g\sin\theta-\mu g\cos\theta-\mu\frac{v^2}{R}\right)^2+\left(\frac{v^2}{R}\right)^2}$$

加速度 $\boldsymbol{a}$ 的方向以加速度 $\boldsymbol{a}$ 与切线方向的夹角 α 表示，即

$$\tan\alpha=\frac{a_{\mathrm{n}}}{a_{\mathrm{t}}}=\frac{\dfrac{v^2}{R}}{g\sin\theta-\mu g\cos\theta-\mu\dfrac{v^2}{R}}$$

轨道对物体的正压力为

$$F_{\mathrm{N}}=mg\cos\theta+m\frac{v^2}{R}$$

物体对轨道的正压力为

$$F_{\mathrm{N}}'=-F_{\mathrm{N}}=-mg\cos\theta-m\frac{v^2}{R}$$

例 2-4　一质量为 m 的物体从高空中某处由静止开始下落，下落过程中所受空气阻力与物体速率的一次方成正比，比例常数 $c>0$。求：（1）物体落地前其速率随时间变化的函数关系；（2）物体的运动方程。

视频讲解

解　（1）选择该物体作研究对象，受力分析如图 2-11 所示。物体受重力 $\boldsymbol{G}$、空气阻力 $-c\boldsymbol{v}$，负号表示阻力与速度方向相反。取 y 轴竖直向下，并以物体开始下落时为计时起点和坐标原点，牛顿第二定律方程为

图 2-11　例 2-4 图

$$mg-cv=ma$$

考虑到此题是在已知力的情况下求速率 v 与时间 t 的关系，因此应将$a=\dfrac{\mathrm{d}v}{\mathrm{d}t}$代入上式，或者直接列出牛顿第二定律的微分形式 $F_y=m\dfrac{\mathrm{d}v_y}{\mathrm{d}t}$（一维情况下可省略下标），两种方式都可得到

$$mg-cv=m\frac{\mathrm{d}v}{\mathrm{d}t}$$

令 $k=\dfrac{c}{m}$，得

$$\frac{\mathrm{d}v}{\mathrm{d}t}=g-kv$$

这是一个关于速率 v 与时间 t 的一阶微分方程，需要用积分的方法求解。先分离变量，得

$$\frac{\mathrm{d}v}{g-kv}=\mathrm{d}t$$

考虑到积分时需要确定积分限，还应从题意中给出初始条件。根据计时起点和坐标原点的确定，初始条件为 $t=0$ 时，$v_0=0$，$y_0=0$，现在对上式两边积分并将初始条件代入，有

$$\int_0^v \frac{\mathrm{d}v}{g-kv}=\int_0^t \mathrm{d}t$$

积分得

$$\ln\frac{g-kv}{g}=-kt$$

解出物体速率随时间变化的函数关系为

$$v=\frac{g}{k}(1-\mathrm{e}^{-kt})$$

此结果表明，在下落的前期，物体的速率随时间 t 增大。由于空气阻力也同时增大，因此速率的增大将逐渐变缓，当经历了相当长的时间（$t\to\infty$）后可近似认为 $\mathrm{e}^{-kt}\to 0$，速率将趋于一极限值 $v_{\mathrm{m}}=\dfrac{g}{k}$，称为极限速率。此后物体将以极限速率匀速运动。例如，下雨时从高空中坠落的雨滴或者运动员跳伞就可以采用这一物理模型进行近似的讨论。

（2）根据（1）求出的结果及 $v=\dfrac{\mathrm{d}y}{\mathrm{d}t}$，有

$$\frac{\mathrm{d}y}{\mathrm{d}t}=\frac{g}{k}(1-\mathrm{e}^{-kt})$$

分离变量并将初始条件代入作为积分限：

$$\int_0^y \mathrm{d}y=\frac{g}{k}\int_0^t(1-\mathrm{e}^{-kt})\mathrm{d}t$$

积分可得物体的运动方程

$$y=\frac{g}{k}t-\frac{g}{k^2}(1-\mathrm{e}^{-kt})=\frac{mg}{c}t-\frac{m^2g}{c^2}(1-\mathrm{e}^{-\frac{c}{m}t})$$

***例 2-5** 长为 l 的细线一端固定于天花板，另一端连接质量为 m 的小球，初始时细线与水平方向的夹角为 θ_0，小球静止，然后释放。不计空气阻力。求细线与水平方向成 θ 角时小球的速率 v，并表示为 $v(\theta)$ 的形式。

解 以小球为研究对象，受重力 $\boldsymbol{G}$、拉力 $\boldsymbol{F}$，如图 2-12 所示。由于小球在竖直面内作圆周运动，可选择自然坐标系并标示于图中。此题也是已知物体的受力情况求解运动状态$v(\theta)$，可直接建立牛顿第二定律的微分形式方程。在切线方向上，

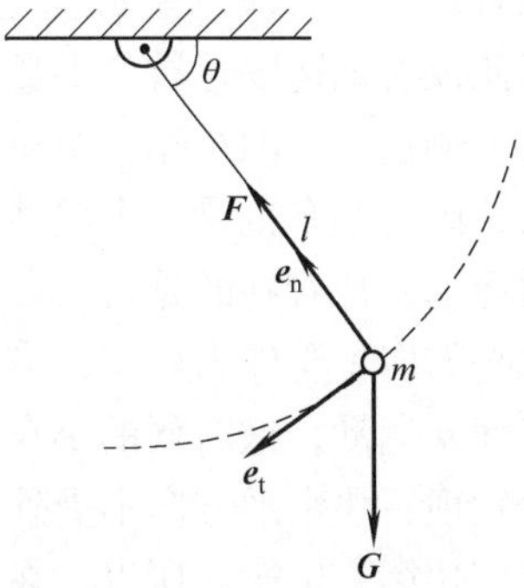

图 2-12 例 2-5 图

$$mg\cos\theta=ma_{\mathrm{t}}=m\frac{\mathrm{d}v}{\mathrm{d}t}$$

化简为

$$g\cos\theta=\frac{\mathrm{d}v}{\mathrm{d}t}$$

为了将上式完全表示为 v 与 θ 的关系，再做变换：

$$g\cos\theta=\frac{\mathrm{d}v}{\mathrm{d}t}=\frac{\mathrm{d}v}{\mathrm{d}\theta}\frac{\mathrm{d}\theta}{\mathrm{d}t}=\omega\frac{\mathrm{d}v}{\mathrm{d}\theta}=\frac{v}{R}\frac{\mathrm{d}v}{\mathrm{d}\theta}$$

分离变量

$$gR\cos\theta\mathrm{d}\theta = v\mathrm{d}v$$

将上式积分，并将初始条件 $\theta=\theta_0$ 时 $v_0=0$ 代入，有

$$\int_{\theta_0}^{\theta} gR\cos\theta\mathrm{d}\theta = \int_0^v v\mathrm{d}v$$

解得

$$v = \sqrt{2gR(\sin\theta - \sin\theta_0)}$$

2.5　非惯性系中的力学问题

在 2.1 节中曾经明确指出，牛顿运动定律只在惯性参考系成立。这句话包含两层意思。第一，参考系有**惯性参考系**和**非惯性参考系**两类。在一般问题的处理中，可近似认为坐标原点固定在地球表面上的地面参考系是惯性参考系。根据相对运动的知识可知，凡是相对于地面作匀速直线运动的参考系都是惯性参考系，如作匀速直线运动的列车。凡是相对于地面作加速运动的参考系都不是惯性参考系，而是非惯性参考系，例如正在起动或制动的车辆、升降机、旋转着的转盘等。第二，牛顿运动定律只是在惯性参考系中适用，而在非惯性参考系中不适用。这可以用一个简单的例子来说明。在图 2-13 中，水平地面上有一个质量为 m 的石块相对地面静止不动。以地面为参考系 k，地面上的观察者观测到石块水平方向上不受外力作用，因此没有加速度，符合牛顿运动定律。现在有一辆运动着的小车，小车上的观察者观测到什么结果呢？①设小车相对于地面以匀速度 $\boldsymbol{v}$ 运动，此时小车也是一个惯性参考系，记作 k′，如图 2-13a 所示。小车上的观察者看不到小车的运动，他看到的是石块以（$-\boldsymbol{v}$）向车尾方向匀速运动，这也符合牛顿运动定律，因为石块水平方向不受外力作用，应当保持静止或者匀速直线运动的状态。②设小车相对于地面以加速度 $\boldsymbol{a}$ 运动，这时候的小车参考系 k′变成了非惯性参考系，如图 2-13b 所示。小车上的观察者发现石块水平方向不受外力作用，却以加速度（$-\boldsymbol{a}$）向车尾方向作加速度运动，这显然违背牛顿第二定律，所以，在非惯性系中牛顿运动定律不适用。

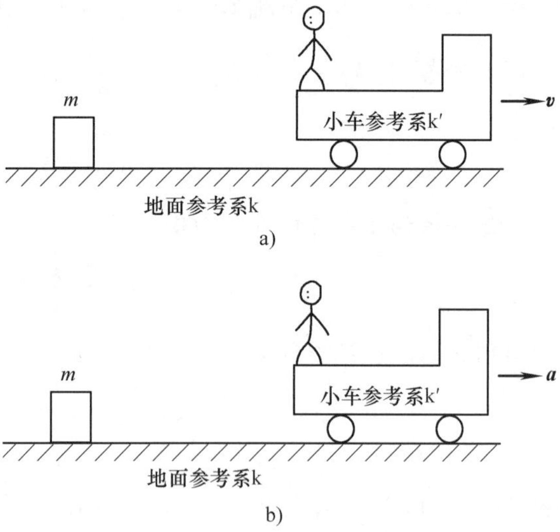

图 2-13　惯性参考系与非惯性参考系

a）小车参考系为惯性参考系　b）小车参考系为非惯性参考系

然而实际的情况是我们常常需要在非惯性参考系中分析和处理力学问题，并且希望形式简洁、物理图像十分清晰的牛顿第二定律也能在非惯性参考系中用于定量的计算。这个问题已经得到了解决。那就是引入一个假想的力，叫作惯性力，记作 $\boldsymbol{F}^*$，这个力的大小等于物体的质量 m 与非惯性参考系的加速度 a 的乘积，方向与非惯性参考系的加速度相反，即

$$F^* = -ma$$

引入这个惯性力，牛顿第二定律在非惯性参考系中形式上就可以应用了。例如，图2-13b中的小车非惯性参考系，若假设石块在水平方向上受到了一个惯性力 $\boldsymbol{F}^* = -m\boldsymbol{a}$ 的作用，则石块以（$-\boldsymbol{a}$）的加速度向车尾方向加速运动就顺理成章了。引入惯性力 $\boldsymbol{F}^*$ 后，在非惯性参考系k′中的物体所受的真实的力（合外力）为 $\boldsymbol{F}$、惯性力为 $\boldsymbol{F}^*$，总的有效力 $\boldsymbol{F}'$ 为真实力 $\boldsymbol{F}$ 和惯性力 $\boldsymbol{F}^*$ 的矢量和。物体对非惯性参考系k′的加速度以 $\boldsymbol{a}'$ 表示，那么

$$\boldsymbol{F}' = \boldsymbol{F} + \boldsymbol{F}^* = m\boldsymbol{a}'$$

牛顿第二定律在形式上仍然保持不变。

惯性力是假想力，或者叫作虚拟力。它与真实的力最大的区别在于它不是因物体之间相互作用而产生，它没有施力者，也不存在反作用力，牛顿第三定律对于惯性力并不适用。惯性力只是由于非惯性参考系相对惯性参考系加速度运动而体现在物体上的一种力，不过事实上的惯性力可以用测力器测量出来，因此它仍然是有效的力。

上面我们讨论了匀加速直线运动中的惯性力，在变加速直线运动中则相应地将惯性力 $\boldsymbol{F}^*$ 描述为 $\boldsymbol{F}^* = \boldsymbol{F}(t)$ 即可。

例2-6 在小车上固定有一长度为 L、倾角为 θ 的光滑斜面，如图2-14a所示。当小车以恒定的加速度 $\boldsymbol{a}_0$ 向右运行时，有一质量为 m 的物体从斜面的顶端由静止开始下滑，求物体滑至底部所需要的时间。

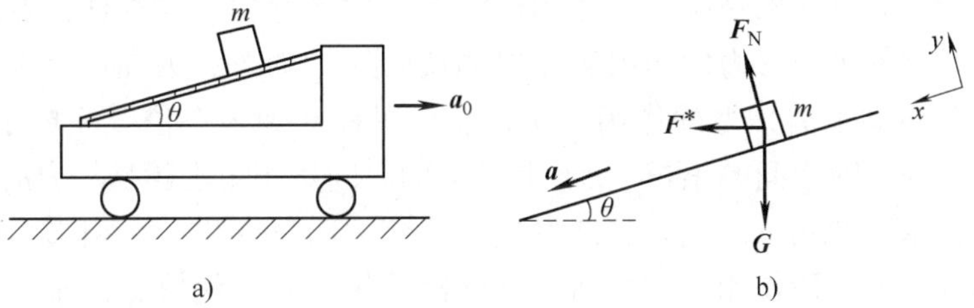

图2-14 例2-6图

解 此题讨论物体 m 相对小车上的斜面的运动，可取小车为参考系。小车相对地面有加速运动，为非惯性参考系，在应用牛顿第二定律时，应该加上一个惯性力 $\boldsymbol{F}^* = -m\boldsymbol{a}_0$，沿水平方向向左，与小车的加速度的方向相反，大小为 $F^* = ma_0$。图2-14b所示是计入惯性力后的示力图，图中 $\boldsymbol{a}$ 为物体相对斜面（小车）的加速度，$\boldsymbol{F}_N$ 为斜面对物体的支持力。沿斜面向下为 x 轴正方向，由牛顿第二定律可得

$$mg\sin\theta + ma_0\cos\theta = ma$$

故物体对斜面的加速度

$$a = g\sin\theta + a_0\cos\theta$$

由匀加速直线运动的路程公式 $s = v_0 t + \dfrac{1}{2}at^2$，以及本题中 $v_0 = 0$ 条件，可得物体滑至斜面底部所需时间为

$$t = \sqrt{\frac{2s}{a}} = \sqrt{\frac{2L}{g\sin\theta + a_0\cos\theta}}$$

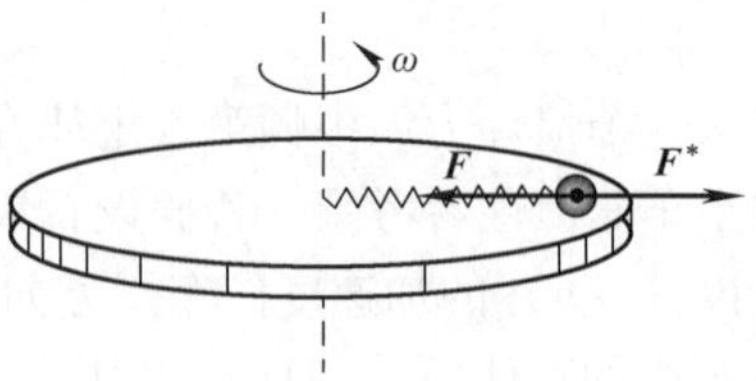

图 2-15 圆盘参考系为非惯性参考系

另一种情况是在匀速圆周运动的参考系中也应当考虑惯性力的存在。如图 2-15 所示，圆盘上有一相对静止的小球，小球与圆盘中心由弹簧连接。当圆盘和小球一起相对静止作角速度为 ω 的匀速圆周运动时，小球受到弹簧的拉力 $\boldsymbol{F}=-mr\omega^2$，以圆盘作为参考系时小球处于静止状态，显然牛顿第二定律在该非惯性参考系中不成立。我们需要引入一个惯性力使小球在以圆盘作为参考系时受到的合外力为零，令非惯性力 $\boldsymbol{F}^*=mr\omega^2$，则小球受到的合外力 $\boldsymbol{F}_{合}=\boldsymbol{F}+\boldsymbol{F}^*=0$，此时牛顿的第二定律在形式上仍然保持不变。

当小球在圆盘径向运动时，在地面观察到小球的运动轨迹为非圆弧线，此时小球除了受到弹簧拉力外还受到圆盘对它的一个切向的作用力，称为科里奥利力。这里我们不再过多介绍，感兴趣的同学可自行查阅相关资料。

2.6 动量 动量定理 动量守恒定律

力作用在物体上的同时，物体产生加速度，其速度将发生变化。牛顿第二定律 $\boldsymbol{F}=m\boldsymbol{a}=m\dfrac{\mathrm{d}\boldsymbol{v}}{\mathrm{d}t}$反映了力与运动状态变化的这种关系，它是一个瞬时关系式，$\dfrac{\mathrm{d}\boldsymbol{v}}{\mathrm{d}t}$是在力的作用下该时刻速度的变化率。但是，现实的情况是力作用在物体上总要持续一段过程，力在这个过程中会形成累积效应。从时间上看，力的作用从 t_1 时刻持续到 t_2 时刻，力在这个过程中形成了对时间的累积；或者从空间上看，力的作用点从初态位置移动到末态位置完成了一段空间位移，力在这个过程中形成了对空间的累积。无论是从力的时间累积角度还是从力的空间积累角度分析，力的持续作用都将使物体的运动状态发生可观察的明显变化。在相当多的情况下，人们更关注的恰恰是在力的一段作用过程之后，物体运动状态的变化情况，而不一定是过程的中间细节。在本章中，我们要讨论的动量定理和角动量定理正是反映了力持续作用一段时间之后物体运动状态发生变化的规律。本章还要讨论动量守恒定律和角动量守恒定律，它们是自然界中一切物理过程都遵从的两条最基本的定律。

从力的空间累积角度讨论物体运动状态变化的规律将留待下一节“功和能”中进行讨论。

2.6.1 质点的动量定理

力作用在物体上并且持续了一段时间，物体的运动状态会发生怎样的变化呢？我们从动力学的基本方程——牛顿运动定律出发进行讨论。在 2.1 节中，牛顿第二定律是以

$$\boldsymbol{F}=\frac{\mathrm{d}\boldsymbol{p}}{\mathrm{d}t} \tag{2-7}$$

形式提出的，$\boldsymbol{F}$ 是质点所受的合外力，$\boldsymbol{p}=m\boldsymbol{v}$是质点的动量。式（2-7）说明力的作用效果是使质点的动量发生变化，质点所受的合外力等于质点动量对时间的变化率。我们将这一关系称为**质点的动量定理**（微分形式）。

也可以将式（2-7）改写为

$$\boldsymbol{F}\mathrm{d}t=\mathrm{d}\boldsymbol{p} \tag{2-8}$$

式中，$\boldsymbol{F}\mathrm{d}t$ 是力与作用时间 $\mathrm{d}t$ 的乘积，表示力在 $\mathrm{d}t$ 时间内的累积量，称为力的**冲量**，以 $\mathrm{d}\boldsymbol{I}$ 表示，即 $\mathrm{d}\boldsymbol{I}=\boldsymbol{F}\mathrm{d}t$。$\mathrm{d}\boldsymbol{p}$ 则表示 $\mathrm{d}t$ 时间内质点动量的增量。式（2-8）是质点的动量定理（微分形式）的另一种表述，它指出：**质点在 $\mathrm{d}t$ 时间内受到的合外力的冲量等于质点在 $\mathrm{d}t$ 时间内动量的增量。**

当力持续了一段有限时间，从 t_1 时刻到 t_2 时刻，我们考虑力的累积作用效果时，应当对式（2-8）积分得

$$\int_{t_1}^{t_2}\boldsymbol{F}\mathrm{d}t = \int_{\boldsymbol{p}_1}^{\boldsymbol{p}_2}\mathrm{d}\boldsymbol{p} = \boldsymbol{p}_2 - \boldsymbol{p}_1 \tag{2-9}$$

左侧的积分称为 $\boldsymbol{F}$ 在 t_1 到 t_2 这段时间内的冲量，用 $\boldsymbol{I}$ 表示，即

$$\boldsymbol{I} = \int_{t_1}^{t_2}\boldsymbol{F}\mathrm{d}t$$

这样式（2-9）又可以表示为

$$\boldsymbol{I}=\boldsymbol{p}_2-\boldsymbol{p}_1 \tag{2-10}$$

式中，$\boldsymbol{p}_2$ 为质点在 t_2 时刻的动量；$\boldsymbol{p}_1$ 为质点在 t_1 时刻的动量。式（2-9）及式（2-10）都是质点的动量定理（积分形式）的表述，说明**合外力在一段时间内的冲量等于质点在同一段时间内动量的增量。**

质点的动量定理反映了力的持续作用与物体机械运动状态变化之间的关系。常识告诉我们，物体作机械运动时，质量较大的物体运动状态变化较为困难一些，质量较小的物体运动状态变化相对要容易一些。例如，要使速度相同的火车和汽车都停下来，显然火车较之于汽车要困难得多。而在两个质量相同的物体之间比较，如两辆质量相同的汽车，要使高速行驶的汽车停下来就比使低速行驶的汽车停下来要困难。这说明人们在研究力的作用效果及物体机械运动状态变化的时候，应该同时考虑物体的质量和运动速度两个因素，为此引入了动量的概念，以其作为物体机械运动的量度。而质点的动量定理进一步指出，质点动量的变化取决于质点所受力的冲量。不论该力是大还是小，只要力的冲量相同，也就是力对时间的累积量相同，就可以引起质点动量相同的改变。只不过力较大时，作用时间需要得短一些，而力较小时，作用时间需要持续更长一些罢了。因此也可以这样理解，冲量是用动量变化来衡量的作用量。

质点的动量定理表达式（2-9）和表达式（2-10）都是矢量关系。力的冲量 $\boldsymbol{I}=\int_{t_1}^{t_2}\boldsymbol{F}\mathrm{d}t$ 是一个矢量。如果力 $\boldsymbol{F}$ 的方向不随时间变化，冲量的方向与力的方向一致。例如，重力的冲量就与重力的方向一致。如果力 $\boldsymbol{F}$ 的方向是变化的，冲量的方向就不能由某一个时刻力的方向来确定了。例如，质点作匀速率圆周运动的时候，合外力表现为向心力，其方向由质点所在处指向圆心，方向是不断变化的，在这种情况下，冲量的方向可以根据式（2-10）由质点动量的增量来确定。也就是说，不论力的方向怎样变化，冲量 $\boldsymbol{I}$ 的方向始终与动量增量 $\Delta\boldsymbol{p}=\boldsymbol{p}_2-\boldsymbol{p}_1$ 的方向一致。我们还注意到式（2-10）中冲量 $\boldsymbol{I}$、质点的初动量 $\boldsymbol{p}_1$ 和末动量 $\boldsymbol{p}_2$ 在数学上表现为矢量的加减关系，在矢量关系上这三个矢量应当构成一个闭合的三角形，如图2-16所示，这种形象地用矢量图表示的动量定理在分析问题和解题中都会有很好的直观效果，读者不妨多试用一下。

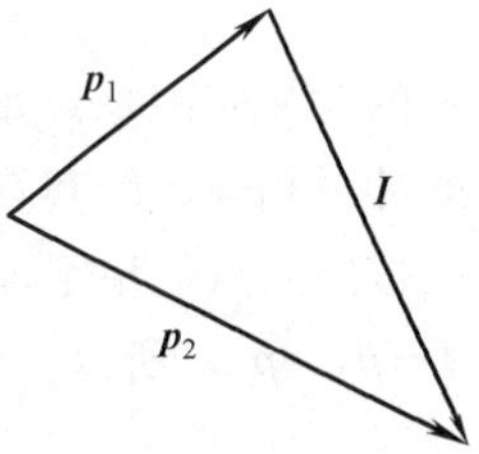

图2-16　动量定理的矢量示意图

如果有多个力作用在物体上，总冲量等于各分力冲量的矢量和，改变物体动量的是总冲量。

将式（2-9）、式（2-10）投影到坐标轴上就是质点动量定理的分量形式。例如，对 x、y、z 轴就有

$$I_x = \int_{t_1}^{t_2} F_x \mathrm{d}t = p_{x2} - p_{x1}$$

$$I_y = \int_{t_1}^{t_2} F_y \mathrm{d}t = p_{y2} - p_{y1}$$

$$I_z = \int_{t_1}^{t_2} F_z \mathrm{d}t = p_{z2} - p_{z1}$$

力在哪一个坐标轴方向上形成冲量，动量在该方向上的分量发生变化，动量分量的增量等于同方向上冲量的分量。

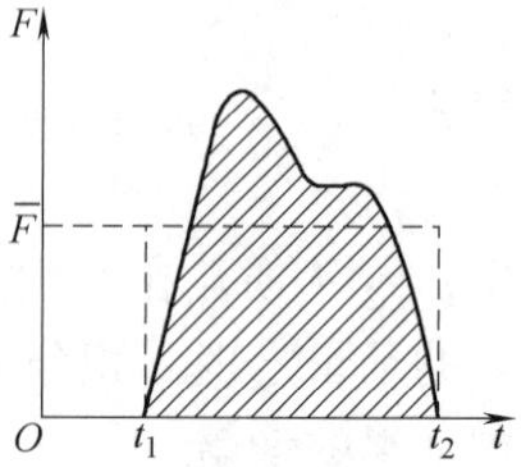

图 2-17　冲力和平均冲力

动量定理常常用于碰撞、冲击一类问题，在这类问题中，物体所受的力叫作**冲力**。冲力的量值往往很大，作用时间往往很短。图 2-17 中的实线显示了一个竖直下落的篮球撞击到坚硬的地面时受到的地面的冲力随时间变化的曲线，在极短的作用时间（约 0.02s）内，冲力急剧增长至峰值又迅速衰减为零。工程上在处理这一类实际问题的时候，很难测量真实的冲力变化情况，更多的是先用平均冲力去做估量。**平均冲力** $\overline{\boldsymbol{F}}$ 定义为真实力在一个作用过程中的时间平均值：

$$\overline{\boldsymbol{F}} = \frac{\int_{t_1}^{t_2} \boldsymbol{F} \mathrm{d}t}{t_2 - t_1}$$

注意到上式的分子正好是真实值的冲量 $\boldsymbol{I} = \int_{t_1}^{t_2} \boldsymbol{F} \mathrm{d}t$，所以有

$$\overline{\boldsymbol{F}} = \frac{\boldsymbol{I}}{\Delta t}$$

即平均冲力等于单位时间内真实力的冲量。把上式变为

$$\overline{\boldsymbol{F}} \Delta t = \boldsymbol{I} = \int_{t_1}^{t_2} \boldsymbol{F} \mathrm{d}t$$

该式的含义应该是：如果把平均冲力当作一个恒力，那么它在一个过程中的冲量应该和真实力的冲量相等，即其效果应当与真实力的效果一致。

按照质点动量定理，在一个过程中合外力对质点的冲量可以用质点动量的变化来量度，即 $\boldsymbol{I} = \boldsymbol{p}_2 - \boldsymbol{p}_1$。所以，合外力的平均冲力可以通过动量的改变来求得，即

$$\overline{\boldsymbol{F}} = \frac{\boldsymbol{I}}{\Delta t} = \frac{\Delta \boldsymbol{p}}{\Delta t} = \frac{\boldsymbol{p}_2 - \boldsymbol{p}_1}{t_2 - t_1}$$

只要测量出冲力作用前后动量的增量 $\Delta \boldsymbol{p} = \boldsymbol{p}_2 - \boldsymbol{p}_1$ 以及作用的时间 $\Delta t = t_2 - t_1$，平均冲力就可以很方便地计算出来。例如，篮球碰撞地面的问题，只要测量出篮球下落的高度和碰撞后反弹的高度，由相应的公式计算出篮球接触地面前后瞬间的动量，再已知碰撞过程的时间，就可以得出地面对篮球的平均冲力。

根据冲量的定义，在 F-t 曲线图中，冲量就是冲力曲线与横轴之间的面积，因此平均冲力曲线下的矩形面积与真实冲力曲线下的面积（阴影部分）相同，图 2-17 显示了这种关系。

在国际单位制中，动量的量纲与冲量的量纲相同，均为 MLT^{-1}，单位分别为 $kg \cdot m \cdot s^{-1}$ 和 $N \cdot s$。

例 2-7 质量 $m=1.0kg$ 的小球以速率 $v_0=20.0m \cdot s^{-1}$ 沿水平方向抛出，求 1s 之后小球速度的大小和方向（不计空气阻力）。

解 此题可用动量定理求解。小球抛出时的初动量 $p_1=mv_0=20kg \cdot m \cdot s^{-1}$，沿水平方向。1s 之内小球所受重力的冲量 $I=mg\Delta t=9.8N \cdot s$，方向竖直向下。根据式（2-10）的矢量关系图可作图 2-18，则 1s 后动量 $\boldsymbol{p}_2$ 的大小为

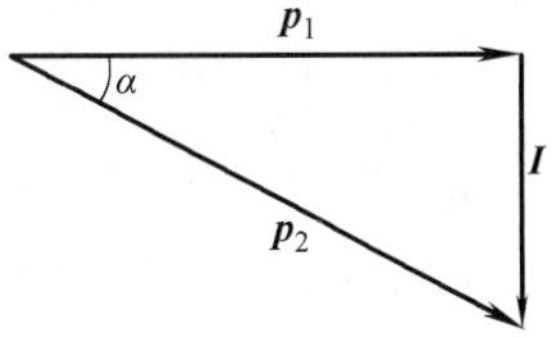

图 2-18 例 2-7 图

$$p_2=\sqrt{p_1^2+I^2}=\sqrt{(20)^2+(9.8)^2}kg \cdot m \cdot s^{-1}=22.3kg \cdot m \cdot s^{-1}$$

速度大小为

$$v=\frac{p_2}{m}=22.3m \cdot s^{-1}$$

速度方向为

$$\alpha=\arctan\frac{I}{p_1}=\arctan\left(\frac{9.8}{20}\right)=26.1^\circ$$

例 2-8 如图 2-19 所示，质量 $m=0.15kg$ 的小球以 $v_0=10m \cdot s^{-1}$ 的速度射向光滑地面，入射角 $\theta_1=30^\circ$，然后沿 $\theta_2=60^\circ$ 的反射角方向弹出。设 $\Delta t=0.01s$（碰撞时间），计算小球对地面的平均冲力。

解 因为地面光滑，水平方向小球不受作用力，故地面对小球的冲量沿法线方向竖直向上。设地面对小球的平均冲力大小为 $\overline{F}$，碰后小球速度大小为 v，建立坐标如图所示，根据质点的动量定理有

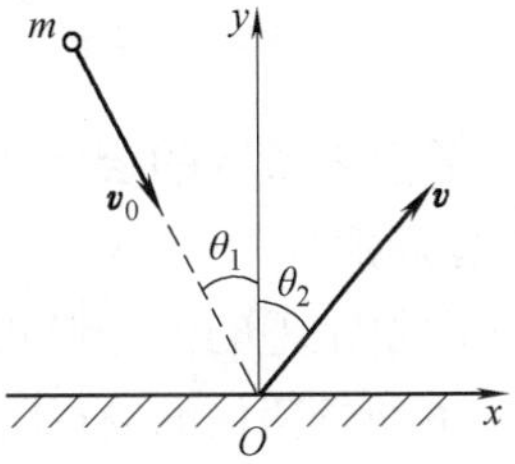

图 2-19 例 2-8 图

$$I_x=0=mv\sin\theta_2-mv_0\sin\theta_1$$
$$I_y=(\overline{F}-mg)\Delta t=mv\cos\theta_2+mv_0\cos\theta_1$$

由此得

$$v=v_0\frac{\sin\theta_1}{\sin\theta_2}$$
$$\overline{F}=\frac{mv_0\sin(\theta_1+\theta_2)}{\Delta t\sin\theta_2}+mg$$

代入数据：

$$\overline{F}=\frac{0.15\times10}{0.01\times\frac{\sqrt{3}}{2}}N+(0.15\times9.8)N=175N$$

小球对地面的平均冲力就是 $\overline{F}$ 的反作用力。在本题中考虑了重力的作用，事实上重力 $mg=(0.15\times9.8)N=1.47N$，不到 $\overline{F}$ 的 1%，因此完全可以忽略不计。

2.6.2 质点系的动量定理

由若干个质点组成的系统简称为**质点系**。质点系中各质点受到的系统外的物体对它们的作用力称为**外力**，质点系中各质点彼此之间的相互作用力称为**内力**。下面讨论在外力和内力

的共同作用下质点系的动量的变化规律。

对含有 n 个质点的质点系，我们可以先考虑系统中第 i 个质点。它受到的外力为 $\boldsymbol{F}_{外i}$，内力为 $\boldsymbol{F}_{内i}$，合力 $\boldsymbol{F}_i=\boldsymbol{F}_{外i}+\boldsymbol{F}_{内i}$。现在对第 i 个质点应用质点的动量定理表达式（2-7），则有

$$\boldsymbol{F}_i=\boldsymbol{F}_{外i}+\boldsymbol{F}_{内i}=\frac{\mathrm{d}\boldsymbol{p}_i}{\mathrm{d}t}$$

质点系中一共有 n 个质点（$i=1,2,\cdots,n$），我们可以分别列出这样的方程一共 n 个。为了讨论质点系整体的规律，将这样的 n 个方程求和得

$$\sum_i \boldsymbol{F}_{外i}+\sum_i \boldsymbol{F}_{内i}=\sum \frac{\mathrm{d}\boldsymbol{p}_i}{\mathrm{d}t} \tag{2-11}$$

式中，左侧第一项是对质点系中各质点受到的外力求和，即为系统所受的合外力，$\boldsymbol{F}_{外}=\sum\limits_i \boldsymbol{F}_{外i}$；左侧第二项是对质点系中各质点受到彼此之间的内力求和，由于内力总是以作用力和反作用力的形式成对出现，故该项求和的结果等于零。等式的右边可以改写为

$$\sum_i \frac{\mathrm{d}\boldsymbol{p}_i}{\mathrm{d}t}=\frac{\mathrm{d}}{\mathrm{d}t}\sum_i \boldsymbol{p}_i=\frac{\mathrm{d}\boldsymbol{p}}{\mathrm{d}t}$$

式中，$\boldsymbol{p}=\sum\limits_i \boldsymbol{p}_i$ 是质点系所有质点动量之和，称为质点系的（总）动量。这样，式（2-11）最终可以写为

$$\boldsymbol{F}_{外}=\frac{\mathrm{d}\boldsymbol{p}}{\mathrm{d}t} \tag{2-12}$$

即：**质点系所受的合外力等于质点系动量对时间的变化率**。这个规律称为**质点系的动量定理（微分形式）**。

动量定理的微分形式是合外力与动量变化率的瞬时关系，当讨论力持续作用一段时间后质点系动量变化的规律时，需要对式（2-12）积分，得

$$\int_{\Delta t}\boldsymbol{F}_{外}\,\mathrm{d}t=\int_{\boldsymbol{p}_1}^{\boldsymbol{p}_2}\mathrm{d}\boldsymbol{p}=\boldsymbol{p}_2-\boldsymbol{p}_1 \tag{2-13}$$

式中，$\int_{\Delta t}\boldsymbol{F}_{外}\,\mathrm{d}t$ 称为 Δt 时间内质点系受到的合外力的冲量，用 $\boldsymbol{I}_{外}$ 表示；$\boldsymbol{p}_1$ 和 $\boldsymbol{p}_2$ 分别是质点系初态和末态时的动量。所以有

$$\boldsymbol{I}_{外}=\boldsymbol{p}_2-\boldsymbol{p}_1 \tag{2-14}$$

这样，对质点系而言，在某段时间内，**质点系受到的合外力的冲量等于质点系（总）动量的增量**。

式（2-13）及式（2-14）都是质点系的动量定理（积分形式），它们与式（2-12）反映的规律是一致的，即质点系动量的变化只取决于系统所受的合外力，与内力的作用没有关系。合外力越大，系统动量的变化率就越大；合外力的冲量越大，系统动量的变化就越大。同时也需注意到，在质点系里，各质点受到的内力及内力的冲量并不等于零，内力的冲量将改变各质点的动量，这点由（2-11）式可以反映出来。但是，对内力及内力的冲量求矢量和一定等于零。因此内力并不改变质点系的总动量，只起着在系统内各质点之间彼此交换动量的作用。

例 2-9　木板 B 静止置于水平台面上，小木块 A 放在 B 板的一端上，如图 2-20 所示。已知 $m_{\mathrm{A}}=0.25\mathrm{kg}$，$m_{\mathrm{B}}=0.75\mathrm{kg}$，小木块 A 与木板 B 之间的摩擦因数 $\mu_1=0.5$，木板 B 与台面间的

摩擦因数$\mu_2=0.1$。现在给小木块 A 一向右的水平初速度 $v_0=40\mathrm{m\cdot s^{-1}}$，问经过多长时间 A、B 恰好具有相同的速度？（设 B 板足够长）

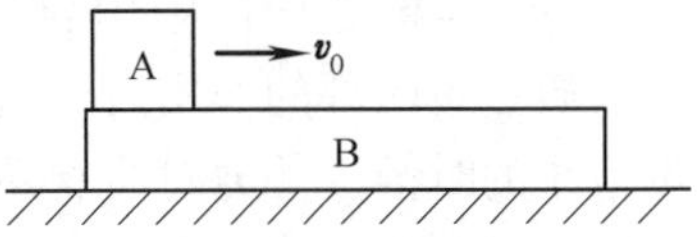

图 2-20　例 2-9 图

解　当小木块 A 以初速度$\boldsymbol{v}_0$向右开始运动时，它将受到木板 B 的摩擦阻力的作用，木板 B 则在 A 给予的摩擦力及台面给予的摩擦力的共同作用下向右运动。如果将木板 B 与小木块 A 视为一个质点系统，A、B 之间的摩擦力就是内力，不改变系统的总动量，只有台面与木板 B 之间的摩擦力 $\boldsymbol{F}_\mathrm{k}$ 才是系统所受的外力，改变系统的总动量。设经过 Δt 时间 A、B 具有相同的速度$\boldsymbol{v}$，则根据质点系的动量定理有

$$-F_\mathrm{k}\Delta t=(m_\mathrm{A}+m_\mathrm{B})v-m_\mathrm{A}v_0$$

以及

$$F_\mathrm{k}=\mu_2(m_\mathrm{A}+m_\mathrm{B})g$$

再对小木块 A 单独予以考虑，A 受到 B 给予的摩擦阻力 F_k'，应用质点的动量定理

$$-F_\mathrm{k}'\Delta t=m_\mathrm{A}v-m_\mathrm{A}v_0$$

以及

$$F_\mathrm{k}'=\mu_1 m_\mathrm{A}g$$

解得

$$v=\left(\frac{m_\mathrm{A}\mu_1}{m_\mathrm{A}+m_\mathrm{B}}-\mu_2\right)\frac{v_0}{\mu_1-\mu_2},\quad \Delta t=\frac{v_0-v}{\mu_1 g}$$

代入有关数据，最后得出

$$v=2.5\mathrm{m\cdot s^{-1}},\quad \Delta t=7.65\mathrm{s}$$

用动量定理分析
火箭的发射升空过程

“嫦娥 4 号”探月的
物理问题分析

2.6.3　动量守恒定律

1. 动量守恒定律

如果质点系所受的合外力为零（或合外力的冲量始终为零），质点系的动量将保持不变，即若

$$\boldsymbol{F}_{外}=\boldsymbol{0}\ （或\ \boldsymbol{I}_{外}=\boldsymbol{0}）$$

则

$$\boldsymbol{p}=\sum_i m_i\boldsymbol{v}_i=恒矢量 \tag{2-15}$$

这个规律就是**动量守恒定律**。

在物理学中，常常涉及封闭系统，封闭系统是指与外界没有任何相互作用的系统。封闭系统受到的合外力必然为零，因此动量守恒定律又可以表述为：**封闭系统的动量保持不变**。

注意以下几点，有利于加深理解和正确运用动量守恒定律。

1）动量守恒是指质点系总动量不变，$\sum_i m_i\boldsymbol{v}_i=恒矢量$。质点系中各质点的动量是可以变化的，质点通过内力的作用交换动量，一个质点获得多少动量，其他质点就失去多少动量，

机械运动只在系统内转移。

2）$\boldsymbol{F}_{外}=\boldsymbol{0}$ 是一个很严格很难实现的条件，真实系统通常与外界或多或少地存在着某些作用。当质点系内部的作用力远远大于外力，或者外力不太大而作用时间很短促，以致形成的冲量很小的时候，外力对质点系动量的相对影响就比较小，此时可以忽略外力的效果，近似地应用动量守恒定律。例如，在空中爆炸的炸弹，各碎片间的作用力是内力，内力很强，相比之下，外力（重力）远远小于爆炸时的内力，因而重力可以忽略不计，炸弹系统动量守恒。爆炸后所有碎片动量的矢量和等于爆炸前炸弹的动量。在近似条件下应用动量守恒定律，极大地扩展了动量守恒定律解决实际问题的范围。

3）式（2-15）是动量守恒定律的矢量表述，投影到坐标轴上就得到它的分量形式，例如：

$$若\ F_x = 0，则 \sum_i m_i v_{ix} = 常量$$

$$若\ F_y = 0，则 \sum_i m_i v_{iy} = 常量$$

$$若\ F_z = 0，则 \sum_i m_i v_{iz} = 常量$$

合外力在哪一个坐标轴上的分量为零，质点系总动量在该方向上的分量就是一个守恒量。在很多问题中，由于受到很强的外力的作用，系统的动量并不守恒，但只要在某一个方向上没有外力作用，该方向上的动量分量就是一个常量，这个分量守恒所提供的方程，就成为求解该问题的一个必不可少的条件。在 2.6.1 节的例 2-8 中，射向地面的小球（可视为由一个质点构成的质点系），在与地面碰撞的过程中，水平方向不受外力作用，动量的水平分量就是一个守恒量；在空中爆炸的一颗手榴弹，其水平方向的动量也是一个守恒量。忽略了这些条件，就很难得出正确的结论。

2. 碰撞过程中的动量守恒现象

碰撞泛指强烈而短暂的相互作用过程，如撞击、锻压、爆炸、投掷、喷射等都可以视为广义的碰撞。若将碰撞中相互作用的物体看作一个系统，碰撞过程的表现是内力作用强，通常情况下满足 $F_{内} \gg F_{外}$，且作用时间短暂，外力的冲量一般可以忽略不计，因此动量守恒是一般碰撞过程的共同特点。

在碰撞过程中常常发生物体的形变，并伴随着相应的能量转化，按照形变和能量转化的特征，碰撞大体可以分为三类。

（1）**弹性碰撞**　碰撞过程中物体之间的作用力是弹性力，碰撞完成之后物体的形变完全恢复，没有能量的损耗，也没有机械能向其他形式的能量转化，机械能守恒。又由于碰撞前后没有弹性势能的改变，机械能守恒在这里表现为系统的总动能不变。弹性碰撞是一种理想情况，有一类实际的物理过程如两个弹性较好的物体的相撞、理想气体分子的碰撞等可以近似按弹性碰撞处理。

（2）**非完全弹性碰撞**　大量的实际碰撞过程属于这一类。碰撞之后物体残留一部分形变不能完全恢复，同时伴随有部分机械能向其他形式的能量如热能的转化，机械能不守恒。铁锤敲击钉子就是典型的非完全弹性碰撞。

（3）**完全非弹性碰撞**　碰撞之后的物体的形变完全得不到恢复，并常常表现为诸个碰撞体合并在一起，以同一速度运动。例如，黏性的泥团溅落到车轮上与车轮一起运动，子弹射入木块并嵌入其中。完全非弹性碰撞过程中机械能不守恒。

碰撞在微观世界里也是极为常见的现象。分子、原子、粒子的碰撞是极频繁的。正负电子对的湮没、原子核的衰变等都是广义的碰撞过程。科研工作者还常常人为地制造一些碰撞过程。例如，用 X 射线或者高速运动的电子射入原子，观察原子的激发、电离等现象；用 γ 射线或者高能中子轰击原子核，诱发原子核的衰变或核反应等。研究微观粒子的碰撞是研究物质微观结构的重要手段之一。特别值得一提的是，在著名的康普顿散射实验（见量子物理有关内容）中，将 X 射线与电子的相互作用过程处理为碰撞过程，由实验直接证明了动量守恒定律在微观领域中也是成立的，从而将动量守恒定律推广到了物质世界的全部领域。

3. 动量守恒定律与牛顿运动定律

前面，我们从牛顿运动定律出发导出了动量定理，进而导出了动量守恒定律。事实上，动量守恒定律远比牛顿运动定律更广泛，更深刻，更能揭示物质世界的一般性规律。动量守恒定律适用的质点系范围，大到宇宙，小到微观粒子。当把质点系的范围扩展到整个宇宙时，可以得出宇宙中动量的总量是一个不变量的结论，这就使得动量守恒定律成为自然界普遍遵从的定律。而牛顿运动定律的常用形式 $\boldsymbol{F}=m\boldsymbol{a}$，只是在宏观物体作低速运动的情况下成立，超越这个范围就不再适用了。下面我们从动量守恒定律出发，导出牛顿第二定律和第三定律（牛顿第一定律就是伽利略的惯性定律），由此体会动量守恒定律深刻的含义。

设有质点 1 和质点 2 构成一个封闭系统，两个质点不受外界作用，只有彼此之间的相互作用。根据动量守恒定律，这个系统的总动量保持不变，$\boldsymbol{p}_1+\boldsymbol{p}_2=$ 恒矢量。但是两个质点可以通过彼此之间的相互作用交换动量，因此在任意一段时间 Δt 内，总有

$$\Delta\boldsymbol{p}_1=-\Delta\boldsymbol{p}_2$$

即质点 1 获得的动量 $\Delta\boldsymbol{p}_1=\boldsymbol{p}_1-\boldsymbol{p}_{10}$ 等于质点 2 失去的动量 $-\Delta\boldsymbol{p}_2=-(\boldsymbol{p}_2-\boldsymbol{p}_{20})$。单位时间内两质点交换的动量为

$$\frac{\Delta\boldsymbol{p}_1}{\Delta t}=-\frac{\Delta\boldsymbol{p}_2}{\Delta t}$$

令 $\Delta t\to 0$，则有

$$\frac{\mathrm{d}\boldsymbol{p}_1}{\mathrm{d}t}=-\frac{\mathrm{d}\boldsymbol{p}_2}{\mathrm{d}t} \tag{2-16}$$

式（2-16）表明，在任意时刻孤立系统的两个质点的动量瞬时变化率大小相等，方向相反。

从另一个角度看，两个物体相互作用可以认为它们彼此施加了“力”，力使得物体的动量发生了变化。物体动量的瞬时变化率可以作为这种作用，也就是力的量度，因此定义质点 1 对质点 2 的作用力

$$\boldsymbol{F}_{21}=\frac{\mathrm{d}\boldsymbol{p}_2}{\mathrm{d}t} \tag{2-17a}$$

质点 2 对质点 1 的作用力

$$\boldsymbol{F}_{12}=\frac{\mathrm{d}\boldsymbol{p}_1}{\mathrm{d}t} \tag{2-17b}$$

根据式（2-16）很容易得到

$$\boldsymbol{F}_{12}=-\boldsymbol{F}_{21}$$

这就是关于作用力与反作用力的牛顿第三定律。由此可知，“作用力与反作用力大小相等，方向相反”与“动量守恒”两种说法对于质点系是等价的。

如果考虑由一个质点构成的系统，该质点受到的所有力都是外力。将式（2-17a）或式（2-17b）应用于此质点，

$$\boldsymbol{F}_{外}=\frac{\mathrm{d}\boldsymbol{p}}{\mathrm{d}t}$$

再考虑 $\boldsymbol{p}=m\boldsymbol{v}$，以及物体低速运动时质量是一个常量，则

$$\boldsymbol{F}_{外}=\frac{\mathrm{d}(m\boldsymbol{v})}{\mathrm{d}t}=m\frac{\mathrm{d}\boldsymbol{v}}{\mathrm{d}t}=m\boldsymbol{a}$$

正是牛顿第二定律的常见表述。

从历史上看，动量守恒定律是从实验研究得到的。迄今为止，尚未发现与动量守恒定律相悖的现象。19 世纪末，原子核的放射性衰变发现之后，人们在研究原子核的 β 衰变（原子核放射出一个电子，衰变成为原子序数增加 1 的新原子核）时，发现了动量（还有能量）“不守恒”的现象。为了弥补损失的动量（能量），泡利于 1931 年提出了中微子假说，认为原子核 β 衰变时除了发射一个电子外，还要同时发射一种未知的轻的中性粒子。1933 年，费米进一步研究了这一假说，并把这种中性粒子命名为中微子。1956 年，科恩和莱恩斯成功完成了寻找中微子的实验，证明了泡利假说，从而证实了动量守恒定律的普遍性。由此可见，作为反映自然界最普遍规律的动量守恒定律在人类认识自然的不断探索中起到重要的引导和启示作用。动量守恒定律和动量定理都只对惯性参考系成立。在非惯性参考系中则需要考虑惯性力才能应用。

***例 2-10**　质量为 m_1 的小球 A 以速度 $\boldsymbol{v}_0$ 沿 x 轴正方向运动，与另一质量为 m_2 的静止小球 B 在水平面内碰撞，碰后 A 沿 y 轴正方向运动，B 的运动方向与 x 轴成 θ 角，如图 2-21 所示。

（1）求碰撞后 A 的速率 v_1 和 B 的速率 v_2；

（2）设碰撞的接触时间为 Δt，求 A 受到的平均冲力。

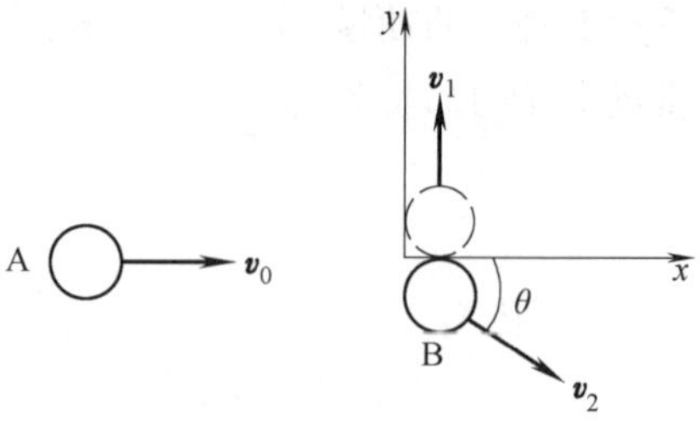

图 2-21　例 2-10 图

解　（1）以 A、B 两球构成系统，合外力为零，系统的动量守恒。建立坐标如图 2-21 所示，应用动量守恒定律的分量形式，有

x 方向：$$m_2v_2\cos\theta=m_1v_0$$

y 方向：$$m_1v_1-m_2v_2\sin\theta=0$$

联立上述两式，得

$$v_1=v_0\tan\theta$$

$$v_2=\frac{m_1v_0}{m_2\cos\theta}$$

（2）以小球 A 为研究对象，由质点的动量定理，有

x 方向：$$\overline{F}_x=\frac{m_1v_{1x}-m_1v_{0x}}{\Delta t}=-\frac{m_1v_0}{\Delta t}$$

y 方向：$$\overline{F}_y=\frac{m_1v_{1y}-m_1v_{0y}}{\Delta t}=\frac{m_1v_1}{\Delta t}$$

所以 $\overline{F}$ 的大小为

$$\overline{F}=\sqrt{\overline{F}_x^2+\overline{F}_y^2}=\sqrt{\left(-\frac{m_1v_0}{\Delta t}\right)^2+\left(\frac{m_1v_1}{\Delta t}\right)^2}=\frac{m_1}{\Delta t}\sqrt{v_0^2+v_1^2}$$

$\overline{F}$ 与 x 轴的夹角

$$\alpha=\arctan\frac{\overline{F}_y}{\overline{F}_x}=\arctan\left(-\frac{v_1}{v_0}\right)$$

例 2-11　如图 2-22 所示，一轻绳悬挂质量为 m_1 的沙袋静止下垂，质量为 m_2 的子弹以速率 v_0、倾斜角 θ 射入沙袋中不再出来，求子弹与沙袋一同开始运动时的速度。

解　在子弹射入沙袋的过程中以子弹和沙袋构成一系统，因竖直方向上受重力（可忽略）和绳的冲力（不可忽略）作用，所以动量的竖直分量不守恒。在水平方向上系统不受外力作用，动量的水平分量守恒。设碰后子弹与沙袋以共同速率 v 开始运动。

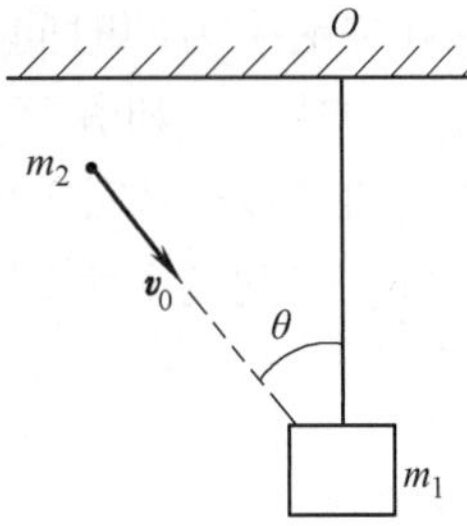

图 2-22　例 2-11 图

$$m_2v_0\sin\theta=(m_1+m_2)v$$

得

$$v=\frac{m_2\sin\theta}{m_1+m_2}v_0$$

***例 2-12**　小游船靠岸的时候速度已几乎减为零，坐在船上远离岸一端的一位游客站起来走向船近岸的一端准备上岸，设游人体重 $m_1=50\text{kg}$，小游船重 $m_2=100\text{kg}$，小游船长 $L=5\text{m}$，问游人能否一步跨上？（不计水的阻力）

解　作示意图如图2-23 所示，将游客与游船视作一个系统，该系统水平方向不受外力作用，动量守恒。设游客速度大小为 v_1，游船速度大小为 v_2，规定向左为正，则有

$$m_1v_1-m_2v_2=0$$

把上式对过程积分得

$$\int_{\Delta t}m_1v_1\,\mathrm{d}t-\int_{\Delta t}m_2v_2\,\mathrm{d}t=0$$

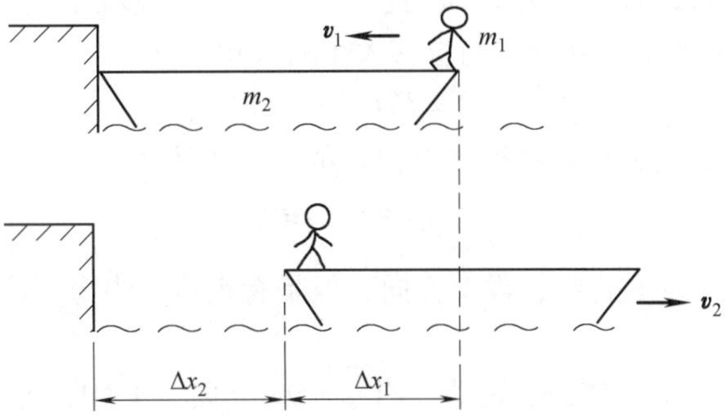

图 2-23　例 2-12 图

即

$$m_1\Delta x_1-m_2\Delta x_2=0 \tag{a}$$

其中 $\Delta x_1=\int_{\Delta t}v_1\,\mathrm{d}t$，$\Delta x_2=\int_{\Delta t}v_2\,\mathrm{d}t$ 分别为游客和游船对岸的位移。按相对运动的位移关系，有

$$\Delta x_1=\Delta x_{12}-\Delta x_2 \tag{b}$$

注意到游客对游船的位移等于游船的长度，即 $\Delta x_{12}=L$，故有

$$\Delta x_1=L-\Delta x_2 \tag{c}$$

联立求解式（a）~式（c），可得游客对岸的位移

$$\Delta x_1=\frac{m_2}{m_1+m_2}L=\left(\frac{100}{50+100}\times5\right)\text{m}=3.33\text{m}$$

游船对岸的位移

$$\Delta x_2 = \frac{m_1}{m_1 + m_2}L = \left(\frac{50}{50 + 100} \times 5\right)\text{m} = 1.67\text{m}$$

游船对岸后退了 1.67m，可见游客要想一步跨上岸是很困难的，最好用缆绳先将船固定住，游人再登陆上岸。

2.7　功与能

上一节讨论了力的时间累积及其效果，本章将讨论力的空间累积及其效果。力的空间累积称为力的功。在机械运动中，力做功产生的效果是使物体的机械能发生变化，功则作为能量变化的量度。本章中讨论的动能定理、势能定理、功能原理和机械能守恒定律正是反映了功与能之间的关系，而机械能守恒定律则是普遍的能量守恒定律在机械运动中的一个特例。

2.7.1　功

在力的持续作用过程中，如果力的作用点由初态位置移到了末态位置，就形成了力对空间的累积。物理学上用功这个物理量表示力的空间累积，记作 A。下面讨论功的计算。

1. 功、功的计算

(1) **直线运动中恒力的功**　设有一恒力 $\boldsymbol{F}$ 作用在质点上，在恒力 $\boldsymbol{F}$ 作用下质点沿着直线发生了一段位移 $\Delta\boldsymbol{r}$，如图 2-24 所示。在质点的这段位移过程中，力 $\boldsymbol{F}$ 做的功定义为力在位移方向的分量（力的切向分量）与位移大小的乘积，即

$$A = F\cos\theta \cdot |\Delta\boldsymbol{r}|$$

或者用矢量数量积（点积）的方式表述为

$$A = \boldsymbol{F} \cdot \Delta\boldsymbol{r} \tag{2-18}$$

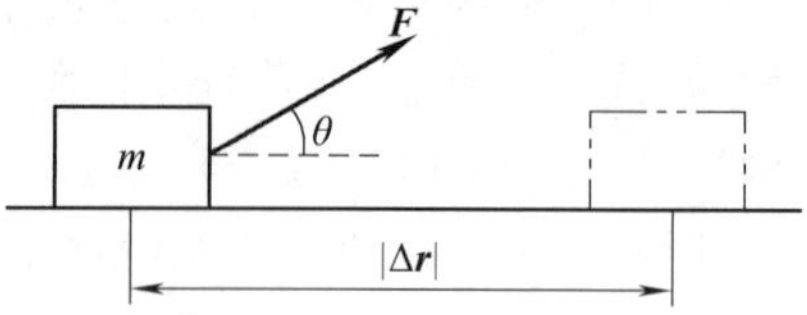

图 2-24　计算直线运动中的恒力的功

功是标量，没有方向，但是有正负。当力与位移方向的夹角 $0 \leqslant \theta < \frac{\pi}{2}$ 时，$A > 0$，我们说力 $\boldsymbol{F}$ 对物体做了正功；当 $\frac{\pi}{2} < \theta \leqslant \pi$ 时，$A < 0$，力 $\boldsymbol{F}$ 对物体做的是负功，也常习惯说成是物体克服外力做功；若 $\theta = \frac{\pi}{2}$，$A = 0$，力 F 与位移 $\Delta\boldsymbol{r}$ 垂直，不做功，例如物体在水平方向移动时，重力就不做功。

(2) **变力的功**　在变力作用下，质点运动的轨迹通常为一曲线（直线运动只是曲线运动的特例）。在图 2-25 中，质点在变力 $\boldsymbol{F}$ 作用下沿图示的曲线路径 l 由 a 点移动到 b 点。在曲线路径上不同的点，力的大小、方向以及力与位移方向的夹角都可能不相同。为了计算功，可以设想质点自考察点 P 点经历了一无穷小的元位移 $\mathrm{d}\boldsymbol{r}$，由于 $\mathrm{d}\boldsymbol{r} \to \boldsymbol{0}$，因此在 $\mathrm{d}\boldsymbol{r}$ 范围内，曲线可以作直线处理，且力 $\boldsymbol{F}$ 的变化极其微小，可以作恒力处理。这样，在元位移 $\mathrm{d}\boldsymbol{r}$

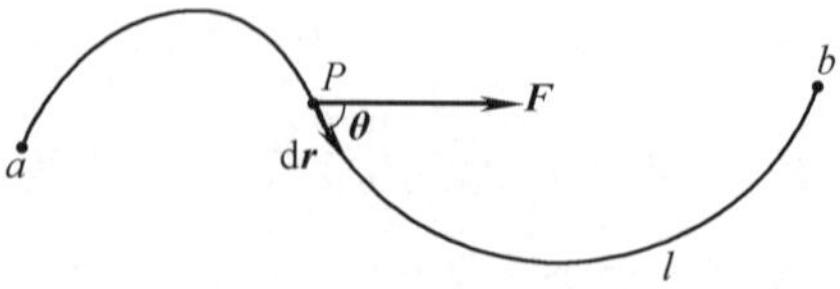

图 2-25　计算变力的功

中，力做的功用 dA 表示，称为元功或微功。根据式（2-18）有

$$dA=\boldsymbol{F}\cdot d\boldsymbol{r}=F|d\boldsymbol{r}|\cos\theta \tag{2-19}$$

质点由初始位置 a 经路径 l 运动到 b，力 $\boldsymbol{F}$ 做的总功应当等于各元位移上的元功的总和，即对式（2-19）积分

$$A=\int dA=\int_a^b \boldsymbol{F}\cdot d\boldsymbol{r} \tag{2-20}$$

式（2-20）在数学上称为力 $\boldsymbol{F}$ 沿路径 l 的线积分。

式（2-20）是功的计算公式，适用于各种情况下功的计算。不论是恒力还是变力，不论是引力、电磁力、核力，还是弹力、张力、摩擦力、理想气体对活塞的压力做功等，都可以用式（2-20）计算。

如果变力 $\boldsymbol{F}$ 呈现随位置变化的函数关系，就可以在力-位置图上用曲线表示出来。例如，质点沿 x 方向一维运动时，若力随位置 x 发生变化可表示为 $F=F(x)$，此时可以用 F-x 曲线来表示这种函数关系，图 2-26 所示就是一种示意图。根据式（2-20），质点在力 $F(x)$ 的作用下由 x_1 运动到 x_2，力 F 的功应该为此段曲线与横轴包围的面积，即图中的阴影部分。这是功的几何图示。在此面积为简单几何图形的时候，由面积计算功不失为一种简单有效的方法。功与质点的位移有关，因而功与参考系的选择有关。

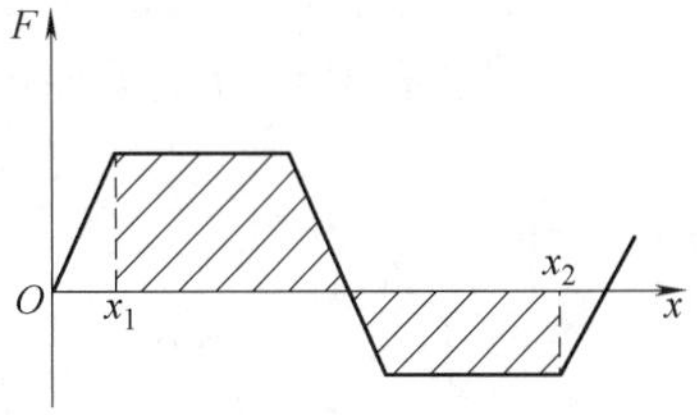

图 2-26　功的几何图示

2. 合力的功

多个力同时作用在质点上时，质点所受的合力由力的叠加原理给出：

$$\boldsymbol{F}=\sum_i \boldsymbol{F}_i \quad (i=1,2,\cdots,n)$$

式中，$\boldsymbol{F}_i$ 为作用在质点上的第 i 个分力。若质点在合力作用下由 a 点经路径 l 到达 b 点，合力的功为

$$\begin{aligned} A &= \int_a^b \boldsymbol{F}\cdot d\boldsymbol{r}=\int_a^b \sum_i \boldsymbol{F}_i\cdot d\boldsymbol{r} \\ &= \sum_i \int_a^b \boldsymbol{F}_i\cdot d\boldsymbol{r}=\sum_i A_i \end{aligned}$$

即合力的功等于各分力做的功的代数和。

3. 功率

力的功率定义为力在单位时间内做的功。设 dt 时间内力 $\boldsymbol{F}$ 做功 dA，功率用 P 表示，其表达式为

$$P=\frac{dA}{dt}$$

功率用以表示力做功的快慢，也可以理解为力做功的速率。由于 $A=\boldsymbol{F}\cdot d\boldsymbol{r}$ 以及 $\frac{d\boldsymbol{r}}{dt}=\boldsymbol{v}$，代入上式，功率又可以表示为

$$P=\boldsymbol{F}\cdot\frac{d\boldsymbol{r}}{dt}=\boldsymbol{F}\cdot\boldsymbol{v}$$

即功率为力与质点速度的数量积（点积）。

已知功率计算功，可以将功率对时间积分，即

$$A = \int_{t_1}^{t_2} P\mathrm{d}t$$

在国际单位制中，功的量纲为 ML^2T^{-2}，单位为 J（焦耳）；功率的量纲为 ML^2T^{-3}，单位为 W（瓦）。

***例 2-13**　一绳长为 l、小球质量为 m 的单摆竖直悬挂，在水平力 $\boldsymbol{F}$ 的作用下，小球由静止极其缓慢地移动，直至绳与竖直方向的夹角为 θ，求力 $\boldsymbol{F}$ 做的功。

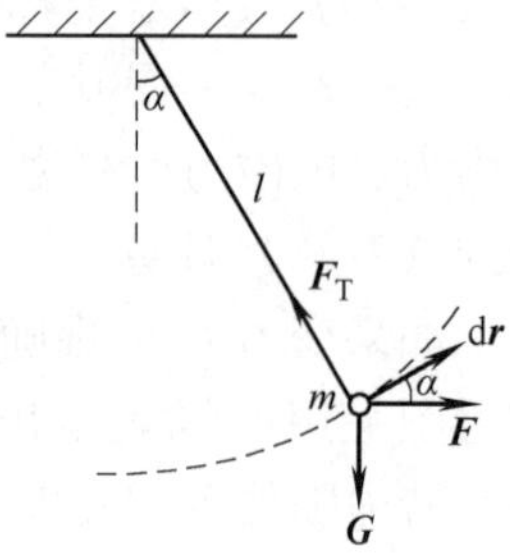

图 2-27　例 2-13 图

解　因小球极其缓慢地移动，可近似认为速度为零。所受力为水平力 $\boldsymbol{F}$、重力 $\boldsymbol{G}$ 和拉力 $\boldsymbol{F}_T$，其矢量和为零，即 $\boldsymbol{F}+\boldsymbol{G}+\boldsymbol{F}_T=\boldsymbol{0}$。图 2-27 所示为小球移动过程中绳与竖直方向成任意 α 角时的示意图，由于合力的切向分量 $F\cos\alpha - mg\sin\alpha = 0$，可得

$$F = mg\tan\alpha$$

力 $\boldsymbol{F}$ 做功

$$A = \int \boldsymbol{F}\cdot\mathrm{d}\boldsymbol{r} = \int F\cdot|\mathrm{d}\boldsymbol{r}|\cos\alpha = \int_0^{\theta} mg\tan\alpha\cdot\cos\alpha\cdot l\mathrm{d}\alpha$$

$$= mgl\int_0^{\theta}\sin\alpha\mathrm{d}\alpha = mgl(1-\cos\theta)$$

例 2-14　一对质量分别为 m_1 和 m_2 的质点，彼此之间存在万有引力的作用。设 m_1 固定不动，m_2 在 m_1 的引力作用下由 a 点经某路径 l 运动到 b 点。已知 m_2 在 a 点和 b 点时距 m_1 分别为 r_a 和 r_b，求万有引力所做的功。

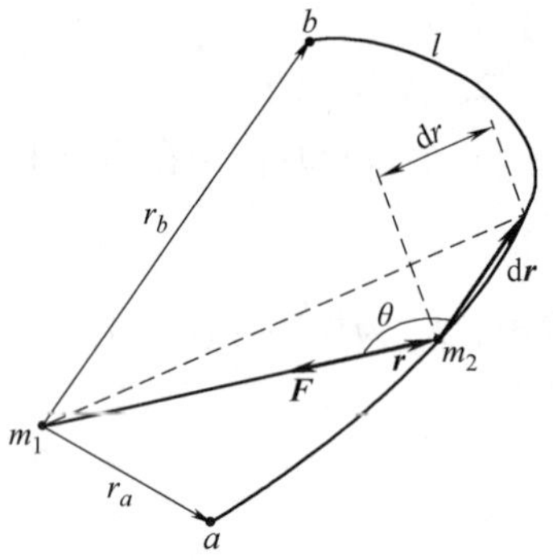

图 2-28　例 2-14 图

解　作图2-28，取 m_1 为坐标原点，某时刻 m_2 对 m_1 的位矢为 $\boldsymbol{r}$，引力 $\boldsymbol{F}$ 与 $\boldsymbol{r}$ 方向相反。当 m_2 在引力作用下完成元位移 $\mathrm{d}\boldsymbol{r}$ 时，引力做的元功为

$$\mathrm{d}A = \boldsymbol{F}\cdot\mathrm{d}\boldsymbol{r} = G\frac{m_1m_2}{r^2}|\mathrm{d}\boldsymbol{r}|\cos\theta$$

由图可见，$-|\mathrm{d}\boldsymbol{r}|\cos\theta = |\mathrm{d}\boldsymbol{r}|\cos(\pi-\theta) = \mathrm{d}r$，此处 $\mathrm{d}r$ 为位矢大小的增量，故上式可以写为

$$\mathrm{d}A = -G\frac{m_1m_2}{r^2}\mathrm{d}r$$

这样，质点由 a 点运动到 b 点引力做的总功为

$$A = \int\mathrm{d}A = -\int_{r_a}^{r_b} G\frac{m_1m_2}{r^2}\mathrm{d}r = -Gm_1m_2\left(\frac{1}{r_a}-\frac{1}{r_b}\right)$$

我们注意到，万有引力所做的功只与两质点构成的引力系统的初态和末态的相对位置 r_a、r_b 有关，与做功的具体路径 l 是没有关系的。具有这种性质的力还有重力、弹簧的弹力等，我们把这一类力称为“保守力”。

4. 一对力的功

一对力特指两个物体之间的作用力和反作用力。如果将彼此作用的两个物体视为一个系统，作用力与反作用力就是系统的内力。一对力的功通常是指在一个过程中一对内力的总功，

即代数和。

现在考虑系统内两个质点 m_1 和 m_2，某时刻它们相对于坐标原点的位矢分别为 $\boldsymbol{r}_1$ 和 $\boldsymbol{r}_2$，$\boldsymbol{F}_{12}$和 $\boldsymbol{F}_{21}$为它们之间的相互作用力，如图 2-29 所示。现在设质点 m_1 在 $\boldsymbol{F}_{12}$的作用下发生了一段元位移$\mathrm{d}\boldsymbol{r}_1$，力$\boldsymbol{F}_{12}$做的元功 $\mathrm{d}A_1=\boldsymbol{F}_{12}\cdot\mathrm{d}\boldsymbol{r}_1$。质点 m_2 则在 $\boldsymbol{F}_{21}$的作用下发生了一段元位移 $\mathrm{d}\boldsymbol{r}_2$，力$\boldsymbol{F}_{21}$做的元功 $\mathrm{d}A_2=\boldsymbol{F}_{21}\cdot\mathrm{d}\boldsymbol{r}_2$，这一对力做的元功之和

$$\begin{aligned}\mathrm{d}A&=\mathrm{d}A_1+\mathrm{d}A_2=\boldsymbol{F}_{12}\cdot\mathrm{d}\boldsymbol{r}_1+\boldsymbol{F}_{21}\cdot\mathrm{d}\boldsymbol{r}_2\\&=\boldsymbol{F}_{21}\cdot(\mathrm{d}\boldsymbol{r}_2-\mathrm{d}\boldsymbol{r}_1)=\boldsymbol{F}_{21}\cdot\mathrm{d}(\boldsymbol{r}_2-\boldsymbol{r}_1)\\&=\boldsymbol{F}_{21}\cdot\mathrm{d}\boldsymbol{r}_{21}\end{aligned}\tag{2-21}$$

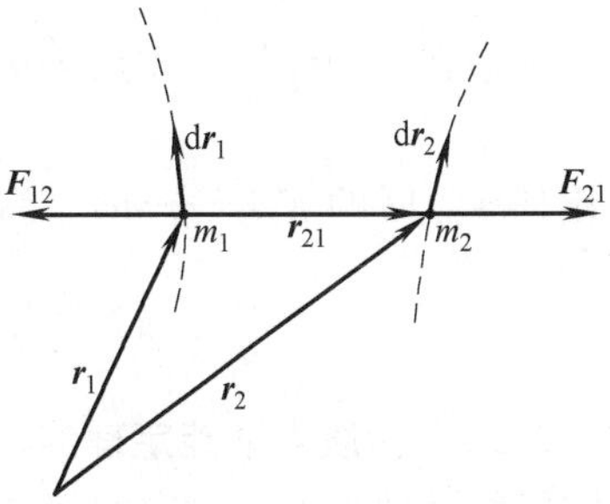

图 2-29　一对力的功

因为 $\boldsymbol{r}_{21}=\boldsymbol{r}_2-\boldsymbol{r}_1$ 是质点 m_2 对质点 m_1 的相对位矢，$\mathrm{d}\boldsymbol{r}_{21}$就是质点 m_2 对质点 m_1 的相对元位移。式（2-21）说明：一对力的元功，等于其中一个质点受的力与该质点对另一质点相对元位移的点积（下标 1、2 是可以交换的)，即一对力的元功取决于力和相对位移。

如果在一对力的作用下，系统中的两质点由初态时的相对位置 a 变化到末态时的相对位置 b，一对力做的总功就是式（2-21）的积分，积分沿相对位移的路径进行，即

$$A=\int\mathrm{d}A=\int_a^b\boldsymbol{F}_{21}\cdot\mathrm{d}\,\boldsymbol{r}_{21}\tag{2-22}$$

式（2-22）表现了一对力做功的重要特点：**一对力做的总功，只由力和两质点的相对位移决定**。由于相对位移与参考系的选择没有关系，因此，**一对力做的总功与参考系的选择无关**。根据这一特点，计算一对力做功的时候，可以先假定其中的一个质点不动，另一个质点受力并沿着相对位移的路径运动，计算后一个质点相对移动时力做的功就行了。

常见的一对力的功有重力的功、弹簧弹力的功、万有引力的功、摩擦力的功等。万有引力的功在前面中已经讨论过，其计算过程充分利用了一对力做功的特点。重力的功和弹簧弹力的功将在以后的章节里进行讨论。

2.7.2　动能定理

作用在物体上的力做了功，物体的运动状态将发生变化。下面讨论二者之间的关系。

1. 质点的动能定理

质量为 m 的质点在合外力 $\boldsymbol{F}$ 作用下发生了一无穷小的元位移 $\mathrm{d}\boldsymbol{r}$，力在此元位移过程中做的元功

$$\mathrm{d}A=\boldsymbol{F}\cdot\mathrm{d}\boldsymbol{r}=F\cos\theta\,|\mathrm{d}\boldsymbol{r}|$$

$F\cos\theta=F_{\mathrm{t}}$ 是力在位移方向也就是切线方向的分量，说明力做功是力的切向分量在做功（力的法向分量不做功)。根据 $F_{\mathrm{t}}=ma_{\mathrm{t}}=m\dfrac{\mathrm{d}v}{\mathrm{d}t}$，以及 $v=\dfrac{|\mathrm{d}\boldsymbol{r}|}{\mathrm{d}t}$，代入上式，则

$$\begin{aligned}\mathrm{d}A&=\boldsymbol{F}\cdot\mathrm{d}\boldsymbol{r}=F_{\mathrm{t}}\,|\mathrm{d}\boldsymbol{r}|=m\frac{|\mathrm{d}\boldsymbol{r}|}{\mathrm{d}t}\mathrm{d}v\\&=mv\mathrm{d}v=\mathrm{d}\left(\frac{1}{2}mv^2\right)\end{aligned}$$

$\dfrac{1}{2}mv^2$ 是与质点的质量 m 和运动状态量 v^2 相联系的物理量，定义为质点的**动能**，用 E_{k} 表示，

即 $E_k = \frac{1}{2}mv^2$。这样，上式又可以表述为

$$dA = \boldsymbol{F} \cdot d\boldsymbol{r} = dE_k \tag{2-23}$$

式（2-23）表明：力对质点做功（元功），质点的动能就发生变化（微增量 dE_k）。合外力在元位移中对质点做的功等于质点动能的微增量，这就是质点的动能定理（微分形式）。

考虑在力的作用下质点从 a 点经路径 l 运动到 b 点，相应的动能从 a 点时的 $E_{ka} = \frac{1}{2}mv_a^2$ 变化到 b 点时的 $E_{kb} = \frac{1}{2}mv_b^2$，将式（2-23）积分，得

$$A = \int_a^b \boldsymbol{F} \cdot d\boldsymbol{r} = \int_{E_{ka}}^{E_{kb}} dE_k = E_{kb} - E_{ka} \tag{2-24}$$

式（2-24）为**质点动能定理**的积分形式：**合外力对质点做的功等于质点动能的增量**。由于实际问题的处理中通常对应的都是一段有限空间的移动和做功，因此多采用动能定理的积分形式进行计算。

动能是机械能的一种形式，是由于物体运动而具有的一种能量。动能的单位与功相同，但意义不一样，功是力的空间累积，与过程有关，是过程量；动能则取决于物体的运动状态，或者说是物体运动状态的一种表示，因此是状态量，也称为态函数。动能定理启示我们，**功是物体能量变化的一种量度**。这种认识对于在后续学习中理解各种形式的能量的转移和转换是十分重要的。

2. 质点系的动能定理

质点系的总动能为各质点动能之和，即 $E_k = \sum_i E_{ki} = \sum_i \frac{1}{2}m_i v_i^2$。在讨论力做功与系统动能变化的关系时，既要考虑外力的功，也要考虑内力的功。对系统中第 i 个质点，外力做的功 $A_{外i} = \int \boldsymbol{F}_{外i} \cdot d\boldsymbol{r}_i$，内力做的功 $A_{内i} = \int \boldsymbol{F}_{内i} \cdot d\boldsymbol{r}_i$，质点的动能从 E_{ki1} 变化到 E_{ki2}，应用质点的动能定理，有

$$A_{外i} + A_{内i} = E_{ki2} - E_{ki1}$$

再对系统中所有质点求和，可得

$$\sum_i A_{外i} + \sum_i A_{内i} = \sum_i E_{ki2} - \sum_i E_{ki1}$$

式中，$\sum_i A_{外i} = A_外$ 为所有外力对质点系做的功（外力的总功）；$\sum_i A_{内i} = A_内$ 为质点系内各质点间的内力做的功（内力的总功）；$\sum_i E_{ki2} = E_{k2}$、$\sum_i E_{ki1} = E_{k1}$ 分别为系统末态和初态的动能。这样上式又可表述为

$$A_外 + A_内 = E_{k2} - E_{k1} \tag{2-25}$$

这个结论称作**质点系统的动能定理：所有外力对质点系做的功与内力做功之和等于质点系动能的增量。**

质点系的动能定理指出，系统的动能既可以因为外力做功而改变，又可以因为内力做功而改变，这与质点系的动量定理不同。一对内力由于作用时间相同，其冲量之和必为零，因此内力不改变系统的总的动量。但是一对内力的功，根据 2.7.1 的讨论可知并不一定为零

(取决于两质点的相对位移)，因此内力的功要改变系统的总动能。例如，飞行中的炮弹发生爆炸，爆炸前后系统的动量是守恒的，但爆炸后各碎片的动能之和必定远远大于爆炸前炮弹的动能，这就是爆炸时内力（炸药的爆破力）做功的原故。

***例2-15** 如图2-30所示，一链条长为l，质量为m，放在光滑的水平桌面上，链条一端下垂，下垂段的长度为a。假设链条在重力作用下由静止开始下滑，求链条全部离开桌面时的速度。

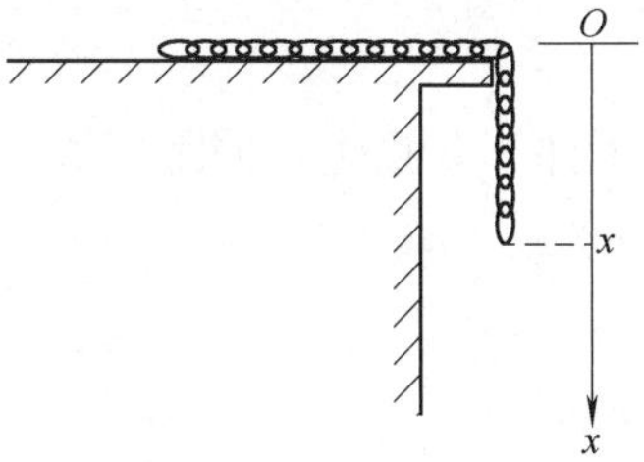

图2-30 例2-15图

解 重力做功只体现在悬挂的一段链条，设某时刻悬挂着的一段链条长为x，所受重力

$$\boldsymbol{W}=x\cdot\rho\cdot g\boldsymbol{i}=\frac{m}{l}gx\boldsymbol{i}$$

经过位移元dx，重力的元功

$$\mathrm{d}A=\boldsymbol{W}\cdot\mathrm{d}\boldsymbol{x}=\frac{m}{l}gx\mathrm{d}x$$

当悬挂的长度由a变为l（链条全部离开桌面）时，重力的功

$$A=\int\mathrm{d}A=\int_a^l\frac{m}{l}gx\mathrm{d}x=\frac{m}{2l}g(l^2-a^2)$$

视频讲解

根据动能定理，外力的功等于链条动能的增量。则有

$$A=\frac{mg}{2l}(l^2-a^2)=\frac{1}{2}mv^2-0$$

得

$$v=\sqrt{\frac{g}{l}(l^2-a^2)}$$

例2-16 质量为m_B的木板静止在光滑桌面上，质量为m_A的物体放在木板B的一端，现给物体A一初始速度$\boldsymbol{v}_0$使其在B板上滑动，如图2-31a所示。设A、B之间的摩擦因数为μ，$m_A=m_B$，并设A滑到B的另一端时A、B恰好具有相同的速度，求B板的长度以及B板走过的距离。(A可视为质点。)

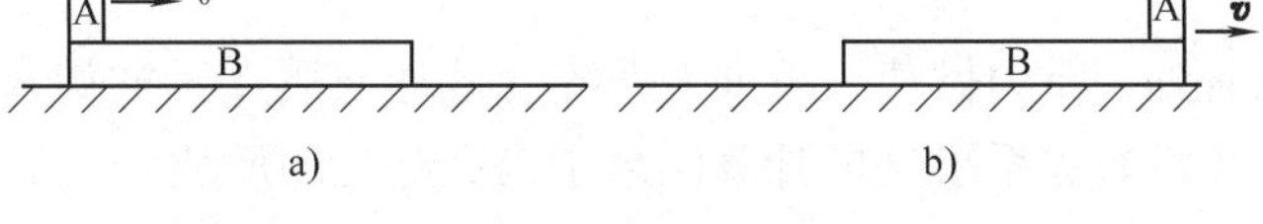

图2-31 例2-16图

解 A向右滑动时，B给A一向左的摩擦力，A给B一向右的摩擦力，摩擦力的大小为$\mu m_A g$。将A、B视为一系统，摩擦力是内力，因此系统水平方向动量守恒。设A滑到B的右端时二者的共同速度为$\boldsymbol{v}$，如图2-31b所示，由

$$m_A v_0=(m_A+m_B)v$$

解得

$$v=\frac{v_0}{2}$$

再对A、B系统应用质点系动能定理，并注意到摩擦力的功是一对力的功，可设B不动，

A 相对 B 移动的长度为 L，摩擦力的功应为 $-\mu m_A gL$，代入质点系动能定理有

$$-\mu m_A gL = \frac{1}{2}(m_A + m_B)v^2 - \frac{1}{2}m_A v_0^2$$

可得

$$L = \frac{v_0^2}{4\mu g}$$

为了计算 B 板走过的距离 Δx，再单独对 B 板应用质点的动能定理，此时 B 板受的摩擦力做正功 $\mu m_A g \cdot \Delta x$，且

$$\mu m_A g \cdot \Delta x = \frac{1}{2}m_B v^2 - 0$$

得

$$\Delta x = \frac{v_0^2}{8\mu g}$$

2.7.3　保守力和非保守力　势能

1. 保守力和非保守力

形形色色的力做功具有不同的特点，我们按照力做功的性质将力分为保守力和非保守力。下面先看看什么叫作保守力，保守力做功有什么特点。

（1）**重力的功**　将地球与质点（物体）视为一个系统，重力是系统的一对内力，它所做的总功只与质点和地球的相对位移有关。设地球不动，质量为 m 的质点在重力作用下由 a 点（高度 h_a）经路径 acb 到达 b 点（高度 h_b），如图 2-32 所示。在元位移 $\mathrm{d}\boldsymbol{r}$ 中，重力做的元功

$$\mathrm{d}A = \boldsymbol{G} \cdot \mathrm{d}\boldsymbol{r} = mg|\mathrm{d}\boldsymbol{r}|\cos\theta = -mg\mathrm{d}h$$

$-\mathrm{d}h$ 是元位移 $\mathrm{d}\boldsymbol{r}$ 在 h 方向的分量，这样从 a 点到达 b 点重力做的功

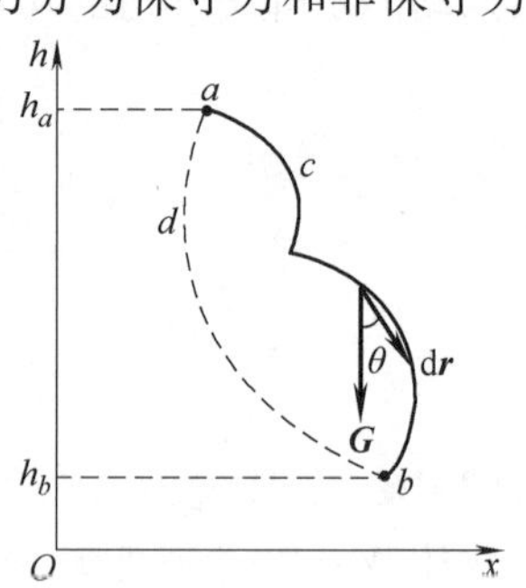

图 2-32　重力的功

$$A_{acb} = \int \mathrm{d}A = -mg\int_{h_a}^{h_b}\mathrm{d}h = mgh_a - mgh_b \tag{2-26}$$

从上式结果可以看到，重力做功只与重力系统（地球与质点）的始末相对位置 h_a、h_b 有关，与做功的具体路径没有关系（功的计算结果中没有路径的反映）。

如果质点经由另外一路径例如图中虚线所示的 adb 路径由 a 点到达 b 点，重力所做的功 $A_{adb} = \int \boldsymbol{G} \cdot \mathrm{d}\boldsymbol{r} = \int mg|\mathrm{d}\boldsymbol{r}|\cos\theta = -mg\int_{h_a}^{h_b}\mathrm{d}h = mgh_a - mgh_b = A_{acb}$，二者是相同的，而且还应有 $A_{adb} = -A_{bda}$。

可以再进一步讨论在重力作用下质点经由一闭合路径移动的情况。设质点从 a 点出发经 $acbda$ 又回到 a 点，由于 $A_{bda} = -A_{adb}$，所以在这一闭合路径中，重力的总功为

$$A = A_{acb} + A_{bda} = A_{acb} + (-A_{adb}) = 0$$

由于 $acbda$ 是一任意闭合路径，因此上式说明，在重力场中，**重力沿任一闭合路径的功等于零**。显然，这一结论是重力做功与路径无关的必然结果。

重力做功具有与路径无关、只与重力系统始末状态的相对位置有关的性质，或者说在重

力场中重力沿任一闭合路径的功等于零，我们把重力称为保守力。

（2）**弹力的功** 对于弹簧和振子构成的系统，弹力也是一对内力。设弹簧的一端固定，另一端的振子偏离平衡位置为 x 时，受弹力 $\boldsymbol{F} = -k\boldsymbol{x}$，如图 2-33 所示。弹力在振子发生元位移 $\mathrm{d}\boldsymbol{x}$ 时做的元功

$$\mathrm{d}\boldsymbol{A} = \boldsymbol{F} \cdot \mathrm{d}\boldsymbol{x} = -kx\mathrm{d}x$$

这样当振子从初态位置 x_a 运动到末态位置 x_b 的过程中，弹力的功

$$A = \int \mathrm{d}A = -\int_{x_a}^{x_b} kx\mathrm{d}x = \frac{1}{2}kx_a^2 - \frac{1}{2}kx_b^2 \qquad (2\text{-}27)$$

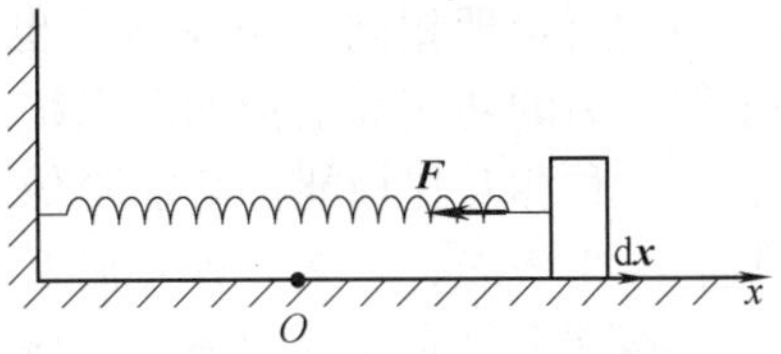

图 2-33 弹力的功

与重力做功类似，弹力的功也是与做功路径无关的，不论振子由 x_a 点经历何种路径到达 x_b 点，弹力的功都一样。如果振子由 x_a 点出发经历任何闭合路径最后又回到 x_a 点，弹力的功一定等于零。因此弹力也是保守力。万有引力的功与重力的功、弹力的功具有相同的性质，万有引力也是保守力。

现在可以给出一个结论：在某一力学系统中，有一对内力，简单地记作 $\boldsymbol{F}$，如果力 $\boldsymbol{F}$ 只与系统始末状态的相对位置有关，而与做功路径无关，$\boldsymbol{F}$ 就是保守力。或者等效地说，保守力 $\boldsymbol{F}$ 沿任一闭合路径做功等于零，用数学公式可以表示为

$$\oint_L \boldsymbol{F}_{\text{保守}} \cdot \mathrm{d}\boldsymbol{l} = 0$$

在数学上叫作保守力的环流（环路积分）等于零。（将元位移 $\mathrm{d}\boldsymbol{r}$ 写为 $\mathrm{d}\boldsymbol{l}$ 是为了与数学上环路积分公式一致。）

如果力 $\boldsymbol{F}$ 做的功与做功路径有关，则称为**非保守力**。摩擦力就是典型的非保守力，将物体由 a 点移动到 b 点，经历不同的路程，摩擦力做功不一样。物体沿一闭合路径移动一周，摩擦力所做的功也不等于零。

2. 势能

动能定理启示我们，力做功将使物体（系统）的能量发生变化，功是物体（系统）在运动过程中能量变化的量度。那么，在保守力做功的时候，是什么形式的能量在发生变化呢？下面我们来分析保守力做功的一般特点，这将使我们认识到另一种形式的能量，即势能。我们将重力的功式（2-26）、弹力的功式（2-27）、万有引力的功（例 2-14）列在一起进行分析：

$$A_{\text{重力}} = \int_a^b \boldsymbol{G} \cdot \mathrm{d}\boldsymbol{r} = mgh_a - mgh_b$$

$$A_{\text{弹力}} = \int_a^b \boldsymbol{F}_{\text{弹}} \cdot \mathrm{d}\boldsymbol{x} = \frac{1}{2}kx_a^2 - \frac{1}{2}kx_b^2$$

$$A_{\text{引力}} = \int_a^b \boldsymbol{F}_{\text{引}} \cdot \mathrm{d}\boldsymbol{r} = -G\frac{m_1 m_2}{r_a} + G\frac{m_1 m_2}{r_b}$$

三式的左侧都是保守力的功，而右侧都是两项之差，每一项都与系统的相对位置有关。其中第一项与系统初态时的相对位置（h_a、x_a、r_a）相联系，第二项与系统末态时的相对位置（h_b、x_b、r_b）相联系，因此，保守力做的功改变的是与系统相对位置有关的一种能量。我们把这种与系统相对位置（一般称作位形）有关的能量定义为系统的**势能或势函数**，用 E_{p} 表示。这样，与初态位形相关的势能用 $E_{\mathrm{p}a}$表示，与末态位形相关的势能用 $E_{\mathrm{p}b}$表示，上面三式就可以归纳为

$$A_{ab} = \int_a^b \boldsymbol{F}_{\text{保守}} \cdot \mathrm{d}\boldsymbol{r} = E_{\mathrm{p}a} - E_{\mathrm{p}b} = -(E_{\mathrm{p}b} - E_{\mathrm{p}a}) \qquad (2\text{-}28)$$

式（2-28）说明：在系统由位形 a 变化到位形 b 的过程中，**保守力做的功等于系统势能的减少（或势能增量的负值）**。式（2-28）是势能的定义式，其中负号表示保守力做正功时系统的势能将减少。

与动能定理相同，功在这里也是能量变化的量度，保守力的功是系统势能变化的量度。由于保守力的功实际上指的是系统的一对（或多对）内力做功，故势能应该是系统共有的能量，是一种相互作用能。势能不像动能那样可以属于某一个质点独有，一般情况下常说某物体具有多少势能，只是一种习惯上的简略说法。

非保守力没有相互的势能，势能的概念只与保守力联系在一起。

3. 势能的计算　势能曲线

势能是由系统的位形（相对位置）决定的能量，因此势能只能是一个相对值。要确定系统处于某一位形（通常简称为物体在空间某点）时的势能，需要选择一个参考位形（简称为参考点），叫作势能零点，可用 r_0 表示，势能零点的势能 $E_{p(r_0)}=0$。现在利用势能定理式（2-28），令b 为势能的零点，$r_0=b$，$E_{pb}=0$，a 为任意一点，位形为 r，则

$$E_p(r)=\int_r^{r_0}\boldsymbol{F}_{保守}\cdot \mathrm{d}\boldsymbol{r}=A_{rr_0} \tag{2-29}$$

式（2-29）是势能计算的普遍公式。根据这个公式，**空间某点（某位形）$\boldsymbol{r}$ 的势能等于保守力由该点（$\boldsymbol{r}$）到势能零点（$\boldsymbol{r_0}$）所做的功。**

我们可以根据式（2-29）得到常用的势能。

（1）**重力势能**　取 h_0 为势能零点，当质量为 m 的物体处于高度 h 时，重力势能

$$E_p(h)=\int_h^{h0}\boldsymbol{G}\cdot \mathrm{d}\boldsymbol{r}=-\int_h^{h0}mg\mathrm{d}h=mgh-mgh_0$$

为了使势能的表达式具有最简洁的形式，令 $h_0=0$，则

$$E_p(h)=mgh$$

这是大家熟悉的重力势能公式，它是选择 $h_0=0$ 为势能零点得到的。显然，若势能零点不选在 h 轴的原点从而 $h_0\neq 0$，重力势能将在 mgh 后面增加一常数项 mgh_0。这说明空间某点的势能确实是一相对值，只有两点之间的势能差才是由保守力做功完全确定的。

势能既然是系统相对位置（位形）的函数，以相对位置为横轴、势能 E_p 为纵轴，可以作出势能曲线。图 2-34a 所示是重力势能曲线，它是一过原点的直线，直线斜率为 mg，势能零点为 $h_0=0$。

（2）**弹性势能**　取 x_0 为势能零点，当弹簧伸长（或压缩）x 时，弹性势能

$$E_p(x)=\int_x^{x_0}\boldsymbol{F}_{弹}\cdot \mathrm{d}\boldsymbol{x}=-\int_x^{x_0}kx\mathrm{d}x=\frac{1}{2}kx^2-\frac{1}{2}k^2x_0$$

若令 $x_0=0$，则

$$E_p(x)=\frac{1}{2}kx^2$$

弹性势能为$\frac{1}{2}kx^2$ 是以弹簧的原长（$\boldsymbol{F}_{弹}=\boldsymbol{0}$）为势能零点的结果，这一点在应用时要予以注意。在这种规定下，弹性势能曲线如图 2-34b 所示，为一抛物线。

（3）**引力势能**　两质点构成的（万有）引力系统，其相对位置以 r 表示。以两质点相距 r_0（$r_0\neq 0$）时为势能零点，引力势能

$$E_p(r)=\int_r^{r_0}\boldsymbol{F}_{引}\cdot \mathrm{d}\boldsymbol{r}=-\int_r^{r_0}G\frac{m_1m_2}{r^2}\mathrm{d}r=-G\frac{m_1m_2}{r}+G\frac{m_1m_2}{r_0}$$

为了使引力势能公式更为简洁，可令 $r_0 \to \infty$，即两质点相距无穷远时为零势能，则 $E_{p(r)} = -G\dfrac{m_1 m_2}{r}$，引力势能是一负值，图 2-34c 所示是引力势能曲线，为第四象限双曲线的一支。由图可见，当 $r \to \infty$ 时，$E_p = 0$，一般认为两质点相距较远时系统引力势能为零。但 $r \to 0$ 时，$E_p \to \infty$，这会得到一个不合理的结果，因此 $r \neq 0$。这就是引力势能零点不可以选 $r_0 = 0$ 的原因。势能零点的选择一要合理，二要使势能的表达式简洁好用。

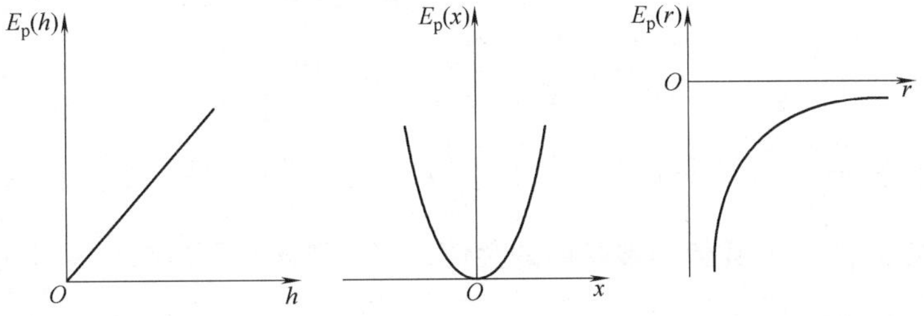

a)　　b)　　c)

图 2-34　势能曲线

a）重力势能曲线　b）弹性势能曲线　c）引力势能曲线

一个复杂的系统可能包含有不止一个势能，例如一个竖直悬挂的弹簧振子就既有重力势能，又有弹性势能。这时可以把各种势能的总和定义为系统的势能，势能定理依然成立，即

$$A_{ab} = E_{pa} - E_{pb} = -(E_{pb} - E_{pa})$$

即在一个过程中系统内保守力的总功等于系统势能的减少量（或系统势能增量的负值）。

*4. 由势函数求保守力

按势能计算的式（2-29），势能（势函数）是保守力对空间的积分，那么反过来，保守力就应该是势能（势函数）对空间的导数。

设有一质点在保守力 $\boldsymbol{F}$ 作用下沿 $\boldsymbol{l}$ 方向发生了元位移 $\mathrm{d}\boldsymbol{l}$，如图 2-35 所示，元位移与力的方向夹角为 α，将势能定理式（2-28）用于元位移过程，则有

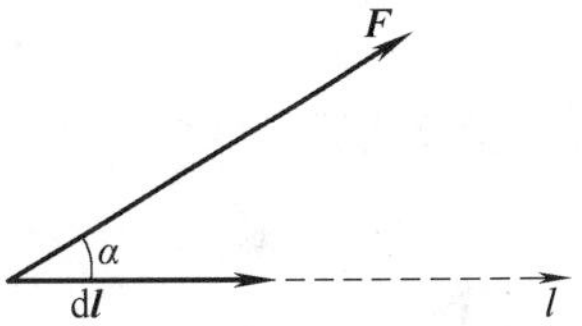

图 2-35　由势函数求保守力

$$\mathrm{d}A = \boldsymbol{F} \cdot \mathrm{d}\boldsymbol{l} = F\cos\alpha \mathrm{d}l = F_l \mathrm{d}l = -\mathrm{d}E_p$$

式中，F_l 是保守力 $\boldsymbol{F}$ 在 $\boldsymbol{l}$ 方向的分量；$\mathrm{d}E_p$ 为势能的微增量。现在将 $\mathrm{d}l$ 移到等式右边，就可以得到

$$F_l = -\frac{\mathrm{d}E_p}{\mathrm{d}l} \tag{2-30}$$

式中，$\dfrac{\mathrm{d}E_p}{\mathrm{d}l}$为势能（势函数）对 $\boldsymbol{l}$ 方向的一阶导数，表示势能沿 $\boldsymbol{l}$ 方向的变化率，故式（2-30）意味着**保守力在某方向（称为参考方向）的分量等于势能在该方向的变化率的负值**。负号表示保守力的方向指向势能减少的方向。对于重力势能 $E_p(h) = mgh$，选取 h 为参考方向，$G = -\dfrac{\mathrm{d}E_p(h)}{\mathrm{d}h} = -mg$，负号表示重力沿 h 轴向下；弹性势能 $E_p(x) = \dfrac{1}{2}kx^2$，选取 x 轴为参考方向，弹力 $F(x) = -\dfrac{\mathrm{d}E_p(x)}{\mathrm{d}x} = -kx$，负号表示弹力与位移反方向；引力势能 $E_p(r) = -G\dfrac{m_1 m_2}{r}$，选取 r 为参考方向，引力 $F(r) = -\dfrac{\mathrm{d}E_p(r)}{\mathrm{d}r} = -G\dfrac{m_1 m_2}{r^2}$，负号表示引力与 r 方向相反。在势能曲线上，式(2-30)表明保守力等于曲线斜率的负值，读者可以对照势能曲线自行分析。

在一般情况下，势能是空间位置的多元函数，如可以用势函数 $E_p(x, y, z)$ 表示。这时可令 l 分别等于 x、y、z，并将求导改为求偏导数，于是

$$F_x = -\frac{\partial E_p}{\partial x}, \quad F_y = -\frac{\partial E_p}{\partial y}, \quad F_z = -\frac{\partial E_p}{\partial z}$$

$$\begin{aligned}\boldsymbol{F} &= F_x\boldsymbol{i} + F_y\boldsymbol{j} + F_z\boldsymbol{k} = -\frac{\partial E_p}{\partial x}\boldsymbol{i} - \frac{\partial E_p}{\partial y}\boldsymbol{j} - \frac{\partial E_p}{\partial z}\boldsymbol{k} \\ &= -\left(\frac{\partial}{\partial x}\boldsymbol{i} + \frac{\partial}{\partial y}\boldsymbol{j} + \frac{\partial}{\partial z}\boldsymbol{k}\right)E_p = -\nabla E_p\end{aligned}$$

式中，∇是一个运算符号，称作梯度算符，$\nabla = \frac{\partial}{\partial x}\boldsymbol{i} + \frac{\partial}{\partial y}\boldsymbol{j} + \frac{\partial}{\partial z}\boldsymbol{k}$，是一个矢量算符，表示空间变化率。因此，**保守力 $\boldsymbol{F}$ 等于其势函数梯度的负值**，即由势函数可以求出保守力。

***例 2-17**　原子间的相互作用力是保守力，存在作用势能，已知某双原子分子的原子间相互作用的势函数为

$$E_p(r) = \frac{\alpha}{r^{12}} - \frac{\beta}{r^6}$$

其中 α、β 为常量，r 为两原子间的距离，求原子间作用力的函数式及原子间相互作用力为零时的距离。

解　已知势函数求保守力可用式(2-30)

$$F(r) = -\frac{\mathrm{d}E_p(r)}{\mathrm{d}r} = 12\frac{\alpha}{r^{13}} - 6\frac{\beta}{r^7}$$

欲求两原子间相互作用力为零时的距离，可令 $F=0$，则有

$$F(r_0) = 12\frac{\alpha}{r_0^{13}} - 6\frac{\beta}{r_0^7} = 0$$

故

$$r_0 = \sqrt[6]{\frac{2\alpha}{\beta}}$$

2.7.4　机械能守恒定律

1. 质点系功能原理

现在将质点的动能定理和势能定理结合起来，全面阐述涉及系统的功能关系。首先看质点系的动能定理：

$$A_{外} + A_{内} = E_{k2} - E_{k1}$$

式中，$A_{内}$ 为系统内各质点相互作用的内力做的功。在 2.7.3 节引入了保守力和势能的概念之后，可知内力分为保守力和非保守力，内力的功相应地分为保守力的功 $A_{内保}$ 和非保守力的功 $A_{内非保}$，即

$$A_{内} = A_{内保} + A_{内非保}$$

而保守力的功等于系统势能的减少，即

$$A_{内保} = E_{p1} - E_{p2}$$

综合上面三式，并考虑到动能和势能都是系统因机械运动而具有的能量，统称为机械能

$E = E_k + E_p$，所以

$$A_{外} + A_{内非保} = (E_{k2} + E_{p2}) - (E_{k1} + E_{p1}) = E_2 - E_1 \tag{2-31}$$

这个规律称为**质点系的功能原理：外力与非保守力做功之和等于质点系机械能的增量**。

前面我们讨论了质点系的动能定理（系统只含一个质点时就是质点的动能定理）、势能定理和功能原理，三个原（定）理从不同的角度反映了力的功与系统能量变化的关系。在具体应用时应根据不同的研究对象和力学环境选择使用。例如，在不区别保守力和非保守力做功的情况下应选用质点系的动能定理，此时不考虑势能。而一旦计入了势能，就只能采用质点系的功能原理，此时保守力的功已经被势能的变化代替，将不再在式中出现。如果是将单个质点作为研究对象，那么一切作用力都是外力，显然只能应用质点的动能定理了。

2. 机械能守恒定律

如果质点系只有保守内力做功，外力和非保守力不做功或者做功之和始终等于零，根据式（2-31），系统的机械能守恒，即若

$$A_{外} + A_{内非保} = 0$$

则

$$E_1 = E_2 = 常量$$

这就是著名的**机械能守恒定律**。它指出：**对于只有保守内力做功的系统，系统的机械能是一守恒量**。在机械能守恒的前提下，系统的动能和势能可以互相转化，系统各组成部分的能量可以互相转移，但它们的总和不会变化。

3. 能量守恒定律

一个与外界没有能量交换的系统称为孤立系统，孤立系统没有外力做功，$A_{外} = 0$。孤立系统内可以有非保守内力做功，根据式（2-31）

$$A_{内非保} = E_2 - E_1 = \Delta E$$

这时系统的机械能不守恒。例如，系统内某两个物体之间有摩擦力做功，一对摩擦力的功必定是负值，因此系统的机械能要减少。减少的机械能到哪里去了呢？人们注意到，当摩擦力做功时，有关物体的温度升高了，即通常所说的摩擦生热。根据热学的研究，温度是构成物质的分子原子无规则热运动剧烈程度的量度。温度越高，分子原子无规则热运动就越剧烈。物体（系统）具有的与大量分子原子无规则热运动相关的内能就越高。由此可见，在摩擦力做功的过程中，机械运动转化为热运动，机械能转换成了热能。实验表明两种能量的转换是等值的。

事实上，由于物质运动形式的多样性，能量的形式也将是多种多样的，除机械能以外，还有热能、电磁能、原子能、化学能等。人类在长期的实践中认识到，一个系统（孤立系统）当其机械能减少或增加的时候，必有等量的其他形式的能量增加或减少，系统的机械能和其他形式的能量的总和保持不变。概括地说：**一个孤立系统经历任何变化过程时，系统所有能量的总和保持不变。能量既不能产生，也不能消灭，只能从一种形式转化为另一种形式，或者从一个物体转移到另一个物体**。这就是**能量守恒定律**。它是自然界具有最大普遍性的定律之一，机械能守恒定律仅仅是它的一个特例。

能量的概念是物理学中最重要的概念之一。在物质世界千姿百态的运动形式中，能量是能够跨越各种运动形式并作为物质运动一般性量度的物理量。能量守恒的实质正是表明各种物质运动可以相互转换，但是物质或运动本身既不能创造又不能消灭。20 世纪初狭义相对论诞生，爱因斯坦提出了著名的相对论质量-能量关系：$E = mc^2$，再一次阐明了孤立系统能量守

恒的规律，并指出能量守恒的同时必有质量守恒。它不但将能量守恒定律与质量守恒定律统一起来，而且当我们将系统扩展到整个宇宙时，再一次体会到了能量守恒、物质不灭是自然界最基本的规律。

例 2-18　在图 2-36 中，劲度系数为 k 的轻弹簧下端固定，沿斜面放置，斜面倾角为 θ。质量为 m 的物体从与弹簧上端相距为 a 的位置以初速度 $\boldsymbol{v}_0$ 沿斜面下滑并使弹簧最多压缩 b。求物体与斜面之间的摩擦因数 μ。

解　将物体、弹簧、地球视为一个系统，重力和弹力是保守内力，正压力与物体位移垂直不做功，只有摩擦力 F_k 为非保守内力且做功。根据系统的功能原理，摩擦力做的功等于系统机械能的增量，并注意到弹簧最大压缩时物体的速度为零，即有

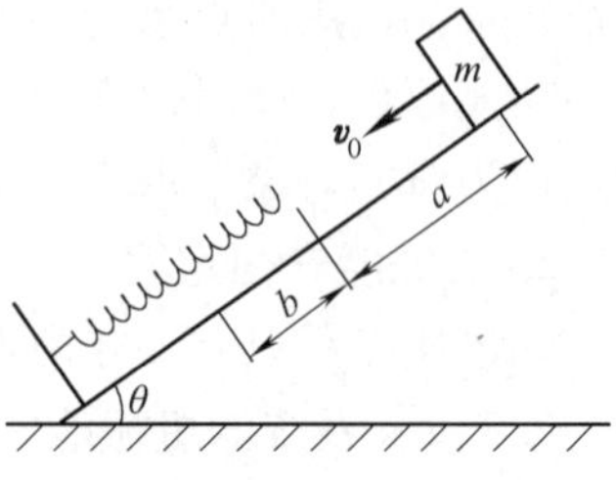

图 2-36　例 2-18 图

$$-F_k(a+b)=\frac{1}{2}kb^2-\frac{1}{2}mv_0^2-mg(a+b)\sin\theta$$

以及
$$F_k=\mu mg\cos\theta$$
可以解得

$$\mu=\frac{\frac{1}{2}mv_0^2+mg(a+b)\sin\theta-\frac{1}{2}kb^2}{mg(a+b)\cos\theta}$$

例 2-19　两块质量各为 m_1 和 m_2 的木板，用劲度系数为 k 的轻弹簧连在一起，放置在地面上，如图 2-37 所示。问至少要用多大的力 $\boldsymbol{F}$ 压缩上面的木板，才能在该力撤去后因上面的木板升高而将下面的木板提起？

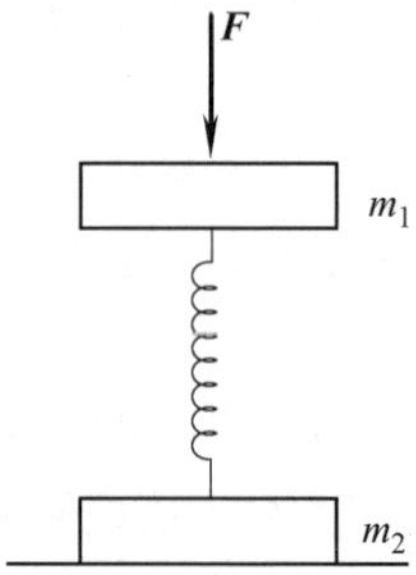

图 2-37　例 2-19 图

解　加外力 $\boldsymbol{F}$ 后，弹簧被压缩，m_1 在重力 $\boldsymbol{G}_1$、弹力 $\boldsymbol{F}_1$ 及压力 $\boldsymbol{F}$ 的共同作用下处于平衡状态，如图 2-38a 所示。一旦撤去 $\boldsymbol{F}$，m_1 就会因弹力 $\boldsymbol{F}_1$ 大于重力 $\boldsymbol{G}_1$ 而向上运动。只要 $\boldsymbol{F}$ 足够大以至于弹力 $\boldsymbol{F}_1$ 也足够大，m_1 就会上升至弹簧由压缩转为拉伸状态，以致将 m_2 提离地面。

将 m_1、m_2、弹簧和地球视为一个系统，该系统在压力 $\boldsymbol{F}$ 撤离后，只有保守内力做功，系统机械能守恒。设压力 $\boldsymbol{F}$ 撤离时刻为初态，m_2 恰好提离地面时为末态，初态、末态时动能均为零。设弹簧原长时为坐标原点和势能零点，如图 2-38b 所示，则机械能守恒应该表示为

$$m_1gx+\frac{1}{2}kx^2=-m_1gx_0+\frac{1}{2}kx_0^2 \tag{a}$$

其中 x_0 为压力 $\boldsymbol{F}$ 作用时弹簧的压缩量；x 为 m_2 恰好能提离地面时弹簧的伸长量，由图 2-38a 可得

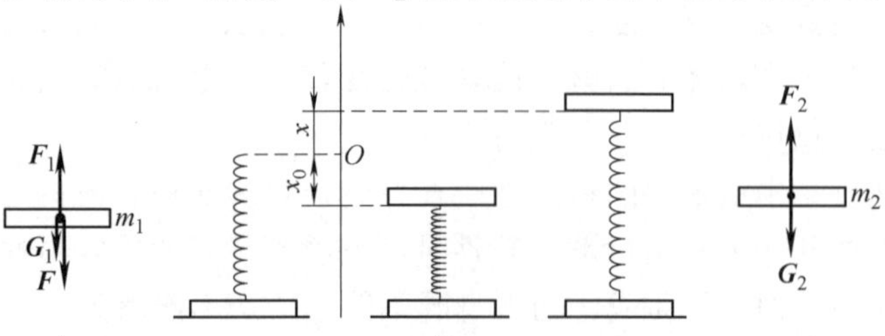

图 2-38　例 2-19 受力分析及系统位形图

$$m_1g+F-kx_0=0 \tag{b}$$

由图 2-38c 可知，此时要求

$$kx\geqslant m_2g \tag{c}$$

联立求解方程（a）、（b）、（c），解得

$$F\geqslant(m_1+m_2)g$$

故能使 m_2 提离地面的最小压力为

$$F_{\min}=(m_1+m_2)g$$

例 2-20 轻弹簧下端固定在地面，上端连接一质量为 m 的木板，静止不动，如图 2-39 所示。一质量为 m_0 的弹性小球从距木板 h 高度处以水平速度 $\boldsymbol{v}_0$ 平抛，落在木板上与木板弹性碰撞，设木板没有左右摆动，求碰后弹簧对地面的最大作用力。

解　本题讨论的是一个复合过程。对于复合过程，可以分解为若干个分过程讨论。第一个分过程是 m_0 的平抛，当 m_0 到达木板时，其水平和竖直方向的速度分量分别为

$$v_x=v_0 \tag{a}$$

$$v_y=\sqrt{2gh} \tag{b}$$

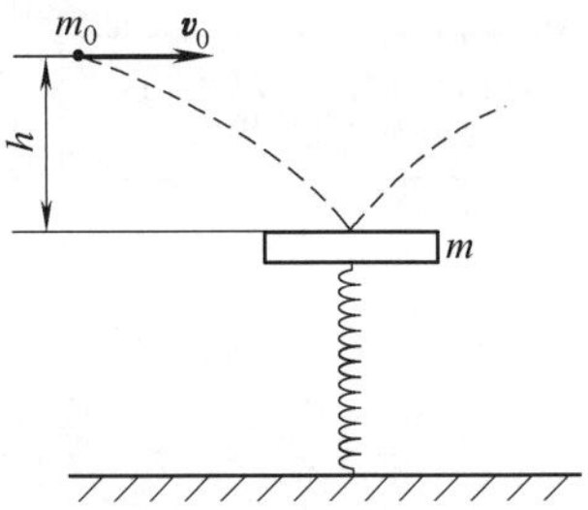

图 2-39　例 2-20 图

第二个分过程是小球与木板的弹性碰撞过程，将小球与木板视为一个系统，动量守恒。因碰后木板没有左右摆动，小球水平速度不变，故只需考虑竖直方向动量守恒即可。设碰后小球速度竖直分量为 v_y'，木板速度为 v，则有

$$m_0v_y=m_0v_y'+mv \tag{c}$$

弹性碰撞，系统动能不变，即

$$\frac{1}{2}m_0(v_x^2+v_y^2)=\frac{1}{2}m_0(v_x^2+v_y'^2)+\frac{1}{2}mv^2 \tag{d}$$

第三个分过程是碰后木板的振动过程，将木板、弹簧和地球视为一个系统，机械能守恒。取弹簧为原长时作为坐标原点和势能零点，并设木板静止时弹簧已有的压缩量为 x_1，碰后弹簧的最大压缩量为 x_2，如图 2-40 所示。由机械能守恒有

$$\frac{1}{2}mv^2+\frac{1}{2}kx_1^2-mgx_1=\frac{1}{2}kx_2^2-mgx_2 \tag{e}$$

x_1 可由碰撞前弹簧木板平衡时的受力情况求出：

$$mg=kx_1 \tag{f}$$

弹簧处于最大压缩时对地的作用力最大，即

$$F_{\max}=kx_2 \tag{g}$$

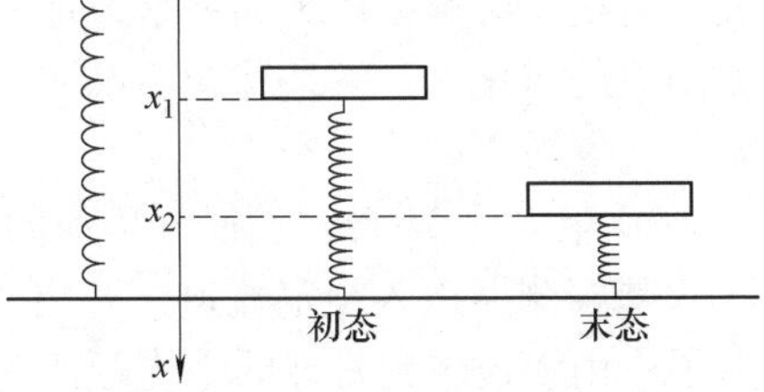

图 2-40　例 2-20 系统位形图

联立求解式（a）~式（g），得

$$F_{\max}=mg+\frac{2m_0}{m_0+m}\sqrt{2mgkh}$$

本章逻辑主线

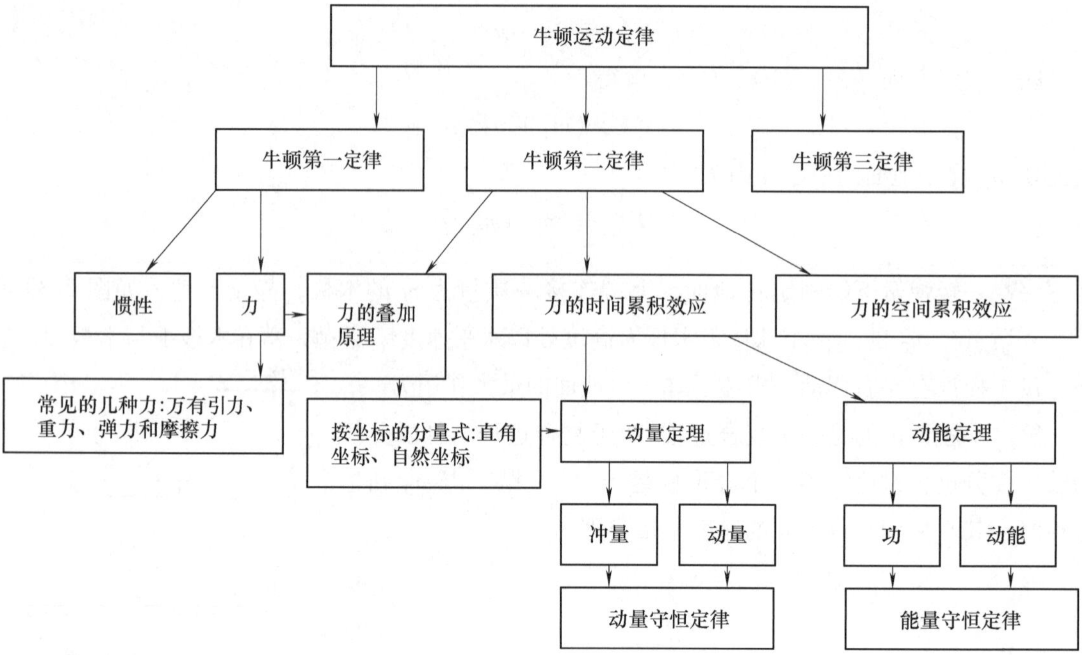

拓展阅读

嫦娥奔月与火星探测

“可上九天揽月，可下五洋捉鳖”，2020 年 11 月 24 凌晨，长征五号遥五运载火箭在中国文昌航天发射场点火升空，嫦娥五号开启奔月之旅。其着陆在月球正面北半球，12 月 17 日凌晨，完成采样后嫦娥五号返回器携带着 1.731kg 的珍贵月球土壤返回地球，实现了中国首次月球无人采样返回。2024 年 5 月 3 日，嫦娥六号出发去完成为期 53 天的月球探险，这次它是着陆在月球背面的南半球，通过鹊桥二号中继星提供支持，完成了世界上首次月球背面采样和起飞。中国的嫦娥探月工程，助力人类对于月球的成因和演化进行深入研究。

今天，我们不仅可以上天揽月，还可以奔赴火星进行深空探测。探索火星，对人类意义重大。有很多科学家认为火星是地球的“未来”，人类探测火星，从宏观上讲，是希望能够了解太阳系的演化，了解地球会不会走火星演化的老路。如果地球会如此演化，要想保住地球家园，我们需要做什么?

2020 年 7 月 23 日，长征五号遥四运载火箭在中国文昌航天发射场成功发射，将“天问一号”火星探测器送入预定轨道，开启了中国人的火星探测之旅。相比嫦娥奔月，火星探测要难多了：因为地球到月球的平均距离为 38 万千米，而要进行火星探测，飞行距离则达到 4 亿千米，这个距离，是地月距离的 1 万余倍，这可真的是难于上青天了。“天问一号”探测器的航行时间大约为 7 个月，搭载探测器的火箭必须达到第二宇宙速度 $11.2\mathrm{km\cdot s^{-1}}$，才能让探测器脱离地球引力，且不奔向其他天体。

2021 年 2 月 10 日，中国的“天问一号”成功实施制动捕获，随后进入环绕火星轨道，成为中国第一颗人造火星卫星。2021 年 5 月 15 日，天问一号着陆巡视器成功着陆于火星乌托邦平原南部预选着陆区，在火星上首次留下中国印迹，迈出了我国星际探测征程的重要一步。

“天问一号”火星探测

思　考　题

2.1　在下列情况下，说明质点所受合力的特点：

（1）质点作匀速直线运动；

（2）质点作匀减速直线运动；

（3）质点作匀速圆周运动；

（4）质点作匀加速圆周运动。

2.2　举例说明以下两种说法是不正确的：

（1）物体受到的摩擦力的方向总是与物体的运动方向相反；

（2）摩擦力总是阻碍物体运动的。

2.3　质点系动量守恒的条件是什么？在什么情况下，即使外力不为零，也可用动量守恒定律近似求解？

2.4　在经典力学中，下列哪些物理量与参考系的选取有关：质量、动量、冲量、动能、势能、功？

习　　题

一、填空题

2.1　有两个弹簧，质量忽略不计，原长都是10cm。第一个弹簧上端固定，下挂一个质量为 m 的物体后，长11cm；而第二个弹簧上端固定，下挂一质量为 m 的物体后，长13cm。现将两弹簧串联，上端固定，下面仍挂一质量为 m 的物体，则两弹簧的总长为____________。

2.2　如图2-41所示，一根绳子系着一质量为 m 的小球，悬挂在天花板上，小球在水平面内作匀速圆周运动，有人在铅直方向求合力写出

$$F_T\cos\theta - mg = 0 \tag{1}$$

也有人在沿绳子拉力方向求合力写出

$$F_T - mg\cos\theta = 0 \tag{2}$$

显然两式互相矛盾，你认为哪式正确？答：____________。

2.3　一块水平木板上放一砝码，砝码的质量 $m=0.2\text{kg}$，手扶木板保持水平，托着砝码使之在竖直平面内作半径 $R=0.5\text{m}$ 的匀速率圆周运动，速率 $v=1\text{m}\cdot\text{s}^{-1}$。当砝码与木板一起运动到图2-42所示位置时，砝码受到木板的支持力为____________。

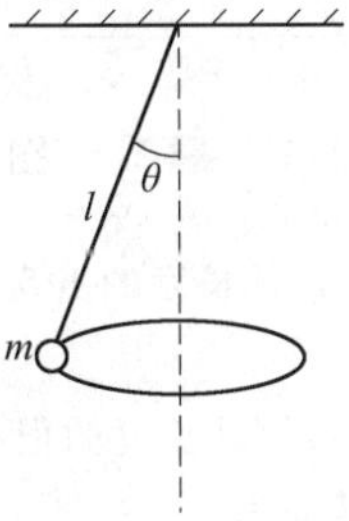

图2-41　题2.2图

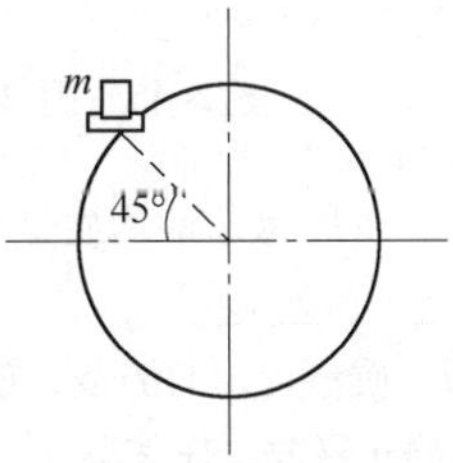

图2-42　题2.3图

2.4　如图2-43所示，质量 $m=40\text{kg}$ 的箱子放在卡车的车厢底板上，已知箱子与底板之间的静摩擦因数为 $\mu_s=0.40$，滑动摩擦因数为 $\mu_k=0.25$，试求当卡车以 $a=6.56\text{m}\cdot\text{s}^{-2}$ 的加速度行驶时，作用在箱子上的摩擦力的大小 $F=$________。

2.5　如图2-44所示，质量分别为 m_1 和 m_2 的物体用细绳连接，悬挂在定滑轮下，已知 $m_1>m_2$，不计滑轮质量及一切摩擦，则它们的加速度大小为________。

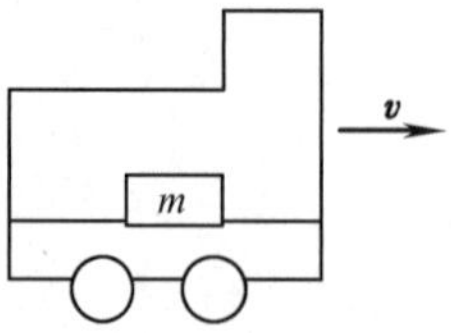

图2-43　题2.4图

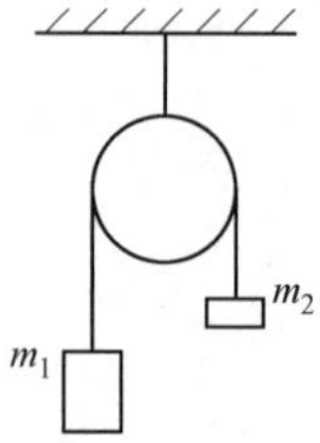

图2-44　题2.5图

2.6　质量为 m 的物体在水平面上作直线运动，当速度大小为 v 时仅在摩擦力作用下开始作匀减速运动，经过距离 s 后速度减为零。则物体加速度的大小为________，物体与水平面间的摩擦因数为________。

2.7　如图2-45所示，质量为2kg的物体沿斜面下滑，下滑的加速度为 $3.0\text{m}\cdot\text{s}^{-2}$。若此时斜面体静止在桌面上不动，则斜面体与桌面间的静摩擦力 $F_s=$________。

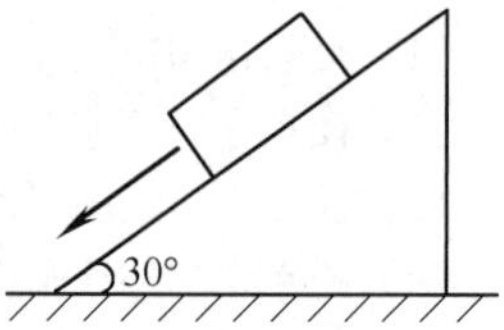

图2-45　题2.7图

2.8　如图2-46所示，一水平圆盘，半径为 r，边缘放置一质量为 m 的物体A，它与盘的静摩擦因数为 μ，圆盘绕中心轴 OO' 转动，问当其角速度 ω 小于或等于多少时，物体A不致飞出？

2.9　有一人造地球卫星，质量为 m，在地球表面上空2倍于地球半径 R 的高度沿圆轨道运行，用 m、R、引力常量 G 和地球的质量用 $m_{地}$ 表示时，卫星和地球系统的引力势能为________。

2.10　有一人造地球卫星，质量为 m，在地球表面上空2倍于地球半径 R 的高度沿圆轨道运行，用 m、R、引力常量 G 和地球的质量用 $m_{地}$ 表示时，卫星的动能为________。

2.11　一颗速率为 $700\text{m}\cdot\text{s}^{-1}$ 的子弹，打穿一块木板后，速率降到 $500\text{m}\cdot\text{s}^{-1}$。如果让它继续穿过厚度和阻力均与第一块完全相同的第二块木板，则子弹的速率将降到________。（空气阻力忽略不计）

2.12　在光滑的水平面内有两个物体A和B，已知 $m_A=2m_B$。（1）物体A以一定的动能 E_k 与静止的物体B发生完全弹性碰撞，则碰撞后两物体的总动能为________；（2）物体A以一定的动能 E_k 与静止的物体B发生完全非弹性碰撞，则碰撞后两物体的总动能为________。

2.13　有一质量为 $m=8\text{kg}$ 的物体，在0到10s内，受到如图2-47所示的变力 F 的作用。物体由静止开始沿 x 轴正向运动，力的方向始终为 x 轴的正方向。则5s内变力 F 所做的功为________。

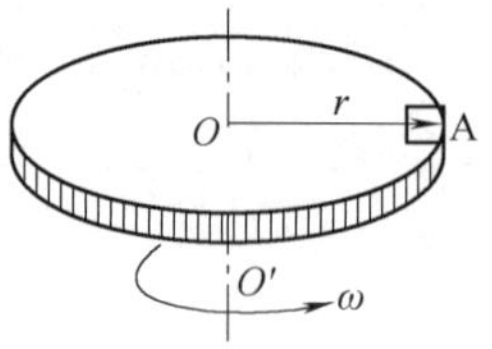

图2-46　题2.8图

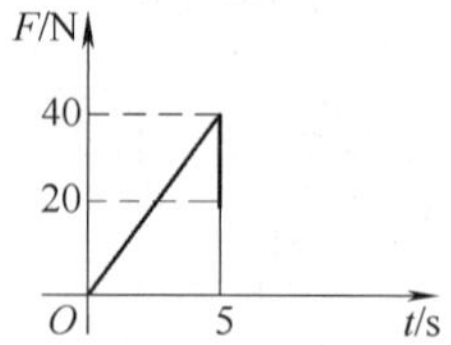

图2-47　题2.13图

2.14　一长为 l，质量为 m 的均质链条，放在光滑的桌面上，若其长度的1/5悬挂于桌边下，将其慢慢拉回桌面，需做功________。

2.15　一长为 l，质量均匀的链条，放在光滑的水平桌面上，若使其长度的很小一段悬于桌边下（长度近似为0），然后由静止释放，任其滑动，则它全部离开桌面时的速率为________。（重力加速度为 g）

二、选择题

2.16　一质点作匀速率圆周运动时，下列说法正确的是（　　）。

（A）它的动量不变，对圆心的角动量也不变；

（B）它的动量不变，对圆心的角动量不断改变；

（C）它的动量不断改变，对圆心的角动量不变；

（D）它的动量不断改变，对圆心的角动量也不断改变。

2.17　质点系的内力可以改变（　　）。

（A）系统的总质量；　　（B）系统的总动量；

（C）系统的总动能；　　（D）系统的总角动量。

2.18　在升降机天花板上拴有轻绳，其下端系一重物，当升降机以加速度大小为 a_1 上升时，绳中的张力正好等于绳子所能承受的最大张力的一半，问升降机以多大加速度上升时，绳子刚好被拉断？（　　）。

（A）$2a_1$；　（B）$2(a_1+g)$；　（C）$2a_1+g$；　（D）a_1+g。

2.19　升降机内地板上放有物体 A，其上再放另一物体 B，二者的质量分别为 m_A、m_B。当升降机以加速度 a 向下加速运动时（$a<g$），物体 A 对升降机地板的压力在数值上等于（　　）。

（A）$m_A g$；　　（B）$(m_A+m_B)g$；

（C）$(m_A+m_B)(g+a)$；　　（D）$(m_A+m_B)(g-a)$。

2.20　一轻绳跨过一个定滑轮，两端各系一质量分别为 m_1 和 m_2 的重物，且 $m_1>m_2$。滑轮质量及轴上摩擦均不计，此时重物的加速度的大小为 a。今用一竖直向下的恒力大小 $F=m_1 g$ 代替质量为 m_1 的物体，可得质量为 m_2 的重物的加速度的大小为 a'，则（　　）。

（A）$a'=a$；　（B）$a'>a$；　（C）$a'<a$；　（D）不能确定。

2.21　速度为 v 的子弹，打穿一块不动的木板后速度变为零，设木板对子弹的阻力是恒定的。那么，当子弹射入木板的深度等于其厚度的一半时，子弹的速度是（　　）。

（A）$\frac{1}{4}v$；　（B）$\frac{1}{3}v$；　（C）$\frac{1}{2}v$；　（D）$\frac{1}{\sqrt{2}}v$。

2.22　一个作直线运动的物体，其速度 v 与时间 t 的关系曲线如图 2-48 所示。设时刻 t_1 至 t_2 间外力做功为 A_1，时刻 t_2 至 t_3 间外力做功为 A_2，时刻 t_3 至 t_4 间外力做功为 A_3，则（　　）。

（A）$A_1>0$，$A_2<0$，$A_3<0$；

（B）$A_1>0$，$A_2<0$，$A_3>0$；

（C）$A_1=0$，$A_2<0$，$A_3>0$；

（D）$A_1=0$，$A_2<0$，$A_3<0$。

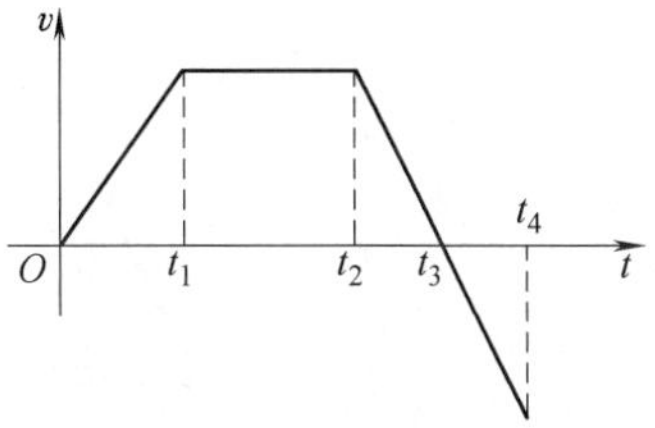

图 2-48　题 2.22 图

2.23　质点的动能定理：外力对质点所做的功，等于质点动能的增量，其中所描述的外力为（　　）。

（A）质点所受的任意一个外力；　　（B）质点所受的保守力；

（C）质点所受的非保守力；　　（D）质点所受的合外力。

2.24　一质点由原点从静止出发沿 x 轴运动，它在运动过程中受到指向原点的力作用，此力的大小正比于它与原点的距离，比例系数为 k。那么当质点离开原点为 x 时，它相对原点的势能值是（　　）。

（A）$-\frac{1}{2}kx^2$；　（B）$\frac{1}{2}kx^2$；　（C）$-kx^2$；　（D）kx^2。

2.25　在经典力学中，关于动能、功、势能与参考系的关系，下列说法正确的是(　　)。

（A）动能和势能与参考系的选取有关；

（B）动能和功与参考系的选取有关；

（C）势能和功与参考系的选取有关；

（D）动能、势能和功均与参考系的选取无关。

三、计算题

2.26　如图2-49所示，倾角为θ的斜面体固定在水平面上，一根细绳跨过一无摩擦的定滑轮，细的一端与斜面上质量为m_B的物体B连接，另一端悬挂质量为m_A的物体A。已知B与斜面间的静摩擦因数为μ，问：要使物体B静止在斜面上不动，物体A的质量m_A应在什么范围内？

2.27　在图2-50中，一细绳跨过一定滑轮，绳的一边悬有一质量为m_1的物体，另一边穿在质量为m_2的小圆柱体的竖直细孔中，圆柱可沿绳子滑动。今看到绳子从圆柱细孔中加速上升，柱体相对于绳子以匀加速度$\boldsymbol{a}$下滑。求m_1、m_2相对于地面的加速度、绳的张力以及柱体与绳子间的摩擦力（绳的质量、滑轮的质量以及滑轮的转动摩擦都不计）。在计算结果中，设$a=0$，则表示什么情况？设$a=2g$，又表示什么情况？

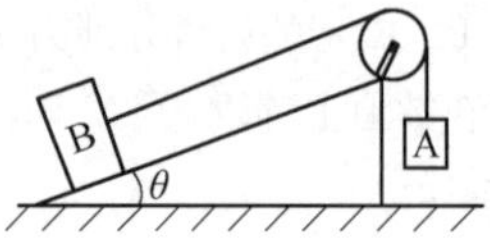

图2-49　题2.26图

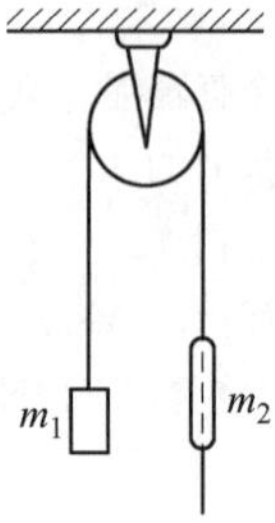

图2-50　题2.27图

2.28　在图2-51中，一个质量为m_1的物体拴在长为L_1的轻绳上，绳的另一端固定在一个水平光滑桌面的钉子上。另一质量为m_2的物体，用长为L_2的绳与m_1连接。二者均在桌面上作匀速圆周运动，假设m_1、m_2的角速度为ω，求各段绳子上的张力。

2.29　在一只半径为R的半球形碗内，有一粒质量为m的小钢球，当小球以角速度ω在水平面内沿碗内壁作匀速圆周运动时，它距碗底有多高？

2.30　一个水平的木制圆盘绕其中心竖直轴匀速转动，如图2-52所示，在盘上中心$r=20\text{cm}$处放一小铁块，如果铁块与木盘间的静摩擦因数为$\mu=0.4$。求圆盘转速增大到多少（以每分钟的转数表示）时，铁块开始在圆盘上移动。

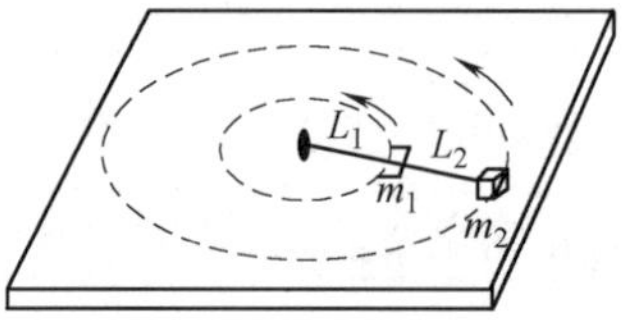

图2-51　题2.28图

图2-52　题2.30图

2.31　直升机上的螺旋桨由两个对称的叶片组成，每一片的质量$m=136\text{kg}$，长$l=3.66\text{m}$。求当它的转速$n=320\text{r}\cdot\text{min}^{-1}$时，两个叶片根部的张力。(设叶片是均匀薄片)

2.32　质量为16kg的质点在xOy平面内运动，受一恒力作用，力的分量为$f_x=6\text{N}$，$f_y=-7\text{N}$，当$t=0$时，$x=y=0$，$v_x=-2\text{m}\cdot\text{s}^{-1}$，$v_y=0$。求当$t=2\text{s}$时质点的（1）位矢；（2）速度。

2.33　一质量为10kg的物体沿x轴无摩擦地运动，已知$t=0\text{s}$时物体静止在坐标原点，求下列两种情况下物体的速度和加速度：（1）在力$F=3+4x$（F的单位为N）作用下移动了3m距离；（2）在力$F=3+4t$（F的单位为N）作用下运动了3s时间。

2.34　一质量为10kg的质点在力$F=120t+40$（F以N为单位，t以s为单位）作用下，沿x轴作直线运动。在$t=0$时，质点位于$x=5.0\text{m}$处，其速度大小$v_0=6.0\text{m}\cdot\text{s}^{-1}$。求质点在任意时刻的速度和位置。

2.35　摩托快艇以速率v_0行驶，它受到的摩擦阻力与速度平方成正比，可表示为$F=-kv^2$。设摩托快艇

的质量为 m，当摩托快艇在发动机关闭后，求：(1) 任一时刻的速度；(2) 任一时刻的位移；(3) 速度与位移的关系。

2.36 质点在流体中作直线运动，受与速度成正比的阻力 kv（k 为常数）作用，$t=0$ 时质点的速度为 v_0，证明：(1) t 时刻的速度为 $v=v_0\mathrm{e}^{-\frac{k}{m}t}$；(2) 由 0 到 t 的时间内经过的距离为 $x=\frac{mv_0}{k}(1-\mathrm{e}^{-\frac{k}{m}t})$；(3) 停止运动前经过的距离为 $v_0\frac{m}{k}$；(4) 当 $t=m/k$ 时速度减至 v_0 的 $\frac{1}{\mathrm{e}}$，其中 m 为质点的质量。

2.37 在如图 2-53 所示的车厢内，一根质量可略去不计的细杆，其一端固定在车厢的顶部，另一端系一小球。当车辆行驶的加速度的大小为 a 时，细杆偏离竖直线成 β 角，试求加速度的大小 a 与摆角 β 间的关系。

2.38 一小球在弹簧的作用下作振动，如图 2-54 所示，弹力 $F=-kx$，而位移 $x=A\cos\omega t$，其中 k、A、ω 都是常量。求在 $t=0$ 到 $t=\pi/(2\omega)$ 的时间间隔内弹力施于小球的冲量。

2.39 用棒打击质量 0.3kg、速率 $20\mathrm{m}\cdot\mathrm{s}^{-1}$ 水平飞来的球，球飞到竖直上方 10m 的高度，求棒给予球的冲量多大。设球与棒的接触时间为 0.02s，求球受到的平均冲力。

2.40 一质量为 m 的质点以与地的仰角 $\theta=30°$ 的初速 $\boldsymbol{v}_0$ 从地面抛出，若忽略空气阻力，求质点落地时相对抛射时的动量的增量。

2.41 水力采煤是利用高压水枪喷出的强力水柱冲击煤。设水柱直径为 $D=30\mathrm{mm}$，水速 $v=56\mathrm{m}\cdot\mathrm{s}^{-1}$，水柱垂直射到煤层表面上，冲击煤层后速度变为零。求水柱对煤层的平均冲力。

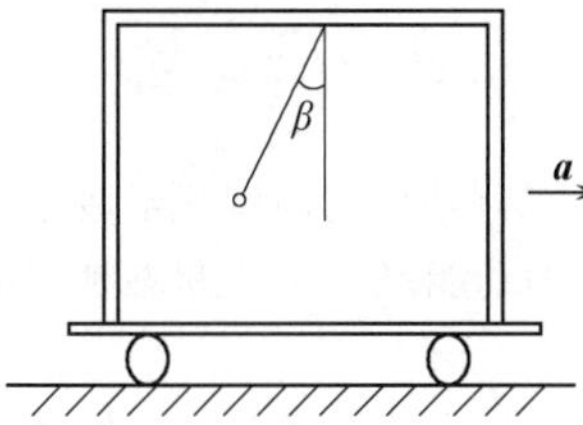

图 2-53 题 2.37 图

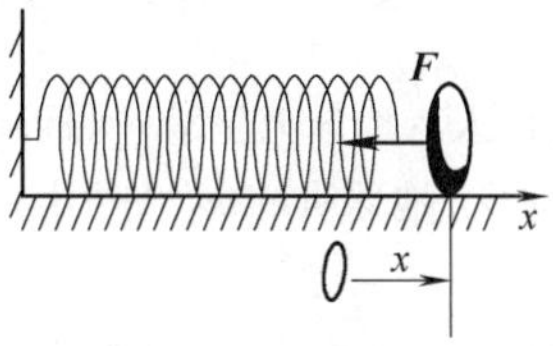

图 2-54 题 2.38 图

2.42 一颗子弹在枪筒里前进时所受的合力大小为 $F=400-\frac{4}{3}\times10^5t$（$t$ 以 s 为单位，F 以 N 为单位），子弹出枪口时的速率为 $300\mathrm{m}\cdot\mathrm{s}^{-1}$，假设子弹离开枪口时合力刚好为零，求：(1) 子弹在枪筒中的时间；(2) 子弹在枪筒中受到的冲量；(3) 子弹的质量。

2.43 一质量为 $m=10\mathrm{kg}$ 的木箱放在水平地面上，在水平拉力 F 作用下由静止开始作直线运动，F 随时间 t 变化的关系如图 2-55 所示。已知木箱与地面的滑动摩擦因数 $\mu=0.2$，求 $t=4\mathrm{s}$ 和 7s 时的木箱速度。已知 $g=10\mathrm{m}\cdot\mathrm{s}^{-2}$。

2.44 三个物体 A、B、C 质量都是 m。B、C 用长 0.4m 的细绳连接，先靠在一起放在光滑水平桌面上；A、B 也用细绳连接，绳跨过桌边的轻质定滑轮，如图 2-56 所示。设绳长一定，绳质量和绳与定滑轮间摩擦力不计。问：(1) A、B 开始运动后，经多长时间 C 才开始运动？(2) C 开始运动的速度多大？（取 $g=10\mathrm{m}\cdot\mathrm{s}^{-2}$）

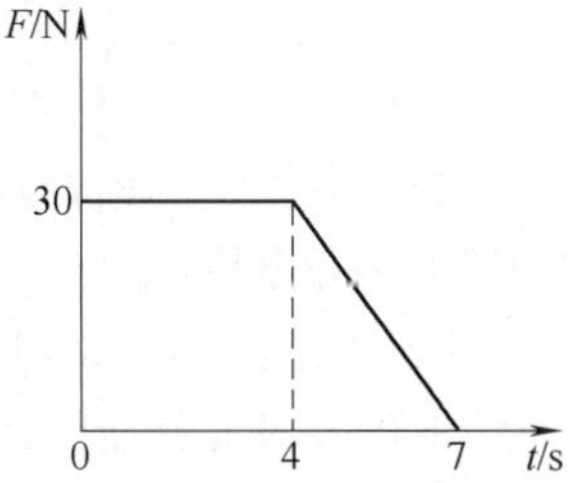

图 2-55 题 2.43 图

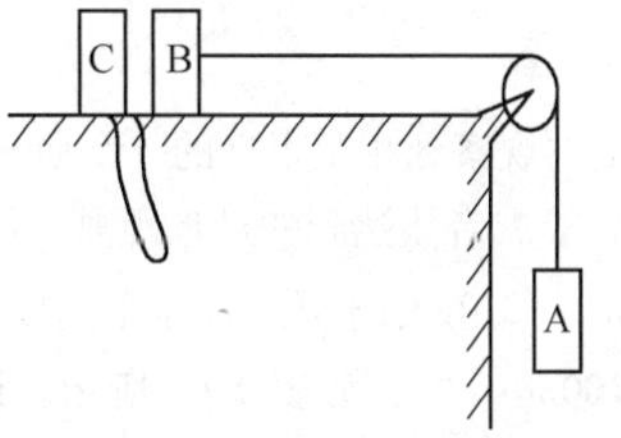

图 2-56 题 2.44 图

2.45　一人从10m深的井中提水，开始时桶中装有10kg的水，由于水桶漏水，每升高1m要漏出0.2kg。忽略桶的质量，问此人要将水桶从井底匀速拉升到井口，需要做多少功？提示：用变力做功计算。

2.46　一质量为1.0kg的质点在力F作用下沿x轴运动，已知质点的运动学方程为$x=3t-4t^2+t^3$（式中x以m为单位，t以s为单位），问在0～4s内，F对质点做功多少？

2.47　在图2-57中，一质量为m，长为l的柔绳放在水平桌面上，绳与桌面间的静摩擦因数和滑动摩擦因数分别为μ_s和μ_k。（1）问绳的下垂长度l_0至少要多大才能开始滑动？（2）求从下垂长度为l_0开始滑动后，绳全部离开桌面时的速度。

2.48　长l的绳一端固定，另一端系一质量为m的小球，如图2-58所示。今小球以水平速度$v_0=5gl$从A点抛出，在竖直平面内作圆周运动。由于存在空气阻力，小球在C点（$\theta<90°$）脱离圆轨道，求阻力所做的功。

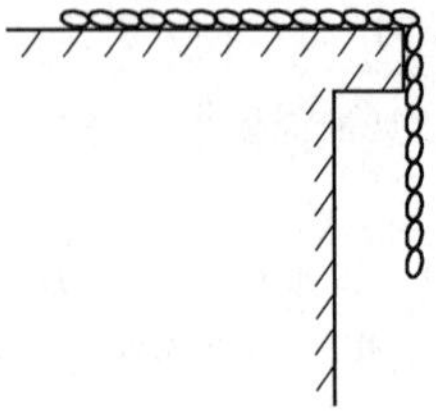

图2-57　题2.47图

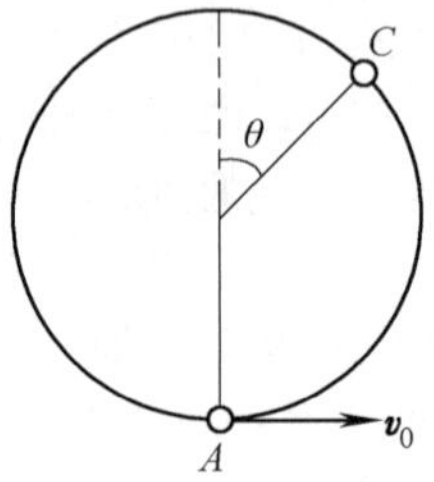

图2-58　题2.48图

2.49　质量为m_1的人造地球卫星沿一圆形轨道运动，离开地面的高度等于地球半径的两倍（即$2R$）。试以m_1、R、引力常量G、地球质量m_2表示出：（1）卫星的动能；（2）卫星在地球引力场中的引力势能；（3）卫星的总机械能。

2.50　如图2-59所示，弹簧下面悬挂着质量分别为m_1、m_2的两个物体，开始时它们都处于静止状态。突然把m_1与m_2的连线剪断后，m_1的最大速率是多少？设弹簧的劲度系数$k=8.9\text{N}\cdot\text{m}^{-1}$，$m_1=500\text{g}$，$m_2=300\text{g}$。

2.51　一轻弹簧的原长l_0等于光滑圆环的半径R，当弹簧下端悬挂质量为m的小环时，伸长量也是R。现将弹簧一端系于竖直放置的光滑圆环上端A点，另一端连接小环使其静止地套在圆环的B点，AB长$1.6R$，如图2-60所示。放手后任小环滑动，求小环滑到最低点C时，小环的加速度和它对圆环的正压力。

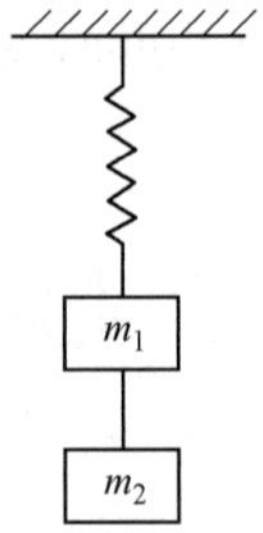

图2-59　题2.50图

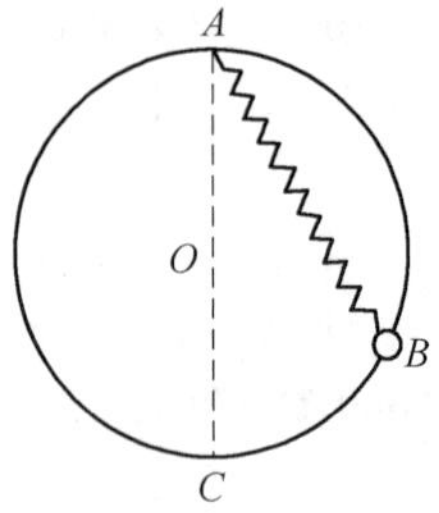

图2-60　题2.51图

2.52　在实验室内观察到相距很远的一个质子（质量为m_p）和一个氦核（质量为$4m_p$）沿一直线相向运动，速率都是v_0。求二者能达到的最近距离。提示：质子与氦核间有静电势能。

2.53　一质量$m_1=2.0\text{g}$的子弹，以水平速度$v_1=500\text{m}\cdot\text{s}^{-1}$飞行，射穿一个用轻绳悬挂的冲击摆，穿出后的子弹速度$v_2=100\text{m}\cdot\text{s}^{-1}$，如图2-61所示。设摆锤质量$m_2=1.0\text{kg}$，求摆锤能够上升的最大高度。（取$g=10\text{m}\cdot\text{s}^{-2}$）。

2.54　一质量为m_1的小物体A，从质量为m_2的1/4圆弧槽B的顶端静止下滑，如图2-62所示。设圆弧

半径为 R，A 与 B 和 B 与水平地面的摩擦均不计，问当小物体离开圆弧槽时：（1）A、B 的速度各是多少?（2）A、B 在水平方向移动的距离各是多少?（3）圆弧槽对物体的正压力做功多少?

2.55　测子弹速度的一种方法是把子弹水平射入一个固定在弹簧上的木块中，由弹簧压缩的距离就可求出子弹的速度，如图 2-63 所示。已知子弹的质量 $m_1 = 0.02\text{kg}$，木块质量 $m_2 = 8.98\text{kg}$，弹簧的劲度系数 k 为 $100\text{N} \cdot \text{m}^{-1}$，子弹射入木块后，弹簧被压缩 10.0cm，求子弹的速度。设木块与平面间的摩擦因数为 0.20。

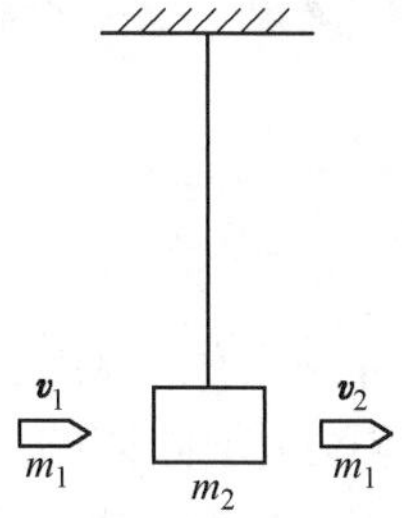

图 2-61　题 2.53 图

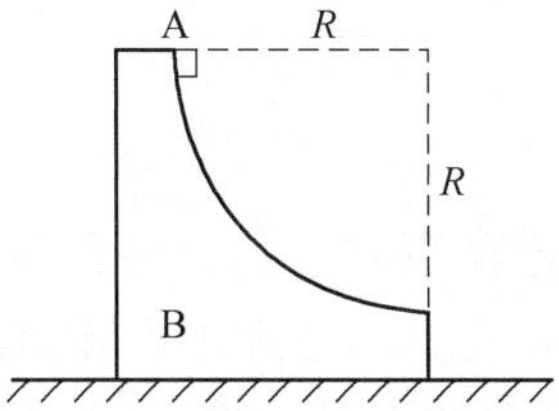

图 2-62　题 2.54 图

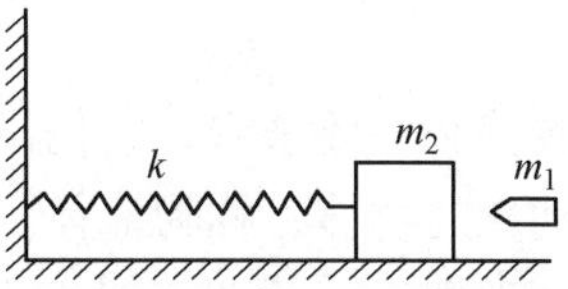

图 2-63　题 2.55 图

2.56　如图 2-64 所示，一辆实验小车可在光滑水平桌面上自由运动，车的质量为 m_1，车上装有长度为 L 的细杆（质量不计），杆的一端可绕固定于车架上的光滑轴 O 在竖直面内摆动，杆的另一端固定一钢球，钢球质量为 m_2，把钢球托起使杆处于水平位置，这时车保持静止，然后放手，使球无初速地下摆。求当杆摆至竖直位置时，钢球及小车的运动速度。

2.57　如图 2-65 所示，以铁锤将一铁钉击入木板，设木板对铁钉的阻力与铁钉进入木板内的深度成正比，在铁锤击第一次时，能将小钉击入木板内 1cm，问击第二次时能击入多深，假定铁锤两次打击铁钉时的速度相同。

2.58　设已知一质点（质量为 m）在其保守力场中位矢为 $\boldsymbol{r}$ 点的势能为 $E_p(r) = -k/r^n$，试求质点所受保守力的大小和方向。

2.59　如图 2-66 所示，一物体质量为 2kg，以初速度 $v_0 = 3\text{m} \cdot \text{s}^{-1}$ 从斜面 A 点处下滑，它与斜面的摩擦力为 8N，到达 B 点后压缩弹簧 20cm 后停止，然后又被弹回，求弹簧的劲度系数和物体最后能回到的高度。

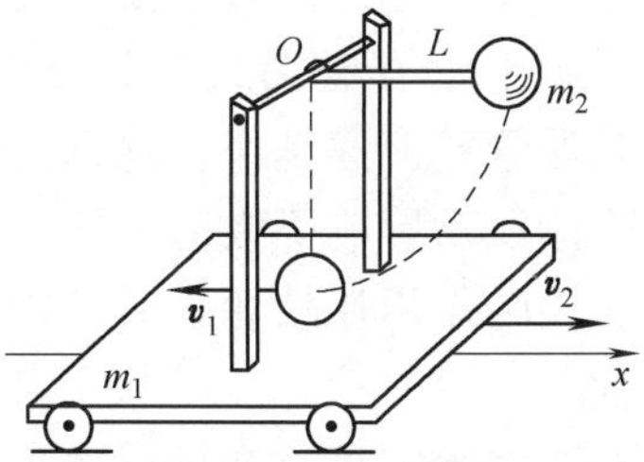

图 2-64　题 2.56 图

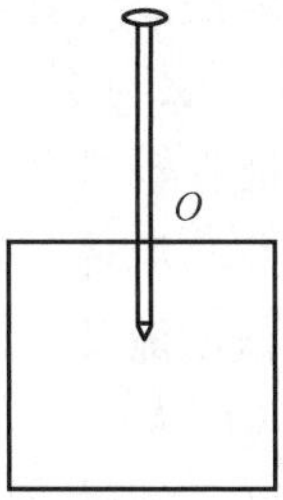

图 2-65　题 2.57 图

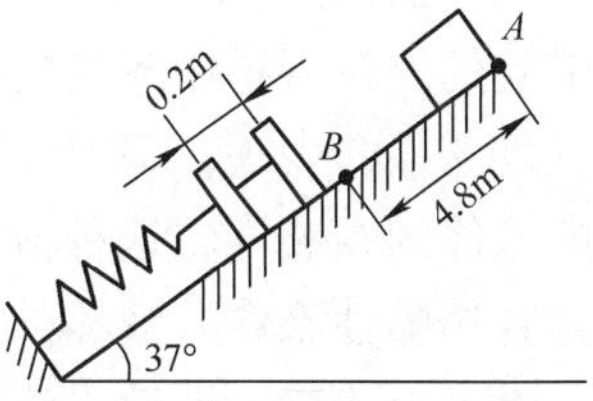

图 2-66　题 2.59 图

本章重要知识点讲解　　本章习题简答

*第 3 章 流体动力学基础

对液体和气体来讲，它们没有固定的形状，而且各部分之间很容易发生相对运动。凡是具有流动性的物体，称为流体。液体和气体都是流体。流动性是流体区别于固体的主要特征。中学物理学中已经讲过一些流体静力学的内容，现在我们要进一步讨论流体动力学的基本规律。

3.1 描述流体运动的基本概念

3.1.1 流体的特性

流体具有四大特性，即：流动性、连续性、黏滞性和可压缩性。

流体没有固定的形状，其形状由容器的形状而定。在力的作用下，流体的一部分相对于另一部分极易发生相对运动，流体的这种性质称为**流动性**。虽然流体和其他物体一样是由分子组成的，分子之间有一定的距离，但在流体力学中由于主要研究流体质点的宏观运动，不考虑流体的微观结构，故而把流体看作连续介质。在静止或流动过程中流体质点间都是连续排列的，这就是宏观角度上流体的**连续性**。流体流动时，都或多或少地具有**黏滞性**（也称黏性）。黏滞性是当流体流动时，由存在于层与层之间阻碍相对运动的内摩擦力（也称黏滞力）所引起的。在管道中流动的流体，总是管轴处流速最大，越靠近管壁流速越小。这都是流体具有黏滞性的表现。但对于黏滞性不大的流体，或黏滞性对流体流动影响不大时，常可以不考虑流体的黏滞性，这种流体称作**非黏性流体**。相反，若黏滞性的作用比较明显时，则应把流体看作**黏性流体**。液体的黏滞性比气体大。

除了上述三大特性，流体还具有**可压缩性**。流体受力时除形状很容易改变外，体积也会发生变化，流体体积随压力的改变而变化的这种性质称为流体的可压缩性。众所周知，液体的体积随压力变化很小，所以一般认为液体是不可压缩的。气体很容易被压缩。但因为气体极易流动，较小的压强差就可以使它迅速流动，而这时气体的密度变化不大，几乎处处相等，所以在研究气体流动的许多问题时，也可以认为它是不可压缩的。（到底可压缩还是不可压缩，要视具体问题而定。）

3.1.2 理想流体的稳定流动

1. 理想流体模型

为了使问题简化，一般忽视流体的可压缩性和内摩擦力的作用，而把流体看成完全没有黏滞性和绝对不可压缩的，这样的流体称为**理想流体**。理想流体是一个理想化了的物理模型，虽然事实上不存在，但根据这一理想模型得出的结论，在一定条件下完全可以近似地说明实际流体的流动情况。例如，像水、酒精这样的液体，在非特殊情况下，可以当成理想流体来处理。

流体单位体积内的重量称为流体的重度，用γ表示。即

$$\gamma=\frac{G}{V}=\frac{mg}{V}=\rho g$$

式中，G为体积V内流体的重量；g为重力加速度。重度的单位为$N\cdot m^{-3}$。因具有不可压缩性，所以理想流体的密度和重度都是恒量。

2. 稳定流动、流线和流管

一般对运动着的流体而言，不但在同一时刻流经空间各点上的流体质点的流速不同，而且在不同时刻、流经空间确定点上的流体质点的流动速度的大小和方向也都在变化着。也就是说，速度是空间坐标与时间的函数，即

$$v=v(x,y,z,t)$$

如果在流体流过的区域内，各个质点上的流速都不随时间而变化，那么这种流动称为**稳定流动**或称**稳流**，这时流速只是空间坐标的函数，即

$$v=v(x,y,z)$$

流体在流动时，流体的每个质点在空间中都会有运动轨迹。在同一时刻，流体的各个质点的速度大小和方向并不一样。为了对每时刻流体空间各质点的流速分布情况有一个较清晰的认识，我们引入流线的概念。所谓**流线**是这样一组曲线，在每一瞬间，曲线上任何一点的切线方向和流经该点的流体速度方向一致。因为在每点上流体速度只有一个，所以流线是不能相交的，如图3-1所示。

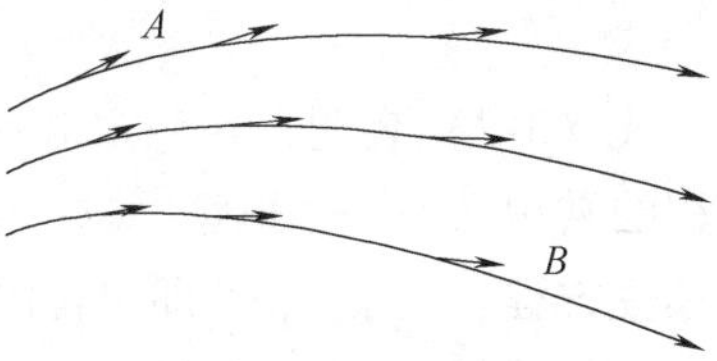

图3-1　流线

图3-1中A和B两处流体速度的大小和方向均不相同，但它们均不随时间变化，也就是流线的形状不改变，即为稳定流动。从流速分布看，A处流线密，流速大；B处流线稀疏，流速小。图3-2所示是流体流经不同形状障碍物时的流线分布。

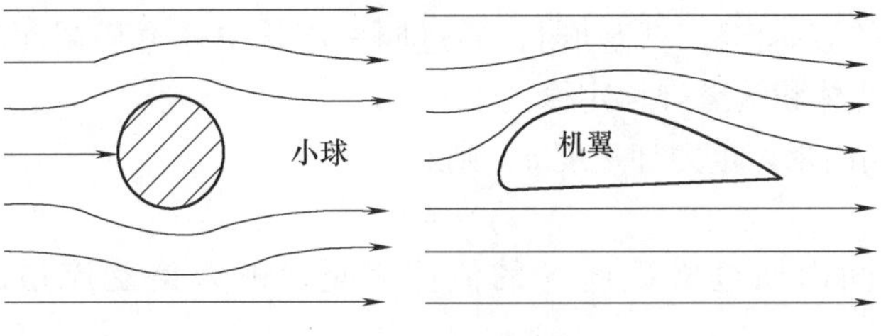

图3-2　流体流经不同形状障碍物时的流线分布

流体流动时，在流体流过的空间任取一个横截面S，通过它四周的许多流线所围成的管状区域，称为**流管**，如图3-3所示。在流体作稳定流动时，由于流线的性质，流管内部的流体不能穿过流管侧壁进行交换，同时，流管的粗细、形状也不随时间改变。稳定流动时，由于流线和流管在空间的位置及形状不随时间改变，若设想流管是无限细的，便成为一条流线，流管内的流体质点沿着该流线运

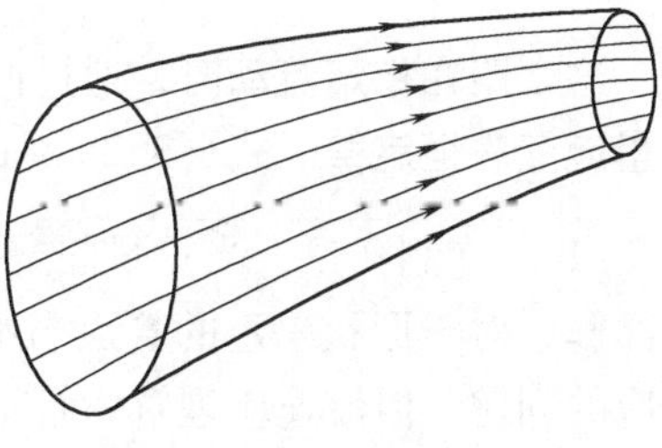

图3-3　流管

动，所以只有在稳定流动时流线才和质点运动的轨迹相重合。

3. 连续性方程

流体作稳定流动时，取细流管上的一段，它两端的横截面面积分别为 S_1 和 S_2，在这两个很小的横截面上的流速分别为 v_1 和 v_2，如图 3-4 所示。因为是稳定流动，这段流管内流体的质量不会增减，在很短的时间 Δt 内，流入 S_1 处流体的质量应该和从 S_2 处流出的流体质量相等。S_1 处流体流入的距离为 $v_1\Delta t$，流体在 S_1 处的密度为 ρ_1，故流入 S_1 处的流体质量为

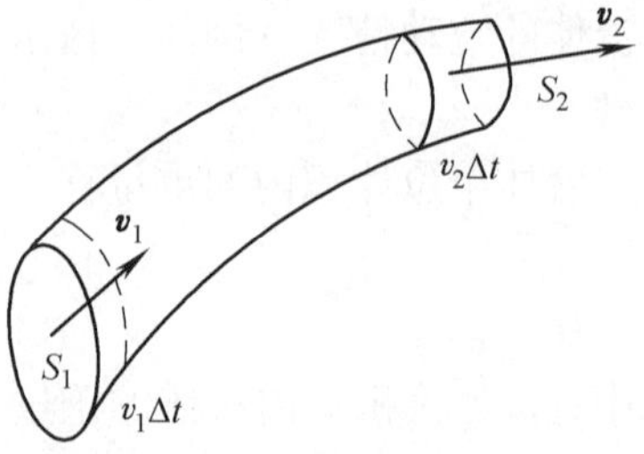

图 3-4　连续性方程的说明

$$\Delta m_1 = \rho_1 v_1 \Delta t \cdot S_1$$

同理，S_2 处流体流出的距离为 $v_2\Delta t$，密度为 ρ_2，故流出 S_2 处的流体质量为

$$\Delta m_2 = \rho_2 v_2 \Delta t \cdot S_2$$

又因为质量守恒，$\Delta m_1 = \Delta m_2$，即

$$\rho_1 v_1 S_1 = \rho_2 v_2 S_2 \tag{3-1}$$

这里 S_1、S_2 是任选的，所以上面的关系对于流管中任意两个与流管垂直的横截面都是正确的，这一关系还可写成

$$\rho v S = C \tag{3-2}$$

式（3-2）表明，在稳定流动时，同一流管内任何截面 S 处，流体的密度、流速和横截面面积的乘积都为一个恒量。这一关系称为稳定**流动的连续性原理**，式（3-2）称为**稳定流动的连续性方程**。式中，$\rho v S$ 即单位时间内通过该任意横截面 S 的流体质量，称为**质量流量**，用 Q_m 表示。因此，式（3-2）又称为**质量流量守恒定律**。

若是不可压缩的流体作稳定流动，因密度处处相同，则式（3-2）就变化为

$$Sv = C \tag{3-3a}$$

式中，Sv 是单位时间内通过横截面 S 的流体体积，我们把它称为**体积流量**，用 Q_V 表示，其单位为 $\mathrm{m^3 \cdot s^{-1}}$。这样一来，式（3-3a）还可写成

$$Q_V = C \tag{3-3b}$$

这表明不可压缩的流体作稳定流动时，通过同一流管中任意横截面的流体，其体积流量都为一个恒量，这称为**体积流量守恒定律**。

把式（3-2）两端同乘以重力加速度 g，则有

$$\gamma S v = C \tag{3-4a}$$

式中，γSv 是单位时间内通过横截面 S 的流体重量，称为**重量流量**，并以 Q_g 表示。则式（3-4a）又可写作

$$Q_g = C \tag{3-4b}$$

这表明在稳定流动时，通过同一流管中任意横截面的重量流量都等于同一恒量，这称为**重量流量守恒定律**。式（3-2）~式（3-4）均称为连续性方程。

例 3-1　在制药厂，当流量固定时，若要确定管道内径的大小，应如何选定流体流速？

解　对于形状一定的管道当中流动的、不可压缩的流体可以应用体积流量守恒定律来解决相应的问题，但流速应理解为管道横截面上的平均流速。在制药厂，首先应根据生产任务确定体积流量 Q_V，由式（3-3）可知 $Q_V = Sv$ 一定，所以流速与横截面面积的关系为

$$v = \frac{Q_V}{S}$$

若输送流体的管道直径为 d，则管道的横截面面积 $S = \frac{\pi}{4}d^2$，代入上式则有

$$v = \frac{Q_V}{\frac{\pi}{4}d^2}$$

或者

$$d = \sqrt{\frac{Q_V}{\frac{\pi}{4}v}}$$

上式表明，要想确定管径 d 的大小，必须先确定流速 v。选取流速大时管径小，但流体受到的阻力大，消耗了更多的能量。反之，流速小，管径要大，此时阻力虽然减小，但管道材料费用增加。所以要多方面权衡利弊。

一般来说，对于密度大的流体，流速应取小一些，如液体的流速应比气体的流速小得多。对于黏滞性小的液体，以及含有杂质的流体，其流速不宜选得太低。另外，对于一些特殊的流体，选择流速时还要考虑其他因素。一些流体在管道中的常用流速范围示于表3.1。

表3.1　一些流体在管道中的常用流速范围

流体的类别及情况	流速范围/$m \cdot s^{-1}$
自来水（3×10^5 Pa）	1 ~ 1.5
水及低黏度液体（$1 \times 10^5 \sim 1 \times 10^6$ Pa）	1.5 ~ 3.0
高黏度液体	0.5 ~ 1.0
工业供水（8×10^5 Pa 以下）	1.5 ~ 3.0
锅炉供水（8×10^5 Pa 以下）	> 3.0
饱和蒸汽	20 ~ 40
过热蒸汽	30 ~ 50
蛇管、螺旋管内的冷却水	< 1.0
低压空气	12 ~ 15
高压空气	15 ~ 25
一般气体（常压）	10 ~ 20
鼓风机吸入管中的气体	10 ~ 15
鼓风机排出管中的气体	15 ~ 20
离心泵吸入管中的水一类低黏度液体	1.5 ~ 2.0
离心泵排出管中的水一类低黏度液体	2.5 ~ 30
往复泵吸入管中的水一类低黏度液体	0.75 ~ 1.0
往复泵排出管中的水一类低黏度液体	1.0 ~ 2.0
自流液体（冷凝水等）	0.5
真空操作下的气体	< 10

3.2　理想流体的伯努利方程及其应用

伯努利方程是流体力学中一个很重要的基本方程，用途非常广泛。它说明的是理想流体作稳定流动时，在一根细流管中或一条流线上，物理量压强 p、流速 v 和高度 h 之间的关系。伯努利方程是根据功能原理导出来的，所以说它是能量守恒定律在理想流体情况下的具体体现。

3.2.1　伯努利方程

如图 3-5a 所示，在细流管中任取一段流体 S_1S_2，在截面 S_1 处流体的流速为 v_1，压强为 p_1，在截面 S_2 处流体的流速为 v_2，压强为 p_2。它们对某一参考平面，高度分别为 h_1 和 h_2。经过极短时间 Δt 后，这段流体流动到 $S_1'S_2'$位置。流体在空间 $S_1'S_2$ 之间这部分（图中斜线部分）没有任何变化。所以，整个这段流体的运动相当于图 3-5 中虚线部分所示的流体柱从 S_1 截面处移到 S_2 截面处。由于时间极短，S_1 和 S_1'相距很近，它们的截面积几乎相同。同理 S_2 和 S_2'的截面积也近似相等。

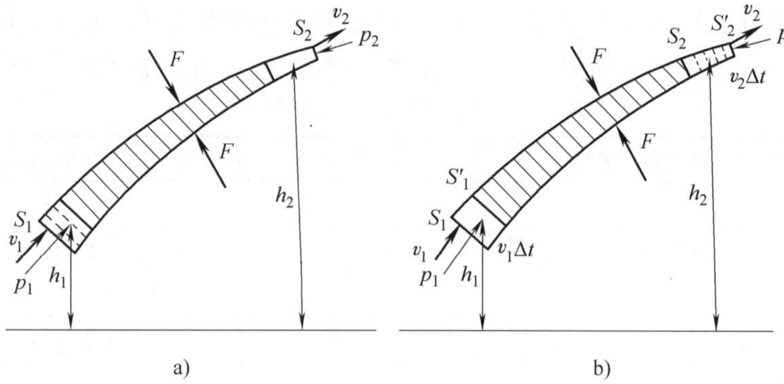

图 3-5　伯努利方程的推导

a）开始时　b）Δt 时间后

首先求压力所做的功。流管中整个这段流体，其两个端面要受到相邻流体的压力作用。在 S_1 处受到外压力为 F_1，它等于该处的压强 p_1 与横截面面积 S_1 的乘积，即 $F_1=p_1S_1$。在 S_1 处流柱的位移等于 $v_1\Delta t$，此处力和位移方向相同，压力做正功，值为 $A_1=p_1S_1v_1\Delta t$。在 S_2 处受到外压力为 F_2，它的大小为 $F_2=p_2S_2$，在 S_2 处流柱的位移为 $v_2\Delta t$，在 S_2 处位移的方向和力的方向相反，所以压力做负功，大小为 $A_2=-p_2S_2v_2\Delta t$。在流管外周，相邻流体对流管内流体的作用力 F 都垂直于流管表面，即力的方向与流体的位移方向垂直，因而做功为零。根据连续性方程，S_1 处和 S_2 处的体积流量 Q_V 相等，所以在同样的时间间隔内，体积

$$\Delta V=S_1v_1\Delta t=S_2v_2\Delta t$$

这样，作用于流管中这段流体上压力所做的总功为

$$A=A_1+A_2=p_1S_1v_1\Delta t-p_2S_2v_2\Delta t=p_1\Delta V-p_2\Delta V$$

接下来求机械能的增量。设图 3-5 虚线所示那小段流体柱的质量为 Δm（在稳定流动时，图 3-5a、b 虚线所示的两部分质量相等），则在 S_1 处机械能为 $\frac{1}{2}\Delta mv_1^2+\Delta mgh_1$，在 S_2 处的机

械能为$\frac{1}{2}\Delta mv_2^2+\Delta mgh_2$。

根据功能原理，压力对这段流体所做的功等于流体机械能的增量，所以有

$$p_1\Delta V-p_2\Delta V=\frac{1}{2}\Delta mv_2^2+\Delta mgh_2-\left(\frac{1}{2}\Delta mv_1^2+\Delta mgh_1\right)$$

移项则有

$$\frac{1}{2}\Delta mv_1^2+\Delta mgh_1+p_1\Delta V=\frac{1}{2}\Delta mv_2^2+\Delta mgh_2+p_2\Delta V$$

两边同除以这部分流体的体积ΔV，并且考虑到流体密度$\rho=\frac{\Delta m}{\Delta V}$是恒量，于是有

$$\frac{1}{2}\rho v_1^2+\rho gh_1+p_1=\frac{1}{2}\rho v_2^2+\rho gh_2+p_2 \tag{3-5}$$

即

$$\frac{1}{2}\rho v^2+\rho gh+p=\text{恒量}$$

这就是**伯努利方程**。从式（3-5）可知：$\frac{1}{2}\rho v^2$是单位体积内的动能；ρgh是单位体积的势能；压强p相当于单位体积的流体通过某一截面时压力所做的功，常把它称为**压强能**。于是式（3-5）表示理想流体作稳定流动时，在细流管的任何截面处，单位体积的流体的动能、势能和压强能的总和是一个恒量。

例3-2 水管内A处水的压强为$p_1=4.0\times10^5\text{Pa}$，流速为$2.0\text{m}\cdot\text{s}^{-1}$，水从内径为20mm的管子$A$处流到5.0m高的高位水槽内，在槽入口处水管内径为10mm，求流入槽时水的流速及压强各为多少。

解 由流体的连续性方程得流入时水的流速v_2为

$$v_2=\frac{S_1}{S_2}v_1=\left(\frac{d_1}{d_2}\right)^2v_1=\left(\frac{0.02}{0.01}\right)^2\times2.0\text{m}\cdot\text{s}^{-1}=8.0\text{m}\cdot\text{s}^{-1}$$

即水流入槽内时，流速为$8.0\text{m}\cdot\text{s}^{-1}$。

现已知水管A处的压强$p_1=4.0\times10^5\text{Pa}$，高度$h_1=0$，$h_2=h=5.0\text{m}$，水的密度$\rho=1.0\times10^3\text{kg}\cdot\text{m}^{-3}$。由式（3-5）知

$$\frac{1}{2}\rho v_1^2+\rho gh_1+p_1=\frac{1}{2}\rho v_2^2+\rho gh_2+p_2$$

有$p_2=3.2\times10^5\text{Pa}$。如果将槽入口处的阀门关闭，即水不流动，此时$v_1=v_2=0$，于是有

$$p_2=p_1-\rho gh_2=3.5\times10^5\text{Pa}$$

3.2.2 伯努利方程的应用

1. 小孔处的流速

如图3-6所示，液体在重力作用下自小孔口自由射出，设小孔中心离液面的高度为h，由于小孔直径远小于高度h，故可认为小孔中射出液体的流速是均匀的。由于随着液面的下降，小孔处的流速将会逐渐降低，故严格地说，容器内的液体并不是作稳定运动。但是，因为小孔的直径很小，在很短的时间内液面高度不会有明显变化，所以可以近似地看作稳定流动。

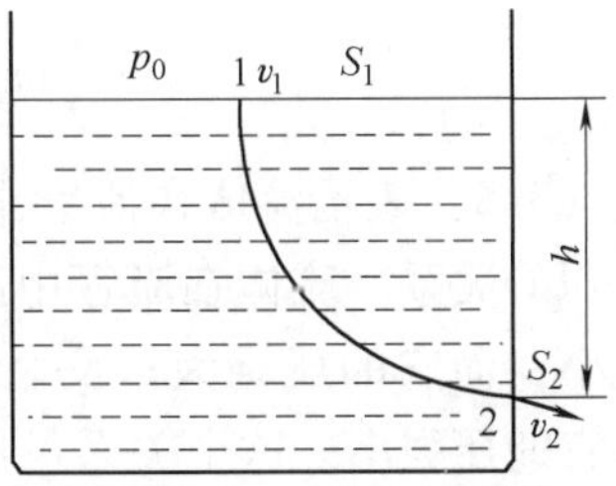

图3-6 小孔流速问题

设在液体中取一个细流管，其上部截面在液面上的 1 点，下部截面在小孔处的 2 点，应用伯努利方程可得

$$p_0+\frac{1}{2}\rho v_1^2+\rho gh=p_0+\frac{1}{2}\rho v_2^2$$

式中，p_0 为大气压强；v_1、v_2 分别为液面和小孔处的水流速度。设液面处的横截面面积为 S_1，小孔处的横截面面积为 S_2。根据连续性方程可知

$$S_1v_1=S_2v_2,\quad v_1=\frac{S_2}{S_1}v_2$$

代入伯努利方程，则

$$\frac{v_2^2}{2}\left(\frac{S_2}{S_1}\right)^2+gh=\frac{1}{2}v_2^2$$

所以

$$v_2=\frac{\sqrt{2gh}}{\sqrt{1-\left(\frac{S_2}{S_1}\right)^2}} \tag{3-6}$$

当容器截面积比小孔的截面积大得多的时候，近似有

$$v_2=\sqrt{2gh} \tag{3-7}$$

上式说明，液体自小孔射出的速度与质点自由下落 h 高度所达到的速度相同。此时，从小孔射出液体的体积流量为

$$Q_V=S_2\sqrt{2gh}$$

显然，上述得出的结论只是近似的结果。

2. 水平管与空吸作用

水平管是指流体流经的管道成水平放置或近于水平放置。当流体作稳定流动时，因管路的高度相同，即 $h_1=h_2$，所以势能不改变。由伯努利方程，式（3-5）可简化为

$$\frac{1}{2}\rho v_1^2+p_1=\frac{1}{2}\rho v_2^2+p_2$$

从上式可以看出，在流管中流速小的地方压强大，流速大的地方压强小。又由式（3-3a）$S_1v_1=S_2v_2$，即

$$\frac{v_1}{v_2}=\frac{S_2}{S_1}$$

把它代入上述水平管情况的伯努利方程中去，则得

$$p_2-p_1=\frac{1}{2}\rho v_2^2\left[\left(\frac{S_2}{S_1}\right)^2-1\right] \tag{3-8}$$

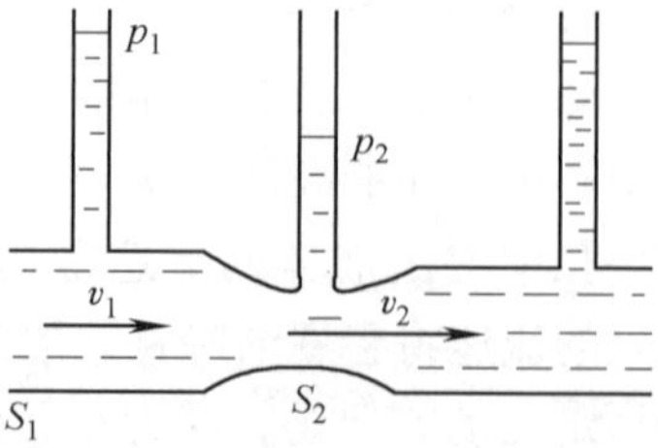

图 3-7　水平管中流速与压强的关系

式（3-8）表示流体在流管中的压强和它流经的流管截面积的关系。**流体在流管中流动时，截面积大的地方流速小，而它的压强大；反之，截面积小的地方流速大，而它的压强小。**这个关系可用图 3-7 所示的液体的实验装置来证实。图中的三根支管是用来测量液体压强的。

当没有这三根支管时，液体的压强由原来的流管管壁来承担，没法显示出来。安上支管后，如果该处液体的压强大于大气压，则液体上升，其高度为液体压强超过大气压强对应显示的高度值。这样就可以观察到液体在该处的压强。从图3-7可以看到粗管处的压强大于细管处的压强。

如图3-7所示，当流体在S_2处的流速v_2进一步增大时，会使得S_2处的压强p_2比p_1小很多。如果p_1接近大气压强，细管S_2处的压强p_2将比大气压强小，即为负压，结果就是把它外边的其他流体吸引过来。喷雾器就是根据该原理设计的，如图3-8所示。我们把运动的流体在细管处的吸力作用称为**空吸作用**。

喷雾器应用空吸原理，使容器中的液体随着流速大的空气一起喷出去。实验室中使用的水流抽气机也是根据空吸作用而设计出来的，如图3-9所示。

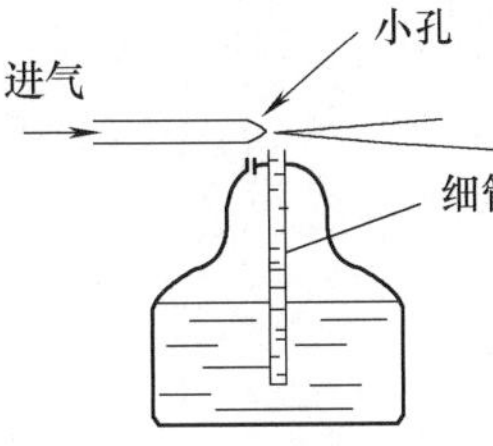

图3-8　喷雾器的空吸作用

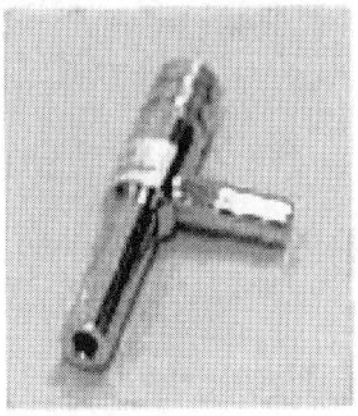

a)

b)

图3-9　水流抽气机

3. 文丘里管流量计的工作原理

文丘里管流量计是测量流体流经管道时流量的仪器。它是由一段中间细、两头粗的管子所组成，水平地串接于待测流体的管路中，它和图3-7所示的结构一样。故应有下列关系式：

$$p_1 - p_2 = \frac{1}{2}\rho(v_2^2 - v_1^2) = \frac{1}{2}\rho v_1^2\left(\frac{v_2^2}{v_1^2} - 1\right)$$

把连续性方程$\frac{v_1}{v_2} = \frac{S_2}{S_1}$代入上式，得到

$$v_1 = \sqrt{\frac{2(p_1 - p_2)S_2^2}{\rho(S_1^2 - S_2^2)}} = S_2\sqrt{\frac{2(p_1 - p_2)}{\rho(S_1^2 - S_2^2)}}$$

将其代入体积流量公式得

$$Q_V = S_1 v_1 = S_1 S_2\sqrt{\frac{2(p_1 - p_2)}{\rho(S_1^2 - S_2^2)}} \tag{3-9}$$

如果截面积S_1和S_2已知，只要测出压强差$p_1 - p_2$来，就可测得流量的多少。

4. 皮托管原理

皮托管是一种常用的流速计，可用来测量液体或气体的流速。皮托管的形式很多，但原理都是一样。

图3-10所示为皮托管的原理图。其实验装置由连在一起的两个弯成直角的玻璃管组成。其中一个的开口A迎面对着流来的液体；另一个开口B在侧面，与流线相平行。A、B口均与待测液体相接触。将皮托管水平放入流动的液体中后，两竖直管内的液面即有高度差，它可反映流体流速的大小。设液体的密度为ρ，两管液面高度差为h，液体沿水平方向流动，视液

体为理想流体。

选取通过 A、B 点的 O—A、O'—B 两条流线附近的细流管应用伯努利方程。在远离 A 点的 O 处的压强和流速分别为 p_O、v_O，接近 A 点时流体质点受阻，到 A 点时流速为零，A 点称为**驻点**。又因皮托管本身很细，可认为 $h_A=h_O=h_B=h_{O'}$，故

$$p_O+\frac{1}{2}\rho v_O^2=p_A$$

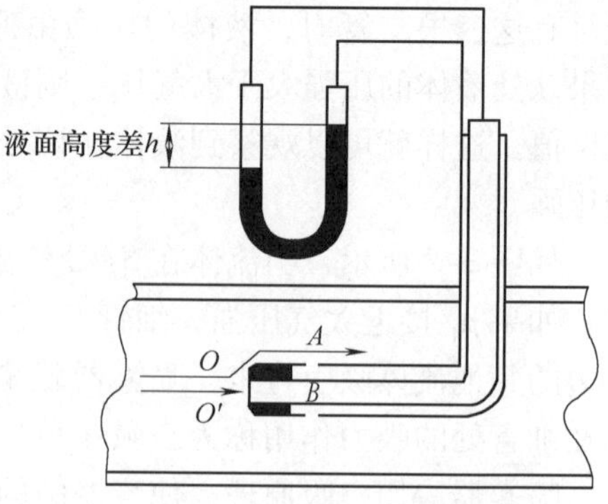

图 3-10 皮托管原理图

对 O'—B 附近相应的细流管，因为点 O' 和点 O 非常接近，所以可近似认为 $v_{O'}=v_O$，$p_{O'}=p_O$，从而得

$$p_{O'}+\frac{1}{2}\rho v_{O'}^2=p_O+\frac{1}{2}\rho v_O^2=p_B+\frac{1}{2}\rho v_B^2$$

比较以上两个公式，得到

$$p_A=p_B+\frac{1}{2}\rho v_B^2$$

根据静止流体内的压强分布规律，得

$$p_A-p_B=\rho gh$$

代入上式即可得待测液体的流速

$$v=v_B=\sqrt{\frac{2(p_A-p_B)}{\rho}}=\sqrt{2gh} \tag{3-10}$$

3.3 黏滞流体的运动

现在以具有黏滞性但不可压缩流体的流动为例，来讨论实际流体的流动情况。

3.3.1 流体的黏滞性

自然界中，一般的流体都有黏滞性。做如图 3-11 所示的实验。在玻璃管上部装有着色甘油，下部装有无色甘油。当着色甘油向下流动时，经过一段时间之后，则见着色甘油缓缓流下，在两部分甘油交界处呈锥形界面，在管的轴线处甘油流速最大，距管的轴线越远，流速越小，**在管壁上着色甘油附着不动，流速为零**。由此可知，当流体流动时，流体可分为许多流层，各流层的速度不等，说明各流层之间有和流层成平行的切向阻力存在，这种阻力称为内摩擦力。流体具有内摩擦力的性质，称为**黏滞性**或**黏性**。

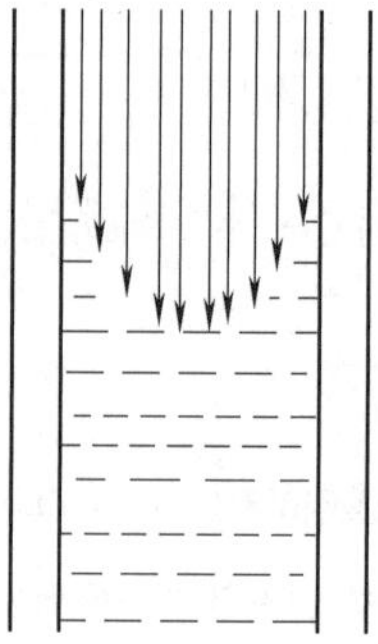

图 3-11 液体黏滞性的实验

3.3.2 动力黏度

从实验可知，当两流层实际流体作相对运动时，平行于两流层的切向阻力，即内摩擦力的大小除了和流体的性质有关外，还和两流层接触面的面积 S 成正比。

设层面与 y 轴垂直，两流层的高度分别为 y_1 和 y_2，相距为 $\Delta y=y_2-y_1$，如图 3-12 所示。

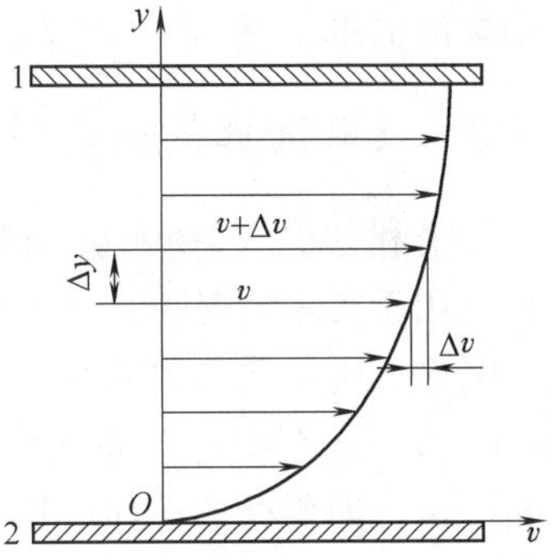

图 3-12 牛顿黏性定律的说明

两流层的速度差为 Δv，把$\frac{\Delta v}{\Delta y}$称为两流层之间的平均速度梯度。更精确表述，应取 $\Delta y \to 0$ 时的极限，所得速度梯度为

$$\frac{\mathrm{d}v}{\mathrm{d}y}=\lim_{\Delta y \to 0}\frac{\Delta v}{\Delta y}$$

速度梯度是表示流速对空间变化率的物理量。内摩擦力 f 与速度梯度成正比。综合起来有如下关系：

$$f \propto \frac{\mathrm{d}v}{\mathrm{d}y}S$$

改写成等式，则为

$$f=\eta\frac{\mathrm{d}v}{\mathrm{d}y}S \tag{3-11}$$

这个关系称为**牛顿黏性定律**。比例系数 η 由流体的性质决定，称为**动力黏度**，也常称为**黏性系数**，它是表示流体流动难易程度的物理量，η 越大越难流动。η 的单位是 Pa·s。1Pa·s 的意义是两流层相距 1m、速度为 1m/s，沿流层 $1\mathrm{m}^2$ 面积上作用的内摩擦力为 1N 的流体所具有的动力黏度。

动力黏度还和流体的温度有关，一般来说，气体的动力黏度随温度的增大而增大，液体的动力黏度随温度的增加而减少。表 3.2 是几种流体在不同的温度下的动力黏度。

表 3.2 几种流体在不同的温度下的动力黏度

流体	温度/℃	η/Pa·s
空气	0	1.708×10^{-5}
	18	1.827×10^{-5}
	40	1.904×10^{-5}
	54	1.958×10^{-5}
	74	2.102×10^{-5}
水银	0	1.70×10^{-3}
	20	1.57×10^{-3}
	100	1.22×10^{-3}
无水乙醇	18	1.33×10^{-2}
蓖麻油	17.5	1.2250
	50	0.1227

流体	温度/℃	η/Pa·s
水	0	1.702×10^{-3}
	20	1.000×10^{-3}
	40	6.56×10^{-4}
	60	4.69×10^{-4}
	80	3.56×10^{-4}
	100	2.84×10^{-4}
甘油	2.8	4.220
	8.1	2.518
	14.3	1.387
	20.3	0.830
	26.5	0.494
汽油	18	6.5×10^{-4}
煤油	18	2.80×10^{-3}

从表 3.2 可以看出，一般流体在一定温度下，它们的黏度为常量，即遵循牛顿黏性定律，这类流体称为**牛顿流体**。但还有另一类流体，如血液、一些悬浊液等，它们的黏度在一定温度下并不是常量，还与速度梯度有关，因此它们不遵循牛顿黏性定律，这类流体称为**非牛顿流体**。

工程技术上还使用**运动黏度** ν 这个概念。它是流体的动力黏度 η 和同温度下该流体的密度 ρ 的比值。即

$$\nu=\frac{\eta}{\rho} \tag{3-12}$$

运动黏度的单位是 $m^2 \cdot s^{-1}$。

3.3.3　实际流体的伯努利方程

伯努利方程（3-5）是依据理想流体情况导出的，把它应用于实际情况时，会出现许多与实际结果不符之处。例如，流体在均匀的水平管中流动，这时高度相同（$h_1 = h_2$），截面积也相等（$S_1 = S_2$），由伯努利方程可得 $p_1 = p_2$，即各处的压强应相等。但实际并非如此。如图 3-13 所示，在水平管中装有竖直的细管作为压强计，从细管中流体上升的高度来测定各处的压强。实验表明，实际流体在水平管中流动时压强并不相等，而是沿着流体流动的方向，压强随流程的增加而逐渐降低。

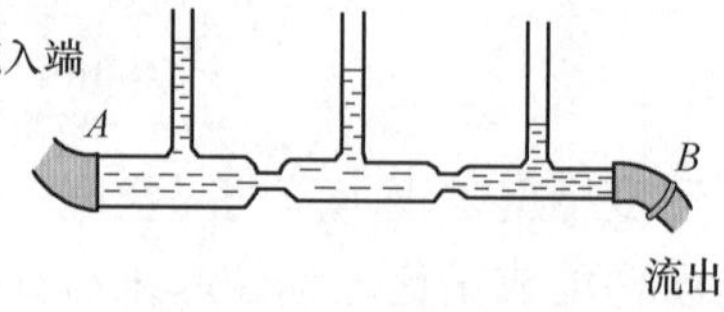

图 3-13　实际流体在水平管中流动

产生上述实验结果的原因在于，实际流体流动的过程中，流体内部层与层之间、流体与管壁之间有内摩擦力作用，流体必须克服阻力而做功，使流体的部分能量转换成热能。这样实际流体的伯努利方程应是式（3-5）加上一份因做功而损失的能量——**压头损失** Z_w。Z_w 表示单位重量的实际流体在流动过程中克服阻力所做的功。所以就有

$$\frac{p_1}{\gamma}+\frac{v_1^2}{2g}+h_1=\frac{p_2}{\gamma}+\frac{v_2^2}{2g}+h_2+Z_w \tag{3-13}$$

这就是**实际流体的伯努利方程**。

在实际应用中，必须考虑需要多大的压强差和高度差才能克服流动过程中的阻力，而使流体保持一定的流速和压强。

例 3-3　如图 3-14 所示，高位槽中的水经内径为 200mm 的管道流出，高位槽的水面 1—1′比排水管口 2—2′高出 7.5m，在维持水位不变的情况下，设因管道全部阻力造成的压头损失为 3.0m（水柱）。试求每小时由管口排出的水量是多少立方米。

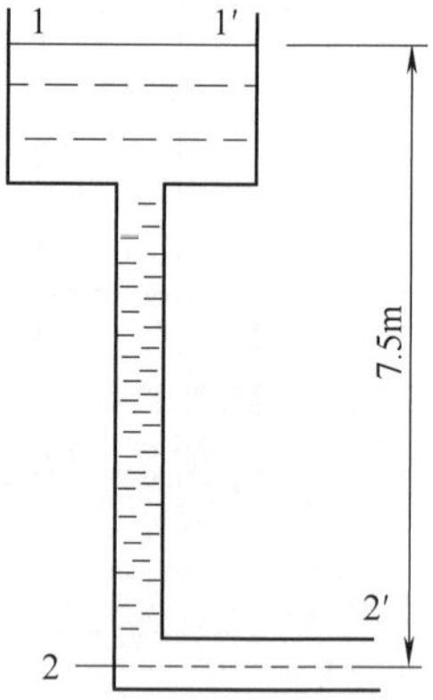

图 3-14　例 3-3 图

解　由式(3-13) 列出在 1—1′处和 2—2′处的伯努利方程：

$$\frac{p_1}{\gamma}+\frac{v_1^2}{2g}+h_1=\frac{p_2}{\gamma}+\frac{v_2^2}{2g}+h_2+Z_w$$

即

$$\frac{p_1-p_2}{\gamma}+\frac{v_1^2-v_2^2}{2g}+(h_1-h_2)-Z_w=0$$

现在以出口 2—2′处为基准面，则 $h_1-h_2=7.5\text{m}$。又因槽中水面的位置保持一定，所以应有 $v_1=0$，水在 1—1′处和出口处的压强皆为大气压强，故有 $\frac{p_1-p_2}{\gamma}=0$，且已知 $Z_w=3.0\text{m}$（水柱）。代入上式则得

$$v_2=3\sqrt{g}=9.39\text{m}\cdot\text{s}^{-1}$$

设每小时排出水量为 Q，则有

$$Q=3600\cdot v_2\cdot S=3600\text{s}\times 9.39\text{m}\cdot\text{s}^{-1}\times\frac{\pi}{4}(0.200)^2\text{m}^2=1.06\times 10^3\text{m}^3$$

例 3-4 如图 3-15 所示，有重度为 $\gamma = 1.0\times10^4\text{N}\cdot\text{m}^{-3}$ 的水，用泵从贮槽被打到 22m 的高处，泵进口管的内径为 100mm，流速为 $1.0\text{m}\cdot\text{s}^{-1}$，泵出口管的内径为 60mm，损失压头为 3.0m（水柱），试求泵出口处水的流速和所需要的外加功（以**外加压头**表示 $L_{外加功}$）。

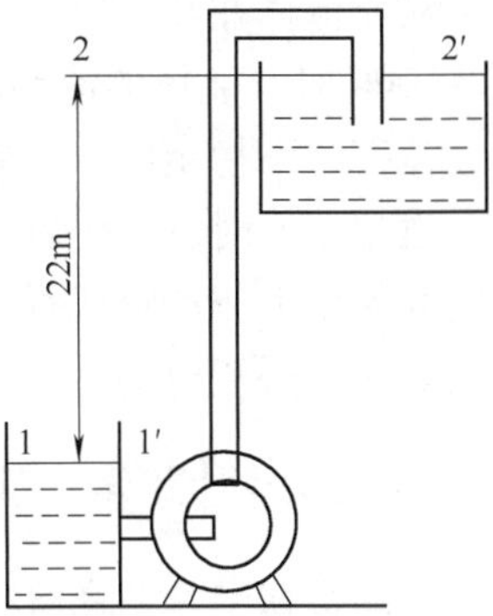

图 3-15　例 3-4 图

解　已知泵入口及出口处管的内径分别为 d_1 和 d_2，泵的出口处水的流速可由连续性方程求得

$$v_{出} = v_{入}\left(\frac{d_{入}}{d_{出}}\right) = \left[1\times\left(\frac{0.1}{0.06}\right)^2\right]\text{m}\cdot\text{s}^{-1} = 2.78\text{m}\cdot\text{s}^{-1}$$

如图 3-15 所示，取水面 1—1′为基准面，即 $h_1 = 0$，用泵把水打到水面 2—2′，故 $h_2 = 22\text{m}$。水面 1—1′的位置不变，$v_1 = 0$，此处压强 p_1 为 1atm，在水面 2—2′处 p_2 也是 1atm。$v_2 = v_{出} = 2.78\text{m}\cdot\text{s}^{-1}$。代入式（3-13）得

$$\frac{p_1}{\gamma} + \frac{0^2}{2g} + 0 + L_{外加功} = \frac{p_2}{\gamma} + \frac{(2.78\text{m}\cdot\text{s}^{-1})^2}{2g} + 22\text{m} + 3.0\text{m}$$

取 $g = 9.8\text{m}\cdot\text{s}^{-1}$，解得

$$L_{外加功} = 25.39\text{m（水柱）}$$

由本题可知，泵的外加压头必然大于液体的垂直扬程。

3.3.4　层流　湍流　雷诺数

流体的流动形态除受内摩擦力作用的影响外，还受到其他因素的影响。为此，我们做雷诺实验，其装置如图 3-16 所示。B 为贮水槽，在实验过程中贮水槽中的水位由溢流装置保持恒定。在水槽下面接一根水平的玻璃管。它的出口处装有阀门 V 来调节流量。玻璃管的进口处装有一根与墨水瓶相通的细管，以引入墨水流入玻璃管。打开阀门 V 使水流动。当水在玻璃管中流速不大时，可以看到墨水在管中成一条直线流动。当开大阀门 V 使水的流速增大到某一流速时，墨水与水混在一起，墨水在管中不再是直线流动。整个玻璃管内都充满水与墨水的混合物。

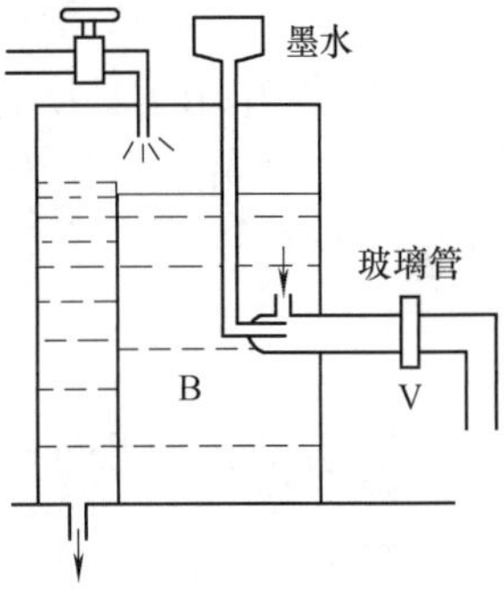

图 3-16　雷诺实验装置

上述实验说明，流体在做管道中流动可分为两种类型。当流体在管中流动时，若其质点始终沿着与管轴平行的方向作直线运动，质点轨迹之间互不混合，充满整个管的流体的流动就像许多层的同心圆筒一层一层地逐次向前推动，中间圆筒层流动快，远离中心层的流动慢，像这样的流动形态称为**层流**。以前讨论的流体运动都是层流情况。

当流体的流速再大时，流体质点除向前运动外，它的流速大小和运动方向都随时变化，甚至互相碰撞并互相混合，通常还伴有旋涡和声音存在，这种流动称为**湍流**。

为了表示流体的流动形态，引入**雷诺数**，用 Re 来表示。雷诺数和流体流速 v、动力黏度 η、密度 ρ 及管径 d 有关。即

$$Re = \frac{dv\rho}{\eta} = \frac{dv\gamma}{\eta g} \tag{3-14}$$

它是一个无量纲的数值。

对于流体在直圆管中流动，有如下规律：当 $Re<2000$ 时，流体的流动形态是层流；当 $Re>3000$ 时，流体的流动形态是湍流；当 Re 在 2000 和 3000 之间时，流体的流动形态为过渡流，流态是不稳定的，可能是层流，稍加扰动，就会变成湍流。

发生湍流时，由于各流层互相混合，使得流体在管内的大部分截面上速度几乎相同，因而它和管壁上流层形成很大的速度梯度，使内摩擦力增大。所以，在相等的压强差下作湍流的流量比作层流时的流量减少许多。

3.3.5　泊肃叶定律　斯托克斯定律

药品检验中，通常要测定液体的黏性系数，常用的方法有毛细管黏度计法和沉降法两种。下面通过对泊肃叶定律和斯托克斯定律的介绍，来说明这两个定律的原理。

1. 泊肃叶定律

设有长为 l、半径为 R 的一段水平细长管，液体在管中流动，若液体的动力黏度为 η，管两端的压强差为 $\Delta p=p_1-p_2$，则流体的体积流量 Q_V 为

$$Q_V=\frac{\pi R^4(p_1-p_2)}{8\eta l} \tag{3-15}$$

这就是**泊肃叶定律**的数学表达式。

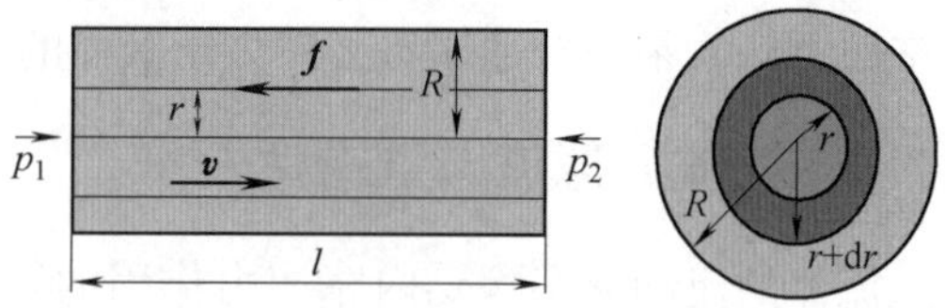

图 3-17　泊肃叶定律图示

液体在粗细均匀、半径为 R 的细管中为层流流动如图 3-17 所示。在横截面上各点速度不同。紧靠管壁的流层由于附着在管壁上速度为零，而在管中心流速最大。现设距管中心 r 处的流速为 v。作用于长度为 l 的圆柱体流体上的压强，左端为 p_1，右端为 p_2，则使流体流动的压力差 Δf 为

$$\Delta f=\Delta p\pi r^2$$

圆柱体除两个底面外的表面积为 $2\pi rl$，作用于此圆柱体外表面的内摩擦力 $f'=-\eta\cdot 2\pi rl\dfrac{\mathrm{d}v}{\mathrm{d}r}$。式中负号表示 v 值随 r 值的增加而减少。现流体作匀速运动，压力差与内摩擦力大小相等而方向相反，形成二力平衡，即 $\Delta f=f'$。经过整理后则有

$$\frac{\mathrm{d}v}{\mathrm{d}r}=\frac{\Delta pr}{2\eta l}$$

用此式所求得的 v 只考虑数值上的大小，故省略负号。
整理得

$$\mathrm{d}v=-\frac{\Delta p}{2\eta l}r\mathrm{d}r$$

已知 $r=R$ 时，$v=0$；$r=r$ 时，速度为 v。故积分求某处的速度 v 为

$$\int_0^v \mathrm{d}v=\frac{\Delta p}{2\eta l}\int_r^R r\mathrm{d}r$$

$$v=\frac{\Delta p}{4\eta l}(R^2-r^2) \tag{3-16}$$

式（3-16）表明，管中心 $r=0$ 处，流速最大，$v_{\max}=\dfrac{\Delta p}{4\eta l}R^2$；管壁 $r=R$ 处，速度为零。管中的液体流速与管两端的压强差成正比。

为了求出管中流体的流量，取一内径为 r、厚度为 $\mathrm{d}r$ 的管状液层。这一液层的截面积为 $2\pi r\mathrm{d}r$，流速为 v 时，它的流量

$$\mathrm{d}Q_V=v\cdot 2\pi r\mathrm{d}r$$

把式（3-16）代入上式有

$$\mathrm{d}Q_V=\frac{\pi\Delta p}{2\eta l}(R^2-r^2)r\mathrm{d}r$$

于是整个管子的总流量为

$$Q_V=\frac{\pi\Delta p}{2\eta l}\int_0^R(R^2-r^2)r\mathrm{d}r=\frac{\pi R^4\Delta p}{8\eta l}$$

上式即为式（3-15），它表明**总流量与流体的动力黏度成反比，与管的长度成反比，与管两端的压强差成正比，与管的半径的四次方成正比**。这就是泊肃叶定律。

从式（3-15）可知，如果能测得除 η 外的所有物理量，就可以求出液体的 η。依此原理可做成测动力黏度的装置，常见的有奥氏黏度计、乌氏黏度计等毛细管黏度计。在实验室和生产中常采用比较法，参照标准液体（标准油、蒸馏水等）测定待测液体的黏度。

如果令 $R^*=\dfrac{8\eta l}{\pi R^4}$（$R^*$ 称为流阻），则式（3-15）可改写为

$$Q_V=\frac{\Delta p}{R^*} \tag{3-17}$$

式（3-17）表明总流量与管两端的压强差 $\Delta p=p_1-p_2$ 成正比，而和管的流阻成反比。这一规律和电学中欧姆定律相似。同样，当 n 种不同流阻的管道串联时总流阻为各流阻之和，即

$$R^*=R_1^*+R_2^*+\cdots+R_n^*$$

当 n 种流阻不同的管道并联时，总流阻与各流阻的关系为

$$\frac{1}{R^*}=\frac{1}{R_1^*}+\frac{1}{R_2^*}+\cdots+\frac{1}{R_n^*}$$

由上述两式可知，管路串联时流阻增大，并联时流阻减小。

2. 斯托克斯定律

当物体在黏性流体中运动速度比较小时，由于物体的表面附着一层流体，此层与其相邻流层之间有摩擦力，故物体在运动过程中必须克服这一阻滞力。如果物体是半径为 r 的球，其速度为 v，流体的动力黏度为 η，则球所受的阻力为

$$f=6\pi\eta rv \tag{3-18}$$

此关系式称为**斯托克斯定律**。

根据斯托克斯定律的原理定出的沉降法可以测动力黏度。

把密度为 ρ、半径为 R 的小球放于密度为 σ 的流体中，小球受到方向向下的重力为 $\dfrac{4}{3}\pi R^3\rho g$，浮力为 $\dfrac{4}{3}\pi R^3\sigma g$，当物体匀速下降时，浮力和摩擦力之和必须等于重力，即小球所受合力为零，有

$$\frac{4}{3}\pi R^3\sigma g + 6\pi\eta Rv = \frac{4}{3}\pi R^3\rho g$$

整理后得

$$v = \frac{2}{9\eta}R^2(\rho - \sigma)g \tag{3-19}$$

式中，v 为物体的收尾速度或沉淀速度。显然沉淀速度与小球的大小、小球密度与液体密度的差值、液体的黏性系数等有关。如果式（3-19）中除了 η 外，其他物理量能够测出，就可以求出 η。

在含颗粒的流体中分离颗粒时，常使用离心分离器。由于惯性力可比颗粒所受重力大得多，因而可使沉淀速度增大很多。已知离心加速度为 $a = r\omega^2$，ω 为作圆周运动时的匀角速度，则用离心加速度代替重力加速度代入式（3-19）中，有

$$v = \frac{2}{9\eta}R^2(\rho - \sigma)r\omega^2$$

由上式可知转速越大，沉淀速度越快。药厂的旋风分离器分离颗粒即依照此原理。

在制造剂型为混悬液的药物时，为了提高混悬液的稳定性，即降低 v 值，常需增加介质的密度和减小颗粒半径，就是依照斯托克斯定律而来的。

拓展阅读

空气动力学家钱学森

“所谓优秀的学生就是要创新，没有创新，死记硬背，考试成绩再好，也不是优秀学生。”

——钱学森

他是科学的旗帜、民族的脊梁，他被美国人认为“不管在哪里都抵得上五个师”。他把中国从核威胁中解脱出来，他是全球华人的典范。他一生的经历和成就，在中国的国家史和人类的文明史上，都留下了耀眼的光芒。他就是钱学森。

钱学森，世界著名科学家，空气动力学家，中国航天事业的奠基人，被誉为“中国航天之父”“中国导弹之父”“中国自动化控制之父”和“火箭之王”。他是世界航空领域、空气动力学科的第三代擎旗人，是20世纪应用数学和应用力学以及空气动力学领域的领军人物，是工程控制论的创始人。作为科学巨匠，钱学森把中国导弹、原子弹的发射向前推进了至少20年，为新中国火箭、导弹和航天事业的发展做出了不可磨灭的巨大贡献。

钱学森的伟大，不仅在于他是一个领域的专家，更在于他是不可多得的战略科学家，他的科技、路线、思维、理念，都让我们受益无穷。在新中国百业待兴之际，他历尽艰难，万里归国，开创了祖国的航天事业，攻坚克难研制两弹一星。在被问到“中国人能否研制出导弹时”，他自信干脆地回答：“外国人能搞的，难道中国人不能搞？中国人比他们矮一截？”在他心中，国家为重，个人为轻。科学最重，名利最轻。

钱学森弹道和风洞

习　题

计算题

3.1　两条相距较近、平行共进的船会相互靠拢而导致船体相撞。试解释其原因。

3.2　水从水龙头流出后，下落的过程中水流逐渐变细，这是为什么？

3.3　某人在购买白酒时将酒瓶倒置，观察瓶中小气泡上升的速度，以此来判断白酒品质的优劣。试问：这种做法有无科学道理？原因何在？

3.4　用水泵将流速为 $0.5\mathrm{m\cdot s^{-1}}$ 的水，从内径为300mm的管道打到内径为60mm的管道中去，求其流速为多少。

3.5　在水管的某处，水的流速为 $2.0\mathrm{m\cdot s^{-1}}$，压强比大气压强大 $10^4\mathrm{Pa}$。在水管的另一处，高度上升了1.0m，水管截面积是前一处截面的两倍。求此处水的压强比大气压强大多少。

3.6　水平管道中流有重度为 $8.8\times10^3\mathrm{N\cdot m^{-3}}$ 的液体。在内径为106mm的1处，流速为 $1.0\mathrm{m\cdot s^{-1}}$，压强为1.2atm。求在内径为68mm的2处液体流速和压强。

3.7　密度 $\rho=1.5\times10^3\mathrm{kg\cdot m^{-3}}$ 的冷冻盐水在水平管道中流动，先流经内径为 $D_1=100\mathrm{mm}$ 的1点，再流经内径为 $D_2=50\mathrm{mm}$ 的2点。1、2点各插入一根竖直的测压管。测得1、2点处的测压管中盐水柱高度差为0.59m。求盐水在管道中的质量流量。

3.8　一大水槽中的水面高度为 H，在水面下深 h 处的槽壁上开一小孔，让水射出，问：（1）水流在地面上的射程 s 为多少？（2）H 为多大时射程最远？（3）最远的射程 $s_{\max}$ 是多少？

3.9　设有流量为 $0.12\mathrm{m\cdot s^{-1}}$ 的水流过如图3-18所示的管子。A 点的压强为 $2\times10^5\mathrm{Pa}$，A 点的截面积为 $100\mathrm{cm^2}$，B 点的截面积为 $60\mathrm{cm^2}$。假设水的黏度可以忽略不计，求 A、B 点的流速和 B 点的压强。

3.10　用一根跨过水坝、粗细均匀的虹吸管从水库里取水，如图3-19所示。已知虹吸管的最高点 C 比水库水面高2.5m，管口出水处 D 比水库水面低4.5m，设水在虹吸管内作定常流动。（1）若虹吸管的内半径为 $1.5\times10^{-2}\mathrm{m}$，求从虹吸管流出水的体积流量；（2）求虹吸管内 B、C 点处的压强。（已知 $\sqrt{90}=9.49$）

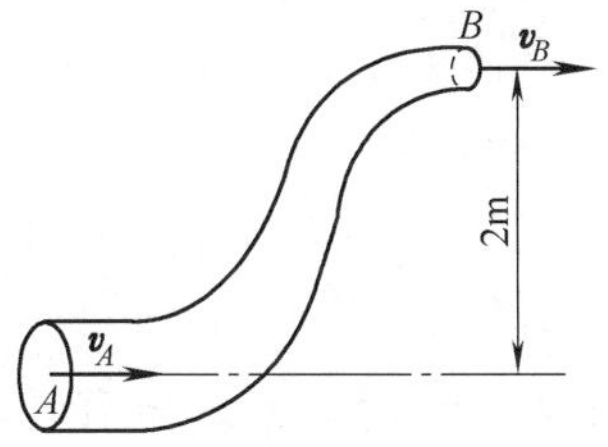

图3-18　题3.9图

题3.9视频讲解

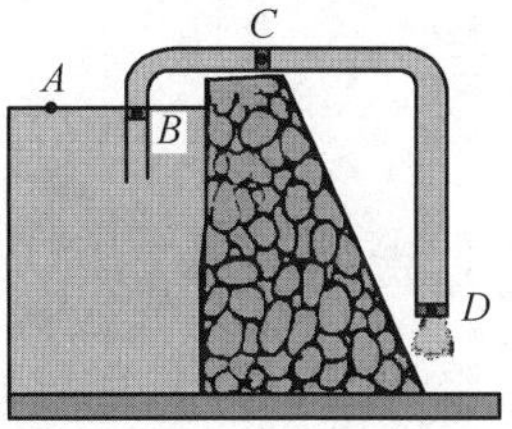

图3-19　题3.10图

题3.10视频讲解

本章习题简答

第 4 章 刚体力学

前面我们在对自然界宏观物体的运动学和动力学规律进行描述时，为了方便，忽略了物体的形状和大小，把物体抽象地看作质点。实际情况是，物体都有一定的形状和大小，并且在外力的作用下，物体的形状和大小要发生变化，在很多情况下，物体的形状和大小是不能忽略的，如物体转动、物体受力发生形变时。具有形状和大小的实际物体的运动可以是平移、转动、形变等。本章要研究具有一定形状和大小的物体的运动学和动力学规律，这一研究角度也有现实的意义。在物理学的研究中，我们常把复杂的问题简单化，这里我们不研究物体本身形状和大小的变化。如果在外力作用下，物体的形变很小，可以忽略不计，它就是刚体。刚体概念的具体定义：在任何情况下形状和大小都保持不变的物体称为刚体。

刚体是一个理想化模型，从质点的角度看它是一个质点的集合体，各质点间的相对位置保持不变，任意两点间的距离在运动过程中始终保持不变。从物理本质上讲，刚体的动力学本质仍然是前面讲的牛顿质点动力学规律，前面有关质点系动力学的规律都适用。因为对刚体来说，组成刚体的各质点间的距离保持不变，是一种刚性质点系，所以其规律的表示还可比一般的质点系有所简化。我们与质点动力学的规律相比较讲述刚体的动力学特点。

4.1 刚体运动学

4.1.1 刚体运动的基本形式

对一个质点来讲，主要运动形式是位移。一个刚体的运动，最基本的运动形式只有转动和平动两种。刚体的任何复杂运动都可以分解成转动与平动的叠加。这里之所以把转动放在前面是因为平动是质点运动的一般形式，转动才是刚体最有特点的运动。

1. 转动

转动必须绕某个点（线）进行，根据这一特点分为定轴转动和定点转动。定轴转动是指各质点均作圆周运动，且其圆心都在一条固定不动的直线上，如门窗、砂轮等（见图 4-1）。如果转轴位置、方向在变化，则称为非定轴转动。定点转动是指整个刚体绕某点转动，如玩具陀螺的转动（见图 4-2）。

2. 平动

除转动外，刚体的另一种运动为平动。平动就是连接刚体内任意两点的直线在各个时刻的位置都彼此平行，如活塞的往返等。刚体作平动时，刚体上任意一点的运动都相同，这一点与质点运动规律一致，可用质心或刚体上任何一点的运动来代表整体的运动，如图 4-3 所示。

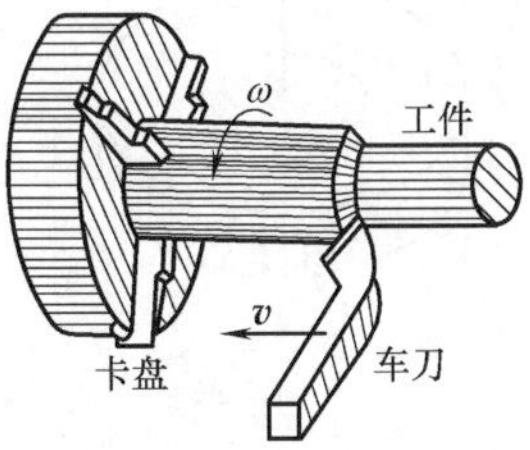

图4-1　刚体的定轴转动

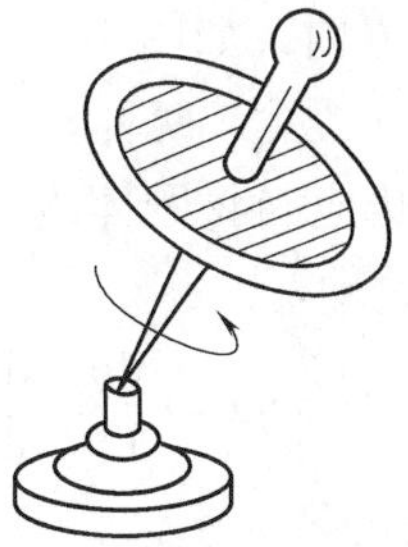

图4-2　刚体的定点转动

一般刚体的运动可以看成是平动与转动的叠加。例如，自行车轮在水平面作无滑动的滚动时，除车轮中心沿直线向前移动外，轮上其他各点既向前移动又绕通过轮心且垂直轮面的轴转动（见图4-4）。我们首先看看刚体绕定轴转动。

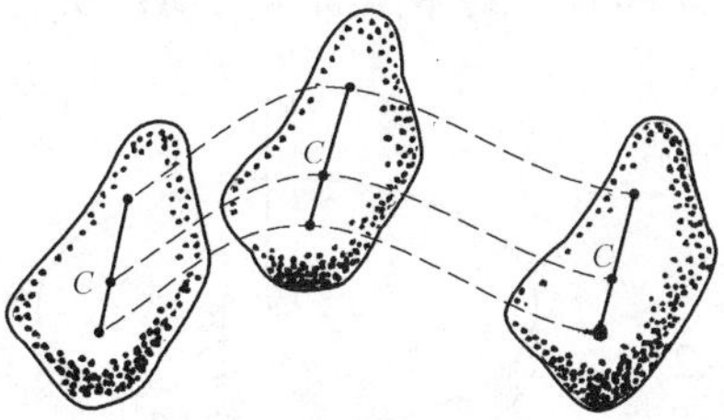

图4-3　刚体的平动

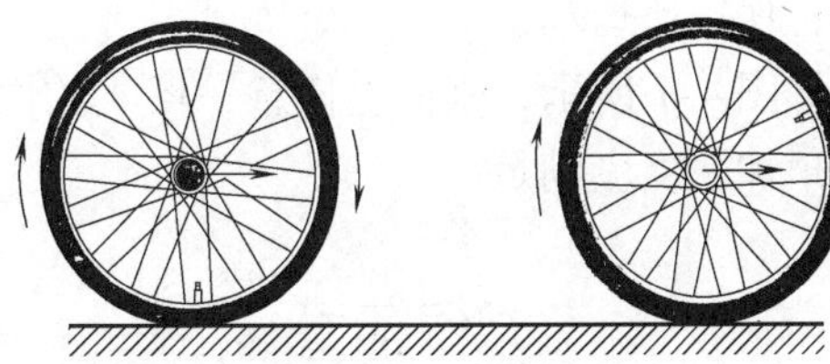

图4-4　车轮的运动

4.1.2　刚体定轴转动的描述

1. 角坐标

描述质点运动时，我们根据方便可以取直角坐标系、极坐标系等。描述刚体绕定轴转动时，由于刚体中各点运动速度的大小和方向各不相同，运用质点运动学的方法描述刚体的转动将变得十分困难。方便的做法通常取任一垂直于转轴的平面作为转动平面，如图4-5所示，取任一质点A，A在这一转动平面内绕O点作圆周运动，用矢径$\boldsymbol{r}$与Ox轴间的夹角θ就能完全确定刚体中任意点在空间的位置，θ称为**角坐标**。为了统一，规定逆时针方向转动的θ为正，顺时针方向转动的θ为负。当然，如果反过来规定也可以，只要大家达成共识。与质点的位移概念类似，$\Delta\theta$描述刚体转过的角度，称为**角位移**。这样，刚体定轴转动可用函数$\theta=\theta(t)$来描述，这就是刚体绕定轴转动的运动学方程。

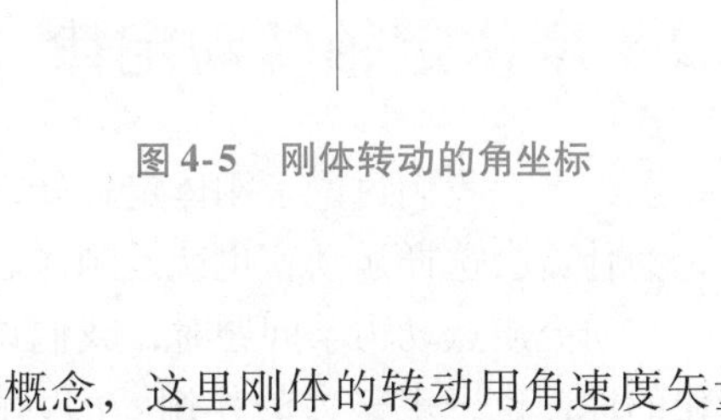

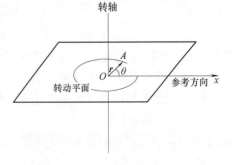

图4-5　刚体转动的角坐标

2. 角速度矢量

对质点运动的变化进行描述时，我们采用线速度的概念，这里刚体的转动用角速度矢量$\boldsymbol{\omega}$描述。因为角速度是矢量，刚体的转动也是有方向的，不过转动只有顺时针和逆时针两种，对应角速度矢量$\boldsymbol{\omega}$的方向我们用右手螺旋法则确定：右手拇指伸直，其余四指弯曲，使弯曲的方向与刚体转动的方向一致，这时拇指所指的方向就是角速度 $\boldsymbol{\omega}$ 的方向，如图 4-6 所示。于是，刚体定轴转动只有“正”“反”两种转动方向。$\boldsymbol{\omega}$ 的大小是 $\mathrm{d}\theta/\mathrm{d}t$。同时我们也应当将刚体内任意点的速度 v 与角速度 ω 联系起来，即

$$v = r\omega = r\frac{\mathrm{d}\theta}{\mathrm{d}t} = \frac{\mathrm{d}s}{\mathrm{d}t}$$

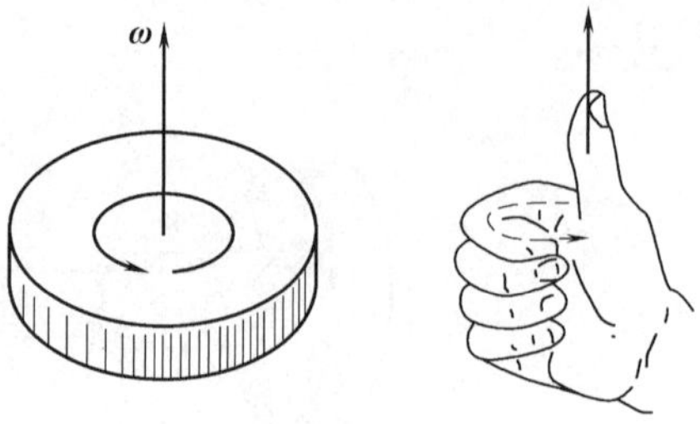

图 4-6　右手螺旋法则

3. 角加速度矢量

对质点运动速度的变化进行描述时，我们采用线加速度的概念。这里对刚体角速度变化的描述，我们引入角加速度，即

$$\beta = \lim_{\Delta t \to 0}\frac{\Delta\omega}{\Delta t} = \frac{\mathrm{d}\omega}{\mathrm{d}t} = \frac{\mathrm{d}^2\theta}{\mathrm{d}t^2} \tag{4-1}$$

式中，β 称为刚体定轴转动的角加速度。β 与 ω 的符号相同时，刚体作加速运动；反之，转速减小，作减速运动。

如图 4-7 所示，刚体上任意一点 A 的切向加速度与刚体的角加速度应满足

$$a_{\mathrm{t}} = \frac{\mathrm{d}v}{\mathrm{d}t} = r\frac{\mathrm{d}\omega}{\mathrm{d}t} = r\beta \tag{4-2}$$

A 点的法向加速度

$$a_{\mathrm{n}} = \frac{v^2}{r} = \omega^2 r \tag{4-3}$$

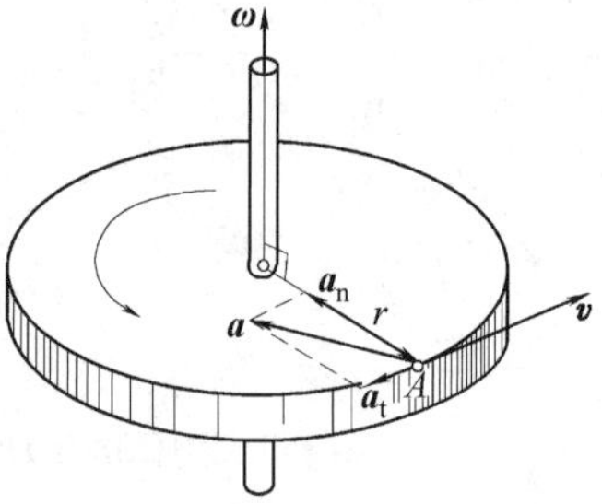

图 4-7　刚体上任意一点 A 的加速度

在刚体作匀变速转动时，我们类比匀加速直线运动可推出相应公式：

$$\begin{cases} \theta = \theta_0 + \omega_0 t + \dfrac{1}{2}\beta t^2 \\ \omega = \omega_0 + \beta t \\ \omega^2 = \omega_0^2 + 2\beta(\theta - \theta_0) \end{cases} \tag{4-4}$$

式中，ω_0 和 θ_0 分别是 $t=0$ 时刻刚体的角速度和角坐标。这组公式同质点的匀加速直线运动公式一一对应。我们将两者做一对比，可以看出规律相同，只是在描述刚体定轴转动的运动状态时，用角量描述比用线量描述更方便。

4.2　刚体定轴转动定律　转动惯量

上一节，我们讨论了刚体定轴转动的运动学问题，也就是怎么运动的问题。现在我们来讨论为什么会这样运动，也就是刚体定轴转动的动力学问题。

在研究质点动力学问题时，我们说引起质点运动情况变化的原因是力。而刚体转动情况变化的原因也一定是力的作用。因为刚体的定轴转动不仅与力有关，还与力的作用点有关，所以我们需要引入力矩的概念。

4.2.1 力矩

当我们用力推门时，门的转动就是一个刚体的运动。门转动的难易程度，不仅与外力的大小有关，而且与力的作用点的位置及作用力的方向有关。用同样大小的力推门，当作用点靠近门轴时，不容易把门推开；当作用点远离门轴时，就容易把门推开。可见，力的大小和作用点的位置都是影响物体转动的因素。

如图 4-8 所示，我们把作用在刚体上的外力 $\boldsymbol{F}$ 与力线到转轴的距离 d（力臂）的乘积定义为这个外力对这个转轴的**力矩**。

我们把转轴到力 $\boldsymbol{F}$ 的作用点 P 的矢径记作 $\boldsymbol{r}$，$\boldsymbol{r}$ 与 $\boldsymbol{F}$ 之间的夹角用 θ 表示，则力臂

$$d = r\sin\theta$$

力矩

$$M = Fd = Fr\sin\theta$$

力矩也可以用矢径 $\boldsymbol{r}$ 和 $\boldsymbol{F}$ 的叉乘表示为

$$\boldsymbol{M} = \boldsymbol{r} \times \boldsymbol{F} \tag{4-5}$$

力矩也是有方向的矢量，我们同样用右手螺旋法则定义：把右手拇指伸直，其余四指弯曲，弯曲的方向是由径矢 $\boldsymbol{r}$ 通过小于 180°的角转向力 $\boldsymbol{F}$ 的方向，这时拇指所指的方向就是力矩 $\boldsymbol{M}$ 的方向。定轴转动时，我们规定：力矩 $\boldsymbol{M}$ 逆时针方向为正，力矩 $\boldsymbol{M}$ 顺时针方向为负。可以看出力矩的单位为 N · m。

但是，如果作用在刚体上的外力不在垂直于转轴的平面内，如图 4-9 所示，可将力 $\boldsymbol{F}$ 分解为两个分力，一个分力 $\boldsymbol{F}_{\perp}$ 在转动平面内，另一个分力 $\boldsymbol{F}_{/\!/}$ 垂直于转动平面。而只有分力 $\boldsymbol{F}_{\perp}$ 能使刚体转动。则力矩写成

$$\boldsymbol{M} = \boldsymbol{r} \times \boldsymbol{F}_{\perp}$$

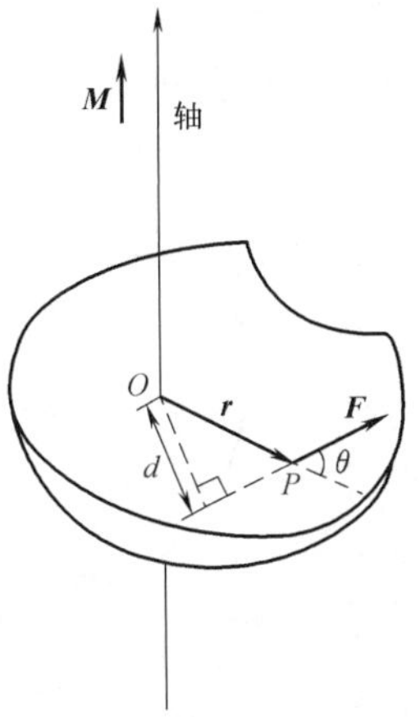

图 4-8 刚体力矩

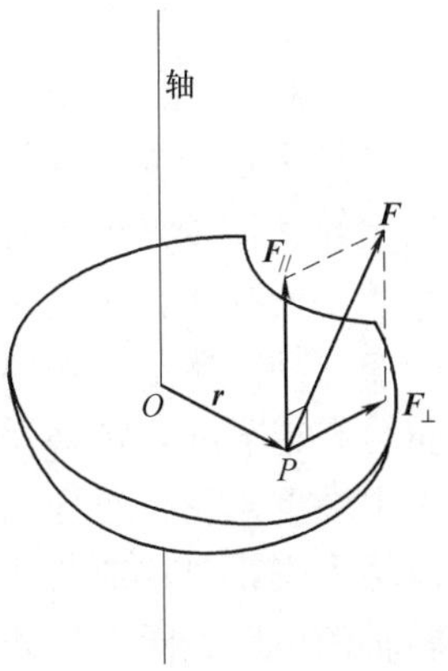

图 4-9 外力不在垂直于转轴的平面内时的力矩

如果 $\boldsymbol{F}$ 平行于转轴或经过转轴，这时力矩 $M=0$，不会使刚体转动。如果几个外力同时作用在一个绕定轴转动的刚体上，且这几个外力都在与转轴相垂直的平面内，则它们的合外力矩等于这几个外力矩的代数和。对于非定轴转动，合力矩等于各分力矩的矢量和。而刚体内各质点之间的相互作用力对转轴的合内力矩等于零。

4.2.2　转动定律

质点在外力的作用下会获得加速度，刚体在外力矩的作用下，绕定轴转动的刚体的角速度也会发生变化，产生角加速度。研究表明：**刚体的角加速度 $\boldsymbol{\beta}$ 与合外力矩 $\boldsymbol{M}$ 成正比，与转动惯量成反比**，这称为**转动定律**。即

$$M = J\beta = J\frac{\mathrm{d}\omega}{\mathrm{d}t} \tag{4-6}$$

式中，J 为刚体的转动惯量。

转动定律是解决刚体作定轴转动时的动力学问题的重要定律。

刚体定轴转动定律表明，刚体定轴转动时运动状态的改变决定于施加于刚体上的合外力矩 M。如同质点所受合外力产生加速度一样，M 是产生 β 的原因。在合外力矩给定的情况下，转动惯量大的刚体所获得的角加速度小，即角速度改变得慢，也就是保持原有转动状态的惯性大；反之，转动惯量小的刚体所获得的角加速度大，即角速度改变得快，也就是保持原有转动状态的惯性小。转动惯量是描述刚体转动惯性大小的一个物理量，它反映了刚体转动状态改变的难易程度，这与质点运动中惯性质量的概念类似。如果力矩与力相对应，转动惯量与质量相对应，角加速度与加速度相对应，显然，转动定律与牛顿第二定律的形式相类似，其作用与牛顿第二定律在质点力学中的作用也是相同的。

4.2.3　转动惯量

前文指出，**转动惯量** J 代表转动的惯性的大小，其定义式为

$$J = \sum_i \Delta m_i r_i^2 \tag{4-7}$$

从式（4-7）可以看出，刚体对某一转轴的转动惯量等于每个质元的质量与这一质元到转轴的距离平方的乘积之总和（见图 4-10）。

刚体的转动惯量决定于刚体各部分质量距转轴远近的分布情况，因此，决定转动惯量大小的有关因素为：一是刚体的质量，同样形状和大小的物体，质量越大，转动惯量就越大。二是刚体的质量分布，相同质量的物体，质量分布不同，转动惯量也不同，质量分布越靠外，转动惯量就越大。例如，一些机械上常在回转轴上装上飞轮，而且飞轮的质量绝大部分都集中在轮的边沿，以增大飞轮对转轴的转动惯量，使机械工作时运行平稳。三是转轴的位置，同一物体，绕不同的转轴转动，转动惯量不同，绕通过质心的转轴转动时，转动惯量最小。

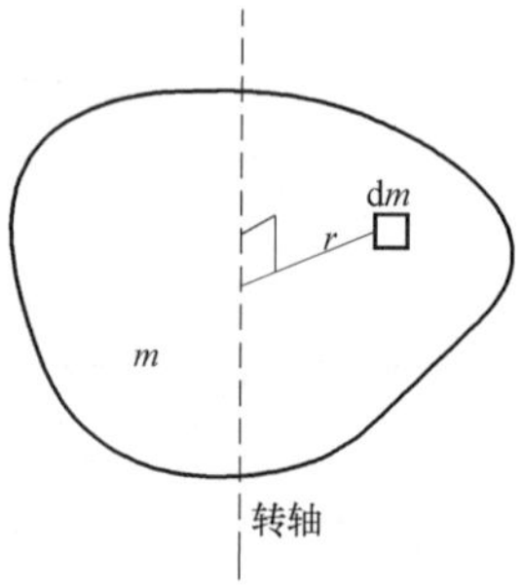

图 4-10　转动惯量

实际上，刚体的质量是连续分布的，则可把式（4-7）中的求和式改成积分形式，即

$$J = \int_m r^2 \mathrm{d}m \tag{4-8}$$

式中，$\mathrm{d}m$ 是刚体中某一质元的质量。为了使问题简化，往往将刚体理想化，如一个长度比较长而截面半径很小的直棒，可以忽略其截面，将其视为一条直线，引入质量线密度 λ，则

$dm = \lambda dl$；对于厚度可以忽略的薄面，认为质量分布在没有厚度的面上，引入质量面密度 σ，则 $dm = \sigma dS$；质量若为体分布，则 $dm = \rho dV$。在 SI 中，转动惯量 J 的单位 $kg \cdot m^2$。

下面举几个简单而又非常重要的例子，来说明转动惯量的计算方法。

例 4-1 如图 4-11 所示为质量为 m、长为 l 的均匀细棒 AB。就下面两种情况分别计算棒的转动惯量。

（1）对于通过棒的中心与棒垂直的轴。

（2）对于通过棒的一端与棒垂直的轴。

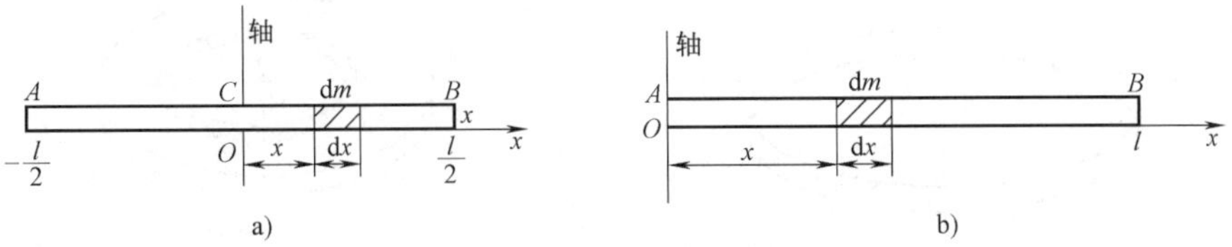

图 4-11　例 4-1 图

解　（1）取坐标如图 4-11a 所示，在棒上距原点为 x 处取一质元，质元的质量

$$dm = \lambda dx = \frac{m}{l}dx$$

棒的转动惯量为

$$J_C = \int_{-l/2}^{l/2} x^2 dm = \int_{-l/2}^{l/2} x^2 \frac{m}{l}dx = \frac{1}{12}ml^2$$

（2）如图 4-11b 所示，棒的转动惯量为

$$J_A = \int_0^l x^2 \frac{m}{l}dx = \frac{1}{3}ml^2$$

从上面的计算可以看出，转动惯量与转轴的位置有关，同一个物体对于不同的转轴转动惯量是不同的。

例 4-2 半径为 R、质量为 m 的圆环，绕垂直于圆环平面的质心轴转动，求其转动惯量。

解　如图4-12 所示，在环上任取一质元，其质量 dm，该质元到转轴的距离为 R，该质元对转轴的转动惯量为

$$dJ = R^2 dm$$

由于各质量元到轴的距离都相等，圆环对质心轴的转动惯量为

视频讲解

$$J = \int dJ = \int_0^m R^2 dm = R^2 \int_0^m dm = mR^2$$

例 4-3 求质量为 m、半径为 R 的均匀薄圆盘绕其通过圆心且垂直于圆盘的轴的转动惯量。

解　圆盘可看成是由许多半径不同的同心圆环组成的。因此，取一半径为 r、宽度为 dr 的小圆环，如图 4-13 所示，其质量 $dm = \sigma dS$，其中 $\sigma = m/\pi R^2$ 是圆盘质量面密度，小圆环的面积 $dS = 2\pi r dr$，小圆环对转轴的转动惯量为

$$dJ = r^2 dm = \sigma \cdot 2\pi r^3 dr$$

整个圆盘对转轴的转动惯量为

$$J = \int dJ = 2\pi\sigma \int_0^R r^3 dr = \frac{\pi}{2}\sigma R^4 = \frac{\pi}{2}\frac{m}{\pi R^2}R^4 = \frac{1}{2}mR^2$$

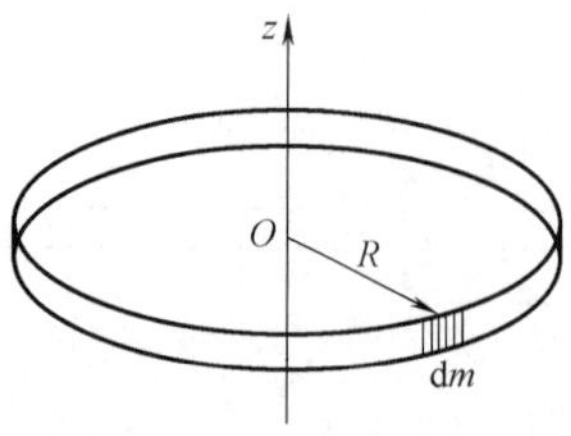

图 4-12　例 4-2 图

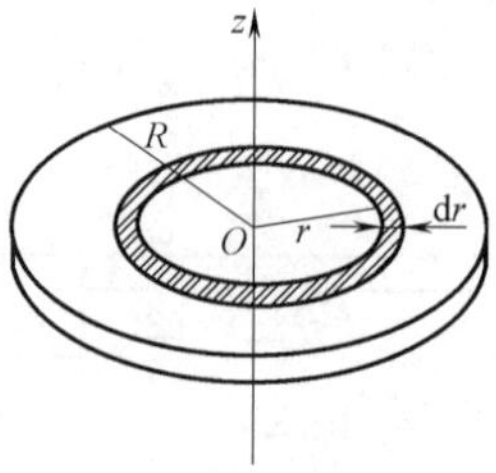

图 4-13　例 4-3 图

从上面的例子可以看出，转动惯量与物体的质量分布情况有关。

以上例子中转轴大都是通过刚体质心的对称轴，若转轴不是通过质心，而是一个任意转轴，转动惯量将如何计算？下面介绍平行轴定理，它对于转动惯量的计算往往很有帮助。

平行轴定理可表述为，**刚体绕平行于质心轴的转动惯量 J_D，等于绕通过质心转轴的转动惯量 J_C 加上刚体质量与两轴间的距离平方的乘积**，即

$$J_D = J_C + md^2 \tag{4-9}$$

显然，刚体绕通过质心转轴的转动惯量最小。

对于例 4-1 中，质量为 m、长为 l 的均匀细棒 AB，对于通过棒的端点与棒垂直的转轴转动惯量。也可用平行轴定理求出，即

$$J_A = J_C + m\left(\frac{l}{2}\right)^2 = \frac{1}{12}ml^2 + \frac{m}{4}l^2 = \frac{1}{3}ml^2$$

表 4.1 给出了一些特殊形状刚体（如均质杆、圆柱、圆盘、圆环、球等）的转动惯量。

表 4.1　一些特殊形状刚体的转动惯量

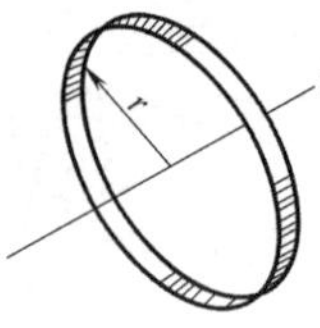 转轴	圆环 转轴通过中心 与环面垂直 $J = mr^2$	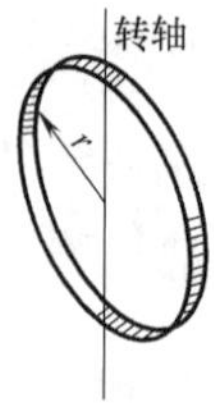 转轴	圆环 转轴沿直径 $J = \frac{mr^2}{2}$
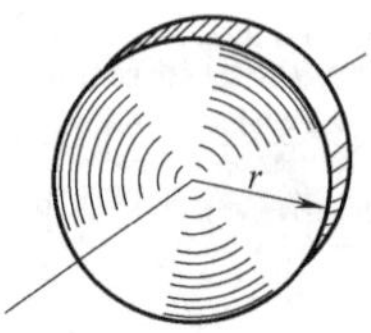 转轴	薄圆盘 转轴通过中心 与盘面垂直 $J = \frac{mr^2}{2}$	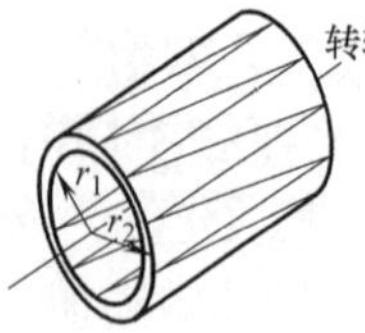 转轴	圆筒 转轴沿几何轴 $J = \frac{m}{2}(r_1^2 + r_2^2)$

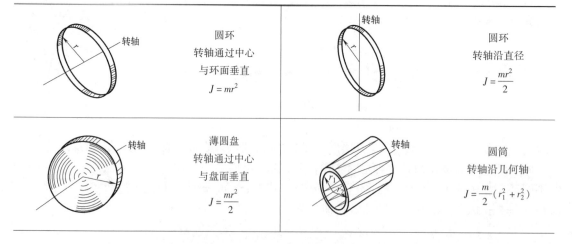

（续）

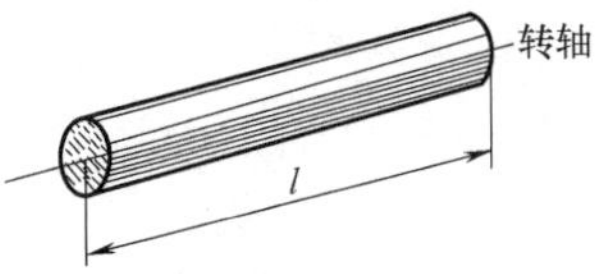	圆柱体 转轴沿几何轴线 $J=\dfrac{mr^2}{2}$	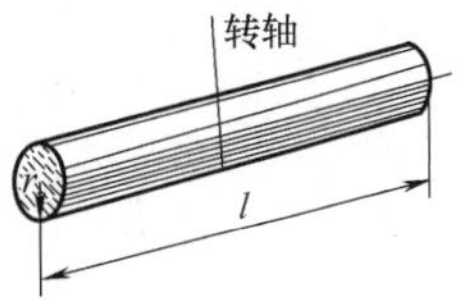	圆柱体 转轴通过中心与几何轴垂直 $J=\dfrac{mr^2}{4}+\dfrac{ml^2}{12}$
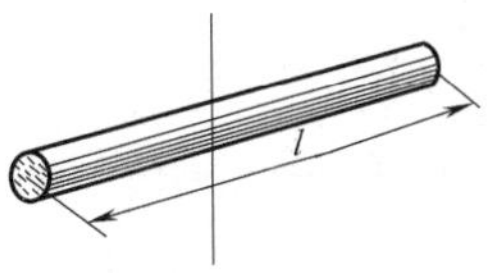	细棒 转轴通过中心与棒垂直 $J=\dfrac{ml^2}{12}$	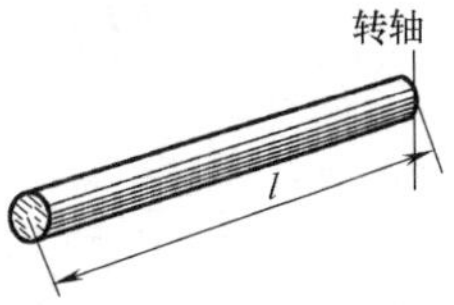	细棒 转轴通过端点与棒垂直 $J=\dfrac{ml^2}{3}$
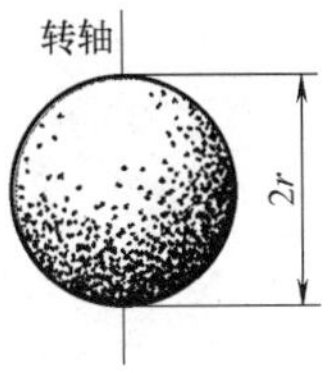	球体 转轴沿直径 $J=\dfrac{2mr^2}{5}$	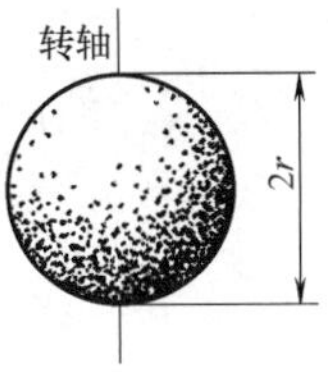	球壳 转轴沿直径 $J=\dfrac{2mr^2}{3}$

4.2.4 转动定律应用举例

应用转动定律求解定轴转动问题的一般步骤为：

1）区分系统中，哪些物体作平动，哪些物体作转动。

2）对作平动的物体进行受力分析，应用牛顿第二定律列方程；对作转动的物体进行受力矩分析，应用转动定律列方程。

3）建立平动与转动之间的联系。

例4-4 如图4-14所示，轻绳经过水平光滑桌面上的定滑轮C连接两物体A和B，A、B的质量分别为m_A、m_B，滑轮视为圆盘，其质量为m_C、半径为R，AC水平并与轴垂直，绳与滑轮无相对滑动，不计轴处摩擦，求B的加速度及AC、BC间绳的张力大小。

解 物体A、B作平动，定滑轮作转动。受力与受力矩如图4-15所示。

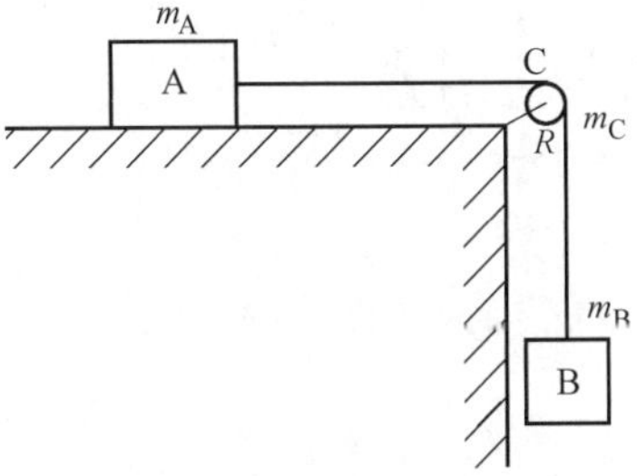

图4-14 例4-4图

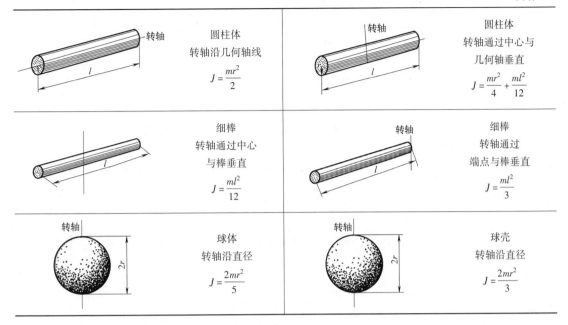

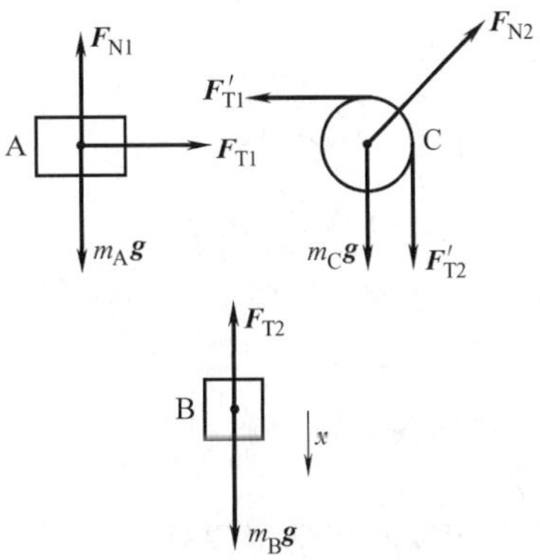

图4-15 例4-4受力分析图

取物体运动方向为正，由牛顿定律及转动定律有

$$F_{T1}=m_A a$$

$$m_B g-F_{T2}=m_B a$$

$$F'_{T2}R-F'_{T1}R=\frac{1}{2}m_C R^2\beta$$

以及

$$F'_{T1}=F_{T1},\ F'_{T2}=F_{T2},\ a=R\beta$$

联立以上方程求解得

$$a=\frac{m_B g}{m_A+m_B+\frac{1}{2}m_C}$$

$$F_{T1}=\frac{m_A m_B g}{m_A+m_B+\frac{1}{2}m_C}$$

$$F_{T2}=\frac{\left(m_A+\frac{1}{2}m_C\right)m_B g}{m_A+m_B+\frac{1}{2}m_C}$$

讨论：不计 m_C 时，有

$$a=\frac{m_B g}{m_A+m_B}$$

$$F_{T1}=F_{T2}=\frac{m_A m_B g}{m_A+m_B}$$

此即为质点的情况。

例 4-5　如图 4-16 所示，一质量为 m 的物体悬于一条轻绳的一端，绳绕在一轮轴的轴上，轴水平且垂直于轮轴面，其半径为 r，整个装置架在光滑的固定轴承上。当物体从静止释放后，在时间 t 内下降了一段距离 s，试求整个滑轮的转动惯量（用 m、r、t 和 s 表示）。

解　对物体进行受力分析，如图 4-17 所示。

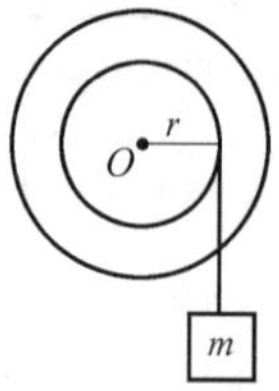

图 4-16　例 4-5 图

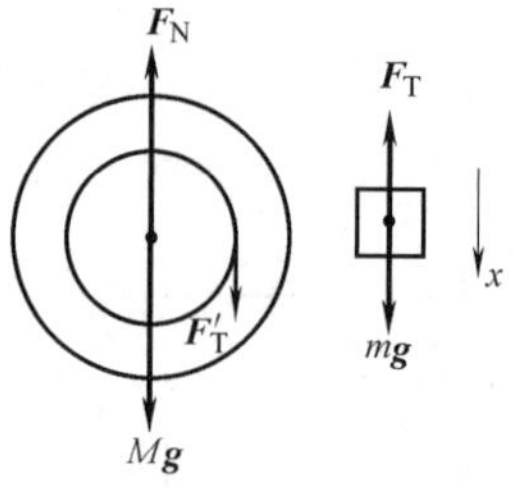

图 4-17　例 4-5 受力分析图

由牛顿第二定律及转动定律有

$$mg-F_T=ma$$

$$F'_T r=J\beta$$

及
$$F'_{\mathrm{T}}=F_{\mathrm{T}},\ a=r\beta,\ s=\frac{1}{2}at^2$$

解得
$$J=mr^2\left(\frac{gt^2}{2s}-1\right)$$

4.3 力矩对时间和空间的累积效应

4.3.1 力矩对时间的累积效应 角动量守恒定律

在质点动力学中，我们曾从力对时间的累积效应出发，导出了动量定理，从而得到了动量守恒定律。对于刚体，上节已经讨论了在外力矩作用下刚体绕定轴转动的转动定律，本节我们将从力矩对时间的累积作用，得出对应的对刚体的描述——角动量定理和角动量守恒定律。

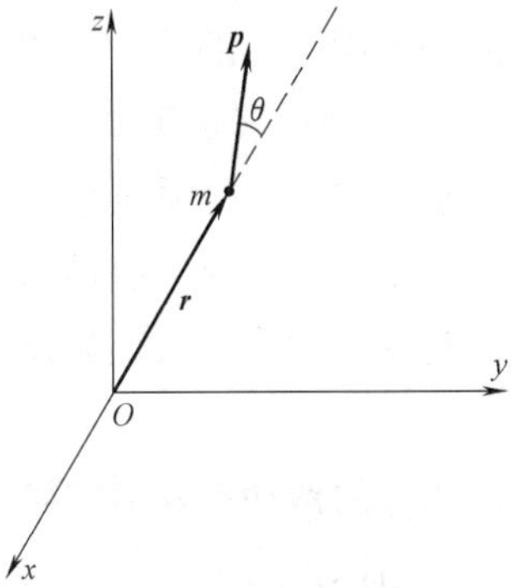

图 4-18 质点的角动量

设一质点在平面 S 内，如图 4-18 所示。在某时刻，质点的动量为 $\boldsymbol{p}$（或 $m\boldsymbol{v}$），对某固定点 O 质点的位矢为 $\boldsymbol{r}$，则质点对该点的角动量（或称质点对 O 点的动量矩）为质点相对于参考点的位置矢量与其动量的矢量积（叉乘），即

$$\boldsymbol{L}=\boldsymbol{r}\times m\boldsymbol{v} \tag{4-10}$$

角动量 $\boldsymbol{L}$ 的大小为 $rmv\sin\alpha$，方向是 $\boldsymbol{r}\times\boldsymbol{v}$ 方向。

国际单位制中角动量的单位是 $\mathrm{kg\cdot m^2\cdot s^{-1}}$。角动量 $\boldsymbol{L}$ 方向的规定同样用“右手螺旋法则”。

1. 质点的角动量定理

质量为 m 的质点，在力 $\boldsymbol{F}$ 的作用下运动，某一时刻 t，质点相对于固定点 O 的位矢为 $\boldsymbol{r}$，速度为 $\boldsymbol{v}$，根据牛顿第二定律有

角动量定理与动量定理对比

$$\boldsymbol{F}=\frac{\mathrm{d}\boldsymbol{p}}{\mathrm{d}t}=\frac{\mathrm{d}(m\boldsymbol{v})}{\mathrm{d}t}$$

两边同时叉乘 $\boldsymbol{r}$ 有

$$\boldsymbol{r}\times\boldsymbol{F}=\boldsymbol{r}\times\frac{\mathrm{d}(m\boldsymbol{v})}{\mathrm{d}t}$$

经过数学推导可得

$$\boldsymbol{M}=\frac{\mathrm{d}\boldsymbol{L}}{\mathrm{d}t} \tag{4-11}$$

可以看出，**作用在质点上的力矩等于质点角动量对时间的变化率**。式（4-12）就是**质点角动量定理的微分形式**。式（4-11）还可写成

$$\boldsymbol{M}\mathrm{d}t=\mathrm{d}\boldsymbol{L} \tag{4-12}$$

设有一转动惯量为 J 的刚体，在合外力矩 M 的作用下，从 t_1 到 t_2 的一段时间内，其角速度由 ω_1 变为 ω_2，可得

$$\int_{t_1}^{t_2}\boldsymbol{M}\mathrm{d}t=\int_{t_1}^{t_2}\mathrm{d}\boldsymbol{L}=\boldsymbol{L}_2-\boldsymbol{L}_1=J\boldsymbol{\omega}_2-J\boldsymbol{\omega}_1 \tag{4-13a}$$

式中，$\int_{t_1}^{t_2} M\mathrm{d}t$ 是外力矩与作用时间的乘积，称为**冲量矩**。

如果物体在转动过程中，其内部质点的位置相对转轴发生了变化，则物体的转动惯量也随时间变化，则式（4-13a）应改为

$$\int_{t_1}^{t_2} \boldsymbol{M}\mathrm{d}t = \int_{t_1}^{t_2} \mathrm{d}\boldsymbol{L} = \boldsymbol{L}_2 - \boldsymbol{L}_1 = J_2\boldsymbol{\omega}_2 - J_1\boldsymbol{\omega}_1 \tag{4-13b}$$

式中，J_1 和 J_2 分别是刚体在 t_1 和 t_2 时刻的转动惯量。

式（4-13）表明：**当刚体绕定轴转动时，作用在物体上的冲量矩等于角动量的增量**，这一定理叫作**角动量定理**。

因此，质点的角动量定理也称为**冲量矩定理**。力矩对质点作用的累积效应，会导致质点对同一个固定点的角动量的增加。

2. 角动量守恒定律

刚体作为一个质点系，必然遵从质点系角动量定理和角动量守恒定律。当作用在刚体上的合力矩等于零时，由角动量定理可以导出刚体的角动量守恒定律。

若受到的合外力矩为零，则刚体对轴的角动量是一个恒量，即

$$若\ \boldsymbol{M}=\boldsymbol{0}，则\ \boldsymbol{L}=J\boldsymbol{\omega}=常量 \tag{4-14}$$

此即刚体的**角动量守恒定律**。

刚体角动量守恒定律的应用

刚体定轴转动的角动量定理和角动量守恒定律对任意质点系均成立，无论是对定轴转动的刚体，或是对几个共轴刚体组成的系统，甚至是有形变的物体以及任意质点系。对于绕定轴转动的刚体，转动惯量为常数，角动量不变，就是角速度保持不变。对于绕定轴转动的可形变物体来说，转动惯量和角速度都在改变，但两者的乘积为常数。一个量变大时，另外一个量要减少。例如，滑冰运动员或芭蕾舞演员表演时，绕通过重心的轴高速旋转时，由于外力对于转轴的力矩几乎为零，可以认为他们对转轴的角动量守恒，他们可以通过收回或伸展手脚的动作来改变他们的旋转角速度，做出各种优美的动作，如图 4-19 所示。又如，体操运动员和跳水运动员做动作，在空中翻腾时将身体收紧，以减小转动惯量，增加旋转速度，完成多圈的旋转，快要着地或入水时，将身体打开，增大转动惯量，减小旋转速度，才能比较平稳落地或垂直入水。

图 4-19　角动量守恒定律

理论和实践证明，与动量概念一样，角动量概念是物理学的基本概念之一，角动量守恒定律是自然界的普遍规律之一，它不仅适用于宏观物体的运动，而且对于牛顿第二定律不能适用的微观粒子的运动，角动量守恒定律也适用。

需要注意的是，由于角动量是对某一参考点或某一转轴来说的，所以角动量守恒也与参考点或转轴的选择有关，可能对某一点或某一转轴的角动量是守恒的，但对另外一点或转轴的角动量可能是不守恒的。

例 4-6 我国第一颗人造卫星绕地球沿椭圆轨道运动，地球中心为该椭圆的一个焦点，如图 4-20 所示。已知地球的平均半径 $R=6378\text{km}$，卫星近地点 A_1 的高度 $h_1=439\text{km}$，远地点 A_2 的高度 $h_2=2389\text{km}$。卫星经过近地点时速率为 $v_1=8.10\text{km}\cdot\text{s}^{-1}$，求卫星通过远地点时的速率 v_2

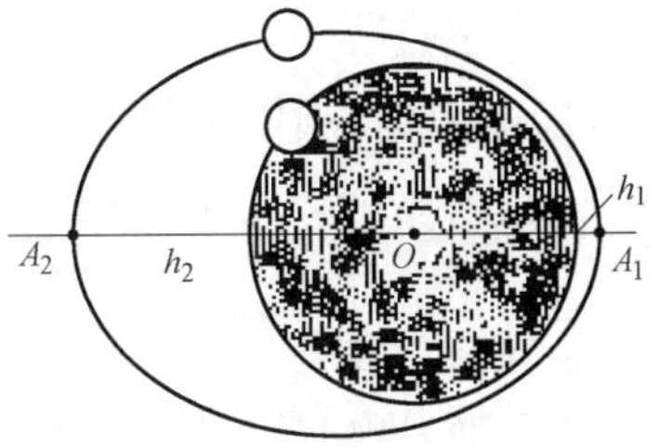

图 4-20 例 4-6 图

解 因为人造卫星所受的引力的作用线通过地球中心，所以卫星对地球中心的角动量守恒，即有

$$mv_1(R+h_1)=mv_2(R+h_2)$$

由此可得

$$v_2=\frac{6378+439}{6378+2389}v_1=6.30\text{km}\cdot\text{s}^{-1}$$

视频讲解

4.3.2 力矩对空间的累积效应 刚体转动动能定理

1. 力矩对空间的累积效应——力矩做功

在质点动力学中，我们曾从力对空间的累积效应出发导出了动能定理，从而得到了能量守恒定律。对于刚体，当在外力矩的作用下绕定轴转动而产生角位移时，我们说力矩对刚体做了功，这体现了力矩的空间累积效应。

如图 4-21 所示，刚体在切向外力 $\boldsymbol{F}$ 的作用下，绕定轴转过了角位移 $\mathrm{d}\theta$，根据功的定义，力 $\boldsymbol{F}$ 在这段位移内所做的功为

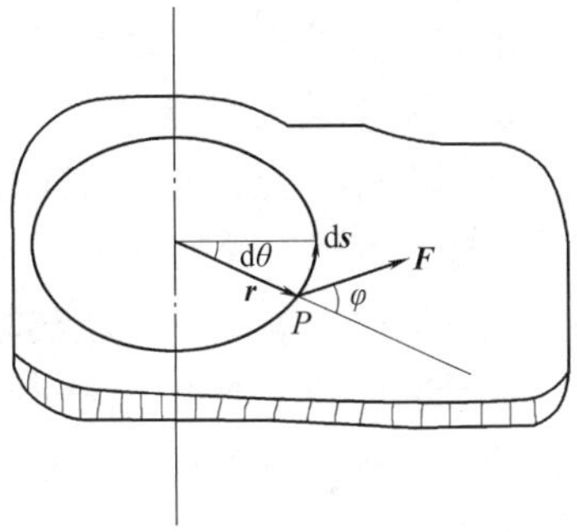

图 4-21 力矩做功

$$\mathrm{d}A=\boldsymbol{F}\cdot\mathrm{d}\boldsymbol{s}=Fr\mathrm{d}\theta\cos\left(\frac{\pi}{2}-\varphi\right)=Fr\mathrm{d}\theta\sin\varphi$$

因为 F 对转轴的力矩为

$$M=Fr\sin\varphi$$

所以力矩所做的元功为

$$\mathrm{d}A=M\mathrm{d}\theta$$

也就是说，**力矩所做的元功 $\mathrm{d}A$ 等于力矩 M 与角位移 $\mathrm{d}\theta$ 的乘积**。

当力矩的大小和方向都不变时，如果刚体在此力矩作用下转过角度 θ，则力矩所做的功为

$$A=\int_0^\theta \mathrm{d}A=\int_0^\theta M\mathrm{d}\theta=M\int_0^\theta \mathrm{d}\theta=M\theta$$

如果刚体所受的外力矩是变化的，则变力矩所做的功应表示为

$$A=\int M\mathrm{d}\theta$$

在上式中，M 应理解为作用在刚体上的所有外力的合力矩，故上述两式表示的是合外力矩对刚体所做的功。

力矩做功的实质仍然是力做功。对于刚体转动的情况，用力矩的角位移来表示是方便的。

刚体可以看作由许多质点组成的质点系，与质点动力学类似，刚体的动能为

$$E_k=\frac{1}{2}J\omega^2 \tag{4-15}$$

其中 $J=\sum\limits_i \Delta m_i r_i^2$。

也就是说，**刚体绕定轴转动的转动动能等于刚体的转动惯量与角速度平方的乘积的一半**。这与质点的动能 $E_k=\frac{1}{2}mv^2$ 在形式上是完全相似的。

2. 动能定理

在合外力矩的作用下，刚体绕定轴转过角位移 dθ，根据数学推导容易得到

$$dA = J\frac{d\omega}{dt}d\theta = J\frac{d\theta}{dt}d\omega = J\omega d\omega$$

则

$$A = \frac{1}{2}J\omega_2^2 - \frac{1}{2}J\omega_1^2 = E_{k2} - E_{k1} \tag{4-16}$$

刚体定轴转动的动能定理：在刚体的一个转动过程中合外力矩的功，等于刚体转动动能的增量。

怎样理解刚体转动动能的增量只与合外力矩有关，而与内力矩无关呢？这是因为刚体的内力矩是成对出现的，并且作用点之间没有相对位移，所以每对内力矩的总功为零。故全部内力矩的总功当然应该为零。

3. 刚体的重力势能

刚体没有形变，所以没有内部的弹性势能。而在实际使用中我们常常会碰到刚体的重力势能问题，这里对此问题做一点说明。刚体的重力势能为组成刚体各个质元的重力势能之和。用重心的概念，刚体的重力势能应当等于刚体的全部质量集中在重心处的质点的重力势能。

被悬刚体处于静止，各质元均受重力，重力的总效果一定与悬线拉力相等，否则将使刚体转动。该线称为重力作用线，当改变悬挂方位时又可得到其他作用线。刚体处于不同方位时重力作用线共同通过的那一点叫作刚体的**重心**。在物理概念上，质心与重心不同，重心为重力合力作用线通过的那一点，而质心是在刚体运动中具有特殊地位的几何点，其运动服从质心运动定理。质心比重心更有普遍意义。当星际飞船脱离地球引力时，就谈不上重力和重心。质心与重心的重合也不是必然的，只有当物体的线度跟它们到地心的距离相比很小时，才能认为各部分所受重力互相平行，因此重心与质心重合。若物体很大，以至于不能认为物体各部分重力彼此平行，重心就不再与质心重合了。

在均匀的重力场中，刚体的重心与质心重合。对均质而对称的几何形体，质心就在几何中心。当把刚体和地球视作一系统时，则可考虑该系统的重力势能（或简称刚体的重力势能）等于各质元重力势能之和。

刚体的重力势能

$$E_p = mgh_C \tag{4-17}$$

可见，刚体的重力势能取决于刚体质量和其质心距离势能零点的高度，相当于总质量 m 集中在高度为 h_C 的质心 C 上。

4. 刚体的机械能守恒定律

刚体作为质点系，必然遵从一般质点系的功能原理和一定条件下的机械能守恒定律。定律的应用与质点动力学完全类似，只需要考虑刚体的一些特殊情况，如力矩做功、转动动能等物理量的计算与单个质点的情况有所不同就可以了。

在某些问题中，应用动能定理及机械能守恒定律或功能原理，常使问题解决得简便迅速。下面我们通过一些例子来介绍它的应用。

例 4-7 如图 4-22 所示，一细杆长度为 l，质量为 m，可绕其一端的水平轴 O 在铅垂面内自由转动。若将杆从水平位置释放，求杆运动到角位置 θ 处的角速度和细杆质心的速度。

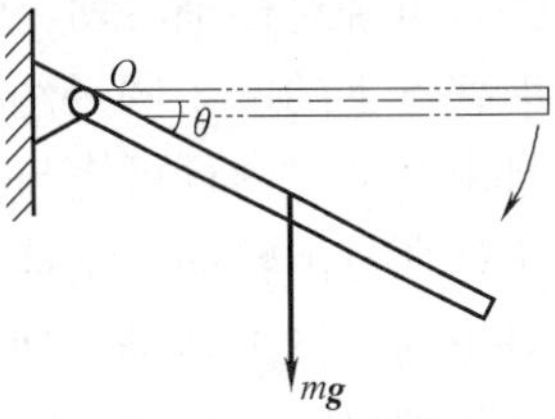

图 4-22 例 4-7 图

解 此题可先用转动定律求出杆的角加速度 β，然后将 β 对时间 t 积分求出角速度 ω。显然这种方法比较复杂一些。简单的方法是用动能定理或机械能守恒定律求解。

以杆为研究对象，它受到重力 $\boldsymbol{mg}$ 和转轴的作用力 $\boldsymbol{F}_{\mathrm{N}}$。由于转轴光滑，$\boldsymbol{F}_{\mathrm{N}}$ 不做功，所以只有 $\boldsymbol{mg}$ 做功。当杆从水平位置落至题设的位置时，重力做功应等于其重力势能减少值，即

$$A = mg\frac{l}{2}\sin\theta$$

在此期间，杆的动能增量

$$E_{\mathrm{k}} - E_{\mathrm{k0}} = \frac{1}{2}J\omega^2 - 0$$

由机械能守恒定律有

$$\frac{1}{2}J\omega^2 = \frac{mg}{2}l\sin\theta$$

由于

$$J = \frac{1}{3}ml^2$$

所以，杆运动到角位置 θ 处的角速度为

$$\omega = \sqrt{\frac{3g}{l}\sin\theta}$$

此时质心的速度为

$$v_C = \frac{l}{2}\omega = \frac{1}{2}\sqrt{3gl\sin\theta}$$

最后我们应该指出，角动量守恒定律、动量守恒定律和能量守恒定律是自然界普遍适用的物理定律，它们虽然是从经典的牛顿力学原理出发，在不同的理想条件下（质点、刚体）推导出来的，但它们的适用范围却远远超出原有条件的限制，不仅适用于牛顿力学所研究的宏观、低速领域，也适用于微观高速领域（即量子力学和相对论）中，它们是自然界更普遍更基本的物理定律。

4.3.3 角动量守恒定律的其他应用

其他应用

借助角动量守恒定律分析一些定轴转动问题是非常方便的，我们通过下面的例子介绍它的使用方法。

1. 不受外力矩作用时陀螺仪的回转运动

刚体绕定点的运动一般是非常复杂的，在这里我们只讨论一种较简单的特殊情况，即陀

螺仪的回转运动。陀螺仪可以安装在轮船、飞机或火箭上的导航装置上，也叫作回转仪，它是通过角动量守恒的原理来工作的。图4-23所示就是一个回转仪，G是一个边缘厚重的轴对称物体，可绕对称轴转动。转轴装在一个常平架上。常平架由支在框架S上的两个圆环组成，外环可绕由支点A、A'所决定的轴自由转动，内环可绕与外环相连的支点B、B'所决定的轴相对于外环自由转动，陀螺仪的轴装在内环上，它又可绕OO'轴相对于内环自由转动。OO'、BB'、AA'三轴两两垂直，而且都通过陀螺仪的重心。这样，陀螺仪就不受重力矩作用，且能在空间任意取向。

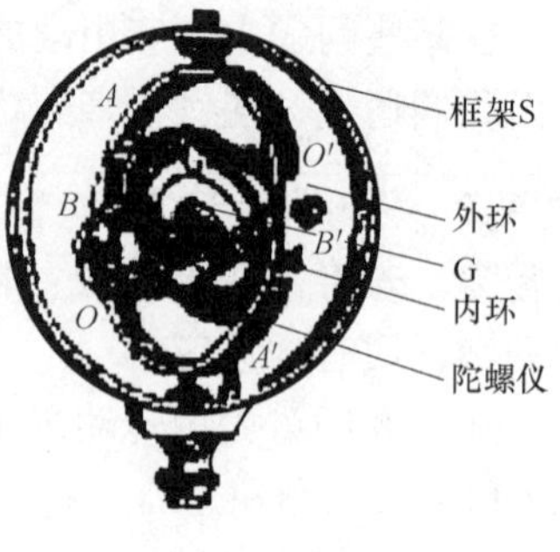

图4-23　回转仪

上一节我们谈过，刚体不受外力矩时角动量L守恒，因而转动轴线的方向不变。特别是陀螺仪，由于当它高速旋转时角动量很大，即使受到在实际中不可避免的外力矩（如轴承处的摩擦），如果外力矩较小，则其角动量的改变相对于原有的角动量来说是很小的，可忽略不计。这时无论我们怎样去改变框架的方向，都不能使陀螺仪的转轴OO'在空间的取向发生变化。陀螺仪的这一特性可用来作为导弹等飞行体的方向标准，在导弹上装有此种陀螺仪，即可利用它来随时纠正导弹飞行中可能发生的方向偏离，控制其航向。

2. 受到外力矩作用时陀螺仪的回转效应

高速旋转的刚体在受到外力矩作用时会产生回转效应，回转效应对我们来说并不陌生。小孩玩的陀螺就是绕自转轴转动惯量较大的轴对称物体，当它绕自转轴旋转的时候，在重力矩的作用下，它并不倒下来，而是其自转轴绕铅直方向进动，绕对称轴高速旋转的物体具有回转效应，这在我们玩陀螺玩具时就会看到。当陀螺在地上高速旋转时，它的对称轴会发生倾斜，但重力对支撑点的力矩并没有使它继续倾倒下去，出现的情况是陀螺一方面绕自己的对称轴自旋，一方面又绕竖直轴以较小的角速度“公转”，这种“公转”称为“旋进”（又叫作“进动”）。高速旋转体在外力矩作用下产生旋进的效应就称为回转效应，又称陀螺效应。

自行车行驶时，是靠车把的微小转动来调节平衡的。如果车子有向右倒的趋势，骑车人只需将车把向右方略微转动一下，即可使车子恢复平衡。反之亦然。有一种自行车的车锁装在龙头上，把龙头锁死，这时车就不可能沿直线行走。此外，骑车人想拐弯时，无须有意识地转动车把，只需将自己的重心侧倾，龙头可自然拐向一边。这都是回转效应的应用。

3. 岁差（进动）和章动

在外力的作用下，地球自转轴在空间中并不保持固定的方向，而是不断发生变化。地轴的长期运动称为岁差，而其周期运动则称为章动。岁差和章动引起天极和春分点在天球上的运动，对恒星的位置有所影响。

如图4-24所示，以地球为中心作任意半径的一假想大球面，称为“天球”。地球的赤道平面与天球相交的圆称为“天赤道”，地球绕日公转的轨道平面与天球相交的圆称为“黄道”，它是太阳在天球上的视轨迹。大家知道，赤道面与黄道面不相合，其间有23°26′的交角。天赤道与黄道相交于两点，一年中太阳过这两点时分别为春分和秋分，在这两天全球各地昼夜等长。黄道上的春分点和秋分点统称“二分点”。太阳

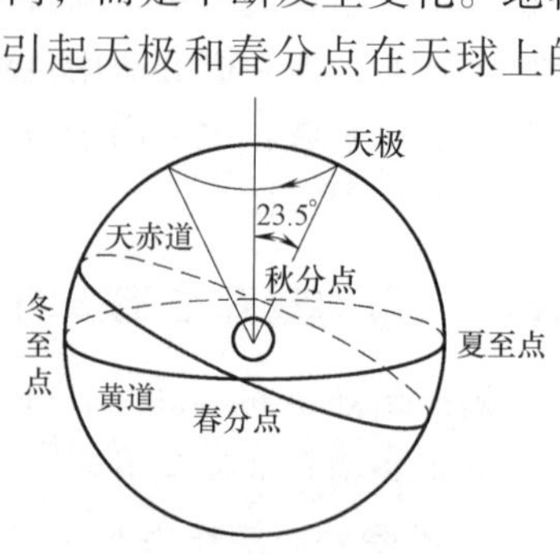

图4-24　岁差

从春分点出发，沿黄道运行一周回到春分点时，为一“回归年”。如果地轴（赤道面的法线）不改变方向，二分点不动，回归年与恒星年相等。古代的天文学家通过令人惊奇的细心观测，就已发现二分点由西向东缓慢漂移（也称为“进动”）。公元前2世纪古希腊天文学家喜帕恰斯是岁差现象的最早发现者。略后，我国西汉末年的刘歆与后汉的贾逵也发现了二分点的进动，这种现象在我国称为“岁差”。公元4世纪，中国晋代天文学家虞喜根据对冬至日恒星的中天观测，首先确定了岁差的数值为每50年一度（相当于72角秒每年）。南朝梁代何承天、祖冲之对此加以证实。古代以恒星年为年，结果实际的季节逐年提早到来。虽然相差不多，但长年积累，实际季节已与历书上的季节有了很明显的差别。历史上祖冲之首先将岁差引进历法，他编写的《大明历》，采用了391年中有144个闰月的精密新置闰周期，这是我国历法史上一次重大的进步。

牛顿是第一个指出了地轴进动原因的人，其主要是由于太阳和月球对地球赤道隆起部分的吸引。因为地球并不是理想的球体，其赤道部分稍有隆起（潮汐在这里也起了一定的作用），从而受到太阳和月亮给它的外力矩。在日、月的引力作用下，地球自转轴的空间指向并不固定，呈现为绕一条通过地心并与黄道面垂直的轴线缓慢而连续地运动，大约25800年顺时针方向（从北半球看）旋转一周，描绘出一个圆锥面。此圆锥面的顶角等于黄赤交角（23°26′）。于是天极在天球上绕黄极描绘出一个小圆（圆锥顶角为23.5°，见图4-24），也使春分点沿黄道以与太阳周年视运动相反的方向每25800年旋转一周。这种由太阳和月球引起的地轴的长期进动（或称旋进）称为日月岁差。

地轴除进动外，还有章动。现在我们来看进动陀螺仪的章动。当陀螺仪运动时并非完全“不屈服”于重力的作用。如果我们先把一个快速旋转的陀螺仪两端都支撑起来，然后撤去一端（A点）的支持，首先出现的现象是这一端确实下沉。然而，此后就立刻在水平面内进动了，与此同时下沉运动放慢，直到A点完全沿水平方向运动。但事情并不就此了结，紧接着出现的是进动放慢，A点重新抬起，在理想的情况下可以达到它的初始高度。这样的过程周而复始地继续下去，端点A描绘出如图4-25所示的摆线轨迹。陀螺的这种运动叫作章动，拉丁语中是“点头”的意思。图4-25给出了一些不同初始条件下的章动。除非陀螺仪在启动时恰好符合稳定进动所需的条件，一般来说总的效果是陀螺的重心保持在低于起始点的水平上，由此释放出来的势能提供了进动和章动所需的动能。

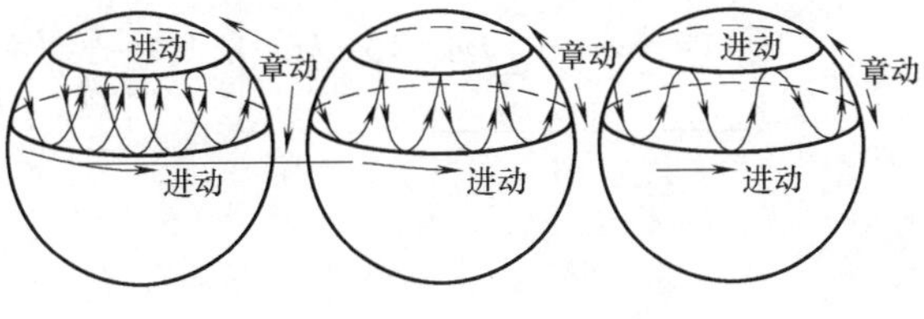

图4-25　章动

地轴的章动，是英国天文学家布拉德雷在1748年分析了前20年恒星位置的观测资料后发现的。月球轨道面（白道面）位置的变化是引起章动的主要原因。白道的升交点沿黄道向西运动，约18.6年绕行一周，因而月球对地球的引力作用也有同一周期的变化。在天球上表现为天极（真天极）在绕黄极运动的同时，还围绕其平均位置（平天极）作周期18.6年（近似地说就是19年）的运动。因为我国古代历法中把19年称为一“章”，所以我们称之为“章动”。同样，太阳对地球的引力也具有周期性变化，并引起相应周期的章动。岁差和章动的共同影响使得真天极绕着黄极在天球上描绘出一条波状曲线。

除了太阳和月球的引力外，地球还受到太阳系内其他行星的吸引，从而引起黄道面位置的不断变化，这不仅使黄赤交角改变，还使春分点沿赤道产生一个微小的位移（其方向与日月岁差相反），春分点的这种位移称为行星岁差。

本章逻辑主线

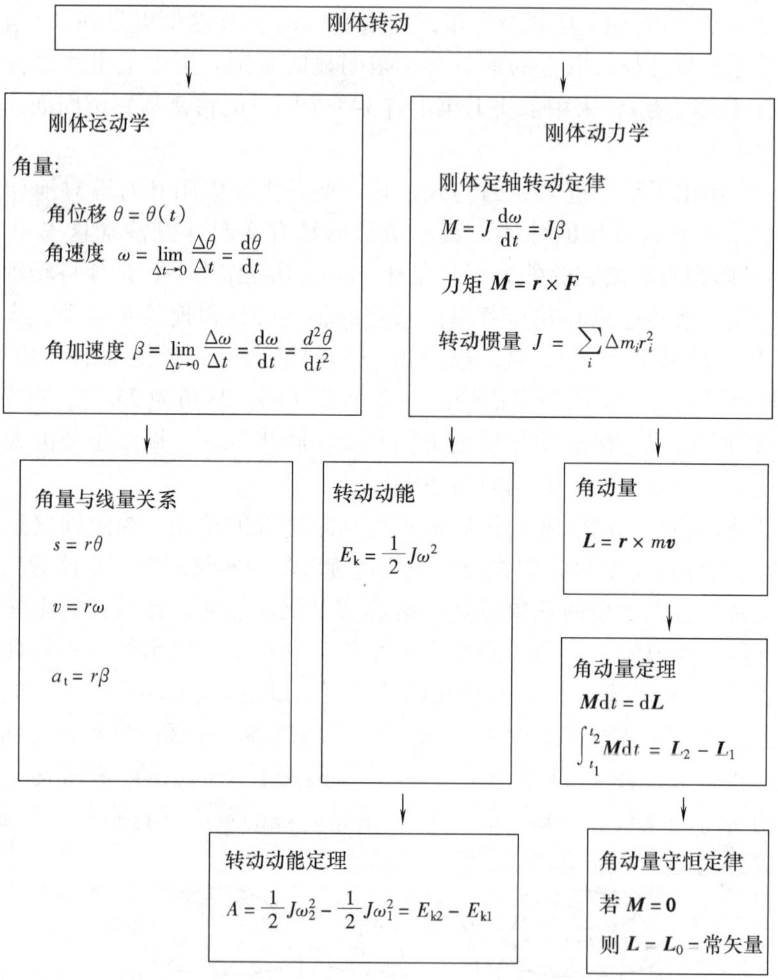

拓展阅读

陀螺仪在航空航天等领域中的应用

说起陀螺，大家都不陌生。可能每个人都还记得你小时候玩过的陀螺，当你用正确方法抽打它几下以后，它就会尖顶朝下竖起来，并绕其轴线旋转而不倾倒。陀螺的历史，不可谓不悠久。早在5000多年前，仰韶文化中有陶制陀螺；3500年前，陶土陀螺在伊拉克出现；在宋朝，陀螺被称为千千；明朝正式以陀螺来命名；我国古代的被中香炉，可以说是最原始的陀螺仪了，如图4-26所示。

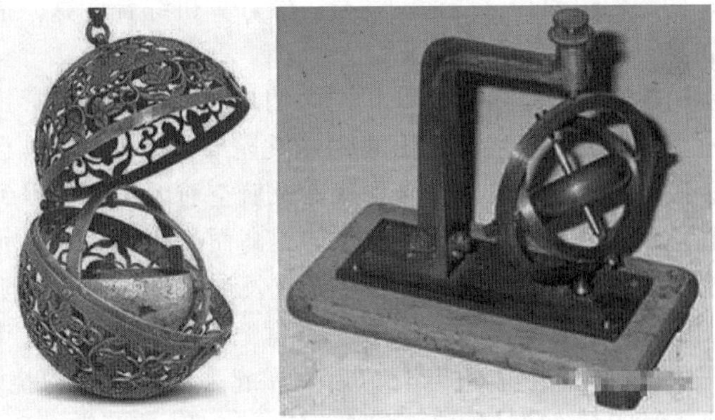

a)　　b)

图4-26　我国古代的被中香炉和陀螺仪

正是根据这小小的陀螺，人们设计制造出了五花八门的精密陀螺仪，为各种飞行器（如飞机、导弹、人造卫星等）的飞行自动控制奠定了基础。由于陀螺仪在任何环境下都具有自主导航能力，自问世以来，就引起极大关注，一直被广泛地运用于航海、航空、航天、军事等领域。在科学技术突飞猛进的今天，与陀螺仪相关的技术仍然是人们关注的焦点之一。陀螺仪是由傅科最早命名的，欧洲人最早把陀螺仪用作航海导航。尽管陀螺仪的外表看起来与常见的陀螺不大一样，其大小也不尽相同（如用在飞行仪器上的陀螺仪最轻者只有几十克重，而一个稳定核潜艇的陀螺仪却重达55t），但是基本原理却并无二致。现在，陀螺仪及其相关技术已经在我国国民经济的各个部门（包括军用和民用）得到广泛运用，甚至在矿产资源钻探和开采中也有它的踪迹，这一技术具有强大的生命力和广泛的应用前景。

陀螺仪对于现代飞行控制系统来说可谓举足轻重。它不仅对整个系统的工作起着决定性作用，而且它的精度高低、可靠性程度和使用寿命长短等指标，对飞行器的稳定性和精确性都有着至关重要的影响。

陀螺仪在高速旋转时，能够抗拒任何外力和干扰的影响，保持其自转轴相对于惯性空间方向上稳定不变。若飞行器的飞行姿态偏离预定正确方向，陀螺仪在转轴与飞行方向之间的夹角便发生变化，飞行器上的检测元件立刻就可测量出来，并同时发出控制信号，通过执行机构的作用使飞行器的状态恢复正常。因此，这种自动控制系统也叫作“姿态稳定系统”。

陀螺自转轴方向不变的原理除应用于导弹的制导和飞机姿态控制以外，在宇航技术中也同样得到广泛运用。例如，陀螺仪用在人造卫星上，可以保证人造卫星不受外界干扰而稳定运行在预定轨道上。不论人造卫星绕地球转到哪个位置或受其他什么外界干扰，卫星上的陀螺仪始终是指向空间某一预定方向。

1. 陀螺仪的发展简史

陀螺的原意为高速旋转的刚体，而现在一般将能够测量相对惯性空间的角速度和角位移的装置称为陀螺。陀螺是一种即使无外界参考信号也能探测出运载体本身姿态和状态变化的内部传感器，其功能是敏感运动体的角度、角速度和角加速度，利用陀螺的定轴性和进动性可测量运动体的姿态角（航向、俯仰、滚动），精确测量运动体的角运动，通过陀螺组成的惯性坐标系实现稳定惯性平台。也就是说，可以利用陀螺的特性建立一个相对于惯性空间的人工参考坐标系，通过精确的陀螺仪和加速度计测出运载器（包括火箭、导弹、潜艇、远程飞机、宇航飞行器等）的旋转运动和直线运动信号，经计算机综合计算，指令姿态控制系统和推进系统，实现运载器的完全自主导航。

陀螺仪的最早应用领域是航海事业。19 世纪人们广泛利用陀螺仪标定航向，在漫长的航海史上写下了新的一页。自 1910 年首次应用船载指北陀螺仪以来，陀螺已有 100 多年的发展史。从 20 世纪 40 年代开始，陀螺仪便在导弹武器及航空航天事业上得到广泛应用，其稳定性和工作精度也随着科学技术的进步和工艺水平的提高而迅速提高。目前陀螺仪已有滚珠轴承、气浮、液浮、挠性、激光等类型。这就是陀螺仪发展所经历的 4 个阶段：第一阶段是滚珠轴承支承陀螺马达和框架的陀螺；第二阶段是 20 世纪 40 年代末到 50 年代初发展起来的液浮和气浮陀螺；第三阶段是 20 世纪 60 年代以后发展起来的干式动力挠性支承的转子陀螺；目前陀螺的发展已进入第四个阶段，即静电陀螺、激光陀螺、光纤陀螺和振动陀螺。

惯性制导技术第一次应用于第二次世界大战时德国的 V-2 火箭。现代导弹、宇航飞行器等多采用惯性制导的方法。1970 年，我国人造地球卫星发射成功，其中也应用了惯性制导技术。20 世纪 90 年代的海湾战争中，法国的 AS-30 激光制导空对地导弹命中率达 95%；美国的“拉斯姆”中程空对地导弹则创造了“百公里穿杨”的纪录：为攻击一座水电站，一架 A-6 飞机在 116km 的距离上，发射了一枚“拉斯姆”导弹，而附近另一架 A-7 飞机发射的第二枚导弹，竟穿过第一枚导弹打开的墙洞击中目标。

2. 激光陀螺仪

早期的陀螺，包括滚珠轴承陀螺，还有后来发展起来的液浮陀螺、静电陀螺等，都离不开高速旋转的机械转子，由于高速转子容易产生质量不平衡，容易受到加速度的影响，而且需要一段预热时间转速才能达到稳定等问题，使用起来很不方便，因此研制没有高速转子的陀螺一直是人们极为关心的问题。1960 年激光器的问世，使制造无转子陀螺的愿望成为可能。到 20 世纪 80 年代，激光陀螺已成功地用于飞机和地面车辆的导航、舰炮稳定等，激光陀螺开始取代机械陀螺，并进行了用于导弹、运载火箭等更高精度的试验。现在激光陀螺已经成为一个市场潜力巨大的高新技术产业。激光陀螺仪利用光学中的萨格纳克（Sagnac）效应测量运载器的旋转运动。萨格纳克效应是 1913 年在研究转动的环形干涉仪时提出来的：在环形光路中，沿顺时针和逆时针方向传播的两光束，当环形光路相对于惯性空间不转动时，顺、逆时针的光程长度相同，当环形光路相对于惯性空间有一转动角速度 ω 时，顺、逆光程就有差异，其光程差 ΔL 正比于转动角速度 ω 值，测出 ΔL 值即可测出角速度 ω。由于激光陀螺仪是与运载器固连的，因而也就知道运载器的转动角速度。激光陀螺仪较为突出的优点是：①具有大动态范围和高速率性能；②精度高，激光陀螺仪的漂移率已达到 $0.001°\cdot h^{-1}$；③启动时间短，一般只需要千分之几秒（机电陀螺需 4min 才进入工作状态）；④寿命长，可达 2 万 ~5 万小时（机电陀螺使用 600h 后就需进行检查）；⑤可靠性高。激光陀螺仪的缺点：①存在闭锁现象，即在低角速度区域里产生频率牵引，使拍频为零而不能检测旋转角速度；②价格昂贵，制作工艺复杂和材料昂贵；③体积较大，受灵敏度限制不能减小。国际上，美国 Honeywell 公司研制的激光陀螺水平最高，生产的陀螺主要用于波音 757 和 767 客机的惯导系统。美国 Litton 公司研制的激光陀螺主要用于欧洲的大型远程和近程客机，远程、近程和短程导弹。在高性能的惯导领域中，激光陀螺具有较为明显的优势。

3. 光纤陀螺

光纤陀螺是激光陀螺的一种，其原理与环形激光陀螺相同，是检测角速度的传感器，且检测光源都是激光源，光纤陀螺采用的是萨格纳克干涉原理，用光纤绕成环形光路并检测出随转动而产生的反向旋转的两路激光束之间的相位差，由此计算出旋转的角速度。不同的是，光纤陀螺是将200~2000m的纤绕成直径为10~60cm的圆形光纤环，从而加长了激光束的检测光路，使检测灵敏度和分辨率比激光陀螺提高了几个数量级，有效地克服了激光陀螺的闭锁现象。随着光纤通信技术和光纤传感技术的发展，光纤陀螺仪已经实现了惯性器件的突破性进展。惯性技术专家现已公认光纤陀螺仪（干涉型）是用于惯性制导和导航的关键技术。美国国防部在20世纪90年代初提出，光纤陀螺仪的精度1996年达到$0.01° \cdot h^{-1}$；2001年达到$0.001° \cdot h^{-1}$；2006年达到$0.0001° \cdot h^{-1}$，有取代传统的机电式陀螺仪的趋势。

光纤陀螺的主要优点是：①无运动部件，仪器牢固稳定，耐冲击和抗加速度运动；②结构简单，零部件省，价格低廉；③启动时间短，原理上可瞬间启动；④检测灵敏度极高，可达$7 \sim 10 rad \cdot s^{-1}$；⑤可直接用数字输出并与计算机接口联网；⑥动态范围极宽，约为$2000b \cdot s^{-1}$；⑦寿命长，信号稳定可靠；⑧易于采用集成光路技术；⑨克服了因激光陀螺闭锁带来的负效应；⑩与环形激光陀螺一起成为连接惯性系统的传感器。

由于上述特点，光纤陀螺颇受各国特别是陆海空三军的高度重视，在近几年进行了大量的研究和试验。更先进的设计是处于不同研制阶段的闭环光纤陀螺。随着光纤技术和集成光路技术的发展，光纤陀螺正朝高精度和小型化发展，包括用于战术导弹制导的中等级光纤陀螺，以及更坚固的性能符合各种军事环境的导航光纤陀螺。精密级光纤陀螺计划用于高性能航天和航海导航，这些场合对精度的要求非常严格。在小体积的战术和导航级应用领域里，低成本是很重要的，为此，采用了单模光纤的消偏型设计。目前，漂移率低达$0.001° \cdot h^{-1}$的新型高性能精密惯导光纤陀螺将步入实用化，广泛装备于导弹系统、飞机和舰艇的导航系统及军用卫星与地形跟踪匹配等系统中。美国从1983年到1994年的10年间，光纤陀螺仪用量由0%上升到49%。可以看出，不仅全部飞机、舰艇、潜艇及导弹均将装备光纤陀螺用以导航和制导，而且卫星、宇宙飞船上也将会装备光纤陀螺仪用于与地形跟踪匹配和导向，火箭发射场上光纤陀螺仪用于火箭升空发射跟踪及测定等。在民用方面，光纤陀螺仪可用于飞机导航和石油勘察、钻井导向（确定下钻的位置），特别是在工业上的应用具有极大的潜力。美国道格拉斯公司研制出一种民用光纤陀螺仪，能承受很宽的湿度变化范围和强烈冲击，这是世界上第一台能用于钻井设备的光纤陀螺仪，可精确地测定重力和油井方向。光纤陀螺仪的应用前景光明，大有取代惯性陀螺仪之势。

4. 振动轮式MEMS陀螺

20世纪90年代开始发展起来的微机械电子系统（MEMS），采用了当前最具发展潜力的纳米技术，加工出了新一代微型机电装置，它不仅在民用方面前景广阔，而且在导航系统这种尖端技术上也得到了应用，如硅微型陀螺和微型加速度计。MEMS陀螺的发展已有十余年历史，目前常见的结构类型有框架式、音叉式和振动轮式几种。理论分析表明，振动轮式MEMS陀螺在现有的结构中，具有最高的灵敏度，且便于加工，因而是发展的重点。振动轮式MEMS陀螺的基本工作原理是：梳状驱动轮一方面通过一对挠性轴与外框架相连，另一方面通过4根支撑梁与中心支柱相连，在静电力矩驱动下，振动轮带动外框架绕其中心轴在XY平面内振动。当输入轴X有角速度输入时，振动轮在哥氏力矩作用下带动外框架绕其输出轴Y振动，于是与基片上检测电极间形成一对差分电容，将电容变化率转换成电信号，可以提取出输入角速度的大小和方向。

5. 静电陀螺仪

在宇宙航行中，对陀螺仪的精度要求很高，漂移误差约为 $0.001° \cdot h^{-1}$，或更高，静电陀螺仪是能满足这种要求的陀螺仪之一。静电陀螺仪是利用静电引力使金属球形转子悬浮起来，是自由转子陀螺。其基本结构是一只金属球形转子，加上两只碗形电极壳体，壳体外为陶瓷，内壁上固定6只金属电极，将球形转子放在对称密封壳体内而形成陀螺组件，给电极充电后，只要沿空间相互垂直的3个方向的静电引力的合力能与转子本身的重力和惯性力相平衡，转子就能浮起来。静电悬浮必须在超真空（$1.33\times10^{-7}\sim10^{-5}$Pa）环境下才有可能实现，否则会击穿放电，破坏静电支承力。超真空使气体阻力矩减小到最低限度，这样，启动后就能靠惯性长期运转下去，可以运转数月，甚至数年。静电陀螺仪的支承系统可以给出转子相对于壳体的位移信号，这就有可能使陀螺兼起3个方向加速度计的作用，灵敏度为 $10^{-7}\sim10^{-3}$g。这种多功能，只有静电陀螺仪才能实现。

6. 钻孔陀螺测斜装置

除了航空航天导航的主要用途之外，陀螺还用于钻孔弯曲测量，在煤炭、石油等行业获得了应用。在石油、煤炭行业的钻孔施工中，由于钻孔深度较大（有时达几百米甚至上千米），钻孔穿过的岩层介质变化复杂，钻孔施工时容易出现弯曲和漂移，有时钻孔的实际位置与设计位置相差很大，严重影响工程质量，是行业中一直不能很好解决的技术问题之一。人们将利用重力加速度计和陀螺制作的钻孔测斜仪装置运用于钻机上，在钻孔过程中，随时对钻孔方向、位置进行测量，如果与设计不符，立即进行校正，从而可以确保高质量的钻孔。钻孔陀螺测斜装置的应用，从根本上解决了钻孔弯曲、漂移这一技术问题。钻孔测斜装置，由2个互成90°的石英重力加速度计和一个具有方位输出的3自由度陀螺方位仪组成。石英重力加速度计由敏感质量（石英摆片）、换能器、伺服放大器、力矩器4部分组成。当仪器倾斜或受到一个不平衡信号时，经伺服放大器输出一个与之对应的电流送到力矩器，产生一个电磁力矩，强迫摆片与换能器保持平衡位置。陀螺外框架的转轴带动一个360°测向器的滑臂，测向器固定在探头的外壳，当陀螺电动机启动后，其转子轴的方向保持不变，因此，测向器的滑臂也不动。当探头外壳相对于空间某一方位有转动时，测向器跟着转动，故测向器的输出电压就等效转动角度。X加速度计和Y加速度计的敏感轴都与探头中心线垂直，两者之间也互相垂直，当探头垂直于地面时，两个加速度计的输出电压 U 都是零。要知道钻孔某一点的倾斜角和方位角，只需测出这一点的两个重力加速度计的输出和测向器的输出减去初始值即可。

7. 高伯龙与激光陀螺仪

在现代航空、航海、航天甚至是国防工业中，激光陀螺仪是一个不可或缺的重要部件。它的工作原理是基于光速不变原理，已不同于原来力学意义上的惯性仪表。正是由于该技术对国防工业的重要性，西方国家对其进行了长期技术封锁。这种局面最终被中国激光陀螺之父——中国工程院院士高伯龙（见图4-27）打破。

图4-27　中国激光陀螺奠基人高伯龙

大家称高伯龙为“背心院士”，因为他经常穿着背心、汗流浃背地工作；他60岁自学编程，86岁仍在单手敲代码，在极简的生活和艰难的条件下，他成功破解了钱学森密码；他 43 年如一日，呕心沥血研究攻克了激光陀螺技术，正是他的努力将中美在该领域的差距缩短了 20 年。

8. 天宫空间站安装的控制力矩陀螺

天宫空间站的天和核心舱舱外安装有 6 台控制力矩陀螺，我国对这些陀螺拥有完整的自主产权。而问天实验舱的控制力矩陀螺则是安装在舱内，有 4 台是随舱上行的，另外 2 台则通过天舟货运飞船上行运输，再由航天员安装。图 4-28 就是神舟十四号航天员在天宫空间站安装控制力矩陀螺。这些控制力矩陀螺仪质量为 170kg，里面钢制飞轮以 $7000\mathrm{r}\cdot\mathrm{min}^{-1}$ 的速度旋转，产生的角动量为 $1500\mathrm{N}\cdot\mathrm{m}\cdot\mathrm{s}$。它的主要作用是用来平衡中国空间站的飞行姿态，让太阳翼朝向阳光，让中国空间站腹部永远朝向地面，要不然，空间站就可能会不停地翻滚而失去控制。

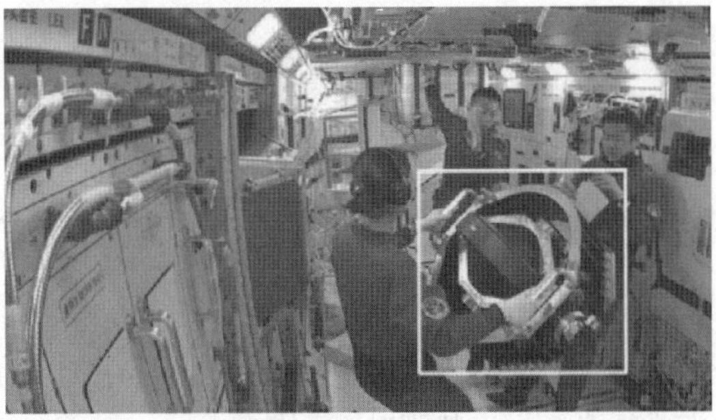

图 4-28　2022 年 8 月，神舟十四号航天员陈冬、刘洋、蔡旭哲在天宫空间站问天实验舱安装控制力矩陀螺

9. 结语

虽然陀螺的诞生至今已有 100 多年的历史，但近几十年陀螺及其相关技术才得到快速发展，特别在 20 世纪 80 年代以后更是突飞猛进。20 世纪 90 年代以后，光纤陀螺技术发展迅速，是今后发展的主要方向。陀螺技术不但在军事、航空、航天领域发挥着巨大作用，而且在国民经济的其他领域中也获得应用，为国民经济的发展发挥着重要作用。

思 考 题

4.1　刚体平动的特点是什么？平动时刚体上的质元是否可以作曲线运动？

4.2　刚体定轴转动的特点是什么？刚体定轴转动时各质元的角速度、线速度、向心加速度、切向加速度是否相同？

4.3　刚体的转动惯量与哪些因素有关？请举例说明。

4.4　刚体所受的合外力为零，其合力矩是否一定为零？相反，刚体受到的合力矩为零，其合外力是否一定为零？

4.5　一质点作匀速率圆周运动，其质量为 m，线速度为 v，半径为 R。求它对圆心的角动量。它相对于圆周上某一点的角动量是否为常量？为什么？

4.6　质点作匀速直线运动，则该质点对直线外某一个确定的 O 点的角动量是否为常量？若质点作匀加速直线运动，则该质点对 O 点的角动量是否为常量？角动量的变化率是否为常量？

4.7　彗星绕太阳作椭圆轨道运动，太阳位于椭圆轨道的一个焦点上，问系统的角动量是否守恒？近日点与远日点的速度哪个大？

4.8　利用角动量守恒定律简要分析花样滑冰、跳水运动过程。

4.9　一质量为 m 的质点系在绳子的一端，绳的另一端穿过水平光滑桌面中央的小洞，起初下面用手拉着不动，质点在桌面上绕 O 作匀速圆周运动，然后，慢慢地向下拉绳子，使它在桌面上那一段缩短。质点绕 O 的角速度 ω 如何随半径 r 变化？

习　题

一、选择题

4.1　一绕定轴转动的刚体，某时刻的角速度为 ω，角加速度为 β，则其转动加快的依据是（　　）。

（A）$\beta>0$；　（B）$\omega>0$，$\beta>0$；

（C）$\omega<0$，$\beta>0$；　（D）$\omega>0$，$\beta<0$。

4.2　用铅和铁两种金属制成两个均质圆盘，质量相等且具有相同的厚度，则它们对过盘心且垂直盘面的轴的转动惯量（　　）。

（A）相等；　（B）铅盘的大；

（C）铁盘的大；　（D）无法确定。

4.3　一轻绳绕在半径为 r 的重滑轮上，轮对轴的转动惯量为 J，一是以力 F 向下拉绳使轮转动；二是以重量等于 F 的重物挂在绳上使之转动，若两种情况使轮边缘获得的切向加速度分别为 a_1 和 a_2，则有（　　）。

（A）$a_1=a_2$；　（B）$a_1>a_2$；

（C）$a_1<a_2$；　（D）无法确定。

4.4　已知银河系中一均匀球形天体，现在半径为 R，绕对称轴自转周期为 T，由于引力凝聚作用，其体积不断收缩，假设一万年后，其半径缩小为 r，则那时该天体的（　　）。

（A）自转周期增加，转动动能增加；　（B）自转周期减小，转动动能减小；

（C）自转周期减小，转动动能增加；　（D）自转周期增加，转动动能减小。

4.5　有一半径为 R 的水平圆转台，可绕通过其中心的竖直固定光滑轴转动，转动惯量为 J，开始时转台以匀角速度 ω_0 转动，此时有一质量为 m 的人站在转台中心，随后人沿半径向外跑去，当人到达转台边缘时，转台的角速度为（　　）。

（A）$\dfrac{J}{(J+m)R^2}\omega_0$；　（B）$\dfrac{J}{J+mR^2}\omega_0$；

（C）$\dfrac{J}{mR^2}\omega_0$；　（D）ω_0。

4.6　如图 4-29 所示，一光滑的内表面半径为 10cm 的半球形碗，以匀角速度 ω 绕其对称轴 OC 旋转，已知放在碗内表面上的一个小球 P 相对于碗静止，其位置高于碗底 4cm，则由此可推知碗旋转的角速度约为（　　）。

（A）$13\text{rad}\cdot\text{s}^{-1}$；　（B）$17\text{rad}\cdot\text{s}^{-1}$；

（C）$10\text{rad}\cdot\text{s}^{-1}$；　（D）$18\text{rad}\cdot\text{s}^{-1}$。

4.7　有一小块物体，置于光滑的水平桌面上，有一绳其一端连接此物体；另一端穿过桌面的小孔，该物体原以角速度 ω 在距孔为 R 的圆周上转动，今将绳从小孔缓慢往下拉，则物体（　　）。

（A）动能不变，动量改变；

（B）动量不变，动能改变；

（C）角动量不变，动量不变；

（D）角动量改变，动量改变；

（E）角动量不变，动能、动量都改变。

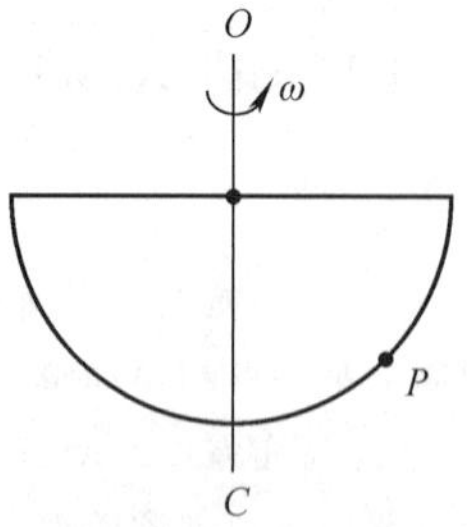

图 4-29　题 4.6 图

4.8　一静止的均匀细棒，长为 L，质量为 $m_{棒}$，可绕通过棒的端点且垂直于棒

长的光滑固定轴 O 在水平面内转动，转动惯量为$\frac{1}{3}m_{棒}L^2$。一质量为 m、速率为 v 的子弹在水平面内沿与棒垂直的方向射入并穿入棒的自由端，设穿过棒后子弹的速率为$\frac{1}{2}v$，则此时棒的角速度应为（　　）。

（A）$\frac{mv}{m_{棒}L}$；　（B）$\frac{3mv}{2m_{棒}L}$；　（C）$\frac{5mv}{3m_{棒}L}$；　（D）$\frac{7mv}{4m_{棒}L}$。

4.9　绳子通过高处一固定的、质量不能忽略的滑轮，两端趴着两只质量相等的猴子，开始时它们离地高度相同，若它们同时攀绳往上爬，且甲猴攀绳速度为乙猴的两倍，则（　　）。

（A）两猴同时爬到顶点；　（B）甲猴先到达顶点；

（C）乙猴先到达顶点；　（D）无法确定。

二、填空题

4.10　旋转着的芭蕾舞演员要加快旋转时，总是将双手收回身边。对这一力学现象可根据____________定律来解释；这过程中，该演员的转动动能____________（增加、减小、不变）。

4.11　匀速直线运动的小球对直线外一点 O 的角动量__________（守恒、不守恒、为零）。

4.12　有一长直细棒，其左半部分质量为 m_1，长为 $L/2$，质量均匀分布；右半部分质量为 m_2，长为 $L/2$，质量也为均匀分布；在细棒正中间嵌有一质量为 m 的小球，则该系统对棒的左端点 O 的转动惯量为________________。

4.13　半径为30cm的飞轮，从静止开始以 $0.5\mathrm{rad\cdot s^{-2}}$ 的匀角加速转动，则飞轮边缘上一点在飞轮转过240°时的切向加速度 $a_t=$________，法向加速度 $a_n=$________。

4.14　如图4-30所示，一匀质木球固结在一细棒下端，且可绕水平光滑固定轴 O 转动，今有一颗子弹沿着与水平面成一角度 θ 的方向击中木球而嵌于其中，则在此击中过程中，木球、子弹、细棒系统的________守恒，原因是________。木球被击中后棒和球升高的过程中，对木球、子弹、细棒、地球系统的________守恒。

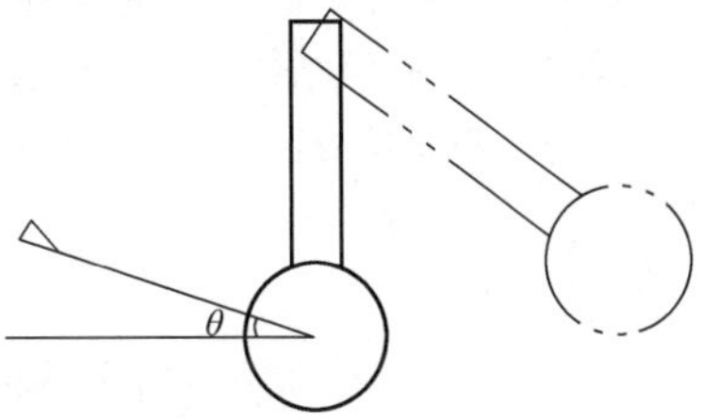

图4-30　题4.14图

4.15　两个质量分布均匀的圆盘A和B的密度分别为 ρ_A 和 ρ_B（$\rho_A>\rho_B$），且两圆盘的总质量和厚度均相同。设两圆盘对通过盘心且垂直于盘面的轴的转动惯量分别为 J_A 和 J_B，则有 J_A________ J_B。（填 >、< 或 =）

三、计算题

4.16　如图4-31所示，在不计质量的细杆组成的正三角形的顶角上，各固定一个质量为 m 的小球，三角形边长为 l。求：（1）系统对过质心且与三角形平面垂直轴 C 的转动惯量；（2）系统对过 A 点，且平行于轴 C 的转动惯量；（3）若 A 处质点也固定在 B 处，（2）的结果如何？

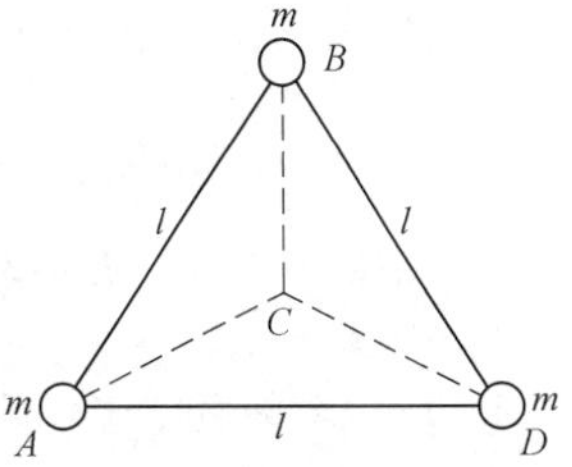

图4-31　题4.16图

4.17　一质量为 m 的质点位于（x_1，y_1）处，速度为$\boldsymbol{v}=v_x\boldsymbol{i}+v_y\boldsymbol{j}$，质点受到一个沿 x 负方向的力 $\boldsymbol{f}$ 的作用，求相对于坐标原点的角动量以及作用于质点上的力的力矩。

4.18　如图4-32所示，两个圆柱形轮子内、外半径分别为 R_1 和 R_2，质量分别为 m_1' 和 m_2'。二者同轴固结在一起组成定滑轮，可绕一水平轴自由转动。今在两轮上各绕以细绳，细绳分别挂上质量为 m_1 和 m_2 的两个物体。求在重力作用下，定滑轮的角加速度。

4.19　如图4-33所示的装置，定滑轮的半径为 r，绕转轴的转动惯量为 J，滑轮两边分别悬挂质量为 m_1 和 m_2 的物体A、B，A置于倾角为 θ 的斜面上，它和斜面间的摩擦因数为 μ，若B向下作加速运动时，求：（1）其下落的加速度大小；（2）滑轮两边绳子的张力。（设绳的质量及伸长均不计，绳与滑轮间无滑动，滑轮轴光滑。）

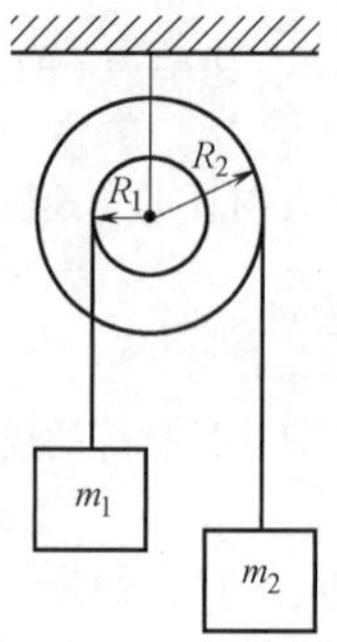

图 4-32　题 4.18 图

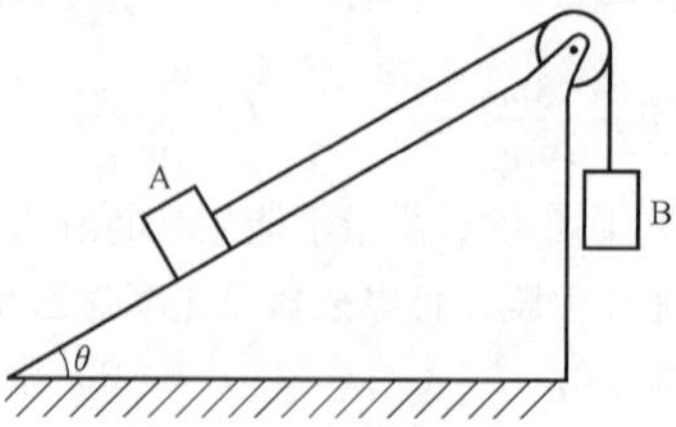

图 4-33　题 4.19 图

4.20　平板中央开一小孔，质量为 m 的小球用细线系住，细线穿过小孔后挂一质量为 m_1 的重物．小球作匀速圆周运动，当半径为 r_0 时重物达到平衡。今在 m_1 的下方再挂一质量为 m_2 的物体，如图 4-34 所示。试问这时小球作匀速圆周运动的角速度 ω'和半径 r'为多少？

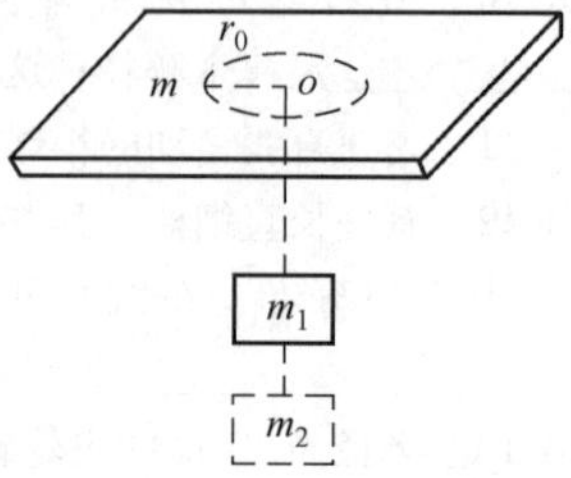

图 4-34　题 4.20 图

4.21　固定在一起的两个同轴均匀圆柱体可绕其光滑的水平对称轴 OO'转动。设大小圆柱体的半径分别为 r 和 r'，质量分别为 m 和 m'。绕在两柱体上的细绳分别与物体 m_1 和 m_2 相连，m_1 和 m_2 则挂在圆柱体的两侧，如图 4-35 所示。设 $r=0.20\text{m}$，$r'=0.10\text{m}$，$m=10\text{kg}$，$m'=4\text{kg}$，$m_1=m_2=2\text{kg}$，且开始时 m_1、m_2 离地均为 $h=2\text{m}$。求：(1) 柱体转动时的角加速度；(2) 两侧细绳的张力。

4.22　如图 4-36 所示，一长为 L、质量为 m 的均匀细杆，可绕轴 O 自由转动。设桌面与细杆间的滑动摩擦因数为 μ，杆初始的转速为 ω_0，试求：(1) 摩擦力矩；(2) 从 ω_0 到停止转动共经历多少时间。

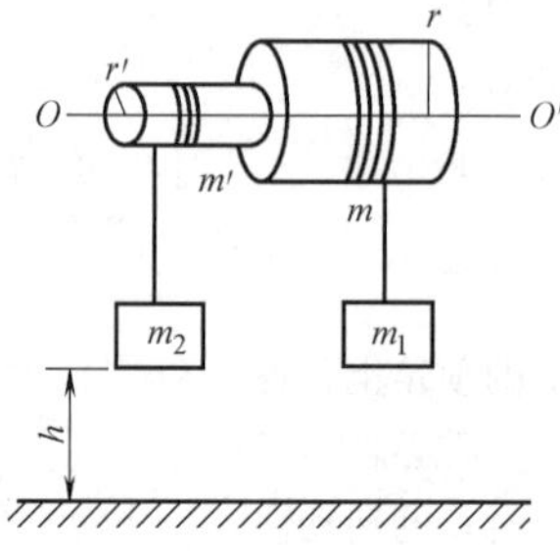

图 4-35　题 4.21 图

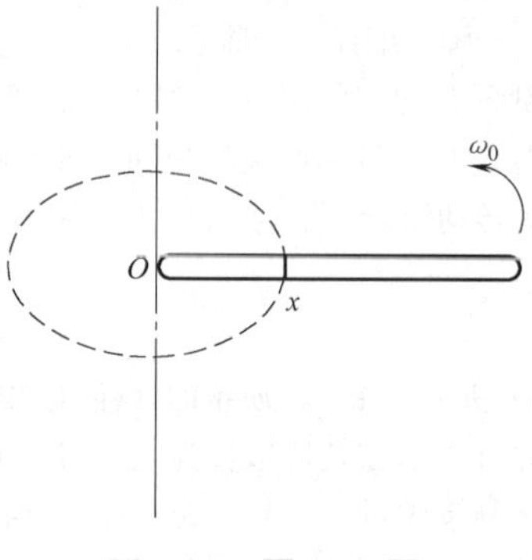

图 4-36　题 4.22 图

4.23　飞轮的质量 $m=60\text{kg}$，半径 $R=0.25\text{m}$，绕其水平中心轴 O 转动，转速为 $900\text{r}\cdot\text{min}^{-1}$。现利用一制动的闸杆，在闸杆的一端加一竖直方向的制动力 $\boldsymbol{F}$，可使飞轮减速。已知闸杆的尺寸如图 4-37 所示，闸瓦与飞轮之间的摩擦因数 $\mu=0.4$，飞轮的转动惯量可按均质圆盘计算。(1) 设 $F=100\text{N}$，问可使飞轮在多长时间内停止转动？在这段时间里飞轮转了几转？(2) 如果在 2s 内飞轮转速减少一半，需加多大的力 F？

4.24　如图 4-38 所示，在一个固定轴上有两个飞轮，其中 A 轮是主动轮，转动惯量为 J_1，正以角速度 ω_1 旋转；B 轮是从动轮，转动惯量为 J_2，处于静止状态。若将从动轮与主动轮啮合后一起转动，它们的角速度有多大？

4.25　如图 4-39 所示，一均质细杆质量为 m、长为 l，可绕过一端 O 的水平轴自由转动，杆于水平位置由静止开始摆下。求：(1) 初始时刻的角加速度；(2) 杆转过 θ 角时的角速度。

4.26　如图 4-40 所示，一长为 l 的均匀直棒可绕过其一端且与棒垂直的水平光滑固定轴转动。抬起另一端使棒向上与水平面成60°，然后无初速地将棒释放。已知棒对轴的转动惯量为$\frac{1}{3}ml^2$，其中m为棒的质量，求：（1）释放时棒的角加速度；（2）棒转到水平位置时的角加速度。

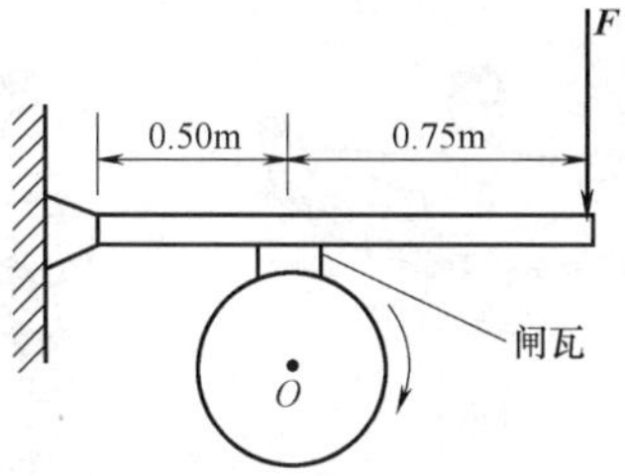

图4-37　题4.23图

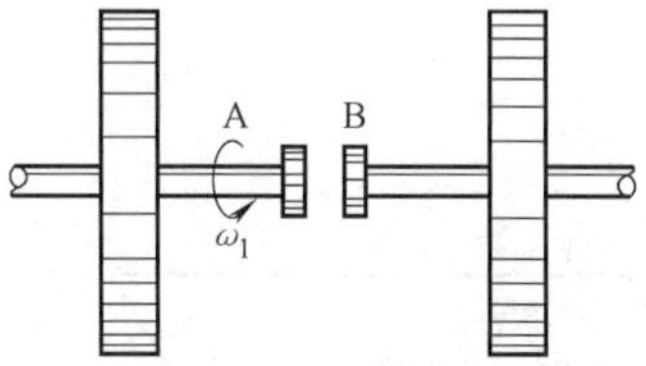

图4-38　题4.24图

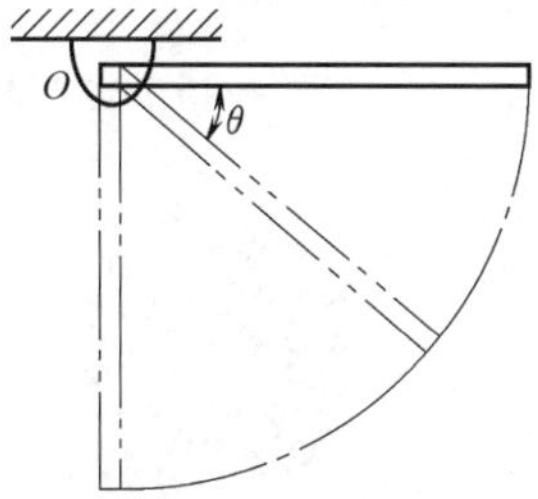

图4-39　题4.25图

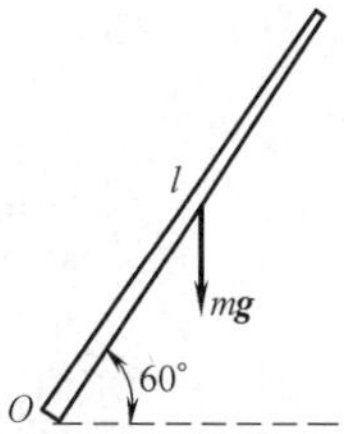

图4-40　题4.26图

4.27　如图4-41所示，质量为m、长为l的均匀直棒，可绕垂直于棒一端的水平轴O无摩擦地转动，它原来静止在平衡位置上。现有一质量为m_0的弹性小球飞来，正好在棒的下端与棒垂直地相撞，相撞后，使棒从平衡位置处摆动到最大角度$\theta=30°$处。（1）设这碰撞为弹性碰撞，试计算小球初速$\boldsymbol{v}_0$的值；（2）相撞时小球受到多大的冲量？

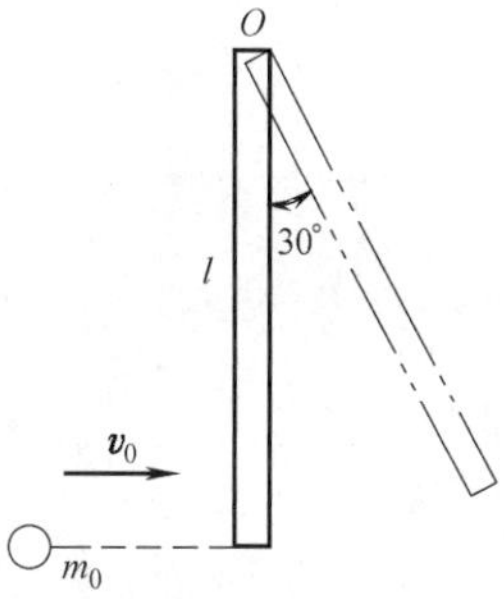

图4-41　题4.27图

4.28　一个质量为m、半径为R并以角速度ω转动着的飞轮（可看作均质圆盘），在某一瞬时突然有一片质量为m_0的碎片从轮的边缘上飞出，如图4-42所示。假定碎片脱离飞轮时的瞬时速度方向正好竖直向上。（1）问它能升高多少？（2）求余下部分的角速度、角动量和转动动能。

4.29　一质量为m、半径为R的自行车轮，假定质量均匀分布在轮缘上，可绕轴自由转动。另一质量为m_0的子弹以速度$\boldsymbol{v}_0$射入轮缘，方向如图4-43所示。（1）开始时轮是静止的，在质点打入后的角速度为何值？（2）用m、m_0和θ表示系统（包括轮和质点）最后动能和初始动能之比。

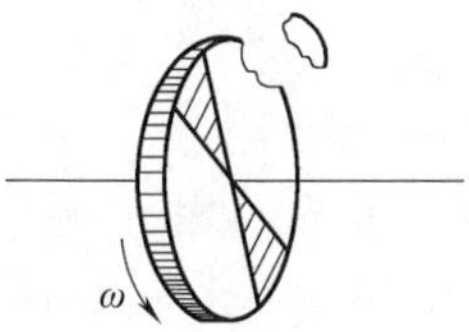

图4-42　题4.28图

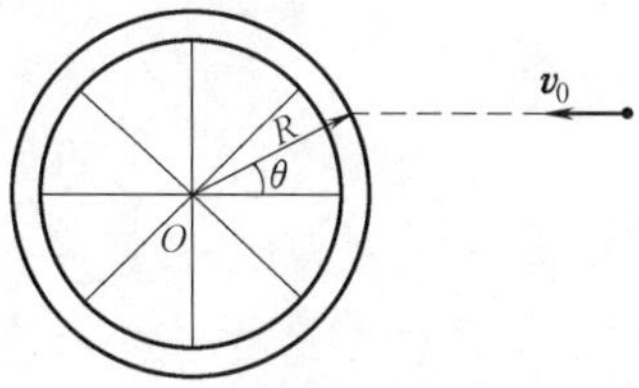

图4-43　题4.29图

4.30　如图4-44所示，在光滑的水平面上有一轻质弹簧（其劲度系数为k），它的一端固定，另一端系以质量为m'的滑块。最初滑块静止时，弹簧呈自然长度l_0，今有一质量为m的子弹以速度$\boldsymbol{v}_0$沿水平方向并垂直于弹簧轴线射向滑块且留在其中，滑块在水平面内滑动，当弹簧被拉伸至长度l时，求滑块速度的大小和方向。

4.31　如图4-45所示，已知转台上的人两臂伸直时，人、哑铃和转台组成的系统 $J_1=2\mathrm{kg}\cdot\mathrm{m}^2$，系统转速 $n_1=15\mathrm{r}\cdot\mathrm{min}^{-1}$。当人两臂收回时，系统 $J_2=0.80\mathrm{kg}\cdot\mathrm{m}^2$，求此时系统的转速 n_2 是多大？系统的机械能是否守恒？什么力做了功？做功多少？（设转台轴上的摩擦忽略不计）

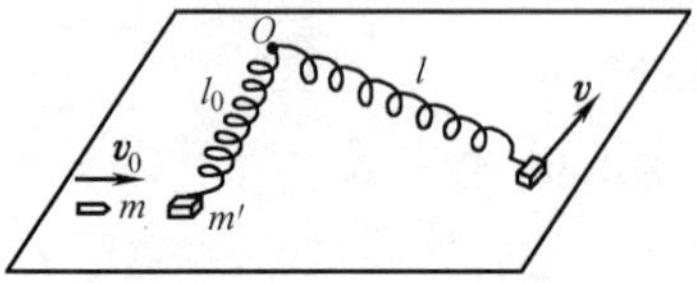

图4-44　题4.30图

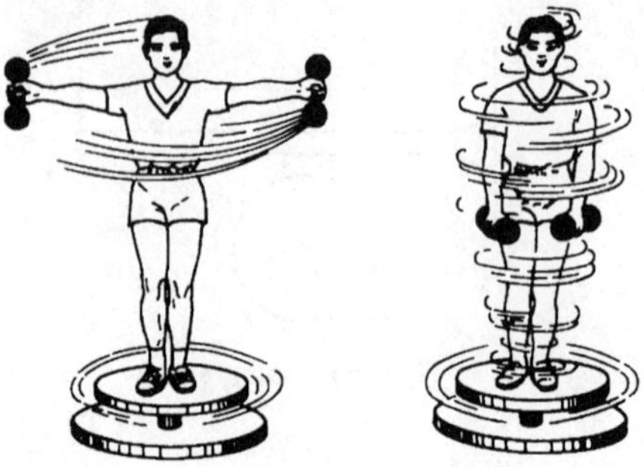

图4-45　题4.31图

本章重要知识点讲解

本章习题简答

第 5 章 相 对 论

相对论是一门关于时间、空间、物质及其运动相互联系的物理学理论，它是 20 世纪物理学最伟大的成就之一，它和量子理论一起构成了近代物理学的两大支柱。它不仅带来了人类时空观念上的深刻变革，同时也对物理学、天文学乃至哲学思想都产生了深远影响。

相对论主要包括狭义相对论和广义相对论两个部分。狭义相对论只适用于惯性参考系，推广到一般参考系和包括引力场在内的理论则称为广义相对论。狭义相对论在高速运动领域发展了牛顿力学理论，其最重要的功绩在于它仅仅是从两个基本原理，即相对性原理和光速不变原理出发，便令人信服地推演出了时空结构具有随运动而发生改变的性质。因此，从这种意义上说，狭义相对论彻底改变了人们旧有的绝对时空观念。不仅如此，狭义相对论还改变了人们对有关质量与能量的看法，能量和质量是可以相互转化的。据此，相对论便极其自然地将质量守恒和能量守恒两个定律融合成为一个统一的质能守恒定律。

在由狭义相对论所得出的有效结论基础上，广义相对论又进一步对时空性质与物质存在的关系做出了更为细致和深入的分析。结果表明，一切自然的定律不仅在惯性系中成立，而且在非惯性系中也依然有效。为此，广义相对论具体分析了引力问题，它突出了引力质量和惯性质量的等效地位，并着力强调了几何学对描写客观世界的作用。其结果，广义相对论便最终建立起如何确立有关引力场结构的新定律，这些新定律经受住了实践的考验。广义相对论的建立还为人们研究宇宙演化问题提供出一套完善动力学理论框架。当然，也正是在这个框架之上，才有了现代宇宙学的大爆炸宇宙模型理论。

本章的重点在于介绍和讨论有关狭义相对论的基本问题。具体地说就是，首先从基本的实验事实出发，引入相对论的两个基本运动学原理，即相对性原理和光速不变原理，并由此推导出洛伦兹时空坐标变换公式；其次，讨论相对论的时空概念并重点介绍相对论效应及其实践检验；最后，对广义相对论做了简要介绍。

5.1 相对论诞生的背景——经典物理学的危机

相对论问题的提出主要发端于 19 世纪末期科学实验新发现同经典物理理论的激烈冲突，它是科学技术发展到一定阶段的必然产物，是电磁理论合乎逻辑的继续和发展，是物理学各有关分支又一次综合的结果。

5.1.1 伽利略变换的普适性研究

1. 牛顿力学中的伽利略变换和绝对时空观

在牛顿力学体系中，速度是相对的，有赖于参考系间的选择，不同的参考系就有不同的

相对运动速度 $\boldsymbol{u}$，速度合成规律 $\boldsymbol{v}'=\boldsymbol{v}-\boldsymbol{u}$，称为速度的伽利略变换。与之相关的时间也是相同的，时间的特性与参考系的选取无关，对于运动事件的发生而言，时间与时间间隔具有绝对意义。这里所谓的“绝对”意义是指，不管运动状态如何，一切时钟都是同步的，而一切物理过程的时间间隔在一切惯性参考系中也都是相同的，如果两个物理事件是同时发生的，那么，对所有其他处于不同运动状态的观察者来说，这两个事件也必然是同时发生的。这也是我们一直以来的时间观。与时间间隔的定义相对应，空间长度定义也是相同的，是一种绝对参量。总之，在牛顿力学中，伽利略变换是以时间间隔和尺度的绝对性为依据的，而突出强调这种绝对性便构成了牛顿力学的时空观。

2. 光行差实验说明光速是有限的

然而，自然界有一种物质速度的合成不符合伽利略速度变换，这就是光速。我们知道：人们之所以能够看见物体，其原因在于由物体发出的或反射的光线能够传入人们的眼睛；尽管光的传播速度很大，但总归是有限的。下面我们借助光行差现象来加以说明。

这里所谓光行差是指，同一星体的观测方位随观察者运动状态的变化而发生变化的现象。其中，因地球公转运动而产生的光行差称为周年光行差，因地球自转运动而产生的光行差称为周日光行差。

为了能够更好地说明光行差现象产生的原因，我们不妨借鉴一下一些日常生活中的经验。雨中，无风的情况下站立，我们只需将伞柄竖直地举起便可以有效地遮挡身体。然而一旦要快速行走，我们就必须将雨伞适当地前倾，因为雨滴下落速度与人体行进速度的合成会使我们感到一种从前上方倾斜而下的降雨。

同样的道理，对于随地球一起高速运动（运动速度为 $\boldsymbol{u}$）的观测者而言，在观测星体时也必须适当地调节望远镜的镜筒（由 $\alpha\to\alpha'$），原因是以有限速度传播的光也必然要体现出与地球运动的合成。由于地球绕太阳公转的周期为一年，其间地球运动的速度方向在不断发生变化，因而由恒星发出的光线的表观方向也必将经历一种周期为一年的变化，即产生所谓的光行差现象（见图 5-1）。天文观测证实这两种周期变化的存在，并由此较为准确地推定了光的传播速度。

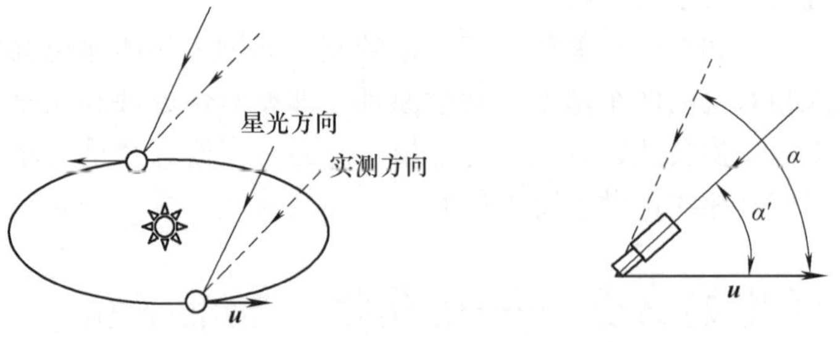

a)　　　　b)

图 5-1　光行差

我们把 $k=u/c$ 叫作光行差常数。根据地球绕太阳的公转速度 $u=2.977\times10^{4}\mathrm{m\cdot s^{-1}}$，光速 $c=2.99774\times10^{8}\mathrm{m\cdot s^{-1}}$，得到光行差常数 k 的取值是

$$k=\frac{2.977\times10^{4}}{2.99774\times10^{8}}=9.93\times10^{-5}$$

只有在光的传播速度可以认为是无限大的前提条件下，k 的取值才有可能趋近于零，光行差现象才不至于出现。但实际上，光行差已经被天文观测证实，这就说明光的传播速度肯定是有限的。

3. 伽利略变换是否适用于光的传播问题

若将伽利略的速度合成律用于光的传播问题，会怎么样呢?

下面以运动员投球为例来讨论。假定运动员在 $t=0$ 时刻把球投出，此时，我们容易想象出的一个合理结论应该是，处于终点的计时观测者将首先看到运动员投球，然后才看到球被投出手。可是，如果要是相信光能够满足伽利略的速度合成律，则将会导致因果关系颠倒的荒唐事情发生，如图 5-2 所示。

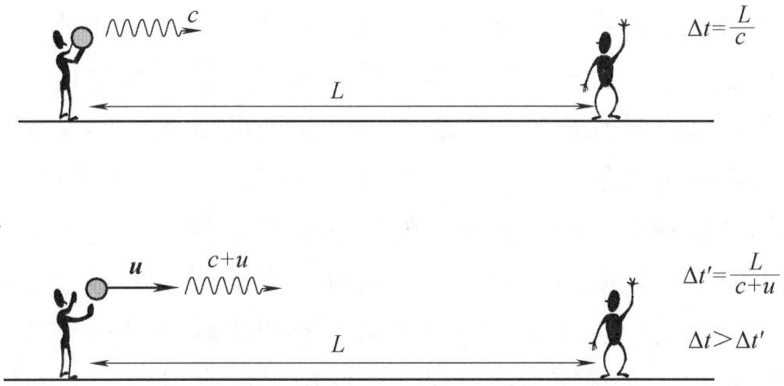

图 5-2　伽利略速度合成律在光传播中的失效

为了具体分析由伽利略速度合成所引起的混乱，我们设运动员投出球的对地速度为 u，忽略空气阻力。运动员准备投球的信号从其所在的地点传到观测者的位置需要的时间为

$$\Delta t=\frac{L}{c}$$

同时，由于相信光的传播满足伽利略速度合成律，因而由球刚一出手时所发出的光的速度将变成 $c+u$。运动员球出手的信号从其所在的地点传到观测者的位置需要的时间为

$$\Delta t'=\frac{L}{c+u}$$

此时，比较上述两式后可以发现

$$\Delta t=\frac{L}{c}>\Delta t'=\frac{L}{c+u} \tag{5-1}$$

式（5-1）表明，“准备投球信号”到达观测者时间晚于“球出手信号”，或者说是：右方观测者先看到运动员的球出手，后看到运动员准备投球。这就是说，在光的传播领域，运用伽利略速度合成律导致了物理事件时序倒置的荒唐结论。而这种荒唐现象从来也不曾被人目睹，可见真正能够导致荒唐因素的是否是伽利略式的速度合成律?

不仅如此，在实际的天文观测中，人们同样印证了伽利略变换所存在的问题。通过对双星运动的观测，人们发现光速与光源运动无关，光在真空中速度是不变的。在观察双星绕其公共质心运动时，若假定光满足速度合成律，即光的传播依赖于光源速度的话，那么，由其中向着地球运动的一颗星发出的光将比另一颗星的星光传播得较快，由此导致的后果是使人们观察到一幅遭受歪曲的双星运动轨道图像。然而，实际上人们并没有观察到这种歪曲现象的发生，这表明两颗星发出的光的传播速度是一样的。

4. 光速不变与伽利略变换的矛盾

19 世纪后半叶，光速的精确测定已经为光速的不变性提供了实验依据。与此同时，电磁理论也为光速的不变性提供了理论依据。1865 年，麦克斯韦在“电磁场的动力学理论”一文中，就从波动方程得出了电磁波的传播速度。并且证明，电磁波的传播速度只取决于传播介质的性质。

1890 年，赫兹把麦克斯韦电磁场方程改造得更为简洁。他明确指出，电磁波的波速（即光速）c，与波源的运动速度无关。可见，从电磁理论出发，光速的不变性是很自然的结论。

然而这个结论却显然与力学中的伽利略变换抵触。

既然电磁现象与伽利略变换相矛盾，电磁场方程组不服从伽利略变换，这就要求通过建立惯性系之间新的变换关系式和新的相对性原理来解决这一基本矛盾。

5.1.2　相对论的实验基础——迈克耳孙-莫雷实验

在牛顿力学的矛盾没有弄清之前，人们对自然现象的认识始终都带有机械论的局限性。既然声波只有在空气或其他气体、液体、固体中才能传播，那么对于当时业已建立的电磁统一理论而言，人们自然认为：作为本质上是一种电磁波的光波，其传播也必然需要某种充满全部空间的特殊介质。考虑到宇宙深处的星光能够穿越千百万光年之遥的稀薄空间，并最终安全抵达地球的基本事实，物理学家们在为光的传播构想出“以太”介质的同时，还进一步总结了这种介质所应该具有的特殊属性。例如，由于光是横波，因而以太必然是一种充满全部宇宙空间的固体，同时还要拥有极大的强度和极小的密度。不仅如此，以太还必须渗透到一切物质之中，并且与物质之间不能产生任何摩擦作用。当然，能够同时具备这些特征的物质的确会让人感到不可思议，然而如果没有以太，光的传播问题就无法得到合理解释。以太，无疑是人类物理学史上最“伟大”的设想。为此，物理学家们投入了极大的热情，去寻找以太存在的证据。

既然设想以太是充满全空间的，于是人们相信，只要借助光的传播性质便可以确定出一种特殊的、相对于以太静止的参考系，即所谓的绝对参考系。以太只在牛顿绝对时空中静止不动，即在特殊参考系中静止。在以太中静止的物体为绝对静止，相对以太运动的物体为绝对运动。引入“以太”后人们认为麦氏方程只对与“以太”固连的绝对参考系成立，那么可以通过实验来确定一个惯性系相对以太的绝对速度。一般认为地球不是绝对参考系。可以假定以太与太阳固连，这样应当在地球上做实验来确定地球本身相对以太的绝对速度，即地球相对太阳的速度。为此，人们设计了许多精确的实验，其中最著名、最有意义的实验是迈克耳孙-莫雷实验。

迈克耳孙干涉仪是一种分振幅方法产生双光束实现干涉的精密仪器，它是1883年由美国物理学家迈克耳孙和莫雷合作，为研究“以太”漂移试验而设计制造出来的，但实验结果却否定了“以太”的存在。迈克耳孙干涉仪装置如图5-3所示，P_1为半反半透膜，P_2为补偿板，M_1、M_2为两平面镜。设地球相对“以太”的相对速度为v。光在P_1M_1和P_2M_2中传播速度不同，时间不变，存在光程差，因此应该在E处观察到干涉条纹存在。当整个装置旋转90°以后，由于假定地球上光速各向异性，光程差会发生变化，干涉条纹也要发生变化，通过观察干涉条纹的变化可以反推出地球相对以太的速度。实验之初估计，如果地球绕太阳运动的速度约为$30\mathrm{km\cdot s^{-1}}$的话，那么，当整个实验在地球上进行时，由于地球运动所引起的可观测效应只有该速度与光速比值的平方量级，即10^{-8}。因而，只要设计出一种精度在10^{-8}以上的实验，就完全可以将地球相对以太的绝对运动揭示出来。19世纪末的科技发展水平已使得这种精密测量成为可能。从另外一个角度说，这一实验也促进了精密测量技术的发展。

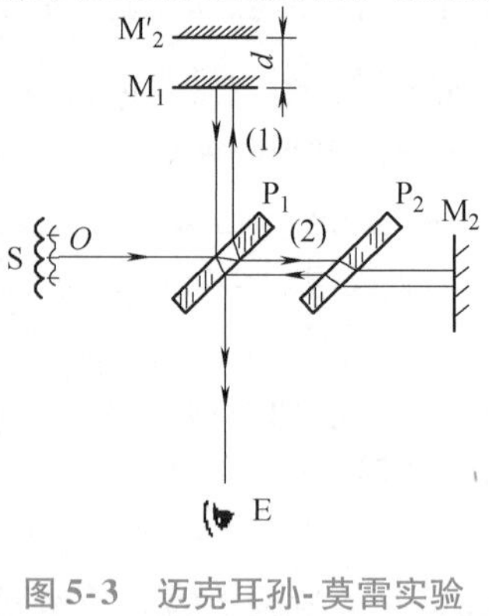

图5-3　迈克耳孙-莫雷实验

然而，让人始料不及的是，包括迈克耳孙-莫雷实验在内的所有实验都明显指向一个结论，就是光在真空中的传播速度与参考系的选取无关。换句话说，无论观察者是站在什么参考系中观察，也无论光源是否运动，光速都始终保持不变。很多人不相信这一实验结果，因为如果光速是不变的，那么，经典力学中伽利略速度变换公式就必将面临巨大的挑战。有一部分人不相信实验的真实性，继续改进实验设备做实验。并且春天做了夏天做，秋天做了冬天做；平地做了高山做……实验精度越来越高，能做实验的人越来越多，几乎每个大学都能在做，但所有结果都一样，地球上的光速与地球速度无关。

当时，面对这种挑战，大多数人都难以摆脱传统观念的束缚，总是试图在牛顿力学的框架内求得上述矛盾的解决。可是，所有苦心经营的方案无一不招致失败，从而形成19世纪末期经典物理的巨大危机。例如，洛伦兹在1892年一方面提出了长度收缩假说，用以解释以太漂移的零结果；另一方面发展了动体的电动力学。尽管他的理论能够解释一些现象（如为什么探测不到地球相对于以太的运动），但却是在保留以太的前提下，采取修补的办法，人为地引入了大量假设，致使概念烦琐，理论庞杂，缺乏逻辑的完备性和体系的严密性。

对于经典物理的大厦，人们想扶起东墙却倒了西墙，想扶起西墙却倒了东墙。这场危机不仅反映出经典理论的局限性，更为重要的是，它要求人们必须要重新审视现有的时空理论，根据新的实践结果去深化自己对时空的认识。

在爱因斯坦创立相对论之前，洛伦兹已经提出了“洛伦兹坐标变换”，彭加莱提出了绝对运动在原则上观察不到。有种说法是：很多人已经走到了相对论的大门口，只是由于他们没有从根本上摆脱牛顿绝对时空观的束缚，才没有敲开相对论的大门。

在上述历史背景之下，相对论的建立已经呼之欲出。人们不得不接受这样的事实，这就是光速总是表现为一个与参考系的选取无关的常数。应该说，爱因斯坦的相对论就是在上述物理大变革的背景下建立起来的。相对论的建立，不仅彻底打破了伽利略的速度变换原则，而且也彻底超越了力学旧有的时空观念，是人类生产水平和科学技术发展到一定阶段的必然产物。

5.2 狭义相对论的基本原理及其数学工具

直到1900年，任何实验都没观察到以太的存在。面对实验与理论的冲突，以及所有试图改良旧理论的失败，爱因斯坦的选择是：抛弃以太假说（即否定了绝对静止参考系的存在），并彻底与经典理论决裂。电磁场不是只在媒质中才能传播的状态，而是物质存在的一种基本形态。在任何惯性系中，电磁理论的基本定律（麦克斯韦方程组）应具有相同的数学形式，需要抛弃的是伽利略变换与旧的时空观。进而，他深刻地审察了“同时性”概念的物理学根据，提出了全新的时空观，创立了狭义相对论。

5.2.1 狭义相对论基本假设

爱因斯坦坚信，在自然界中必然存在一个不依赖于人类知觉主题而独立发挥作用的外部世界，这个外部世界是能够将完美性与和谐性统为一体为人们所认识。1905年，他完成了一篇题目为“论运动物体的电动力学”的论文。在这篇开辟物理学新纪元的论文中，爱因斯坦做出两个基本假设，即相对性假设和光速恒定假设。基于这两条假设，爱因斯坦创立了狭义相对论。如今我们称这两个基本假设为狭义相对论的两个基本原理：

（1）**相对性原理** 所有物理定律在一切惯性系中都具有相同的形式。或者说所有惯性系都是平权的，在它们之中所有物理规律都一样。

（2）**光速不变原理** 在一切惯性系中，真空中光速沿各方向都等于 c，与光源和观察者的运动状态无关。

爱因斯坦提出的相对性原理是对伽利略相对性原理的推广，也就是将相对性原理从单纯的力学领域推广到更为广泛的领域，强调不论通过力学现象，还是光学现象，或者是其他现象，人们都无法觉察出所谓的绝对运动。其实早在1632年，伽利略就认识到了力学实验没法确定所谓的绝对运动这一自然规律。他发现，在封闭的匀速直线运动的船舱里所做的各种力学实验，与地面情况完全一样。对此，他曾经写道："……只要船的运动是匀速的，也不忽左忽右地摆动，那么你将发现，所有实验现象与地面相比没有丝毫变化，你无法从其中任何一个现象来确定：船是在运动还是停着不动，即使当时船运动得相当快。当你跳跃时，你在船底板上跳过的距离与地面实验一样；你跳向船尾时不会比跳向船头远，虽然当你跳到空中时，你脚下的船底板在向着你跳跃的相反方向移动；无论你把什么东西扔给你的同伴，不论他是在船头还是在船尾，只要你自己站在对面，你所用的力气就不会有什么不同；挂在天花板上的杯子滴下的水滴，会像先前一样滴进正下面的罐子，一点也不会滴向船尾，虽然水滴在空中时，船已向前行驶了一段距离；鱼在水中游向鱼缸前部所用的力，也不会比游向鱼缸后部来得大，它们一样悠闲地游向放在鱼缸边缘任何地方的食饵；最后，蝴蝶和苍蝇也将继续随便地到处飞行而不会向船尾集中，它们并不因为长时间停留在空中，由于脱离了船的运动，不得不为赶上船的运动而显出很吃力的样子。"由此可以看出，相对性原理是被大量实验事实所精确检验过的，是完全可以信赖的物理原理。相对性原理使人们认识到，任何实验都无法确定所谓的绝对运动。

根据相对性原理，贯穿在客观物理过程（包括信号传播）中的规律性对于一切惯性参考系都是一样的。换句话说，表示自然定律的各种方程，对于其所经历任何一种惯性坐标系的变换都是不变的。而要理解这一点，就必须意识到：信号的（或相互作用）传播是一种客观物理过程，其传播不仅与参考系的选取无关，而且传播速度还是恒定的，毫无疑问，这个恒定速度其实就是真空中的光速 c。只不过需要指出的是，相对于宏观物体的低速运动而言，光速是极其巨大的，因而在人们的日常经验中，很多时候将光速当作无限大来处理，似乎并不会影响到有关结果的准确性。当然，这也是牛顿力学之所以能够看作瞬时超距作用而不致造成严重困难的原因。

爱因斯坦所提出的原理是两条相互协调又相互独立的原理。相对性原理的意义就是要确立坐标变换的原则，而光速不变原理则不仅要突出速度极限的存在，而且还要从物理上确认这个速度极限就是真空中的光速 c。

5.2.2 新的数学工具——洛伦兹变换

为了方便描述这种不同于牛顿力学的新的理论，爱因斯坦选取了新的数学工具——洛伦兹变换。如图5-4所示，有两个惯性参考系S、S′系，S系的 x 轴和S′系的 x' 轴都沿两者相对运动的方向，此种情况下，y 和 z 具有不变性，则关于时空坐标 (x,y,z,t) 和 (x',y',z',t')，洛伦兹变换和伽利略变换的不同，主要在于关于 x 的方程和关于 t 的方程，现比较分析如下。

1. 伽利略变换关系式

经典力学下的伽利略变换应为

$$\left.\begin{aligned} x' &= x - ut \\ y' &= y \\ z' &= z \\ t' &= t \end{aligned}\right\} \tag{5-2}$$

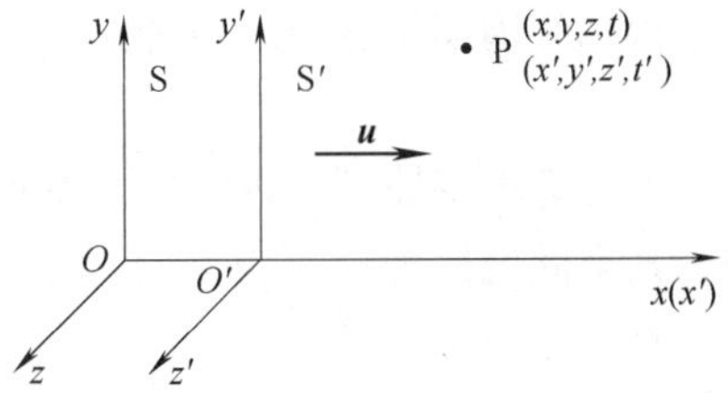

图 5-4 两个惯性参考系之间的坐标变换

但是，式（5-2）仅仅是当运动速率远比光速小时才成立。

2. 洛伦兹变换关系式

正如牛顿时空集中反映在伽利略变换式一样，相对论时空则集中反映在洛伦兹变换之中。因而，能够满足爱因斯坦上述两个基本假设并进而保持物理定律不变的变换是洛伦兹变换。由S系变换成S′系的变换关系式（正变换）是

$$\begin{cases} x' = \gamma(x - ut) \\ y' = y \\ z' = z \\ ct' = \gamma(ct - \beta x) \end{cases} \tag{5-3}$$

而洛伦兹变换的逆变式（由S′系变换成S系的变换）是

$$\begin{cases} x = \gamma(x' + ut') \\ y = y' \\ z = z' \\ ct = \gamma(ct' + \beta x') \end{cases} \tag{5-4}$$

式中，

$$\gamma = \frac{1}{\sqrt{1 - \beta^2}}, \qquad \beta = \frac{u}{c} \tag{5-5}$$

该变换不仅确立了同一事件在两个不同惯性参考系中时空坐标的对应关系，更为重要的是它反映出一种与牛顿力学迥然不同的时空观。具体地说就是，时间坐标不再与空间坐标无关，同时性是相对的，时间间隔不是洛伦兹不变量。

此时容易看出，当两惯性系之间的相对运动速度 u 远小于光速，即当 $\beta = u/c \ll 1$ 时，洛伦兹变换将自动地过渡到伽利略变换的形式。这意味着，伽利略变换所代表的仅仅是洛伦兹变换的一种极限情况，在低速运动条件下，二者将完全具有等效的变换功能。然而在高速运动条件下探讨物体运动规律时，则必须要借助洛伦兹变换。由此可见，牛顿力学所反映的只是低速物体运动规律。由于日常生活以及生产实践所涉及的物体运动速率要远远小于光速，因而适用的力学就是牛顿力学。

***注：下面是洛伦兹变换关系式的推导过程。**

基于惯性参考系，洛伦兹变换应满足以下两点：①时空是均匀的，空间是各向同性的，它应是一种线性变换。②新变换在低速下应能退化成伽利略变换。鉴于时空均匀性，我们可以假设在任何点（包括 O 点），x 和（$x' + ut'$）之间都有一个正比例关系，此时，从S系到S′系的变换为

$$x' = \gamma(x - ut) \tag{5-6}$$

根据爱因斯坦相对性原理，从 S′系到 S 系的逆变换应为

$$x=\gamma(x'+ut') \tag{5-7}$$

由光速不变原理，设 $t=t'=0$ 时，两参考系坐标原点重合，此时，从原点发出一个光脉冲，其空间坐标为：

对 S 系：
$$x=ct \tag{5-8}$$

对 S′系：
$$x'=ct' \tag{5-9}$$

联立式（5-6）和式（5-9）可得

$$ct'=\gamma(c-u)t \tag{5-10}$$

联立式（5-7）和式（5-8）可得

$$ct=\gamma(c+u)t' \tag{5-11}$$

式（5-10）与式（5-11）相乘得

$$c^2tt'=\gamma^2(c+u)t'(c-u)t$$

即

$$\gamma=\frac{1}{\sqrt{1-(u/c)^2}}$$

令 $\beta=\frac{u}{c}$，则上式可以简写为

$$\gamma=\frac{1}{\sqrt{1-\beta^2}}$$

式（5-6）与式（5-7）也可以写成

$$x'=\frac{x-ut}{\sqrt{1-(u/c)^2}},\quad x=\frac{x'+ut'}{\sqrt{1-(u/c)^2}}$$

从这两个式子消去 x 或 x'，便得到关于时间的变换式。消去 x'，得

$$x\sqrt{1-(u/c)^2}=\frac{x-ut}{\sqrt{1-(u/c)^2}}+ut'$$

由此式可求得 t' 如下：

$$t'=\frac{t-\frac{u}{c^2}x}{\sqrt{1-(u/c)^2}} \tag{5-12}$$

同理

$$t=\frac{t'+\frac{u}{c^2}x'}{\sqrt{1-(u/c)^2}} \tag{5-13}$$

当用 γ 和 β 来表示时，式（5-12）也可以简写为

$$ct'=\gamma(ct-\beta x)$$

至此，我们可以给出式（5-3）具有全新变换形式的洛伦兹变换

$$\begin{cases}x'=\gamma(x-ut)\\y'=y\\z'=z\\ct'=\gamma(ct-\beta x)\end{cases}$$

式中，$\gamma=\dfrac{1}{\sqrt{1-\beta^2}}$，$\beta=\dfrac{u}{c}$。

*3. 洛伦兹速度变换关系式

为了进一步推出洛伦兹速度变换公式，即物体在S和S′系中所分别表现的运动速度$\boldsymbol{v}=\left(\dfrac{\mathrm{d}x}{\mathrm{d}t},\dfrac{\mathrm{d}y}{\mathrm{d}t},\dfrac{\mathrm{d}z}{\mathrm{d}t}\right)$与$\boldsymbol{v}'=\left(\dfrac{\mathrm{d}x'}{\mathrm{d}t'},\dfrac{\mathrm{d}y'}{\mathrm{d}t'},\dfrac{\mathrm{d}z'}{\mathrm{d}t'}\right)$之间的对应关系，我们还可以对式（5-3）中的前三式取微分

$$\begin{cases}\mathrm{d}x'=\gamma(\mathrm{d}x-u\mathrm{d}t)\\\mathrm{d}y'=\mathrm{d}y\\\mathrm{d}z'=\mathrm{d}z\end{cases}\tag{5-14}$$

并除以$\mathrm{d}t'=\gamma\left(1-\dfrac{u}{c^2}v_x\right)\mathrm{d}t$后得到

$$\begin{cases}v_x'=\dfrac{v_x-u}{1-\dfrac{u}{c^2}v_x}\\v_y'=\dfrac{v_y}{\gamma\left(1-\dfrac{u}{c^2}v_x\right)}\\v_z'=\dfrac{v_z}{\gamma\left(1-\dfrac{u}{c^2}v_x\right)}\end{cases}\tag{5-15}$$

这就是相对论的速度变换公式，或称洛伦兹速度变换公式。相应地，若将由S系与S′系定义的速度参量加以交换（带撇的和不带撇的对调），并将u以$-u$替代，则可以给出洛伦兹速度变换的逆变换式：

$$\begin{cases}v_x=\dfrac{v_x'+u}{1+\dfrac{u}{c^2}v_x'}\\v_y=\dfrac{v_y'}{\gamma\left(1+\dfrac{u}{c^2}v_x'\right)}\\v_z=\dfrac{v_z'}{\gamma\left(1+\dfrac{u}{c^2}v_x'\right)}\end{cases}\tag{5-16}$$

上述关系式表明，相对论速度变换不仅体现在x分量上，而且也体现在y分量和z分量上，是三个运动方向上的协同变换。

而且，即使是两个接近光速甚至等于光速的速度合成，则合速度也不会大于光速，这就

是狭义相对论中的一个结论：超光速是不可能的，即一切物质或信息的传递速度都不可能超过真空中的光速 c 这个极限。

例 5-1　设想以速度 $0.9c$ 飞离地球的光子火箭，沿飞行方向发出一个光子，求该光子相对于地球的运动速度。

解　若将地球与火箭分别看作为 S 和 S′系，则有 $u=0.9c$，$v'=c$。

于是由洛伦兹速度逆变换得

$$v=\frac{v'+u}{1+\dfrac{uv'}{c^2}}=\frac{c+0.9c}{c+0.9c}c=c$$

上式表明，虽然经历了速度合成，但光子的速度仍为 c，即一切物质或信息的传递都不可能越过自然速度的极限。然而在伽利略变换下，对于同样这个光子，其相对地球的运动速度却不是 c，而是 $0.9c+c=1.9c$。实际上，伽利略速度变换并不适合用来讨论高速运动粒子的速度。

综上所述，洛伦兹变换不仅反映了贯穿于不同惯性系之间的一种普遍的时空变换关系，而重要的是它还揭示了时空性质与物质运动的必然联系。这种联系，一方面表现出洛伦兹变换与相对论原理的协调性，另一方面则突出了运动规律在洛伦兹变换下的不变特征。当然，正是由于相对论揭示了运动规律在洛伦兹变换中所表现出的对称性，才使得洛伦兹变换最终成为评判一条物理定律是否具有普适意义的有效标准。这就是说，凡在数学形式上能够保持洛伦兹变换不变性的物理定律，即被认为是符合相对论性原理的普遍规律；否则，就必须对其加以改造，以便使之满足洛伦兹变换。因此，不符合洛伦兹变换的牛顿力学，就是一个有待改造的力学理论。

5.3　狭义相对论的时空观

根据狭义相对论的公设，利用洛伦兹变换的数学工具，可以推导出许多奇异的现象，包括同时的相对性、长度收缩、时间延滞等。这些早已被许多物理实验所证实的结论，虽然感觉远离我们的生活常识，但却切实地反映了物体在高速运动条件下的本质规律，是近代高能技术发展的物理基础。

5.3.1　同时的相对性

尽管相对论的理论框架确立于两条基本原理之上，但爱因斯坦对相对论问题的论述却是从剖析同时性概念开始的。经典力学认为：惯性系具有同一的绝对时间。但是狭义相对论则认为：不同惯性系中的观测者应该拥有各自不同的同时概念，换言之，在一个惯性系中认为是同时发生的事，而在另一个惯性系中就未必是同时发生。同时性问题是一个相对性的问题。

为了说明相对论的同时性，爱因斯坦构想了一个有关火车的理想实验。如图 5-5 所示，假定车厢以速度 $\boldsymbol{u}$ 沿 Ox 轴作匀速运动，车厢正中间 P 处有一盏电灯，若突然将电灯打开，则灯光将同时向车厢两端 A 和 B 传播。现在要问：在地面上静止的观测者和随车厢一起运动的观测者来看，光波到达 A 和 B 的先后顺序将是如何呢？显然，对于随车厢一起运动的观测者 S′看来，光应当同时到达 A、B 端，并且分别构成两个物理事件 $A(x_1',y_1',z_1',t_1')$ 和 $B(x_2',y_2',$

z_2', t_2')。由于这两者是发生于不同地点的同时事件，因而有

$$\Delta t' = t_2' - t_1' = 0, \ \Delta x' = x_2' - x_1' \neq 0 \tag{5-17}$$

然而在地面参考系S中的观测者看来，A端迎着光源运动，B端背离光源运动，光到达A端的时间应该比到达B端的时间要早一些，如图5-6所示。也就是说，地面观测者看到的结果是：由P发出的光并不是同时到达A和B的。

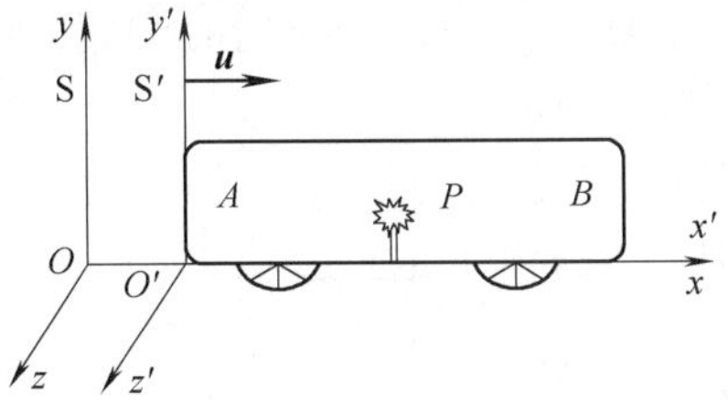

图5-5　爱因斯坦火车

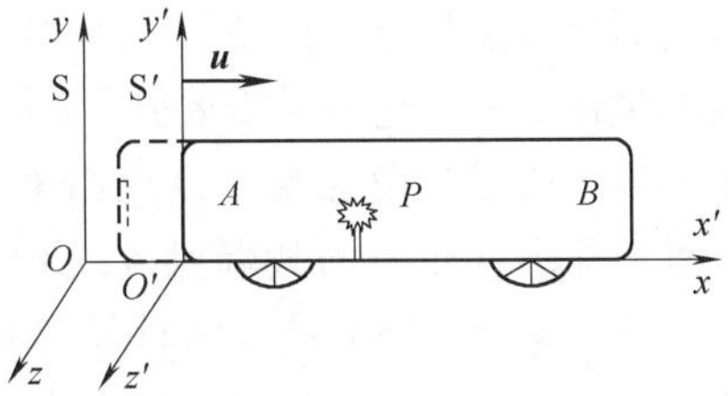

图5-6　同时的相对性

既然由P发出的光到达A和到达B同时与否与参考系有关，那么，就不应当认为时间是与参考系无关的绝对量。

上述情况也可根据洛伦兹逆变换式（5-4）推证，得

$$t_1 = \frac{t_1' + ux_1'/c^2}{\sqrt{1-u^2/c^2}}, \ t_2 = \frac{t_2' + ux_2'/c^2}{\sqrt{1-u^2/c^2}} \tag{5-18}$$

因为A、B事件在S′系同时发生，把$t_1' = t_2'$代入上式，得A、B事件在S系中的时间间隔：

$$\Delta t = t_2 - t_1 = \frac{u\Delta x'/c^2}{\sqrt{1-u^2/c^2}} \neq 0 \tag{5-19}$$

这说明A、B事件在S系中是不同时的。

在相对论中，对于某个惯性系中的观察者来说，如果两个事件是同时（但不同地点）发生的，那么，对于与其有相对运动的其他惯性系中的观察者而言，这两个事件就不是同时发生的。在相对论中同时性的定义具有相对意义，即“异地同时事件在其他参考系看来是不同时的”。

在狭义相对论中，尽管同时性问题是相对的，但因果关系是绝对的。根据洛伦兹逆变换容易推证：如果甲乙两事件存在因果联系，设事件甲先于事件乙发生，这一时间顺序在换了惯性系观察时是不变的。例如，在猎人开枪打猎时，如果认定开枪是原因事件，那么猎物因被子弹击中而死亡就是结果事件。此时，两个事件的因果联系是通过飞行的子弹来实现的，其先后顺序具有绝对意义，而这种绝对性就体现在，无论人们站在哪个参考系中观察，都会发现开枪在先，而猎物死亡在后。换句话说，人们绝不可能找到一个参考系，使得站在其中的人看来，猎物是首先被枪弹击中死亡，然后才发现猎人开枪。由此，相对论强调，从任何惯性参考系中考察两个具有因果联系的事件，都应该是“原因”发生在前，而“结果”出现在后；不会出现“倒因为果”的局面，即因果关系的时序是绝对的。

5.3.2　长度收缩

牛顿力学强调，物体的长度拥有伽利略变换不变性，是个不随物体运动速度变化的、具有绝对意义的概念。然而相对论给长度概念注入了不同的物理内容：空间与运动有关，运动

将导致长度收缩。

通俗地讲，长度就是指物体的空间跨度。当测量与观测者相对静止的物体的长度时，是否做到了同时去测量其首尾坐标不会影响测量结果，你可以先测首坐标再测尾坐标，也可以先测尾坐标再测首坐标；但是当测量一个与观测者有相对运动的物体的长度时，则必须做到同一个时刻去进行首尾坐标的测量，不然，如先测首坐标再测尾坐标，会因为测量过程中物体的运动而导致测量结果的错误。因而在物理测量中，长度总是表现为由同时测到的物体两个端点的坐标之差，这就是需要强调的“动长测量的同时性约定”。

如图 5-7 所示，设想有一直尺沿 Ox 方向相对 S 系静止放置，并由此测得的其端点 A、B 的时空坐标分别为(x_1,t_1)和(x_2,t_2)。于是，该直尺的长度则可表示成 $l_0=x_2-x_1$，l_0 通常又称为直尺的固有长度。只不过在此需要注意的是，由于静止直尺在 S 中的坐标与时间无关，因而此时并不特别要求对 t_1 和 t_2 测量的同时性。相应地，在以速度 u 相对 S 系沿 Ox 轴运动的 S′ 系中考察，则测得直尺的长度为

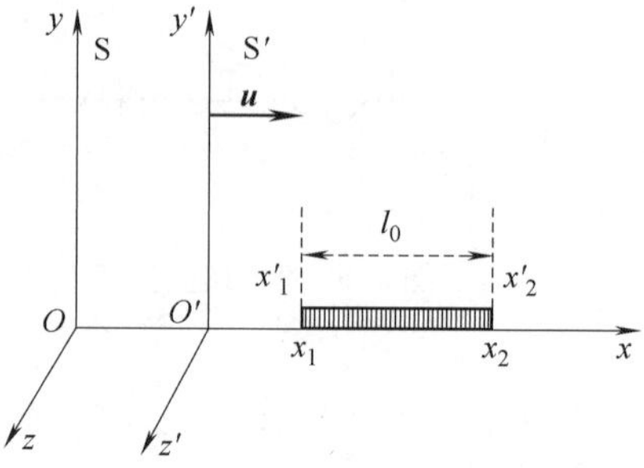

图 5-7　相对论的尺缩效应

$$l=x_2'-x_1' \tag{5-20}$$

该结果对应着 A、B 点的时空坐标是(x_1',t_1')和(x_2',t_2')。这样，依据洛伦兹变换逆变换式得

$$l_0=x_2-x_1=\frac{(x_2'-x_1')+u(t_2'-t_1')}{\sqrt{1-u^2/c^2}} \tag{5-21}$$

此时，若考虑到对运动物体长度测量的同时性要求，即 $t_1'=t_2'$，于是有

$$l_0=\frac{x_2'-x_1'}{\sqrt{1-u^2/c^2}} \tag{5-22}$$

也就是

$$l=l_0\sqrt{1-u^2/c^2}<l_0 \tag{5-23}$$

此式表明，观察者在测量运动尺度的长度时，其测量结果要比静止的尺度长度有所缩短，即物体的长度沿运动方向缩短了。物体所表现出的这种沿运动方向上的长度收缩被称为洛伦兹收缩。它是相对论时空观的必然结果，是长度相对性的直接体现。因而，无论观测者是处于静止状态还是运动状态，但只要被观测物体在相对于观测者运动着，那么，物体的观测长度就要小于其固有长度。

为什么人们在日常生活中很难感知棒的收缩？那是因为日常生活我们所遇到的机械运动，其速度要比光速小得多。宏观物体所达到的最大速度为若干千米每秒，该速度与光速之比约为 10^{-5}，即 $u\ll c$，而由此带来的长度相对收缩量仅为 10^{-10}，完全可以忽略不计。故而对于这些运动，我们总可以认为 $l\approx l_0$ 近似成立。这意味着，在较小速度运动条件下，物体的长度完全能够近似看作一个绝对量。

需要指出的是，在狭义相对论中，洛伦兹收缩只是反映出两个惯性系中测量的结果不同而已，其间并不代表尺度被真正地压缩。这也说明这只是因为选择不同的坐标系描述就会有不同的结果。这种收缩效应也只是表现在运动方向上，在垂直于运动的横向方向则不会有任何的收缩发生。

例 5-2 设想有一光子火箭，在以 $v=0.99c$ 的速度经过观测者的身旁。若火箭的固有长度为 15m，问：

(1) 观测者所测得的此火箭的长度是多少？

(2) 火箭经过观测者需要多长时间？

解 (1) 已知火箭的固有长度 $l_0=15\text{m}$，依据相对论长度变换公式可给出运动中的火箭长度

$$l=l_0\sqrt{1-v^2/c^2}=(15\times\sqrt{1-0.99^2})\text{m}\approx 2.12\text{m}$$

即观测者测得光子火箭的长度只有 2.12m。

(2) 这样，由运动学关系可进一步得到火箭经过观测者的时间

$$\Delta t=\frac{l}{v}=\frac{2.12}{0.99c}\approx 7.14\times 10^{-9}\text{s}$$

5.3.3 时间延滞

在狭义相对论中，就如同长度不是绝对量一样，时间间隔也同样有赖于参考系的变化，即时间间隔具有相对性。为了说明这一点，我们依然借用上述爱因斯坦火车实验。设想在一列以匀速 $\boldsymbol{u}$ 驶过站台的火车上放置一架光子钟，该钟由两块间距为 L 的平行反射镜 M 和 N 构成，具体结构如图 5-8 所示。当有光信号在 M 和 N 镜之间来回反射，并由此构成严格的周期时标尺度时，这架光子钟便可以开始行使记录时间的工作了。显而易见，由于在火车系 S′中光信号所经历的路径是 M—N—M，即由 M 出发再反射回 M，因而 M 发出和接收到光信号的事件为同地事件。然而，从站台 S 系的角度看来，由于火车在以 $\boldsymbol{u}$ 速度驶过站台，因而光信号的路径必将转变为 M— N′—M′；也即是，从站台 S 系的角度看来是异地事件。运用光速不变原理并借助相应的几何关系，对 S′系和 S 系分别有

$$2L=c\Delta t'=c\Delta t_0$$

$$2l=c\Delta t$$

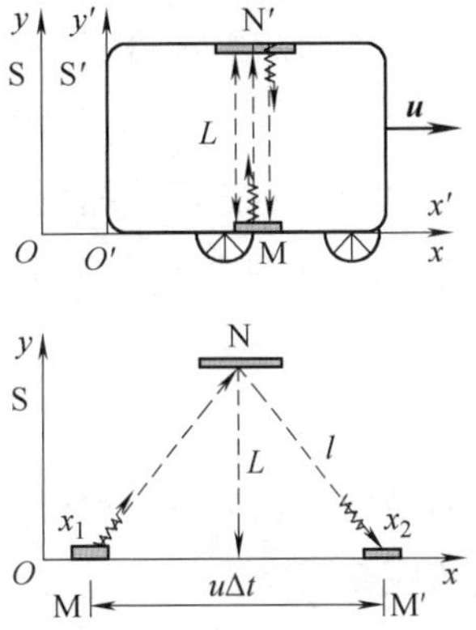

图 5-8 由光子钟演示的时间延滞效应

其中，L 为两平行反射镜间的垂直距离，l 为图 5-8 斜边长，以上两式结合几何学勾股定理，可得

$$\left(\frac{c\Delta t}{2}\right)^2=L^2+\left(\frac{u\Delta t}{2}\right)^2 \tag{5-24}$$

S′系所经历的时间间隔为（固有时）

$$\Delta t_0=t_2-t_1=\frac{2L}{c}$$

由式（5-24）并结合上式，可以得出

$$\Delta t=\frac{2L/c}{\sqrt{1-u^2/c^2}}=\frac{\Delta t_0}{\sqrt{1-u^2/c^2}}=\gamma\Delta t_0 \tag{5-25}$$

此时，考虑到 $\gamma>1$，因而容易看出，$\Delta t>\Delta t_0$，即时间膨胀了。换句话说，在 S 系中的观测者看来，相对于其运动的 S′系内的时钟走慢了，该效应被称为时间延滞效应。当然，出于

同样的道理，若从 S′系中观察置于 S 系内的时钟，人们也会得出相同的结论。所以，在以恒定速率相对运动的两个惯性系中，观测者总是发觉对方的时钟比自己的时钟走得慢一些，即在不同惯性系中测量物理事件的时间间隔时，所得结果将有所不同。并且，只有在运动速度 $u \ll c$，即 $\gamma \approx 1$ 情况下，才会出现如下近似关系：

$$\Delta t \approx \Delta t_0$$

这意味着，只有在缓慢运动条件下，两个物理事件的时间间隔才可以视为绝对量。

时间延滞与长度缩短是相关的，这一点可以通过对 μ 子的平均寿命的测量得到体现。从宇宙空间进入大气层的高能宇宙射线可以在距地面万米高空产生 μ 子。μ 子的静止质量约为电子质量的 207 倍，是不稳定粒子，其平均寿命为 2×10^{-6}s。因此，按经典理论计算，即便是假定以光速运动，μ 子也只能飞行 600 多米，根本无法在其自身平均寿命内到达地面。然而，不可否认的实验事实是，地面上确实探测到了由 9500m（约万米高空）而来，且速度约为 $0.998c$ 的大量 μ 子。这一结果只有用狭义相对论的有关公式进行计算才能得到满意的解释。因为在地面上观测时，μ 子的平均寿命已经延长为

$$\Delta\tau = \frac{\tau_0}{\sqrt{1 - \frac{u^2}{c^2}}} = \frac{2 \times 10^{-6}}{\sqrt{1 - (0.998)^2}}\text{s} = 3.17 \times 10^{-5}\text{s}$$

这样，在地面观测者看来，μ 子在寿命时间内所能穿过的距离为

$$L = 0.998c\Delta\tau = 2.994 \times 10^8\text{m} \cdot \text{s}^{-1} \times 3.17 \times 10^{-5}\text{s} = 9500\text{m}$$

也可以用长度收缩效应来解释：以 μ 子本身为参考系，衰变前大气层以 $-0.998c$ 运动，所穿 9500m 的大气层在 μ 子看来，其厚度不过相当于

$$L = L_0\sqrt{1 - \frac{u^2}{c^2}} = \left(9500 \times \sqrt{1 - 0.998^2}\right)\text{m} = 600\text{m}$$

也即是说，观测者完全可以在地面上探测到大量的 μ 子。由此可以看出，时间延滞和长度收缩效应是物质在运动过程中其相互间时空关系的反映，而并不是一种主观感觉的产物。在世界上既不存在孤立的时间，也不存在孤立的空间。时间、空间与运动三者之间的密切相连，深刻地反映了时空的性质。因此，非超光速运动的 μ 子却能够在较短的寿命期间内穿越大气层的事实表明，时空与运动不再是分离的和毫不相干的，而是表现出了显著的依赖关系。这种依赖关系体现在不同参考系中就意味着，对同一物理过程可以采取不同的描述方法，但最后的物理结论却应该是一致的。

相对论时空观进一步表明，时空是运动物质的存在形式，是人们从物质运动中分析和抽象出的一种概念，它原本就拥有着极为丰富的运动内容，但绝不是像牛顿力学所论述的那样，先验地存在一个空间的框架和一个时间之流，然后再把物质运动纳入其中。由此可见，人们对时空的认识是随着实践的发展而逐步发展的，并且也必将会随着实践的发展而变得更加深入。可以说，相对论时空观是人们对时空认识的一个飞跃，但它绝不是最终的理论。例如，在广义相对论中，人们又提出了时空弯曲以及时空与引力场的关系等概念；然而在微观领域，现有的实验则证明了相对论在约 10^{-18}m 尺度范围内依然有效。

5.4 狭义相对论动力学

5.4.1 狭义相对论对质量和动量的新看法

1. 质量问题

在牛顿力学中，质量是不依赖于速度的常量。可是，人们发现电子质量是随速度变化的，质量 m 是一个与运动速度有关的量，即

$$m=\gamma m_0=\frac{m_0}{\sqrt{1-v^2/c^2}} \tag{5-26}$$

式（5-26）为相对论的质速联系方程，m_0 则可以视为质点处于静止时的质量，它在洛伦兹变换下保持不变。然而，在狭义相对论中，质量 m 却是一个与运动速度有关的量，在不同的惯性系中表现出不同的量值，称作质点的相对论质量。

从式（5-26）可以看出，当质点运动速度无限逼近光速时，其相对论质量将趋于无限大，也即是此时质点将具有一种无限大惯性。这意味着，对任何有限质量的物体施以任何有限大小的力，都无法使其加速到光速。当然，也就更不可能运用力学手段去实现质点的超光速运动。由此，相对论也从动力学的角度说明了光速是宇宙中一切物质运动速度的极限。目前，一些大型粒子加速器可以将电子加速到 $0.999999999c$，甚至更接近光速的速度，但却始终无法超过运动速度的极限 c。

2. 相对论动量

在狭义相对论中，按照洛伦兹不变性的要求，质点的动量表达式需要改写为如下的形式：

$$p=mv=\gamma m_0 v=\frac{m_0}{\sqrt{1-v^2/c^2}}v \tag{5-27}$$

当质点的速率远小于光速，即 $v \ll c$ 时，有 $m \approx m_0$ 和 $p \approx m_0 v$。此时，相对论动量表达式恢复到牛顿力学的形式。这表明，在低速条件下，牛顿力学仍然是适用的。

3. 相对论动力学方程

由于质点的质量不再是恒量，而动量的表达式又要求不变，那么牛顿第二运动定律的表达式在相对论情况下就应当修改为

$$\boldsymbol{F}=\frac{\mathrm{d}\boldsymbol{p}}{\mathrm{d}t}=\frac{\mathrm{d}(m\boldsymbol{v})}{\mathrm{d}t}=\frac{\mathrm{d}m}{\mathrm{d}t}\boldsymbol{v}+m\frac{\mathrm{d}\boldsymbol{v}}{\mathrm{d}t} \tag{5-28}$$

我们把式（5-28）称为**相对论动力学方程**。

显然，若作用在质点系上的合外力为零，则系统的总动量应当保持不变，即体现为一个守恒量。当 $v \ll c$ 时，该式又将回归到经典力学的形式

$$\boldsymbol{F}=\frac{\mathrm{d}\boldsymbol{p}}{\mathrm{d}t}\approx\frac{\mathrm{d}(m_0\boldsymbol{v})}{\mathrm{d}t}=m_0\frac{\mathrm{d}\boldsymbol{v}}{\mathrm{d}t} \tag{5-29}$$

相对论的动量、质量概念在物体低速运动条件下回到牛顿力学。

5.4.2 质量与能量的关系

由相对论力学的基本方程出发，可以得到狭义相对论中重要的质能关系式。

1. 相对论动能、静能和总能量

设一质点在变力的作用下，由静止开始沿 x 轴作一维运动。当质点的速率为 v 时，它所具有的动能应等于外力所做的功，即

$$E_k = \int F \mathrm{d}x = \int \frac{\mathrm{d}p}{\mathrm{d}t} \mathrm{d}x = \int v \mathrm{d}p \tag{5-30}$$

利用相对论的动量表达式，并考虑到 $\mathrm{d}(pv) = p\mathrm{d}v + v\mathrm{d}p$，对式（5-30）积分后可得

$$E_k = pv - \int p\mathrm{d}v = \frac{m_0 v^2}{\sqrt{1 - v^2/c^2}} + m_0 c^2 \sqrt{1 - v^2/c^2} - m_0 c^2 = mc^2 - m_0 c^2 \tag{5-31}$$

在式（5-31）中，第一项 mc^2 代表总能量，第二项 $m_0 c^2$ 代表静能量。

式（5-31）就是相对论性动能的表达式。在 $v \ll c$ 的极限情况下，式（5-31）可近似表达成经典力学的形式，即有（推导略）

$$E_k \approx \frac{1}{2} m_0 v^2$$

它表明，经典力学的动能表达式是相对论力学的动能表达式在物体的运动速度远小于光速的情形下的近似。

2. 质能关系

爱因斯坦曾对式（5-31）做过深刻的说明，他认为式中的 mc^2 可以理解为质点运动时具有的总能量，而 $m_0 c^2$ 则仅仅代表了质点在静止时所具有的能量。这样，式（5-31）表明质点的总能量等于质点的动能与静能量之和。因而，从相对论的观点来看，质点的总能量 E 应等于其质量与光速的二次方的乘积，即

$$E = mc^2 \tag{5-32}$$

这就是爱因斯坦著名的质能关系，它反映了质量和能量这两个重要的物理量之间有着密切的联系。如果一个物体或物体系统的能量有 ΔE 的变化，则无论能量的形式如何，其质量必有相应的改变，其值为 $\Delta E = \Delta mc^2$。质能关系是狭义相对论的一个重要结论，该结论的正确性已经被无数有关核反应的实验事实所证明。当重核裂变或轻核聚合时，会发生质量“亏损”，“亏损”的质量以场物质的形式辐射出去了，场物质是释放出去的能量的携带者。

5.4.3　相对论动量和能量之间的关系

利用动量和能量表达式消去速度 v 后，就可以进一步得到相对论的能量动量关系

$$E^2 = p^2 c^2 + m_0^2 c^4 \tag{5-33}$$

显然，对于光子，有 $m_0 = 0$，则上式变为 $E = pc$，这恰好就是爱因斯坦光量子理论给出的结果。

以上是狭义相对论时空观和相对论力学的一些重要结论。狭义相对论的建立是物理学发展史上的一个里程碑，具有深远的意义。它揭露了空间和时间之间，以及时空和运动物质之间的深刻联系。这种相互联系，把牛顿力学中认为互不相关的绝对空间和绝对时间，结合成为一种与物质运动相联系的整体。无论未来物理学如何发展，以大量实验事实为根据的狭义相对论在科学中的地位是无法否定的，就像在低速、宏观物体的运动中，牛顿力学仍然是十分有效的理论一样。

* 5.5 广义相对论

相对论的建立体现了人们对物理规律对称美和统一美的追求，因为爱因斯坦始终坚信，尽管各种物理现象的观测者所处的运动状态以及考察角度可能会有所不同，但是，任何观测者能够从中感受的那些最终导致物理现象发生的物理规律应该是相同的。当然，也正是基于这种质朴的认识理念，才使得爱因斯坦能够自然地完成对伽利略相对性原理的扩充，以及由特殊到一般的颠覆性跨越，建立了广义相对论。相对论中最重要和最本质的，不是相对性，而是不变性，即超越从个别角度认识问题的局限性，寻求不同参考系内各观测量之间的变换关系，以及变换过程中那些不变性。达到此境界，观察或描述问题的角度（参考系）已变得不那么重要，重要的是那些“不变性”，即自然界中与观测者无关的客观规律。正如诺贝尔物理学奖获得者、美国著名的物理学家 E. P. 维格纳所说：“爱因斯坦最大的贡献是指出了不变性。爱因斯坦所认识的不变性，就是自然定律到处都一样。”

5.5.1 广义相对论基本原理

等效原理和广义相对性原理是广义相对论的两条基本原理。

1. 等效原理——引力质量与惯性质量严格相等

应该说，在牛顿力学中，早就有关于引力质量与惯性质量相等的讨论。但是，这似乎是一种巧合，并没有什么特别的含义，就连牛顿本人也未给予说明。在物理学史上，最早注意到引力质量与惯性质量相等的人是伽利略。再后来，牛顿通过单摆的周期测量实验，得到了两者在 10^{-3} 精度范围内相等。1830 年，贝塞尔（Bessel）将实验精度提高到了 10^{-5}。从 1890 年起，厄缶（Eotvos）通过连续 25 年的实验，将实验精度提高到 10^{-8} 范围内。20 世纪 60 年代，狄克（Dick）等人又改进了厄缶实验，把相应的测量精度提高到了 10^{-10}。也有人曾利用测量原子和原子核结合能的方法，分析了引力质量与惯性质量之比。所有结果都表明，引力质量和惯性质量精确相等。

然而，在爱因斯坦眼里，引力质量与惯性质量却包藏着极其深刻的物理内容，因为引力质量与惯性质量严格相等的直接推论是任何物体的引力加速度是相等的。这意味着，引力场是一种有别于电场和磁场的、能够与惯性力场等效的新型力场。

鉴于对上述问题的深刻认识，爱因斯坦随之将引力质量与惯性质量严格相等的事实提升为普适广泛的自然原理，即等效原理。等效原理是爱因斯坦赖以建立新型引力理论——广义相对论的基础之一。

为了说明上述原理，爱因斯坦讨论了一个假想实验：设有一飞船，船舱内观测者看不到舱外的情形，若把船舱放在地面上（处在引力场中），在舱内观测者看来，一个小球以大小为 g 的加速度自由落向舱底；若在没有引力场的太空中舱以加速度 g 向上运动，它同样会测得自由物体以加速度 g 落向舱底。也就是说测量结果相同。

按照牛顿力学，前者是引力效应，后者是惯性力效应，引力正比于引力质量，惯性力正比于惯性质量，如果这两种质量严格相等，舱内观测者不可能通过任何力学实验来判明飞船究竟是停在地面上，还是在太空中加速飞行。

为此，爱因斯坦提出了等效原理：在一个相当小的时空范围内，不可能通过实验来区分引力与惯性力，它们是等效的。这里必须强调，由于引力与重力不同，空间各点的引力作用不等，引力场与惯性力场只有在局部小区域范围内才可以保持等效。也就是说，一个均匀的引力场与一个匀加速运动的非惯性系等效。

上面的表达若只限于力学实验中引力和惯性力等效，这种等效性较弱，称为弱等效原理。若不仅限于力学实验，还包括任何物理实验，如电磁实验、光学实验等都不能区分引力和惯性力，这种等效性很强，称为强等效原理。毫无疑问，强等效原理是一种限制更强、意义也更加深刻的原理。

2. 广义相对性原理——一切自然定律在任何参考系中都应该具有相同的形式

所有参考系都是平权的，物理定律的表述相同。即无论是惯性系还是非惯性系，物理定律具有相同的数学形式。

借助等效原理，爱因斯坦彻底打破了惯性系在描述物理规律时的优越地位，使惯性系和非惯性系（相对惯性系加速的参考系）完全平等起来，这是人类思想观念上的极大进步。在这个假设下，无所谓惯性系和非惯性系，所有参考系都是一样的。质点在不同参考系之所以表现出不同的力学行为，只是因为不同参考系引力场的强度不同而已。这样一来，一个自然的结论是，一切自然定律在任何参考系中都应该具有相同的形式，这就是广义相对性原理。

由于惯性力和引力等效，广义相对论的实质是关于引力场的理论。为了能够切实地体现惯性系与非惯性系的等价性，爱因斯坦重新评价了引力和惯性力的意义，认为引力和惯性力对一切物理过程的影响是不可区分的。不仅如此，爱因斯坦还进一步指出，由于引力引起的加速度仅仅取决于运动物体所处位置的引力场的情况，而与其固有性质无关，因此引力场的性质完全可以借助时空的几何性质来加以描述。事实上，爱因斯坦也正是通过寻找时空几何对物质分布，即引力源的依赖关系，才得以确立其广义相对论的基本理论框架的。

按爱因斯坦的定义，惯性系不仅是指狭义相对论成立或引力为零的参考系，同样，以引力场中自由落体为参考的局域参考系也是严格的惯性系，简称为局部惯性系。在同一时空点的各局部惯性系间无相对加速度，只有在不同时空点的各局部惯性系间才允许出现相对加速度。因此，在引力场中任一时空点的邻域内均可建立局部惯性系，并且，也完全可以在此参考系内考察和运用狭义相对论。为了在广义相对性原理的基础上建立广义相对论理论，爱因斯坦所做的进一步工作是使引力几何化，即把引力场化作时空几何结构加以表述。对广义相对论理论的研究数学上涉及黎曼几何、张量分析等，超出了本书的范围，对此，我们不做详细讨论，只对一些重要结论做一简要介绍。

广义相对论的一个重要结论是：时空是弯曲的。我们生活的空间是三维的，时间是一维的，时空加在一起是四维的，广义相对论中的时空弯曲是四维的弯曲。

5.5.2　广义相对论时空观

1. 非欧几里得几何

从数学上看，成立于平直空间中的几何是欧几里得几何，因而平直空间又叫作欧几里得空间。欧几里得几何突出地表现出了人所熟知的特点，如两点间直线距离最短，两条平行线永不相交，三角形内角和等于 π 等。然而，在弯曲空间中这些性质就不再成立。例如，在球面上，两点间最短距离表现为大圆弧距离，而两条平行线则会自然地相交在一起，并且三角形内角和也将大于 π。具体情形如图 5-9 所示。

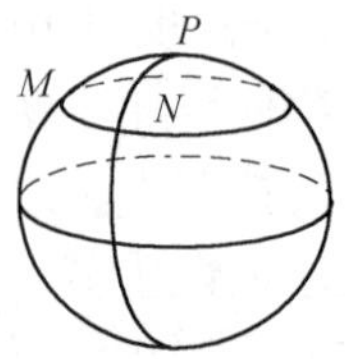

图 5-9　弯曲空间

一般地，弯曲空间几何又被称作非欧几里得几何。根据上述几何学上的差别，我们通常可以通过简单的几何测量来判断一个空间是否属于欧几里得几何。例如，测量圆周长 C 与其直径 D 之比。当 $C/D=\pi$ 时是平面，$C/D<\pi$ 时是凸面，而 $C/D>\pi$ 时则是凹面。

从对球面上三角形的内角和测量结果来看，当三角形较大时，其内角和会明显地大于 π，而当三角形很小时，则其内角和将非常接近 π。这意味着，即便在弯曲空间中，一个较小范围的几何也完全可以当作欧几里得几何处理。其结果是，圆周的一小段可近似当作直线，而球面上的一个小面元则可以近似地看成平面。然而在较大空间范围内，空间的整体性质将表现为弯曲特征，此时，其两点间的距离最短的路径被称为短程线。例如，欧几里得空间中的短程线是直线，而弯曲的非欧几里得空间中短程线则是曲线。

研究光线的传播轨迹可以帮助我们理解弯曲空间几何的意义。众所周知，光速是宇宙中一切物质或能量传递的速度极限，而光线所遵循的运动轨迹也是不折不扣的短程线。这意味着，只要借助光的轨迹我们就完全能够直观地了解到空间的曲直。此时，让我们设想从爱因斯坦电梯侧部的小孔中水平射入一束光。当电梯静止或匀速上升时，光线在其中的轨迹将是直线。可是，在电梯加速上升时光束所描绘的究竟是一种怎样的轨迹呢？毫无疑问，光束所描绘的应该是一条抛物线，因为电梯的加速上升将导致光线不再打到与小窗正对的位置，而是一个稍稍偏下的新位置上。具体情形如图 5-10 所示。于是我们不难得出结论，惯性系中的短程线是直线，其适用的几何为欧几里得几何，而在非惯性系中，短程线将变成曲线，因而其空间几何也自然地变成了非欧几里得几何。

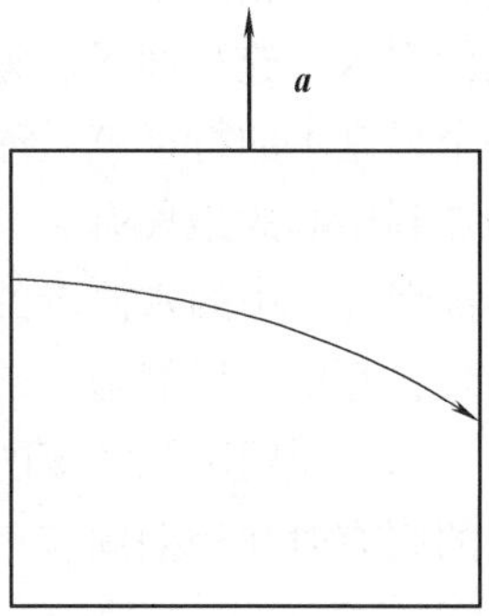

图 5-10　非惯性系中的短程线

2. 弯曲时空

爱因斯坦设想了一个转动圆盘。让一半径为 r 的圆盘以角速度 ω 绕通过盘心且与盘面垂直的轴线转动（见图 5-11），那么在静止观测者看来，可以认为圆盘空间必然是弯曲的，在不同半径处，其弯曲的程度也有所不同。适用于转盘参考系的几何将不再是欧几里得几何。

若有两个相同的时钟，一个放在圆心，一个放在圆周。按照狭义相对论，当圆盘转动时，地面惯性系的观察者将看到圆周的时钟走得慢一些。离圆心越远，时钟越慢。和狭义相对论中关于尺子和长度测量的讨论相似，转盘上的观察者可以自然地认为时钟的时间单位（一个时钟周期）没有变，仍然代表同样的时间间隔，但转盘上的观察者测量的圆周上的时间较之圆心处变慢了。这意味着，由于非惯性系的加速运动破坏了时空的平直属性，由原来的闵可夫斯基时空变为弯曲时空。

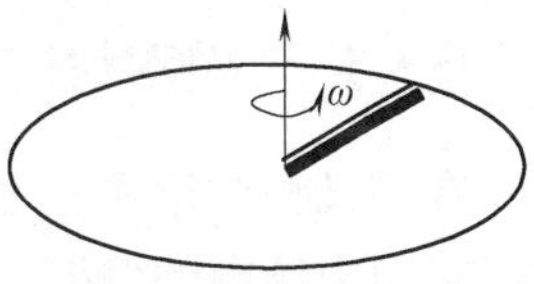

图 5-11　爱因斯坦转盘

与空间弯曲的情形相类似，时空弯曲也同样体现着时空的一种整体性质。这种性质表明，从一个较大区域来看，尽管参考系的加速运动的确会引起时空的弯曲，然而在一个小范围内，时钟与尺子的标度则可以认为近似不变，相应地，这个局域时空也完全可以看作平直时空。一般来讲，在时空中联系两个物理事件并能使其间隔取极值的短程线叫作测地线，又叫作世界线。在惯性系中时空的世界线总是表现为直线，而在非惯性系中时空的世界线则会表现为曲线，并由此体现出时空的弯曲性质。

3. 施瓦西场中固有时与真实距离

由于等效原理突出了引力场与加速运动场的等效性质，因而引力场同样可以使空间变成非欧几里得空间。据此，等效原理不仅扩展了引力概念和强化了引力场与惯性力场的等价地位，而更为重要的一点是它明确地强调，对引力场的描述而言，引入非欧几里得几何是必需的。这意味着，能够刻画弯曲时空结构性质的技术手段也同样应该适合于描述引力，换句话说，借助描述时空几何结构的方法人们完全可以实现对引力场的几何化。

前面我们已经提到，在重力场中自由下落的爱因斯坦电梯是一个局部惯性系，而在这一局部惯性系中，相对论将始终成立，即其中的时空是平直的。然而，此时对于地面参考系而言，它却在相对于电梯作向上的加速运动，是一种非惯性系并拥有弯曲的时空几何。为此，人们引入了施瓦西场。施瓦西场是指一种相对静止的物质球外部的引力场。这种引力场拥有一个最基本的特征就是球对称性，也即是其场量始终指向对称中心，而场的强度则仅仅只与场点到中心的距离有关。此时，在该引力场中自由下落的参考系是一种局部惯性系，从这种局部惯性系中的观测者的观点来看，引力场中的时钟将会变慢，而相应的径向尺度则会变短。并且，在引力场越强的地方，其带来的效应就越显著。

为了说明施瓦西场的性质，可以考虑质量为 m 的质点所引发的球对称场，广义相对论给出的固有时和径向固有距离的表达式分别为

$$\mathrm{d}\tau=\left(1-\frac{2Gm}{c^2r}\right)^{1/2}\mathrm{d}t \tag{5-34}$$

$$\mathrm{d}l=\left(1-\frac{2Gm}{c^2r}\right)^{-1/2}\mathrm{d}r \tag{5-35}$$

式（5-34）、式（5-35）表明，引力场中时钟不仅会变慢，而且标准尺度也将会缩短；并且 r 越小，这种变化的程度就会越大。当然，这里所强调的时钟变缓和尺度收缩的效应，是与不受引力作用的钟和尺，即远离引力场的钟和尺相比照而得出的。就这样，式（5-34）与式（5-35）紧密地将时空性质与物质分布联系在一起，是人们认识和分析引力理论的基础。

5.5.3　广义相对论的实验检验

在广义相对论建立之初，爱因斯坦提出了三项实验检验，一是水星近日点的进动，二是光线在引力场中的偏折，三是光线的引力红移。其中只有水星近日点进动是已经确认的事实，其余两项后来陆续得到证实。20 世纪 60 年代以后，又有人提出观测雷达回波延迟、引力波等方案。

1. 行星轨道近日点的进动

根据牛顿运动定律和平方反比万有引力定律，太阳系中行星的运动轨道应该为一个严格的椭圆，是一条闭合的曲线，而太阳位于椭圆的一个焦点上。然而从 1859 年起，天文学家就发现，行星的运动轨迹并不是严格闭合的椭圆。行星每绕太阳公转一圈，其椭圆轨道的长轴就略有转动，通常称为行星近日（或远日）点的进动，一般认为水星除了主要受到太阳的引力外，还受到太阳系中其他各个行星相对而言小得多的引力。而且人们是从地球也在自转和公转的非理想惯性系中观察，所以有缓慢的进动。如图 5-12 所示，人们在观察离太阳最近的水星时，发现观察值比用牛顿引力理论计算的进动值大了 43.11 角秒，如何解释？

1915 年，爱因斯坦根据广义相对论把行星的绕日运动看成是它在太阳引力场中的运动，由于太阳的质量造成周围空间发生弯曲，使行星每公转一周近日点进动值为

$$\varepsilon = \frac{24\pi^2 a^2}{T^2 c^2 (1 - e^2)}$$

式中，a 为行星的长半轴；c 为光速，以 $cm \cdot s^{-1}$ 表示；e 为偏心率；T 为公转周期。对于水星，可计算出 $\varepsilon = 43''$/百年，这就一举解决了牛顿引力理论多年未解决的悬案。这个结果当时成了广义相对论最有力的一个证据。

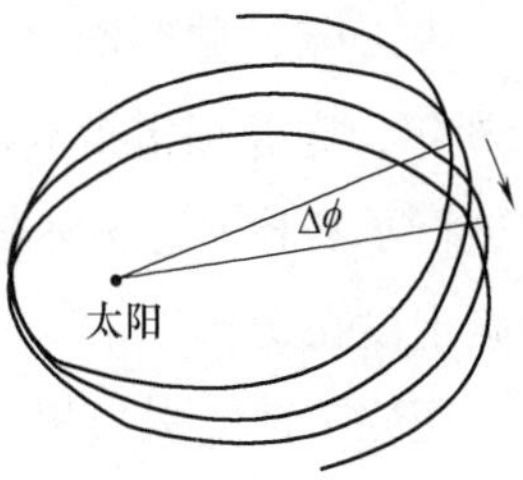

图 5-12　近日点进动

水星是最接近太阳的内行星。离中心天体越近，引力场越强，时空弯曲的曲率就越大。再加上水星运动轨道的偏心率较大，所以进动的修正值也比其他行星的大。后来测得的金星、地球和小行星伊卡鲁斯的多余进动跟理论计算也都基本相符。

2. 光线在引力场中的偏折

爱因斯坦指出，光线在经过太阳附近时由于太阳引力的作用会产生偏折。如果利用日全食的特殊机会，测量日全食时看起来位于太阳附近星球的位置，再与平时这些星球的位置相比较，应观察到这种偏转。1911 年，他在“引力对光传播的影响”一文中详细讨论了这种弯曲，当时他推算出的偏角为 0.83″（角秒）。1914 年，德国天文学家弗劳德领队去克里木半岛准备对当年八月间的日全食进行观测，正遇上第一次世界大战爆发，观测未能进行。幸亏未能观测，因为爱因斯坦当时只考虑到等价原理，计算结果小了一半。1916 年，爱因斯坦根据完整的广义相对论对光线在引力场中的弯曲重新作了计算。他不仅考虑到太阳引力的作用，还考虑到太阳质量导致空间几何形变，光线的偏角为 1.75″（角秒）。

1919 年日全食期间，英国皇家学会和英国皇家天文学会派出了由爱丁顿等人率领的两支远征观测队分赴西非和巴西同时观测。经过比较，两地的观测结果分别为（1.61 ± 0.30）角秒和（1.98 ± 0.12）角秒。把当时测到的偏角数据跟爱因斯坦的理论预期比较，与爱因斯坦的预言一致。然而这种观测精度太低，而且还会受到其他因素的干扰。人们一直在找日全食以外的可能。20 世纪 60 年代发展起来的射电天文学带来了希望。用射电望远镜发现了类星射电源。1974 年和 1975 年对类星体观测的结果是理论和观测值的偏差不超过 1%。

3. 光线的引力红移

广义相对论指出，在强引力场中时钟要走得慢些，因此从巨大质量的星体表面发射到地球上的光线，会向光谱的红端移动。当光线在引力场中传播时，它的频率会发生变化。当光线从引力场强的地方（如太阳附近）传播到引力场弱的地方（如地球附近）时，其频率会略有降低，波长稍为增长，即发生引力红移。当光线反向传播时，频率增加，波长变短，即发生引力蓝移。

1925 年，美国威尔逊山天文台的亚当斯（W. S. Adams）观测了天狼星的伴星天狼 A。这颗伴星即所谓的白矮星，其密度比铂大两千倍。观测它发出的谱线，得到的频移与广义相对论的预期基本相符。

1958 年，穆斯堡尔效应被发现。用这个效应可以测到分辨率极高的 γ 射线共振吸收。1959 年，庞德和雷布卡首先提出了运用穆斯堡尔效应检测引力频移的方案。接着，他们成功地进行了实验，这实际是一个引力蓝移实验。他们的实验相当成功，实际测量值与理论值的不确定度在 5% 之内。

用原子钟测引力频移也能得到很好的结果。1971 年，海菲勒和凯丁用几台铯原子钟比较不同高度的计时率，其中有一台置于地面作为参考钟，另外几台由民航机携带登空，在 1 万米高空沿赤道环绕地球飞行。实验结果与理论预期值在 10% 内相符。1980 年，魏索特等人用氢原子钟做实验，他们把氢原子钟用火箭发射至 1 万千米太空，得到的结果与理论值相差只有 $\pm 7\times10^{-5}$。

4. 雷达回波延迟

在上面讨论的三大验证实验之外，夏皮罗于 1964 年提出用雷达回波延迟实验检验广义相对论的建议。广义相对论认为，物质的存在和运动造成周围时空的弯曲，光线经过大质量物体附近的弯曲现象可以看成一种折射，相当于光速减慢，因此从空间某一点发出的信号，如果途经太阳附近，到达地球的时间将有所延迟。1964 年，夏皮罗首先提出这个建议。他的小组先后对水星、金星与火星进行了雷达实验，证明雷达回波确有延迟现象。近年来开始有人用人造天体作为反射靶，实验精度有所改善。这类实验所得结果与广义相对论理论值比较，相差大约 1%。

5. 引力波的探测

广义相对论认为，物质以非对称的方式加速运动会产生引力波。爱因斯坦证明了引力波和电磁波一样以光速 c 传播。牛顿引力理论中没有引力波，如果能观测到引力波的存在，将是广义相对论的重大胜利。但是由于引力作用比电磁作用弱很多数量级，用现有的材料和实验手段，在地球上尚无法人工产生可以检测到的引力波，人们于是把希望寄托到质量巨大的天体物理产生的引力波上。

1967 年，天文学家贝尔和霍维什用射电天文望远镜发现脉冲星，后来人们证明脉冲星就是中子星。射电天文望远镜接收到的脉冲信号是中子星旋转时磁极发出的电磁波。1974 年，霍尔斯和泰勒发现一对脉冲双星（PSR1913 + 16）。广义相对论认为，脉冲双星旋转时辐射引力波。脉冲双星辐射引力波的功率并不小，只是这对双星距地球太遥远，到达地面的引力波能流密度非常小，现在尚无法检测出如此弱的引力波。不过根据广义相对论，由于脉冲双星辐射引力波时必然伴随着能量损失，会使双星系统的能量减少，周期变慢，经过近 20 年的观测，发现这对脉冲双星的运动周期在稳定地减少，其周期减缓的变化率与广义相对论的理论值相当符合，所以脉冲双星的观察被认为是引力波存在的间接证明。霍尔斯和泰勒因发现这对脉冲双星而荣获 1993 年诺贝尔物理学奖。引力波的直接探测，是实验物理的重大课题之一，将进一步检验广义相对论。西方发达国家均投入大量人力物力进行研究，但目前尚未取得令人满意的数据。

6. 黑洞

黑洞是广义相对论预言的一种特别致密的暗天体。大质量恒星在其演化末期发生塌缩，其物质特别致密，因引力场特别强以至于包括光子在内的任何物质只能进去而无法逃脱。假设在一个静止质量为 $m_{引}$、球对称分布的引力场中，质量为 m 的粒子的引力势能为

$E = Gm_{引} m/r$，该粒子被束缚在 r 范围内，按照牛顿力学能量守恒定律计算，如果引力源的质量 M 全部集中在引力半径

$$r_S = \frac{2Gm_{引}}{c^2}$$

之内，那么，即便是光也无法从引力场中逃逸，我们无法通过光的反射来观察它。换句话说，此时的引力源是不可能发光的，故而被称为黑洞。而由引力半径所描绘的球面就叫作黑洞的视界。根据这种估计，如果太阳变成了一个黑洞，其引力半径将只有区区 3km。当然，若要论及地球，则它的引力半径将会更小，大概只有 1cm。

广义相对论中球对称的静止质量为 $m_{引}$ 的引力场方程的解叫作施瓦西解，引力半径是施瓦西解的奇点，称为施瓦西半径。在施瓦西半径内，是一个特殊的时空区域，即施瓦西黑洞，其中包括光子在内的一切粒子都只能单向地落入引力中心，但不允许静止或向外运动。广义相对论强调，如果引力源的质量一旦收缩至施瓦西半径之内，那么，其质量就将会不可避免地向着中心处塌缩，并直至变成一个物质密度无穷大的致密奇点。

这里，应该指出的是，上述外部观测者所看到的奇特结果只是一种表观现象，其本身并不具有什么物理上的实质内涵。事实上，在自由下落的观测者看来，由于此时其时间表现为固有时，因而他并不会发现什么物理上的反常现象，他仍然会感到自己在不断地下落，并且在有限的时间内穿越视界，直至最终落向中心。因此说，由施瓦西半径所定义的黑洞视界，其实也不过是代表了两个物理性质极为不同的时空区域的交界面，因而人们有时也将黑洞定义成单向运动的时空边界，即单向膜。在这个单向膜内，一切发生的事件将从外部观测者视野里完全消失，使之成为一种真正意义上能够遮断视线的界面。

由于黑洞始终被视界包围，无法与外界进行物质或信息的传递，因而在其内部所发生的一切过程都将逃脱人们的视线，就像它在宇宙中根本不存在一样。这样，要探测黑洞，就只能借助引力效应，即通过对周围可视天体的动力学影响来反推黑洞的存在。尤其考虑到在黑洞附近，由于存在极其强大的引力场，其引发的时空弯曲效应必然会相当显著，此时，广义相对论与牛顿万有引力的差别就会达到有利于观测的程度。例如，天文学上在 20 世纪 70 年代就曾经找到一个黑洞的候选，即一个互绕周期只有 5.6 天的密近双星体系。在这个体系中，其主星 HDE226868 的质量大约是太阳质量的 20 倍，是典型的超级巨星。然而，该主星的伴星质量却只有太阳质量的 5 倍，是一个 X 射线源。于是，许多天体物理学家都相信，那个大质量的引力源就是一个黑洞。

用天文学观测检验广义相对论的事例还有许多。例如，有关宇宙膨胀的哈勃定律，中子星的发现，微波背景辐射的发现等。通过各种实验检验，广义相对论越来越令人信服。然而，有一点应该特别强调：我们可以用一个实验否定某个理论，却不能用有限数量的实验最终证明一个理论；一个精确度并不很高的实验也许就可以推翻某个理论，却无法用精确度很高的一系列实验最终肯定一个理论。对于广义相对论的是否正确，人们必须采取非常谨慎的态度，严格而小心地做出合理的结论。

本章逻辑主线

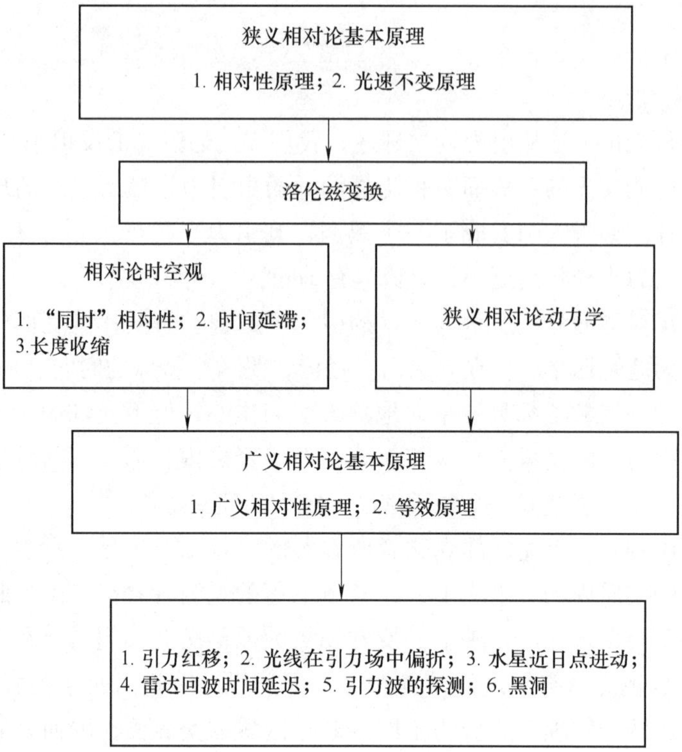

拓展阅读

现代宇宙学

现代宇宙学认为宇宙在大尺度上的物质分布和物理性质是随时间在变化的。这是 1922 年苏联数学家弗里德曼（Friedmann）在解爱因斯坦引力场方程时得到的。在众多的宇宙模型中，目前影响较大的是热大爆炸宇宙学说。

在现代宇宙学家眼里，宇宙代表了所有时空与物质的综合，是一个无所不包的引力自演化系统。不仅宇宙间的万物在演化，大尺度的宇宙本身也是演化的主体。热大爆炸宇宙学说认为，宇宙来自于 150 亿年前所发生的一次"大爆炸"，随后便在引力的主导下演化，爆炸后迅速膨胀，逐渐形成了我们今日可见的宇宙。

1. 现代宇宙学的里程碑

（1）**爱因斯坦最大的错误** 时间回溯到 1917 年，爱因斯坦在广义相对论基础之上，发表了"根据广义相对论对宇宙学所作的考查"一文，这是人类所做出的有关宇宙学研究的新尝试。在该文中爱因斯坦指出，人类生存的宇宙是一个有限无界的宇宙，而描述这种宇宙空间的几何也不再是欧几里得几何。然而，出乎爱因斯坦意料的是，他得到了一个非静态的宇宙学解。这种动态解本是广义相对论的必然结果，但由于受当时的观测所限，爱因斯坦却认为宇宙应该是静态的，为此，他在自己的场方程中引进了一个所谓的宇宙学项。后来，当宇宙膨胀被观测证实后，爱因斯坦感到非常后悔，他认为引入宇宙项因子是他一生所犯的最大错误。

（2）**哈勃发现宇宙膨胀** 1929 年，美国天文学家哈勃（Hubble）发现，宇宙中各星系间在不断互相远离，后退速度随距离的增加而增加，也即是所谓的哈勃定律 $v = H_0 r$，式中 H_0 是哈勃常数。哈勃定律是宇宙学原理的直接体现，它是宇宙膨胀的有力证据。

宇宙的膨胀是通过谱线的宇宙学红移揭示的。1929 年，哈勃观测到远方星系发出的光谱线波长变长，即“红移”。按照原子理论，各种原子所发出的光都是些特征性的谱线，其波长具有相应的确定值。这样，依据原子的特征光谱线，人们就可以判断这些光究竟是由什么原子发出的。观察遥远星系发射的光谱，发现各种原子特征光谱的波长都比地球上相应谱线的波长有所变长，也就是谱线出现了“红移”。

（3）**伽莫夫的大爆炸宇宙学理论** 1948 年，伽莫夫在广义相对论宇宙论和核物理基础上提出了大爆炸宇宙学理论，奠定了现代宇宙学的基础。该理论不仅预言宇宙中的氦元素丰度约为 25%，同时宇宙中还应该残存有温度极低的电磁背景辐射，后来的天文观测证实了伽莫夫的上述预言，使得建立在广义相对论基础上的大爆炸宇宙模型，成为今天主流的宇宙学模型。

2. 现代宇宙学之宇宙概况

对于现今宇宙的认识，主要有以下三点：

1）宇宙中存在许多星系，各星系由大量星体组成。

星体主要是指恒星，恒星都有一个形成、产生、发展演化、衰亡的过程。组成星系的恒星包括年轻的恒星、演化中期的恒星、演化晚期的恒星。这些星系有大有小，大的包括 10^{13} 颗恒星，而小的则有 10^6 颗恒星。银河系是其中的一个中等的星系，大约包含一千亿颗恒星。这些恒星聚集成一种铁饼状结构，其直径大约 10 万光年，而厚度则只有 2 万光年。人类居住的太阳系就处在比较靠近铁饼中央的地方。截至目前，借助大型观测设备，人们已经在银河系之外发现了大约 10^{11} 个星系。如此众多的星系既可以组成规模较大的星系团，也可以组成规模更大的超星系团。

2）从大尺度结构来看，宇宙中星系分布的密度是相对均匀的。

这里“大尺度”是指远大于相邻星系的平均距离的尺度。从人类现已观察到的宇宙来看，尽管有迹象表明宇宙中存在一些比较大的“空洞”（星系分布较疏的区域）和绵延很长的“宇宙长城”（星系分布较密的区域），但人们相信，从大尺度结构看，宇宙里各处星系分布的数密度大体是相同的，并没有特别明显的密集和稀疏的变化。

3）现今的宇宙是不断膨胀着的。

大爆炸宇宙模型所揭示的宇宙基本情况是：①宇宙年龄大约为 $1.2 \sim 1.8 \times 10^{10}$ 年。②宇宙半径为 1.7×10^{26} m。③可观测的宇宙体积估计为 2.2×10^{79} m^3。④我们可以看到的发光物质在宇宙总物质中所占比重不足 10%（约 5%）。这里发光物质是指那些能够产生电磁辐射，从而可以通过电磁波观测手段来证实其存在的物质。这部分物质可以是质子、原子核、电子等，统称重子物质。⑤宇宙大量存在的是暗物质（约占 90%），暗物质不能提供任何直接的电磁作用信号，但可以具有引力效应。到目前为止，人们对暗物质还相当缺乏了解，但初步认为它是由电中性的、有静止质量的、稳定的或平均寿命长于宇宙年龄的粒子集团构成。

3. 现代宇宙学之宇宙的未来

然而，宇宙未来的命运到底会是怎样的呢？它究竟是像现在一样永远加速地膨胀下去，还是会有朝一日再重新收缩成一团呢？要回答这些问题，我们不妨来分析一下万有引力在宇宙演化中所起到的作用。要知道，在宇宙各天体之间还始终存在着一种广泛的万有引力作用，这种作用不仅能够减缓天体退行的趋势，而且还有可能阻止宇宙的膨胀，并最终致使宇宙步入收缩的回程，直至再回到一个新的奇点。于是，新一轮的宇宙大爆炸又重新开始。

当然，在永远加速膨胀与重新收缩之间还必然存在一种匀速退行的临界状态，而这种状态将主要取决于宇宙中所含物质的密度水平。具体地说，如果宇宙中物质的平均密度较低，以至于由其产生的引力作用不足以抵抗宇宙的膨胀趋势时，宇宙就将永远地加速膨胀下去；反之，宇宙则会收缩至一点。

现代宇宙学认为，宇宙临界密度是

$$\rho_c = 1 \times 10^{-26} \mathrm{kg \cdot m^{-3}}$$

只要能够弄清目前宇宙的平均物质密度 ρ_0，那么，人们就完全可以据此来推测宇宙未来的命运，这就是，如果 $\rho_0 < \rho_c$，宇宙将永远膨胀下去，从而表现为开放宇宙；反之，宇宙则会停止膨胀并最终出现回缩，成为封闭宇宙。当然，如果宇宙的密度刚好能够等于临界密度，即 $\rho_0 = \rho_c$，那么宇宙就会表现为没有弯曲的平坦宇宙，或叫作临界宇宙。

然而问题是，对宇宙中的平均物质密度估算起来将会极其地复杂和困难。一方面，就目前技术的发展状况而言，人们还只能借助天体所发射的各种电磁辐射（包括射电、可见光和X射线等波段）来进行观测。但是，由此估算出的发光物质密度仅仅只有临界密度的百分之几，这似乎表明宇宙将有可能永远地膨胀下去。另一方面，通过对星系或星系团演化动力学的研究，人们又相信，在宇宙中除了那些能够发光的天体之外，还应该存在不少不发光的物质，即暗物质。这些物质既有可能是宇宙尘埃，也有可能是一些质量较小的黑洞，当然还有可能是中微子。根据理论估算人们判断，只要中微子的静质量能够达到电子伏的量级，那么，它们就将在宇宙演化中起主导作用。

这里，有必要指出的是，近年来一些有关宇宙学的观测与研究结果使宇宙学家们越来越倾向于认为，宇宙中大部分物质主要表现为暗物质，并且甚至会达到90%以上。果真如此的话，宇宙最终必将会收缩成一点。

当然，仅仅是凭着目前的观测资料，人们还难以对宇宙未来的命运做出判断，但是大爆炸宇宙学理论却明显地敲定了宇宙的前途。首先，所谓开放宇宙是指宇宙一旦从大爆炸起点开始膨胀，便永无休止地膨胀下去。在膨胀过程中，各种天体最终将耗尽其内部的所有热核能量，并逐步演变成白矮星、中子星或者是黑洞，直至到了后期，再慢慢发展成为一种到处都遍布着黑洞的黑暗宇宙。当然，随着进一步的演化，黑洞也有可能不断蒸发，并由此形成一个混沌的世界。

其次，对于平均密度大于临界密度的封闭宇宙而言，其所采取的演化路线则完全表现出了与开放宇宙迥然不同的特征。具体地说就是，尽管封闭宇宙在一开始会表现出一定的膨胀，但在其膨胀后，还会由于自身的引力作用而重新收缩。并且，随着宇宙的逐步收缩，其中的温度将不断升高，而各种天体也将不断融合，直至最终再回缩到原初状态。由此推想下去，重新回复到原初状态的宇宙没准还会迎来第二次大爆炸，并从而产生出第二代宇宙。

最后一种情况会涉及介于两者之间的临界宇宙模式，是说宇宙在爆炸产生之后，会经历暴涨与减速等过程，并不断在临界附近摆动，乃至进行无休止的振荡。可是，对于诸如何种模式更符合于客观实际等问题，现代宇宙理论至今还无力做出回答。不过，就目前天文观测的结果来看，宇宙更倾向于开放模式，尤其是3K微波背景辐射起伏较小的事实表明，宇宙也多半会处于一种平直状态。应该说，这是目前人们从有关宇宙学的研究中所取得的最大收获。

4. 现代宇宙学的困难

大爆炸宇宙虽然受到有关宇宙学红移、微波背景辐射以及元素丰度等观测事实的强有力支持，但本身还存在一些无法回避的困难，如视界问题、平坦性问题（现已被暴涨理论所解释）、奇点问题、磁单极子问题、重子的不对称性问题以及暗物质问题等。

视界疑难：大爆炸宇宙学计算结果表明，在宇宙极早期至少应该存在 10^{83} 个毫无因果关系的区域。这意味着，极早期宇宙是极不均匀的。然而，宇宙学原理和微波背景辐射都表明宇宙是十分均匀的，那么宇宙是怎样在极短的时间内一下子由极不均匀变得十分均匀了呢？这就是所谓的视界疑难。

平直性疑难：根据大爆炸宇宙学和现在的观测事实可以推断，在宇宙极早期还应该出现一个物质密度十分接近平直宇宙的临界密度的初始条件，换句话说就是，在极早期宇宙空间十分接近平直。可是，为什么宇宙当时会是这个样子呢？这就是所谓的平直性疑难。

磁单极疑难：理论计算表明，宇宙中允许存在一定量的磁单极子，但实验观测并没有发现磁单极子的存在。这就是所谓的磁单极疑难。

所有这些疑难，都将对宇宙学的发展构成强烈的挑战。

由以上所指出的发展状况来看，宇宙学目前的观测数据还相当贫乏，尤其是缺乏有关宇宙早期的演化信息。因此，未来宇宙学的研究必将更加注重观测技术的发展和对观测资料的收集，以便使标准宇宙学模型不断地得到完善。

值得注意的是，物理学的两大前沿——粒子物理学和宇宙学，近年来正相得益彰地融合在一起。本来，粒子物理学所研究的是物质基本组分的微小世界，而宇宙学则研究的是整个大尺度宇宙系统的演化规律。然而在宇宙演化的大舞台上，一方研究物理世界之最大规律的理论家们，却注定要与另一方研究物理世界之最小规律的理论家们携手前进。因为要透彻地了解宇宙的开端，就必须达成宇宙的演化条件与其物理学后果的统一，也就是要在理论上完成大规律与小规律的统一。

无论在对有关宇宙的探索中遇到多少困难，人们却始终坚信，大爆炸宇宙学模型已经为宇宙学奠定了一个可靠的理论基础。而作为人们探索自然奥秘的一个重要课题之一，宇宙学也必将继续吸引人们的关注和引起人们的兴趣，并直至等待着新的研究突破。

思 考 题

5.1　狭义相对论建立的基础是什么？

5.2　相对性原理的内涵在牛顿力学与相对论中有什么不同？

5.3　相对论的建立给人们的时空观念带来了哪些根本性的改变？

5.4　狭义相对论有哪些基本效应？

5.5　同时的相对性是什么意思？

5.6　牛顿力学与狭义相对论对质量概念的理解有什么不同？

5.7　相对论力学基本方程与牛顿第二运动定律有什么区别与联系？

5.8　相对论的能量与动量的关系式是什么？相对论的质量与能量的关系式是什么？

5.9　什么叫作质量亏损？它和原子能的释放有何关系？

习　　题

选择题

5.1　下列说法中哪些是正确的？（　　）。

（1）所有惯性系对基本物理规律都是等价的。

（2）在真空中，光的速度与光的频率、光源的运动状态无关。

（3）在任何惯性系中，光在真空中沿任何方向传播速度的大小都相同。

（A）只有（1）、（2）是正确的；　　（B）只有（1）、（3）是正确的；

（C）只有（2）、（3）是正确的；　　（D）三种说法都是正确的。

5.2　下列说法正确的是（　　）。

（1）一切运动物体相对于观察者的速度都不能大于真空中的光速。

（2）质量、长度、时间的测量结果，都随物体与观测者的相对运动状态而改变。

（3）在一惯性系中发生于同一时刻，不同地点的两事件在其他一切惯性系中也是同时发生的。

（4）惯性系中的观察者观测一个相对他作匀速相对运动的时钟时，会看到这个时钟比相对于他静止的相同的时钟走得慢些。

（A）（1）、（3）、（4）正确；　　（B）（1）、（2）、（4）正确；

（C）（1）、（2）、（3）正确；　　（D）（2）、（3）、（4）正确。

5.3　某一时刻从上海和北京同时发出两列高速列车，有一飞船恰从北京向上海方向的高空飞过。在飞船上观测，这两列列车是（　　）。

（A）同时发车；　　（B）上海先发车；

（C）北京先发车；　　（D）不能确定。

5.4　按照相对论的时空观，判断下列叙述中正确的是（　　）。

（A）在一个惯性系中两个同时的事件，在另一惯性系中一定是同时事件；

（B）在一个惯性系中两个同时的事件，在另一惯性系中一定是不同时事件；

（C）在一个惯性系中两个同时又同地的事件，在另一惯性系中一定是同时同地事件；

（D）在一个惯性系中两个同时不同地的事件，在另一惯性系中只可能同时不同地；

（E）在一个惯性系中两个同时不同地的事件，在另一惯性系中只可能同地不同时。

本章重要知识点讲解　　本章习题简答

第6章 静电场

从本章开始，我们研究物质运动的另一种形态，即电磁运动。自然界的所有变化都几乎与电和磁相联系，电磁场是构成物质世界的重要组成部分，它是研究电磁相互作用及其运动规律的科学。

电磁学是人们在认识到电现象和磁现象深刻的内在联系后开始发展起来的。首先是奥斯特发现了电流的磁效应；接着法拉第发现了电磁感应；麦克斯韦在总结前人研究成果的基础上大胆地提出了感应电场和位移电流假说，建立了完整的电磁场理论——麦克斯韦方程组，并从理论上预言了电磁波的存在。麦克斯韦电磁场理论是从牛顿建立的经典力学理论到爱因斯坦的相对论的这一时期中物理学方面的重要的理论成果。

电磁学的知识是许多工程技术和科学研究的基础，电能是应用最广泛的能源，电磁波实现了信息传递，研究新材料的电磁性能促进了新技术的诞生和科学的发展。许多与电磁学看似无关的现象，如物质的弹性、金属的导热性、光学的折射率等都可以从物质的电结构中得到解释，所以电磁学的知识是许多工程技术和科学研究的基础，如电工学、电化学、无线电技术、遥控遥测、自动控制、电视、计算机等都是以电磁学为基础的。因此，电磁学理论在现代物理学中占有重要地位。

电磁学的内容大体可划分为“场”和“路”两部分。大学物理侧重于对“场”的研究，“路”的内容除了中学已经学过的内容外，将主要在后续课程中学习。

本章我们首先研究真空中静电场的基本特性。引入描述电场的两个重要物理量——电场强度和电势，并讨论它们的叠加原理，以及两者之间的积分形式和微分形式的关系；同时介绍反映静电场基本性质的高斯定理和静电场环路定理。

6.1 电荷 库仑定律

6.1.1 电荷守恒定律

1. 电荷

人们对电的认识，最初来自摩擦起电和自然界的雷电现象。早在西汉，《春秋纬》中就载有“瑇瑁（玳瑁）吸诺（细小物体）”。南北朝时的雷敩在《炮炙论》中有“琥珀如血色，以布拭热，吸得芥子者真也”，以此可作为识别真假琥珀的标准。公元3世纪，晋朝张华的《博物志》记载了摩擦起电的现象：“今人梳头，解著衣，有随梳，解结有光者，亦有咤声。”唐代《酉阳杂俎》中写道：“猫黑者，暗中逆循其毛，即若火星。”描述了黑暗中摩擦黑猫发生的静电现象。《南齐书》中也详细记述了雷击现象：“雷震会稽山阴恒山保林寺，刹上四破，电火烧塔下佛面，而窗户不异也。”今天我们把物体经过摩擦后能吸引羽毛、纸片等轻微物质的状态叫作带电，也可以说物体带有电荷，把表示物体所带电荷多少的物理量叫电荷量。

自然界的电荷有两种，分别是正电荷和负电荷。物理学上，把玻璃棒与丝绸摩擦后所带的电荷规定为正电荷，把橡胶棒与毛皮摩擦后所带的电荷规定为负电荷。它们完全相互抵消的状态称为湮灭。带同种电荷的物体相互排斥，带异种电荷的物体相互吸引，物体间这种相互作用力叫作电性力，也叫静电力。由于人们当时还未完全理解电的本质，认为电是附着物体上的，因此把它称为电荷，并把表现出排斥或吸引力的物质称为带电体。

带电体所带电荷的多少称为电荷量。通常，把带电体简称电荷，如运动电荷、自由电荷等。电荷常用符号 q 或者 Q 表示。国际单位制（SI）中，电荷量单位为库仑，用字母 C 表示，1C 即当导体中的恒定电流为 1A 时，在 1s 内通过导体横截面的电荷量。正电荷的电荷量取正值，负电荷的电荷量取负值。一个带电体所带总电荷量为其所带正、负电荷量的代数和。

2. 电荷守恒定律

摩擦使物体带电的现象可以从物质结构加以说明。宏观物体都由分子和原子组成，而任何物质的原子都由一个带正电的原子核和一定数目的绕核运动的电子组成，原子核又由带正电的质子和不带电的中子组成。每个质子所带正电荷量和电子所带负电荷量是相等的，通常用 e 表示。在正常情况下，原子内的电子数和原子核内的质子数相等，整个原子呈现电中性。由于构成物质的原子是电中性的，因此，通常宏观物体将处于电中性状态，物体对外不显示电的作用。当两种不同材料的物体紧密接触时，有一些电子会从一个物体迁移到另一个物体上去，结果使两个物体都处于带电状态。所谓的起电，就是通过某种作用，使物体内电子不足或者过多而呈现带电状态。例如，通过摩擦可以使两物体接触面的温度升高，促使一定量的电子获得足够的动能从一个物体迁移到另一个物体，从而使获得更多电子的物体带负电，失去电子的物体带正电。

实验证明，**在一个与外界没有电荷交换的系统内，无论通过怎样的物理过程，系统内正负电荷量的代数和总是保持不变**，这就是实验总结出来的**电荷守恒定律**。

随着近代物理学的不断发展，这个定律也在微观物理过程中得到了精确验证。例如，一个高能光子与一个重原子核作用时，该光子可以转化为正负电子对：$\gamma \rightarrow e^{+}+e^{-}$。反之，正负电子相遇则同归于尽（称“湮灭”），转化为两个或三个光子。这种电荷的产生或消失并不改变系统中电荷的代数和，所以电荷守恒定律仍然成立。

3. 电荷的相对不变性

实验证实，电荷与带电体的运动速率无关，即随着带电体的运动速率的变化，它所具有的电荷量不会发生变化。由于同一带电体的速率在不同的参考系内可以不同，因而也就意味着电荷与参考系无关，电荷的这一性质称为电荷的相对不变性。

4. 电荷量子化

科学发展到今天大量的实验表明，电子和质子所带的电荷量是自然界带有电荷量最小的粒子，任何带电体或其他微观粒子所带的电荷量是电子或质子电荷量的整数倍。这个事实说明了物体带的电荷量不可能连续地取任意量值，只能取某一单元的整数倍值。一个电子或一个质子所带有的电荷量就是这个基本单元，称为元电荷，用 e 表示。一个质子和一个电子所带的电荷量分别是 1.602177×10^{-19}C 和 -1.602177×10^{-19}C。电荷量的这种只能取分立的、不连续量值的性质，称为电荷的量子化。

20 世纪 50 年代以来，包括我国理论物理工作者在内的各国理论物理工作者陆续提出了一些关于物质结构的更深层次的模型。他们认为强子（质子、中子、介质等）都是由更基本的粒子（称为层子或夸克）构成的。夸克理论认为，夸克带有分数电荷，它们所带电荷量是电子电荷量的 $\pm\frac{1}{3}$、$\pm\frac{2}{3}$。中子是中性的，但并不是说中子内部没有电荷，按夸克理论，中子包含一个带有$\frac{2e}{3}$的电荷量的上夸克和两个均带有 $-\frac{e}{3}$的电荷量的下夸克，总的电荷量为零。强子由夸克组成在理论上已经是无可置疑的，只是迄今为止，尚未发现自由状态的夸克，但无论将来能否发现自由夸克的存在，都不会改变电荷量子化的结论。量子化是微观世界一个基本概念，在微观世界中我们将看到：能量、角动量等也是量子化的。

6.1.2 库仑定律

物体带电后的主要特征是带电体之间存在相互作用的静电力，为了定量地描述这个静电力，我们引入了点电荷的模型，即当带电体的形状和大小与它们之间的距离相比较可以忽略时，这些带电体可以看成点电荷。这是从实际问题抽象出来的理想模型。具体问题中的点电荷：带电体本身线度比它到其他带电体间的距离小得多时，带电体的大小和形状可忽略不计，这个带电体称为点电荷（如同质点一样，是假想模型）。点电荷的概念只有相对的意义，它本身不一定很小。

1785 年，法国物理学家库仑（Coulomb）利用放大法的思想设计制作了可测微小力的电扭秤，并通过扭秤试验结果总结出了点电荷之间相互作用的静电力所服从的基本规律，故称为库仑定律。

库仑定律可以表述为：**在真空中，两个点电荷之间的相互作用力的方向沿着这两个点电荷的连线，同号电荷相斥，异号电荷相吸；作用力的大小与这两个点电荷电荷量的乘积成正比，而与它们之间的距离的平方成反比。**

库仑定律的矢量表达式为

$$\boldsymbol{F}=k\frac{q_1q_2}{r^3}\boldsymbol{r} \tag{6-1a}$$

或者

$$\boldsymbol{F}=k\frac{q_1q_2}{r^2}\boldsymbol{r}_0 \tag{6-1b}$$

若采用国际单位制，其中的比例常数 $k=9.0\times10^9\mathrm{N\cdot m^2\cdot C^{-2}}$。

令 $k=\frac{1}{4\pi\varepsilon_0}$，$\varepsilon_0=\frac{1}{4\pi k}=8.85\times10^{-12}\mathrm{C^2\cdot N^{-1}\cdot m^{-2}}$（$\varepsilon_0$ 为真空中的介电常数），则库仑定律的矢量表达式为

$$\boldsymbol{F}=\frac{1}{4\pi\varepsilon_0}\frac{q_1q_2}{r^3}\boldsymbol{r} \tag{6-1c}$$

或者

$$\boldsymbol{F}=\frac{1}{4\pi\varepsilon_0}\frac{q_1q_2}{r^2}\boldsymbol{r}_0 \tag{6-1d}$$

写成大小形式

$$F=k\frac{q_1q_2}{r^2}$$

式中，q_1 和 q_2 为真空中的两个点电荷；r 为两个点电荷间的距离。$\boldsymbol{r}$ 和 $\boldsymbol{r}_0$ 都是由施力电荷指向受力电荷，$\boldsymbol{r}_0$ 是沿矢径方向的单位矢量。如图 6-1 所示，$\boldsymbol{F}_{12}$和$\boldsymbol{F}_{21}$分别是 q_1 和 q_2 受的库仑力，$\boldsymbol{F}_{12}=-\boldsymbol{F}_{21}$。

近代物理实验表明，当两个电荷之间的距离在 $10^{-17}\sim10^{7}$m 范围内时，库仑定律是极其准确的。

库仑定律与万有引力定律的形式相同，但二者表述的是截然不同的物理现象，电相互作用力取决于电荷，它包含引力和斥力，而万有引力取决于质量，它总是相互吸引力。

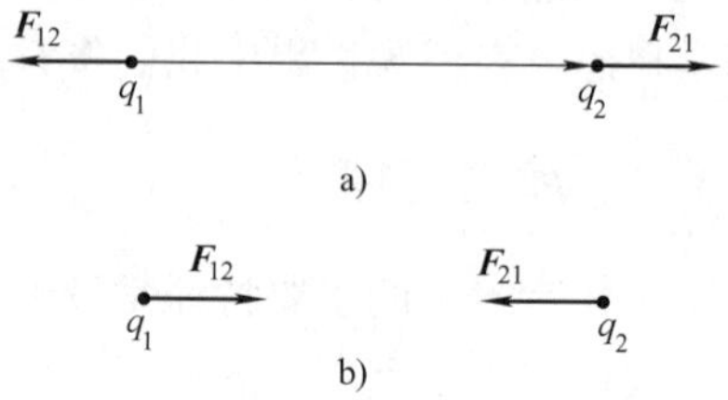

图 6-1　点电荷的作用力

a）q_1、q_2 同号　b）q_1、q_2 异号

两个电荷之间的作用力并不因为第三个电荷的存在而改变。因此，根据前面介绍过的力的叠加原理，两个以上的点电荷对一个点电荷的作用力等于各个点电荷单独存在时对该点电荷作用力的矢量和。这一结论称为静电力叠加原理。对于 n 个静止点电荷组成的电荷系，它们作用在另一静止点电荷 q 上的作用力可以表示为

$$\boldsymbol{F}=\sum_{i=1}^{n}\boldsymbol{F}_i=\sum_{i=1}^{n}\frac{qq_i}{4\pi\varepsilon_0r_i^2}\boldsymbol{r}_{i0}$$

式中，r_i为 q 与q_i之间的距离；$\boldsymbol{r}_{i0}$为从q_i指向 q 的单位矢量。

原则上可以用库仑定律和叠加原理及其导出理论来解决静电学的全部问题。但库仑定律只适用于真空中的点电荷情况，它是静电场中的定律，不适用于计算运动电荷对静止电荷的作用力。若是由运动电荷激发的电场，其对静止电荷产生的作用力则不遵守库仑定律，因为运动电荷除了激发电场外，还激发磁场，这将在后续章节中介绍。值得指出的是，把库仑定律用于讨论空气中的点电荷问题，正常大气压下的误差大约是真空中理想值的 1/2000。

近代电子技术实验表明，静电力 F 与$r^{2+\delta}$的反比关系中，δ 与 0 的差值确定在10^{-15}范围内，这说明了库仑定律的精确性。库仑定律是电学发展史上的第一个定律，该定律使电学研究从定性进入定量阶段，在电学发展史上具有重大意义。

6.2　电场强度

6.2.1　电场　电场强度

1. 电场

我们知道力是物体之间的相互作用。两个物体彼此不接触时，其相互作用必须依赖其间的物质作为传递介质。没有物质作传递介质的所谓的“超距作用”是不存在的。真空中两个相互隔开的点电荷也可以发生相互作用。这就说明，**电荷周围存在一种特殊的物质，称为电**

场。只要有电荷，就有电场。电场对处于电场中的带电体有力的作用。因此，当带电体在电场中移动时电场力可以做功，说明了电场具有能量。而根据爱因斯坦提出的质能关系式，有能量就有质量，所以电场也有质量和动量。因此，同实物物质一样，电场也是一种物质，这种物质称为电磁场。

本章着重研究的是静电场，即相对于观察者静止的电荷所激发的电场，静电场是电磁场的一种特殊情况。

2. 电场强度

一个被研究对象的物理特性总是通过该对象与其他物体的相互作用显示出来。利用电场对电荷有力的作用，我们引入了电场强度这一物理量；对于电荷在电场中移动时电场力要对电荷做功，我们引入了电势这一概念。电场强度和电势是描述静电场的两个基本物理量。

现将一个试验电荷 q_0 放到电场中各个不同点，观察 q_0 受到的电场力。所谓的试验电荷，首先所带电荷量必须尽可能地小，其次线度必须小到可以看成点电荷。这样把它放入电场中时，不影响原电场的分布，以便能用它来确定电场中每一点的性质；否则只能反映出空间的平均性质。实验指出，把同一试验电荷放进电场不同的点时，电荷所受力的大小和方向逐点不同，但在电场中同一地点，电荷所受力的大小和方向是确定的。

实验表明如果改变试验电荷的量值，它所受力的大小将随着改变，受力的大小和试验电荷带的电荷量成正比。所以我们可以用**试验电荷所受的电场力与试验电荷所带电荷量之比，**作为描述静电场中给定点的客观性质的一个物理量，称为**电场强度**。电场强度是矢量，用符号 $\boldsymbol{E}$ 表示，即

$$\boldsymbol{E}=\frac{\boldsymbol{F}}{q_0} \tag{6-2}$$

由实验验证可知，比值与试验电荷无关，仅仅与试验电荷所在的位置（场点）有关。电场中某点的电场强度的大小等于单位试验电荷在该点所受的力的大小，其方向为正电荷在该点所受力的方向。电场中给定的点 $r(x,y,z)$，电场强度 $\boldsymbol{E}$ 是确定的。不同的点电场强度一般不同。所以 $\boldsymbol{E}$ 是空间坐标 (x,y,z) 的点函数，记作 $\boldsymbol{E}(x,y,z)$。

在国际单位制中，力的单位为N，电荷量的单位为C，所以电场强度的单位为 $\mathrm{N\cdot C^{-1}}$，电场强度的单位也可以是 $\mathrm{V\cdot m^{-1}}$，这两种表示方法是等效的。在电工学中常采取后一单位。

另一方面我们如果知道电场强度 $\boldsymbol{E}$ 的分布，就能方便地求出任意点电荷 q 在电场中所受的电场力，即 $\boldsymbol{F}=q\boldsymbol{E}$。

3. 电偶极子和电矩

两个大小相等符号相反的点电荷，$+q$ 和 $-q$，它们分开距离 l，这一电荷系统就叫作**电偶极子**，$\boldsymbol{l}$ 矢量的方向由 $-q\to+q$，即从负电荷指向正电荷为轴线的正方向。通常这个距离 l 比它们到场点的距离小得多，**电荷量 q 与矢量 $\boldsymbol{l}$ 的乘积定义为电偶极矩，简称为电矩**。电矩也是矢量，用 $\boldsymbol{p}$ 表示，即

$$\boldsymbol{p}=q\boldsymbol{l} \tag{6-3}$$

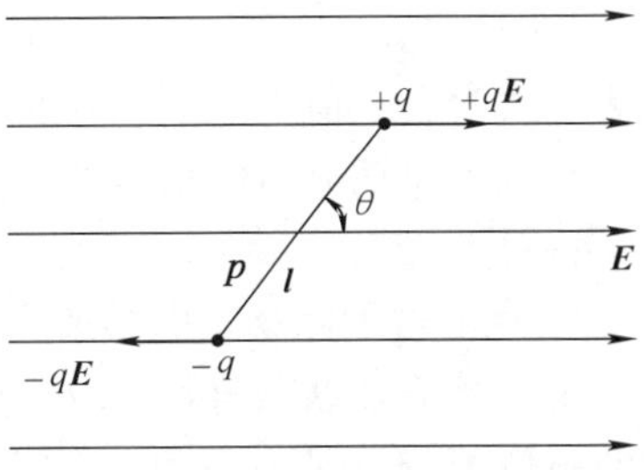

图6-2 电偶极子电场中受力

如图6-2所示，电偶极子在均匀电场 $\boldsymbol{E}$ 中，两电荷受的电场力大小相等、方向相反，是一对力偶，所以产生力偶矩大小为

$$M = Fd = qEl\sin\theta = pE\sin\theta \tag{6-4}$$

电偶极子所受的力矩矢量表达式为

$$\boldsymbol{M} = \boldsymbol{p} \times \boldsymbol{E} \tag{6-5}$$

即电偶极子在均匀电场中受的合力矩。

6.2.2 电场强度叠加原理

试验电荷 q_0 放在点电荷系 $q_1, q_2, q_3, \cdots, q_n$ 所产生电场中的任意点，实验表明 q_0 在该点受的电场力 $\boldsymbol{F}$，等于点电荷系中每个点电荷单独存在时，对 q_0 所施加的库仑力 $\boldsymbol{F}_1, \boldsymbol{F}_2, \boldsymbol{F}_3, \cdots, \boldsymbol{F}_n$ 的矢量和，即

$$\boldsymbol{F} = \boldsymbol{F}_1 + \boldsymbol{F}_2 + \boldsymbol{F}_3 + \cdots + \boldsymbol{F}_n \tag{6-6}$$

由电场强度的定义式，该点的电场强度为

$$\boldsymbol{E} = \frac{\boldsymbol{F}}{q_0} = \frac{\boldsymbol{F}_1}{q_0} + \frac{\boldsymbol{F}_2}{q_0} + \frac{\boldsymbol{F}_3}{q_0} + \cdots + \frac{\boldsymbol{F}_n}{q_0} = \boldsymbol{E}_1 + \boldsymbol{E}_2 + \boldsymbol{E}_3 + \cdots + \boldsymbol{E}_n$$

即

$$\boldsymbol{E} = \sum_{i=1}^{n} \boldsymbol{E}_i \tag{6-7}$$

式（6-7）表明，点电荷系电场中任一点的总电场强度，等于各个点电荷单独存在时在该点产生的电场强度矢量和，称为电场强度叠加原理。它是电场的基本性质，是我们计算合电场强度的依据。但电场强度的叠加是矢量叠加，一定要注意方向，各个分电场强度的方向不一致时不能直接相加！通常用坐标分量法进行计算。

6.2.3 电场强度计算

1. 点电荷电场的电场强度

设在真空中有一个静止的点电荷 q，q 周围任意点 A 处产生的电场强度为 $\boldsymbol{E}$，如图 6-3 所示。求电场强度 $\boldsymbol{E}$ 的大小和方向。现在 A 处有一试验电荷 q_0，q_0 受的电场力为 $\boldsymbol{F}$，根据电场强度的定义式得 A 处的电场强度为

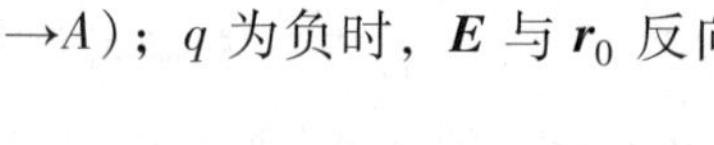

图 6-3 点电荷形成的电场

$$\boldsymbol{E} = \frac{\boldsymbol{F}}{q_0} = \frac{1}{q_0} \cdot \frac{qq_0}{4\pi\varepsilon_0 r^2}\boldsymbol{r}_0$$

即

$$\boldsymbol{E} = \frac{q}{4\pi\varepsilon_0 r^2}\boldsymbol{r}_0 \tag{6-8}$$

该表达式为点电荷周围任意点的电场强度。

$\boldsymbol{r}_0$ 由点电荷 q 指向场点 A，q 为正时，$\boldsymbol{E}$ 与 $\boldsymbol{r}_0$ 同向（由 $q \to A$）；q 为负时，$\boldsymbol{E}$ 与 $\boldsymbol{r}_0$ 反向（由 $A \to q$）。

2. 点电荷系电场的电场强度

设真空中有点电荷系 $q_1, q_2, \cdots, q_n$，如图 6-4 所示。$\boldsymbol{r}_{i0}$ 表示第 i 个点电荷到场点的矢径方向的单位矢量，则 q_i 单独存在时在 A 点产生的电场强度为

$$\boldsymbol{E}_i = \frac{q_i}{4\pi\varepsilon_0 r_i^2}\boldsymbol{r}_{i0}$$

因此点电荷系中任意点的合电场强度为

$$E = \frac{q_1}{4\pi\varepsilon_0 r_1^2}\boldsymbol{r}_{10} + \frac{q_2}{4\pi\varepsilon_0 r_2^2}\boldsymbol{r}_{20} + \cdots + \frac{q_n}{4\pi\varepsilon_0 r_n^2}\boldsymbol{r}_{n0}$$

$$= \sum_{i=1}^{n} \frac{q_i}{4\pi\varepsilon_0 r_i^2}\boldsymbol{r}_{i0}$$

即

$$\boldsymbol{E} = \sum_{i=1}^{n} \boldsymbol{E}_i \tag{6-9a}$$

在直角坐标系中式（6-9a）的分量式为

$$E_x = \sum_{i=1}^{n} E_{ix} \tag{6-9b}$$

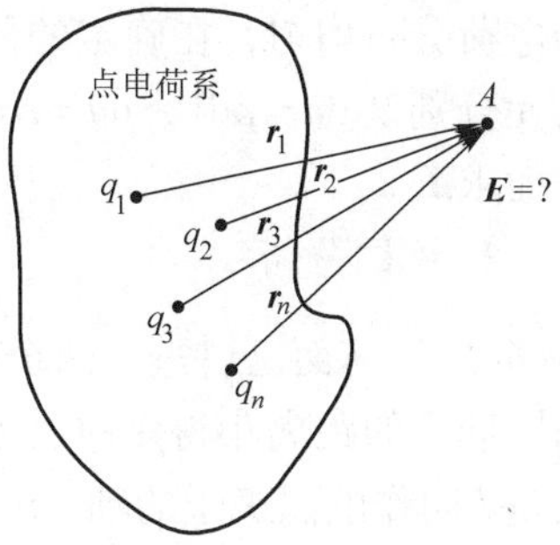

图 6-4 点电荷系形成的电场

$$E_y = \sum_{i=1}^{n} E_{iy} \tag{6-9c}$$

$$E_z = \sum_{i=1}^{n} E_{iz} \tag{6-9d}$$

3. 连续带电体电场的电场强度

根据电场强度叠加原理，我们可以计算电荷连续分布的电荷系的电场强度，下面是计算电场强度的一种方法，当然还有其他方法。

如图 6-5 所示，有一体积为 V、电荷连续分布的带电体，在它周围任选一点 A，现在计算 A 点的电场强度。先在带电体上取一电荷元 $\mathrm{d}q$，电荷元 $\mathrm{d}q$ 可以看成点电荷，则 $\mathrm{d}q$ 在 A 点的电场强度为

$$\mathrm{d}\boldsymbol{E} = \frac{\mathrm{d}q}{4\pi\varepsilon_0 r^2}\boldsymbol{r}_0 \tag{6-10a}$$

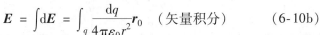

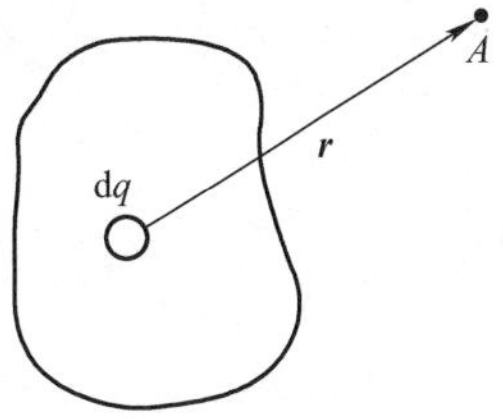

图 6-5 连续带电体形成的电场

带电体在 A 点产生的总电场强度可表示为

$$\boldsymbol{E} = \int \mathrm{d}\boldsymbol{E} = \int_q \frac{\mathrm{d}q}{4\pi\varepsilon_0 r^2}\boldsymbol{r}_0 \quad （矢量积分） \tag{6-10b}$$

式（6-10b）为矢量积分，求 $\boldsymbol{E}$ 前要分别求出各个分量

$$E_x = \int \mathrm{d}E_x, \quad E_y = \int \mathrm{d}E_y, \quad E_z = \int \mathrm{d}E_z \quad （标量积分）$$

则电场强度为

$$\boldsymbol{E} = E_x\boldsymbol{i} + E_y\boldsymbol{j} + E_z\boldsymbol{k}$$

大小为

$$E = \sqrt{E_x^2 + E_y^2 + E_z^2}$$

如果电荷分布在整个体积内，这种分布叫作体分布。在带电体内任取一点，做一包含该点的体积元 ΔV，设该体积中的电荷量为 Δq，则该点的电荷密度 ρ 定义为 Δq 和 ΔV 比值的极限：

$$\rho = \lim_{\Delta V \to 0}\frac{\Delta q}{\Delta V} = \frac{\mathrm{d}q}{\mathrm{d}V} \tag{6-11}$$

在处理电荷分布在极薄的表面层问题时，可以把带电薄层抽象为“带电面”电荷的面密度为

$$\sigma = \lim_{\Delta S \to 0}\frac{\Delta q}{\Delta S} = \frac{\mathrm{d}q}{\mathrm{d}S} \tag{6-12}$$

若电荷分布在细长的线上，则定义单位长度所带电荷为电荷的线密度，即

$$\lambda = \lim_{\Delta l \to 0}\frac{\Delta q}{\Delta l} = \frac{\mathrm{d}q}{\mathrm{d}l} \tag{6-13}$$

若电荷分布均匀，在确定的体、面、线上的各点 ρ、σ、λ 是确定的。所以体、面、线上的电荷元分别是 $dq=\rho dV$，$dq=\sigma dS$，$dq=\lambda dl$。若电荷密度已知，求出 dq，再代入 $\boldsymbol{E}$ 的计算公式进而求 $\boldsymbol{E}$。

4. 例题分析

例 6-1 前面已讲过，两个等量异号点电荷构成的电荷系，它们之间的距离 l 比起所讨论的问题涉及的距离小得多时，如图 6-6 所示，这样一对点电荷系称为电偶极子。由 $-q\to+q$ 的矢量 $\boldsymbol{l}$ 叫作电偶极子的轴，$\boldsymbol{p}=q\boldsymbol{l}$ 叫作电偶极子的电矩。试计算电偶极子轴线延长线上的一点 A 的电场强度。

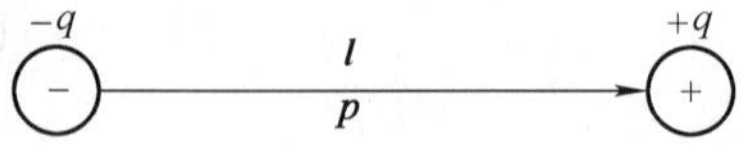

图 6-6 例 6-1 图（1）

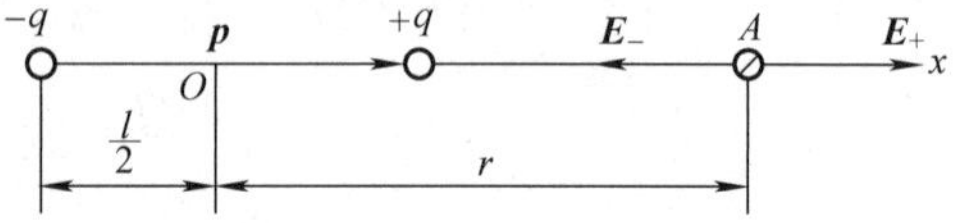

图 6-7 例 6-1 图（2）

解 如图 6-7 所示取坐标

$$\boldsymbol{E}_A=\boldsymbol{E}_++\boldsymbol{E}_-$$

$$E_+=\frac{q}{4\pi\varepsilon_0\left(r-\dfrac{l}{2}\right)^2}$$

$$E_-=\frac{q}{4\pi\varepsilon_0\left(r+\dfrac{l}{2}\right)^2}$$

$$E_A=E_+-E_-=\frac{q}{4\pi\varepsilon_0}\left[\frac{1}{\left(r-\dfrac{l}{2}\right)^2}-\frac{1}{\left(r+\dfrac{l}{2}\right)^2}\right]=\frac{q}{4\pi\varepsilon_0}\cdot\frac{\left(r+\dfrac{l}{2}\right)^2-\left(r-\dfrac{l}{2}\right)^2}{\left(r-\dfrac{l}{2}\right)^2\left(r+\dfrac{l}{2}\right)^2}$$

$$=\frac{q}{4\pi\varepsilon_0}\cdot\frac{2lr}{r^4\left(1-\dfrac{l}{2r}\right)^2\left(1+\dfrac{l}{2r}\right)^2}$$

即有

$$\boldsymbol{E}_A=\frac{2\boldsymbol{p}}{4\pi\varepsilon_0 r^3}\ (\boldsymbol{E}_A \text{ 与 } \boldsymbol{p} \text{ 同向})$$

例 6-2 设真空中有一均匀带电直线，长为 L，总电荷量为 $Q(Q>0)$。线外有一点 P 离开直线的垂直距离为 a，P 点和直线两端的连线与直线之间的夹角分别为 θ_1 和 θ_2，如图 6-8 所示。求 P 点的电场强度。

解 这里，产生电场的电荷是连续分布的，所以，首先要把整个电荷分布划分为许多电荷元，求出任一电荷元 dq 在给定点产生的电场强度 $d\boldsymbol{E}$，然后根据电场强度叠加原理求总电场强度。

我们以 P 点到直线的垂足 O 为原点，取坐标轴 Ox、Oy，如图 6-8 所示。在带电直线上离原点为 l 处取线元 dl，dl 上的电荷量为 dq。设电荷线密度为 λ（这里 $\lambda=Q/L$），则 $dq=\lambda dl$。

设 $\mathrm{d}l$ 到 P 点的距离为 r，可知 $\mathrm{d}q$ 在 P 点处产生的电场强度 $\mathrm{d}\boldsymbol{E}$ 的大小为

$$\mathrm{d}E=\frac{\lambda\mathrm{d}l}{4\pi\varepsilon_0 r^2}$$

方向如图所示，$\mathrm{d}\boldsymbol{E}$ 与 x 轴正方向之间的夹角为 θ，$\mathrm{d}\boldsymbol{E}$ 沿 x 轴和 y 轴的两个分量分别为

$$\mathrm{d}E_x=\mathrm{d}E\cos\theta,\qquad \mathrm{d}E_y=\mathrm{d}E\sin\theta$$

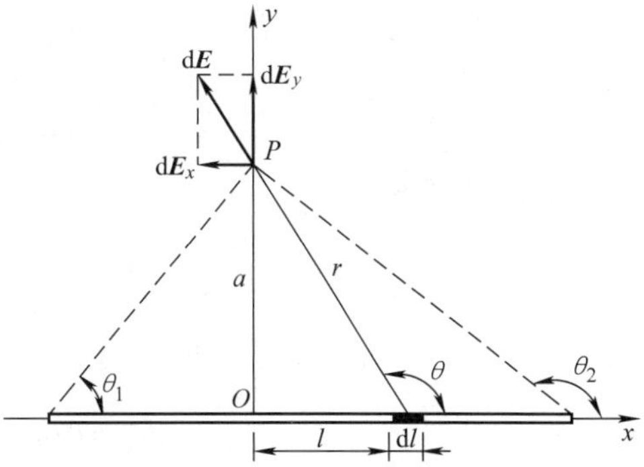

图 6-8　例 6-2 图

图中 z 轴未画出，显然 $\mathrm{d}E_z=0$，$E_z=0$。由图 6-8 可知

$$l=a\cot(\pi-\theta)=-a\cot\theta$$

所以

$$\mathrm{d}l=a\csc^2\theta\mathrm{d}\theta$$

$$r=a\csc(\pi-\theta)=a\csc\theta$$

所以

$$\mathrm{d}E_x=\mathrm{d}E\cos\theta=\frac{\lambda a\csc^2\theta}{4\pi\varepsilon_0 a^2\csc^2\theta}\cos\theta\mathrm{d}\theta=\frac{\lambda}{4\pi\varepsilon_0 a}\cos\theta\mathrm{d}\theta$$

$$\mathrm{d}E_y=\mathrm{d}E\sin\theta=\frac{\lambda}{4\pi\varepsilon_0 a}\sin\theta\mathrm{d}\theta$$

将上述两式积分，得

$$E_x=\int\mathrm{d}E_x=\int_{\theta_1}^{\theta_2}\frac{\lambda}{4\pi\varepsilon_0 a}\cos\theta\mathrm{d}\theta=\frac{\lambda}{4\pi\varepsilon_0 a}(\sin\theta_2-\sin\theta_1)$$

$$E_y=\int\mathrm{d}E_y=\int_{\theta_1}^{\theta_2}\frac{\lambda}{4\pi\varepsilon_0 a}\sin\theta\mathrm{d}\theta=\frac{\lambda}{4\pi\varepsilon_0 a}(\cos\theta_1-\cos\theta_2)$$

由上两式可知，P 点处的电场强度 $\boldsymbol{E}$ 的大小与该点离带电直线的距离 a 成反比。$\boldsymbol{E}$ 的大小和方向可由 E_x、E_y 确定。

讨论：如果这一均匀带电直线是无限长的（或 P 点在均匀带电直线的中部附近），亦即 $L\gg a$，这时，$\theta_1=0$，$\theta_2=\pi$，则

$$E_x=0$$

$$E=E_y=\frac{\lambda}{2\pi\varepsilon_0 a}\tag{6-14}$$

例 6-3　设电荷 q 均匀分布在半径为 R 的圆环上，计算在环的轴线上与环心相距 x 的 P 点的电场强度。

解　如图 6-9 所示取坐标，x 轴在圆环轴线上，把圆环分成一系列电荷元，$\mathrm{d}l$ 部分所带电荷量为 $\mathrm{d}q=\lambda\mathrm{d}l$。在 P 点产生的电场为

$$\mathrm{d}E=\frac{\mathrm{d}q}{4\pi\varepsilon_0 r^2}$$

方向如图 6-9 所示。

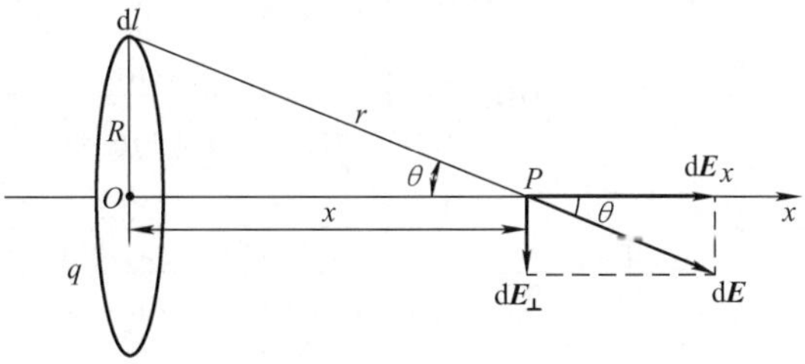

图 6-9　例 6-3 图

视频讲解

把 $\mathrm{d}q=\lambda\mathrm{d}l$ 代入上式得

$$\mathrm{d}E=\frac{\lambda\mathrm{d}l}{4\pi\varepsilon_0 r^2}=\frac{\lambda\mathrm{d}l}{4\pi\varepsilon_0(x^2+R^2)}$$

其中，电荷线密度

$$\lambda=\frac{q}{2\pi R}$$

根据对称性可知，在垂直于 x 轴方向的总电场强度 $E_{\perp}=0$。在沿 x 轴方向有

$$\mathrm{d}E_x=\mathrm{d}E\cos\theta=\frac{\lambda x\mathrm{d}l}{4\pi\varepsilon_0(x^2+R^2)^{\frac{3}{2}}}$$

所以在沿 x 轴方向的总电场强度

$$E_x=\int_0^{2\pi R}\frac{\lambda x\mathrm{d}l}{4\pi\varepsilon_0(x^2+R^2)^{\frac{3}{2}}}=\frac{(\lambda\cdot 2\pi R)x}{4\pi\varepsilon_0(x^2+R^2)^{\frac{3}{2}}}=\frac{qx}{4\pi\varepsilon_0(x^2+R^2)^{\frac{3}{2}}}$$

因此 P 点的总电场强度为

$$E=E_x=\frac{qx}{4\pi\varepsilon_0(x^2+R^2)^{\frac{3}{2}}}$$

1）讨论结果：当 $q>0$ 时，$\boldsymbol{E}$ 沿 x 轴正向；当 $q<0$ 时，$\boldsymbol{E}$ 沿 x 轴负向。

2）由对称性分析，环中心处

$$\boldsymbol{E}=\boldsymbol{0}$$

3）当 $x>>R$ 时，场点 $\boldsymbol{E}$ 的大小为

$$E=\frac{q}{4\pi\varepsilon_0 x^2}$$

体现了点电荷的相对性。

例 6-4　半径为 R 的均匀带电圆盘，电荷面密度为 σ，计算轴线上与盘心相距 x 的 P 点的电场强度。

解　如图 6-10 所示，x 轴在圆盘轴线上，把圆盘看成由无数个半径为 r、宽度为 $\mathrm{d}r$ 的同心细圆环组成，图中所取细圆环所带电荷量为 $\mathrm{d}q=\sigma\cdot 2\pi r\mathrm{d}r$，细圆环在 P 点产生的电场强度的大小都可表示为

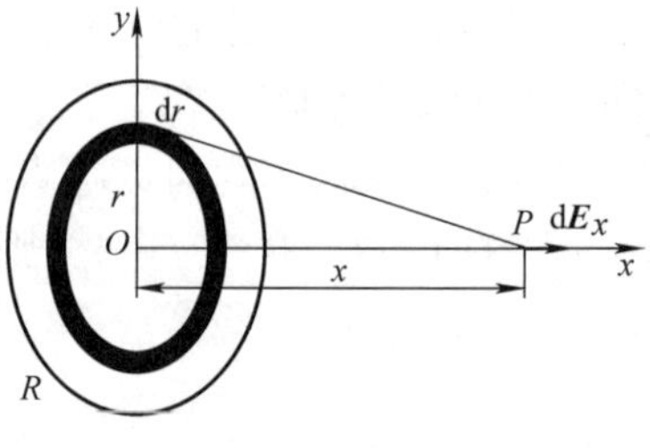

图 6-10　例 6-4 图

$$\mathrm{d}E_x=\frac{x\mathrm{d}q}{4\pi\varepsilon_0(x^2+r^2)^{\frac{3}{2}}}=\frac{x\cdot\sigma\cdot 2\pi r\mathrm{d}r}{4\pi\varepsilon_0(x^2+r^2)^{\frac{3}{2}}}=\frac{\sigma}{2\varepsilon_0}\cdot\frac{xr\mathrm{d}r}{(x^2+r^2)^{\frac{3}{2}}}$$

因为各环在 P 点产生电场强度方向均相同，所以整个圆盘在 P 点产生电场强度为

$$E=E_x=\int\mathrm{d}E_x=\int_0^R\frac{\sigma}{2\varepsilon_0}\cdot\frac{xr\mathrm{d}r}{(x^2+r^2)^{\frac{3}{2}}}=\frac{\sigma x}{2\varepsilon_0}\int_0^R\frac{r\mathrm{d}r}{(x^2+r^2)^{\frac{3}{2}}}$$

$$=\frac{\sigma x}{2\varepsilon_0}\cdot\frac{1}{2}\int_0^R\frac{\mathrm{d}(x^2+r^2)}{(x^2+r^2)^{\frac{3}{2}}}=\frac{\sigma x}{2\varepsilon_0}\cdot\frac{1}{2}\cdot\frac{1}{-\frac{1}{2}}\cdot\frac{1}{(x^2+r^2)^{\frac{1}{2}}}\Bigg|_0^R$$

$$=\frac{\sigma x}{2\varepsilon_0}\left(\frac{1}{x}-\frac{1}{\sqrt{x^2+R^2}}\right)=\frac{\sigma}{2\varepsilon_0}\left(1-\frac{x}{\sqrt{x^2+R^2}}\right)$$

视频讲解

即

$$E=\frac{\sigma}{2\varepsilon_0}\left(1-\frac{x}{\sqrt{x^2+R^2}}\right)$$

$\boldsymbol{E}$ 的方向与盘面垂直（$\boldsymbol{E}$ 关于盘面对称）。圆盘带正电时，$\boldsymbol{E}$ 背离圆盘；圆盘带负电时，$\boldsymbol{E}$ 指向圆盘。

讨论：根据本题结论可知，当 $R\to\infty$ 时，圆盘可以看成无限大带电平面，此时无限大带电平面周围任意点的电场强度大小为

$$E=\frac{\sigma}{2\varepsilon_0} \tag{6-15}$$

方向与带电平面垂直。

无限大均匀带电平面周围电场强度的分布如图 6-11 所示。

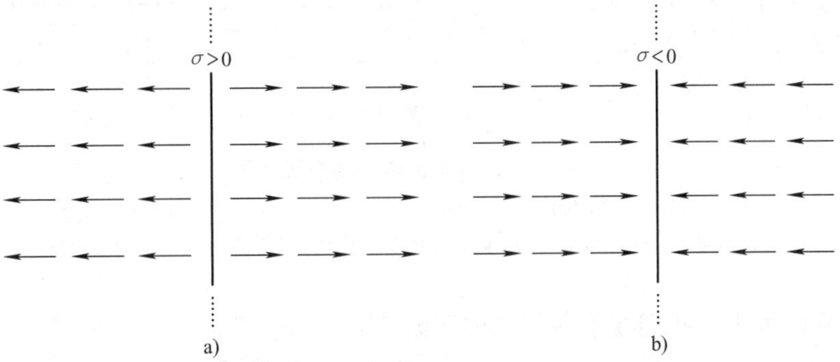

图 6-11　无限大均匀带电平面的电场

6.3　电场线　电通量

6.3.1　电场线

为了形象直观地描述电场的空间分布，人为地引入一些带有箭头的连续曲线，这些曲线上每一点的切线方向与该点的电场强度方向一致，这样的曲线叫作电场线。它可以把电场内各点的电场强度方向表示出来，但它并不真实存在。

我们规定：在空间任一点处，通过垂直于电场强度方向的单位面积的电场线的条数等于该点电场强度的量值，叫作电场线密度。表示为

$$E=\frac{\mathrm{d}\Phi}{\mathrm{d}S_{\perp}} \tag{6-16}$$

这样，电场线密的地方电场就强，电场线稀的地方电场就弱。图 6-12 所示是照此规定描绘的几种常见电场的电场线图。

静电场的电场线有两种性质：一是不形成闭合曲线，它起自正电荷，终止于负电荷；二是任意两条电场线不会相交，因为如果相交，交点的电场强度就会有两个方向。

6.3.2　电通量

定义：**通过电场中某一面的电场线数叫作通过该面的电场强度通量，简称为电通量**，用 Φ_{e} 表示。

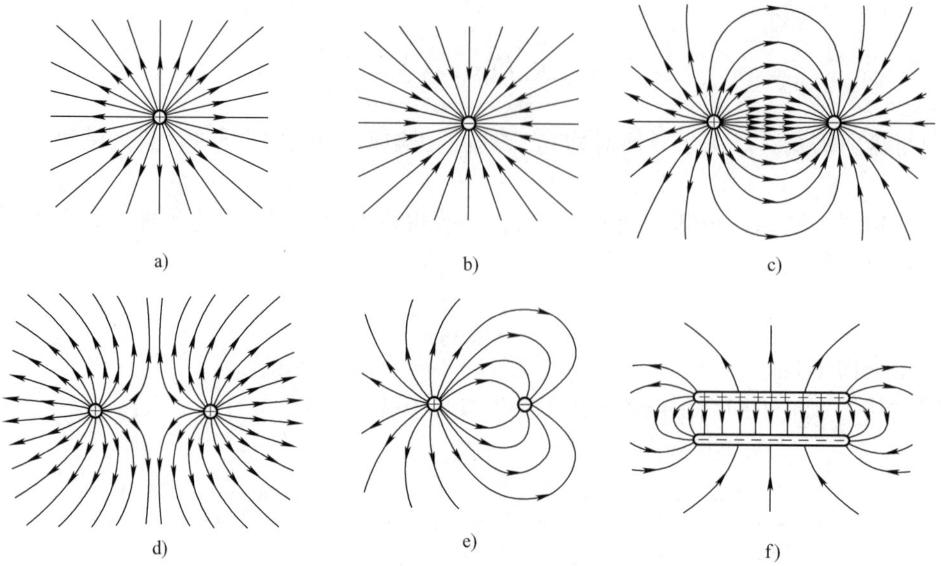

图 6-12 几种常见电场的电场线图

a）正点电荷 b）负点电荷 c）两个等量异号电荷 d）两个等量同号电荷

e）电荷量分别为 $+2q$ 和 $-q$ 的两个点电荷 f）均匀带等量异号电荷的平行板

关于电通量的大小，我们在下面分几种情况讨论。

1）平面 $\boldsymbol{S}$ 与 $\boldsymbol{E}$ 垂直，如图 6-13 所示，由 $\boldsymbol{E}$ 的大小描述可知

$$\Phi_e = \boldsymbol{E} \cdot \boldsymbol{S} = ES \tag{6-17}$$

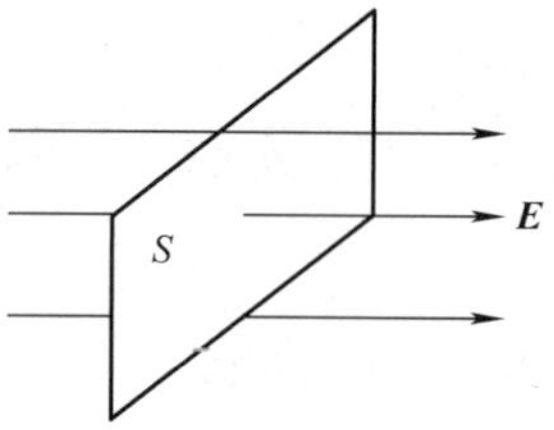

图 6-13 电场线垂直穿过面积 S

2）平面 $\boldsymbol{S}$ 与 $\boldsymbol{E}$ 夹角为 θ，如图 6-14 所示，由 $\boldsymbol{E}$ 的大小描述可知

$$\Phi_e = ES_\perp = \boldsymbol{E} \cdot \boldsymbol{S} = ES\cos\theta \quad (\boldsymbol{S} = S\boldsymbol{n}) \tag{6-18}$$

式中，$\boldsymbol{n}$ 为 $\boldsymbol{S}$ 的单位法线向量。

3）在任意电场中通过任意曲面 S 的电通量。如图 6-15 所示，在 S 上取面元 $\mathrm{d}S$，$\mathrm{d}S$ 可看成平面，$\mathrm{d}S$ 上 $\boldsymbol{E}$ 可视为均匀，设 $\boldsymbol{n}$ 为 $\mathrm{d}\boldsymbol{S}$ 单位法线正方向，$\mathrm{d}\boldsymbol{S}$ 与该处 $\boldsymbol{E}$ 夹角为 θ，则通过 $\mathrm{d}S$ 的电通量为

$$\mathrm{d}\Phi_e = \boldsymbol{E} \cdot \mathrm{d}\boldsymbol{S} \tag{6-19}$$

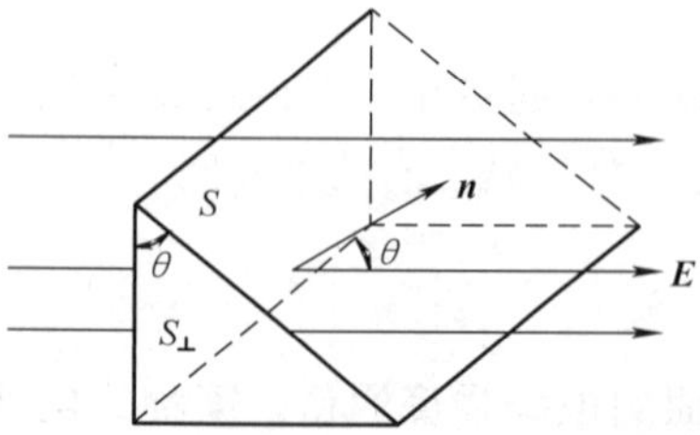

图 6-14 电场线与面积 S 成一定倾角

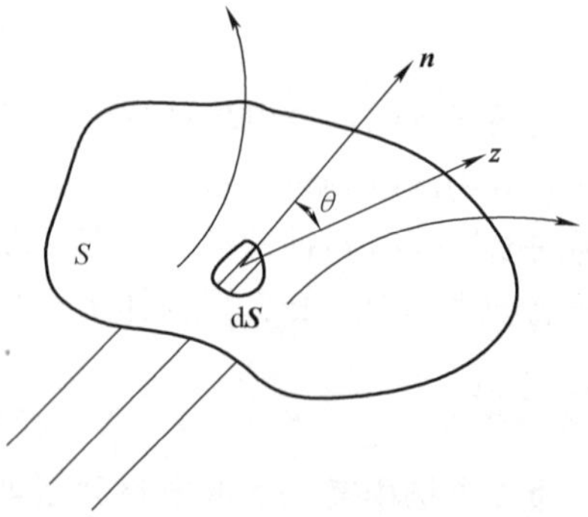

图 6-15 任意电场中通过任意曲面 S 的电通量

通过曲面 S 的电通量为

$$\Phi_e = \int \mathrm{d}\Phi_e = \int_S \boldsymbol{E} \cdot \mathrm{d}\boldsymbol{S} = \int_S E\mathrm{d}S\cos\theta \tag{6-20}$$

在任意电场中通过封闭曲面的电通量

$$\Phi_e = \oint_S \mathrm{d}\Phi_e = \oint_S E\mathrm{d}S\cos\theta \tag{6-21}$$

规定：面元 d$\boldsymbol{S}$ 的法线 $\boldsymbol{n}$ 的正方向指向曲面的外侧，因此，穿出曲面的电场线产生的电通量为正；穿入曲面的电场线产生的电通量为负。

6.4 静电场的高斯定理及应用

6.4.1 静电场的高斯定理

1. 点电荷电场中任意闭合球面 S 上的电通量

在了解了电通量的概念后，再进一步讨论闭合曲面的电通量和场源的电荷之间的关系，从而得出表征静电场性质的一个基本定理——高斯定理。

现在我们计算在点电荷 q 所激发的电场中，通过以点电荷为中心，半径为 r 的球面上的电通量。如图6-16所示，q 为正点电荷所带的电荷量，S 为以 q 为中心、以 r 为半径的球面，由库仑定律，球面上任意一点的电场强度为

$$\boldsymbol{E} = \frac{q}{4\pi\varepsilon_0 r^2}\boldsymbol{r}_0$$

通过以 r 为半径的闭合球面 S 的电场强度总通量为

$$\Phi_e = \oint_S \boldsymbol{E} \cdot \mathrm{d}\boldsymbol{S} = \oint_S \frac{q}{4\pi\varepsilon_0 r^2}\boldsymbol{r}_0 \cdot \mathrm{d}\boldsymbol{S} = \oint_S \frac{q}{4\pi\varepsilon_0 r^2} \cdot \mathrm{d}S$$

$$= \frac{q}{4\pi\varepsilon_0 r^2}\oint_S \mathrm{d}S = \frac{q}{\varepsilon_0}$$

因为 r 是任意的，所以上式是通过任意闭合球面 S 的电场强度总通量。

这一结果表明，通过任意闭合球面上的电通量和球面所包围的电荷量成正比，而与所取球面的半径无关。即以 q 为球心所做的所有球面上的电通量都等于$\frac{q}{\varepsilon_0}$。

2. 点电荷电场中任意闭合曲面 S 的电通量

（1）点电荷 q 在闭合曲面 S 内　如图6-17所示，在 S 内做一个以 q 为中心、任意半径 r 的闭合球面 S_1，由前面内容可知，通过 S_1 的电通量为$\frac{q}{\varepsilon_0}$。因为通过 S_1 的电场线必通过 S，即此时 $\Phi_{eS1} = \Phi_{eS}$，所以通过任意闭合面 S 的电通量仍然是

$$\Phi_e = \oint_S \boldsymbol{E} \cdot \mathrm{d}\boldsymbol{S} = \frac{q}{\varepsilon_0}$$

（2）点电荷 q 在 S 外情形　如图6-18所示，此时，根据电场线不会中断且没有起止的特点，进入 S 面内的电通量必等于穿出 S 面的电通量，即通过 S 面总的电通量为零，所以

$$\Phi_e = \oint_S \boldsymbol{E} \cdot \mathrm{d}\boldsymbol{S} = 0$$

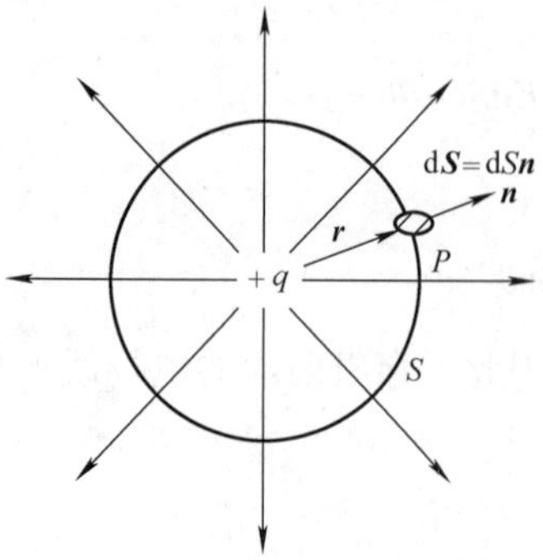

图 6-16　点电荷形成的电场

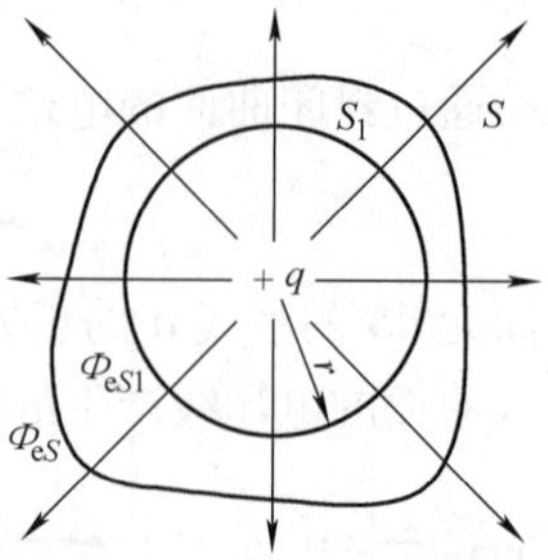

图 6-17　穿过任意包围点电荷的闭合曲面的电通量

结论：闭合曲面 S 外的电荷对曲面上的电通量 $\boldsymbol{\Phi}_{\mathrm{e}}$ 无贡献。

因此点电荷形成的电场中，穿过闭合曲面 S 的电通量

$$\Phi_{\mathrm{e}}=\begin{cases}\dfrac{q}{\varepsilon_0} & (q\text{ 在 }S\text{ 内})\\ 0 & (q\text{ 在 }S\text{ 外})\end{cases}$$

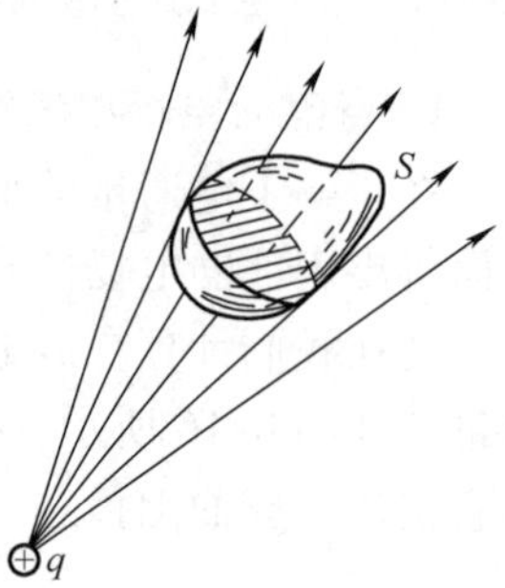

图 6-18　闭合曲面在点电荷外的电通量

3. 点电荷系的情况

在点电荷系 $q_1,q_2,q_3,\cdots,q_n$ 电场中，任一点电场强度为

$$\boldsymbol{E}=\boldsymbol{E}_1+\boldsymbol{E}_2+\boldsymbol{E}_3+\cdots+\boldsymbol{E}_n$$

通过某一闭合曲面电通量为

$$\Phi_{\mathrm{e}}=\oint_S\boldsymbol{E}\cdot\mathrm{d}\boldsymbol{S}=\oint_S(\boldsymbol{E}_1+\boldsymbol{E}_2+\boldsymbol{E}_3+\cdots+\boldsymbol{E}_n)\cdot\mathrm{d}\boldsymbol{S}$$

$$=\oint_S\sum_{i=1}^{n}\boldsymbol{E}_i\cdot\mathrm{d}\boldsymbol{S}=\frac{\sum q_{\text{内}}}{\varepsilon_0}$$

即

$$\Phi_{\mathrm{e}}=\oint_S\boldsymbol{E}\cdot\mathrm{d}\boldsymbol{S}=\frac{\sum q_{\text{内}}}{\varepsilon_0}\tag{6-22}$$

上式为高斯定理的数学表达式。

高斯定理的表述：**在真空中通过任意闭合曲面的电通量，等于该曲面所包围的所有电荷的代数和除以 $\boldsymbol{\varepsilon_0}$**。这就是**真空中的高斯定理**。

通过闭合曲面的电通量只与闭合面内的自由电荷代数和有关，而与闭合曲面外的电荷无关。这并不是说闭合面上各点的电场强度 $\boldsymbol{E}$ 只与 S 内的电荷有关而与 S 外电荷无关。$\boldsymbol{E}$ 是闭合曲面 S 内、外所有电荷产生的结果。高斯定理中的闭合曲面称为高斯面。

应当指出：若点电荷带负电，高斯定理表达式里的 q 前面应该加上负号。高斯定理是在库仑定律基础上得到的，但是高斯定理的适用范围比库仑定律更广泛，库仑定律只适用于真空中的静电场，而高斯定理适用于静电场和随时间变化的场。高斯定理是电磁理论的基本方程之一。

当 $\Phi_{\mathrm{e}}<0$ 时，不能说 S 内只有负电荷；当 $\Phi_{\mathrm{e}}>0$ 时，不能说 S 内只有正电荷；当 $\Phi_{\mathrm{e}}=0$ 时，不能说 S 内无电荷。这些情况都是 S 内电荷代数和的结果和表现。

4. 高斯定理的理解

应用高斯定理时，需要理解以下几个问题。首先，高斯定理表达式中的场强 $\boldsymbol{E}$ 是曲面上各点的场强，它是由全部电荷（既包含封闭曲面内又包括封闭曲面外的电荷）共同产生的合场强，并非只由封闭曲面内的电荷产生。其次，通过封闭曲面的总电通量只取决于它所包围的电荷，即只有封闭曲面内部的电荷才对这一总电通量有贡献，封闭曲面外部电荷对这一总电通量无贡献；且通过这一高斯面的电通量与高斯面的形状无关，也与电荷系的电荷分布情况无关。由高斯定理可以证明，任何电场的电场线都是连续的，在没有电荷的地方电场线不会中断。

此外，高斯定理是利用库仑定律和叠加原理得出的，这也就说明对于静电场而言，库仑定律和高斯定理并不是互相独立的定律，而是用不同形式表示的电场与场源电荷关系的同一客观规律。值得重点说明的是，对于静止电荷的电场，可以说库仑定律与高斯定理二者等价。但是库仑定律只适用于真空中的点电荷情况，由它推出的电场强度公式只能用于描述点电荷的电场，而高斯定理把库仑定律推广到连续分布的电荷所产生的电场。在研究运动电荷的电场或一般随时间变化的电场时，库仑定律不再成立，而高斯定理却依然有效。无论电荷分布是否具有对称性，高斯定理对各种情况下的静电场总是成立。故高斯定理是关于电场的普遍的基本规律。

6.4.2 高斯定理应用举例

如果带电体的电荷分布已知，根据高斯定理很容易求得任意闭合曲面上的电通量，但不一定能确定面上各点的电场强度。只有当电荷分布具有某些对称性并取合适的闭合曲面时，才能利用高斯定理方便地计算电场强度。

例 6-5 一均匀带电球面，半径为 R，所带电荷量为 $+q$，如图 6-19 所示。求球面内、外任一点的电场强度。

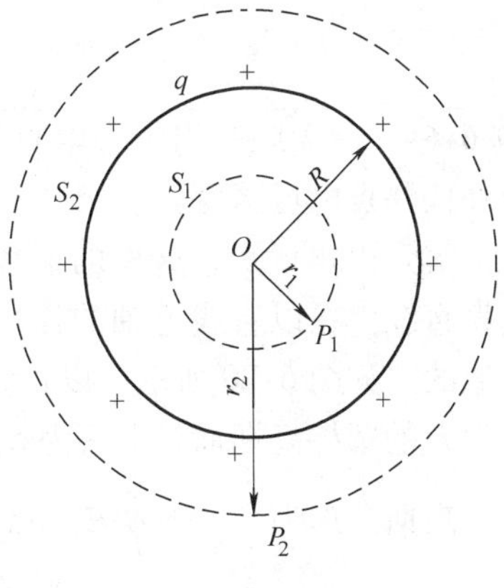

图 6-19 例 6-5 图

解 由题意知，电荷分布是球对称的，产生的电场是球对称的，电场强度方向沿半径向外，以 O 为球心任意球面上的各点 $\boldsymbol{E}$ 值相等。

（1）球面内任一点 P_1 的电场强度。

以 O 为圆心，通过 P_1 点作半径为 r_1 的球面 S_1 为高斯面，高斯定理为

$$\oint_{S_1} \boldsymbol{E} \cdot \mathrm{d}\boldsymbol{S} = \frac{\sum q}{\varepsilon_0}$$

因为 $\boldsymbol{E}$ 与 $\mathrm{d}\boldsymbol{S}$ 同向，且同一个球面 S_1 上 $\boldsymbol{E}$ 值相等，所以

$$\oint_{S_1} \boldsymbol{E} \cdot \mathrm{d}\boldsymbol{S} = \oint_{S_1} E \cdot \mathrm{d}S = E\oint_{S_1} \mathrm{d}S = E \cdot 4\pi r_1^2$$

因为 S_1 内无电荷，即

$$\frac{\sum q}{\varepsilon_0} = 0 \Rightarrow E \cdot 4\pi r_1^2 = 0$$

$$E = 0$$

视频讲解

即均匀带电球面内任一点 P_1 电场强度为零。

在这里，需要说明的是：均匀带电球面，球面内任意一点的 $E=0$，不是每个面元上电荷在球面内产生的电场强度为零，而是所有面元上电荷在球面内产生电场强度的矢量和等于零。另外，对于非均匀带电球面，球面内任一点产生的电场强度在个别点有可能为零，但不可能处处都为零。

（2）球面外任一点的电场强度。

以 O 为圆心，通过 P_2 点以半径 r_2 作一球面 S_2 作为高斯面，S_2 内的 $\sum q=q$，由高斯定理得

$$E\cdot 4\pi r_2^2=\frac{q}{\varepsilon_0}$$

$$E=\frac{q}{4\pi\varepsilon_0 r_2^2}\quad（\boldsymbol{E}\text{ 的方向:沿半径方向}）$$

因此球面外任一点电场强度为

$$\boldsymbol{E}=\frac{q}{4\pi\varepsilon_0 r^2}\boldsymbol{r}_0\quad(r>R)$$

可见，均匀带电球面外任一点的电场强度与电荷全部集中在球心处的点电荷在该点产生的电场强度一样。

用类似的方法，可以求得半径为 R、带总电荷量为 q 的均匀带电的球体内、外电场强度分布为

$$\boldsymbol{E}=\frac{rq}{4\pi\varepsilon_0 R^3}\boldsymbol{r}_0\quad(r<R)\tag{6-23}$$

$$\boldsymbol{E}=\frac{q}{4\pi\varepsilon_0 r^2}\boldsymbol{r}_0\quad(r>R)\tag{6-24}$$

例 6-6　一无限长均匀带电直线，设电荷线密度为 $+\lambda$，求该直线外任一点电场强度。

解　由题意知，这里的电场是关于直线轴对称的，$\boldsymbol{E}$ 的方向垂直直线。在以直线为轴的任一圆柱面上的各点电场强度大小是等值的。如图 6-20 所示，以直线为轴线，过考察点 P 作半径为 r、高为 h 的圆柱高斯面，上底为 S_1，下底为 S_2，侧面为 S_3。

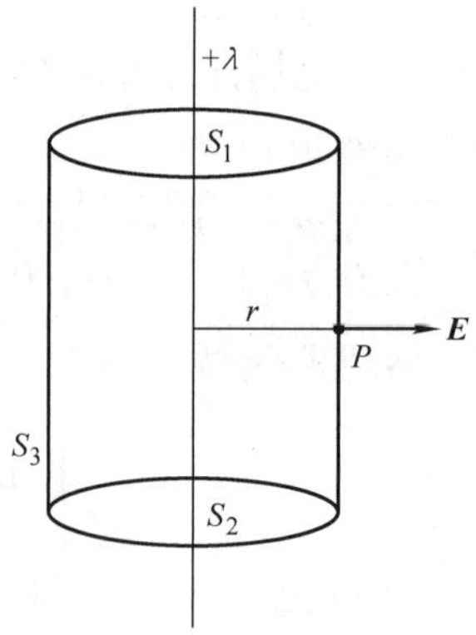

图 6-20　例 6-6 图

高斯定理为　$\oint_S \boldsymbol{E}\cdot \mathrm{d}\boldsymbol{S}=\frac{1}{\varepsilon_0}\sum_{S内} q$

在此，有

$$\oint_S \boldsymbol{E}\cdot \mathrm{d}\boldsymbol{S}=\oint_{S_1}\boldsymbol{E}\cdot \mathrm{d}\boldsymbol{S}+\oint_{S_2}\boldsymbol{E}\cdot \mathrm{d}\boldsymbol{S}+\oint_{S_3}\boldsymbol{E}\cdot \mathrm{d}\boldsymbol{S}$$

因为在上下底面 S_1、S_2 上各面元 $\mathrm{d}\boldsymbol{S}\perp\boldsymbol{E}$，因此前两项积分为零。而在 S_3 上各点 $\boldsymbol{E}$ 与 $\mathrm{d}\boldsymbol{S}$ 方向一致，且 $\boldsymbol{E}$ 的大小相等，所以

$$\oint_S \boldsymbol{E}\cdot \mathrm{d}\boldsymbol{S}=\oint_{S_3}\boldsymbol{E}\cdot \mathrm{d}\boldsymbol{S}=\oint_{S_3}E\mathrm{d}S=E\oint_{S_3}\mathrm{d}S=E\cdot 2\pi rh$$

而

$$\frac{1}{\varepsilon_0}\sum_{S_{内}} q = \frac{1}{\varepsilon_0}\lambda h$$

代入高斯定理表达式得

$$E \cdot 2\pi r h = \frac{1}{\varepsilon_0}\lambda h$$

所以无限长均匀带电直线外任一点电场强度为

$$E = \frac{\lambda}{2\pi\varepsilon_0 r} \tag{6-25}$$

若 $\lambda > 0$，则 $\boldsymbol{E}$ 的方向由带电直线指向场点；若 $\lambda < 0$，则 $\boldsymbol{E}$ 的方向由场点指向带电直线。

例 6-7 如图 6-21 所示，无限长均匀带电圆柱面，半径为 R，电荷面密度为 $\sigma > 0$，求柱面内、外任一点电场强度。

解 由题意知，柱面产生的电场具有轴对称性，电场强度方向垂直于柱面轴线方向向外，并且以柱面轴线为轴的任意圆柱面上各点 $\boldsymbol{E}$ 值相等。

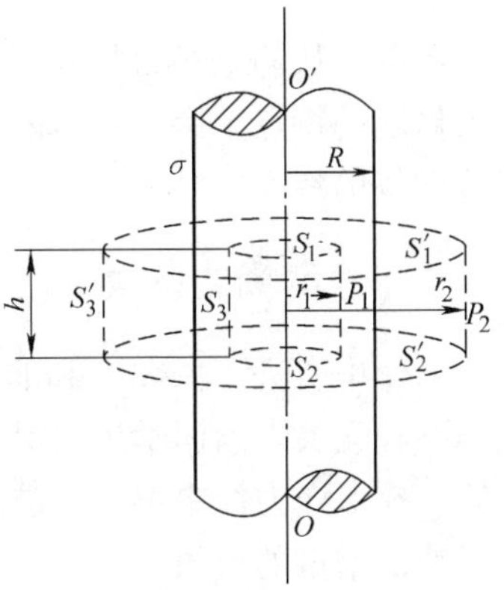

图 6-21 例 6-7 图

(1) 带电圆柱面内任一点 P_1 的电场强度。

以 OO' 为轴，过 P_1 点作以 r_1 为半径、高为 h 的圆柱高斯面，上底为 S_1，下底为 S_2，侧面为 S_3。高斯定理为

$$\oint_S \boldsymbol{E} \cdot d\boldsymbol{S} = \frac{1}{\varepsilon_0}\sum_{S_{内}} q$$

在此，有

$$\oint \boldsymbol{E} \cdot d\boldsymbol{S} = \int_{S_1} \boldsymbol{E} \cdot d\boldsymbol{S} + \int_{S_2} \boldsymbol{E} \cdot d\boldsymbol{S} + \int_{S_3} \boldsymbol{E} \cdot d\boldsymbol{S}$$

因为在 S_1、S_2 上各面元 $d\boldsymbol{S} \perp \boldsymbol{E}$，所以前两项积分为零。又因在面 S_3 上各点 $d\boldsymbol{S}$ 与电场强度 $\boldsymbol{E}$ 方向相同，各点的 $\boldsymbol{E}$ 大小相等。因此

$$\oint_S \boldsymbol{E} \cdot d\boldsymbol{S} = \int_{S_3} E dS = E\int_{S_3} dS = E \cdot 2\pi r_1 h$$

而

$$\frac{1}{\varepsilon_0}\sum_{S_{内}} q = 0 \Rightarrow E \cdot 2\pi r_1 h = 0$$

所以，带电圆柱面内任一点的电场强度

$$E = 0$$

(2) 带电圆柱面外任一点电场强度。

以 OO' 为轴，过柱面外任一点 P_2 点作半径为 r_2、高为 h 的圆柱高斯面，上底为 S_1'，下底为 S_2'，侧面为 S_3'。与上面分析同理，由高斯定理得

$$E \cdot 2\pi r_2 h = \frac{1}{\varepsilon_0}\sigma \cdot 2\pi R h$$

$$E = \frac{\sigma \cdot 2\pi R}{2\pi\varepsilon_0 r_2}$$

所以带电圆柱面外任一点电场强度为

$$E = \frac{\sigma R}{\varepsilon_0 r_2} \tag{6-26}$$

$\boldsymbol{E}$ 由轴线指向 P_2。$\sigma<0$ 时，$\boldsymbol{E}$ 沿 P_2 指向轴线。

无限大均匀带电薄平板空间场强

结论：无限长均匀带电圆筒内任一点电场强度为零，无限长均匀带电圆柱面在其外任一点的电场强度，与全部电荷都集中在带电柱面的轴线上的无限长均匀带电直线产生的电场强度一样。

由高斯定理可以求出均匀带电无限大薄平板的空间电场强度分布为 $E=\dfrac{\sigma}{2\varepsilon_0}$，方向垂直于带电平面。设电荷密度为 σ，同学们自己完成。由对称性分析，平板两侧离该板等距离处电场强度大小相等，方向均垂直平板。

6.5　静电场的环路定理及电势

此前，从静电场力的表现引入了电场强度这一物理量来描述静电场。下面我们将从静电场力做功的特点入手，揭示静电场是一个保守力场，进而引入电势能的概念，并用电势来描述静电场的特性。

6.5.1　静电场力的功

力学中引进了保守力和非保守力的概念。保守力的特征是其做功只与始末两位置有关，而与路径无关。前面学过的保守力有重力、弹性力、万有引力等。在保守力场中可以引进势能的概念，并且保守力的功等于势能增量的负值。

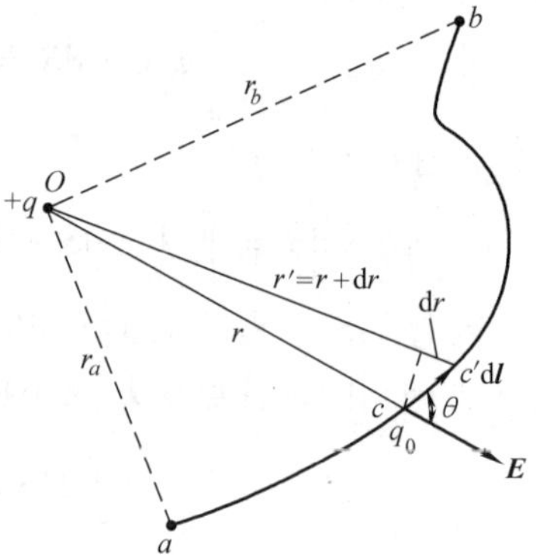

图 6-22　静电场力的功

接下来我们研究静电场力是否为保守力。

1. 点电荷情况

如图 6-22 所示，点电荷 $+q$ 固定于 O 点，实验电荷 q_0 由 a 点运动到 b 点。q_0 在 c 处发生位移为 $\mathrm{d}\boldsymbol{l}$，静电场力 $\boldsymbol{F}$ 对 q_0 的功为

$$\mathrm{d}A=\boldsymbol{F}\cdot\mathrm{d}\boldsymbol{l}=q_0\boldsymbol{E}\cdot\mathrm{d}\boldsymbol{l}=q_0E\mathrm{d}l\cos\theta=q_0E\mathrm{d}r$$

其中

$$\mathrm{d}r=\mathrm{d}l\cos\theta$$

因此

$$A=\int\mathrm{d}A=\int_a^b q_0E\mathrm{d}r=\frac{qq_0}{4\pi\varepsilon_0}\int_{r_a}^{r_b}\frac{1}{r^2}\mathrm{d}r=\frac{qq_0}{4\pi\varepsilon_0}\left(\frac{1}{r_a}-\frac{1}{r_b}\right)$$

可见：电场力做的功仅与 q_0 的始末两位置有关，而与路径无关。

2. 点电荷系情况

设试验电荷 q_0 在场源电荷系 $q_1,q_2,\cdots,q_n$ 的电场中移动，仍然由 a 点运动到 b 点。$q_1,q_2,\cdots,q_n$ 产生的总电场强度由电场强度叠加原理得

$$\boldsymbol{E}=\boldsymbol{E}_1+\boldsymbol{E}_2+\cdots+\boldsymbol{E}_n$$

q_0 从 $a\rightarrow b$，静电场力的功为

$$A=\int_a^b\boldsymbol{F}\cdot\mathrm{d}\boldsymbol{l}=\int_a^b q_0\boldsymbol{E}\cdot\mathrm{d}\boldsymbol{l}=\int_a^b q_0(\boldsymbol{E}_1+\boldsymbol{E}_2+\cdots+\boldsymbol{E}_n)\cdot\mathrm{d}\boldsymbol{l}$$

$$= \int_a^b q_0 \boldsymbol{E}_1 \cdot \mathrm{d}\boldsymbol{l} + \int_a^b q_0 \boldsymbol{E}_2 \cdot \mathrm{d}\boldsymbol{l} + \cdots + \int_a^b q_0 \boldsymbol{E}_n \cdot \mathrm{d}\boldsymbol{l}$$

$$= A_1 + A_2 + \cdots + A_n = \sum_{i=1}^{n} A_i$$

而

$$A_i = \frac{q_0 q_i}{4\pi\varepsilon_0}\left(\frac{1}{r_{ai}} - \frac{1}{r_{bi}}\right)$$

表示第 i 个场源电荷单独存在时静电场力对试验电荷 q_0 做的功，所以点电荷系中移动试验电荷电场力做的总功为

$$A = \sum_{i=1}^{n} A_i = \sum_{i=1}^{m} \frac{q_0 q_i}{4\pi\varepsilon_0}\left(\frac{1}{r_{ai}} - \frac{1}{r_{bi}}\right) \tag{6-27}$$

因为式中 r_{ai}、r_{bi}分别表示路径的起点和终点试验电荷 q_0 离点场源电荷 q_i 的距离，式（6-27）表明，功仍取决于路径的起点和终点的位置，而与路径无关。

由此得出结论：试验电荷在任意电场中移动时，静电场力所做的功只与电场的性质、试验电荷的电荷量大小及路径起点和终点的位置有关，而与路径无关。这说明静电场力是保守力，静电场是保守力场。

6.5.2 静电场的环路定理

综上所述，静电场力为保守力（静电场为保守力场）。试验电荷 q_0 在静电场中运动一周，静电场力对它做功为

$$\oint q_0 \boldsymbol{E} \cdot \mathrm{d}\boldsymbol{l} = 0$$

因为 $q_0 \neq 0$，所以

$$\oint_L \boldsymbol{E} \cdot \mathrm{d}\boldsymbol{l} = 0 \tag{6-28}$$

式（6-28）表明，**静电场的环流为零**（任何矢量沿闭合路径的线积分称为该矢量的环流），这一结论叫作**静电场的环路定理**。

静电场的环流为零是静电场的重要特征之一，静电学中的一切结论都可以从高斯定理及环路定理得出，它们是静电场的基本定理。综合静电场的高斯定理和环路定理得：静电场是有源的保守力场，又由于电场线是不闭合的即不形成旋涡，所以静电场属于无旋场。

6.5.3 电势能 电势

1. 电势能

根据以上分析，静电场与重力场相似都是保守力场，对这类力场都可以引进势能的概念。因此在研究静电场性质时，也可以认为电荷在电场中不同的位置有不同的电势能，并把电场力对试验电荷 q_0 所做的功 A_{ab}作为 q_0 在 a、b 两点的电势能的改变量度。设以 W_a 和 W_b 分别表示试验电荷 q_0 在起点 a 和终点 b 处的电势能，有

$$W_a - W_b = A_{ab} = q_0 \int_a^b \boldsymbol{E} \cdot \mathrm{d}\boldsymbol{l}$$

静电势能和重力势能相似，也是相对的。为了确定电荷在电场中某点的势能大小，必须选定一个作为参考的电势能零点。电势能零点的选择与力学中势能零点的选取是一样的，也是任意的。对于有限带电体通常选定电荷在无限远处的静电势能为零，即 $W_b=0$，因此 q_0 在电场中任意点 a 的静电势能为

$$W_a = A_{a\infty} = q_0\int_a^{\infty}\boldsymbol{E}\cdot \mathrm{d}\boldsymbol{l} \tag{6-29}$$

可见，q_0 在电场中某点的电势能 W_a 在数值上等于 q_0 从 a 点移到电势能为零的无限远处电场力所做的功。

和重力势能相似，电势能也是属于系统的。电势能是试验电荷 q_0 和场源电荷电场之间的相互作用能，故电势能是属于试验电荷 q_0 和场源电荷这个系统的。

2. 电势

由电势能的表达式知，电势能与位置有关，还与引入电场中的试验电荷 q_0 的电荷量有关，但是比值$\dfrac{W_a}{q_0}$与 q_0 无关，仅取决于电场中给定点电场的性质，因此我们用这个比值来作为表征电场中给定点的电场的性质。这个比值叫作 a 点的电势，用物理量 φ_a 表示。如同$\boldsymbol{E}=\dfrac{\boldsymbol{F}}{q_0}$一样，电势反映的是电场本身的性质。选 $\varphi_\infty=0$ 时，有

$$\varphi_a = \frac{W_a}{q_0} = \int_a^{\infty}\boldsymbol{E}\cdot \mathrm{d}\boldsymbol{l}$$

即电场中任意点的电势为

$$\varphi_a = \int_a^{\infty}\boldsymbol{E}\cdot \mathrm{d}\boldsymbol{l} \tag{6-30}$$

由上式可知，电场中任意一点 a 的电势等于单位正电荷在该点的电势能，也等于单位正电荷从该点经过任意路径移到无限远时静电力对它做的功。

电势为标量，正、负是相对零电势点而言的。国际单位制中，电势的单位是 $\mathrm{J\cdot C^{-1}}$，叫作伏特（V）。即 1C 的电荷量在电场中某点处所具有的电势能是 1J，这点的电势就是 1V。

电势（电势能）的零点选择是任意的。在理论上对有限带电体通常取无穷远处电势为零，在实用上通常取地球为电势零点。这是因为地球是一个很大的导体，它本身的电势比较稳定，适宜于作为电势零点。在工业上，消除静电的重要措施之一就是“接地”，使带电体的电势和地球的一致，这样带电体上的电荷就会很快地传到地球上去而不会一直积累起来。为了安全用电，实验室中和工厂企业中很多电气设备和仪器的外壳在使用时也都接地，这样可以防止当电气设备因绝缘不良而使外壳带电时引起的触电事故。电势与电势能是两个不同的概念，电势是电场具有的性质，而电势能是电场中电荷与电场组成的系统所共有的，若电场中不引进电荷也就无电势能，但是各点电势还是存在的。

3. 电势差

电场中任意两点电势之差，称为这两点间的电势差。由定义得

$$\varphi_a-\varphi_b = \int_a^{\infty}\boldsymbol{E}\cdot \mathrm{d}\boldsymbol{l} - \int_b^{\infty}\boldsymbol{E}\cdot \mathrm{d}\boldsymbol{l} = \int_a^{b}\boldsymbol{E}\cdot \mathrm{d}\boldsymbol{l}$$

所以电势差的定义式可写为

$$U_{ab} = \varphi_a - \varphi_b = \int_a^b \boldsymbol{E} \cdot \mathrm{d}\boldsymbol{l} \tag{6-31}$$

可见，电场中任意两点 a、b 之间的电势差等于单位正电荷从 a 点移动到 b 点，静电场力做的功。

把上式两端同乘以 q_0 得电场力做的功为

$$A = q_0(\varphi_a - \varphi_b) = q_0 \int_a^b \boldsymbol{E} \cdot \mathrm{d}\boldsymbol{l} \tag{6-32}$$

电场力做的功还可以表达为

$$A = q_0(\varphi_a - \varphi_b) = q_0 U_{ab} \tag{6-33}$$

6.5.4 电势的计算

1. 点电荷电势

如图6-23所示，根据电势定义，点电荷所产生的电场中 a 点的电势可以写为

$$\varphi_a = \int_a^\infty \boldsymbol{E} \cdot \mathrm{d}\boldsymbol{l} = \int_a^\infty \frac{q}{4\pi\varepsilon_0 r^2}\boldsymbol{r}_0 \cdot \mathrm{d}\boldsymbol{l}$$

上式沿径向积分可得 a 点的电势为

$$\varphi_a = \int_r^\infty \frac{q}{4\pi\varepsilon_0 r^2}\mathrm{d}r = \frac{q}{4\pi\varepsilon_0 r} \tag{6-34}$$

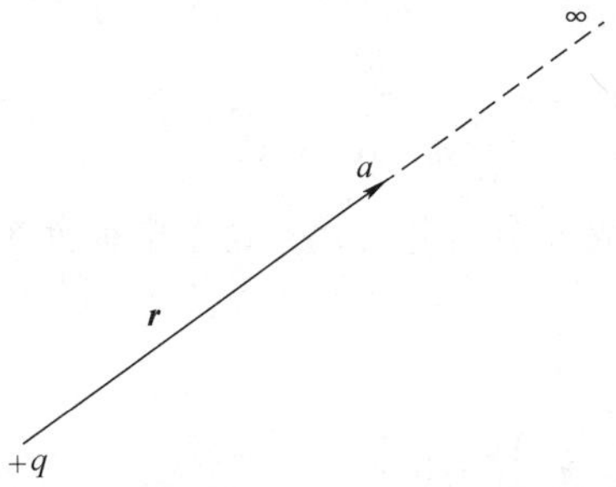

图6-23 点电荷电势

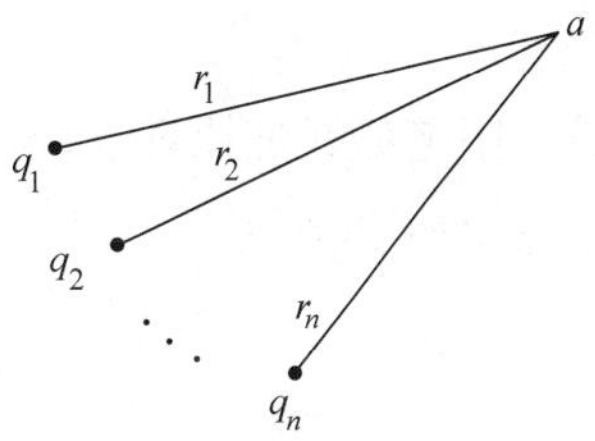

图6-24 点电荷系电势

2. 点电荷系电势

设有点电荷系 $q_1, q_2, \cdots, q_n$，如图6-24所示，则

$$\begin{aligned}\varphi_a &= \int_a^\infty \boldsymbol{E} \cdot \mathrm{d}\boldsymbol{l} = \int_a^\infty (\boldsymbol{E}_1 + \boldsymbol{E}_2 + \cdots + \boldsymbol{E}_n) \cdot \mathrm{d}\boldsymbol{l} \\ &= \int_a^\infty \boldsymbol{E}_1 \cdot \mathrm{d}\boldsymbol{l} + \int_a^\infty \boldsymbol{E}_2 \cdot \mathrm{d}\boldsymbol{l} + \cdots + \int_a^\infty \boldsymbol{E}_n \cdot \mathrm{d}\boldsymbol{l} \\ &= \frac{q_1}{4\pi\varepsilon_0 r_1} + \frac{q_2}{4\pi\varepsilon_0 r_2} + \cdots + \frac{q_n}{4\pi\varepsilon_0 r_n} \\ &= \sum_{i=1}^n \frac{q_i}{4\pi\varepsilon_0 r_i}\end{aligned}$$

点电荷系中任意点的电势为

$$\varphi_a = \sum_{i=1}^n \frac{q_i}{4\pi\varepsilon_0 r_i} \tag{6-35}$$

结论：**点电荷系中某点电势等于各个点电荷单独存在时在该点产生电势的代数和**。此结论为**静电场中的电势叠加原理**。

3. 连续带电体电势

设连续带电体由无穷多个电荷元组成，如图 6-25 所示，每个电荷元视为点电荷，$\mathrm{d}q$ 在 a 处产生电势为

$$\mathrm{d}\varphi_a = \frac{\mathrm{d}q}{4\pi\varepsilon_0 r} \tag{6-36}$$

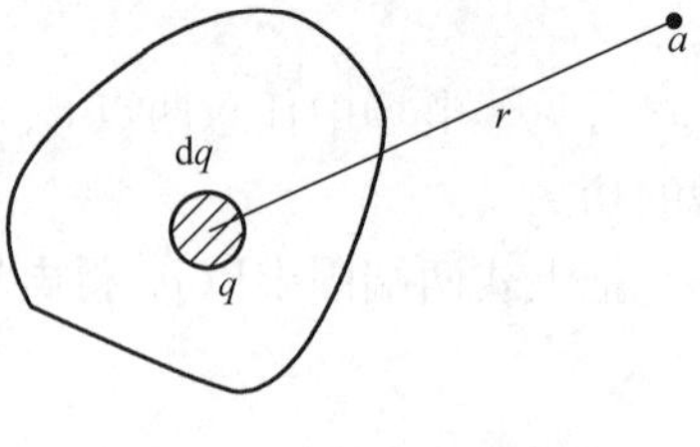

图 6-25　连续带电体电势

整个带电体在 a 处产生的电势为

$$\varphi_a = \int \mathrm{d}U_a = \int_q \frac{\mathrm{d}q}{4\pi\varepsilon_0 r} \tag{6-37}$$

例 6-8　均匀带电圆环，如图 6-26 所示，半径为 R，电荷为 q，求其轴线上任一点电势。

解　如图 6-26 所示，x 轴在圆环轴线上。

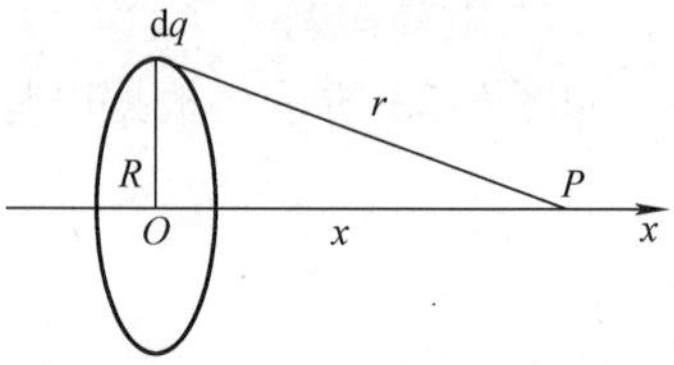

图 6-26　例 6-8 图

方法一：用 $\varphi_P = \int_x^{\infty} \boldsymbol{E}\cdot \mathrm{d}\boldsymbol{l}$ 解。圆环在其轴线上任一点产生的电场强度为

$$E = \frac{qx}{4\pi\varepsilon_0 (R^2 + x^2)^{\frac{3}{2}}} \quad (\boldsymbol{E}\text{ 与 } x \text{ 轴平行})$$

$$\varphi_P = \int_x^{\infty} \boldsymbol{E}\cdot \mathrm{d}\boldsymbol{l}$$

积分与路径无关，沿 x 轴积分得

$$\varphi_P = \int_x^{\infty} E\mathrm{d}x = \int_x^{\infty} \frac{qx}{4\pi\varepsilon_0 (R^2 + x^2)^{\frac{3}{2}}}\mathrm{d}x = \frac{q}{4\pi\varepsilon_0 \sqrt{R^2 + x^2}}$$

方法二：用电势叠加原理 $\varphi_P = \int \mathrm{d}\varphi_P$ 解。把圆环分成一系列电荷元，每个电荷元视为点电荷，$\mathrm{d}q$ 在 P 点产生电势为

$$\mathrm{d}\varphi_P = \frac{\mathrm{d}q}{4\pi\varepsilon_0 r} = \frac{\mathrm{d}q}{4\pi\varepsilon_0 \sqrt{R^2 + x^2}}$$

整个环在 P 点产生电势为

$$\varphi_P = \int \mathrm{d}\varphi_P = \int_q \frac{\mathrm{d}q}{4\pi\varepsilon_0 \sqrt{R^2 + x^2}} = \frac{1}{4\pi\varepsilon_0 \sqrt{R^2 + x^2}}\oint \mathrm{d}q = \frac{q}{4\pi\varepsilon_0 \sqrt{R^2 + x^2}}$$

讨论：1）$x = 0$ 时，即环心处，$\varphi_P = \dfrac{q}{4\pi\varepsilon_0 R}$；

2）$x \gg R$ 时，$\varphi_P = \dfrac{q}{4\pi\varepsilon_0 x}$，环可视为点电荷。

这体现了点电荷的相对性。

例 6-9　一均匀带电球面，半径为 R，带电荷量为 q，求：球面周围任一点电势各是多少。

视频讲解

解　根据高斯定理，得电场强度分布为

$$\boldsymbol{E} = \boldsymbol{0} \ (\text{球面内})$$

$$\boldsymbol{E} = \frac{q}{4\pi\varepsilon_0 r^2}\boldsymbol{r}_0 \ (\text{球面外})$$

（1）在球面外任意点 P 的电势：电场强度 $\boldsymbol{E}$ 沿径向积分得

$$\varphi_P = \int_r^{\infty} \boldsymbol{E} \cdot \mathrm{d}\boldsymbol{l} = \int_r^{\infty} E\mathrm{d}r = \int_r^{\infty} \frac{q}{4\pi\varepsilon_0 r^2}\mathrm{d}r = \frac{q}{4\pi\varepsilon_0 r} \tag{6-38}$$

结论：均匀带电球面外任一点电势，如同全部电荷都集中在球心的点电荷一样。

（2）在球面上任意点 P 的电势（$r=R$）：电场强度 $\boldsymbol{E}$ 沿径向积分得

$$\varphi_P = \int_P^{\infty} \boldsymbol{E} \cdot \mathrm{d}\boldsymbol{r} = \int_R^{\infty} \frac{q}{4\pi\varepsilon_0 r^2}\mathrm{d}r = \frac{q}{4\pi\varepsilon_0}\int_R^{\infty} \frac{\mathrm{d}r}{r^2} = \frac{q}{4\pi\varepsilon_0 R}$$

（3）球面内任意点 P 的电势：电场强度 $\boldsymbol{E}$ 沿径向积分得

$$\begin{aligned}\varphi_P &= \int_r^{\infty} \boldsymbol{E} \cdot \mathrm{d}\boldsymbol{r} = \int_r^{R} \boldsymbol{E} \cdot \mathrm{d}\boldsymbol{r} + \int_R^{\infty} \boldsymbol{E} \cdot \mathrm{d}\boldsymbol{r} \\ &= \int_R^{\infty} \boldsymbol{E} \cdot \mathrm{d}\boldsymbol{r} = \int_R^{\infty} \frac{q}{4\pi\varepsilon_0 r^2}\mathrm{d}r \\ &= \frac{q}{4\pi\varepsilon_0 R}\end{aligned} \tag{6-39}$$

可见，球面内任一点电势与球面上电势相等。因为球面内任意一点的电场强度为零，所以在球面内移动电荷电场力不做功，即电势差等于零，因此球面内各点的电势相等。

例 6-10 有两个同心球面，如图 6-27 所示，半径为 R_1、R_2，电荷为 $+q$、$-q$，求两球面的电势差。

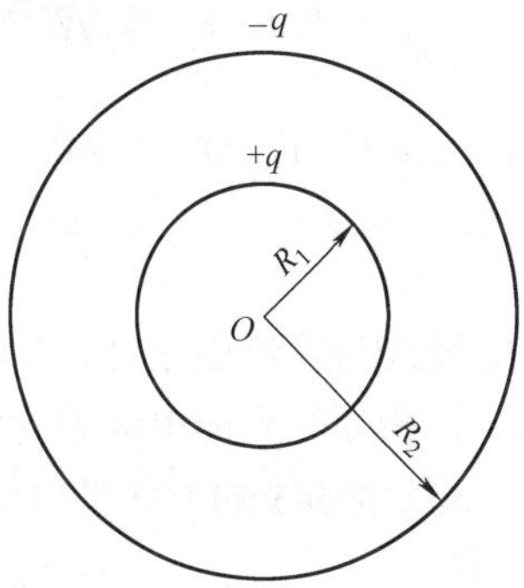

图 6-27 例 6-10 图示

解 用 $\varphi_{内} - \varphi_{外} = \int_{R_1}^{R_2} \boldsymbol{E} \cdot \mathrm{d}\boldsymbol{r}$ 解。根据高斯定理求得在两球面间，电场强度为

$$\boldsymbol{E} = \frac{q}{4\pi\varepsilon_0 r^3}\boldsymbol{r} \qquad (R_1 < r < R_2)$$

$\boldsymbol{E}$ 的方向沿径向。

因为 $\boldsymbol{E}$ 的线积分和路径无关，沿径向积分得

$$\varphi_{内} - \varphi_{外} = \int_{R_1}^{R_2} \boldsymbol{E} \cdot \mathrm{d}\boldsymbol{r} = \frac{q}{4\pi\varepsilon_0}\left(\frac{1}{R_1} - \frac{1}{R_2}\right)$$

本题也可以用电势叠加法求电势差。

6.5.5 等势面

电势是标量，一般来说静电场中不同点的电势是不同的，但总会出现某些点的电势是相等的，这样由电势相等的点连接起来所构成的曲面称为等势面。例如，在距点电荷距离相等的点处电势是相等的，这些点构成的曲面是以点电荷为球心的球面。可见点电荷电场中的等势面是一系列同心的球面，如图 6-28 所示，点电荷周围的电场线与等势面处处正交。不仅是点电荷的电场，任意静电场中等势面与电场线都处处正交。和电场线相同，等势面也能描述电场强度的强弱，当相邻等势面电势差相等时，等势面密的地方电场强，等势面疏的地方电场弱。由此得到几点结论：

1）等势面上移动电荷时电场力不做功。

证：设点电荷 q_0 在同一等势面上的任意点 a 点运动到 b 点，因在同一等势面上任意两点的电势相等。所以电场力做功为

$$A_{ab}=q_0(\varphi_a-\varphi_b)=0$$

2）任何静电场中电场线与等势面处处正交。

证：如图 6-29 所示，设点电荷 q_0 自 a 沿等势面发生位移 $\mathrm{d}\boldsymbol{l}$，电场力做功为

$$\mathrm{d}A=q_0\boldsymbol{E}\cdot\mathrm{d}\boldsymbol{l}=q_0E\mathrm{d}l\cos\theta$$

因为在等势面上运动，所以 $\mathrm{d}W=0$，因此

$$q_0E\mathrm{d}l\cos\theta=0$$

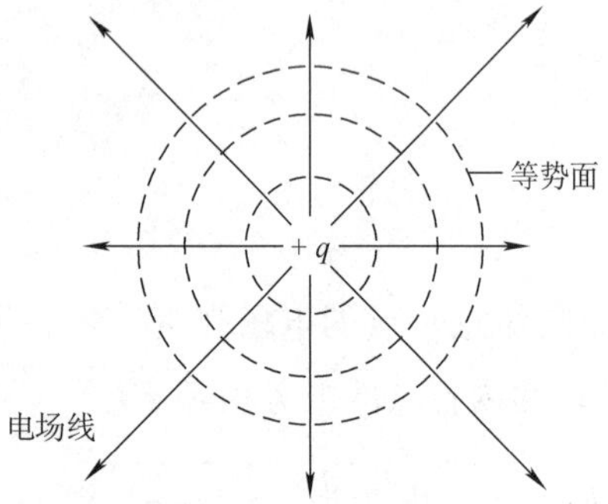

图 6-28 等势面与电场线

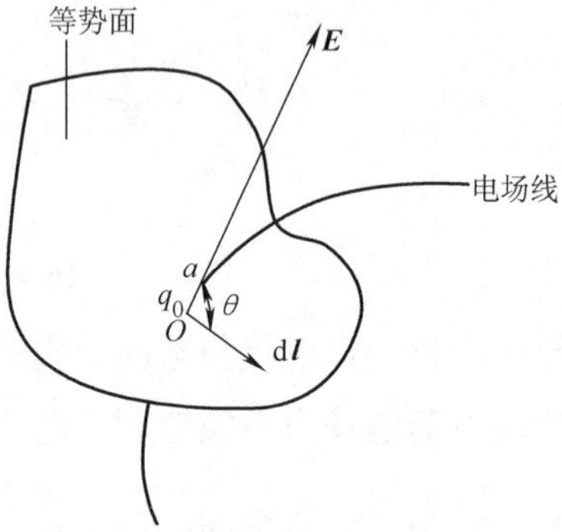

图 6-29 证明用图

又因 $q_0\neq0$，$E\neq0$，$\mathrm{d}l\neq0$，所以

$$\cos\theta=0,\ 即\ \theta=\frac{\pi}{2}$$

故电场线与等势面正交，$\boldsymbol{E}$ 垂直于等势面。

在相邻等势面电势差为常数时，等势面密集地方电场强度较强。

3）电场线的方向沿电势降低的方向。

6.5.6 电场强度与电势梯度

电场强度和电势是描述电场性质的物理量，它们有一定的关系，前面已学过 $\boldsymbol{E}$、φ 之间有一种积分关系

$$\varphi_a=\int_a^\infty\boldsymbol{E}\cdot\mathrm{d}\boldsymbol{l}\qquad（无限远处\ U_\infty=0）$$

接下来我们研究电场强度和电势之间的微分关系。如图 6-30所示，设 a、b 为无限接近的两点，相应所在等势面分别为 φ、$\varphi+\mathrm{d}\varphi$。单位正电荷从 $a\to b$ 过程中，电场力做的功为

$$\mathrm{d}A=\boldsymbol{E}\cdot\mathrm{d}\boldsymbol{l}=U_{ab}=\varphi_a-\varphi_b=[\varphi-(\varphi+\mathrm{d}\varphi)]=-\mathrm{d}\varphi$$

因为

$$\boldsymbol{E}\cdot\mathrm{d}\boldsymbol{l}=E\mathrm{d}l\cos\theta,\quad 而\ E\cos\theta=E_l$$

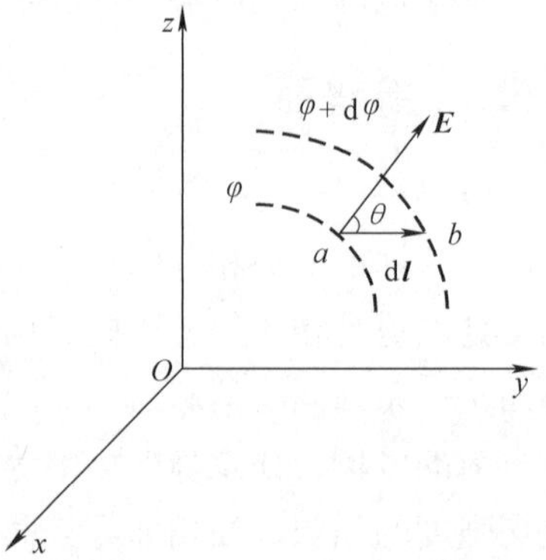

图 6-30 电场强度和电势

所以

$$E_l = -\frac{\mathrm{d}\varphi}{\mathrm{d}l}$$

$\frac{\mathrm{d}\varphi}{\mathrm{d}l}$为电势沿 l 方向的方向导数，若 l 分别沿 x、y、z 方向，则有以下表达式：

$$E_x = -\frac{\partial\varphi}{\partial x}$$

$$E_y = -\frac{\partial\varphi}{\partial y}$$

$$E_z = -\frac{\partial\varphi}{\partial z}$$

因为

$$\boldsymbol{E} = E_x\boldsymbol{i} + E_y\boldsymbol{j} + E_z\boldsymbol{k}$$

所以有

$$\boldsymbol{E} = \left(-\frac{\partial\varphi}{\partial x}\boldsymbol{i} - \frac{\partial\varphi}{\partial y}\boldsymbol{j} - \frac{\partial\varphi}{\partial z}\boldsymbol{k}\right)$$

引入 $\nabla = \frac{\partial}{\partial x}\boldsymbol{i} + \frac{\partial}{\partial y}\boldsymbol{j} + \frac{\partial}{\partial z}\boldsymbol{k}$，数学上叫作梯度算符。因此

$$\frac{\partial\varphi}{\partial x}\boldsymbol{i} + \frac{\partial\varphi}{\partial y}\boldsymbol{j} + \frac{\partial\varphi}{\partial z}\boldsymbol{k}$$

叫作 φ 的梯度，记作

$$\mathbf{grad}\varphi = \nabla\varphi = \frac{\partial\varphi}{\partial x}\boldsymbol{i} + \frac{\partial\varphi}{\partial y}\boldsymbol{j} + \frac{\partial\varphi}{\partial z}\boldsymbol{k}$$

因此得

$$\boldsymbol{E} = -\mathbf{grad}\varphi = -\nabla\varphi \tag{6-40}$$

可见，电场中任一点的电场强度等于电势梯度在该点的负值。

例 6-11 如图6-31 所示，已知点电荷周围任意点的电势 $\varphi_P = \frac{q}{4\pi\varepsilon_0 x}$，用电场强度与电势的关系，求点电荷 q 在它周围任意点产生的电场强度。

解 已知

$$\varphi_P = \frac{q}{4\pi\varepsilon_0 x}$$

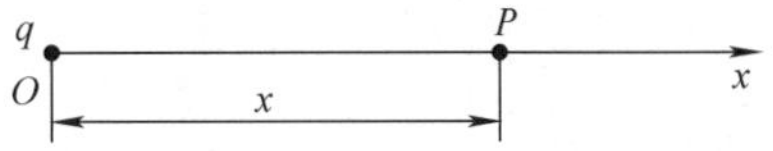

图 6-31 例 6-11 图

再根据电场强度是电势的方向导数得

$$E_x = -\frac{\partial\varphi_P}{\partial x} = -\left(-\frac{q}{4\pi\varepsilon_0 x^2}\right) = \frac{q}{4\pi\varepsilon_0 x^2}$$

$$E_y = E_z = 0$$

$q>0$，$\boldsymbol{E}$ 沿 x 轴正向；$q<0$，$\boldsymbol{E}$ 沿 x 轴负向。

本章逻辑主线

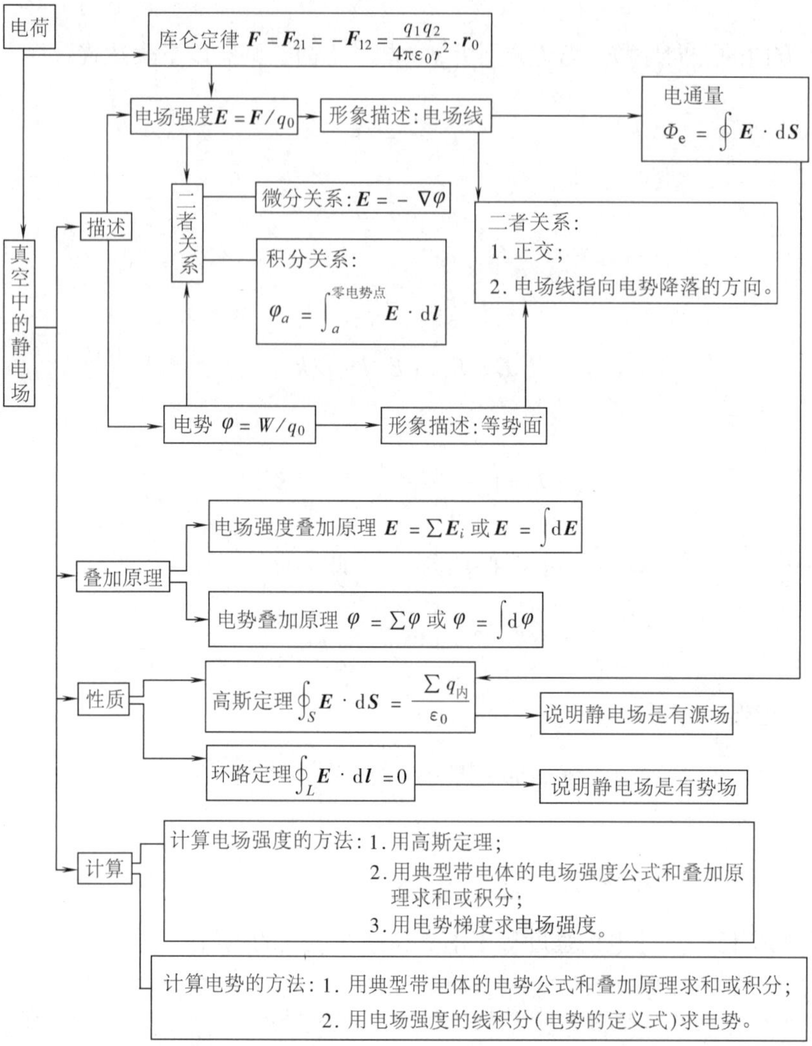

拓展阅读

静电的防护与应用

1. 我国古代对于电现象的认识及防护

（1）**我国古代对电现象的认识**　在大自然里，人们很早就知道电的存在，例如闪电、摩擦起电、静电感应等现象。我国古代对电的认识是从雷电及摩擦起电现象开始的。早在3000多年前的殷商时期，甲骨文中就有了雷及电这两个字。王冲在《论衡 · 雷虚篇》中写到“云雨至则雷电击”,《 淮南子坠形训》中说“阴阳相搏为雷，激扬为电”，意思是雷电是阴阳两气对立的产物。晋代《搜神记》中记载:“戟锋皆有火光，遥望如悬烛。”这里是说古代兵器长矛锋刃尖利，可导致尖端放电现象发生。

（2）**有关我国古代防雷避雷的文献记载** 我国古人不仅知道雷电形成的原因，还在很早就有了建筑物防雷避雷的尝试。一些古建筑的防雷方法，就类似今天避雷针的作用。

图6-32 鸱尾

我国古代最有名的避雷装置被称作鸱尾（chī wěi）（见图6-32）。17世纪法国旅行家卡勃里欧别·戴马甘兰1688年在其所著的《中国新事》一书中记载："中国建筑屋脊的两头，有一个仰起的龙头，龙口吐出曲折的金属舌头，伸向天空，舌根连接一根细的铁丝，直通地下。这种奇妙的装置，在发生雷电的时刻就大显神通，若雷电击中了屋宇，电流就会从龙舌沿铁丝行至地底，避免雷电击毁建筑物。"

实际上，我国早在汉武帝时期，就已经出现了类似避雷装置的使用记载。

唐代《唐会要》有曰：汉柏梁殿灾后，越巫言，海中有鱼虬，尾似鸱，激浪即降雨。遂作其象於屋以厌火祥。时人或谓鸱吻非也。意思是说，在复盖宫宇的时候，越国的巫师建议：海中有一种鱼，一旦出水就会导致下大雨，于是就把这种鱼的雕像放在屋顶，用它的形象来防止火灾。所以有人考证了这一来历后认为屋顶上的鸱吻恐怕是后来人误传的。唐《炙毂子》一书也记载了这件事，其中一句"若古制尾上更加铁作水草之形"，就是说在制作的鱼的形象上面还用了铁块装饰成为水草的形状。如果以现代的眼光来看，就是通过金属导电，然后避免雷击着火，这是现代避雷针的雏形。据《汉书·武帝纪》记载，太初元年冬（公元前104年），十一月乙酉（十一月二十三日），柏梁台灾（柏梁台发生了火灾）。按照这样记载，我国最早使用避雷装置的时间或许比富兰克林发明避雷针的时间足足早了1800多年。

（3）**中国故宫太和殿屋脊上的"仙人走兽"** 在中国故宫太和殿的屋脊上，有一些奇特的"仙人走兽"造型，如图6-33a所示，第一个是骑凤仙人，后面是10个"脊兽"。在古代中国宫殿建筑庑殿顶的垂脊上，类似这样的走兽（脊兽）十分常见，从这些仙人走兽可以看出建筑的级别。通常除了前面的骑凤仙人外，后面的脊兽通常都是奇数，数量越多表示级别越高，所谓"九五至尊"，三到五个为王公贵族，九个则表示是皇家建筑。故宫太和殿作为皇帝上朝的地方，更是用了10个脊兽来彰显其地位的尊贵和与众不同。其中第十个叫行什（"háng shí"，排行老十，见图6-33b）。行什的面部五官奇特，眉毛翻卷，环眼暴睛，鸟喙嘴，两獠牙，乳凸腹鼓，肩部后方还拖着一对翅膀，双手交叉拄着一杆金刚杵。这个长着"毛脸雷公嘴"，和孙悟空很像的行什，就是《封神演义》中的雷震子，相传它是雷神的化身，将其放在屋顶，寓意就是可以用来防雷防火。在故宫，只有太和殿上有行什，可见故宫太和殿的规格要远高于其他建筑。我国很多古建筑能够历经历数百上千年而安然无恙，都是做过特殊的防雷设计的。

（4）**武当山"雷火炼殿"奇观的形成** 湖北武当山是中国的道教圣地。人们通常认为，只有登上天柱峰顶峰，走进太和宫（金殿，见图6-34），见到真武大帝主像，才算是真正意义上到了武当山。这座主峰上矗立的金殿，至今已有500多年历史，它为何能够历经风雨而熠熠生辉？这主要得益于金殿通体以铜冶铸，表面镏金，顶部设计十分精巧，这样的屋顶起

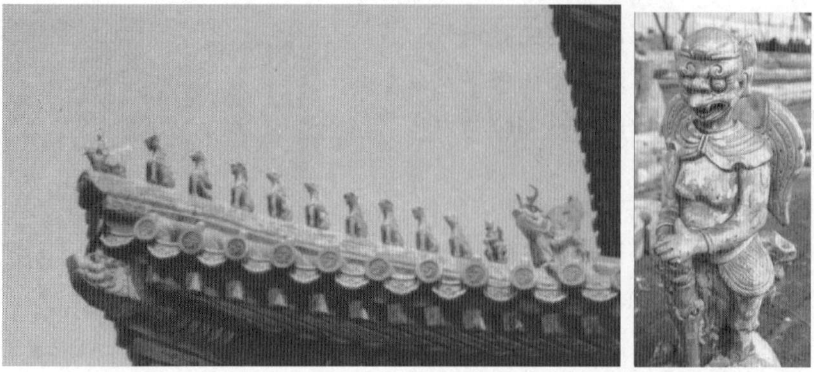

a)　　b)

图 6-33　故宫太和殿屋脊上的“仙人走兽”和行什

到了避雷针作用。每年雷雨季来临之时，金殿之上紫龙翻滚，左突右奔，似有火海在金顶涌动，热烈而耀眼。而金殿的神奇就在于无论经受多少次雷击，依然安然无恙，且宛如新修。这就是著名的“雷火炼殿”奇观。

图 6-34　武当山主峰太和宫

深究“雷火炼殿”奇观的形成原因：武当山气候多变，云层常带大量电荷。金殿屹立峰巅，是一个庞大的金属导体。当带电的积雨云移来时，云层与金殿底部之间形成巨大的电势差，就会使空气电离，产生电弧，也就是闪电。强大的电弧使周围空气剧烈膨胀而爆炸，看似火球并伴有雷鸣；而且金殿与天柱峰合为一体，本身就是一个良好的放电通道，又巧妙地利用曲率较大的殿脊与脊饰物（龙、凤、马、鱼、狮），保证了可以出现雷火炼殿奇观而又不被雷击。雷雨过后，金殿经过水与火的洗练，变得更为金光灿灿，如此巧妙的避雷措施，令人叹为观止。

（5）**山西应县木塔**　应县木塔（见图 6-35），即佛宫寺释迦塔，位于山西省朔州市应县佛宫寺内，塔高 67.31m，始建于辽清宁二年（1056 年），是世界上现存最高大、最古老的纯木结构楼阁式建筑，与意大利比萨斜塔、巴黎埃菲尔铁塔并称“世界三大奇塔”。其底部直径 30.27m，总重量为 7400 多吨，主体使用材料为华北落叶松，斗拱使用榆木。木料用量多达上万立方米。整个建筑由塔基、塔身、塔刹三部分组成，塔基又分作上、下两层，下层为正方形，上层为八角形。塔身呈现八角形，外观五层六檐，实为明五暗四九层塔。应县木塔是现存世界木结构建筑史上较典型的实例，中国建筑发展上较有价值的坐标，抗震避雷等科学领域研究的知识宝库，是时代经济文化发展的一部“史典”。

历经千年时光，应县木塔不可能不被雷电击中，那么它为什么没有起火呢？如图 6-35b 所示，其顶部的塔刹，上面摆放着各种宗教法器，从下至上依次排列，中间由铁刹串联。每当电闪雷鸣之时，铁刹充当起避雷针，四周八条铁链成了引雷的引线，顺着引线传导至地面，形成了类似“法拉第笼”的一种避雷结构，庇佑木塔安然度过了千年雷电的袭击。

a)

b)

图6-35 应县木塔

a）外观 b）塔刹

2. 静电在人类生活中的应用

静电场在物理上的应用有阴极射线管（显像管）、电视摄像管、范德格拉夫静电加速器、静电基本粒子计数器、场致发射显微镜等，而在工程技术上的应用更为广泛，除了传统的电解、电镀等外，还有高压带电作业、静电除尘、静电分选、静电复印、静电植绒、喷涂、防除水垢、防腐蚀，通过测量大气电场的变化预报地震，用于航天的静电加料器、离子交换氢氧燃料电池、新型的火箭推进器——离子推进器……在农业上用静电场或电晕放电处理种子，达到增产和提高作物品质的目的，人工诱发闪电使作物发生变异，静电喷农药和静电人工授粉等；近年来静电场又被应用于生物工程技术领域，在遗传基因操作、细胞融合、细胞分选等方面发挥着特殊的作用。正因为如此，早在1953年国际上就开始召开静电会议，以后每4年一次，并在20世纪60年代成立了静电学会；我国也在1978年召开了第一次全国静电学术会议，出版了《静电》杂志，在某些高校设立了培养静电方面专业人才的博士点。下面简单介绍静电的两种应用。

（1）**静电除尘** 在制造计算机芯片、光学仪器、手表等精密器件时，需要尽量减少空气中的含尘量，如制造计算机芯片的超净车间内每立方英尺空气中直径0.5μm以上的尘粒不能超过10粒。燃煤的火力发电厂每天从烟囱排出数以百吨计的烟尘，如不采取措施，会严重污染大气。因此，人们同空气中的尘埃进行了长期的斗争，而静电除尘具有除尘率高、耗电少、处理流量大等优点，已广泛用于化工、冶金、煤气、水泥、火力发电等各个工业部门。

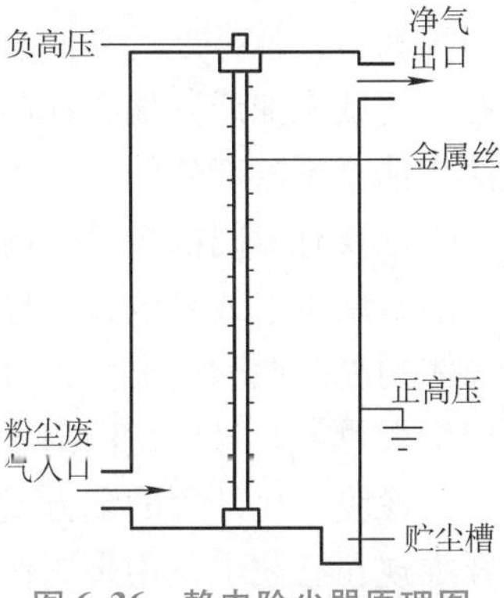

图6-36 静电除尘器原理图

工业上常用的一种静电除尘器的结构如图6-36所示。中央是具有针齿状结构的金属丝并与高压电源的负极相连，外壳是一金属圆筒并与高压电源的正极相连和接地。工作时，粉尘气体由下方进入，中央金属丝由于尖端放电（见下章）使周围的空气电离，其中的负离子（包括自由电子）在静电场的作用下向外筒飞去，在飞行的过程中与粉尘粒子频繁碰撞而使粉尘带上负电也飞向外筒，聚集在外筒上，然后用振动或水冲的方法将粉尘收集于筒底。这样，不仅避免了环境污染，还能从收集的粉尘中回收有价值的物质。静电除尘器的除尘率一般可达95%～99%，多级串联的静电除尘器的除尘率高达99.9%以上。目前世界上最大的静电除尘器有十几层楼高，每分钟能处理近十万立方米含尘气体。空气净化器的原理与此类似。这种方法还能清除蒸汽中的有毒液滴。

（2）**静电复印** 静电复印的基本过程如图6-37所示。首先使一表面涂有光导材料（在黑暗中是不良导体而在光照下是良导体的材料，常用硒或硒化合物）的底板或滚筒（硒鼓）在黑暗中带上正电荷，然后将待印文件用光源和透镜进行曝光，光导面上接收到光的部分变成导体，正电荷流走；与文件上的墨迹对应的部分因接收不到光线仍是不良导体，正电荷保留，形成与文件相对应的“静电潜像”。接着将带负电荷的墨粉撒上去，被带正电的“潜像”吸附，形成与原稿相对应的可见像；再用带正电的纸覆盖在上面，墨粉又被吸附在纸上；最后通过加热，使墨粉（含有热融性树脂）牢固地附着在纸上，便完成了复印过程。

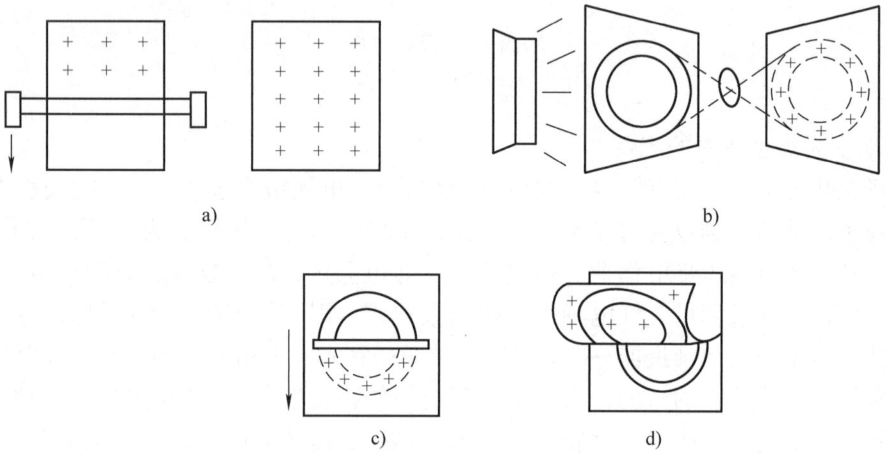

图6-37 静电复印过程示意图

3. 现代生活中如何避免静电的危害

事物都是一分为二的，摩擦或其他原因引起的静电有时也会造成危害。在干燥的冬季，脱化纤衣物或用塑料梳子梳头时会听到噼噼啪啪的声响，黑暗中还能看到火花，有时去抓金属门把手时会被“电”一下，这都是静电放电现象。如果在易燃的环境中，静电放电引起的火花可导致火灾，在煤矿矿井里有可能引起瓦斯爆炸，因此要加以避免。例如，在有可燃粉尘的车间里，常常通过喷洒水来增加湿度和降低粉尘浓度，工人穿的工作服和鞋子都是防静电的；运载汽油或其他石油制品的汽车都挂着一条拖到地面的铁链子，就是为了把行进过程中油与油罐摩擦产生的静电引入大地；而输油管、大型油罐、装卸油料的桥台、栈桥和油轮码头，都要有专门的接地设施。为了防止绝缘体上聚集起静电荷，人们往往在绝缘体表面涂上一层金属粉末或导电漆、导电薄膜，或加入以活化剂为主要成分的静电防止剂，它能增加绝缘体的吸湿性和电离性；对于容易聚集起静电荷的机器设备，可以设置“静电消止器”，它能产生大量带异号电荷的离子，把机器上的静电荷中和掉。当然，最彻底的办法是通过改变塑料、橡胶、化纤等的配方或工艺，使其变得导电，如导电纤维、导电塑料、导电橡胶，导电纤维现在已被广泛用来制作防静电工作服、手套、地毯、包装袋和缝纫线等。

集成电路等微电子元件抵抗静电的能力特别弱，一点额外的电荷就会造成信号严重失真、动作器动作错误，甚至整个电路完全失效。因此，在集成电路的制造、检验、组装等作业中，人们采取了各种措施来防止静电，如在地板、工作台上铺设铝箔、铝板、导电橡胶、导电薄膜，提高环境湿度，工人在手腕上戴接地的金属链、戴导电橡皮手套等。

材料出处

1. 戴连福. 中国古代电磁学的成就. 物理教师. 1989 (01).

2. 张之翔. 我国古代在电磁学方面的成就. 物理. 1990 (11).

3. 京华物语㊶｜俗称金銮殿的太和殿屋顶上的瑞兽有何讲究？_紫禁城：https://www.sohu.com/a/449446876_114988.

4. 世界木构建筑史上的奇迹——佛宫寺释迦塔_应县木塔 https://www.sohu.com/a/396444512_469537? _trans_ =000014_bdss_dkmwzacjP3p:CP =.

思 考 题

6.1 点电荷在某点所受的电场力很大，是否该处的电场强度一定很强？

6.2 根据点电荷的电场强度公式 $E=\dfrac{q}{4\pi\varepsilon_0 r^2}$，当 $r\to 0$ 时，$E\to\infty$，而这是没有物理意义的。对此应如何解释？

6.3 电场线是否为带正电的点电荷的运动轨迹？什么情况下带电粒子会沿电场线运动？

6.4 试证明下述论断：在静电场中，凡是电场线都是平行直线的地方，电场强度的大小必定处处相等（即：凡是电场强度的方向处处相同的地方，电场强度的大小也处处相等）。

6.5 取一球面为高斯面，试问当点电荷 q 分别处在球心 O 或球内其他点时，通过球面的电通量是否相等？当点电荷 q 分别处在球外不同点时，通过球面的电通量是否相等？

6.6 如果设无限远处的电势为零，下述情况中的电势能是正值还是负值？

（1）正电荷 q 在正电荷 Q 的电场中；

（2）负电荷 $-q$ 在正电荷 Q 的电场中；

（3）正电荷 q 在负电荷 $-Q$ 的电场中；

（4）负电荷 $-q$ 在负电荷 $-Q$ 的电场中。

6.7 怎样理解高斯定理？

6.8 三个相等的电荷放在等边三角形的三个顶点上，问是否可以以三角形中心为球心作一球面，利用高斯定理求出它们所产生的场强？对此球面高斯定理是否成立。

6.9 试证明：只在静电力作用下，一个电荷不可能处于稳定平衡状态。

习 题

一、选择题

6.1 下列几个说法中哪一个是正确的？（　　）

（A）电场中某点电场强度的方向，就是将点电荷放在该点所受电场力的方向；

（B）在以点电荷为中心的球面上，由该点电荷所产生的电场强度处处相同；

（C）电场强度方向可由 $\boldsymbol{E}=\boldsymbol{F}/q$ 定出，其中 q 为试验电荷的电荷量，q 可正、可负，$\boldsymbol{F}$ 为试验电荷所受的电场力；

（D）以上说法都不正确。

6.2 静电场中某点电势的数值等于（　　）。

（A）试验电荷 q_0 置于该点时具有的电势能；

（B）单位试验电荷置于该点时具有的电势能；

（C）单位正电荷置于该点时具有的电势能；

（D）把单位正电荷从该点移到电势零点外力做的功。

6.3　一均匀带电球面，电荷面密度为σ，球面上面元$\mathrm{d}S$带有$\sigma\mathrm{d}S$的电荷，该电荷在球面内各点产生的电场强度（　　）。

（A）处处为零；

（B）不一定都为零；

（C）处处不为零；

（D）无法判断。

6.4　一个偶极矩为$\boldsymbol{p}$的电偶极子在场强为$\boldsymbol{E}$的均匀电场中，$\boldsymbol{p}$与$\boldsymbol{E}$的夹角为30°，则它所受的电场力为（　　）。

（A）0；

（B）$pE\sin30^{\circ}$；

（C）$2pE\sin30^{\circ}$；

（D）无法确定。

6.5　关于电场强度与电势的关系，正确的说法是（　　）。

（A）电场强度为零处，电势未必为零；

（B）电势为零处，电场强度一定为零；

（C）电势不相等的两点，电场强度必然不相等；

（D）电场强度大小相等的两点，电势一定相等。

6.6　一点电荷放到球形高斯面中心处，下面哪种做法会让该高斯面的电通量发生变化？（　　）

（A）球面外放一点电荷；

（B）球面内再放一点电荷；

（C）将高斯面半径缩小；

（D）将球面内点电荷移置面内其他处。

6.7　下面说法中正确的是（　　）。

（A）带正电的物体电势一定是正的；

（B）带负电的物体电势一定是负的；

（C）不带电的物体电势一定是零；

（D）电势是零的物体一定不带电；

（E）以上四种说法都不对，因为电势的大小取决于场源电荷。正像地球上某一点的高度与这一点放的物体无关一个道理。

6.8　关于高斯定理的理解有下面几种说法，其中正确的是（　　）。

（A）如果高斯面上$\boldsymbol{E}$值处处为零，则该面内必无电荷；

（B）如果高斯面内无电荷，则高斯面上$\boldsymbol{E}$值处处为零；

（C）如果高斯面上$\boldsymbol{E}$值处处不为零，则高斯面内必有电荷；

（D）如果高斯面内有净电荷，则通过高斯面的电通量必不为零；

（E）高斯定理仅适用于具有高度对称性的电场。

6.9　边长为a的正方形，在其四个顶角上各放一个等量的点电荷，若正方形中心处的电场强度和电势都为零（设无穷远处电势为零），则（　　）。

（A）在四个顶角上都应放上正电荷；

（B）在四个顶角上都应放上负电荷；

（C）在两个对顶角上应放上正电荷，而另外两个对顶角上应放上负电荷；

（D）在两个相邻的顶角上应放上正电荷，而另外两个相邻的顶角上应放上负电荷。

二、填空题

6.10　静电场高斯定理的数学表达式为________________，它反映出静电场是

______________场；静电场的环路定理的数学表达式为________________________，它反映出静电场是______________场。

6.11 有一边长为 a 的正方形平面，在其中垂线上距中心 O 点 $a/2$ 处，有一电荷为 q 的正点电荷，如图6-38所示，则通过该平面的电通量为____________。

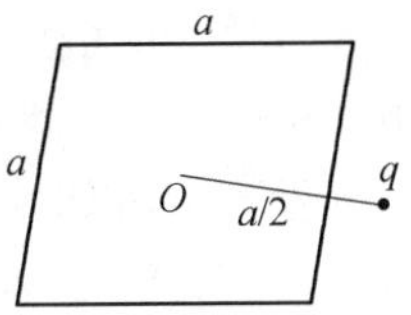

图6-38 题6.11图

6.12 半径为 R 的均匀带电球面，所带电荷为 Q，设无限远处的电势为零，则球内距离球心为 $r(r<R)$ 处的电场强度的值为____________；电势为____________。

6.13 说明下列各式各代表的物理意义：

（1）$\boldsymbol{E}\cdot\mathrm{d}\boldsymbol{l}=$____________________；

（2）$\int_a^b\boldsymbol{E}\cdot\mathrm{d}\boldsymbol{l}=$____________________；

（3）$\oint_l\boldsymbol{E}\cdot\mathrm{d}\boldsymbol{l}=$____________________；

（4）$\boldsymbol{E}\cdot\mathrm{d}\boldsymbol{S}=$____________________；

（5）$\oint_S\boldsymbol{E}\cdot\mathrm{d}\boldsymbol{S}=$____________________。

三、计算题

6.14 （1）设地球表面附近的电场强度为 $200\text{V}\cdot\text{m}^{-1}$，方向指向地球中心，求地球所带的总电荷量；（2）设离地面1400m的高处电场强度降为 $20\text{V}\cdot\text{m}^{-1}$，方向仍指向地球中心，试计算1400m以下大气层中的平均电荷密度。

6.15 将 $q=2.5\times10^{-8}\text{C}$ 的点电荷从电场中的 A 点移到 B 点，外力做功 $5.0\times10^{-6}\text{J}$，问电势能的增量是多少？A、B 两点间的电势差是多少？哪一点的电势较高？若设 B 点的电势为零，则 A 点的电势是多少？

6.16 如图6-39所示，电荷量都是 q 的三个点电荷，分别放在正三角形的三个顶点，试问：（1）在这三角形的中心放一个什么样的电荷，就可以使这四个电荷都达到平衡（即每个电荷受其他三个电荷的库仑力之和都为零）？（2）这种平衡与三角形的边长有无关系？

6.17 一个半径为 R 的均匀带电半圆环，电荷线密度为 λ，如图6-40所示，求环心处 O 点的电场强度。

6.18 均匀带电球壳内半径6cm，外半径10cm，电荷体密度为 $2\times10^{-5}\text{C}\cdot\text{m}^{-3}$，求距球心5cm、8cm、12cm各点的电场强度。

6.19 一无限大均匀带电厚壁，壁厚为 D，体电荷密度为 ρ，求其电场分布。

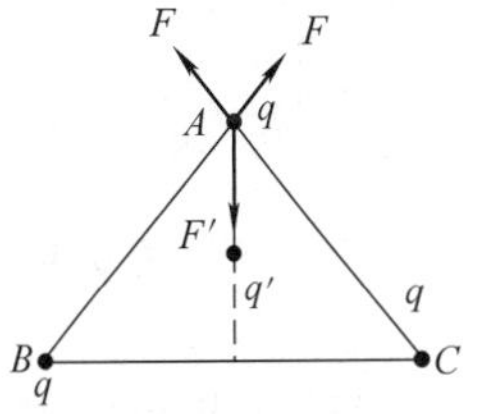

图6-39 题6.16图

6.20 两个固定的点电荷电量分别为 $+1.0\times10^{-6}\text{C}$ 和 $-4.0\times10^{-6}\text{C}$，相距10cm。（1）在何处放一个点电荷 q_0 时，此点电荷受的电场力为零？（2）沿两点电荷的连线方向，q_0 在该点的平衡状态是否稳定？试就 q_0 为正、负两种情况进行讨论。（3）沿垂直于该连线的方向 q_0 在该点的平衡状态又如何？

6.21 半径为 R_1 和 R_2（$R_2>R_1$）的两无限长同轴圆柱面，单位长度上分别带有电荷量 λ 和 $-\lambda$，试求：（1）$r<R_1$；（2）$R_1<r<R_2$；（3）$r>R_2$ 处各点的电场强度。

6.22 两个无限大的平行平面都均匀带电，电荷的面密度分别为 σ_1 和 σ_2，如图6-41所示，试求空间各处电场强度。

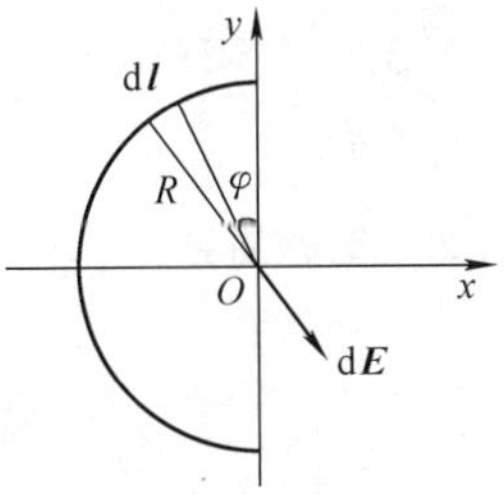

图6-40 题6.17图

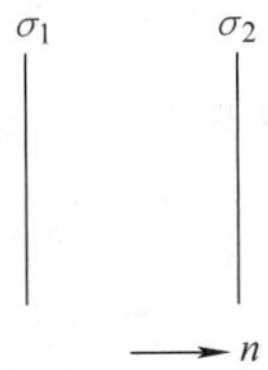

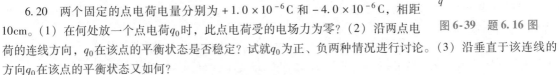

图6-41 题6.22图

6.23　半径为 R 的均匀带电球体内的电荷体密度为 ρ，若在球内挖去一块半径为 $r<R$ 的小球体，如图6-42所示，试求两球心 O 与 O' 点的电场强度，并证明小球空腔内的电场是均匀的。

6.24　一电偶极子由 $q=1.0\times10^{-6}\mathrm{C}$ 的两个异号点电荷组成，两电荷距离 $d=0.2\mathrm{cm}$，把这电偶极子放在 $1.0\times10^{5}\mathrm{N\cdot C^{-1}}$ 的外电场中，求外电场作用于电偶极子上的最大力矩。

6.25　三个点电荷 q_1、q_2 和 $-q_3$ 在一直线上，相距均为 $2R$，以 q_1 与 q_2 的中心 O 作一半径为 $2R$ 的球面，A 为球面与直线的一个交点，如图6-43所示。求：（1）通过该球面的电通量 $\oint_S \boldsymbol{E}\cdot \mathrm{d}\boldsymbol{S}$；（2）$A$ 点的电场强度 $\boldsymbol{E}_A$。

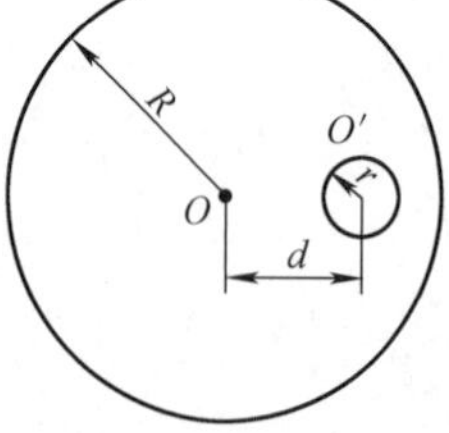

图6-42　题6.23图

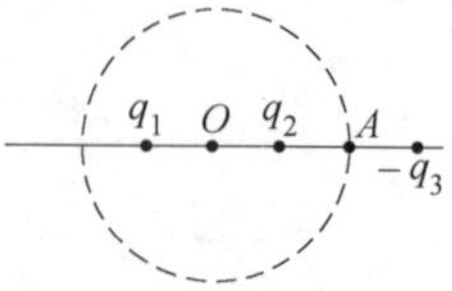

图6-43　题6.25图

6.26　如图6-44所示，在 A、B 两点处放有电荷量分别为 $+q$、$-q$ 的点电荷，AB 间距离为 $2R$，现将另一正试验电荷 q_0 从 O 点经过半圆弧移到 C 点，求移动过程中电场力做的功。

6.27　如图6-45所示的绝缘细线上均匀分布着线密度为 λ 的正电荷，两直导线的长度和半圆环的半径都等于 R，试求环中心 O 点处的电场强度和电势。

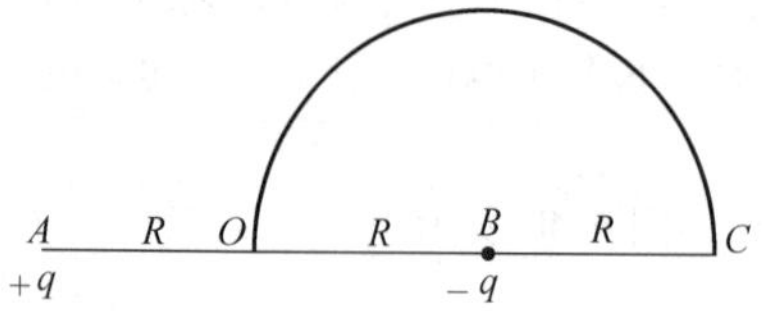

图6-44　题6.26图

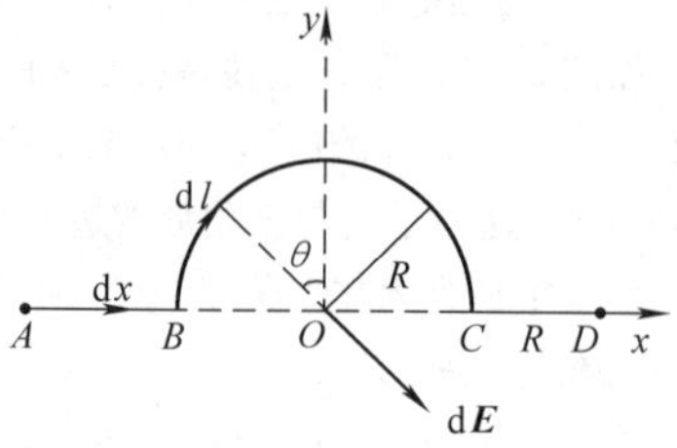

图6-45　题6.27图

6.28　一电子绕一带均匀电荷的长直导线以 $2\times10^{4}\mathrm{m\cdot s^{-1}}$ 的匀速率作圆周运动，求带电直线上的线电荷密度。（电子质量 $m_0=9.1\times10^{-31}\mathrm{kg}$，电子电荷量 $e=1.60\times10^{-19}\mathrm{C}$）

6.29　真空中一半径为 R 的均匀带电球面，总电荷量为 q（$q<0$），今在球面上挖去非常小的一块面积 ΔS（连同电荷），且假设不影响原来的电荷分布，求挖去 ΔS 后球心处的电场强度大小和方向。

6.30　两个同心的均匀带电球面，半径分别为 $R_1=5.0\mathrm{cm}$，$R_2=20.0\mathrm{cm}$，已知内球面的电势为 $\varphi_1=60\mathrm{V}$，外球面的电势为 $\varphi_2=-30\mathrm{V}$。（1）求内、外球面上所带的电量；（2）在两个球面之间何处的电势为零？

本章重要知识点讲解　　　　本章习题简答

第 7 章 静电场中的导体和电介质

本章先以导体的平衡条件为基础，以高斯定理和电场强度环路定理为依据，分析导体静电特性和导体表面电荷分布规律；进而研究电介质的极化，讨论电介质中电场；最后讨论电容器的储能及电场能量问题。本章讨论的重点是各向同性的均匀金属导体和电介质与电场的相互影响。

7.1 静电场中的导体

7.1.1 导体的静电平衡

导体有不同的种类，最常见的是金属导体。本节只限于讨论金属导体的静电特性。金属导体中，原子最外层的价电子受原子核的束缚很小，可以摆脱原子核的束缚在各原子之间自由运动，这类电子称为自由电子。原子中除价电子之外的其他部分叫作原子实，原子实排列成整齐的点阵，叫作晶体点阵。从电结构来说，金属导体是由带正电的晶体点阵和带负电的自由电子组成的。当导体不带电且不受外电场影响时，自由电子的负电荷和晶体点阵的正电荷相互中和，导体不显电性。在这种情况下，金属导体中的自由电子像气体分子一样只在晶格之间作无规则的热运动，而无宏观的定向运动。

如果把一个不带电的金属导体放入外电场中，导体中的自由电子将在电场力的作用下作宏观定向运动，从而使导体中的电荷重新分布，在导体的一端因电子的积累而带负电，另一端因缺少电子而带正电。这种在外电场作用下，导体中的电荷重新分布而呈现出带电的现象，叫作静电感应现象，如图 7-1a 所示。

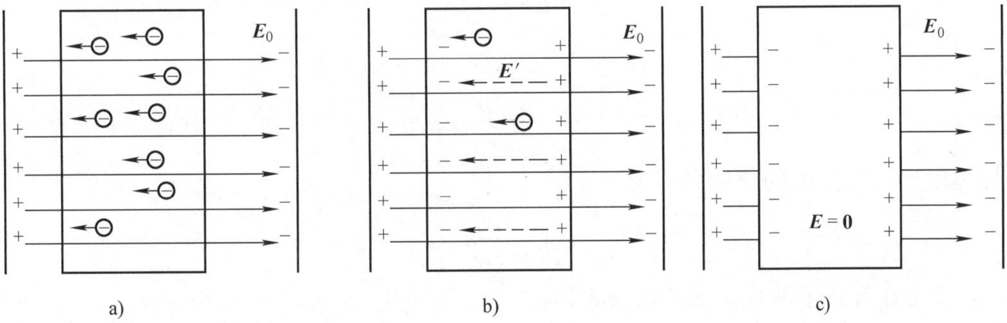

图 7-1 导体的静电平衡

导体表面因静电感应而出现的电荷称为感应电荷。感应电荷会产生一个附加电场 $\boldsymbol{E}'$，在导体内部这个电场的方向与原电场 $\boldsymbol{E}_0$ 反向相反，其作用是削弱原电场，如图 7-1b 所示。随着静电感应的进行，感应电荷不断增加，附加电场 $\boldsymbol{E}'$增强，当 $E' = E_0$ 时，导体中总电场的电场强度 $\boldsymbol{E} = \boldsymbol{E}_0 + \boldsymbol{E}'$为零的时候，自由电荷的再分布过程停止。这时，导体上感应电荷的分布和导体内外的电场分布达到稳定状态，这种状态叫作静电平衡状态，如图 7-1c 所示。由于导体中自由电荷的数量十分巨大，静电感应的时间极短（约 10^{-6}s 的数量级），以后我们讨论的在静电场中的导体，指的是处于静电平衡状态下的导体。

综上所述，导体处于静电平衡的条件是：导体内部的电场强度处处为零，即

$$\boldsymbol{E} = \boldsymbol{E}_0 + \boldsymbol{E}' = \boldsymbol{0}$$

所谓导体内部的电场强度，是指一切电荷产生的合电场强度。

7.1.2　导体静电平衡的特性

1. 导体附近的电场强度分布

静电平衡时，导体表面附近的电场强度方向处处与导体表面垂直，大小与该处导体表面电荷面密度成正比。关系式为 $\boldsymbol{E} = \dfrac{\sigma}{\varepsilon_0}\boldsymbol{n}$。

下面讨论带电导体表面的电荷面密度与导体附近电场强度的关系。

如图7-2 所示，考察点 P 在导体表面附近，过 P 点作一个很小的柱形高斯面 S，柱面的上底 ΔS_1 过 P 点且与导体表面平行，柱面的侧面 ΔS_2 与导体表面垂直。由于导体表面附近的电场强度与表面垂直，所以柱面侧面与电场强度平行侧面 ΔS_2 上的电通量为零；柱面下底面 ΔS_3 在导体内，因为导体内部的电场强度为零，所以底面 ΔS_3 上的电通量也为零；只有上底面有电通量。由于上底面与电场强度垂直，在一个很小的区域内电场可以视为均匀，故电通量为 $E\Delta S$（$\Delta S_1 = \Delta S$）。设导体表面的电荷为正，电场强度方向如图 7-2 所示。柱面 S 所包围的净电荷为 $\sigma\Delta S$，σ 为导体表面所带电荷的面密度。

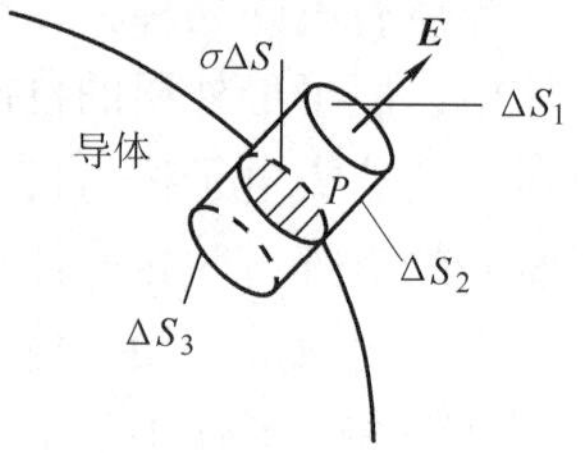

图 7-2　静电平衡时导体表面电场强度分布

所以，根据高斯定理有

$$\oint_S \boldsymbol{E}\cdot \mathrm{d}\boldsymbol{S} = \int_{\Delta S_1}\boldsymbol{E}\cdot \mathrm{d}\boldsymbol{S} + \int_{\Delta S_2}\boldsymbol{E}\cdot \mathrm{d}\boldsymbol{S} + \int_{\Delta S_3}\boldsymbol{E}\cdot \mathrm{d}\boldsymbol{S} = \frac{\sigma\Delta S}{\varepsilon_0}$$

$$E\Delta S = \frac{\sigma\Delta S}{\varepsilon_0}$$

因此

$$E = \frac{\sigma}{\varepsilon_0}$$

导体附近电场强度的矢量表示为

$$\boldsymbol{E} = \frac{\sigma}{\varepsilon_0}\boldsymbol{n} \tag{7-1}$$

式中，$\boldsymbol{n}$ 表示在导体上所取面元的法线方向。

$\sigma > 0$，$\boldsymbol{E}$ 的方向垂直背离导体表面；$\sigma < 0$，$\boldsymbol{E}$ 的方向垂直指向导体表面。根据高斯定理的物理含义，式（7-1）中的 $\boldsymbol{E}$ 应理解为合电场强度，是导体所有表面上的电荷以及导体外的

电荷共同产生的，不要误解为仅仅是考察点 P 附近的导体表面处的电荷所贡献的电场强度。

2. 导体上的电势分布

静电平衡时，整个导体是一个等势体，而其表面是等势面。

若在导体内取任意两点 A 和 B，总可以在导体内部找到一条曲线将 A、B 两点连接起来，由于导体静电平衡时内部任何一点处的电场强度都为零，所以电场强度从 A 到 B 的线积分为零，即 $\int_A^B \boldsymbol{E}\cdot \mathrm{d}\boldsymbol{l} = 0$，而 $U_{AB} = \varphi_A - \varphi_B = \int_A^B \boldsymbol{E}\cdot \mathrm{d}\boldsymbol{l}$，因此 A、B 两点的电势相等，即 $\varphi_A = \varphi_B$。故导体静电平衡时，整个导体是一个等势体，而其表面是等势面。

3. 导体上的电荷分布

静电平衡时，导体内部没有净电荷，电荷只能分布在导体的外表面上。

（1）**实心导体的电荷分布** 设导体所带电荷量为 Q，图 7-3a 所示为静电平衡时导体上的电荷分布。在其内作一高斯面 S，由高斯定理得

$$\oint_S \boldsymbol{E}\cdot \mathrm{d}\boldsymbol{S} = \frac{1}{\varepsilon_0}\sum_{S_内} q$$

由于静电平衡时，导体内部的电场强度 $\boldsymbol{E}=\boldsymbol{0}$，所以

$$\oint_S \boldsymbol{E}\cdot \mathrm{d}\boldsymbol{S} = 0$$

因此得

$$\sum_{S_内} q = 0$$

因为 S 面是导体内部的任意一个闭合曲面，所以静电平衡时导体内无净电荷存在。

结论：静电平衡时，实心导体的净电荷仅仅分布在导体外表面上。

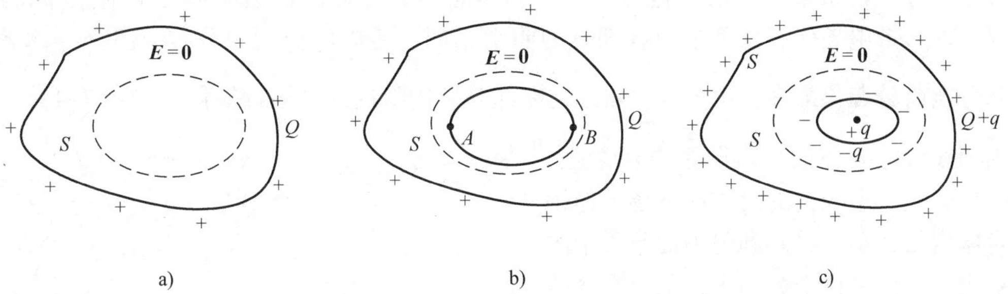

图 7-3 导体静电平衡时电荷只能分布在导体的外表面

a）实心导体 b）空腔导体 c）空腔内有电荷

（2）**空腔导体的电荷分布**

1）空腔内无其他电荷的情况。设导体所带电荷量为 Q，图 7-3b 所示为静电平衡时导体上的电荷分布。在导体内作任一高斯面 S，由高斯定理得

$$\oint_S \boldsymbol{E}\cdot \mathrm{d}\boldsymbol{S} = \frac{1}{\varepsilon_0}\sum_{S_内} q$$

因为静电平衡时，导体内部的电场强度 $\boldsymbol{E}=\boldsymbol{0}$，所以

$$\sum_{S_内} q = 0$$

即 S 内无净电荷。

因为空腔内无其他电荷，静电平衡时，导体内又无净电荷，所以空腔内表面上的净电荷

为0。那么在空腔内表面上能否出现等量的异号电荷呢？我们设想存在这种可能，如图7-3b所示，设在A点附近出现$+q$，B点附近出现$-q$，这样在腔内就有始于正电荷终于负电荷的电力线，由此得到，$\varphi_A>\varphi_B$，这与静电平衡时导体为等势体相矛盾，因此，这个假设不成立。

结论：静电平衡时，空腔导体内表面无净电荷分布，净电荷只分布在导体的外表面上，空腔内电势与导体电势相同。

2）空腔内有电荷的情况。设空腔导体原来带电荷量为Q，图7-3c所示为静电平衡时导体上的电荷分布，在空腔中放入点电荷$+q$，在空腔导体内作一高斯面S，由高斯定理得

$$\oint_S \boldsymbol{E}\cdot \mathrm{d}\boldsymbol{S}=\frac{1}{\varepsilon_0}\sum_{S_{内}} q$$

因为静电平衡时空腔导体内的$\boldsymbol{E}=\boldsymbol{0}$，所以对于导体内任意闭合曲面有

$$\sum_{S_{内}} q=0$$

因为空腔内带电体带电$+q$，所以静电平衡时，腔内表面应有感应负电荷$-q$，外表面应出现感应正电荷$+q$。

因此，当带电导体达到静电平衡时，无论是实心导体还是空腔导体，导体内部都没有净电荷（即没有未被抵消的正、负电荷）存在，电荷只能分布在导体的表面。

4. 导体表面电荷的分布情况

实验和理论都证明，对于孤立带电导体，在静电平衡下，其表面的电荷密度与表面曲率$\frac{1}{R}$有关，导体表面曲率$\frac{1}{R}$越大（曲率半径越小）处，面电荷密度也越大。因此，导体表面尖端部分电荷分布得最多，平滑的地方电荷分布得较少，导体凹进去的地方电荷分布得最少。对于孤立球形带电导体，由于球面各部分的曲率相同，所以电荷均匀分布。因为导体表面上尖端部分电荷分布得最多，由$E=\frac{\sigma}{\varepsilon_0}$知，尖端部分导体附近的电场就最强（见图7-4）。

因为在带电导体的尖端附近电场最强，就导致周围空气中残留的离子在电场力作用下发生剧烈的运动，将碰到的中性原子中的电子打出去，使之也变为离子，称为空气的“电离”或“击穿”。与尖端上电荷同号的离子，因被排斥而急速地离开尖端，形成“电风”；与尖端上电荷异号的离子，因相吸而趋向尖端，与尖端的电荷中和，而使尖端上的电荷逐渐漏失。急速运动的离子与中性原子碰撞时，还可使原子受激而发光，这就是尖端放电现象。尖端放电现象在高压输电线附近发生是很不利的：一是要消耗电能，特别在远距离的输电过程中电能损耗更大；二是放电时发生的电波，还会干扰电视和射频。为了避免这一现象，应采用较粗的导线，并使导线表面平滑无毛刺。另外，为了避免高压电气设备中的电极因尖端放电而发生漏电现象，往往把电极做成光滑的球形。但尖端放电也有可利用之处，避雷针就是一个例子。当雷雨云接近地面时，在避雷针尖端处电荷聚集得最多，电场强度最大，首先把其周围空气击穿，使来自地面上并集结于避雷针尖端的感应电荷，与雷雨云所带电荷持续中和，从而不至于积累成足以导致雷击的电荷。避雷针的另一作用是如果发生雷电时，使电流通过避雷针入地，避免危及旁

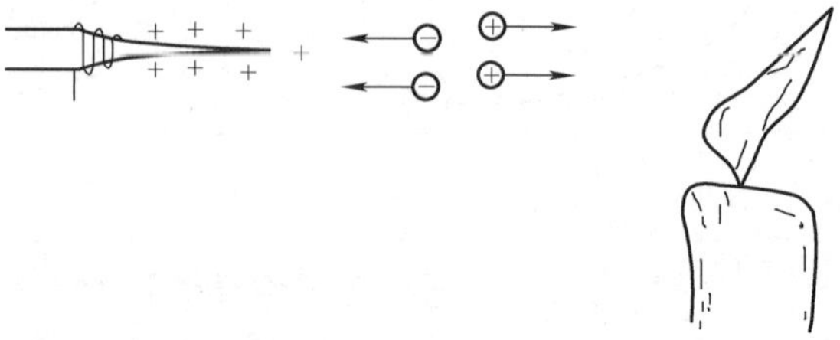

图7-4　尖端放电现象

边的建筑物。

7.1.3 静电屏蔽

综合上述内容，在导体空腔内无其他带电体的情况下，导体内部和导体的内表面上处处皆无电荷，电荷仅仅分布在导体外表面上，所以空腔内的电场强度和导体内部一样，也处处等于零，各点的电势均相等，而且与导体电势相等。因此，如果把空心的导体放在电场中时，电场线将垂直地终止于导体的外表面上，而不能穿过导体进入空腔内（见图7-5）。

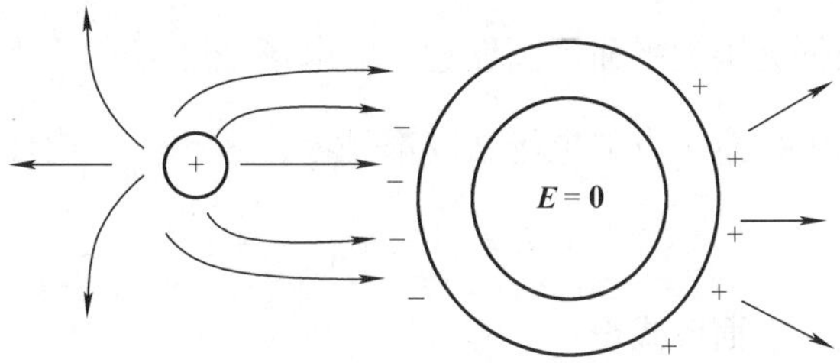

图7-5　用空腔导体屏蔽外电场

若把一个带电的物体放入原来不带电的导体空腔内，则导体的内表面上将感应出与带电体等量的异号电荷，而在外表面上将感应出等量的同号电荷，这样就会影响到导体以外的电场，电场线的分布如图7-6a所示；但如果把导体接地，则导体外表面的电荷将和大地的电荷中和，导体外的电场随之消失，如图7-6b所示，这样，空腔导体内的带电体就不会对导体外的电场产生影响了。

在静电平衡状态下，空腔导体外面的带电体不会影响空腔内部的电场分布，一个外壳接地的空腔导体，空腔内部的带电体不会影响空腔外部空间的电场分布。这种使导体空腔内部的电场不受外界的影响或者利用接地的空腔导体将空腔内带电体对外界隔绝的现象，叫作**静电屏蔽**。

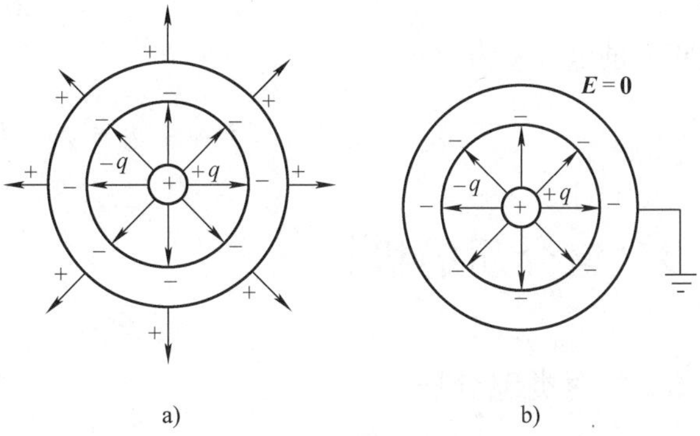

图7-6　接地的空腔导体的屏蔽内电场

静电屏蔽的原理在生产技术上有许多应用。例如，为了避免外界电场对设备中某些精密电磁仪器的干扰，或者为了避免一些高压设备的电场对外界的影响，一般都在这些设备的外边安装有接地的金属制外壳（网、罩）；传送弱信号的连接导线为了避免外界的干扰，往往在导线外包一层用金属丝编织的屏蔽线层。

7.1.4 应用举例

因为导体的静电学问题需要解决电荷分布的问题，所以导体的静电学问题比真空中的静电学问题要复杂一些。当静电场中有导体存在时，电场会影响导体上的电荷分布，同时导体上的电荷也会影响电场的分布，这种相互作用直到实现静电平衡为止，此后导体上的电荷和周围的电场分布将不再改变。分析此时的电荷分布需要正确地理解静电平衡条件，还要利用高斯定理、环路定理以及电荷守恒定律等基本规律。

例7-1　把一块原来不带电的金属板B向一块带有正电荷Q的金属板A移近，平行放置。设两板面积均为S，板间距离为d，忽略边缘效应。求两板上的电荷分布和两板间的电势差。

视频讲解

解　静电平衡时，两板上电荷分布如图7-7所示。由高斯定理可知

$$q_2 = -q_3$$

再由电荷守恒定律得

$$q_1 + q_2 = Q$$
$$q_3 + q_4 = 0$$

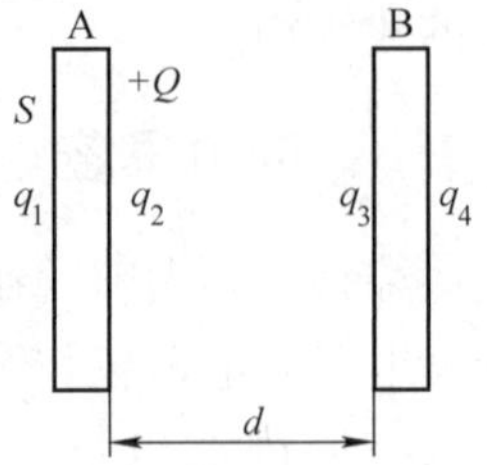

图 7-7　例 7-1 图

根据无限大平面周围任意点的电场强度 $E = \dfrac{\sigma}{2\varepsilon_0}$知，静电平衡时，在 B 板内任意一点的电场强度都是零，因此在 B 内任意点有

$$E = \frac{q_1}{2\varepsilon_0 S} + \frac{q_2}{2\varepsilon_0 S} + \frac{q_3}{2\varepsilon_0 S} - \frac{q_4}{2\varepsilon_0 S} = 0$$

联立上面各式得

$$q_1 = \frac{Q}{2},\ q_2 = \frac{Q}{2},\ q_3 = -\frac{Q}{2},\ q_4 = \frac{Q}{2}$$

两板间的电场强度大小为

$$E = \frac{\sigma}{\varepsilon_0} = \frac{Q}{2\varepsilon_0 S}$$

两板间的电势差为

$$U_{AB} = \varphi_A - \varphi_B = Ed = \frac{Qd}{2\varepsilon_0 S}$$

7.2　电介质的极化

7.2.1　两类电介质

1. 电介质的微观结构

从物质的电结构来看，导体能够很好地导电，是由于导体中存在着大量可以自由移动的电荷，即自由电子，这些自由电子在外电场的作用下可在金属中作定向运动。在达到静电平衡时，导体内的电场强度为零。对于构成电介质的分子，带负电的电子和带正电的原子核结合较为紧密，导致电介质分子中电子被原子核束缚在一个很小的尺度之内（约 10^{-10}m），即使在外电场作用下，电子一般只能相对于原子核有一微观的位移，而不像导体中的电子那样，能够脱离所属原子作宏观运动，因而电介质在宏观上几乎没有自由电荷，所以其导电性很差，亦称绝缘体。并且，在外电场作用下达到静电平衡时，电介质内部的场强也不等于零。在讨论电场与电介质的相互作用时，通常把电介质分子简化为电偶极子，电介质可以认为是由大量微小的电偶极子组成的。

2. 电介质的分类

从分子中正、负电荷中心的分布来看，各向同性的电介质可分为两类。一类电介质的分子，如氯化氢（HCl）、水（H_2O）、氨（NH_3）、甲醇（CH_3OH）等，它们内部的电荷分布不对称，分子内正、负电荷的中心在无外电场时不重合，这类分子称为有极分子，其等效电偶极矩 $\boldsymbol{p}_e = q\boldsymbol{l}$（$q$ 为分子中全部正电荷或负电荷的电量，l 为正电荷中心与负电荷中心之间的连线的长度，方向自负电荷中心指向正电荷中心）。整块的有极分子电介质可以看成大量电偶极子的集合体，如图 7-8 所示，有机分子的固有电矩的数量级为10^{-30}C · m。由于分子的无规则运动总是存在，在无外场的情况下这些电偶极子的排列杂乱无章，因而宏观上对外呈现总的电偶极矩等于零。另一类电介质分子，如氦（He）、氢（H_2）、甲烷（CH_4）等，在无外电场的情况下，他们内部的电荷分布具有对称性，分子内正、负电荷中心是重合的，故分子等效电偶极矩为零，这类分子称为无极分子。整块的无极分子电介质如图7-9所示。

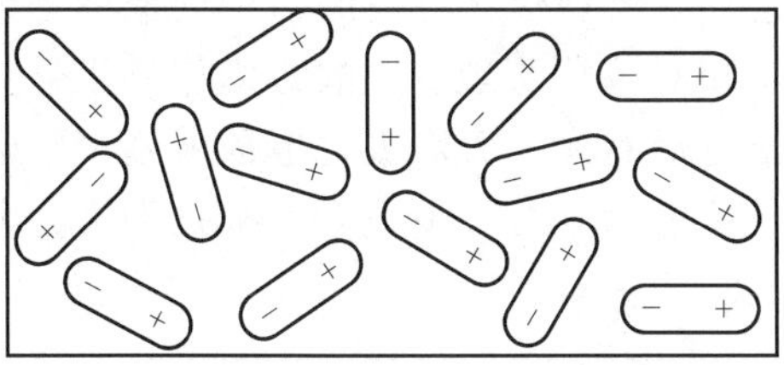
图7-8　由有极分子组成的电介质

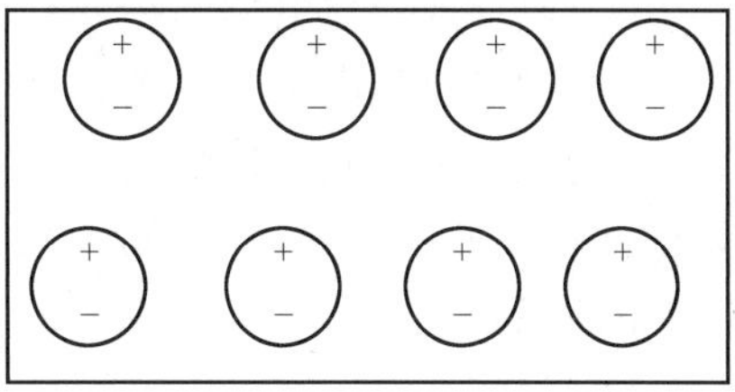
图7-9　由无极分子组成的电介质

7.2.2　电介质的极化机理

在外电场的作用下，有极分子电介质和无极分子电介质都要发生变化，这种变化叫作电介质的极化。由于两类电介质的电结构不同，它们在外电场中的变化过程也不同，电介质极化方式分无极分子的位移极化和有极分子的取向极化两种。下面分别予以讨论。

1. 有极分子的取向极化

有极分子本身就相当于一个电偶极子，在没有外电场时，由于分子作不规则热运动，这些分子电偶极子的排列是杂乱无章的，所以电介质内部呈电中性，如图7-10a所示。在有外电场作用时，分子将受到一个力矩的作用而发生转动，使分子电矩的方向趋向于外电场的方向，如图7-10b所示。但由于分子热运动的干扰，并不能使各分子电矩都沿外电场的方向整齐排列，外电场越强，分子电矩的排列越趋向于整齐。对整块电介质而言，在垂直于外电场方向的两个表面上也出现束缚电荷，如图7-10c所示，这称为电介质的取向极化。若撤去外电场，分子电矩恢复无规则排列，极化消失，电介质重新回到电中性状态。分子热运动的无规则性与分子极化时的取向性是矛盾的，一般来说，电场越强，温度越低，则分子的排列越有序，极化的效应也越显著。

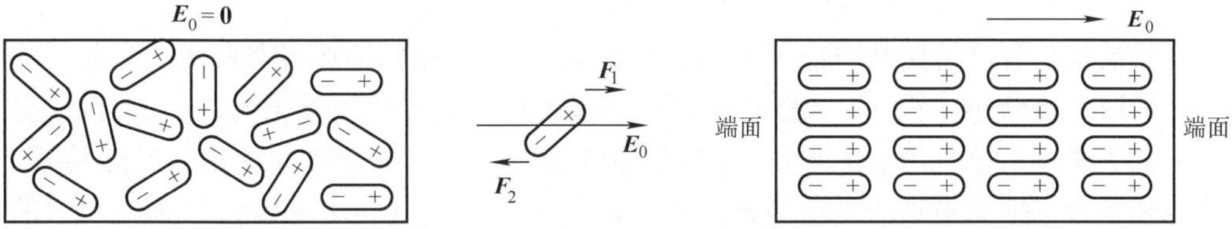

a)　　b)　　c)

图7-10　有极分子电介质的取向极化

2. 无极分子的位移极化

无极分子在没有受到外电场作用时，它的正、负电荷的中心是重合的，因而没有电偶极矩，如图7-11a所示。但当外电场存在时，分子的正、负电荷中心受电场力作用而发生相对位移，形成一个电偶极子，产生电偶极矩，称为感生电矩，其偶极矩 $\boldsymbol{p}$ 方向沿外电场 $\boldsymbol{E}_0$ 方向，如图 7-11b 所示。感生电矩沿电场方向排列。在电介质内部，相邻电偶极子的正、负电荷相互靠近，如果电介质是均匀的，则在它的内部，正、负电荷的作用相互抵消，处处仍然保持电中性，但在电介质和外电场垂直的两侧表面上分别出现正、负电荷，如图 7-11c 所示。这两侧表面上分别出现的正电荷和负电荷仍在电介质分子之内，不能在电介质中自由移动，故称其为束缚电荷或极化电荷。在外电场作用下，电介质出现极化电荷的这种现象称为电介质的极化。这种极化是由于分子正、负电荷中心发生相对位移实现的，故称为位移极化。对于无极分子构成的电介质，外电场越强，产生的感生电矩越大，表面极化电荷就越多，电介质的极化也就越强。若撤去外电场，无极分子的正、负电荷中心重新重合，极化消失，电介质恢复电中性状态。

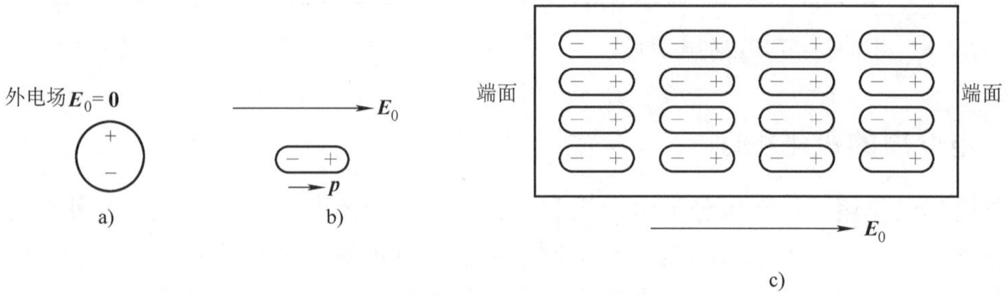

图 7-11　无极分子的位移极化

在静电场中，两种电介质极化的微观机理显然不同，但是宏观结果即在电介质中出现束缚电荷的效果却是一样的，故在宏观讨论中不必区分它们。

电荷一定会激发电场，不但自由电荷要激发电场，电介质中的极化电荷同样也要在它周围空间（无论电介质内部还是外部）激发电场。按电场强度叠加原理，在有电介质时的电场中，某点的总电场强度 $\boldsymbol{E}$ 应等于自由电荷和极化电荷分别在该点激发的电场强度 $\boldsymbol{E}_0$ 和 $\boldsymbol{E}'$ 的矢量和，即 $\boldsymbol{E}=\boldsymbol{E}_0+\boldsymbol{E}'$。由于在电介质中，极化电荷的电场与自由电荷的电场方向总是相反的，所以电介质中的合电场强度 $\boldsymbol{E}$ 比外加电场 $\boldsymbol{E}_0$ 要小。

7.2.3　电极化强度及其与极化电荷的关系

电介质的极化程度可用其中分子电偶极矩的矢量和的大小和方向来表征。为此，我们在电介质中任取一宏观小体积 ΔV（其中仍包含有大量分子），在没有外电场时，ΔV 内的分子电偶极矩 $\boldsymbol{p}$ 的矢量和为零，即 $\sum \boldsymbol{p}_i=\boldsymbol{0}$；当存在外电场时，由于电介质的极化，$\sum \boldsymbol{p}_i$ 将不为零，外电场越强，分子电偶极矩的矢量和越大。于是，在宏观上我们便可以用单位体积中的分子电偶极矩的矢量和 $\sum \boldsymbol{p}_i/\Delta V$ 来描述电介质的极化程度，式中如果令 $\Delta V\to 0$，设其极限为 $\boldsymbol{P}$，则它可表述电介质中一点处的极化程度，称为电极化强度，即 $\boldsymbol{P}=\lim\limits_{\Delta V\to 0}\dfrac{\sum \boldsymbol{p}_i}{\Delta V}$。电极化强度的单位为 $\mathrm{C\cdot m^{-2}}$。

实验指出，对于各向同性的电介质，其中每一点的电极化强度 $\boldsymbol{P}$ 与该点的总电场强度 $\boldsymbol{E}$ 成正比，且方向相同，即 $\boldsymbol{P}=\chi_e\varepsilon_0\boldsymbol{E}$。$\chi_e$ 称为电介质的电极化率，是无量纲的正数，它只与电介质中各点的极化性质有关。若 χ_e 是恒量，即电介质各点的极化性质相同，则称为均匀电介质。本书只讨论各向同性的均匀电介质。

电介质上所出现的极化电荷是电介质极化的结果，且电介质极化程度越高，极化电荷也就越多，所以电介质上的极化电荷 q' 和电极化强度 $\boldsymbol{P}$ 必定有内在的联系。可以证明，穿过电介质中某一闭合曲面的电极化强度通量等于该闭合曲面内极化电荷总量的负值，即

$$\oint_S \boldsymbol{P} \cdot \mathrm{d}\boldsymbol{S} = -\sum_S q' \tag{7-2}$$

利用极化电荷总量与电极化强度的关系，我们可以推出，在两种媒质分界面上一点的极化电荷面密度

$$\sigma' = (\boldsymbol{P}_2 - \boldsymbol{P}_1) \cdot \boldsymbol{n} \tag{7-3}$$

式中，$\boldsymbol{P}_1$ 和 $\boldsymbol{P}_2$ 分别为媒质 1 和媒质 2 内靠近界面处的极化强度；$\boldsymbol{n}$ 为媒质 2 指向媒质 1 的法向单位矢量。若媒质 2 为电介质，而媒质 1 是真空或金属，由于金属内的静电场为零，因此金属在静电情况下不会发生极化，即 $\boldsymbol{P}_1 = \boldsymbol{0}$，所以有

$$\sigma' = \boldsymbol{P}_2 \cdot \boldsymbol{n} \tag{7-4}$$

$\boldsymbol{n}$ 的方向从电介质指向真空或金属。当电容器内充满电介质时就是后一种情况。

7.3 有电介质时的高斯定理及应用

7.3.1 电位移矢量 有电介质时的高斯定理

我们已经知道，静电场的两个基本方程为 $\oint_S \boldsymbol{E} \cdot \mathrm{d}\boldsymbol{S} = \frac{1}{\varepsilon_0}\sum_{S_内} q$ 和 $\oint_l \boldsymbol{E} \cdot \mathrm{d}\boldsymbol{l} = 0$。当电场中有电介质时，空间的电荷既有自由电荷，也有极化电荷，而极化电荷所激发的电场和自由电荷激发的电场具有相同的性质。由于静电场中的环路定理不涉及电荷，故有电介质存在时仍然成立。如果我们把静电场高斯定理中的 $\sum q$ 理解为总电荷，即它是自由电荷 $\sum q_0$ 与极化电荷 $\sum q'$ 的总和，那么静电场中的高斯定理在有电介质存在时也成立，这时高斯定理可记作

$$\oint_S \boldsymbol{E} \cdot \mathrm{d}\boldsymbol{S} = \frac{1}{\varepsilon_0}\sum_S (q_0 + q') \tag{7-5}$$

式（7-5）中的极化电荷 $\sum q'$ 一般情况下是一个未知量，并和电场强度 $\boldsymbol{E}$ 之间相互影响，使极化电荷本身在求解电场强度时也是待求量，这在应用时很不方便，我们须设法把 $\sum q'$ 从式（7-5）中消去。将式（7-2）代入式（7-5）得

$$\oint_S \varepsilon_0 \boldsymbol{E} \cdot \mathrm{d}\boldsymbol{S} = \sum_S q_0 + \sum_S q' = \sum_S q_0 - \oint_S \boldsymbol{P} \cdot \mathrm{d}\boldsymbol{S}$$

即

$$\oint_S (\varepsilon_0 \boldsymbol{E} + \boldsymbol{P}) \cdot \mathrm{d}\boldsymbol{S} = \sum_S q_0$$

为了简化方程，我们把式中的 $\varepsilon_0 \boldsymbol{E} + \boldsymbol{P}$ 定义为电位移矢量，用 $\boldsymbol{D}$ 表示，即

$$\boldsymbol{D} = \varepsilon_0 \boldsymbol{E} + \boldsymbol{P} \tag{7-6}$$

则式（7-6）可写为

$$\oint_S \boldsymbol{D} \cdot \mathrm{d}\boldsymbol{S} = \sum_S q_0 \tag{7-7}$$

这就是有电介质存在时的高斯定理。应注意：式（7-7）中的 $\boldsymbol{D}$ 是由空间所有的自由电荷和极化电荷共同决定的，但只有闭合曲面内的自由电荷才对穿过曲面的电位移通量有贡献。可以证明，有电介质时的高斯定理对任意的电荷分布、任意的电介质分布都成立。若电介质

就是“真空”或空气（极化强度很弱，可按真空处理），此时 $\boldsymbol{P}=\boldsymbol{0}$，有电介质时的高斯定理还原为真空中的高斯定理：$\oint_S \boldsymbol{E}\cdot \mathrm{d}\boldsymbol{S}=\dfrac{1}{\varepsilon_0}\sum_S q$。由式（7-6）所定义的 $\boldsymbol{D}$ 矢量，是表述有电介质时电场性质的一个辅助量。在电场中，每一点的电场强度都对应着一个电位移。因此，仿照电场线的画法，就可以作一系列电位移线（或称 $\boldsymbol{D}$ 线），线上每点的切线方向就是该点电位移矢量的方向，并令垂直于 $\boldsymbol{D}$ 线的单位面积上通过的 $\boldsymbol{D}$ 线数目，等于该点电位移 $\boldsymbol{D}$ 的大小；而 $\boldsymbol{D}\cdot \mathrm{d}\boldsymbol{S}$ 称为通过面积元 $\mathrm{d}\boldsymbol{S}$ 的电位移通量。因此，有电介质时静电场的高斯定理可表述为：通过静电场中任一闭合面的电位移通量，等于该闭合面所包围的自由电荷的代数和。这也表明电位移线从正的自由电荷发出，终止于负的自由电荷，而不像电场线那样，起止于包括自由电荷和束缚电荷在内的各种正、负电荷。电位移矢量的单位是库仑每平方米（$\mathrm{C\cdot m^{-2}}$）。

7.3.2　电容率　电介质的性质方程

理论和实验表明，对于各向同性的电介质中的任一点，极化强度和电场强度的方向相同，大小成正比关系。即

$$\boldsymbol{P}=\chi_e\varepsilon_0\boldsymbol{E}$$

故

$$\boldsymbol{D}=\varepsilon_0\boldsymbol{E}+\boldsymbol{P}=\varepsilon_0\boldsymbol{E}+\chi_e\varepsilon_0\boldsymbol{E}=\varepsilon_0(1+\chi_e)\boldsymbol{E}$$

定义电介质的相对电容率（亦称相对介电常数）为

$$\varepsilon_r=1+\chi_e \tag{7-8}$$

电介质的电容率（亦称介电常数）为

$$\varepsilon=\varepsilon_0\varepsilon_r \tag{7-9}$$

ε、ε_r 都是表征电介质性质的物理量。ε 与 ε_0 有相同的单位，ε_r 为无量纲量，是一个大于 1 的纯数。由以上两式可得

$$\boldsymbol{D}=\varepsilon_0\varepsilon_r\boldsymbol{E}=\varepsilon\boldsymbol{E} \tag{7-10}$$

式（7-10）称为电介质的性质方程。对于各向同性的均匀电介质，由于 χ_e 是正的恒量，从式（7-8）和式（7-9）可知，ε_r 及 ε 也是正的恒量。因此，电场中各点的 $\boldsymbol{D}$ 和 $\boldsymbol{E}$ 方向相同，大小成正比关系，即 $D=\varepsilon E$。

7.3.3　电介质中高斯定理的应用

电位移矢量 $\boldsymbol{D}$ 的引入，使得有电介质存在时的高斯定理中没有显示出极化电荷，这样我们就可以避开极化电荷未知的困难，在自由电荷和电介质的分布都具有一定对称性的条件下，利用有电介质时的高斯定理先求出电位移矢量 $\boldsymbol{D}$ 的分布，然后再通过电介质的性质方程求出电介质中的电场强度 $\boldsymbol{E}$ 的分布。

例 7-2　在半径为 R 的金属球外，有一外半径为 R' 的同心均匀电介质层，其相对介电常数为 ε_r，金属球电荷量为 q。试求：电介质内外的电场强度分布。

视频讲解

解　在没有电介质时，均匀分布在导体球表面上的自由电荷所激发的电场是球对称的。现在球的周围充满同心均匀电介质层，束缚电荷将均匀分布在与导体球表面相毗邻的介质边界面上，它无疑是一个均匀的带异种电荷且与导体球半径相同的同心球面，因而它所激发的电场也是球对称的。因此，由自由电荷和束缚电荷共同激发的总电场是球对称的，可用高斯定理计算。

(1) 求电介质内的电场强度分布。

如图7-12所示，设介质内一点 Q 到球心的距离为 r，过 Q 点作一个与金属球同心的闭合球面 S，由于电场是球对称的，各场点的电位移矢量均沿径向，故按有电介质时的高斯定理 $\oint_S \boldsymbol{D}\cdot \mathrm{d}\boldsymbol{S} = \sum_S q_0$ 得

$$D\cdot 4\pi r^2 = q$$

所以

$$D = \frac{q}{4\pi r^2}$$

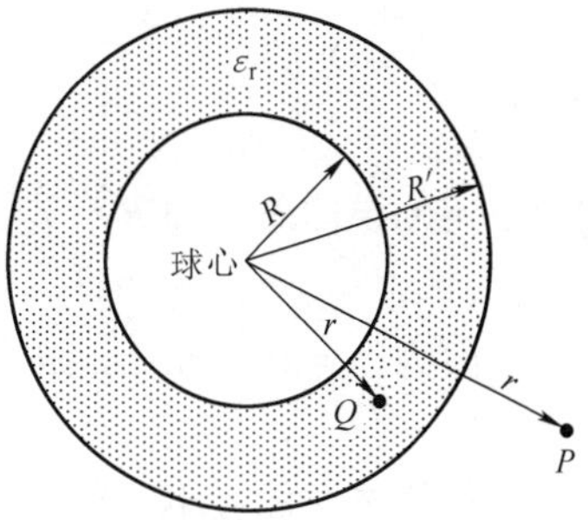

图7-12　例7-2图

设沿径向的单位矢量为 $\boldsymbol{r}_0$，则上式可表示为矢量式

$$\boldsymbol{D} = \frac{q}{4\pi r^2}\boldsymbol{r}_0$$

由电介质的性质方程，得电介质中任一点的电场强度为

$$\boldsymbol{E} = \frac{q}{4\pi\varepsilon_r\varepsilon_0 r^2}\boldsymbol{r}_0$$

(2) 求电介质外的电场强度分布。

在电介质外 P 点到球心的距离为 r，过 P 点作一个与金属球同心的闭合球面 S，由于电场是球对称的，各场点的电位移矢量均沿径向，故按有电介质时的高斯定理 $\oint_S \boldsymbol{D}\cdot \mathrm{d}\boldsymbol{S} = \sum_S q_0$ 得

$$D\cdot 4\pi r^2 = q$$

所以

$$D = \frac{q}{4\pi r^2}$$

设沿径向的单位矢量为 $\boldsymbol{r}_0$，则上式可表示为矢量式

$$\boldsymbol{D} = \frac{q}{4\pi r^2}\boldsymbol{r}_0$$

由电介质的性质方程，得电介质外任一点的电场强度为

$$\boldsymbol{E} = \frac{q}{4\pi\varepsilon_0 r^2}\boldsymbol{r}_0$$

上面两种情况的结果表明，在相同的自由电荷分布下，与真空中的电场强度相比较，电介质中的电场强度只有真空中电场强度的 $1/\varepsilon_r$。这是由于电介质极化而出现的束缚电荷所激发的附加电场削弱了原来的电场，因而电介质中的总电场强度比没有电介质时的电场强度小。

7.4　电容　电容器

7.4.1　孤立导体的电容

所谓孤立导体是指在导体的附近没有其他带电体和导体。

在真空中设有一半径为 R 的孤立的球形导体，它的带电量为 q，那么它的电势为（取无限远处的电势为零）

$$\varphi = \frac{q}{4\pi\varepsilon_0 R} \tag{7-11a}$$

对于给定的导体球，即 R 一定，当 q 变大时 φ 也变大，q 变小时 φ 也变小，但是$\frac{q}{\varphi}$比值却不变，比值为$\frac{q}{\varphi}=4\pi\varepsilon_0 R$。此结论虽然是对孤立球形导体而言的，但对一定形状的其他导体也是如此，$\frac{q}{\varphi}$仅与导体大小、形状和周围的介质等有关，因而有下面的定义。

定义：孤立导体的电荷量 q 与该导体的电势 φ 的比值称为孤立导体的电容，用 C 表示，记作

$$C = \frac{q}{\varphi}$$

对于孤立导体球，其电容为

$$C = \frac{q}{\varphi} = \frac{q}{\dfrac{q}{4\pi\varepsilon_0 R}} = 4\pi\varepsilon_0 R \tag{7-11b}$$

由式（7-11b）知，电容的大小与电容器带不带电荷量无关。

C 的单位为法（F），$1\mathrm{F}=1\mathrm{C}\cdot\mathrm{V}^{-1}$。在实用中 F 太大，故常用 μF 或 pF，它们之间换算关系为

$$1\mathrm{F}=10^6\mu\mathrm{F}=10^{12}\mathrm{pF}$$

7.4.2　电容器与电容

实际上，孤立的导体是不存在的，周围总会有别的导体。当有其他导体存在时，则必然因静电感应而改变原来的电场分布，当然也会影响导体电容。接下来我们进一步认识电容器和电容。

电容器是可以储存电荷或者能量的容器。一般地，只要导体相距很近，即导体的线度远大于两者的距离，这时导体间的电场将不受外界的影响，像这样的两导体的组合称为电容器。

电容是电容器容量的简称，用 C 表示。如图 7-13 所示，两个导体 A、B 放在真空中，它们所带的电荷量分别为 $+q$、$-q$，如果 A、B 电势分别为 φ_A、φ_B，那么两个导体 A、B 间的电势差为 $\varphi_A-\varphi_B$。电容定义为电容器任意极板上所带电荷量与两极板间电压的比值，定义式为

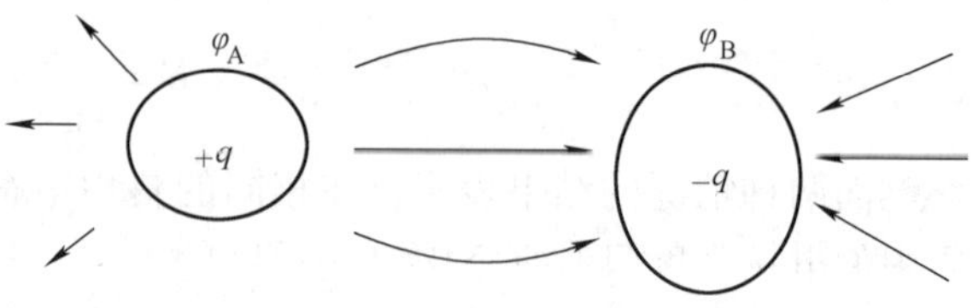

图 7-13　任意导体组成的电容器

$$C = \frac{q}{\varphi_A - \varphi_B} \tag{7-11c}$$

由式（7-11c）可知，如果将 B 移至无限远处，$\varphi_B=0$，则式（7-11c）就是孤立导体的电容公式。也就是说，孤立导体的电势相当于孤立导体与无限远处导体之间的电势差。而孤立导体的电容是将 B 导体放在无限远处时，公式 $C=\frac{q}{\varphi_A-\varphi_B}$的一种特殊情况。导体 A、B 常

称为电容器的电极。

电容器是一种重要的电器元件，其种类繁多、外形不一，在无线电技术、科研和生产中用途极广。电容器按形状可分为平行板电容器、柱形电容器和球形电容器等；按极板间填充的介质来分，有空气电容器、云母电容器、陶瓷电容器等。

下面我们根据定义式来计算几种常用电容器的电容。

7.4.3 电容器电容的计算

1. 平行板电容器的电容

平行板电容器是由两个平行的金属极板构成，如图7-14所示。设A、B极板平行，其间充满相对电容率为ε_r的各向同性均匀电介质，面积均为S，相距为d，所带电荷量分别为$+Q$、$-Q$，极板线度比d大得多，且不计边缘效应。由前面所学知识知，两板间的任意点的电场强度大小为

$$E=\frac{D}{\varepsilon}=\frac{\sigma}{\varepsilon_0\varepsilon_r}$$

电场强度方向由A板指向B板。

两板间的电势差为

$$U_{AB}=\int_A^B \boldsymbol{E}\cdot d\boldsymbol{l}=Ed=\frac{\sigma d}{\varepsilon_0\varepsilon_r}=\frac{Qd}{\varepsilon_0\varepsilon_r S}$$

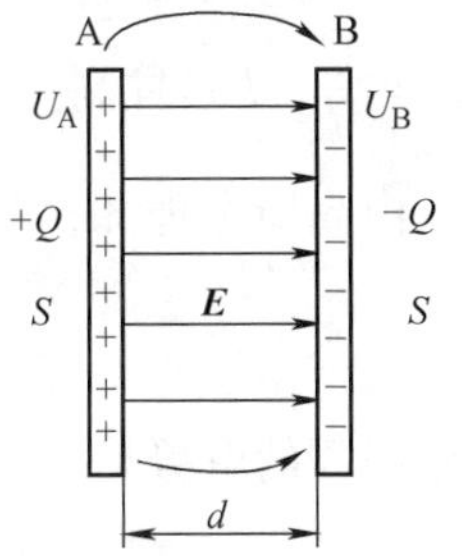

图7-14 平行板电容器

故平行板电容器的电容为

$$C=\frac{Q}{U_{AB}}=\frac{\varepsilon_0\varepsilon_r S}{d}=\frac{\varepsilon S}{d} \tag{7-12}$$

显然，平行板电容器的电容取决于两板的面积（S）、相对位置（d）和电介质的性质（ε）。

2. 球形电容器

球形电容器是由两个同心的导体球面A、B（极板）构成，如图7-15所示。设有均匀带电的两个球面A、B，其间充满相对电容率为ε_r的各向同性均匀电介质，它们的半径分别是R_A、R_B，两球面所带电荷量分别为$+Q$、$-Q$。根据前面所学知识得两球面A、B间任一点电场强度大小为

$$E=\frac{Q}{4\pi\varepsilon_r\varepsilon_0 r^2}$$

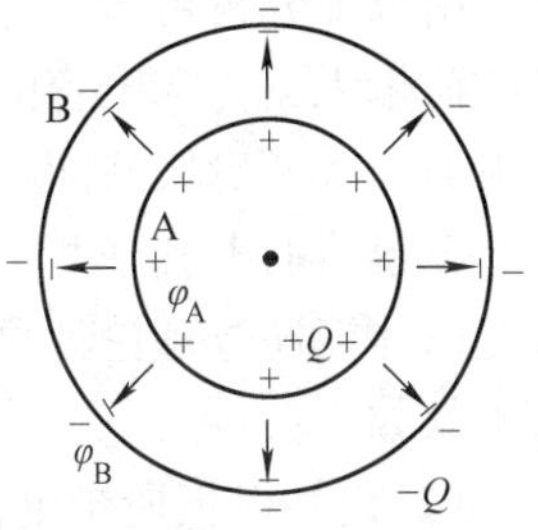

图7-15 球形电容器

两球面间的电势差为

$$\varphi_A-\varphi_B=\int_{R_A}^{R_B}\boldsymbol{E}\cdot d\boldsymbol{r}=\int_{R_A}^{R_B}E dr=\int_{R_A}^{R_B}\frac{Q}{4\pi\varepsilon_r\varepsilon_0 r^2}dr$$

$$=\frac{Q}{4\pi\varepsilon_r\varepsilon_0}\left(\frac{1}{R_A}-\frac{1}{R_B}\right)=\frac{Q(R_B-R_A)}{4\pi\varepsilon_r\varepsilon_0 R_A R_B}$$

则球形电容器的电容为

$$C=\frac{Q}{\varphi_A-\varphi_B}=\frac{Q}{\dfrac{Q(R_B-R_A)}{4\pi\varepsilon_r\varepsilon_0 R_A R_B}}=\frac{4\pi\varepsilon_r\varepsilon_0 R_A R_B}{R_B-R_A} \tag{7-13a}$$

讨论：1）当$R_B-R_A \ll R_A$时，有$R_B\approx R_A$，令$R_B-R_A=d$，则$C=\dfrac{Q}{U_A-U_B}=\dfrac{4\pi\varepsilon_r\varepsilon_0 R_A^2}{d}=$

$\dfrac{\varepsilon_r\varepsilon_0 S_A}{d}$，得到平行板电容器的电容。

2）若 $R_B >> R_A$，则 $C=4\pi\varepsilon_r\varepsilon_0 R_A$，得到孤立球形电容器的电容。

3. 圆柱形电容器

圆柱形电容器是两个同轴的导体柱面极板构成的，如图 7-16 所示。设柱面 A、B 的半径分别为 R_A、R_B，其间充满相对电容率为 ε_r 的各向同性均匀电介质，两柱面所带电荷量为 $+Q$、$-Q$，除边缘外，电荷均匀分布在内外两圆柱面上，单位长度柱面带电荷量为 $\lambda=\dfrac{Q}{l}$，l 是柱高。

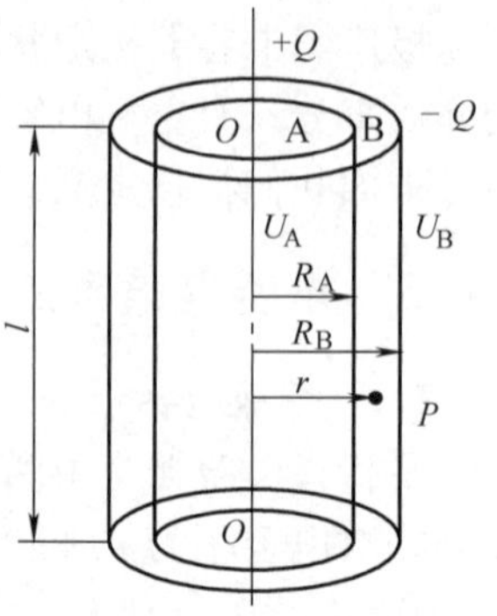

图 7-16 圆柱形电容器

由高斯定理知，A、B 内任一点 P 处电场强度 $\boldsymbol{E}$ 的大小为

$$E=\frac{\lambda}{2\pi\varepsilon_r\varepsilon_0 r}=\frac{Q}{2\pi\varepsilon_r\varepsilon_0 rl}$$

两柱面间的电势差为

$$\varphi_A-\varphi_B=\int_{R_A}^{R_B}\boldsymbol{E}\cdot \mathrm{d}\boldsymbol{r}=\int_{R_A}^{R_B}E\mathrm{d}r=\int_{R_A}^{R_B}\frac{\lambda}{2\pi\varepsilon_r\varepsilon_0 r}\mathrm{d}r=\frac{Q}{2\pi\varepsilon_r\varepsilon_0 l}\ln\frac{R_B}{R_A}$$

则圆柱形电容器的电容为

$$C=\frac{Q}{\varphi_A-\varphi_B}=\frac{Q}{\dfrac{Q}{2\pi\varepsilon_r\varepsilon_0 l}\ln\dfrac{R_B}{R_A}}=\frac{2\pi\varepsilon_r\varepsilon_0 l}{\ln\dfrac{R_B}{R_A}} \tag{7-13b}$$

由以上分析可知，计算电容器的关键是计算两极间的电势差，电容器的电容与电容器所带电荷量无关，与电容的形状大小以及周围的介质等有关。另外，我们可以发现，通过增大极板面积或减少极板间距可以增大电容。

电容器的电容和两极板的形状、极板之间的电介质有关，一般由实验测量。只有在特殊情况下才能通过理论计算得到。综合以上 3 种电容器的求解情况，可归纳出计算电容器电容的步骤如下：

1）设一极板所带电荷量为 $+Q$，则另一个极板内表面必然带电 $-Q$，根据电荷分布情况，求出两极板之间的场强分布。

2）由高斯定理等方法求出场强，然后求出两极板之间的电势差。

3）根据电容的定义，求出电容。

7.4.4 电容器的连接

在实际应用中，现成的电容器不一定能适合实际的要求，如电容大小不合适，或者电容器的耐压程度不合要求就有可能被击穿等原因。因此，有必要根据需要把若干电容器适当地连接起来。若干个电容器连接成电容器的组合，各种组合所容的总电荷量和两端电压之比，称为该电容器组合的等效电容。电容器的基本连接方式有串联和并联两种。接下来我们分别讨论这两种连接的特点。

1. 电容器的串联

电容器的串联是把若干个电容器按顺序将它们的极板首尾相接，设 A、B 为等效电容的两个电极，等效电容两电极 A、B 间的电压为 U_{AB}，由于静电感应，各电容器所带电荷量是相同的，所以等效电容两端极板的电荷量分别为 $+q$、$-q$，如图 7-17所示。等效电容两电极间的电压等于每个电容器两电极之间的电压的和，关系式为

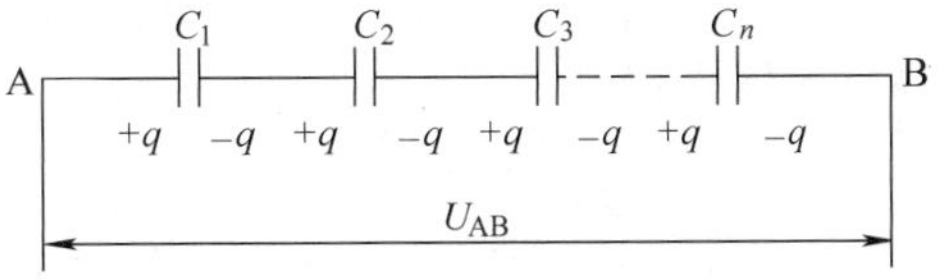

图 7-17 电容器的串联

$$U_{AB}=\frac{q}{C_1}+\frac{q}{C_2}+\frac{q}{C_3}+\cdots+\frac{q}{C_n}$$

由电容的定义得串联电容器的等效电容为

$$C=\frac{q}{U_{AB}}=\frac{1}{\dfrac{1}{C_1}+\dfrac{1}{C_2}+\dfrac{1}{C_3}+\cdots+\dfrac{1}{C_n}}$$

即

$$\frac{1}{C}=\frac{1}{C_1}+\frac{1}{C_2}+\frac{1}{C_3}+\cdots+\frac{1}{C_n} \tag{7-14}$$

2. 电容器的并联

电容器的并联是把若干个电容器极板的一端接在一起，另一端也接在一起，如图 7-18 所示。并联的每个电容器两端的电压相同，均为 U_{AB}，但每个电容器上电荷量不一定相等，等效电容器所带总电荷量（等效电荷量）等于每个电容器所带电荷量的和。关系式为

$$q=q_1+q_2+q_3+\cdots+q_n$$

由电容的定义得并联电容器的等效电容为

$$C=\frac{q}{U_{AB}}=\frac{q_1+q_2+q_3+\cdots+q_n}{U_{AB}}=C_1+C_2+C_3+\cdots+C_n$$

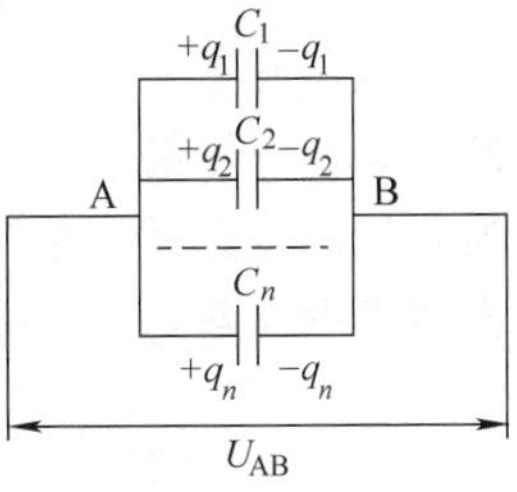

图 7-18 电容器的并联

即

$$C=C_1+C_2+C_3+\cdots+C_n \tag{7-15}$$

由以上讨论得：如果是想得到比较大的电容，一般采取电容器的并联连接；如果是想得到比较小的电容，一般采取电容器的串联连接。有时根据需要还可以采取电容器的串、并联混联连接。

例 7-3 如图 7-19 所示，一圆柱形电容器由两个同轴圆筒组成，内、外圆筒半径分别是 $R_1=2\text{cm}$，$R_2=5\text{cm}$，其间充满相对电容率为 ε_r 的各向同性均匀电介质，把该电容器接在 $U=32\text{V}$ 的电源上，求距离轴线 $r=3.5\text{cm}$ 处 A 点的电场强度。

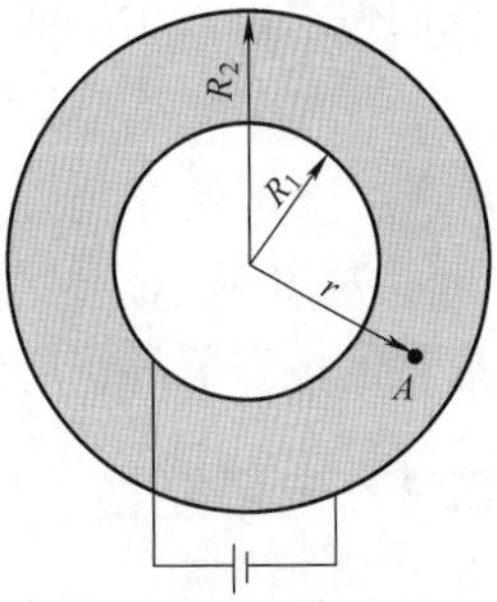

图 7-19 例 7-3 图

解 设同轴薄圆桶长为 L，由圆柱形电容器的电容公式得

$$C=\frac{2\pi\varepsilon_r\varepsilon_0 L}{\ln\dfrac{R_2}{R_1}}$$

因为电容器充电后任意极板的电荷量为

$$Q=CU$$

根据前面的知识得两薄圆筒间的电场强度为

$$E=\frac{\lambda}{2\pi\varepsilon_r\varepsilon_0 r}$$

视频讲解

把 $\lambda = \frac{Q}{L}$ 代入得

$$E = \frac{\lambda}{2\pi\varepsilon_r\varepsilon_0 r} = \frac{U}{r\ln(R_2/R_1)}$$

把题中相关数据代入上式得

$$E = \frac{U}{r\ln(R_2/R_1)} = \frac{32}{3.5\times10^{-2}\ln\frac{5}{2}}\text{V}\cdot\text{m}^{-1} = 998\text{V}\cdot\text{m}^{-1}$$

7.5 静电场的能量

7.5.1 电容器的储能

带电系统带电的过程中，外力要克服电荷之间的静电力而做功，因此带电系统通过外力做功而获得一定的能量，这个能量是从外界能源传递给这一带电系统的。根据能量守恒定律，带电系统的电能在数值上等于外力所做的功，所以任何带电系统都具有一定的能量。

电容器充电的过程是把电荷从一个极板输送到另一个极板（见图 7-20），从而使两个极板带上等量异号的电荷。在这个过程中，外力要克服静电场力而做功，把其他形式的能量转化为电能。设在某一个微小过程中，有数量为 $\mathrm{d}q$ 的正电荷从负极 B 被输运到正极 A，若此时电容器带电荷量为 q，两极板间电势差为 U，则该微小过程中外力克服电场力做功为

$$\mathrm{d}A = U\mathrm{d}q = \frac{q}{C}\mathrm{d}q$$

若在整个充电过程中电容器上的电荷量由 0 变化到 Q，则外力做的总功为

$$A = \int_0^Q \mathrm{d}A = \int_0^Q \frac{q}{C}\mathrm{d}q = \frac{Q^2}{2C}$$

根据功是能量转化的量度，这个功全部转化为电容器内部的能量，于是我们得到，一个电荷量为 Q、电势差为 U 的电容器所储存的电能为

$$W_e = \frac{Q^2}{2C} = \frac{1}{2}CU^2 = \frac{1}{2}QU \tag{7-16}$$

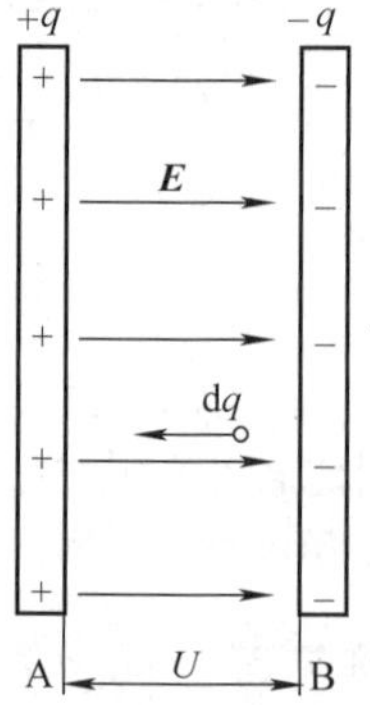

图 7-20 电容器充电时外力做功

图 7-20 所示是一个平行板电容器，而我们以上的讨论过程中是针对任意形状的电容器的，所以上面的表达式对于任意形状的电容器都是普遍成立的。

7.5.2 电场能量 电场能量密度

我们已经初步知道了带电系统在带电过程中是怎样从外界获得能量的，接下来我们讨论这些能量是如何分布的。电容器中储存的能量究竟是由电荷携带还是储藏在电场之中，在静电学中是无法判断的，因为电场总是与电荷伴随而不能分开的。但实验证明，在电磁现象中，能量能够以电磁波的形式和有限的速度在空间传播，它表明带电系统所储藏的能量分布在它所激发的电场空间之中，即电场具有能量。电场中单位体积内的能量，称为电场的能量密度。现在我们以平行板电容器为例，导出电场能量密度公式。

设平行板电容器极板面积为 S，极板间距离为 d，两极板间充以电容率为 ε 的电介质，该电容器储存的电能为

$$W_e=\frac{1}{2}CU^2=\frac{1}{2}\frac{\varepsilon S}{d}(Ed)^2=\frac{1}{2}\varepsilon E^2 Sd$$

设极板间电场所占有的空间体积为 V，若不计边缘效应，则 $V=Sd$，所以上式可写为

$$W_e=\frac{1}{2}\varepsilon E^2 V$$

该结果对于任意均匀电场都适用，可以表达为：对均匀电介质中的均匀电场，电能与电场体积成正比，这与我们说电能是储存于电场中的结论是一致的。平行板电容器中的电场是均匀电场，因而电场能量的分布也应该是均匀的，所以可以求出单位体积内的电场能量，即电场能量密度的公式为

$$w_e=\frac{W_e}{V}=\frac{1}{2}\varepsilon E^2=\frac{1}{2}DE \tag{7-17}$$

式（7-17）虽由平行板电容器这一特例推出，但是可以证明，它是普遍成立的。有了电场能量密度之后，对任意的电场，可以通过积分来求出它的总能量：在电场中取体积元 $\mathrm{d}V$，在 $\mathrm{d}V$ 内的电场能量密度可视为相同，于是 $\mathrm{d}V$ 内的电场能量为 $\mathrm{d}W_e=w_e\mathrm{d}V$，在整个体积 V 中的电场能量为

$$W_e=\int_V \mathrm{d}W_e=\int_V w_e\mathrm{d}V=\int_V \frac{1}{2}\varepsilon E^2\mathrm{d}V \tag{7-18}$$

因为能量是物质的主要特性之一，它是不能和物质分割开的。电场具有能量，这就证明电场也是一种物质。

例 7-4　如图 7-21 所示，一球形电容器内、外球壳的半径分别为 R_A 和 R_B，两球间充满相对电容率为 ε_r 的电介质。

（1）试求此电容器带有电荷量 Q 时所储存的电能；

（2）从电容器储存的能量求电容器的电容。

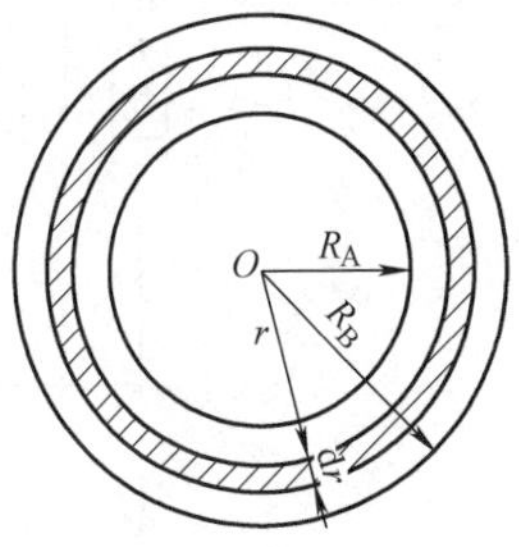

图 7-21　例 7-4 图

解　（1）球形电容器充电后，内、外球壳分别带有电荷量 $+Q$ 和 $-Q$。由高斯定理可求出内球壳以内和外球壳以外的电场强度为零，两球壳之间的电场强度为

$$E=\frac{Q}{4\pi\varepsilon_0\varepsilon_r r^2}\quad(R_A<r<R_B)$$

在两球壳之间取一个半径为 r、厚度为 $\mathrm{d}r$ 的薄球壳，它的体积为

$$\mathrm{d}V=4\pi r^2\mathrm{d}r$$

薄球壳内的电场能量密度可看作均匀的，故薄球壳内的电场能量为

$$\mathrm{d}W_e=w_e\mathrm{d}V=\frac{Q^2}{8\pi\varepsilon_0\varepsilon_r r^2}\mathrm{d}r$$

电容器储存的电能为各薄球壳所存电场能量的积分和，可以表示为

$$W_e=\int_V \mathrm{d}W_e=\frac{Q^2}{8\pi\varepsilon_0\varepsilon_r}\int_{R_A}^{R_B}\frac{\mathrm{d}r}{r^2}=\frac{Q^2}{8\pi\varepsilon_0\varepsilon_r}\left(\frac{1}{R_A}-\frac{1}{R_B}\right)$$

（2）从电容器储存的能量求电容器的电容。我们知道任意电容器的电场能量表达式为

$$W_e=\frac{Q^2}{2C}$$

而
$$W_e=\frac{Q^2}{8\pi\varepsilon_0\varepsilon_r}\left(\frac{1}{R_A}-\frac{1}{R_B}\right)$$
上面两式联立可得球形电容器的电容为
$$C=4\pi\varepsilon_0\varepsilon_r\frac{R_AR_B}{R_B-R_A}$$
这是利用电容器的能量求电容的又一种方法，与前面根据电容的定义式求出的电容是一致的。

本章逻辑主线

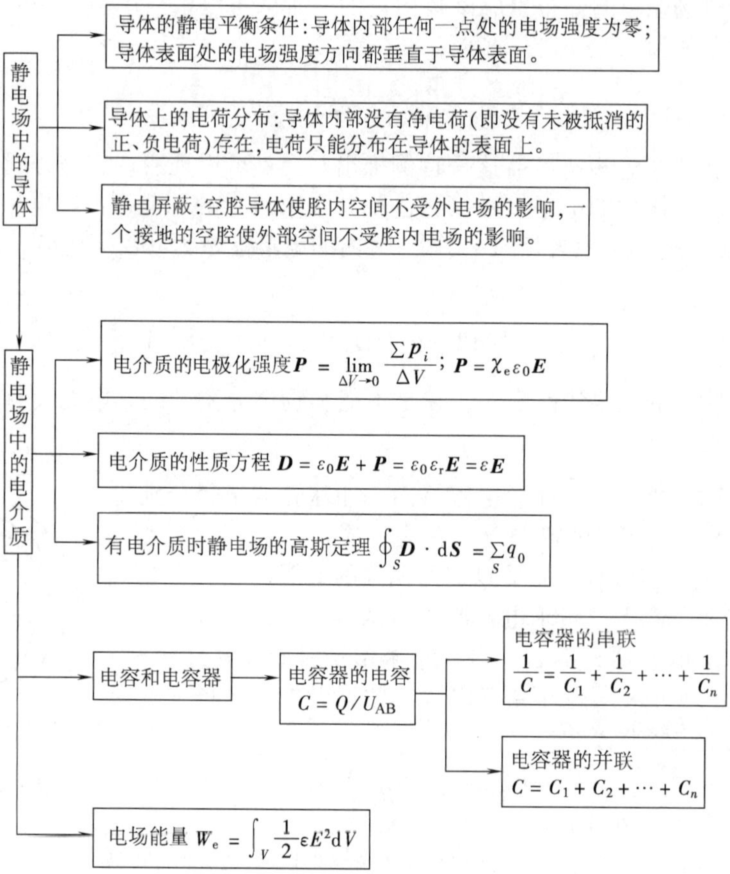

拓展阅读

超级电容器

随着社会的快速发展和人口的急剧增长，资源消耗日益增加，能源危机迫在眉睫，因此，寻找清洁高效的新能源与能源存储技术及装置已成为备受关注的研究课题。超级电容器在未来储能器件领域占有绝对的优势，在军事、混合动力汽车、智能仪表等诸多领域有着广泛的应用前景。

2020 年，上海市新增了 89 辆超级电容公交车，覆盖了中心城区的五条主要线路。这种公交车是一种新能源车，其动力来自一种新型的超级电容器。这种看似普通的公交车，能够在停靠站时，利用乘客上下车的时间对车辆进行快速充电，丝毫不耽误后续的启程。目前大多数电动汽车使用的都是蓄电池或燃料电池，存在续航里程短、安全系数低、充电桩配套不齐全等问题。而使用超级电容器的公交车，却可以在几分钟之内完成快速充电，继续行驶，并且能在上坡和刹车的时候回收 80% 以上的电能储存并且再利用。

解密超级电容器

思 考 题

7.1　两个相距不远的带有同号电荷的金属球的相互作用力，为什么比带异号电荷时小？

7.2　真空中无限大均匀带电平面两侧的电场强度 $E=\sigma/2\varepsilon_0$，这个公式对于离有限大小带电面非常近的地方（且不在边缘附近）也适用。根据这个结果，真空中导体表面外紧靠它的地方的电场强度也应是$\sigma/2\varepsilon_0$。但在静电平衡状态下，导体表面外附近空间的电场强度与该处导体的面电荷密度 σ 的关系为 $E=\sigma/\varepsilon_0$，比前者多了 1 倍，这是为什么？

7.3　如图 7-22 所示，中性封闭金属壳内有一个电荷量为 q 的正电荷，试分析壳内、外壁感应电荷的数量及电场的分布。若将正电荷在导体腔内移动，但保持与壳内壁不接触，壳内外电场是否会发生变化？

7.4　为什么高压电器设备上的金属部件的表面要尽可能不带棱角？

7.5　在不带电的导体球内有一任意形状的空腔（不包含球心），腔内放置一点电荷 $+q$，点电荷与球心 O 相距 a，如图 7-23 所示。试问导体上的感应电荷在球心处的电场强度是否为零？

7.6　电介质的极化和导体的静电感应，两者的微观过程有何不同？

7.7　在一点电荷 q 的附近有一细长的电介质棒，在图 7-24 中一点 P 的电位移的大小是否为 $D=\dfrac{q}{4\pi r^2}$？为什么？在这种情况下，能否找到一个合适的闭合曲面，可应用高斯定理求出闭合曲面上各点的电场强度？

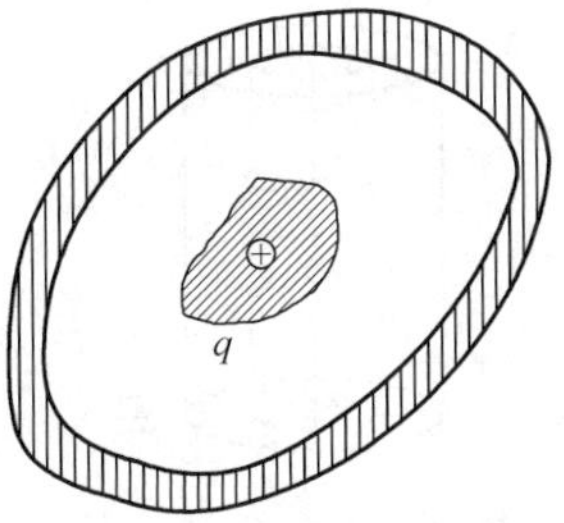

图 7-22　思考题 7.3 图

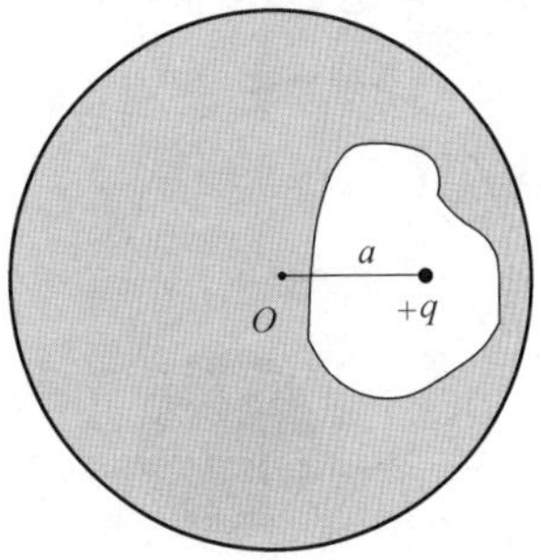

图 7-23　思考题 7.5 图

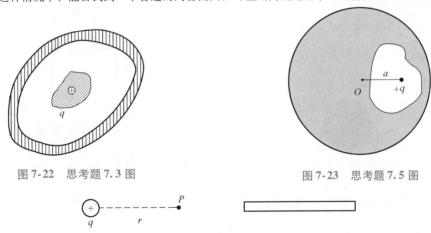

图 7-24　思考题 7.7 图

习　　题

一、选择题

7.1　如图 7-25 所示在电荷 Q 旁，放置一导体 B，B 的两端出现感应电荷 Q_1 和 Q_2，P 是导体外紧靠导体表面的一点，P 点附近导体表面上的电荷面密度为 σ，关于 E_P 以下说法正确的是（　　）。

（A）$E_P=\dfrac{\sigma}{\varepsilon_0}$，由 Q_1 和 Q_2 共同激发；

（B）$E_P=\dfrac{\sigma}{\varepsilon_0}$，仅由 Q 激发；

（C）$E_P=\dfrac{\sigma}{\varepsilon_0}$，仅由 Q_2 激发；

（D）$E_P=\dfrac{\sigma}{\varepsilon_0}$，由 Q、Q_1、Q_2 共同激发。

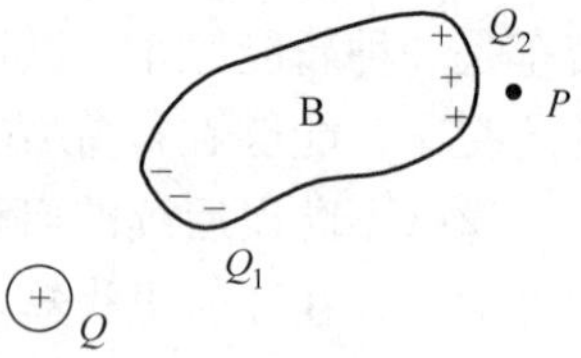

图 7-25　题 7.1 图

7.2　真空中有一均匀带电球体和一均匀带电球面，如果它们的半径和所带电荷量都相等，则它们的静电能之间的关系是（　　）。

（A）球体的静电能等于球面的静电能；

（B）球体的静电能大于球面的静电能；

（C）球体的静电能小于球面的静电能；

（D）球体内的静电能大于球面内的静电能，球体外的静电能小于球面外的静电能。

7.3　在一点电荷产生的静电场中，一块电介质如图 7-26 所示以点电荷所在处为球心作一球形闭合面，则对此球形闭合面（　　）。

（A）高斯定理成立，且可以用它求出闭合面上各点的电场强度；

（B）高斯定理成立，但不能用它求出闭合面上各点的电场强度；

（C）因为介质在球面内的分布不均匀，高斯定理不成立；

（D）即使介质在球面内的分布均匀，高斯定理也不成立。

7.4　一长直导线横截面半径为 a，导线外同轴地套一半径为 b 的薄圆筒，两者互相绝缘，并且外筒接地，如图 7-27 所示。设导线单位长度的带电量为 $+\lambda$，并设地的电势为零，则两导体之间的 P 点（$OP=r$）的电场强度大小和电势分别为（　　）。

（A）$E=\dfrac{\lambda}{4\pi\varepsilon_0 r^2}$，$\varphi=\dfrac{\lambda}{2\pi\varepsilon_0}\ln\dfrac{b}{a}$；　　（B）$E=\dfrac{\lambda}{4\pi\varepsilon_0 r^2}$，$\varphi=\dfrac{\lambda}{2\pi\varepsilon_0}\ln\dfrac{b}{r}$；

（C）$E=\dfrac{\lambda}{2\pi\varepsilon_0 r}$，$\varphi=\dfrac{\lambda}{2\pi\varepsilon_0}\ln\dfrac{a}{r}$；　　（D）$E=\dfrac{\lambda}{2\pi\varepsilon_0 r}$，$\varphi=\dfrac{\lambda}{2\pi\varepsilon_0}\ln\dfrac{b}{r}$。

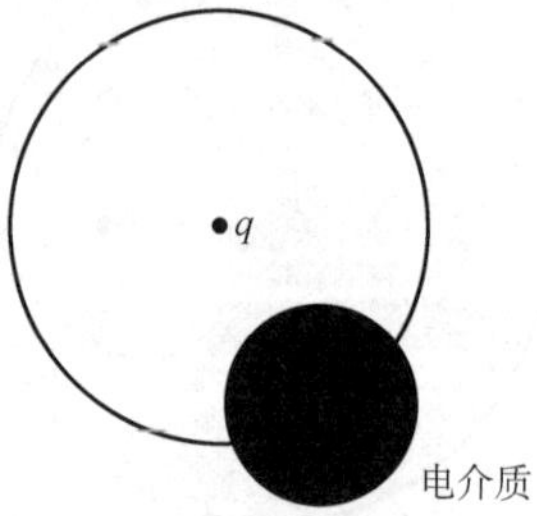

图 7-26　题 7.3 图

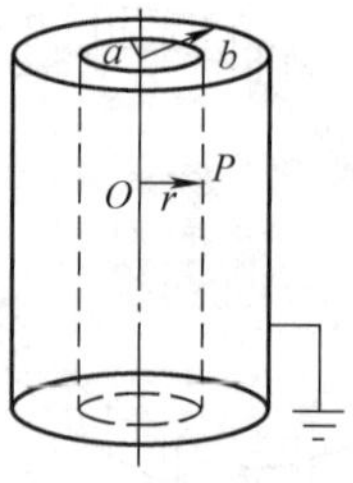

图 7-27　题 7.4 图

7.5　当一个带电导体达到静电平衡时，下列说法正确的是（　　）。

（A）表面上电荷密度较大处电势较高；

（B）表面曲率较大处电势较高；

（C）导体内部的电势比导体表面的电势高；

（D）导体内任一点与其表面上任一点的电势差等于零。

7.6　在一不带电荷的导体球壳的球心处放一点电荷，并测量球壳内外的场强分布，如果将此点电荷从球心移到球壳内其他位置，重新测量球壳内外的场强分布，则将会发现（　　）。

（A）球壳内、外场强分布均无变化；

（B）球壳内场强分布改变，球壳外不变；

(C) 球壳外场强分布发生改变，球壳内不变；

(D) 球壳内、外场强分布均改变。

7.7　一导体球外充满相对介电常数为 ε_r 的均匀电介质，若测得导体表面附近场强为 E，则导体表面上的自由电荷面密度为（　　）。

(A) $\varepsilon_0 E$；　(B) $\varepsilon_0\varepsilon_r E$；　(C) $\varepsilon_r E$；　(D) $(\varepsilon_0\varepsilon_r-\varepsilon_0)E$。

二、填空题

7.8　静电平衡时，导体内的电场强度________；导体内的电势分布特点是________；导体内的电荷分布特点是________。导体表面的电场强度大小分布特点是________；导体表面的电势分布特点是________；导体表面的电荷分布的多少与________有关。

7.9　按分子结构划分，电介质分为________和________两类。电介质的极化机制有________种，分别是________极化和________极化。

7.10　一个电荷量为 Q、电势差为 U 的电容器所储存的电能为________。

7.11　一平行板电容器，极板的面积为 S，极板间的距离为 d，两极板间充的电介质的电容率为 ε，那么该电容器的电容为________。

7.12　空气平行板电容器充电后与电源断开，用均匀电介质充满极板间，则充电介质前后，两极板的电容比 $\frac{C}{C_0}=$________，两极板间的电压比 $\frac{U}{U_0}=$________，两极板间的电场强度比 $\frac{E}{E_0}=$________，两极板间的能量比 $\frac{W}{W_0}=$________。

三、计算题

7.13　三个平行金属板 A、B 和 C 的面积都是 200cm^2，A 与 B 相距 4.0mm，A 与 C 相距 2.0mm，B、C 都接地，如图 7-28 所示。如果使 A 板带正电荷 3.0×10^{-7}C，略去边缘效应，问：(1) B 板和 C 板上的感应电荷各是多少？(2) 若地的电势为零，则 A 板的电势是多少？

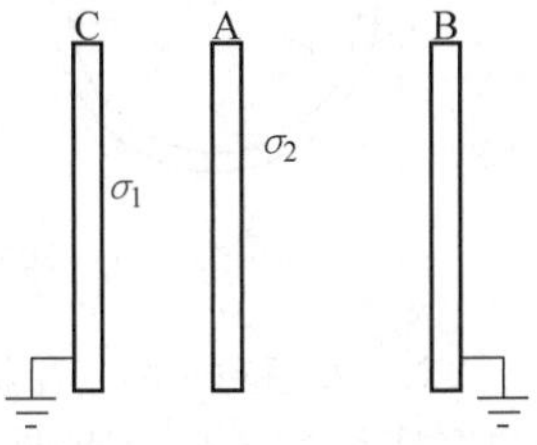

图 7-28　题 7.13 图

7.14　一电荷量为 q 的点电荷位于导体球壳中心，壳的内、外半径分别为 R_1、R_2，如图 7-29 所示。求球壳内外和球壳上电场强度和电势的分布。

7.15　如图 7-30 所示，在半径为 R 的导体球外与球心 O 相距为 a 的一点 A 处放置一点电荷 $+Q$，在球内有一点 B 位于 AO 的延长线上，$OB=r$，求：(1) 导体球处于静电平衡时导体内部各点的电场强度和内部各点的电势之间的关系；(2) 感应电荷在 B 点产生的电场强度及 B 点的电势。

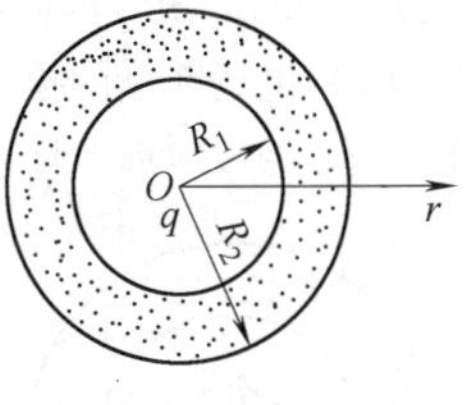

图 7-29　题 7.14 图

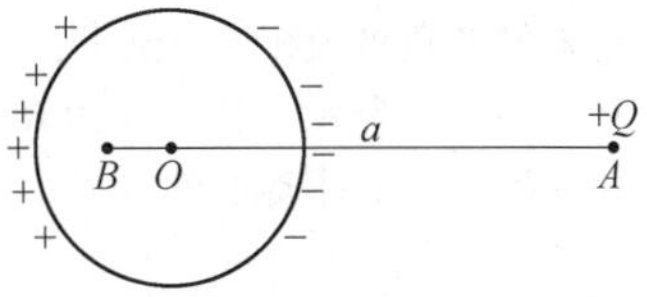

图 7-30　题 7.15 图

7.16　有三个大小相同的金属小球，小球 1、2 带有等量同号电荷，相距甚远，其间的库仑力为 F_0。试求：(1) 用带绝缘柄的不带电小球 3 先后分别接触 1、2 后移去，小球 1、2 之间的库仑力；(2) 小球 3 依次交替接触小球 1、2 很多次后移去，小球 1、2 之间的库仑力。

7.17　一导体球半径为 R_1，其外同心地罩以内、外半径分别为 R_2 和 R_3 的厚导体壳，此系统带电后内球电势为 φ_1，外球所带总电量为 Q，求此系统各处的电势和电场分布。

7.18　在半径为 R_1 的金属球之外包有一层外半径为 R_2 的均匀电介质球壳，介质相对介电常数为 ε_r，金属球带电 Q。试求：(1) 电介质内、外的电场强度；(2) 电介质层内、外的电势；(3) 金属球的电势。

7.19　两块带有异号电荷的金属板 A 和 B，相距 5.0mm，两板面积都是 150cm^2，电荷量分别为 $\pm2.66\times10^{-8}$C，A 板接地，略去边缘效应，如图 7-31 所示。求：(1) B 板的电势；(2) A、B 间离 A 板 1.0mm 处的电势。

7.20　如图7-32所示，两个同轴的圆柱面，长度均为l，半径分别为R_1和R_2（$R_2>R_1$），且$l>>R_2-R_1$，两柱面之间充有介电常数ε的均匀电介质。当两圆柱面分别带等量异号电荷Q和$-Q$时，试求：（1）在半径r处（$R_1<r<R_2$），厚度为dr、长为l的圆柱薄壳中任一点的电场能量密度和整个薄壳中的电场能量；（2）电介质中的总电场能量；（3）圆柱形电容器的电容。

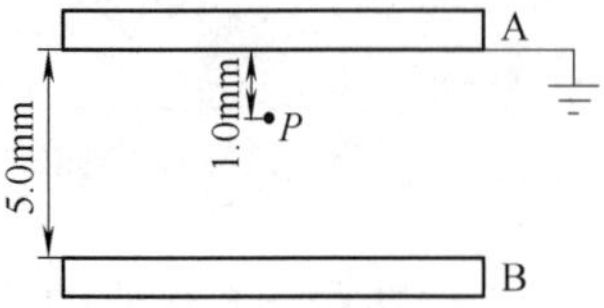

图7-31　题7.19图

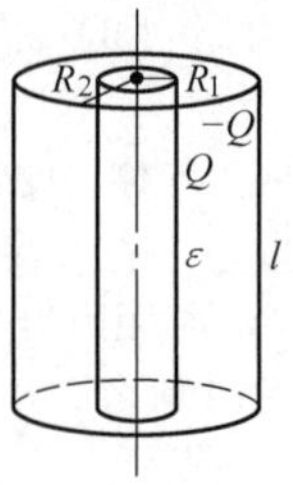

图7-32　题7.20图

7.21　金属球壳A和B的中心相距为r，A和B原来都不带电。现在A的中心放一点电荷q_1，在B的中心放一点电荷q_2，如图7-33所示。试求：（1）q_1对q_2作用的库仑力，q_2有无加速度；（2）去掉金属壳B，求q_1作用在q_2上的库仑力，此时q_2有无加速度？

7.22　如图7-34所示，$C_1=0.25\mu$F，$C_2=0.15\mu$F，$C_3=0.20\mu$F，C_1上电压为50V。试求U_{AB}。

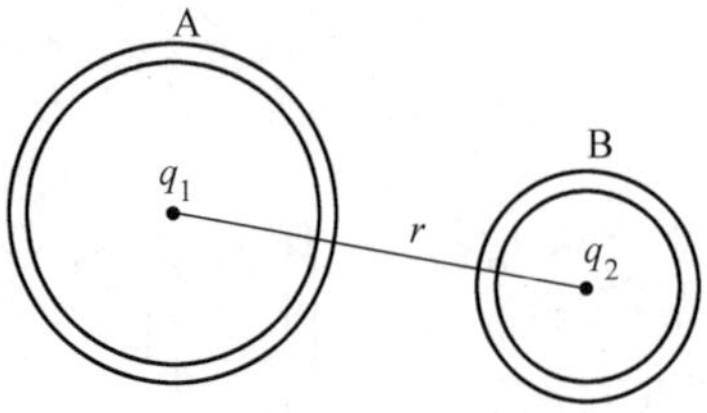

图7-33　题7.21图

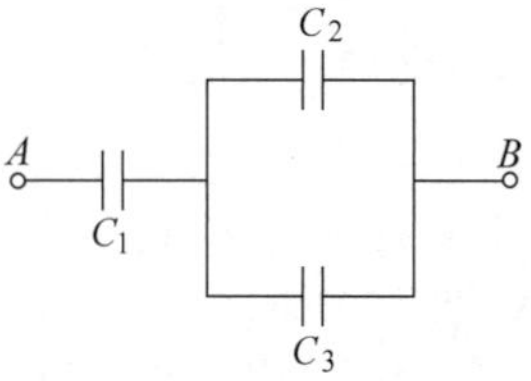

图7-34　题7.22图

7.23　C_1和C_2两电容器分别标明“200pF、500V”和“300pF、900V”，问：（1）把它们串联起来后等值电容是多少？（2）如果两端加上1000V的电压，是否会击穿？

7.24　两共轴的导体圆筒内、外半径分别为R_1和R_2，$R_2<2R_1$。其间有两层均匀电介质，分界面半径为r_0，内层介质相对介电常数为ε_{r1}，外层介质相对介电常数为ε_{r2}，$\varepsilon_{r2}=\varepsilon_{r1}/2$。两层介质的击穿场强都是$E_{max}$。当电压升高时，哪层介质先击穿？两筒间能加的最大电势差为多大？

7.25　如图7-35所示，将两个电容器C_1和C_2充电到相等的电压U以后切断电源，再将每一电容器的正极板与另一电容器的负极板相连。试求：（1）每个电容器的最终电荷量；（2）电场能量的损失。

7.26　有一外半径为R_1、内半径为R_2的金属球壳，在壳内有一半径为R_3的金属球，球壳和内球均带电荷量q，如图7-36所示，求球心的电势。

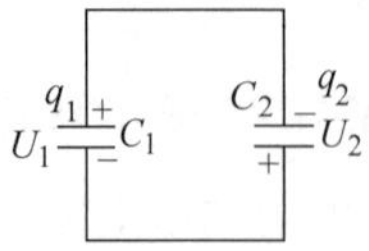

图7-35　题7.25图

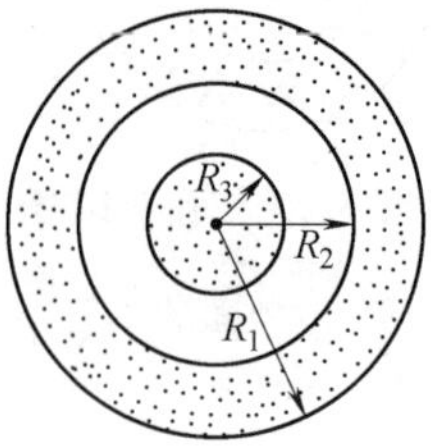

图7-36　题7.26图

本章重要知识点讲解　　本章习题简答

第 8 章 运动电荷的磁场

在静电荷的周围存在着电场，如果电荷在运动，那么在它的周围就不仅有电场，而且还有磁场。这就是说电荷在导体中作恒定流动时在它的周围将激发起恒定磁场。磁场也是物质的一种形态，它只对运动电荷或者电流施加作用，可用磁感应强度和磁场强度描述。如果磁场中有实物物质存在，在磁场作用下，其内部状态发生变化，并反过来影响磁场的分布，这就是物质的磁化过程。本章首先介绍恒定电流的描述及其产生条件，然后着重讨论电流激发磁场的基本定律毕奥-萨伐尔定律、描述磁场基本性质的磁场高斯定理和安培环路定理以及电流和运动电荷在磁场中的受力和运动规律。根据实物物质的电结构，简单说明各类磁介质的微观机制，并介绍有磁介质时磁场所遵循的普遍规律。

8.1 恒定电流

8.1.1 电流 电流密度

电荷的定向运动形成电流。电流可以分成两类，一类是带电粒子在导体中的定向运动形成的电流，叫作传导电流；另一类是电子或其他带电粒子，甚至是宏观带电体在空间作机械运动所形成的电流，叫作运流电流。本章主要讨论稳恒的传导电流。

在导体中形成传导电流的条件有两个，一是导体内有可以移动的电荷，二是导体两端有电势差。

在单位时间内通过导体横截面的电荷量，叫作电流，用 I 表示。规定正电荷定向运动的方向为电流的方向。在一段时间 Δt 内通过导体横截面的电荷量 Δq，则电流

$$I=\frac{\Delta q}{\Delta t}$$

若电流随时间变化，通常用瞬时电流表示电流的强弱：

$$i=\lim_{\Delta t\to 0}\frac{\Delta q}{\Delta t}=\frac{\mathrm{d}q}{\mathrm{d}t} \tag{8-1}$$

若电流的大小和方向不随时间变化，则称为恒定电流（直流）。

在国际单位制中规定电流为基本量，单位是安培（A）。

在许多情况下电流沿着一均匀的导线流动。这时，电流在同一截面上各点的分布是均匀的。只需给出任一截面的电流就可以描述导体中电流的情况。但在另一些情况下，电流是在粗细不均匀的导线或者在大块的导体中通过。这时，如果在单位时间内通过某一粗细不均匀的导线各截面的电流 I 相同，那么在导体内任意点的电流情况将不同。因此，电流 I 这个物理

量就不能详细反映出电流在导体中的分布情况了。为了详细描述导体内各点的电流分布情况，引入一个新的物理量——电流密度。

电流密度用$\boldsymbol{j}$表示。电流密度的方向为该点正电荷运动的方向，电流密度的大小等于通过垂直于电流方向的单位面积的电流，表示为

$$j=\frac{\mathrm{d}I}{\mathrm{d}S_{\perp}}$$

电流密度是空间位置的矢量函数，它能够精确地描述导体中电流的分布情况。

一般情况下，截面面元 dS 的法线方向与电流密度的夹角为θ，如图 8-1 所示，此时通过任一截面的电流为

$$I=\int_S \boldsymbol{j}\cdot \mathrm{d}\boldsymbol{S}=\int_S j\mathrm{d}S\cos\theta \tag{8-2}$$

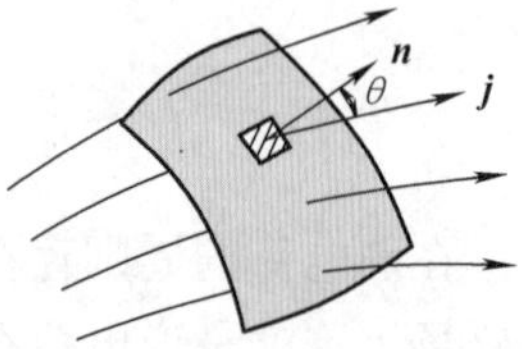

图 8-1　电流密度

8.1.2　电流的连续性方程　稳恒条件

设想在导体内任取一个封闭的曲面S，在S面上处处法线正方向向外，根据式(8-2)通过封闭面的电流为

$$I=\oint_S \boldsymbol{j}\cdot \mathrm{d}\boldsymbol{S} \tag{8-3}$$

若$I=\oint_S \boldsymbol{j}\cdot \mathrm{d}\boldsymbol{S}>0$，表示有电荷通过封闭曲面向外迁移，单位时间内通过$S$面的迁移的电荷量为$I$。根据电荷守恒定律，单位时间内通过封闭曲面$S$向外迁移的电荷量应该等于闭合曲面内单位时间所减少的电荷量。

若$I=\oint_S \boldsymbol{j}\cdot \mathrm{d}\boldsymbol{S}<0$，表示有电荷进入封闭曲面，单位时间内通过$S$面的电荷量为$I$。根据电荷守恒定律，单位时间内进入封闭曲面$S$的电荷量应该等于闭合曲面内单位时间所增加的电荷量。

若以$\frac{\mathrm{d}q}{\mathrm{d}t}$表示封闭面内电荷量随时间的变化率，则有

$$\oint_S \boldsymbol{j}\cdot \mathrm{d}\boldsymbol{S}=-\frac{\mathrm{d}q}{\mathrm{d}t} \tag{8-4}$$

若 d$q<0$，表示流出曲面的电荷多于流入曲面的电荷；若 d$q>0$，则相反。这与上面讨论是一致的。这就是电流的连续性方程。

电流的连续性方程告诉我们，电流线是有头有尾的。凡是电流线出发的地方，那里的电荷必随时间减少；凡是电流线进入的地方，那里的电荷必随时间增加。

稳恒电流指电流的密度分布不随时间变化，这就要求电荷的分布不随时间变化，因而电荷产生的场是稳恒电场（它是不随时间变化的电荷所产生的电场，电场不随时间变化，是一种静态电场，同样服从前面学过的高斯定理、环路定理等）。在稳恒条件下因为电荷的分布不随时间变化，所以$\frac{\mathrm{d}q}{\mathrm{d}t}=0$，因此有

$$\oint_S \boldsymbol{j}\cdot \mathrm{d}\boldsymbol{S}=0 \tag{8-5}$$

式(8-5)叫作电流的稳恒条件。它表示有多少电荷流进该曲面就有多少电荷从该曲面流

出。也就是说电流线连续通过该曲面所包围的体积。因此，稳恒电流线是不会在任何地方中断的连续曲线。

8.1.3 电源的电动势

电源的电动势用$\mathscr{E}$表示，定义为：把单位正电荷从负极通过电源内部移动到正极时，非静电力所做的功。用公式来表示，有

$$\mathscr{E}=\int_{-}^{+}\boldsymbol{E}_{\mathrm{k}}\cdot \mathrm{d}\boldsymbol{l} \tag{8-6}$$

电源的电动势大小表示电源把其他形式的能转化为电能的本领，也表示非静电力做功本领的大小。若电动势是整个闭合回路上产生的，那么有

$$\mathscr{E}=\oint\boldsymbol{E}_{\mathrm{k}}\cdot \mathrm{d}\boldsymbol{l} \tag{8-7}$$

式中，$\boldsymbol{E}_{\mathrm{k}}$表示非静电场，非静电场的电场强度沿闭合导体回路的环流不是零，等于电源的电动势。所以这个非静电场为非保守场。

8.1.4 闭合电路的欧姆定律

根据能量转化和守恒定律，对于一个闭合电路来说，电源的功率应等于电路上所有元件消耗的功率之和。对于只有电源和电阻的闭合电路，电源的功率应等于电路中所有电阻上的热功率之和。图8-2所示的电路中，电源的电动势为$\mathscr{E}$，内阻为r，外电路的总电阻为R，当电路中有电流流过时，根据能量转化与守恒定律知

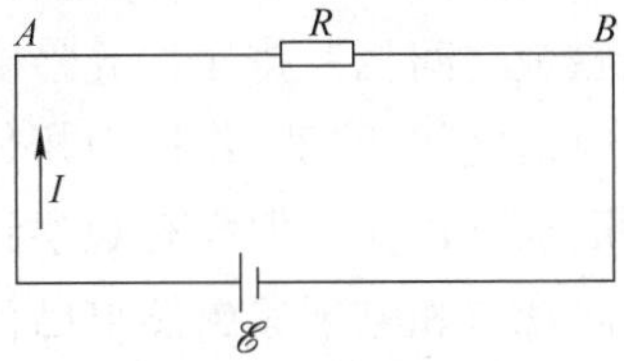

图 8-2 简单的闭合回路

$$I\mathscr{E}=I^2R+I^2r$$

所以

$$I=\frac{\mathscr{E}}{R+r} \tag{8-8}$$

此式称为闭合电路的欧姆定律。

电源两端的电压称为路端电压，表示为

$$U_A-U_B=IR=\mathscr{E}-Ir$$

当电路开路时，$I=0$，路端电压就等于电源电动势，即$U_A-U_B=\mathscr{E}$。

如果一个闭合电路里含有多个电源，如图 8-3 所示，当$\mathscr{E}_1$大于$\mathscr{E}_2$时，电流方向为逆时针。此时，$\mathscr{E}_2$中的电流从正极流向负极，$\mathscr{E}_2$中的非静电力做负功，消耗电能，相当于一个用电器，$\mathscr{E}_2$称反电动势。电动机、被充电的电池等的电动势就是反电动势。对图 8-3 所示电路，根据能量转化与守恒定律可得

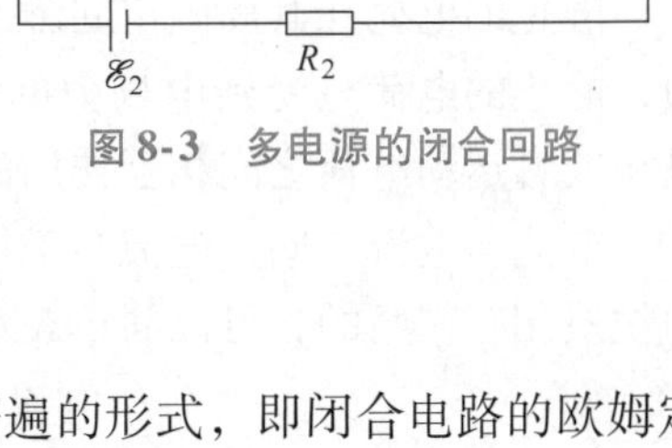

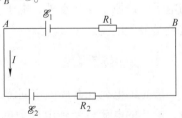

图 8-3 多电源的闭合回路

$$I\mathscr{E}_1=I^2(R_1+R_2+r_1+r_2)+I\mathscr{E}_2$$

所以

$$I=\frac{\mathscr{E}_1-\mathscr{E}_2}{R_1+R_2+r_1+r_2}$$

可见，此时$\mathscr{E}_2$相当于一个负电动势的电源。上式可写成更普遍的形式，即闭合电路的欧姆定律的普遍形式为

$$I=\frac{\sum(\pm\mathscr{E})}{\sum R} \tag{8-9}$$

例 8-1 在图 8-3 所示的电路中，设电动势 $\mathscr{E}_1=24\text{V}$，$\mathscr{E}_2=12\text{V}$，内电阻 $r_1=2\Omega$，$r_2=1\Omega$，而外电阻 $R_1+R_2=3\Omega$。试计算电路中的电流。

解 应用闭合电路的欧姆定律，得

$$I=\frac{\mathscr{E}_1-\mathscr{E}_2}{R_1+R_2+r_1+r_2}=\frac{(24-12)\text{V}}{(3+2+1)\Omega}=2\text{A}$$

电流的方向如图 8-3 中箭头所示。

8.2 磁通量 磁场中的高斯定理

8.2.1 基本磁现象 安培假说

人类在很早以前就发现了自然界中一些物质能够吸引铁的现象，它们主要是含四氧化三铁的矿石，我们将这些物质称为天然磁体。后来人们又用人工的方法制造了各种形状的人造磁铁，如针形、条形、马蹄形的磁铁等。无论是天然磁体或是人造磁铁，都具有吸引铁、钴、镍等物质的特性，这种性质被称为磁性。后来研究发现，磁铁的磁极之间存在着相互作用力，同号磁极之间相互排斥，异号磁极之间相互吸引。虽然两磁极之间的相互作用力的规律与两个点电荷之间的相互作用力相似，但两者却有着一个重要的区别，那就是在自然界中正负电荷可以独立存在，但没有观察到独立的 N 极和 S 极，即磁极总是成对出现的。

磁现象和电现象虽然早已被人们所发现，但是在很长时间内，磁学和静电学各自独立地发展着，直到 1819 年丹麦物理学家奥斯特（H. C. Oersted，1777—1851）在实验中发现，放在通电直导线附近的小磁针会受到力的作用而发生偏转，这就是历史上著名的奥斯特实验，它表明电流具有对磁针施加磁力的作用。同时，其他物理学家在实验过程中发现的一些现象则表明：磁铁也会对电流施加作用力，电流与电流之间也存在着相互作用力。

为了说明物质的磁性，1822 年安培提出了有关物质磁本性的假说，他认为一切磁现象的根源是电流，即电荷的运动。任何物体的分子中都存在着回路电流，称为分子电流。分子电流相当于基元磁铁，由此产生磁效应。安培假说与现代物质的电结构理论是符合的，分子中的电子除绕原子核运动外，电子本身还有自旋运动，分子中电子的这些运动相当于回路电流，这就是分子电流。

8.2.2 磁感应强度

静止的电荷在其周围空间激发电场，而运动的电荷在周围空间还要激发磁场；在电磁场中，静止的电荷只受到电场力的作用，而运动的电荷除了受电场力作用外还受磁力的作用。电流或者运动电荷之间相互作用的磁力是通过磁场而作用的，故磁力还叫作磁场力。

电流与电流之间，电流与磁铁之间以及磁铁与磁铁之间的相互作用是通过磁场这个特殊的物质相互作用的，可以简单表示为

$$\text{电流(或磁铁)}\Leftrightarrow\text{磁场}\Leftrightarrow\text{电流(或磁铁)}$$

磁场的应用十分广泛，如电子射线、回旋加速器、质谱仪、真空开关等都利用了磁场。

因此，磁场是一个非常重要的物理量，下面我们来研究磁场。

电流的周围存在磁场，它对外的重要表现是：对引入磁场中的运动电荷、载流导体或永久磁体有磁场力的作用。在这里我们用磁场对运动电荷的作用来描述磁场，并引入磁感应强度 $\boldsymbol{B}$ 作为定量描述磁场中各点特性的基本物理量，其地位与电场中的电场强度 $\boldsymbol{E}$ 相当。$\boldsymbol{B}$ 不叫作磁场强度（磁场强度用 $\boldsymbol{H}$ 表示）。

下面，我们从磁场对运动电荷的作用力角度来定义磁感应强度。实验表明：当运动的试验电荷以同一速率以不同的方位进入磁场某点时，电荷所受的磁场力的大小是不同的，但是磁场力的方向总与速度方向垂直，在某一特定方位运动时，试验电荷在该点受力最大，这个力叫作最大磁场力，用 $\boldsymbol{F}_{\max}$ 表示，这个方位的速度方向与磁场方向垂直。这个最大磁场力与试验电荷的电荷量和运动速率成正比，但是比值 $\frac{F_{\max}}{qv}$ 在磁场中确定的点是确定的，与最大磁场力、试验电荷的电荷量、试验电荷的运动速率无关。把这个比值定义为该点的磁感应强度。

因此，磁场中任意点的磁感应强度大小表示为

$$B=\frac{F_{\max}}{qv} \tag{8-10}$$

实验还表明，磁感应强度的方向沿 $\boldsymbol{F}_{\max}\times\boldsymbol{v}$ 方向，和该点磁场方向一致。$\boldsymbol{B}$、$\boldsymbol{F}$、$\boldsymbol{v}$ 三者的方向符合右手螺旋法则，如图 8-4 所示。

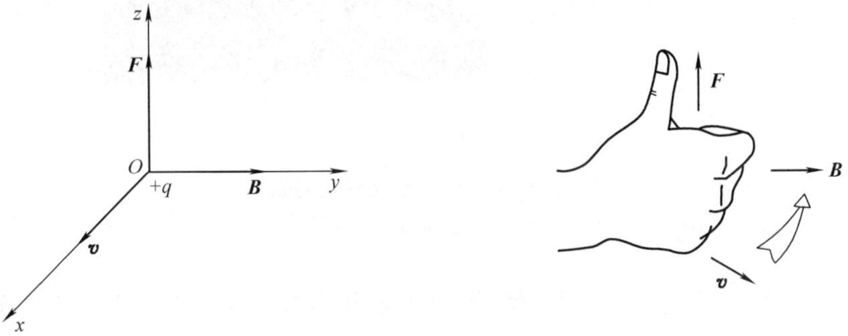

图 8-4　磁感应强度的方向

磁感应强度 $\boldsymbol{B}$ 是描绘磁场性质的物理量。在国际单位制中，$\boldsymbol{B}$ 单位为特斯拉，简称特，用符号 T 表示；或者为高斯，用 Gs 表示，$1\mathrm{Gs}=10^{-4}\mathrm{T}$。

地球磁场大约是 5×10^{-5}T，大型的电磁铁能激发大于 2T 的恒定磁场，超导磁体能激发高达 25T 的磁场，某些原子核附近的磁场可达 10^4T，而脉冲磁场更高可达 10^8T。人体内的生物电流也可以激发出微弱的磁场。例如，心电激发的磁场为 3×10^{-8}T，测人体内的磁场分布已经成为医学中的高级诊断技术。

8.2.3　磁感线和磁通量

1. 磁感线（磁力线）

前面我们用电场线来描述电场的分布，同样，也可以用磁感线来描述磁场的分布。图 8-5 所示是几种不同形状的电流所激发的磁场的磁感线图。

从磁感线图像得出重要的结论：在任何磁场中，每一条磁感线都是和闭合电流相互套连的无头无尾的闭合线，磁感线的环绕方向和电流流向符合右手螺旋法则。

磁感线和磁感应强度的关系是：磁感线密的地方磁感应强度 **B** 大，磁感线疏的地方磁感应强度 **B** 小。某点磁感应强度 **B** 的大小为该点垂直于 **B** 矢量的单位面积磁感线的条数。磁感线上某点切向方向为该点 **B** 的方向。

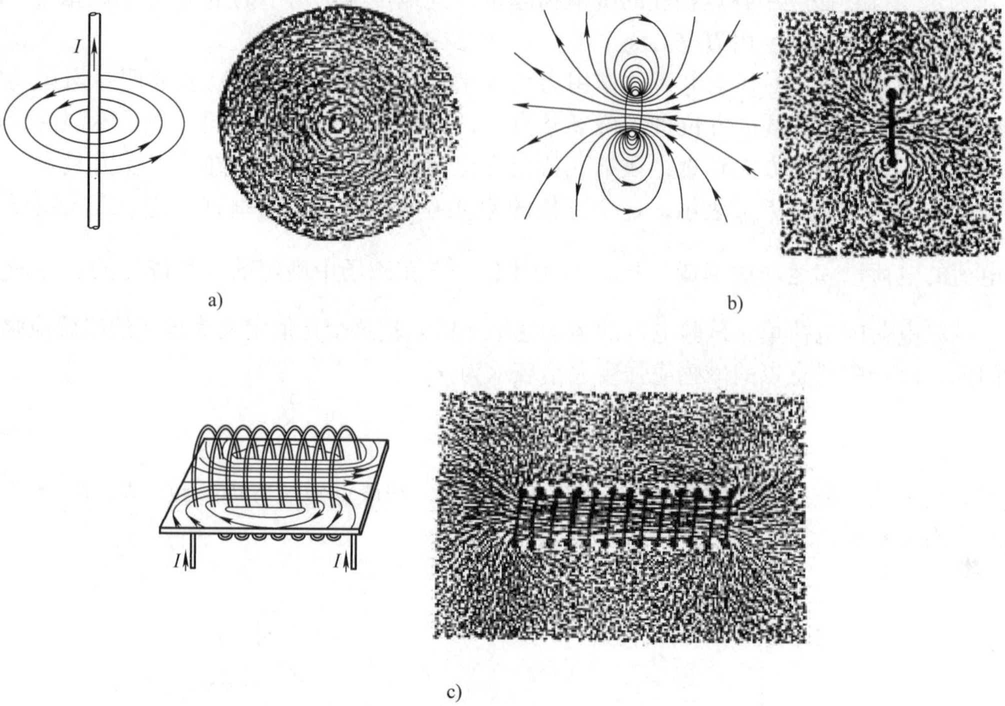

图 8-5　几种不同形状电流磁场的磁感线图

a）直电流　b）圆电流　c）螺线管电流

设 P 点面元 $\mathrm{d}\boldsymbol{S}_{\perp}$ 与 **B** 垂直，$\mathrm{d}\Phi_{\mathrm{m}}$ 为 $\mathrm{d}\boldsymbol{S}_{\perp}$ 上通过的磁感线数。则磁场中任意点的磁感应强度也可定义为

$$B=\frac{\mathrm{d}\Phi_{\mathrm{m}}}{\mathrm{d}S_{\perp}} \tag{8-11}$$

可见，**B** 大处磁感线密；**B** 小处磁感线疏。

综合上述磁感线有以下性质：

1）磁感线是无头无尾的闭合曲线，磁场为涡旋场。

2）磁感线不能相交，因为各个场点 **B** 的方向是唯一的。

2. 磁通量

我们把通过一给定曲面的磁感线总条数，叫作通过该曲面的磁通量，用 Φ_{m} 表示。接下来我们讨论任意磁场的磁通量大小。

（1）**在均匀磁场中**　设平面的面积为 **S**（$\boldsymbol{S}=S\boldsymbol{n}$，$\boldsymbol{n}$ 为 S 的法线方向单位矢量），位于均匀磁场 **B** 中。则穿过 **S** 面的磁通量为

$$\Phi_{\mathrm{m}}=\boldsymbol{B}\cdot\boldsymbol{S} \tag{8-12}$$

若平面 **S** 与 **B** 垂直，如图 8-6 所示，有

$$\Phi_{\mathrm{m}}=\boldsymbol{B}\cdot\boldsymbol{S}=BS$$

若平面 $\boldsymbol{S}$ 与 $\boldsymbol{B}$ 夹角 θ，如图8-7所示，有

$$\Phi_{\mathrm{m}}=\boldsymbol{B}\cdot\boldsymbol{S}=BS_{\perp}=BS\cos\theta$$

（2）**在非均匀磁场中** 如图8-8所示，在非均匀磁场中，在 $\boldsymbol{S}$ 上取面元 $\mathrm{d}\boldsymbol{S}$，虽然在 $\boldsymbol{S}$ 上不同位置 $\boldsymbol{B}$ 不相同，但在同一个面元 $\mathrm{d}\boldsymbol{S}$ 上 $\boldsymbol{B}$ 可视为均匀，$\boldsymbol{n}$ 为 $\mathrm{d}\boldsymbol{S}$ 法线方向的单位矢量，法线正方向指向曲面的外侧。

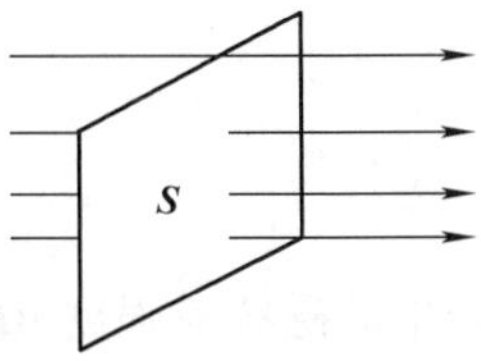

图8-6 均匀磁场 $\boldsymbol{B}$ 和 S 垂直

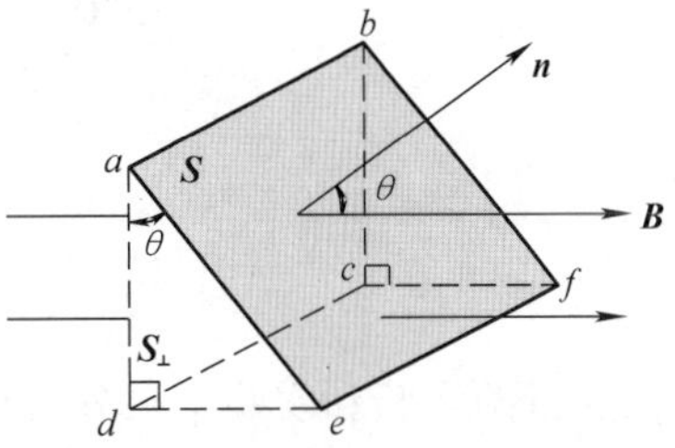

图8-7 均匀磁场 $\boldsymbol{B}$ 和 S 不垂直

通过面元 $\mathrm{d}\boldsymbol{S}$ 的磁通量为 $\Phi_{\mathrm{m}}=\boldsymbol{B}\cdot\mathrm{d}\boldsymbol{S}$。则通过整个曲面 $\boldsymbol{S}$ 的磁通量为

$$\Phi_{\mathrm{m}}=\int\mathrm{d}\Phi_{\mathrm{m}}=\int_{S}\boldsymbol{B}\cdot\mathrm{d}\boldsymbol{S} \tag{8-13}$$

磁通量单位为韦伯，用Wb表示。

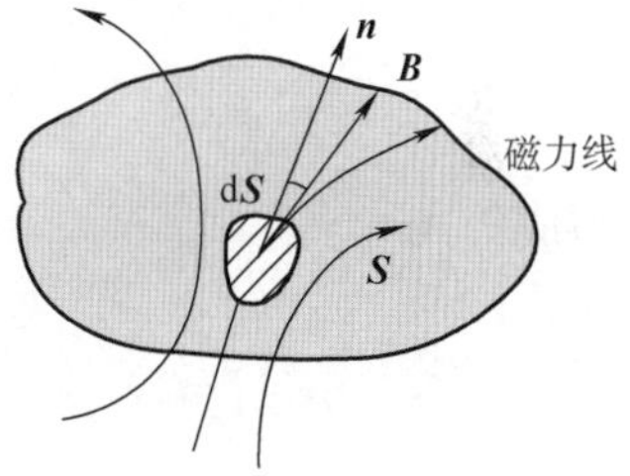

图8-8 非均匀磁场

3. 磁场中的高斯定理

对于闭合曲面，因为磁感线的特点是无头无尾，且中途不会中断，所以穿入闭合面和穿出闭合面的磁感线条数相等，也就是说穿过闭合面磁通量的代数和为零。即

$$\oint_{S}\boldsymbol{B}\cdot\mathrm{d}\boldsymbol{S}=0 \tag{8-14}$$

式（8-14）是表示磁场重要特性的公式，称为磁场的高斯定理。磁场的高斯定理可以用文字表述为：**磁感应强度沿任意闭合曲面的积分值等于零**。表明了磁场是无源场。

8.3 毕奥-萨伐尔定律

恒定电流在它周围激发的磁场称为静磁场或稳恒磁场，这时场中任一点的磁感应强度都不随时间而变化，只是空间坐标的函数。如何求出电流周围的磁场呢？在研究带电体所激发的静电场时，我们采取的方法是先把带电体分割成许多电荷元 $\mathrm{d}q$，求出电荷元所激发的电场强度 $\mathrm{d}\boldsymbol{E}$，再应用叠加原理 $\boldsymbol{E}=\int\mathrm{d}\boldsymbol{E}$，便可得出任意带电体电场中各点的电场强度。求载流导线的磁感应强度的方法与此类似，把载流导线看作由许多电流元组成，如果知道电流元产生的磁感应强度，各电流元产生的磁感应强度的叠加，就是整个线电流的磁感应强度。电流元产生的磁感应强度由毕奥-萨伐尔定律给出。接下来我们来分析毕奥-萨伐尔定律。

8.3.1 电流元 毕奥-萨伐尔定律

假设在导线上沿电流方向取 $\mathrm{d}\boldsymbol{l}$，这个线元很短，可看作直线，又设导线中电流为 I，则

$Id\boldsymbol{l}$ 称为电流元，$\boldsymbol{r}$ 为电流元到场点的位矢，如图 8-9 所示。

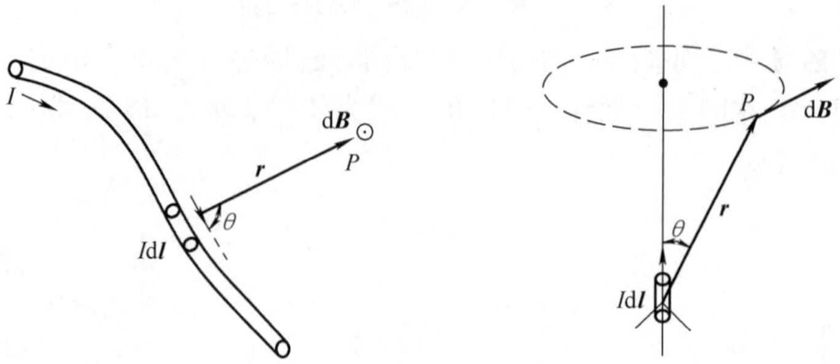

图 8-9 电流元的磁场

由大量的实验和实验结果分析得：电流元 $Id\boldsymbol{l}$ 在任意场点 P 点产生的磁感应强度 $d\boldsymbol{B}$ 大小与电流元 $Id\boldsymbol{l}$ 的值成正比，与 $Id\boldsymbol{l}$ 与 $\boldsymbol{r}$（从电流元到 P 点的矢量）的夹角正弦成正比，与电流元到场点的位矢 $\boldsymbol{r}$ 的平方成反比，这就是毕奥-萨伐尔定律。可表示为

$$dB \propto \frac{Idl\sin\theta}{r^2}$$

可写成等式

$$dB = K\frac{Idl\sin\theta}{r^2}$$

式中，K 与磁介质和单位制选取有关。对于真空和国际单位制，$K=\frac{\mu_0}{4\pi}$，其中 $\mu_0=4\pi\times10^{-7}\mathrm{N\cdot A^{-2}}$（称为真空磁导率）。因此

$$dB = \frac{\mu_0}{4\pi}\frac{Idl\sin\theta}{r^2} \tag{8-15}$$

矢量表示式

$$d\boldsymbol{B} = \frac{\mu_0}{4\pi}\frac{Id\boldsymbol{l}\times\boldsymbol{r}}{r^3} \tag{8-16}$$

或者

$$d\boldsymbol{B} = \frac{\mu_0}{4\pi}\frac{Id\boldsymbol{l}\times\boldsymbol{r}_0}{r^2} \tag{8-17}$$

此（8-17）是毕奥-萨伐尔定律的数学表达式。其中 $\boldsymbol{r}_0$ 为沿矢径 $\boldsymbol{r}$ 的方向的单位矢量。$d\boldsymbol{B}$ 方向沿 $Id\boldsymbol{l}\times\boldsymbol{r}$ 方向，可以由右手螺旋法则判定。

实验表明：叠加原理也可用于计算磁感应强度。任意形状的线电流激发的磁感应强度等于各段电流元激发磁感应强度的矢量和。导线电流在场点 P 点产生的磁感应强度 $\boldsymbol{B}$ 为

$$\boldsymbol{B} = \int_L d\boldsymbol{B} = \int_L \frac{\mu_0}{4\pi}\frac{Id\boldsymbol{l}\times\boldsymbol{r}}{r^3} \tag{8-18}$$

或者

$$\boldsymbol{B} = \int_L d\boldsymbol{B} = \int_L \frac{\mu_0}{4\pi}\frac{Id\boldsymbol{l}\times\boldsymbol{r}_0}{r^2} \tag{8-19}$$

8.3.2 应用举例

例 8-2 设有一段载流直导线，电流为 I，周围任意点 P 点距离导线为 a。

（1）试求 P 点的磁感应强度 $\boldsymbol{B}$；

（2）若导线为无限长，且 $I = 10\text{A}$，P 点距离导线为 $a = 0.01\text{m}$，求 P 点的磁感应强度 $\boldsymbol{B}$。

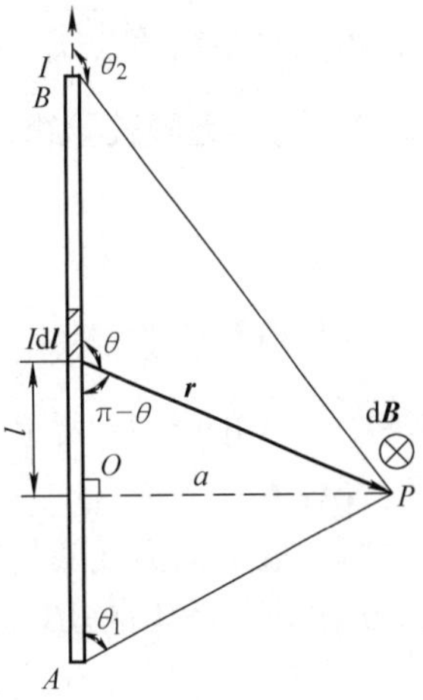

图 8-10 例 8-2 图

解 （1）如图 8-10 所示，在 AB 上距 O 点为 l 处取电流元 $I\mathrm{d}\boldsymbol{l}$，$I\mathrm{d}\boldsymbol{l}$ 在 P 点产生的 $\mathrm{d}\boldsymbol{B}$ 的大小为 $\mathrm{d}B = \dfrac{\mu_0}{4\pi}\dfrac{I\mathrm{d}l\sin\theta}{r^2}$，$\mathrm{d}\boldsymbol{B}$ 方向垂直指向纸面（$I\mathrm{d}\boldsymbol{l}\times\boldsymbol{r}$ 方向）。经分析可知，导线 AB 上所有电流元在 P 点产生的 $\mathrm{d}\boldsymbol{B}$ 方向均相同，所以直线电流 AB 在 P 点产生总的磁感应强度 $\boldsymbol{B}$ 的大小等于各电流元在 P 点产生的 $\mathrm{d}\boldsymbol{B}$ 的积分和。可以表示为

$$B = \int \mathrm{d}B = \int_{AB} \frac{\mu_0}{4\pi}\frac{I\mathrm{d}l\sin\theta}{r^2}$$

统一积分变量，为方便解题选 θ 为积分变量。由图 8-10 知

视频讲解

$$r = \frac{a}{\sin(\pi - \theta)} = \frac{a}{\sin\theta}$$

$$l = a\cot(\pi - \theta) = -a\cot\theta$$

$$\mathrm{d}l = -a(-\csc^2\theta)\mathrm{d}\theta = a\csc^2\theta\mathrm{d}\theta = \frac{a}{\sin^2\theta}\mathrm{d}\theta$$

于是

$$B = \int_{\theta_1}^{\theta_2} \frac{\mu_0}{4\pi}\frac{I\dfrac{a}{\sin^2\theta}\mathrm{d}\theta\cdot\sin\theta}{\dfrac{a^2}{\sin^2\theta}} = \frac{\mu_0 I}{4\pi a}\int_{\theta_1}^{\theta_2}\sin\theta\mathrm{d}\theta$$

因此得 P 点的磁感应强度 $\boldsymbol{B}$ 的大小为

$$B = \frac{\mu_0 I}{4\pi a}(\cos\theta_1 - \cos\theta_2)$$

方向垂直指向纸面。

（2）把 $\theta_2 = \pi$，$\theta_1 = 0$ 代入上式得

$$B = \frac{\mu_0 I}{2\pi a} = \frac{4\pi\times10^{-7}\times10}{2\pi\times0.01}\text{T} = 2\times10^{-4}\text{T}$$

P 点 $\boldsymbol{B}$ 的方向垂直指向纸面。

解题关键是找出 a、θ_1、θ_2，θ_1 和 θ_2 分别是电流方向与 P 点到 A、B 连线间夹角。

重要讨论结果：

1）对于无限长导线，$\theta_2 = \pi$，$\theta_1 = 0$，故

$$B=\frac{\mu_0 I}{2\pi a} \tag{8-20}$$

以后求无限长载流导体产生的磁感应强度时，或者场点在载流导体中间离载流导体很近时，可以直接用该公式。$\boldsymbol{B}$ 的方向用右手螺旋法则判定。

2）对半无限长导线，$\theta_1=\frac{\pi}{2}$，$\theta_2=\pi$，场点在靠近导线的端点的磁感应强度

$$B=\frac{\mu_0 I}{4\pi a} \tag{8-21}$$

$\boldsymbol{B}$ 的方向用右手螺旋法则判定。

例 8-3　如图 8-11 所示，半径为 R 的载流圆线圈，载电流为 I，求线圈轴线上任一点 P 的磁感应强度 $\boldsymbol{B}$。

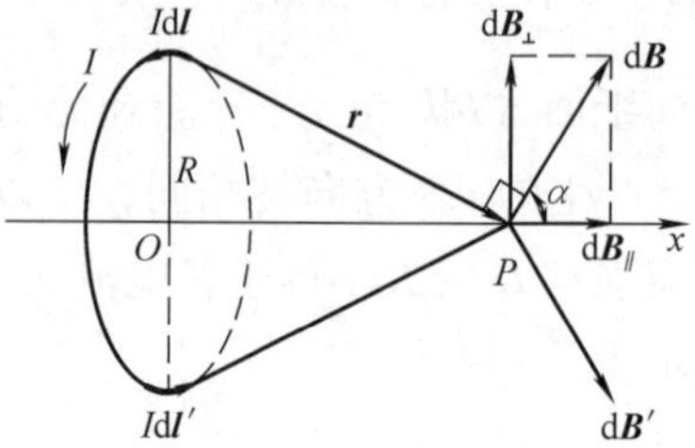

图 8-11　例 8-3 图

解　取 x 轴沿线圈的轴线，原点 O 在线圈中心，电流元 $I\mathrm{d}\boldsymbol{l}$ 在 P 点产生的 $\mathrm{d}B$ 大小为

$$\mathrm{d}B=\frac{\mu_0}{4\pi}\frac{I\mathrm{d}l\sin\theta}{r^2}=\frac{\mu_0 I\mathrm{d}l}{4\pi r^2}\quad\left(\theta=\frac{\pi}{2}\right)$$

θ 为电流元和矢经 $\boldsymbol{r}$ 间的夹角，$\mathrm{d}\boldsymbol{B}$ 的方向与 $\boldsymbol{r}$ 垂直。α 为 $\mathrm{d}\boldsymbol{B}$ 和 x 轴的正方向间的夹角。如图 8-11 所示，把 $\mathrm{d}\boldsymbol{B}$ 分解为平行于 x 轴的分量 $\mathrm{d}\boldsymbol{B}_{/\!/}$ 与垂直于 x 轴的分量 $\mathrm{d}\boldsymbol{B}_{\perp}$。由对称性分析得整个载流线圈在 P 点产生的 $\mathrm{d}\boldsymbol{B}$ 垂直于 x 轴方向的分量代数和为零。即

$$\boldsymbol{B}_{\perp}=\boldsymbol{0}$$

视频讲解

载流线圈在 P 点产生的 $\mathrm{d}\boldsymbol{B}$ 等于平行于 x 轴方向上分量的和，其大小为

$$B=B_{/\!/}=\int\mathrm{d}B\cos\alpha=\int_0^{2\pi R}\frac{\mu_0 I\mathrm{d}l}{4\pi r^2}\cos\alpha$$

$$=\frac{\mu_0 I}{4\pi}\int_0^{2\pi R}\frac{\mathrm{d}l}{r^2}\sin\beta=\frac{\mu_0 I}{4\pi}\int_0^{2\pi R}\frac{\mathrm{d}l}{r^2}\cdot\frac{R}{r}=\frac{\mu_0 IR}{4\pi r^3}\cdot 2\pi R=\frac{\mu_0 IR^2}{2(x^2+R^2)^{3/2}}$$

因此载流线圈在 P 点产生的磁感应强度大小为

$$B=\frac{\mu_0 IR^2}{2(x^2+R^2)^{\frac{3}{2}}}$$

方向沿 x 轴正向。

重要讨论结果：

1）当 $x=0$ 时，即载流圆环的圆心 O 位置，磁感应强度大小为

$$B=\frac{\mu_0 I}{2R} \tag{8-22}$$

方向遵从右手螺旋法则。

推论：任意一段载流圆弧形导线在圆心处激发的磁感应强度大小为

$$B=\frac{\mu_0\theta I}{4\pi R} \tag{8-23}$$

θ 为圆弧对应的圆心角，$\boldsymbol{B}$ 的方向遵从右手螺旋法则。

2）当 $x \gg R$ 时，即场点离圆心的距离比圆环半径大得多时，

$$B = \frac{\mu_0 R^2 I}{2x^3} \tag{8-24}$$

线圈左侧轴线上任一点 **B** 的方向仍向右。

3）N 匝圆线圈在场点产生的总磁感应强度为

$$B = \frac{N\mu_0 I R^2}{2(x^2 + R^2)^{\frac{3}{2}}} \tag{8-25}$$

例 8-4 载流螺线管的磁场。螺线管导线所载电流为 I，螺线管单位长度上圈匝数 n 匝，并且线圈密绕，求螺线管轴线上任一点的磁感应强度 **B**。

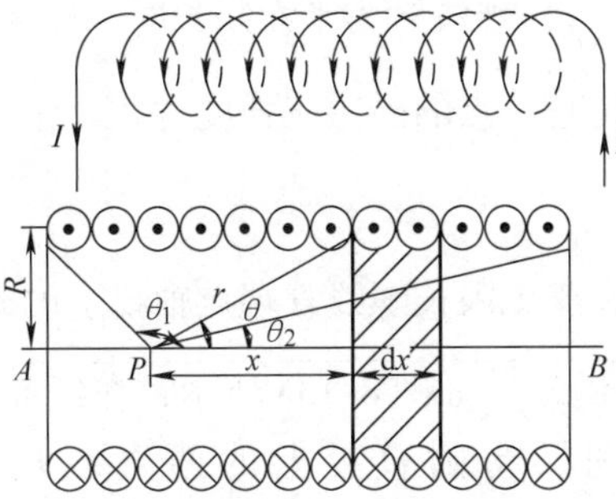

图 8-12 例 8-4 图

解 图 8-12 所示为螺线管的纵剖图。在距 P 点为 x 处取线元 dx，dx 上所含线圈总匝数为 ndx。因为螺线管上线圈绕得很密，所以，dx 段相当于一个载流圆线圈，圆线圈上的电流为 $Indx$。根据例 8-3 的结果，宽为 dx 的圆线圈在 P 点产生的磁感应强度 $d\boldsymbol{B}$ 大小为

$$dB = \frac{n dx \mu_0 I R^2}{2(x^2 + R^2)^{\frac{3}{2}}} = \frac{\mu_0 R^2 n I}{2(x^2 + R^2)^{\frac{3}{2}}} dx$$

方向沿轴线方向向右。

视频讲解

因为螺线管的各小段在 P 点所产生的磁感应强度 **B** 的方向相同，所以整个长直螺线管在 P 点产生的总的磁感应强度大小为

$$B = \int_A^B dB = \int_A^B \frac{\mu_0 R^2 n I}{2} \frac{dx}{(x^2 + R^2)^{\frac{3}{2}}}$$

$$= \frac{\mu_0 R^2 n I}{2} \int_A^B \frac{dx}{(x^2 + R^2)^{\frac{3}{2}}}$$

为便于计算引入参变量 θ。

因为

$$\begin{cases} x = R\cot\theta \\ dx = -R\csc^2\theta d\theta \end{cases}$$

代入得

$$B = \frac{\mu_0 R^2 n I}{2} \int_{\theta_1}^{\theta_2} \frac{-R\csc^2\theta d\theta}{R^3\csc^3\theta} = \frac{\mu_0 R^2 n I}{2} \cdot \frac{-1}{R^2} \int_{\theta_1}^{\theta_2} \sin\theta d\theta$$

$$= \frac{\mu_0 n I}{2}(\cos\theta_2 - \cos\theta_1)$$

因此，载流螺线管轴线上任意一点的磁感应强度大小为

$$B = \frac{\mu_0 n I}{2}(\cos\theta_2 - \cos\theta_1)$$

θ_1、θ_2 分别为螺线管轴线上任意 P 点到端点的连线与 x 轴的夹角。磁感应强度方向沿轴线方向向右。

重要讨论结果：

1）当线管为无限长时，$\theta_1=\pi$，$\theta_2=0$ 有

$$B=\mu_0 nI \tag{8-26}$$

式（8-26）表明，在密绕的长螺线管的轴线上，磁场是均匀的，其大小与场点的位置无关，方向遵守右手螺旋法则。该式对整个长螺线管内部都是适用的。以后处理问题时可以直接用该结论。

2）螺线管为半无限长时，$\theta_1=\dfrac{\pi}{2}$，$\theta_2=0$，亦 B 端相当于在无穷远处，管内 A 端轴线附近任意一点的磁感应强度

$$B=\frac{1}{2}\mu_0 nI \tag{8-27}$$

即在半无限长螺线管端点轴线上的磁感应强度为其内部轴线上磁感应强度的一半。

例 8-5　如图 8-13a 所示，在纸面上有一通电流为 I 的闭合回路，它由半径分别为 R_1、R_2 的半圆及半圆直径上的两直线段组成。试求：

（1）圆心 O 处的磁感应强度 $\boldsymbol{B}_O$；

（2）若小半圆绕 AB 转过 180°，如图 8-13b所示，此时 O 处的磁感应强度 $\boldsymbol{B}_O'$。

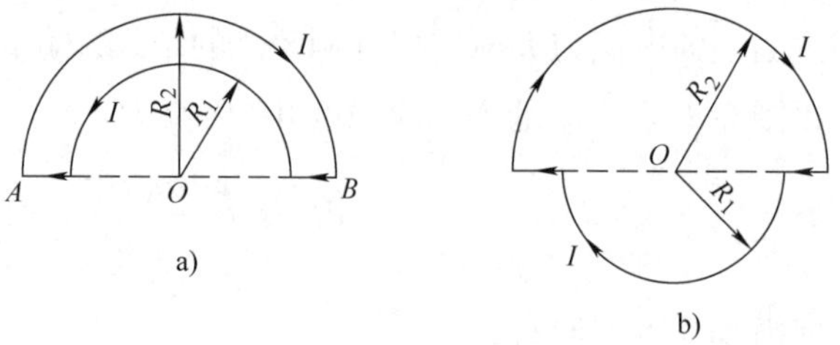

图 8-13　例 8-5 图

解　由磁场的叠加性知，任一点 $\boldsymbol{B}$ 是由两半圆及直线段部分在该点产生的磁感应强度矢量和。此题中，因为 O 点在两段载流直线段延长线上，故直线段在 O 处不产生磁场。O 处的磁场为两个载流半圆环产生的。

（1）如图 8-13a 所示，小环在 O 处产生的磁场大小为 $B_{O小}=\dfrac{1}{2}\dfrac{\mu_0 I}{2R_1}$，方向垂直纸面向外；大环在 O 处产生的磁场大小为 $B_{O大}=\dfrac{1}{2}\dfrac{\mu_0 I}{2R_2}$，方向垂直纸面向里。

所以 O 处总的磁感应强度为

$$B_O=B_{O小}-B_{O大}=\frac{\mu_0 I}{4}\left(\frac{1}{R_1}-\frac{1}{R_2}\right)$$

方向垂直纸面向外。

（2）由题意小半环转过180°后，所在的位置如图 8-13b 所示。两个载流半环在 O 处产生的磁感应强度 $\boldsymbol{B}_{O小}$、$\boldsymbol{B}_{O大}$ 均垂直纸面向里。

因此 O 处总的磁感应强度为

$$B_O'=B_{O小}'+B_{O大}'=\frac{\mu_0 I}{4}\left(\frac{1}{R_1}+\frac{1}{R_2}\right)$$

方向垂直纸面向里。

8.4 运动电荷的磁场

我们知道，电流是一切磁现象的根源，而电流是由于电荷定向运动形成的。可见，电流的磁场本质上是运动电荷产生的。因此，我们可以从电流元所产生的磁场公式推导出运动电荷所产生的磁场公式。如图8-14所示，有一段粗细均匀的直导线，通过的电流为I，横截面面积为S，在其上取一电流元$I\mathrm{d}\boldsymbol{l}$，它在空间某一点产生的磁感应强度为

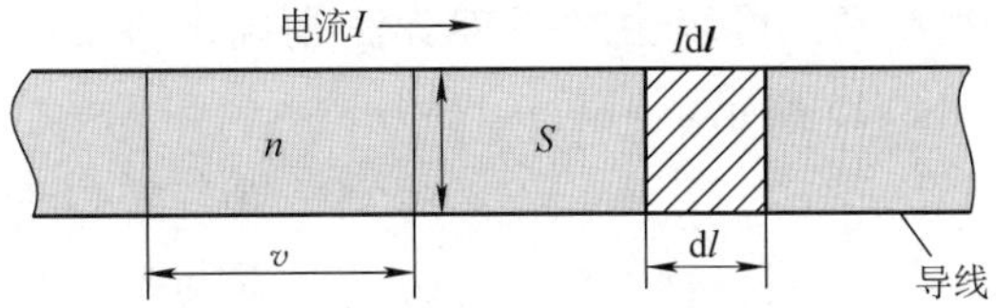

图8-14 运动电荷产生的磁场分析

$$\mathrm{d}\boldsymbol{B}=\frac{\mu_0}{4\pi}\frac{I\mathrm{d}\boldsymbol{l}\times\boldsymbol{r}}{r^3}$$

$\boldsymbol{r}$为电流元到考察点的矢径。

按经典电子理论，金属导体中的电流是大量自由电子的定向运动形成的，为研究方便，我们可等效地认为该电流是正电荷产生的，正电荷的运动方向就是电流方向。设电荷（正电荷，下同）的电荷量为q，单位体积内有n个作定向运动的电荷，它们的运动速度均为恒矢$\boldsymbol{v}$。在导线上取长为$L=v$的一柱体如图8-14所示，那么，在单位时间内通过此柱体端面S的电荷数为nvS。

单位时间内通过此面的电荷量为$qnvS$，由电流定义有

$$I=qnvS$$

故

$$I\mathrm{d}\boldsymbol{l}=qnvS\mathrm{d}\boldsymbol{l}$$

因为$\boldsymbol{v}$与$\mathrm{d}\boldsymbol{l}$同向，因此

$$I\mathrm{d}\boldsymbol{l}=qnS\mathrm{d}l\,\boldsymbol{v}$$

由毕奥-萨伐尔定律得电流元的磁场为

$$\mathrm{d}\boldsymbol{B}=\frac{\mu_0}{4\pi}\frac{qnS\mathrm{d}l\,\boldsymbol{v}\times\boldsymbol{r}}{r^3}$$

电流元内定向运动的电荷的总数目为

$$\mathrm{d}N=n\cdot(S\mathrm{d}l)$$

所以电流元内一个运动电荷产生的磁感应强度为

$$\boldsymbol{B}=\frac{\mathrm{d}\boldsymbol{B}}{\mathrm{d}N}=\frac{1}{nS\mathrm{d}l}\frac{\mu_0}{4\pi}\frac{qnS\mathrm{d}l\boldsymbol{v}\times\boldsymbol{r}}{r^3}=\frac{\mu_0}{4\pi}\frac{q\boldsymbol{v}\times\boldsymbol{r}}{r^3}$$

即

$$\boldsymbol{B}=\frac{\mu_0}{4\pi}\frac{q\boldsymbol{v}\times\boldsymbol{r}}{r^3}\tag{8-28a}$$

或者

$$\boldsymbol{B}=\frac{\mu_0}{4\pi}\frac{q\boldsymbol{v}\times\boldsymbol{r}_0}{r^2}\tag{8-28b}$$

可根据右手螺旋法则判定 $\boldsymbol{B}$ 的方向。

$\boldsymbol{r}$ 是运动电荷到考察点的矢量，式（8-28a）或式（8-28b）对正、负电荷均成立；研究运动电荷的磁场，在理论上就是研究毕奥-萨伐尔定律的微观意义；可以由右手螺旋法则确定 $\boldsymbol{B}$ 的方向，如图 8-15 所示。

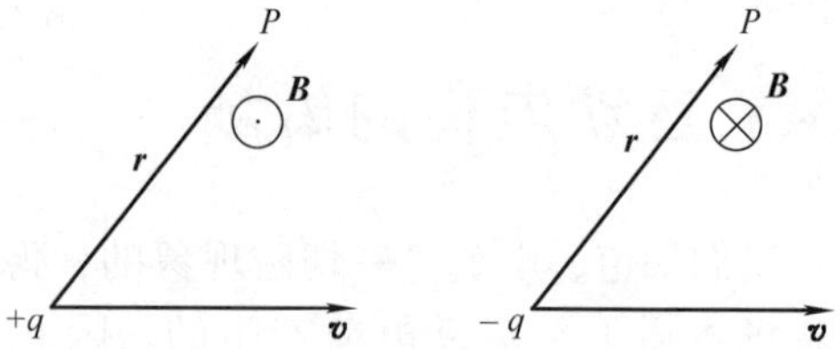

图 8-15　$\boldsymbol{B}$ 与 $\boldsymbol{v}$ 的方向

$$\begin{cases} q>0\text{：}\boldsymbol{B}\text{ 与 }\boldsymbol{v}\text{的方向符合右手螺旋法则} \\ q<0\text{：}\boldsymbol{B}\text{ 与 }\boldsymbol{v}\text{的反方向符合右手螺旋法则} \end{cases}$$

例 8-6　设电荷量为 $+q$ 的粒子，以角速度 ω 作半径为 R 的匀速圆周运动，如图 8-16 所示，求在圆心处产生的磁感应强度 $\boldsymbol{B}$。

解　方法一：由 $\boldsymbol{B}=\dfrac{\mu_0}{4\pi}\dfrac{q\boldsymbol{v}\times\boldsymbol{r}}{r^3}$，运动电荷在 O 处产生的 $\boldsymbol{B}$ 大小为

$$B=\frac{\mu_0}{4\pi}\frac{qvr\sin\dfrac{\pi}{2}}{r^3}$$

由题意 $r=R$，$v=R\omega$，所以

$$B=\frac{\mu_0}{4\pi}\frac{q\omega}{R}$$

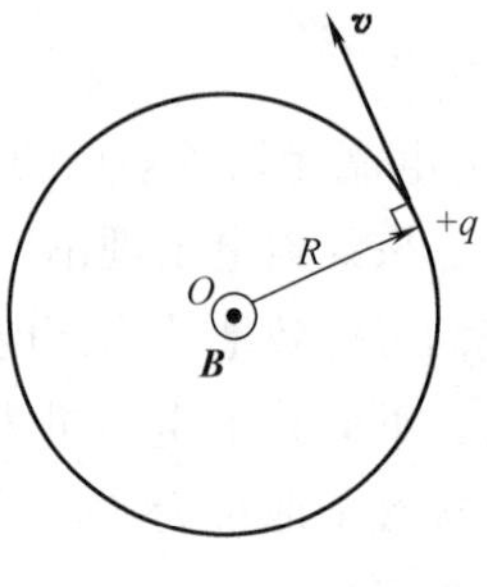

图 8-16　例 8-6 图

方向垂直纸面向外（见图 8-15）。

方法二：用圆电流产生 $\boldsymbol{B}$ 的公式，由电荷运动，则形成电流。在此，$+q$ 形成的电流流线与 $+q$ 运动的轨迹（圆周）重合，且电流为逆时针方向，相当于一个平面圆形载流线圈。可知，$\boldsymbol{B}$ 的方向垂直纸面向外（见图 8-16）。根据平面圆形载流线圈在其中心产生 $\boldsymbol{B}$ 的大小公式，可求出 $\boldsymbol{B}$ 的大小。设运动的周期为 T，有

$$I=\frac{q}{T}=q\frac{\omega}{2\pi}$$

所以

$$B=\frac{\mu_0 I}{2R}=\frac{\mu_0 q\omega}{4\pi R}$$

8.5　安培环路定理

在静电场中，电场强度的环流等于零，即 $\oint_L \boldsymbol{E}\cdot \mathrm{d}\boldsymbol{l}=0$，说明了静电场是保守场，现在我们研究恒定电流磁场的磁感应强度 $\boldsymbol{B}$ 沿任意闭合路径的积分值，即 $\oint_L \boldsymbol{B}\cdot \mathrm{d}\boldsymbol{l}$ 等于什么。

8.5.1　安培环路定理的表述

磁感应强度 $\boldsymbol{B}$ 沿任意闭合曲线的积分（也叫作 $\boldsymbol{B}$ 的环流）等于穿过这个闭合路径的所有电流代数和的 μ_0 倍，表达式为

$$\oint_L \boldsymbol{B}\cdot \mathrm{d}\boldsymbol{l}=\mu_0 \sum_{L_{内}} I \tag{8-29}$$

接下来我们进行安培环路定理的验证。

1. 闭合路径 L 围绕电流 I

如图 8-17 所示，在无限长直电流产生的磁场中，设 L 为一包围电流的平面闭合路径，曲线上任意一点 P 的磁感应强度 $\boldsymbol{B}$ 的大小为 $B=\dfrac{\mu_0 I}{2\pi r}$，$\boldsymbol{B}$ 的方向是以 r 为半径的圆周的切线方向，$\mathrm{d}\boldsymbol{l}$ 为沿路径 L 发生的位移，发生 $\mathrm{d}\boldsymbol{l}$ 的位移转过的转角为 $\mathrm{d}\varphi$，$\boldsymbol{B}$ 和 $\mathrm{d}\boldsymbol{l}$ 间的夹角为 θ。而 $\mathrm{d}l\cos\theta=r\mathrm{d}\varphi$，所以有

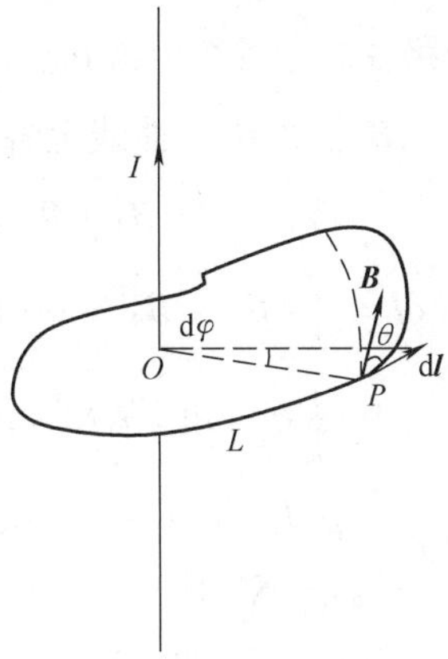

图 8-17　闭合回路包围电流 I

$$\begin{aligned}\oint_L \boldsymbol{B}\cdot \mathrm{d}\boldsymbol{l} &= \oint_L B\mathrm{d}l\cos\theta \\ &= \oint_L \boldsymbol{B}\cdot \mathrm{d}\boldsymbol{l} = \int_0^{2\pi} Br\mathrm{d}\varphi \\ &= \int_0^{2\pi} \frac{\mu_0 I}{2\pi r}\cdot r\mathrm{d}\varphi \\ &= \frac{\mu_0 I}{2\pi}\int_0^{2\pi}\mathrm{d}\varphi = \mu_0 I\end{aligned}$$

即当绕向和电流符合右手螺旋法则时，如图 8-17 所示，$\boldsymbol{B}$ 沿任意闭合曲线的线积分（安培环路定理）的形式为

$$\oint_L \boldsymbol{B}\cdot \mathrm{d}\boldsymbol{l} = \mu_0 I$$

而当积分绕向与电流方向不符合右手螺旋法则时应为 $\oint_L \boldsymbol{B}\cdot \mathrm{d}\boldsymbol{l} = \mu_0(-I)$。

2. 闭合路径 L 不围绕电流 I

如果闭合路径 L 不包围载流导线，如图 8-18 所示，取绕向为逆时针，从 O 点向闭合路径作切线 Od、Oc，设切线 Od、Oc 间的夹角为 φ，若由 d 经过 a 转到 c 对应的转角为 φ，则由 c 经过 e 转到 d 对应的转角则为 $-\varphi$。

图中 $\mathrm{d}l\cos\theta=r\mathrm{d}\varphi$，则 $\boldsymbol{B}$ 沿该绕向的一周的线积分为

$$\begin{aligned}\oint_L \boldsymbol{B}\cdot \mathrm{d}\boldsymbol{l} &= \int_L B\mathrm{d}l\cos\theta = \int_{转角} Br\mathrm{d}\varphi = \int_{转角}\frac{\mu_0 I}{2\pi r}r\mathrm{d}\varphi \\ &= \frac{\mu_0 I}{2\pi}\int_{转角}\mathrm{d}\varphi = \frac{\mu_0 I}{2\pi}\left(\int_{转角 d\to a\to c}\mathrm{d}\varphi + \int_{转角 c\to e\to d}\mathrm{d}\varphi\right) \\ &= \varphi-\varphi=0\end{aligned}$$

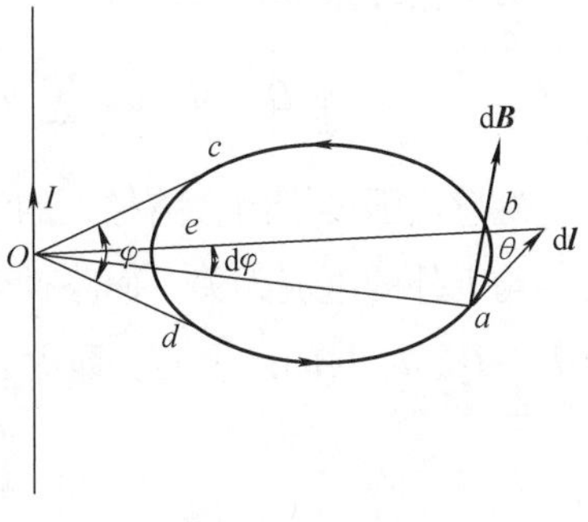

图 8-18　闭合回路不包围电流 I

结论：L 不包围电流时，磁感应强度 $\boldsymbol{B}$ 沿任意闭合回路的线积分等于 0，即

$$\oint_L \boldsymbol{B}\cdot \mathrm{d}\boldsymbol{l}=0$$

3. 多根载流导线穿过闭合路径

如图 8-19 所示，设有 n 根载流导线，通过的电流分别为 $I_1, I_2, \cdots, I_{n-1}, I_n$，第 I_n 不穿过闭合路径。令各个电流在空间激发的磁感应强度分别为 $\boldsymbol{B}_1$，$\boldsymbol{B}_2, \cdots, \boldsymbol{B}_{n-1}$，$\boldsymbol{B}_n$，曲线上各点总的磁感应强度为 $\boldsymbol{B}$。且

$$\boldsymbol{B} = \boldsymbol{B}_1 + \boldsymbol{B}_2 + \cdots + \boldsymbol{B}_{n-1} + \boldsymbol{B}_n$$

$$\begin{aligned}\oint_L \boldsymbol{B} \cdot \mathrm{d}\boldsymbol{l} &= \oint_L (\boldsymbol{B}_1 + \boldsymbol{B}_2 + \cdots + \boldsymbol{B}_{n-1} + \boldsymbol{B}_n) \cdot \mathrm{d}\boldsymbol{l} \\ &= \oint_L \boldsymbol{B}_1 \cdot \mathrm{d}\boldsymbol{l} + \oint_L \boldsymbol{B}_2 \cdot \mathrm{d}\boldsymbol{l} + \cdots + \oint_L \boldsymbol{B}_{n-1} \cdot \mathrm{d}\boldsymbol{l} + \oint_L \boldsymbol{B}_n \cdot \mathrm{d}\boldsymbol{l} \\ &= \mu_0 I_1 + \mu_0 I_2 + \cdots + \mu_0 I_{n-1} + 0 \\ &= \mu_0 \sum_{L内} I\end{aligned}$$

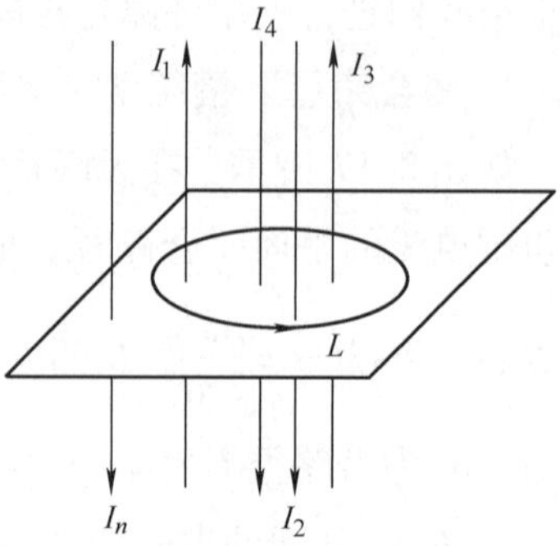

图 8-19　第 n 条载流导线不穿过回路

即

$$\oint_L \boldsymbol{B} \cdot \mathrm{d}\boldsymbol{l} = \mu_0 \sum_{L内} I$$

上式就是安培环路定理的表达式$\left(其中 \sum_{L内} I = I_1 + I_2 + \cdots + I_{n-1}\right)$。

重点说明：

1）如果闭合路径 L 不是平面路径，载流导线不是直线，安培环路定理仍然成立。

2）$\oint_L \boldsymbol{B} \cdot \mathrm{d}\boldsymbol{l} = \mu_0 \sum_{L内} I$，说明了磁场为非保守场，即涡旋场。

3）安培环路定理只说明 $\oint_L \boldsymbol{B} \cdot \mathrm{d}\boldsymbol{l}$ 仅与闭合路径 L 内电流有关，而与闭合路径 L 外电流无关。而对于曲线上各点的 $\boldsymbol{B}$ 却是 L 内外所有电流共同产生的。

8.5.2　安培环路定理的应用

例 8-7　如图 8-20 所示，求 $\oint_L \boldsymbol{B} \cdot \mathrm{d}\boldsymbol{l} = ?$ 并讨论环路上的 $\boldsymbol{B}$ 与 I_1、I_2、I_3 的关系。根据计算结果得出什么结论？

解　由安培环路定理得

$$\oint_L \boldsymbol{B} \cdot \mathrm{d}\boldsymbol{l} = \mu_0 \sum_{L内} I = \mu_0 (I_2 - 2I_1)$$

磁感应强度沿闭合路径 L 的线积分值与 L 所包围的电流有关，与 L 外的电流无关。而路径 L 上任意点的磁感应强度 $\boldsymbol{B}$ 是由 I_1、I_2、I_3 共同产生的。即由公式

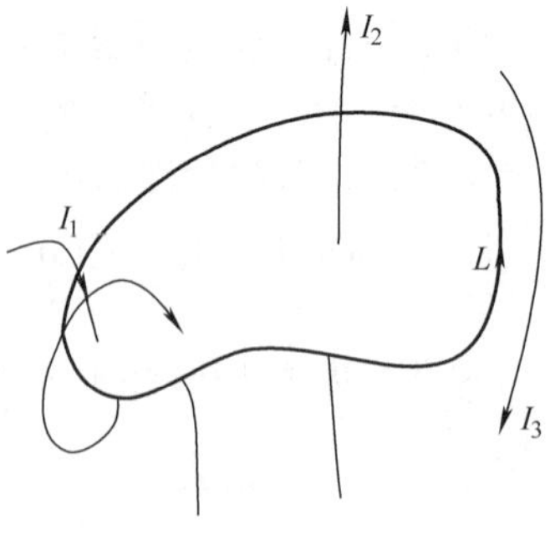

图 8-20　例 8-7 图

$$\oint_L \boldsymbol{B} \cdot \mathrm{d}\boldsymbol{l} = \mu_0 \sum_{L内} I$$

得出结论：$\oint_L \boldsymbol{B} \cdot \mathrm{d}\boldsymbol{l}$ 项只与闭合路径 L 内的电流有关，与 L 外的电流无关。而 $\boldsymbol{B}$ 是 L 内外的电流共同产生的。

例 8-8 有一无限长均匀柱形载流直导体，半径为 R，电流 I 均匀分布在柱形导线的截面上，如图 8-21 所示，求磁感应强度 $\boldsymbol{B}$ 的空间分布。

解 由题意知，磁场是关于导体轴线对称的。磁力线是在垂直于该导体轴平面上以此轴为圆心的一系列同心圆周，在同一个圆周上 $\boldsymbol{B}$ 的大小是相同的。

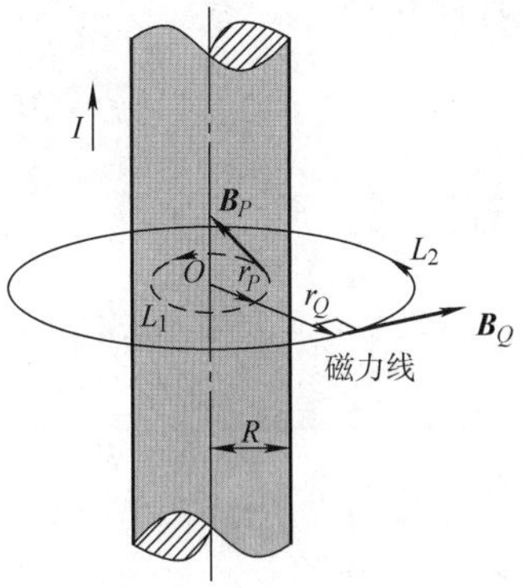

图 8-21 例 8-8 图

(1) 计算柱体内任意一点 P 处的磁感应强度 $\boldsymbol{B}_P$。

设 P 点与轴线的距离为 r_P，以 r_P 为半径作闭合圆周回路，该圆周回路即为电流 I 产生的磁感线回路 L_1。

$\boldsymbol{B}$ 沿 L_1 的环流为

$$\oint_{L_1} \boldsymbol{B} \cdot \mathrm{d}\boldsymbol{l} = \oint_{L_1} B\mathrm{d}l\cos 0^\circ = \oint_{L_1} B\mathrm{d}l$$

$$= B\oint_{L_1} \mathrm{d}l = B \cdot 2\pi r_P$$

L_1 所包围的电流 $$\sum_{L_1内} I = \frac{I}{\pi R^2}\pi r_P^2 = \frac{I}{R^2} r_P^2$$

由安培环路定理 $$\oint_{L_1} \boldsymbol{B} \cdot \mathrm{d}\boldsymbol{l} = \mu_0 \sum_{L_1内} I$$

得 $$B \cdot 2\pi r_P = \mu_0 \sum_{L_1内} I = \frac{\mu_0 I}{R^2} r_P^2$$

因此柱体内任意一点 P 处的磁感应强度 $\boldsymbol{B}_P$ 的大小为

$$B_P = \frac{\mu_0 I}{2\pi R^2} r_P$$

方向如图 8-21 所示，沿以 r_P 为半径的圆周的切线方向。

(2) 计算柱体外任一点 Q 处的磁感应强度 $\boldsymbol{B}_Q$。

同理，设 Q 点与轴线的距离为 r_Q，以 r_Q 为半径作闭合圆周回路，该圆周回路即为电流 I 产生的磁感线回路 L_2。

由安培环路定理 $$\oint_{L_2} \boldsymbol{B} \cdot \mathrm{d}\boldsymbol{l} = \mu_0 \sum_{L_2内} I$$

即 $$B \cdot 2\pi r_Q = \mu_0 I$$

因此柱体外任一点 Q 处的磁感应强度 $\boldsymbol{B}_Q$ 的大小为

$$B_Q = \frac{\mu_0 I}{2\pi r_Q}$$

方向如图 8-21 所示，沿以 r_Q 为半径的圆周的切线方向。

例 8-9 如图 8-22 所示，均匀密绕在圆环上的一组圆形线圈，形成螺绕环，螺绕环的内外半径相差不大。设环上线圈共 $N = 500$ 匝，通过的电流为 $I = 2\mathrm{A}$，求环芯内 P 点（其半径为 $r = 0.10\mathrm{m}$）的磁感应强度。($\mu_0 = 4\pi \times 10^{-7}\mathrm{N \cdot A^{-2}}$)

解 如果螺线管上导线绕得很密，可以看成全部磁场都集中在管内，磁感线是一系列圆周，圆心在螺线管的对称轴上。在同一磁感线上各点的 $\boldsymbol{B}$ 的大小是相同的，方向沿磁感线的

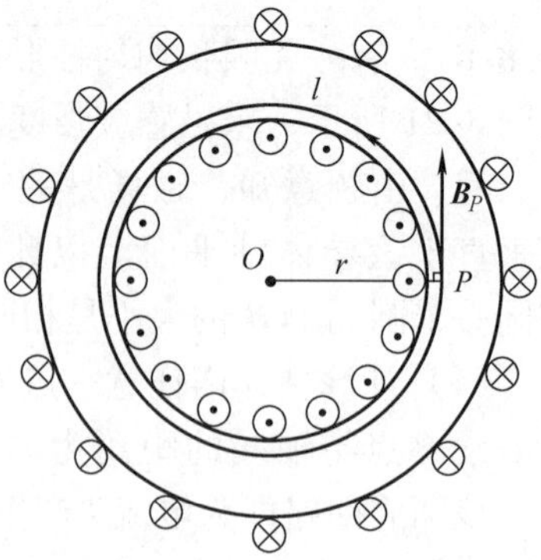

图 8-22　例 8-9 图

切线方向。在管内任选一点 P，取过 P 点的磁感线闭合为闭合回路，并作为积分路径 L，选积分绕向为逆时针。根据安培环路定理

$$\oint_L \boldsymbol{B} \cdot \mathrm{d}\boldsymbol{l} = \mu_0 \sum_{l_{内}} I$$

因为

$$\oint_L \boldsymbol{B} \cdot \mathrm{d}\boldsymbol{l} = \oint_L B\mathrm{d}l\cos 0° = B\int_L \mathrm{d}l = B \cdot 2\pi r$$

而

$$\mu_0 \sum_{l_{内}} I = \mu_0 NI$$

所以

$$B \cdot 2\pi r = \mu_0 NI$$

环芯内任意 P 点的磁感应强度大小为

$$B = \frac{\mu_0 NI}{2\pi r}$$

已知条件代入得环芯内任意 P 点的磁感应强度大小为

$$B = \frac{4\pi \times 10^{-7} \times 500 \times 2}{2\pi \times 0.10}\mathrm{T} = 2 \times 10^{-3}\mathrm{T}$$

环芯内部各点的磁感应强度大小为 2×10^{-3}T，方向沿如图所示圆周的切线方向。

讨论结果：

1）若环芯的截面半径不能忽略，环内不同位置处 $\boldsymbol{B}$ 大小不同。

2）如果环外半径与内半径之差远小于环中心线的半径 R 时，则可认为环内为均匀磁场（大小），即大小均为 $B = \dfrac{\mu_0 NI}{2\pi R} = \mu_0 nI$。$n = \dfrac{N}{L}$ 为单位周长的匝数。

3）环形螺线管中的磁感应强度的大小结果与无限长直螺线管中心轴线上 $\boldsymbol{B}$ 的大小相同。

可以根据 $\oint_L \boldsymbol{B} \cdot \mathrm{d}\boldsymbol{l} = \mu_0 \sum_{L_{内}} I$ 求环芯外面的磁感应强度 $B = 0$。

以螺绕环的圆心为圆心，在螺绕环的外部空间作一闭合圆周，根据安培环路定理，因为穿过该闭合路径的电流的代数和为零，所以

$$\oint_L \boldsymbol{B} \cdot \mathrm{d}\boldsymbol{l} = 0$$

因此在螺绕环外的磁感应强度

$$B = 0$$

同理，根据安培环路定理得在螺绕环内部，小于螺绕环内半径区域的任意点磁感应强度 $B = 0$。

注意：与应用高斯定理求电场强度一样，并不能由安培环路定理求出任何情况下的磁感应强度，能够计算出 $\boldsymbol{B}$ 的情况要求磁场必须具有对称性。在具有一定对称性的条件下，选合适的积分回路，才能计算出 $\boldsymbol{B}$ 的值。运用安培环路定理时的思路如下：

1）分析磁场的对称性；

2）选合适的闭合路径（含绕向）；

3）求出 $\oint_L \boldsymbol{B} \cdot \mathrm{d}\boldsymbol{l}$，$\mu_0 \sum_{L内} I$；

4）利用 $\oint_L \boldsymbol{B} \cdot \mathrm{d}\boldsymbol{l} = \mu_0 \sum_{L内} I$，求出 $\boldsymbol{B}$ 的值。

8.6 磁场对载流导体的作用

8.6.1 安培定律

1. 安培定律

实验表明，载流导体在磁场中受磁场的作用力，而磁场对载流导体的这种作用规律是安培以实验总结出来的，故该力称为安培力，我们把载流导线在磁场中受磁力作用的规律，称为安培定律。

安培定律：**电流元在磁场中某点所受的磁场力 $\mathrm{d}F$ 的大小，与该点磁感应强度 $\boldsymbol{B}$ 的大小、电流元 $I\mathrm{d}l$ 的大小，以及电流元 $I\mathrm{d}\boldsymbol{l}$ 与磁感应强度 $\boldsymbol{B}$ 的夹角 θ 的正弦成正比。**

安培力的大小可以表示为

$$\mathrm{d}F = I\mathrm{d}lB\sin\theta \tag{8-30a}$$

安培定律的矢量表示式为

$$\mathrm{d}\boldsymbol{F} = I\mathrm{d}\boldsymbol{l} \times \boldsymbol{B} \tag{8-30b}$$

方向垂直于电流元 $I\mathrm{d}\boldsymbol{l}$ 与磁感应强度 $\boldsymbol{B}$ 所确定的平面，由右手螺旋法则判定。

对于任意形状的导线所受的磁场力等于该导线上各段电流元所受安培力的矢量和，可表示为

$$\boldsymbol{F} = \int \mathrm{d}\boldsymbol{F} = \int_L I\mathrm{d}\boldsymbol{l} \times \boldsymbol{B} \tag{8-31a}$$

这就是我们在中学时学习过的安培力，不过中学学习的是这个公式的特殊情况，即载流直导线在均匀磁场中受的安培力，根据上述表达式得

$$F = \int_A^B IB\sin\theta\mathrm{d}l = \int_0^L IB\sin\theta\mathrm{d}l = BIL\sin\theta \tag{8-31b}$$

2. 两无限长平行载流直导线间的相互作用力

两无限长载流导线间的相互作用力，实质上是一载流导线在其周围空间激发的磁场对另一载流导线的作用力。设两条平行的载流直导线 AB 和 CD，两者间的垂直距离为 d，电流分别 I_1 和 I_2，方向相同，如图 8-23 所示。

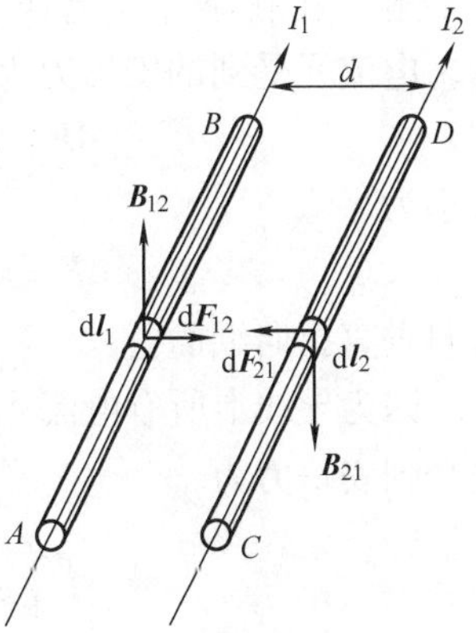

图 8-23　平行载流直导线之间的相互作用

首先计算载流导线 CD 所受的力。根据载流直导线的磁场公式（8-20），导线 AB 在导线 CD 处产生的磁场大小为

$$B_{AB} = \frac{\mu_0 I_1}{2\pi d}$$

$\boldsymbol{B}_{AB}$ 的方向垂直于导线 CD，即图 8-23 中 $\boldsymbol{B}_{21}$ 所示的方向。在 CD

上任取一电流元 $I_2\mathrm{d}l_2$，按安培定律，该电流元所受的力 $\mathrm{d}\boldsymbol{F}_{21}=I_2\mathrm{d}\boldsymbol{l}_2\times\boldsymbol{B}_{AB}=I_2\mathrm{d}\boldsymbol{l}_2\times\boldsymbol{B}_{21}$，其大小为

$$\mathrm{d}F_{21}=B_{21}I_2\mathrm{d}l_2\sin\theta=B_{21}I_2\mathrm{d}l_2=\frac{\mu_0I_1I_2}{2\pi d}\mathrm{d}l_2$$

$\mathrm{d}\boldsymbol{F}_{21}$的方向在两平行载流直导线所决定的平面内，并垂直指向导线 AB。

同理，导线 CD 产生的磁场作用在导线 AB 的电流元 $I_1\mathrm{d}l_1$ 上的磁场力 $\mathrm{d}\boldsymbol{F}_{12}$的大小为

$$\mathrm{d}F_{12}=\frac{\mu_0I_1I_2}{2\pi d}\mathrm{d}l_1$$

方向与 $\mathrm{d}\boldsymbol{F}_{21}$的方向相反。

因此，两载流导线 AB 和 CD 单位长度所受的力大小相等，即

$$\frac{\mathrm{d}F_{21}}{\mathrm{d}l_2}=\frac{\mathrm{d}F_{12}}{\mathrm{d}l_1}=\frac{\mu_0I_1I_2}{2\pi d} \tag{8-32}$$

上述讨论表明，当两平行载流长直导线中的电流为同向时，通过磁场的作用，将相互吸引。不难看出，两者通有反向电流时将相互排斥，而每一导线单位长度所受的斥力的大小与其电流同方向时的所受引力相等。

由于电流比电荷容易测量，在国际单位制中把安培定为基本单位。安培的定义如下：真空中相距 1m 的两无限长而圆截面极小的平行直导线中载有相等的电流时，若在每米长度导线上相互作用力等于 2×10^{-7}N，则导线中的电流定义为 1 安培（A）。

在国际单位制中，真空的磁导率 μ_0 是导出量。根据安培的定义，在式（8-32）中取$d=1\mathrm{m}$，$I_1=I_2=1\mathrm{A}$，$\dfrac{\mathrm{d}F_{21}}{\mathrm{d}l_2}=2\times10^{-7}\mathrm{N}\cdot\mathrm{m}$，从而可得 $\mu_0=4\pi\times10^{-7}\mathrm{N}\cdot\mathrm{A}^{-2}$。

8.6.2　应用举例

例 8-10　如图 8-24 所示，一段长为 L 的载流直导线，置于磁感应强度为 $\boldsymbol{B}$ 的匀强磁场中，$\boldsymbol{B}$ 的方向如图所示，电流流向与 $\boldsymbol{B}$ 夹角为 θ，求载流导线受的安培力 $\boldsymbol{F}$。

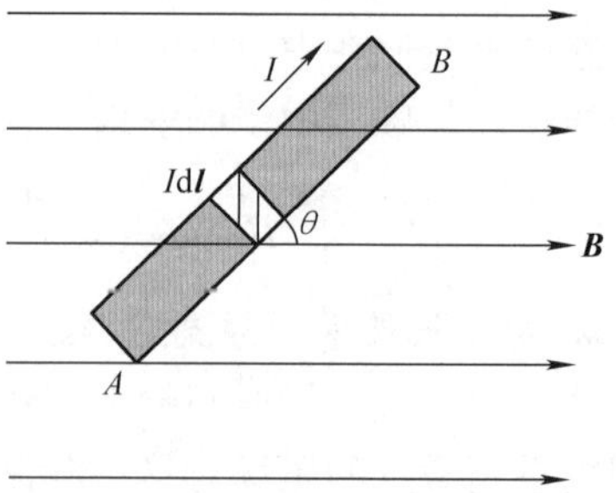

图 8-24　例 8-10 图

解　在载流导线上任取一段电流元，如图8-24所示，电流元受到的安培力为

$$\mathrm{d}\boldsymbol{F}=I\mathrm{d}\boldsymbol{l}\times\boldsymbol{B}$$

大小为

$$\mathrm{d}F=I\mathrm{d}lB\sin\theta$$

方向垂直指向纸面。

因为导线上所有电流元受力方向相同，所以整个导线受到安培力为

$$\boldsymbol{F}=\int\mathrm{d}\boldsymbol{F}$$

可化为标量积分

$$F=\int_A^B IB\sin\theta\mathrm{d}l=\int_0^L IB\sin\theta\mathrm{d}l=BIL\sin\theta$$

方向垂直指向纸面。

讨论：1）当 $\theta=0$ 时，导体平行于磁场放置，$F=0$。不受安培力。

2）当 $\theta=\frac{\pi}{2}$时，导体垂直于磁场放置，$F=F_{max}=BIL$。受安培力最大。

注意：AB 是闭合回路的一部分，孤立的一段载流导线是不存在的。

以上是载流直导线在匀强磁场中的受力情况，一般情况下，磁场是不均匀的，接着我们来看下例。

例 8-11 如图 8-25 所示，一无限长载流直导线 AB，载电流为 $I_1=5\text{A}$，在它的一侧有一长为 $l=1\text{m}$ 的有限长载流导线 CD，其电流为$I_2=1\text{A}$，AB 与 CD 共面，且 $CD\perp AB$，C 端距 AB 为 $a=1\text{m}$。求导线 CD 受到的安培力。($\mu_0=4\pi\times10^{-7}\text{N}\cdot\text{A}^{-2}$)

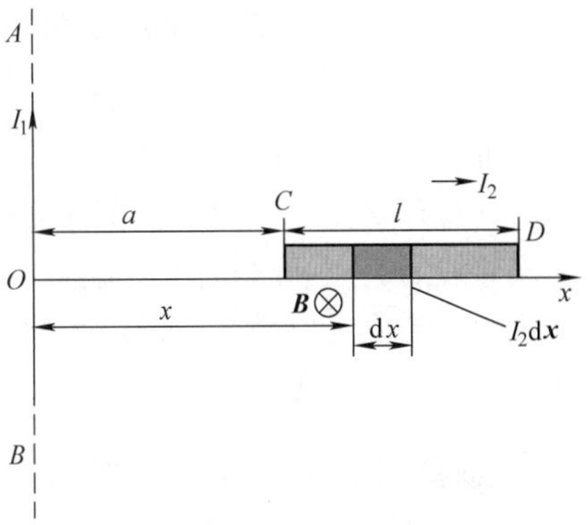

图 8-25 例 8-11 图

解 取 x 轴与 CD 重合，原点在 AB 上。x 处电流元 $I_2\text{d}x$，在 x 处 $\boldsymbol{B}$ 的方向垂直纸面向里，大小为

$$B=\frac{\mu_0 I_1}{2\pi x}$$

$$\text{d}F=\frac{\mu_0 I_1 I_2}{2\pi x}\text{d}x\sin90^\circ=\frac{\mu_0 I_1 I_2}{2\pi x}\text{d}x$$

$\text{d}\boldsymbol{F}$ 的方向：垂直于 CD 向上。

因为 CD 上各电流元受到的安培力方向相同，所以 CD 段受到安培力 $\boldsymbol{F}=\int\text{d}\boldsymbol{F}$ 可化为标量积分，有

$$F=\int\text{d}F=\int_a^{a+l}\frac{\mu_0 I_1 I_2}{2\pi x}\text{d}x=\frac{\mu_0 I_1 I_2}{2\pi}\ln\frac{a+l}{a}$$

数据代入得

$$F=\left(\frac{4\pi\times10^{-7}\times5\times1}{2\pi}\ln\frac{1+1}{1}\right)\text{N}=\ln2\times10^{-6}\text{N}$$

方向垂直于 CD 向上。

注意：因为本题 CD 处于非均匀磁场中，所以 CD 受到的磁场力不能用均匀磁场中的受力公式计算，即不能用 $F=BIL$ 计算。以上我们分析的是载流直导线在磁场中的受力情况，实际上，载流导线不全是直的，接下来分析下例。

例 8-12 图 8-26 表示在均匀磁场 $\boldsymbol{B}$ 中有一半径为 R 的半圆形导线，通有电流 I，磁场的方向与导线平面垂直，求磁场作用在半圆形导线上的力。

解 如图 8-26 所示，取坐标系 Oxy，在导线上任取一电流元 $I\text{d}\boldsymbol{l}$，它受到的安培力为

$$\text{d}\boldsymbol{F}=I\text{d}\boldsymbol{l}\times\boldsymbol{B}$$

大小为 $\text{d}F=BI\text{d}l$，方向沿半径背离圆心。

由于各电流元所受力 $\text{d}\boldsymbol{F}$ 的方向不同，所以将 $\text{d}\boldsymbol{F}$ 分解为 x 方向和 y 方向的两个分矢量 $\text{d}\boldsymbol{F}_x$ 和 $\text{d}\boldsymbol{F}_y$。由电流分布的对称性可知，半圆形导线上各电流元在 x 方向上的分力相互抵消，

其和为零，即

$$F_x = \int \mathrm{d}F_x = 0$$

只有 y 方向的分力对合力有贡献。所以合力 $\boldsymbol{F}$ 的大小为

$$F = F_y = \int \mathrm{d}F\sin\theta = \int IB\mathrm{d}l\sin\theta$$

将关系式 $\mathrm{d}l = R\mathrm{d}\theta$ 代入上式得

$$F = \int_0^{\pi} IBR\sin\theta\mathrm{d}\theta = 2IBR$$

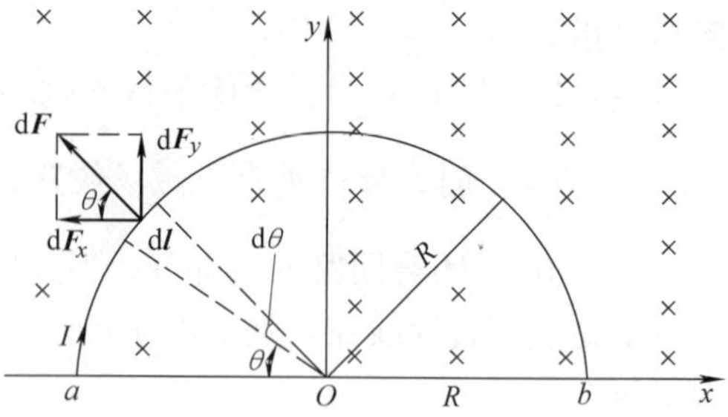

图 8-26　例 8-12 图

显然，合力 $\boldsymbol{F}$ 的方向沿 y 轴正向。

不难看出，上述结果与连接半圆形导线的起点和终点的载流直导线 ab 所受磁力相同。这个结论具有普遍意义，即：一个任意形状的平面载流导线在均匀磁场中所受到的磁场力等于连接该导线的起点和终点的载流直导线所受到的力。

从上述结论可以推知：任意平面闭合载流线圈在均匀磁场中受安培力为 0，这样，使某些问题计算得到了简化。

8.6.3　磁场对载流线圈的作用

实验表明，当通电线圈悬挂在磁场中时，可发生旋转，这说明线圈受到了磁场对它施加力矩的作用，磁场对线圈产生的力矩称为磁力矩，下面来推导磁力矩公式。

讨论匀强磁场的情况。设矩形线圈边长为 l_1、l_2，电流为 I，如图 8-27 所示，线圈法线方向为 $\boldsymbol{n}$（$\boldsymbol{n}$ 与电流流向满足右手螺旋法则），线圈平面与 $\boldsymbol{B}$ 的夹角为 θ，法线方向 $\boldsymbol{n}$ 与 $\boldsymbol{B}$ 夹角为 φ，$\varphi + \theta = \dfrac{\pi}{2}$，导线 AD、BC 受力情况分别为

$$F_1' = BIl_1\sin(\pi - \theta) = BIl_1\sin\theta，方向向上$$

$$F_1 = BIl_1\sin\theta，方向向下$$

由此可见，AD、BC 边受的力大小相等、方向相反，在一条直线上合力为 0。而导线 AB 和 CD 与磁场垂直，它们所受的安培力分别为

$F_2 = BIl_2$，方向：垂直纸面向外

$F_2' = BIl_2$，方向：垂直纸面向里

AB、CD 边受力等值，反向平行，这对力形成一力偶，这一力偶的力臂为 $l_1\cos\theta$，产生的力矩大小为

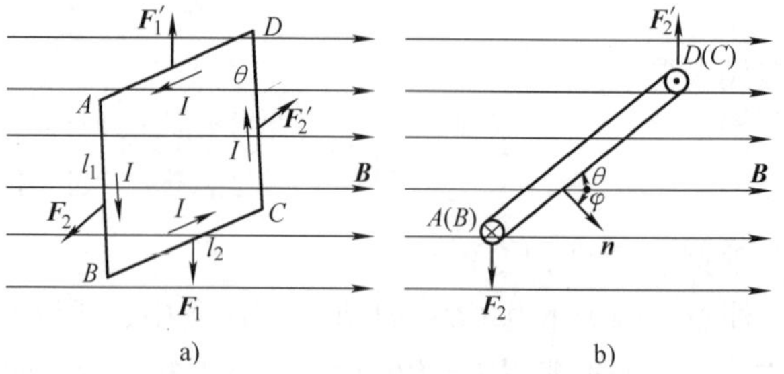

图 8-27　平面载流线圈在匀强磁场中所受的力矩

a）立体图　b）俯视图

$$M = F_{AB}d = BIl_2l_1\cos\theta = BIS\cos\left(\frac{\pi}{2} - \varphi\right)$$

$$= BIS\sin\varphi$$

力矩 $\boldsymbol{M}$ 方向向上。

定义线圈的磁矩为　　$\boldsymbol{P}_{\mathrm{m}} = IS\boldsymbol{n}$　　（8-33a）

磁矩的大小　　$P_{\mathrm{m}} = IS$　　（8-33b）

磁矩的方向与线圈法线正方向一致，根据线圈上流过的电流 I 的方向，由右手螺旋定则确定线圈的法线正方向。

对 N 匝线圈的磁矩为 $$\boldsymbol{P}_{\mathrm{m}} = NIS\boldsymbol{n} \tag{8-33c}$$

由此可得出磁力矩 $\boldsymbol{M}$ 的矢量式为

$$\boldsymbol{M} = \boldsymbol{P}_{\mathrm{m}} \times \boldsymbol{B} \tag{8-34a}$$

磁力矩 $\boldsymbol{M}$ 的大小为

$$M = BIS\sin\varphi = P_{\mathrm{m}}B\sin\varphi \tag{8-34b}$$

$\boldsymbol{M}$ 的方向可以由右手螺旋法则判定。

以上表达式不仅对于矩形线圈成立，对于在均匀磁场中任意形状的线圈均成立，甚至对于带电粒子沿子闭合回路的运动以及带电粒子的自旋磁矩被看作载流线圈时所受的磁力矩也适用。

由 $$M = BIS\sin\varphi = P_{\mathrm{m}}B\sin\varphi$$

得出结论：

1）当 $\varphi = 0$ 时，线圈平面与磁场垂直，$\boldsymbol{P}_{\mathrm{m}}$ 与 $\boldsymbol{B}$ 平行，磁力矩 $M = 0$，线圈处于稳定平衡位置。

2）当 $\varphi = \dfrac{\pi}{2}$ 时，此时线圈平面与磁场平行，$\boldsymbol{P}_{\mathrm{m}}$ 与 $\boldsymbol{B}$ 垂直，磁力矩最大，大小为

$$M = M_{\max} = P_{\mathrm{m}}B \tag{8-34c}$$

3）当 $\varphi = \pi$ 时，此时线圈平面与磁场垂直，$\boldsymbol{P}_{\mathrm{m}}$ 与 $\boldsymbol{B}$ 平行，磁力矩 $M = 0$，线圈处于非稳定平衡位置。所谓非稳定平衡，指线圈受某一扰动后会偏离此位置，此时线圈受到一力矩作用，结果是使线圈远离 $\theta = \pi$ 这一平衡位置，直到 $\boldsymbol{P}_{\mathrm{m}}$ 转向 $\boldsymbol{B}$ 的方向为止。因此，磁力矩作用下总是使线圈平面向着稳定平衡的位置偏转。

从上面讨论可知，平面刚性线圈在均匀磁场中，由于只受磁力矩的作用，所以只发生转动，而不会发生平动。

磁场对载流线圈作用力矩的规律是制成各种电动机和电流计的基本原理。

一般而言，计算 $\boldsymbol{M}$ 时需要按照下面步骤：

1）判断磁矩 $\boldsymbol{P}_{\mathrm{m}}$ 方向；

2）求磁矩 $\boldsymbol{P}_{\mathrm{m}}$ 与 $\boldsymbol{B}$ 夹角；

3）算出 $\boldsymbol{P}_{\mathrm{m}}$ 的大小，根据 $\boldsymbol{M} = \boldsymbol{P}_{\mathrm{m}} \times \boldsymbol{B}$，计算磁力矩 $\boldsymbol{M}$ 的大小 $M = P_{\mathrm{m}}B\sin\varphi$ 及确定磁力矩 $\boldsymbol{M}$ 的方向。

8.6.4 磁力的功

1. 载流导体在磁场中运动磁力做的功

设磁感应强度为 $\boldsymbol{B}$ 的均匀磁场中，有一载流的闭合回路 $abcda$ 如图 8-28 所示，电流 I 保持不变，电路中 ab 长度为 l，ab 可以沿导线轨道滑动，由安培定律，ab 受到的磁力 $\boldsymbol{F}$ 大小为

$$F = BIl$$

方向如图 8-28 所示。

ab 由初始位置向右位移 Δx 的过程中，磁力所做的功为

$$A = F\Delta x = BIl\Delta x = BI\Delta S = I\Delta\Phi \qquad (8\text{-}35)$$

式（8-35）说明，当载流导体在磁场中运动时，如果电流保持不变，磁力所做的功等于电流乘以通过回路所环绕的面积内磁通量的增量。

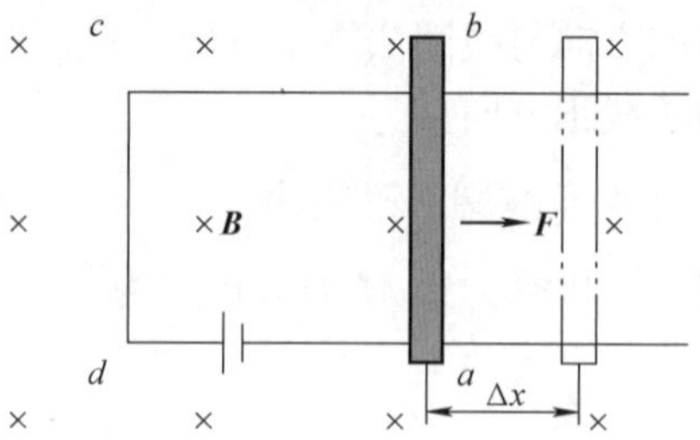

图 8-28　载流导体 *ab* 受磁力作用

2. 载流线圈在磁场中转动时磁力矩的功

设一面积为 S、通过的电流为 I 的线圈，处于磁感应强度为 $\boldsymbol{B}$ 的磁场中，现在我们来计算线圈转动时，磁力矩做的功。

如图 8-29 所示，设线圈转过极小角度 $\mathrm{d}\varphi$（线圈平面的法线方向 $\boldsymbol{n}$ 和磁场方向 $\boldsymbol{B}$ 间的夹角），在此过程中，$\boldsymbol{n}$ 和 $\boldsymbol{B}$ 间的夹角由 φ 增加为 $\varphi+\mathrm{d}\varphi$，所以力矩做负功。因为线圈向着 $\varphi=0$ 的方向转动时，力矩做正功。

$$\begin{aligned}\mathrm{d}A &= -M\mathrm{d}\varphi = -BIS\sin\varphi\mathrm{d}\varphi \\ &= I\mathrm{d}(BS\cos\varphi) \\ &= I\mathrm{d}\Phi\end{aligned}$$

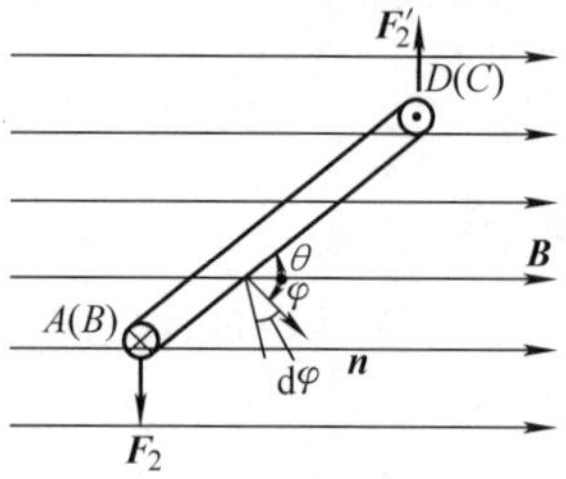

图 8-29　线圈平面转过 $\mathrm{d}\varphi$ 角

当线圈由初始位置 φ_1 转过 φ_2 时，磁力做的总功为

$$A = \int_{\Phi_1}^{\Phi_2} I\mathrm{d}\Phi = I(\Phi_2 - \Phi_1) = I\Delta\Phi \qquad (8\text{-}36)$$

可以证明，任何一个闭合回路在磁场中改变位置或者改变形状时，如果维持线圈上的电流不变，则磁力矩所做的功都可以按 $A = I\Delta\Phi$ 计算，因此得出结论：磁力和磁力矩做的功等于电流和通过载流线圈的磁通量增量的乘积。

如果线圈上的电流随时间改变，这时磁力所做的功为

$$A = \int_{\Phi_1}^{\Phi_2} I\mathrm{d}\Phi \qquad (8\text{-}37)$$

例 8-13　一载有电流 $I=10\mathrm{A}$ 的半圆形闭合线圈，半径为 $R=0.01\mathrm{m}$，匝数为 $N=100$ 匝，位于 $B=10^{-3}\mathrm{T}$ 的均匀磁场中，$\boldsymbol{B}$ 的方向与线圈平面平行，如图 8-30 所示。求：

（1）此时线圈的磁矩以及力矩的大小和方向；

（2）在该力矩作用下，线圈平面转到与 $\boldsymbol{B}$ 垂直的位置时，磁力矩做的功。

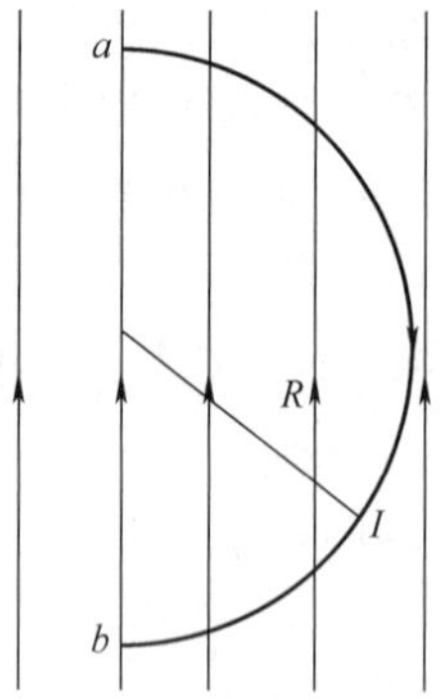

图 8-30　例 8-13 图

解　（1）线圈的磁矩

$$\boldsymbol{P}_{\mathrm{m}} = NIS\boldsymbol{n} = NI\frac{\pi}{2}R^2\boldsymbol{n}$$

将已知条件代入得磁矩的大小为

$$P_{\mathrm{m}} = NI\frac{\pi}{2}R^2 = \left(100\times10\times\frac{\pi}{2}\times0.01^{-2}\right)\mathrm{A}\cdot\mathrm{m}^2 = \frac{\pi}{20}\mathrm{A}\cdot\mathrm{m}^2$$

方向垂直向里。

因为该位置 $\boldsymbol{P}_{\mathrm{m}}$ 与 $\boldsymbol{B}$ 垂直，所以由式

$$\boldsymbol{M} = \boldsymbol{P}_{\mathrm{m}}\times\boldsymbol{B}$$

得磁力矩大小为

$$M = P_m B\sin\frac{\pi}{2} = N\frac{\pi}{2}IR^2 B$$

$$= \frac{\pi}{20}\times 10^{-3}\,\text{N}\cdot\text{m}$$

方向水平向右。

（2）计算磁力矩做的功

由已知 $$\Phi_1 = 0,\quad \Phi_2 = BS = \frac{\pi}{2}NR^2 B$$

所以有 $$A = I\Delta\Phi = I(\Phi_2 - \Phi_1) = \frac{\pi}{2}NIR^2 B$$

或者由 $$A = \int_{\frac{\pi}{2}}^{0}(-M)\,\mathrm{d}\varphi = \int_{\frac{\pi}{2}}^{0}(-P_m B\sin\varphi)\,\mathrm{d}\varphi = \frac{\pi}{2}NIR^2 B = \frac{\pi}{20}\times 10^{-3}\,\text{N}\cdot\text{m}$$

8.7 磁场对运动电荷的作用

8.7.1 洛伦兹力（磁场对运动电荷的作用力）

我们把磁场对运动电荷的作用力叫作洛伦兹力。接下来我们根据前面学过的安培定律来推导运动电荷在磁场中所受的这个力。

由安培定律得，任意电流元 $I\mathrm{d}\boldsymbol{l}$ 在磁场 $\boldsymbol{B}$ 中受的安培力大小为

$$\mathrm{d}F = I\mathrm{d}lB\sin\theta$$

式中，θ 为 $I\mathrm{d}\boldsymbol{l}$ 与 $\boldsymbol{B}$ 间的夹角。

设 q 为在电流元内带电粒子的电荷量，n 为在载电流元内带电粒子的数密度，v 为在电流元内带电粒子的定向运动速率，S 为构成电流元的导体的截面积。

由电流的定义式，电流的大小为

$$I = qnvS$$

代入安培定律得

$$\mathrm{d}F = qnvS\mathrm{d}lB\sin\theta$$

在 $\mathrm{d}l$ 这段导体内包含的定向运动的带电粒子的数目为

$$\mathrm{d}N = nS\mathrm{d}l$$

因此每个带电粒子所受的磁力大小为

$$f = \frac{\mathrm{d}F}{\mathrm{d}N} = qvB\sin\theta \tag{8-38}$$

f 就是我们所讨论的洛伦兹力。

因为电流元 $I\mathrm{d}\boldsymbol{l}$ 的方向和电荷定向运动速度的方向 $\boldsymbol{v}$ 一致，而 θ 是 $\boldsymbol{v}$ 和 $\boldsymbol{B}$ 间的夹角。因此洛伦兹力的矢量表示式为

$$\boldsymbol{f} = q\boldsymbol{v}\times\boldsymbol{B} \tag{8-39}$$

$\boldsymbol{f}$ 的方向由右手螺旋法则判定。

该表达式与安培定律 $\mathrm{d}\boldsymbol{F}=I\mathrm{d}\boldsymbol{l}\times\boldsymbol{B}$ 公式相当，叫作洛伦兹力公式。它对正、负电荷都成立。$q>0$，$\boldsymbol{f}$ 沿 $\boldsymbol{v}\times\boldsymbol{B}$ 方向；$q<0$，$\boldsymbol{f}$ 沿 $\boldsymbol{v}\times\boldsymbol{B}$ 反方向。$\boldsymbol{v}\parallel\boldsymbol{B}$ 时，$f=0$；$\boldsymbol{v}\perp\boldsymbol{B}$ 时，$|\boldsymbol{f}|=|q|vB=f_{max}$。

因为洛伦兹力 $\boldsymbol{f}$ 始终与电荷运动的速度方向垂直，即 $\boldsymbol{f}\perp\boldsymbol{v}$，所以洛伦兹力只改变速度的方向，不改变速度的大小，所以，洛伦兹力 $\boldsymbol{f}$ 对带电粒子不做功。

如果带电粒子在同时存在的电场和磁场中运动，则带电粒子受的合力为

$$\boldsymbol{f}=q\boldsymbol{v}\times\boldsymbol{B}+q\boldsymbol{E}$$

即

$$\boldsymbol{f}=q(\boldsymbol{v}\times\boldsymbol{B}+\boldsymbol{E})\tag{8-40}$$

式（8-40）叫作洛伦兹关系式。

8.7.2　带电粒子在匀强磁场中运动

设有一匀强磁场，磁感应强度为 $\boldsymbol{B}$，一电荷量为 q、质量为 m 的粒子以速度 $\boldsymbol{v}$ 进入磁场，在磁场中粒子受到洛伦兹力，粒子的运动方程为

$$\boldsymbol{f}=q\boldsymbol{v}\times\boldsymbol{B}=m\frac{\mathrm{d}\boldsymbol{v}}{\mathrm{d}t}$$

接下来我们从三种情况讨论粒子在匀强磁场中的运动规律：

1）带电粒子运动方向与磁场方向平行（$\boldsymbol{v}\parallel\boldsymbol{B}$）。

由洛伦兹力公式 $\boldsymbol{f}=q\boldsymbol{v}\times\boldsymbol{B}$，作用于带电粒子上的洛伦兹力等于零。由运动方程得粒子的运动速度等于恒矢量，所以带电粒子作匀速直线运动。

2）带电粒子运动方向与磁场方向垂直（$\boldsymbol{v}\perp\boldsymbol{B}$）。

当带电粒子以速度 $\boldsymbol{v}$ 沿垂直于磁场的方向进入一均匀磁场 $\boldsymbol{B}$ 时，洛伦兹力始终与速度垂直，因此带电粒子将在 $\boldsymbol{f}$ 和 $\boldsymbol{v}$ 确定的平面内作匀速圆周运动。

洛伦兹力提供向心力，运动方程为

$$qvB=m\frac{v^2}{R}\tag{8-41}$$

带电粒子作圆周运动的半径为（还叫作回旋半径）

$$R=\frac{mv}{qB}\tag{8-42}$$

由式（8-42）可知，对于一定的带电粒子，当它在磁场中运动时，其轨道半径与带电粒子的速率成正比。

根据上式带电粒子在圆周轨道上绕行一周的时间为

$$T=\frac{2\pi R}{v}=\frac{2\pi m}{qB}\tag{8-43}$$

也可以由 $f=\frac{1}{T}$ 求出回旋频率。

周期和频率与速率和回旋半径无关，取决于 $\boldsymbol{B}$ 及粒子本身的质量和电荷量。即同种粒子在相同的磁场中运动时，快速粒子在半径大的圆周上运动，慢速粒子在半径小的圆周上运动，

但是绕行一周的时间是相同的。这是粒子在磁场中运动的明显特征。回旋加速器就是根据该特征制成的。

3）带电粒子与磁场成任意角进入磁场，如图 8-31 所示，建立直角坐标系，$\boldsymbol{B}$ 沿 x 轴方向，且$\boldsymbol{v}_0$ 与 $\boldsymbol{B}$ 成 θ 角。

可以把$\boldsymbol{v}_0$ 分解为平行于磁场的分量$\boldsymbol{v}_{/\!/}$和垂直于磁场的分量$\boldsymbol{v}_{\perp}$。$v_{/\!/}=v_0\cos\theta$，$v_{\perp}=v_0\sin\theta$。在垂直于磁场方向受洛伦兹力作用，使粒子作匀速圆周运动，在平行于磁场方向不受力，粒子作匀速直线运动。带电粒子在磁场中的运动是这两种运动的合成，即带电粒子与磁场成任意角进入磁场，带电粒子作螺旋线运动。

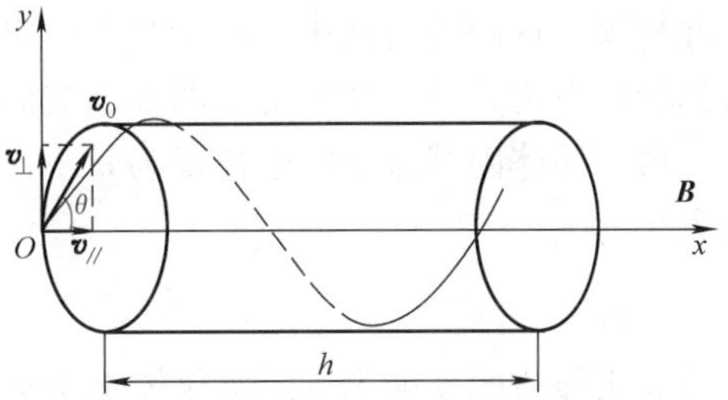

图 8-31　带电粒子在匀强磁场中的运动（初速度$\boldsymbol{v}_0$ 与 $\boldsymbol{B}$ 斜交）

此时螺旋运动的半径为

$$R=\frac{mv_{\perp}}{qB}=\frac{mv_0\sin\theta}{qB} \tag{8-44}$$

螺旋运动的周期为

$$T=\frac{2\pi R}{v_{\perp}}=\frac{2\pi m}{qB} \tag{8-45}$$

螺距为

$$h=v_{/\!/}T=v_0\cos\theta T=\frac{2\pi mv_0\cos\theta}{qB} \tag{8-46}$$

8.7.3　带电粒子在磁场中运动的实例分析

1. 霍尔效应

将导体板垂直于磁场 $\boldsymbol{B}$ 放置，如图 8-32a 所示。

当电流 I 沿着垂直于 $\boldsymbol{B}$ 的方向通过金属板时，在金属板上下两个表面 M、N 之间就会出现横向电势差 U_H，这种现象是美国物理学家霍尔在 1879 年首先发现的，叫作霍尔效应。电势差 U_H 叫作霍尔电势差（霍尔电压）。实验表明，霍尔电势差与电流 I 以及磁感应强度 B 的大小成正比，与导体板的厚度 d 成反比。即

$$U_H=R_H\frac{IB}{d} \tag{8-47}$$

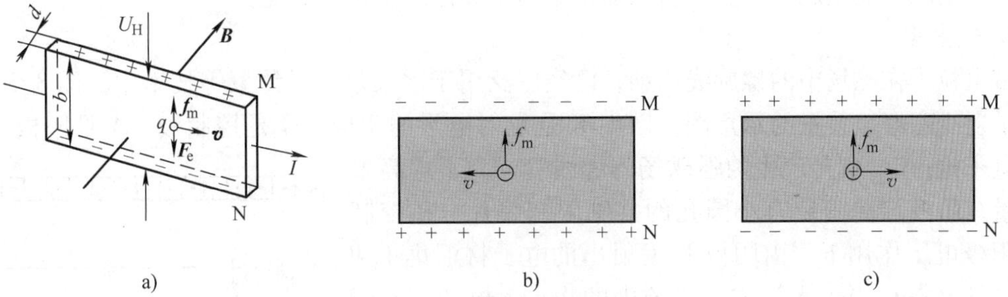

图 8-32　霍尔效应原理图

式中，R_H 叫作霍尔系数，是仅仅与导体材料有关的常数。

霍尔电压的产生是由于运动电荷在磁场中受洛伦兹力作用的结果，因为导体的电流是载流子定向运动形成的。如果作定向运动的带电粒子是负电荷，如图 8-32b 所示，结果使导体的上表面 M 聚集了大量的负电荷，下表面 N 聚集了大量的正电荷，在 N、M 中间形成了向上的电场；如果作定向运动的带电粒子是正电荷，如图 8-32c 所示，产生的结果与图 8-32b 所示情况相反。这两种情况中，粒子都要受电场力，当带电粒子受到的电场力与洛伦兹力相等时，达到稳定平衡状态，此时上下两个面之间的电势差就是霍尔电压 U_H。

设在导体内载流子的电荷量为 q，平均定向运动速率为 v，载流子在磁场中受到的洛伦兹力大小为

$$f_m = qvB$$

如果导体的宽度为 b，当导体上下表面间的电势差为 U_H 时，带电粒子所受的电场力大小为

$$f_e = qE = q\frac{U_H}{b}$$

当电场力和洛伦兹力相等时，有

$$qvB = q\frac{U_H}{b}$$

设导体内载流子的浓度为 n，于是 $I = nqvbd$，把求出的 v 代入上式得

$$U_H = \frac{1}{nq}\frac{IB}{d}$$

将上式与式(8-47)相比较，可得霍尔系数为

$$R_H = \frac{1}{nq} \tag{8-48}$$

式（8-48）表明，霍尔系数的数值决定于每个载流子所带的电荷量 q 和载流子的浓度 n，正负取决于载流子所带电荷的正负。若 q 为正，则 $R_H > 0$，$U_H > 0$；若 q 为负，则 $R_H < 0$，$U_H < 0$。由实验测定霍尔电势差或者霍尔系数后，就可以判定载流子带的是正电荷还是负电荷。进而判定半导体的类型，是空穴型半导体（P 型），还是电子型半导体（N 型）。根据霍尔系数还可以判定载流子的浓度。

一般金属导体中的载流子都是自由电子，其浓度很大，所以金属材料的霍尔系数很小，相应的霍尔电压也很弱。在半导体材料中，载流子浓度小，因而半导体材料的霍尔系数比较大，霍尔电压也比金属大得多，所以通常采用半导体产生霍尔效应。

2. 磁聚焦

带电粒子在磁场中的螺旋线运动，已经广泛用于磁聚焦、磁约束等技术中。图 8-33 所示是电子射线磁聚焦装置的示意图。图中 K 是发射电子的阴极，G 是控制极，A 是阳极，它们组成电子枪；C、C′是产生匀强磁场的螺线管，为了提高聚焦质量，阳极圆筒内装有小圆孔的共轴限制膜片。在控制板和阳极电压作用下，由阴极 K 发射出的电子将汇集于 P 点，可见 P 点相当于光学成像系统中的物点。电子束在 P 点以与 $\boldsymbol{B}$ 成 θ 角的速度 $\boldsymbol{v}$ 进入磁场，由于限制膜片的作用，使 $\boldsymbol{v}$ 与 $\boldsymbol{B}$ 所成的发射角很小，所以平行于磁场的分量 $\boldsymbol{v}_{/\!/}$ 和垂

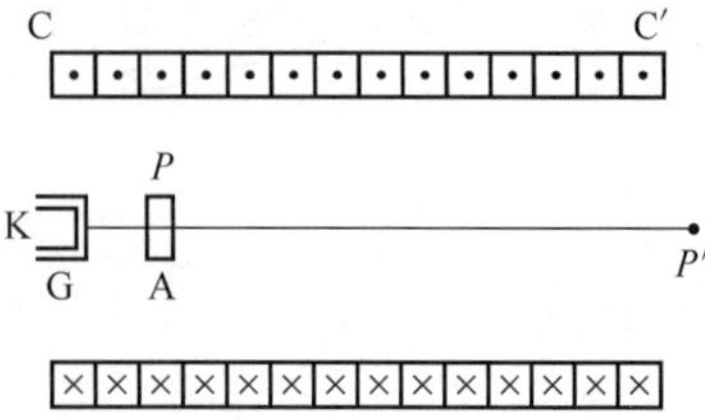

图 8-33　电子射线磁聚焦装置

直于磁场的分量$\boldsymbol{v}_\perp$大小分别为

$$v_{/\!/}=v\cos\theta\approx v \tag{8-49}$$

$$v_\perp=v\sin\theta\approx v\theta \tag{8-50}$$

因为电子速度的垂直分量$\boldsymbol{v}_\perp$各不相同，电子将沿不同半径的螺旋线前进，但是由于速度的水平分量近似相等，所以各电子经历的螺距近似相等，一个螺距的大小为$h=\dfrac{2\pi m}{qB}v$。这样各个电子每经历一个螺距都会会聚在同一点，最后在P'点会聚。P'点成为P点的像点。这与透镜将光束聚焦成像的作用十分相似。这就是磁聚焦原理。

3. 回旋加速器

回旋加速器是原子核物理、高能物理等实验中获得高能粒子的一种基本设备，图8-34所示是回旋加速器的原理图，D_1和D_2是封在高度真空室中的两个半圆形铜盒，常称为D形电极。两个D形电极与高频振荡器连接，于是在电极之间的缝隙处就产生按一定频率变化的交变电场。把两个D形电极放在电磁铁的两个磁极之间，便有一恒定的均匀磁场垂直于电极平面。如果在两个缝隙中间的P处由离子源发射出带电粒子，这些粒子在磁场的作用下被加速而进入盒D_1，当粒子在盒内运动时，因为盒内空间没有电场，粒子的速度将保持不变，但是由于受到垂直方向恒定磁场的作用而作半径为R的圆周运动，粒子在这半盒中运动的时间为$t=\pi m/qB$，是一个恒量，与粒子的速度和半径无关。如果振荡器的频率为$\nu=1/2t$，那么当粒子从D_1盒出来到达缝隙时，缝隙中的电场方向恰已反向因此粒子再次被加速，以较大的速度进入D_2盒，并在D_2盒内以相对较大半径作圆弧运动，再次经过相同的时间t后，又回到缝隙而再次被加速进入D_1盒。所以只要加在D形电极上高频振荡器的频率和粒子在D形盒中的旋转频率保持相等，便能保证带电粒子经过缝隙时受到电场力而加速。这样随着加速次数的增加，轨道半径也将逐渐增大，形成图示的螺旋形线的运动轨道。最后离子以很高的速度从致偏电极引出，从而获得高能粒子束。

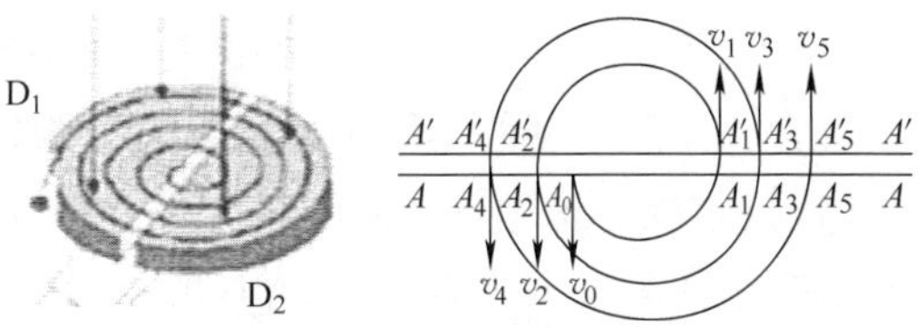

图8-34　回旋加速器原理图

当粒子的速度被加速到接近光速时，必须考虑到相对论效应，粒子的质量将随速度的增加而增加，粒子在半盒内运动所需要的时间t也增加。因此为了使粒子每次穿过缝隙时仍能不断得到加速，必须使交变电场的角频率ω随着粒子的加速过程而同步降低，使之满足$\omega m=qB$。根据这个原理设计的回旋加速器，叫作同步回旋加速器。

8.8　有磁介质时的安培环路定理

8.8.1　磁化

1. 磁介质的分类

如果磁场中有实物物质存在，这些物质受磁场的作用物质的分子的状态发生了变化，磁化后的物质反过来要对磁场产生影响，我们把能够影响磁场的物质叫作磁介质。把磁介质在磁场作用下内部状态的变化叫作磁化。设一电流分布在真空中激发的磁感应强度为$\boldsymbol{B}_0$，当磁场中放入了某种磁介质后，磁化的磁介质激发附加磁场$\boldsymbol{B}'$，这时磁场中任意一点的磁感应强

度为 $\boldsymbol{B}$ 等于 $\boldsymbol{B}_0$ 和 $\boldsymbol{B}'$ 的矢量和，即

$$\boldsymbol{B}=\boldsymbol{B}_0+\boldsymbol{B}' \tag{8-51}$$

对于不同的磁介质，$\boldsymbol{B}'$ 的大小和方向可能有很大的差别，为讨论问题的方便，我们引入了相对磁导率 μ_r，当均匀磁介质充满整个磁场时，磁介质的相对磁导率为

$$\mu_r=\frac{B}{B_0} \tag{8-52}$$

式中，B 是介质中的总的磁场的磁感应强度的大小；B_0 为真空中的磁场或者说外磁场的磁感应强度的大小。μ_r 可以用来描述不同的磁介质对外磁场的影响。而磁介质的磁导率可以定义如下：

$$\mu=\mu_r\mu_0 \tag{8-53}$$

通常，按磁导率的不同可以把物质分为以下三类：

1）抗磁质：这类磁介质的相对磁导率 $\mu_r<1$，其附加的 $\boldsymbol{B}'$ 与 $\boldsymbol{B}_0$ 方向相反，因而总的磁场的磁感应强度的大小 $B<B_0$。例如汞、铜、锌、铅等。

2）顺磁质：这类磁介质的相对磁导率 $\mu_r>1$，其附加的 $\boldsymbol{B}'$ 与 $\boldsymbol{B}_0$ 方向相同，因而总的磁场的磁感应强度的大小 $B>B_0$。例如锰、铝、铂、氧等。

3）铁磁质：这类磁介质的相对磁导率 $\mu_r\gg1$，其附加的 $\boldsymbol{B}'$ 与 $\boldsymbol{B}_0$ 方向相同，因而总的磁场的磁感应强度的大小 $B\gg B_0$。例如铁、钴、镍等。

抗磁质和顺磁质的磁性都很弱，统称为弱磁质。它们的 μ_r 都很接近于 1，而 μ_r 都是与外磁场无关的常数。铁磁质的磁性都很强，而且还具有一些特殊的性质。

2. 顺磁质与抗磁质的磁化机理

在任何物质的分子中，每一个电子都同时参与两种运动，即绕原子核的运动和自旋运动。这两种运动都将形成微小的环形电流，因而具有一定的磁矩，称为轨道磁矩和自旋磁矩。一个分子中全部电子的轨道磁矩和自旋磁矩的矢量和叫作分子的固有磁矩，简称分子磁矩，用符号 $\boldsymbol{P}_m$ 表示。分子中各个电子对外界产生的磁效应的总和可等效于一个圆电流，称为分子电流。这种分子电流所具有的磁矩也叫作分子磁矩。

在外磁场 $\boldsymbol{B}_0$ 作用下，分子中每个电子的运动将更加复杂，除了保持上述两种运动外还要附加一种以外磁场方向为轴线的转动（运动），这种转动也相当于一个圆电流，因而引起一个附加磁矩，其方向总是与外磁场的方向相反，一个分子内所有电子的附加磁矩的矢量和称为分子在磁场中所产生的附加磁矩，用符号 $\Delta\boldsymbol{P}_m$ 表示。

顺磁质和抗磁质的区别在于两者的电结构不同。抗磁质分子中所有电子的轨道磁矩和自旋磁矩的矢量和为零，即分子的固有磁矩 $\boldsymbol{P}_m=\boldsymbol{0}$，只有在外磁场作用时才有附加磁矩 $\Delta\boldsymbol{P}_m$。而顺磁质分子的固有磁矩 $\boldsymbol{P}_m$ 不为零，虽然顺磁质分子在外磁场作用下也产生附加磁矩 $\Delta\boldsymbol{P}_m$，但它比分子的固有磁矩小得多，即对顺磁质而言，$P_m>\Delta P_m$，因为 $\Delta\boldsymbol{P}_m$ 可忽略，所以固有磁矩 $\boldsymbol{P}_m$ 是顺磁质产生磁效应的主要原因。对于抗磁质 $\boldsymbol{P}_m=\boldsymbol{0}$，只有 $\boldsymbol{B}_0\neq\boldsymbol{0}$ 时，才有附加磁矩 $\Delta\boldsymbol{P}_m$，所以 $\Delta\boldsymbol{P}_m$ 是抗磁质产生磁效应的唯一原因。

铁磁质是顺磁质的一种特殊情况，有关铁磁质的特殊性质将在后面介绍。

没有外磁场时，由于分子的热运动使顺磁质的各分子固有磁矩的取向杂乱无章。它们相互抵消，因而宏观上不显现磁性。有外磁场存在时，顺磁质分子的固有磁矩将受到外磁场的

力矩作用。在磁力矩作用下，各分子磁矩将因受分子无规则热运动的阻碍不同程度地沿着外磁场 $\boldsymbol{B}_0$ 的方向排列起来，如图 8-35a 所示。对抗磁质而言，只有在外磁场作用下，它的分子才产生与外磁场方向相反的分子附加磁矩，如图 8-35b 所示。

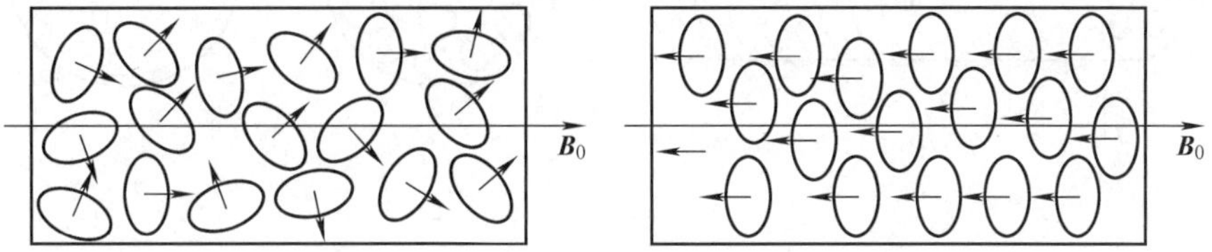

图 8-35　顺磁质和抗磁质

3. 磁化强度

与电介质中引入极化强度 $\boldsymbol{P}$ 来描述电介质的极化程度类似，我们用 $\boldsymbol{M}$ 来描绘磁介质的磁化程度。

我们把单位体积内分子磁矩的矢量和，叫作磁化强度。表达式为

$$\boldsymbol{M}=\frac{\sum \boldsymbol{P}_{\mathrm{m}}+\sum \Delta \boldsymbol{P}_{\mathrm{m}}}{\Delta V} \tag{8-54}$$

对于顺磁质，因为 $\Delta\boldsymbol{P}_{\mathrm{m}}=\boldsymbol{0}$。所以有

$$\boldsymbol{M}=\frac{\sum \boldsymbol{P}_{\mathrm{m}}}{\Delta V} \tag{8-55}$$

顺磁质 $\boldsymbol{M}$ 的方向与外磁场 $\boldsymbol{B}_0$ 的方向相同。

对于抗磁质，因为 $\boldsymbol{P}_{\mathrm{m}}=\boldsymbol{0}$。所以有

$$\boldsymbol{M}=\frac{\sum \Delta \boldsymbol{P}_{\mathrm{m}}}{\Delta V} \tag{8-56}$$

抗磁质 $\boldsymbol{M}$ 的方向与外磁场 $\boldsymbol{B}_0$ 的方向相反。

4. 磁化电流

电介质极化时，极化强度与极化电荷有着密切的关系，和电介质相似，磁化强度和磁化电流也有着密切的关系，讨论如下。

考虑一长直螺线管内部均匀充满某种磁介质的情形，设线圈中的电流在管内产生一均匀外磁场 $\boldsymbol{B}_0$，图 8-36a 所示为顺磁质的情况。这时，在磁力矩的作用下，顺磁质中每一个分子的磁矩将趋向于外磁场 $\boldsymbol{B}_0$ 的方向，与分子磁矩相对应的小圆电流（分子电流）的平面将趋向于与磁场方向相垂直，这个现象称为介质的磁化。图 8-36b 给出了磁介质内任一横截面上分子电流的排列情况（其他方向相互抵消，不再画出）。由图 8-36b 可以看出，在磁介质的内部任意一点处总有方向相反的分子电流流过，它们的效果相互抵消。只有在横截面的边缘上，各分子电流的外面部分未被抵消，它们沿相同方向流动，形成沿截面边缘的一个大环形电流，如图 8-36c 所示。由于在各个横截面的边缘都出现这种环形电流，宏观上相当于在介质圆柱体表面上有一层电流流过，这种电流称为磁化电流，也叫作束缚电流，用符号 I_{S} 表示。

无论是哪一种磁介质的磁化，其宏观效果都是在磁介质的表面出现磁化电流。磁化电流和传导电流一样要激发磁场，顺磁质的磁化电流方向与磁介质中外磁场的方向成右手螺旋关系，它激发的磁场与外磁场方向相同，因而使磁介质中的磁场加强；抗磁质的磁化电流的方

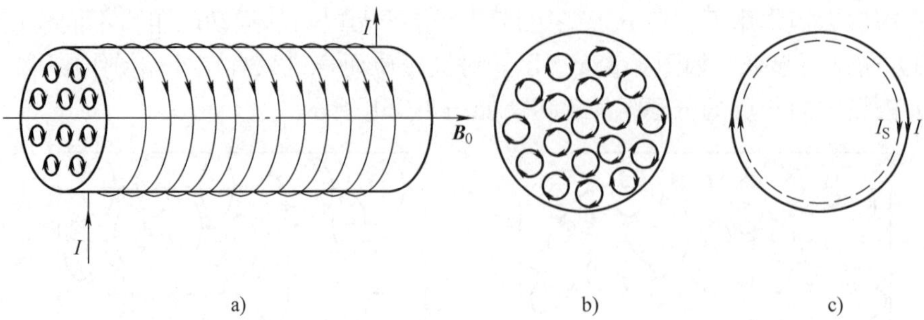

图 8-36　均匀磁化的磁介质中的分子电流

向与外磁场的方向成左手螺旋关系，它激发的磁场与外磁场方向相反，因而使磁介质中的磁场减弱。

在均匀磁介质内部任意位置通过的分子电流都是成对的，方向相反，结果相互抵消，只有边缘处，分子电流没有被抵消，形成与截面边缘重合的圆电流 I_S，对磁介质整体来说，分子电流沿着圆柱面垂直于其母线方向流动，称为磁化面电流。因为是顺磁质，磁化面电流与螺线管上导线中的 I 方向相同，如图 8-36c 所示。设 j_S 为圆柱形磁介质表面上每单位长度的分子面电流（即磁化面电流密度），S 为磁介质的截面，l 为所选的一段磁介质的长度，在 l 长度上，磁化电流 $I_S=j_S l$。

因为在这段磁介质总体积内的总磁矩为

$$\sum P_m = I_S S = j_S l S = j_S \Delta V$$

由磁化强度的定义式因此有

$$M = \frac{\sum P_m}{\Delta V} = j_S \tag{8-57}$$

式（8-57）表明，磁化强度 $\boldsymbol{M}$ 在量值上等于磁化面电流密度。$\boldsymbol{M}$ 和 $\boldsymbol{j}_S$ 矢量的关系是

$$\boldsymbol{j}_S = \boldsymbol{M} \times \boldsymbol{n}_0 \tag{8-58}$$

式中，$\boldsymbol{n}_0$ 为介质表面外法线方向的单位矢量。

接下来我们讨论磁化强度和磁化电流的关系，如图 8-37 所示，取一个长方形的闭合回路 $abdca$，cd 在介质内部，平行于柱体的轴线，长度为 l，bd、ac 两边和柱面垂直，ab 在柱体的外面。而在磁介质内部各点的 $\boldsymbol{M}$ 都沿 dc 方向，大小相等，在柱面外面各点 $\boldsymbol{M}=\boldsymbol{0}$。所以磁化强度 $\boldsymbol{M}$ 沿闭合回路 $abdca$ 的积分为

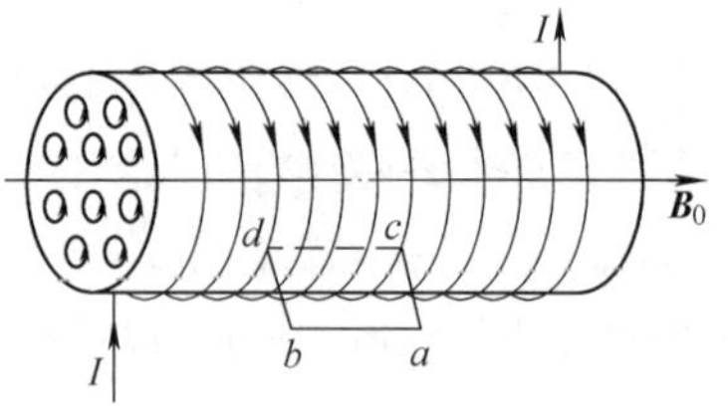

图 8-37　磁化电流与磁化强度的关系

$$\oint_L \boldsymbol{M} \cdot \mathrm{d}\boldsymbol{l} = \int_{ab} \boldsymbol{M} \cdot \mathrm{d}\boldsymbol{l} = M\,\overline{ab} = Ml$$

因为

$$M = j_S$$

所以

$$\oint_L \boldsymbol{M} \cdot \mathrm{d}\boldsymbol{l} = Ml = j_S l = I_S$$

即

$$\oint_L \boldsymbol{M} \cdot \mathrm{d}\boldsymbol{l} = I_S \tag{8-59}$$

式中，I_S 是通过闭合回路总的磁化电流。式（8-59）适用于任何情况。

式（8-59）表明，磁化强度对闭合回路的线积分等于通过回路所包围面积的总的磁化电流。

8.8.2 有磁介质时的安培环路定理

把真空中磁场的安培环路定理推广到有磁介质的稳恒磁场中去，当电流磁场中有磁介质时，由于介质的磁化，要产生磁化电流。考虑到磁化电流对磁场的贡献，因为磁现象的根源是电流，所以安培环路中 $\sum\limits_{L_{内}} I$ 应是传导电流 I 与磁化电流 I_S 的总和，即

$$\oint_L \boldsymbol{B} \cdot \mathrm{d}\boldsymbol{l} = \mu_0 \left(\sum I_0 + \sum I_S \right)$$

因为

$$\oint_L \boldsymbol{M} \cdot \mathrm{d}\boldsymbol{l} = I_S$$

所以

$$\oint_L \left(\frac{\boldsymbol{B}}{\mu_0} - \boldsymbol{M} \right) \cdot \mathrm{d}\boldsymbol{l} = \sum I_0$$

定义磁场强度为

$$\boldsymbol{H} = \frac{\boldsymbol{B}}{\mu_0} - \boldsymbol{M} \tag{8-60}$$

因此磁介质中的安培环路定理有以下简单的形式：

$$\oint_L \boldsymbol{H} \cdot \mathrm{d}\boldsymbol{l} = \sum I_0 \tag{8-61}$$

式（8-61）表述为：**在稳恒磁场中，磁场强度矢量沿任意闭合路径的线积分，等于包围在环路内各传导电流的代数和，与磁化电流无关**。这就是**有磁介质时的安培环路定理**。传导电流是自由电荷的定向移动形成的电流。

由前面的 $\boldsymbol{H} = \frac{\boldsymbol{B}}{\mu_0} - \boldsymbol{M}$，接下来我们推导 $\boldsymbol{B}$ 和 $\boldsymbol{H}$ 的关系。设 $\boldsymbol{M} = \chi_m \boldsymbol{H}$，代入 $\boldsymbol{H} = \frac{\boldsymbol{B}}{\mu_0} - \boldsymbol{M}$ 得

$$\boldsymbol{B} = \mu_0 \boldsymbol{H} + \mu_0 \chi_m \boldsymbol{H} = \mu_0 (1 + \chi_m) \boldsymbol{H} \tag{8-62}$$

设

$$\mu_r = 1 + \chi_m$$

因此有

$$\boldsymbol{B} = \mu_0 \mu_r \boldsymbol{H}$$

设

$$\mu = \mu_r \mu_0$$

即有

$$\boldsymbol{B} = \mu \boldsymbol{H} \tag{8-63}$$

式中，μ 称为磁介质的磁导率；μ_r 叫作相对磁导率。

例 8-14 一半径为 R 的圆柱形导体，可以视为无限长，筒壁很薄，筒壁上均匀通过电流 I，筒外有一层厚度为 d、磁导率为 μ 的均匀顺磁性介质，介质外为真空。求磁场强度与磁感应强度的空间分布。

解 因为传导电流和磁介质具有轴对称性，所以磁场也具有轴对称性，$\boldsymbol{B}$ 和 $\boldsymbol{H}$ 线均是在垂直于轴线的平面内以轴线为中心的闭合圆。同一圆周上 $\boldsymbol{H}$（或者 $\boldsymbol{B}$）的大小相等，设 P 为空间任意点，与轴线的距离为 r，以 r 为半径作闭合环路，应用由磁场强度 $\boldsymbol{H}$ 表示的安培环路定理

$$\oint_L \boldsymbol{H} \cdot \mathrm{d}\boldsymbol{l} = \sum I_0$$

当 $r < R$ 时，筒内空间，因为 $\sum I_0 = 0$，所以

$$\oint_L \boldsymbol{H} \cdot \mathrm{d}\boldsymbol{l} = H \cdot 2\pi r = 0$$

得

$$H = 0, \quad B = 0$$

当 $R < r < R + d$ 时，介质空间，因为 $\sum I_0 = I$，所以

$$\oint_L \boldsymbol{H} \cdot \mathrm{d}\boldsymbol{l} = H \cdot 2\pi r = I$$

得
$$H = \frac{I}{2\pi r}$$

$$B = \mu H = \frac{\mu I}{2\pi r}$$

当 $r > R + d$ 时，该空间为真空。因为 $\sum I_0 = I$，所以

$$\oint_L \boldsymbol{H} \cdot \mathrm{d}\boldsymbol{l} = H \cdot 2\pi r = I$$

得
$$H = \frac{I}{2\pi r}$$

$$B = \mu_0 H = \frac{\mu_0 I}{2\pi r}$$

由计算结果得出结论：磁场强度 $\boldsymbol{H}$ 跟磁介质无关，磁感应强度 $\boldsymbol{B}$ 跟磁介质有关。

8.8.3　铁磁质

1. 铁磁质的磁化曲线、磁滞回线

铁磁质的性质和规律比顺磁质、抗磁质复杂，下面通过研究 $\boldsymbol{B}$、$\boldsymbol{H}$ 关系的实验来做一些简单介绍。实验是用图 8-38 所示的电路来进行的。

把待测的铁磁质做成圆环，在圆环上密绕线圈，这样就形成以铁磁质为芯的环形螺线管。线圈通电时，环内磁场强度为

$$H = nI$$

圆环内的 B 可用一个接在冲击电流计 BG 上的副线圈来测量。当原线圈（即环形螺线管）中电流变化甚至反向时，在副线圈中将产生一个感应电动势，由此可把环内的 B 测出来。实验结果得到如图 8-39 所示的 B-H 曲线。

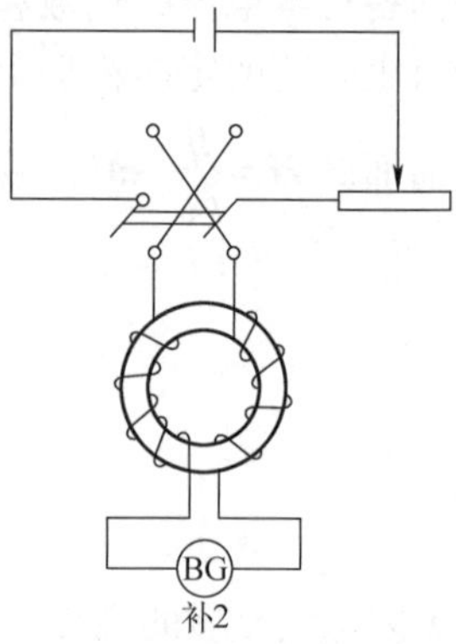

图 8-38　研究 $\boldsymbol{B}$、$\boldsymbol{H}$ 关系的实验图

Oa 称为起始磁化曲线，当 H 从零逐渐增加时，B 亦从零增加，当 H 增大到一定值时（图 8-39 中 a 点）、B 几乎不再增加，这时磁化达到了饱和。由于磁化曲线不是直线，所以铁磁质的磁导率 $\mu = B/H$ 以及相对磁导率 $\mu_r = \mu/\mu_0$ 都不是恒量。在磁化达到饱和后，令 H 减小，则 B 亦减小，但不按 Oa 减小，而是沿曲线 ab 减小，当 H 等于零时，$B = B_r$，即磁化场减小到零时，介质的磁化状态并不恢复到原来的起点 O，而是保留一定的磁性，叫作剩磁现象，B_r 叫作剩余磁感应强度。如果 H 的值等于 H_c 值，B 变为零，即介质完全退磁，使介质完全退磁所需的反向磁场强度 H_c 叫作矫顽力。当反向磁场 H 继续增加时，铁磁质将向反方向磁化，达到饱和后，若使反向磁场 H 的减小到零，然后再向正方向增加，B 将沿 $defa$ 曲线而变化，形成闭合曲线 $abcdefa$。曲线 $abcdefa$ 称为磁滞回线。各种铁磁性材料有不同的磁滞回线。它们的区别在于矫顽力的大小不同。铁磁材料按矫顽力的大小分为两类，即硬磁材料和软磁材料。

2. 铁磁质的磁化机理

现代理论和实验都证明在铁磁质内部有许多小区域，其体积约为 $10^{-12}\,\mathrm{m}^3$，其中含有

10^{12} ~ 10^{15}个原子，这些小区域内的原子间存在着非常强的电子交换耦合作用，使相邻原子的磁矩排列整齐，也就是说，这些小区域已自发磁化到饱和状态了，这种小区域叫作磁畴。无外场时，同一磁畴内的分子磁矩方向一致，各个磁畴的磁矩的方向杂乱无章，磁介质的总磁矩为零，宏观对外不显磁性。

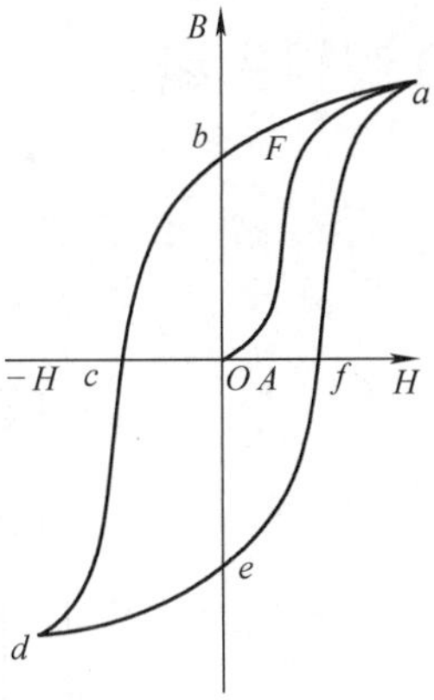

图 8-39 *B*-*H* 曲线

为了讨论问题方便，特意画出四个体积相同的磁畴，如图 8-40a 所示。当各个磁畴的磁矩的方向杂乱无章各不相同，磁矩恰好抵消，对外不显磁性，如图 8-40b 所示。当有外场时，则铁磁质内自发磁化方向和外场相近的磁畴体积因外场的作用而扩大，自发磁化方向与外场有较大偏离的磁畴体积将缩小，如果外场继续增强，到一定值时，磁畴界壁就以相当快的速度跳跃性地移动，直到自发磁化方向与外场偏离较大的那些磁畴全部消失，如图 8-40c 所示，这个过程是不可逆过程（即便外场减弱后，磁畴也不能全部恢复原状了）。如果再继续增强外场，则存留的磁畴逐渐转向外场方向，如图 8-40d 所示，当所有磁畴的自发磁化方向全部转向外场时，磁化达到饱和。因为铁磁质内存在杂质和内应力，因此磁畴在磁化和退磁过程中作不连续的体积变化和转向时，磁畴不能按原来的变化规律逆着退回原状，因此出现了磁滞和剩磁。

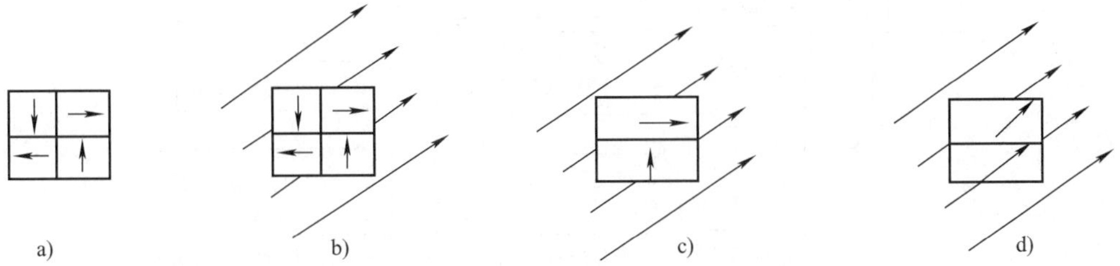

图 8-40 磁质的磁化机理图

3. 铁磁质的分类和应用

通常，可以按矫顽力的不同把铁磁物质分为软磁材料、硬磁材料和矩磁材料。

软磁材料：矫顽力较小，这种材料的特点，易磁化，也易退磁，适合在交变电磁场中使用，如各种电感元件、变压器、镇流器、继电器等。一旦断电剩磁很小，常用的金属软磁材料有工程纯铁、硅钢、坡莫合金等。非金属软磁材料有铁氧体、锰锌铁氧体、镍锌铁氧体等。

硬磁材料：矫顽力较大，这种材料的特点，一旦磁化后，会保留很大的磁性，不易退磁，因此适合用作永久性磁体。如磁电系电表、耳机、小型直流电机及雷达中的磁控管等用的永久磁铁都是硬磁材料做成的。常用的金属硬磁材料有碳钢、钨钢、铝镍钴第五号等。

矩磁材料：特点是剩磁很大，接近于饱和磁感应强度，矫顽力小，磁滞回线接近于矩形，常用于计算机的记忆元件。

本章逻辑主线

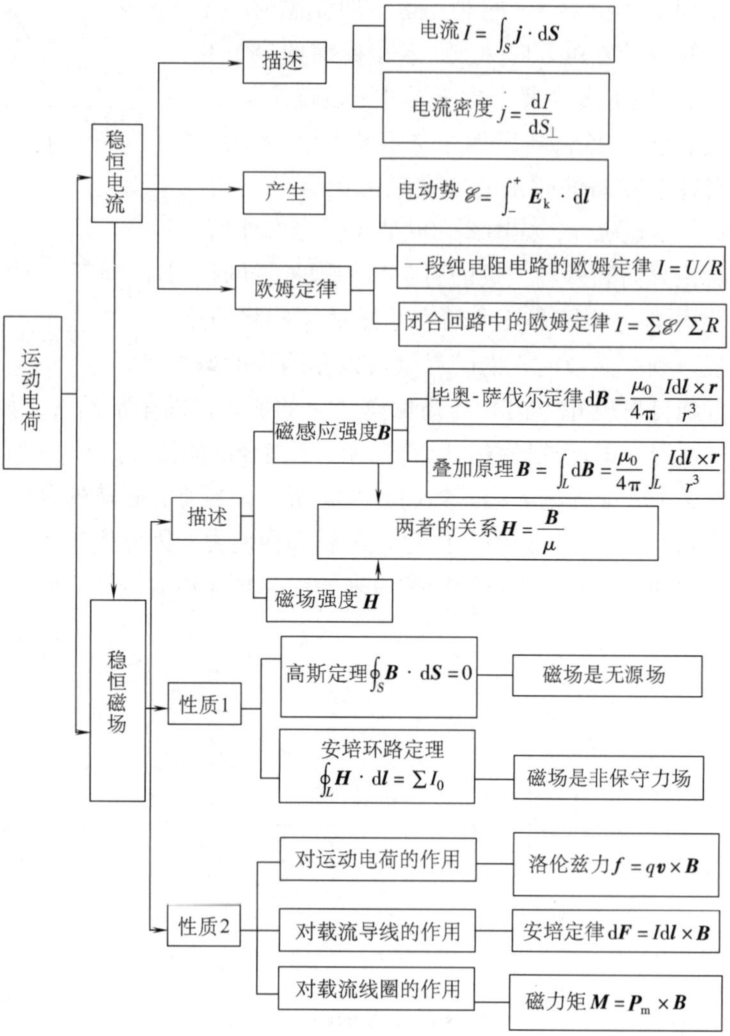

拓展阅读

人造太阳——托卡马克大科学装置

万物生长靠太阳，地球万物生长所依赖的光和热，源于太阳核聚变反应后释放的能量。而核聚变产生能量的原料来源于海水，这种原料可供人类使用上百亿年，它不会产生温室气体，是一种清洁、安全、高效的能源获取方式。以寻找清洁能源为目标的国际热核聚变实验堆计划，旨在模拟太阳发光发热的核聚变过程，探索受控核聚变技术商业化可行性之路。

国际热核聚变实验堆是一个能产生大规模核聚变反应的托卡马克装置，被誉为全世界最大的"人造太阳"，由中国与欧盟、印度、日本、韩国、俄罗斯和美国七方共同实施，它是目前全球规模最大、影响最深远的国际科研合作项目之一。中国已经于 2006 年正式签约加入了该计划。本文我们就来谈谈有关托卡马克的研究情况，了解一下国内、国际关于“人造太阳”的最新研究情况。

1. 可控核聚变反应面临的困难

核聚变，又称核融合、融合反应或聚变反应，主要是指氘或氚的聚变反应。1939 年，美国核物理学家贝特利用加速器将一个氘原子核与一个氚原子核加速到极高的速度发生碰撞，两个原子核发生融合，生成了一个新的原子核——氦核和一个中子，并释放出了 17.6MeV 的能量，这是人类历史上首次自主实现核聚变。

我们知道，原子弹和核电站利用的是核裂变原理；氢弹爆炸和太阳发光则是核聚变原理，核聚变释放出的能量要比核裂变大得多。尽管核聚变的发现比核裂变要早，但核聚变的研究则不如核裂变顺畅。现如今，核裂变早已应用于商业并取得了不俗的效益，但一直以来，可控核聚变却是人类现有技术难以跨越的障碍。下面来让我们来看一下可控核聚变的大致步骤和技术要求。

第一步：将作为反应物的混合气体加热到等离子态。

这就要求温度足够高，使得电子能摆脱原子核的束缚，离核远去。只有这样，原子核才能完全裸露，使得原子核可以发生直接接触碰撞，这一步要达到大约 10 万摄氏度的温度才能顺利进行。

第二步：克服库仑力。

原子核由质子和中子组成，它们之间靠核力结合在一起，同样，它们会对外来的粒子施加强烈的斥力，阻止它们靠近自己。因此需要继续加温，以使得原子核达到更高的温度，发生聚变。这一步需要上亿摄氏度的温度。

经过以上两个步骤后，核聚变便有了先天条件，可以发生了。氚的原子核和氘的原子核以极大的速度，赤裸裸地发生碰撞，产生了新的氦核和新的中子，释放出巨大的能量。

理想可控核聚变的温度保持在 1 亿摄氏度左右。可地球上没有任何一样物质可以承受这个温度，什么样的容器可以承载如此高温的核聚变反应呢？物理学家们先后提出了惯性约束、磁约束等方法。20 世纪 50 年代初，苏联科学家塔姆和萨哈罗夫提出了磁约束方法，这种方法在可行性和技术难度上要优于惯性约束，因此当今世界可控核聚变研究主要使用此方法。苏联科学家阿奇莫维奇按照这样的思路，不断研究和改进，于 1954 年建成了第一个磁约束装置，他将这一形如面包圈的环形容器命名为托卡马克（Tokamak）。这是一个由封闭磁场组成的“容器”，像一个中空的面包圈，可用来约束电离了的等离子体。

2. 什么是托卡马克装置?

托卡马克装置名字（Tokamak）来源于四个单词——环形（toroidal）、真空室（kamera）、磁（magnet）、线圈（kotushka），而这也恰好体现了它的主要构造。

托卡马克装置的工作原理可分为微波加热和磁约束两部分。通过微波加热加速粒子，从而生成等离子体，并使粒子达到极高的速度。磁约束的作用是将等离子体约束在磁场中，发生相互作用，磁场越强，约束能力也就越强。因此我们可以通过调控磁场的强度与分布，把等离子体约束在一定范围内。

托卡马克装置的核心就是产生强磁场，如图 8-41 所示，把精心设计的线圈布置在装置不同位置，在强大电流的作用下，线圈产生环形强磁场，将上亿度高温的反应物约束悬浮在装置内部，从而进行核聚变反应。线圈由导线缠绕组成，无论哪种材料，只要在超导温度以上，电阻是必然存在的。托卡马克装置要想产生极强的磁场，导线中必须通以极大的电流。线圈的电阻会产生能耗，可以借助超导技术来解决电阻和损耗的问题，人们用超导线圈并使用液氮或液氦来制造超低温的托卡马克装置，我们称之为超托卡马克装置。目前为止，世界上仅有法国、日本、俄罗斯和中国4个国家有大型超托卡马克装置，除了中国的“东方超环”（EAST）以外，其他几个国家的超托卡马克装置只有水平线圈是超导的，垂直线圈则是常规的，因此还是会受到电阻的困扰。

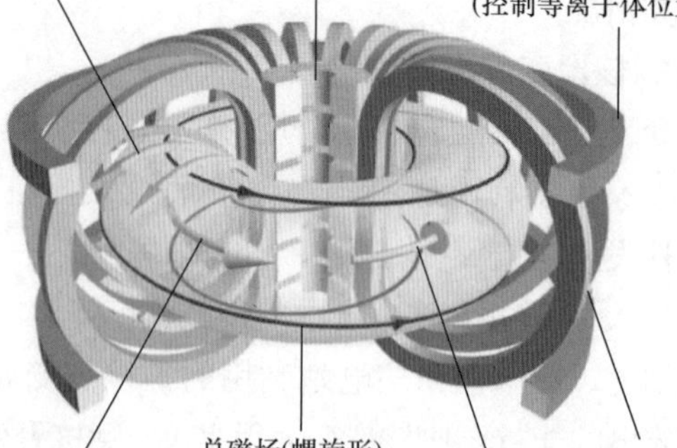

图 8-41 托卡马克磁约束原理

3. 我国在“人造太阳”方向的研究进展

经过几代科研工作者接力奋斗，我国已建成了“中国环流器”“东方超环”等一批“人造太阳”实验装置，并且取得多项重大成果。从20世纪50年代开始，我国先后研制出了多种不同类型的人造太阳装置：1984年，中核集团核工业西南物理研究院自主设计建成了中国第一个磁约束核聚变大科学工程装置——中国环流器一号HL1，它是中国受控核聚变研究史上重要的里程碑。目前，我国主要的人造太阳装置有：中核集团核工业西南物理研究院（成都）的中国环流器二号（HL-2M）、中国科学院等离子体物理研究所的EAST，其他还有华中科技大学、清华大学、中国科学院大学等单位人造太阳装置。2020年12月4日14时02分，成都双流，中国环流器指挥控制中心，一道道蓝色电光，标志着我国自主设计建造的新一代“人造太阳”——中国环流器二号（HL-2M）装置正式建成并实现首次放电。2022年10月19日，在党的二十大召开期间，中国环流器二号（HL-2M）科学研究取得突破性进展，等离子体电流突破100万安培，创造了中国可控核聚变装置运行新纪录，标志着我国核聚变研发距离聚变点火迈进重要一步，跻身国际第一方阵，技术水平居国际前列。

由中国自主研发位于合肥的EAST装置，是全球第一台全超导托卡马克装置，拥有核心技术200多项、专利近2000项，汇聚“超高温”“超低温”“超高真空”“超强磁场”“超大电流”等尖端技术于一体。1998年7月，EAST通过原国家发展计划委员会立项；2000年10月，正式开工建设；2006年9月26日，成功获得首次高温等离子体放电；2007年3月1日，通过国家竣工验收；2009年，EAST成功获得稳定重复的60s非圆截面双零偏滤器位形等离子体放电；2010年，EAST成功实现了大于60多倍能量约束时间高约束模式（H模）等离子体放电，100s 1500万摄氏度偏滤器长脉冲等离子体放电；2012年，EAST成功获得超过400s的2000万摄氏度高参数偏滤器等离子体；获得稳定重复超过30s的高约束等离子体放电；2016年1月28日，EAST成功实现电子温度超过5000万摄氏度、持续时间达102s的超高温长脉冲等离子体放电；2017年7月，EAST实现了稳定的101.2s稳态长脉冲高约束等离子体运行，创造了新的世界纪录；2018年，EAST实现1亿摄氏度等离子体运行等多项重大突破，获得的实验参数接近未来聚变堆稳态运行模式所需要的物理条件；2021年5月28日，EAST实现可重复的1.2亿摄氏度101s和1.6亿摄氏度20s等离子体运行；2023年4月12日，有我国“人造太阳”之称的全超导托卡马克核聚变实验装置东方超环（EAST）成功实现稳态高约束模式等离子体运行403s，创造了新的世界纪录。中国人造太阳离圆梦又近了一步，这一成就是中国为解决世界能源问题提供了中国智慧。

在此基础上，中国合肥正在建设下一代的“人造太阳”——中国聚变工程实验堆（CFETR），CFETR是我国“十三五”立项的国家重大科技基础设施“夸父”［学名为“聚变堆主机关键系统综合研究设施（CRAFT）”］项目的重要组成部分。相比EAST，CFETR将更大、更高、更精密、更先进。EAST总重400t，而新一代的“人造太阳”CFETR的真空室，由八个“橘子瓣”组成一个“大橘子”，仅其一个橘子瓣就重达300t。“夸父”大科学工程项目，体现了中国核聚变工程团队胸怀大志、向往光明、不惧艰辛、勇于追梦的科学精神。参与该工程的有100余家国内合作单位，60余家国际合作单位，1000多名建设者，前后历经了5年多时间，攻克了一系列科研与工程技术难题。

4. 合作与展望

我们已经多次为全球最大“人造太阳”国际热核聚变实验堆（ITER）计划的顺利推进贡献了中国智慧和力量。当地时间2024年2月29日，ITER组织与中核集团中核工程牵头的中法联合体正式签署真空室模块组装合同。这是继2019年9月中国与ITER组织签订TAC-1安装合同、安装托卡马克装置心脏设备之后，再次承担其核心设备的安装任务。自2008年以来，中国已承担了18个采购包的制造任务，涉及磁体支撑系统、磁体馈线系统、电源系统、辉光放电清洗系统、气体注入系统、可耐受极高温的反应堆堆芯“第一壁”等核心关键部件。在合同执行过程中，项目团队始终秉持国际合作精神，保障生产安全，设备质量总体受控，按节点完成一系列重大任务，合同履约总体评价良好。ITER组织总干事彼得罗·巴拉巴斯基表示，中国在技术和人力方面为ITER做出了巨大贡献，中国拥有强大的高技能建设人才队伍，中国承接了核心装置的安装，正在出色地完成组装任务，非常值得信赖!

组装合同的签署意味着中核集团中核工程牵头的中法联合体已经成为目前ITER项目主机安装的唯一承包商，这是中核集团坚持扩大对外开放，深度参与全球核工业产业链分工合作，构建新发展格局，推动核工业高质量发展，加快推进中国式现代化建设，致力打造人类命运共同体的生动实践，将极大提高中国在国际大科学工程中的参与程度。

在可控核聚变的道路之上，人类还有很长的一段路要走，一旦实现并投入商用，人类受困于资源的窘境便能得到很好的解决，可持续发展之梦将不再遥远。让我们期待人造太阳建成之后的生活，地球上的能源危机将不复存在，因抢夺能源引发的战争也将不会发生，太空旅行将不再是天方夜谭，人类将拥有一个和平美好的未来。

材料出处

1. 托卡马克_360百科：https：//baike. so. com/doc/5412472-5650598. html.
2. 让人类在可控核聚变的道路上看到曙光的托卡马克，为什么离不开超导技术？_腾讯新闻：https：//new. qq. com/rain/a/20200103A0PGAR00.
3. 学习强国“人造太阳”EAST大事记　科技日报2021-06-03.
4. 学习强国 追逐“人造太阳”！大科学装置“夸父”首次亮相　新华社2023-09-18.
5. 学习强国 中国奇迹｜探索终极能源中国新一代“人造太阳”人民网2023-06-08.

思考题

8.1　电流是电荷的流动，在电流密度$j\neq0$的地方，电荷的体密度ρ是否可能等于零？

8.2　两根截面不同而材料相同的金属导体串接在一起，两端加一定电压。问通过这两根导线的电流密度是否相同？两导体内的电场强度是否相同？如果两导体长度相等，则两导体上的电压是否相同？

8.3　静电力与非静电力有什么异同？电路中如果没有非静电力，电流能稳恒吗？为什么？

8.4　电源的电动势和端电压有什么区别？两者在什么情况下才相等？

8.5　我们为什么不把作用于运动电荷的磁力方向定义为磁感应强度 $\boldsymbol{B}$ 的方向？

8.6　有一正电荷在磁场中运动，已知其速度 $\boldsymbol{v}$ 沿着 x 轴方向，若它在磁场中所受的力有以下几种情况，试指出各种情况下磁感应强度 $\boldsymbol{B}$ 的方向。

（1）电荷不受力；

（2）受力的方向沿 z 轴方向，且此时磁力的值最大；

（3）受力的方向沿 z 轴的反方向，且此时磁力的值是最大值的一半。

8.7　一带电的质点以已知速度通过某磁场，只用一次测量能否确定磁场？如果同样的质点通过某电场空间，只用一次测量能否确定电场？

8.8　为什么磁铁靠近电视时，电视机的图形会变形？

8.9　一个半径为 R 的假想球面中心有一运动电荷，问：

（1）在球面上哪些点的磁场最强？

（2）在球面上哪些点的磁场为零？

（3）穿过球面的磁通量是多少？

8.10　电荷量为 q 的带电粒子，以速度 $\boldsymbol{v}$ 与匀强磁场 $\boldsymbol{B}$ 成 θ 角射入磁场，其轨迹为一螺旋线，若要改变：（1）螺旋线的半径；（2）螺旋线的螺距；（3）带电粒子回旋一周的时间。可通过哪些物理量来实现？

8.11　一个弯曲的载流导线在均匀磁场中如何放置才不受磁力作用？

8.12　在一均匀磁场中，有两个平行放置的面积相等，通有相同电流的线圈，一个是三角形，一个是圆形，这两个线圈所受的磁力矩是否相等？所受的最大磁力矩是否相等？所受磁力的合力是否相等？

8.13　用安培环路定理能否求出一段有限长的载流直导线周围的磁场？

8.14　为什么两根通有大小相等方向相反电流的导线扭在一起能减小杂散磁场？

8.15　设图 8-42 中两导线中的电流 I_1 和 I_2 均为 8A，试分别求图中三个闭合曲线 L_1、L_2、L_3 的环路积分 $\oint \boldsymbol{H}\cdot \mathrm{d}\boldsymbol{l}$ 值。并讨论：

（1）在每个闭合曲线上各点的磁场强度 $\boldsymbol{H}$ 是否相等？

（2）在闭合曲线 L_2 上各点的磁场强度 $\boldsymbol{H}$ 是否为零？为什么？

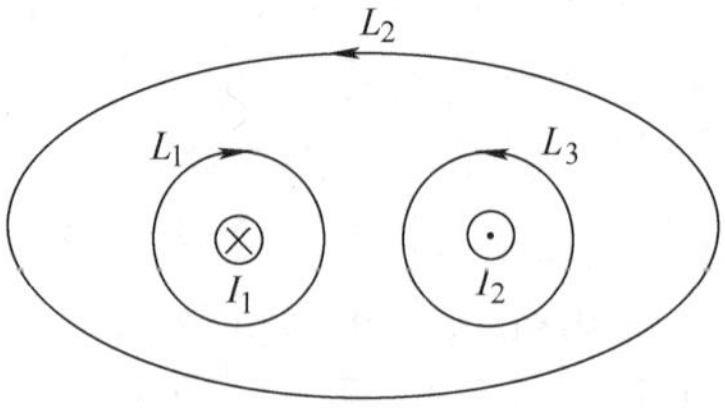

图 8-42　思考题 8.15 图

8.16　一电荷 q 在均匀磁场中运动，判断下列的说法是否正确，并说明理由。

（1）只要电荷速度的大小不变，它朝任何方向运动时所受到的洛伦兹力都相等；

（2）在速度不变的前提下，电荷量 q 改变为 $-q$，它所受的力将反向，而力的大小不变；

（3）电荷量 q 改变为 $-q$，同时其速度反向，则它所受的力也反向，而大小则不变；

（4）$\boldsymbol{v}$、$\boldsymbol{B}$、$\boldsymbol{F}$ 三个矢量，已知任意两个矢量的大小和方向，就能确定第三个矢量的大小和方向；

（5）质量为 q 的运动带电粒子，在磁场中受洛伦兹力后动能和动量不变。

8.17　如图 8-43 所示，一载流圆形线圈放置在 xOy 平面内，电流流向如图所示，另一带正电荷的粒子以速度 $\boldsymbol{v}$ 沿 z 轴方向通过线圈中心，试讨论作用在粒子和载流线圈上的力。

8.18　试说明 $\boldsymbol{B}$ 和 $\boldsymbol{H}$ 的联系与区别。

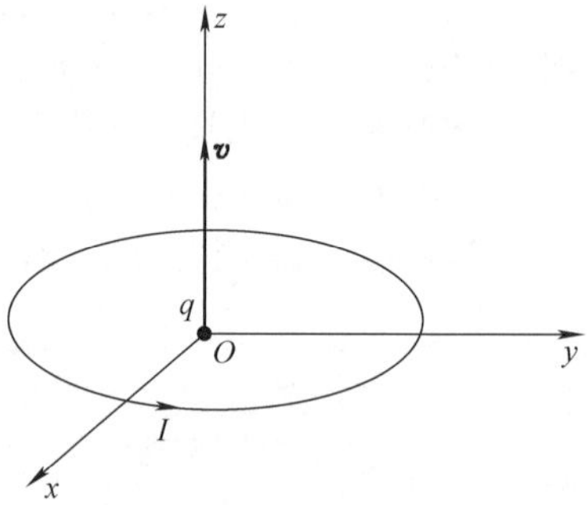

图 8-43　思考题 8.17 图

8.19 有两根铁棒，其外形完全相同，其中一根为磁铁，而另一根则不是，你怎样辨别它们？不准将任何一根棒作为磁针而悬挂起来，也不准使用其他的仪器。

8.20 下面的几种说法是否正确，试说明理由。

（1）若闭合曲线内不包围传导电流，则曲线上各点的 $\boldsymbol{H}$ 必为零；

（2）若闭合曲线上各点的 $\boldsymbol{H}$ 为零，则该曲线所包围的传导电流的代数和为零；

（3）不论抗磁质与顺磁质，$\boldsymbol{B}$ 总是和 $\boldsymbol{H}$ 同向；

（4）通过以闭合回路 L 为边界的任意曲面的 $\boldsymbol{B}$ 通量均相等；

（5）通过以闭合回路 L 为边界的任意曲面的 $\boldsymbol{H}$ 通量均相等；

8.21 在强磁铁附近的光滑桌面上的一枚铁钉由静止释放，铁钉被磁铁吸引，试问当铁钉撞击磁铁时，其动能从何而来？

习　题

一、选择题

8.1 对于安培环路定理的理解，正确的是（　　）。

（A）若环流等于零，则在回路 L 上必定是 H 处处为零；

（B）若环流等于零，则回路 L 所包围传导电流的代数和为零；

（C）回路 L 上各点的 H 仅与回路 L 包围的电流有关；

（D）若环流等于零，则在回路 L 上必定不包围电流。

8.2 一均匀磁场，其磁感应强度方向垂直于纸面，两带电粒子在磁场中的运动轨迹如图 8-44 所示，则（　　）。

（A）两粒子的电荷必然同号；　（B）粒子的电荷可以同号也可以异号；

（C）两粒子的动量大小必然不同；　（D）两粒子的运动周期必然不同。

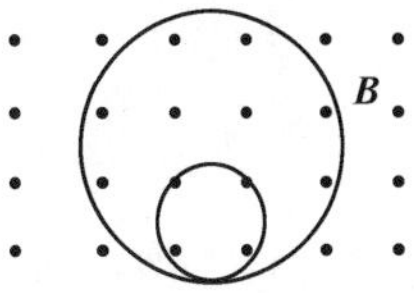

图 8-44　题 8.2 图

8.3 质量为 m、电荷量为 q 的粒子，以速度 $\boldsymbol{v}$ 与均匀磁场 $\boldsymbol{B}$ 成 θ 角射入磁场，轨迹为一螺旋线，若要增大螺距则要（　　）。

（A）增加磁感强度大小 B；　（B）减少磁感强度大小 B；

（C）增加 θ 角；　（D）减少速率 v。

8.4 电流元 $I\mathrm{d}\boldsymbol{l}$ 是圆电流线圈的一部分，则电流元受圆电流线圈的磁力情况为（　　）。

（A）为 0；　（B）不为 0，方向沿半径向外；

（C）不为 0，方向沿半径向圆心；　（D）不为 0，方向沿垂直于圆电流平面。

二、填空题

8.5 半径为 R 的半圆形电流 I，处在如图 8-45 所示的均匀磁场 $\boldsymbol{B}$ 中，则半圆弧电流 acb 受到的磁场力大小 $F=$________，半圆形电流 $acba$ 回路的磁矩大小为________，方向为________。图示位置受到的磁力矩大小 $M=$________，方向为________。线圈平面由该位置转到与磁场方向垂直时磁力矩大小为________，磁力矩的功为________。

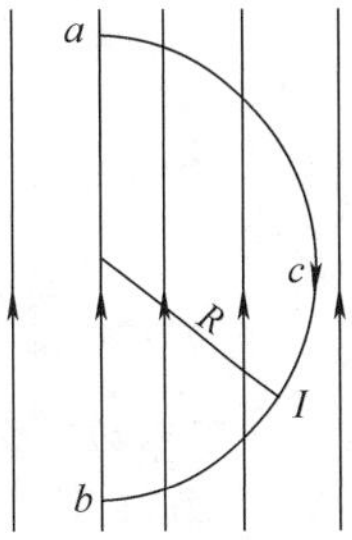

图 8-45　题 8.5 图

8.6 无限长载流导线周围任意点的磁感应强度大小表达式为________，方向由________确定。

8.7 均匀密绕空芯螺绕环环芯内部任意点的 $\boldsymbol{B}$ 大小为________，螺绕环外面任意点的 $\boldsymbol{B}$ 大小为________。

8.8 在磁感应强度为 $\boldsymbol{B}$ 的均匀磁场中，垂直于磁场方向的平面内有一段载流弯曲导线，电流为 I，如图 8-46 所示。载流弯曲导线所受的安培力为________。因此得出结论：任何垂直于磁场方向的平面载流线圈所受的安培力为________。

8.9 载流圆环环芯位置的磁感应强度大小为________，任意段载流圆弧圆心位置的磁感应强度大小为________，方向都可以用________确定。

8.10　以速度$\boldsymbol{v}$运动的电荷q在磁场$\boldsymbol{B}$中所受的洛伦兹力矢量表示式为________，方向和速度方向________，所以洛伦兹力________功（填“做”或“不做”）。

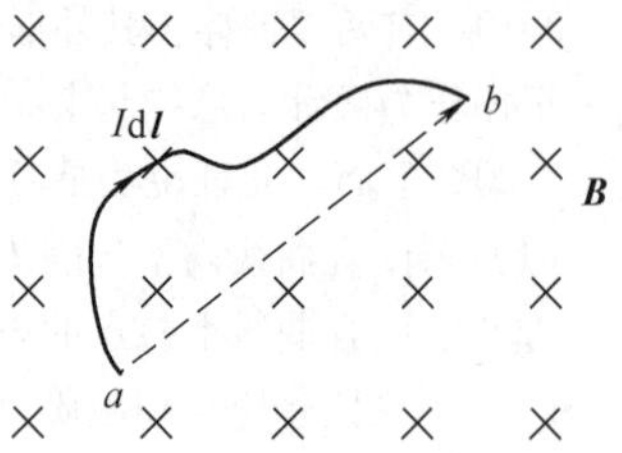

图 8-46　题 8.8 图

8.11　如图 8-47 所示，几种载流导线在平面内分布，电流均为I，它们在O点的磁感应强度分别为（a）____________；（b）____________；（c）____________。

三、计算题

8.12　已知磁感应强度$B = 2.0\mathrm{Wb \cdot m^{-2}}$的均匀磁场，方向沿$x$轴正方向，如图 8-48 所示。试求：（1）通过图中$abcd$面的磁通量；（2）通过图中$befc$面的磁通量；（3）通过图中$aefd$面的磁通量。

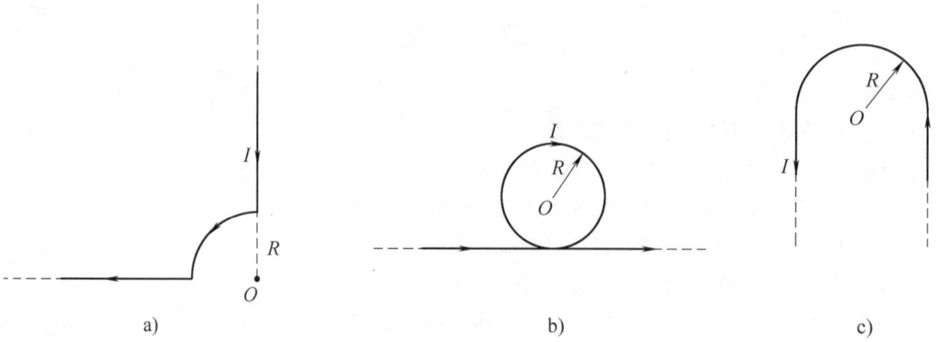

图 8-47　题 8.11 图

8.13　如图 8-49 所示，AB、CD为长直导线，$\overset{\frown}{BC}$为圆心在O点的一段圆弧形导线，其半径为R。若通以电流I，求O点的磁感应强度。

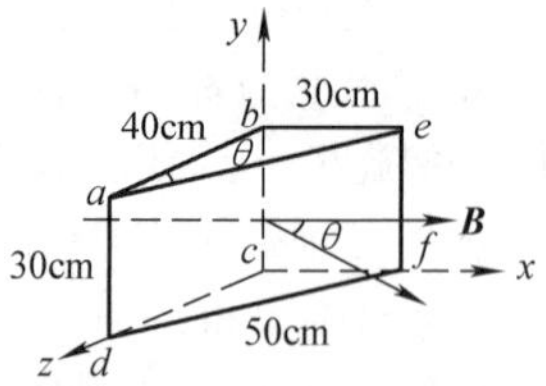

图 8-48　题 8.12 图

8.14　在真空中，有两根互相平行的无限长直导线L_1和L_2，相距 0.1m，通有方向相反的电流，$I_1 = 20\mathrm{A}$，$I_2 = 10\mathrm{A}$，如图 8-50 所示，A、B两点与导线在同一平面内，A点与导线L_2的距离为 5.0cm。试求A点处的磁感应强度，以及磁感应强度为零的B点的位置即r为多少？

8.15　如图 8-51 所示，两根导线沿半径方向引向铁环上的A、B两点，并在很远处与电源相连。已知圆环的粗细均匀，求环中心O的磁感应强度。

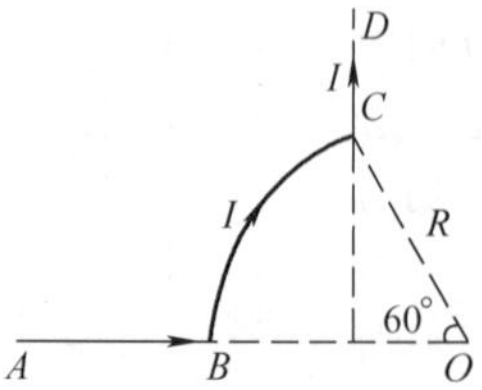

图 8-49　题 8.13 图

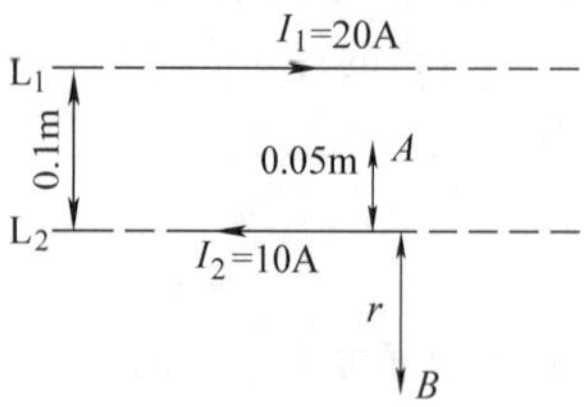

图 8-50　题 8.14 图

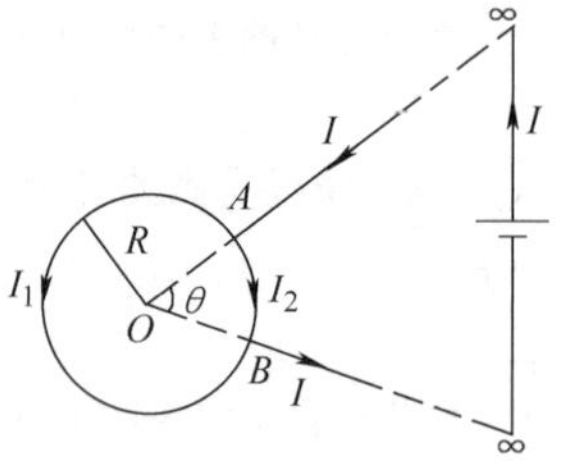

图 8-51　题 8.15 图

8.16　在一半径$R = 1.0\mathrm{cm}$的无限长半圆柱形金属薄片中，自上而下地有电流$I = 5.0\mathrm{A}$通过，电流分布均匀，如图 8-52 所示。试求圆柱轴线任一点P处的磁感应强度。

8.17　氢原子处在基态时，它的电子可看作在半径$a = 0.52 \times 10^{-8}\mathrm{cm}$的轨道上作匀速圆周运动，速率$v = 2.2 \times 10^{8}\mathrm{cm \cdot s^{-1}}$，如图 8-53 所示。求电子在轨道中心所产生的磁感应强度和电子磁矩的值。

8.18　两平行长直导线相距$d = 40\mathrm{cm}$，每根导线载有电流$I_1 = I_2 = 20\mathrm{A}$，如图 8-54 所示。求：（1）两导

线所在平面内与该两导线等距的一点 A 处的磁感应强度；(2) 通过图中矩形所围面积的磁通量 ($r_1=r_3=10\text{cm}$，$l=25\text{cm}$)。

8.19 一根很长的铜导线载有电流 10A，设电流均匀分布。在导线内部作一平面 S，如图 8-55 所示。试计算通过 S 平面的磁通量 (沿导线长度方向取长为 1m 的一段作计算)。铜的磁导率 $\mu=\mu_0$。

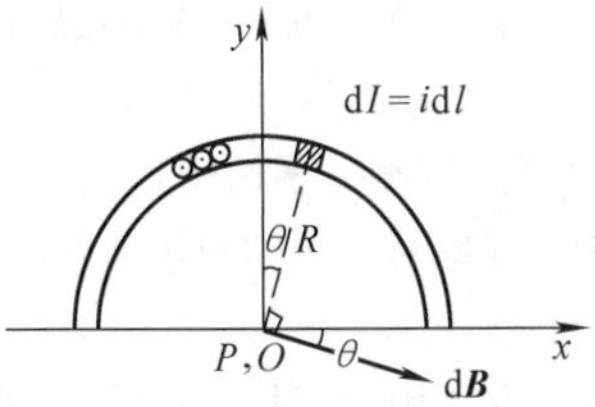

图 8-52 题 8.16 图

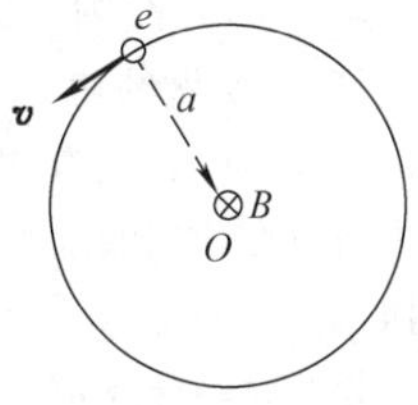

图 8-53 题 8.17 图

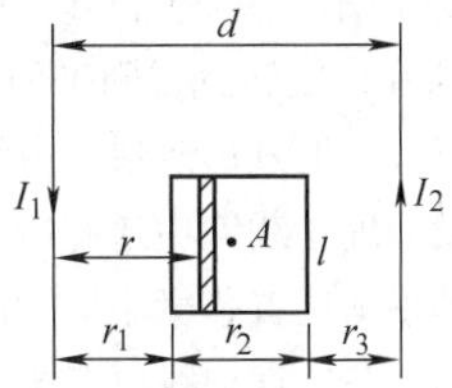

图 8-54 题 8.18 图

8.20 设图 8-56 中两导线中的电流均为 8A，对图示的三条闭合曲线 a、b、c，分别写出安培环路定理等式右边电流的代数和。并讨论：(1) 在各条闭合曲线上，各点的磁感应强度 $\boldsymbol{B}$ 的大小是否相等？(2) 在闭合曲线 c 上各点的 $\boldsymbol{B}$ 是否为零？为什么？

8.21 图 8-57 所示是一根很长的长直圆管形导体的横截面，内、外半径分别为 a、b，导体内载有沿轴线方向的电流 I，且 I 均匀地分布在管的横截面上。设导体的磁导率 $\mu\approx\mu_0$，试证明导体内部各点 ($a<r<b$) 的磁感应强度的大小由下式给出：

$$B=\frac{\mu_0 I}{2\pi(b^2-a^2)}\frac{r^2-a^2}{r}$$

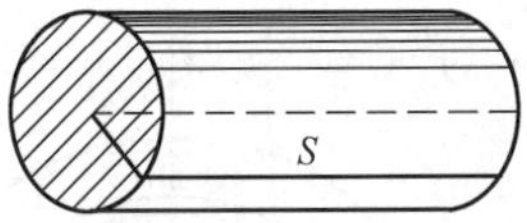

图 8-55 题 8.19 图

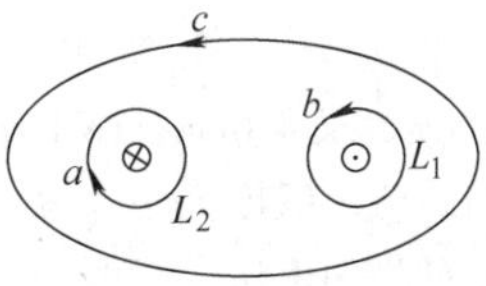

图 8-56 题 8.20 图

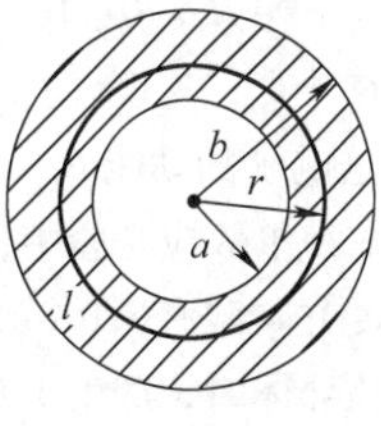

图 8-57 题 8.21 图

8.22 一根很长的同轴电缆，由一导体圆柱 (半径为 a) 和一同轴的导体圆管 (内、外半径分别为 b、c) 构成，如图 8-58 所示。使用时，电流 I 从一导体流去，从另一导体流回。设电流都是均匀地分布在导体的横截面上，求：(1) 导体圆柱内 ($r<a$) 各点处磁感应强度的大小；(2) 两导体之间 ($a<r<b$) 各点处磁感应强度的大小；(3) 导体圆筒内 ($b<r<c$) 各点处磁感应强度的大小；(4) 电缆外 ($r>c$) 各点处磁感应强度的大小。

8.23 在半径为 R 的长直圆柱形导体内部，与轴线平行地挖成一半径为 r 的长直圆柱形空腔，两轴间距离为 a，且 $a>r$，横截面如图 8-59 所示。现在电流 I 沿导体管流动，电流均匀分布在管的横截面上，而电流方向与管的轴线平行。求：(1) 圆柱轴线上的磁感应强度的大小；(2) 空心部分轴线上的磁感应强度的大小。

8.24 如图 8-60 所示，长直电流 I_1 附近有一等腰直角三角形线框，通以电流 I_2，二者共面。求 $\triangle ABC$ 的各边所受的磁力。

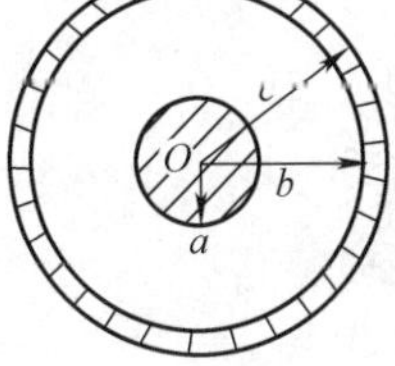

图 8-58 题 8.22 图

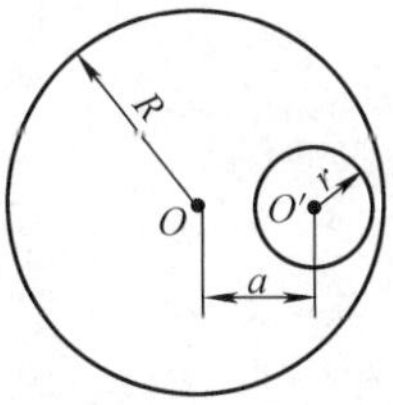

图 8-59 题 8.23 图

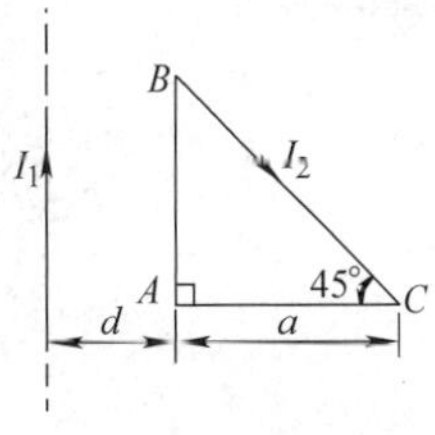

图 8-60 题 8.24 图

8.25　如图8-61所示，在长直导线AB内通以电流$I_1=20\text{A}$，在矩形线圈$CDFE$中通有电流$I_2=10\text{A}$，AB与线圈共面，且CD、EF都与AB平行。已知$a=9.0\text{cm}$，$b=20.0\text{cm}$，$d=1.0\text{cm}$，求：（1）导线AB的磁场对矩形线圈每边所作用的力；（2）矩形线圈所受合力和合力矩。

8.26　边长为$l=0.1\text{m}$的正三角形线圈放在磁感应强度$B=1\text{T}$的均匀磁场中，线圈平面与磁场方向平行。如图8-62所示，使线圈通以电流$I=10\text{A}$，求：（1）线圈每边所受的安培力；（2）对OO'轴的磁力矩大小；（3）从所在位置转到线圈平面与磁场垂直时磁力所做的功。

8.27　一正方形线圈，由细导线做成，边长为a，共有N匝，可以绕通过其相对两边中点的一个竖直轴自由转动。现在线圈中通有电流I，并把线圈放在均匀的水平外磁场$\boldsymbol{B}$中，线圈对其转轴的转动惯量为J。求线圈绕其平衡位置作微小振动时的振动周期T。

8.28　一长直导线通有电流$I_1=20\text{A}$，旁边放一导线ab，其中通有电流$I_2=10\text{A}$，且两者共面，如图8-63所示。求导线ab所受作用力对O点的力矩。

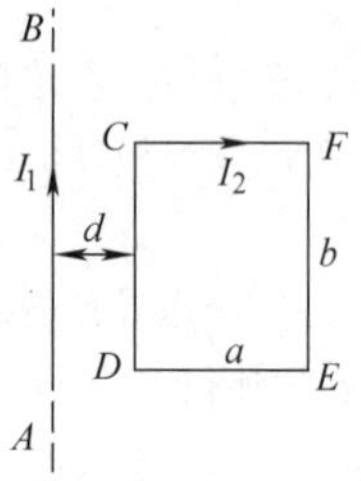

图8-61　题8.25图

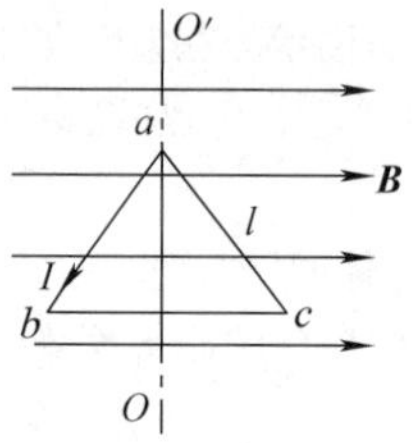

图8-62　题8.26图

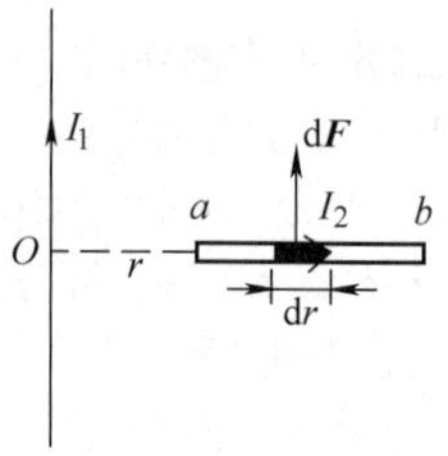

图8-63　题8.28图

8.29　电子在$B=70\times10^{-4}\text{T}$的匀强磁场中作圆周运动，圆周半径$r=3.0\text{cm}$。已知$\boldsymbol{B}$垂直于纸面向外，某时刻电子在$A$点，速度$\boldsymbol{v}$向上，如图8-64所示。（1）试画出这电子运动的轨道；（2）求这电子速度$\boldsymbol{v}$的大小；（3）求这电子的动能E_k。

8.30　在霍尔效应实验中，一宽1.0cm、长4.0cm、厚$1.0\times10^{-3}\text{cm}$的导体，沿长度方向载有3.0A的电流，当磁感应强度大小为$B=1.5\text{T}$的磁场垂直地通过该导体时，产生$1.0\times10^{-5}\text{V}$的横向电压。试求：（1）载流子的漂移速度；（2）每立方米的载流子数目。

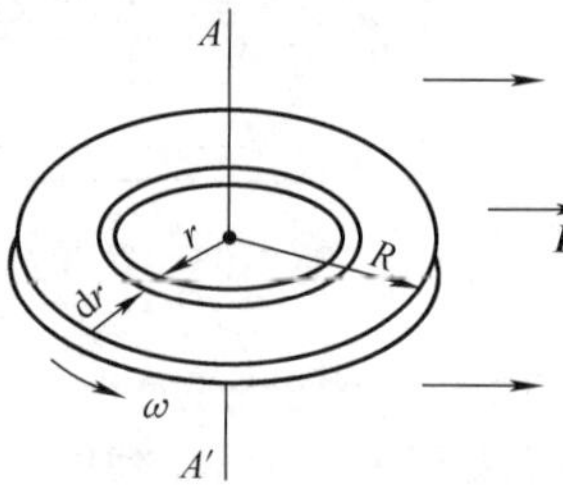

图8-64　题8.29图

8.31　螺绕环中心周长$L=10\text{cm}$，环上线圈匝数$N=200$匝，线圈中通有电流$I=100\text{mA}$。（1）当管内是真空时，求管中心的磁场强度$\boldsymbol{H}$和磁感应强度$\boldsymbol{B}_0$；（2）若环内充满相对磁导率$\mu_r=4200$的磁性物质，求管内的$\boldsymbol{B}$和$\boldsymbol{H}$；*（3）求磁性物质中心处由导线中传导电流产生的$\boldsymbol{B}_0$和由磁化电流产生的$\boldsymbol{B}'$。

8.32　螺绕环的导线内通有电流20A，利用冲击电流计测得环内磁感应强度的大小是$1.0\text{Wb}\cdot\text{m}^{-2}$。已知环的平均周长是40cm，绕有导线400匝。试计算：（1）磁场强度；（2）磁化强度；*（3）磁化率；*（4）相对磁导率。

8.33　一铁制的螺绕环，其平均圆周长$L=30\text{cm}$，截面积为1.0cm^2，在环上均匀绕以300匝导线，当绕组内的电流为0.032A时，环内的磁通量为$2.0\times10^{-6}\text{Wb}$。试计算：（1）环内的平均磁通量密度；（2）圆环截面中心处的磁场强度。

本章重要知识点讲解　　　　本章习题简答

第 9 章 电磁场统一理论

激发电场和磁场的根源——电荷和电流是相互关联的，这就启迪我们：电场和磁场之间也必然存在着相互联系、相互制约的关系。电磁感应定律的发现以及位移电流概念的提出，阐明了变化的磁场能够激发电场，变化的电场能够激发磁场，充分揭示了电场和磁场的内在联系及依存关系。在此基础上，麦克斯韦以方程组的形式总结了普遍而完整的电磁场理论。电磁场理论不仅预言了电磁波的存在、揭示了光的电磁本质，其辉煌的成就极大地推动了现代电工技术和无线电技术的发展，推动人类社会发展到了信息时代。

本章重点讨论电磁感应现象和规律，包括动生电动势、感生电动势、自感和互感、磁场的能量，最后论述了麦克斯韦方程组所揭示的电磁场理论，并简单介绍了电磁场的物质性、统一性、相对性。

9.1 法拉第电磁感应定律及应用

9.1.1 法拉第电磁感应定律

法拉第电磁感应定律是在实验的基础上得到的，大量的实验现象表明：当穿过一个闭合导体回路中所包围的磁通量发生变化时，不管这种变化是什么原因引起的，在导体回路中就会产生感应电流，这种现象叫作电磁感应现象。

电磁感应现象中产生的电流叫作感应电流。1833 年，楞次概括了大量的实验结果，在此基础上得到了楞次定律，这就是：感应电流的磁场总是使它的磁场阻碍原磁场的变化。

法拉第不仅发现了电磁感应现象，而且做了深入的研究，提出了感应电动势的概念，为电磁感应定律的形成，做出了卓越的贡献。法拉第电磁感应定律可以表述为：**通过回路包围面积的磁通量发生变化时，回路中产生的感应电动势与磁通量的变化率成正比**。国际单位制中电磁感应定律的表达式为

$$\mathscr{E} = -\frac{\mathrm{d}\Phi}{\mathrm{d}t} \tag{9-1}$$

式中，负号反映了感应电动势的方向，是楞次定律的数学体现。

感应电动势的参考方向的确定：为了使 Φ 不出现负值，我们可以根据线圈中穿过的原磁场的方向，再由右手螺旋法则确定回路的绕行正方向，即感应电动势的参考方向。绕行正方向和回路所包围平面的法线方向也遵守右手螺旋法则。如图 9-1 所示，已知穿过线圈回路原磁场 $\boldsymbol{B}$ 的方向，由右手螺旋法则确定绕行正方向，由绕行正方向再确定线圈平面的法线法向 $\boldsymbol{n}$，即 $\boldsymbol{S}$ 面的正方向。

一般我们把感应电动势的参考方向设为绕行正方向。

当 Φ 增加时，$\frac{\mathrm{d}\Phi}{\mathrm{d}t}>0\Rightarrow\mathscr{E}_i<0$，表示感应电动势的实际方向与参考方向相反；

图 9-1 绕行正方向和原磁场方向的关系

当 Φ 减小时，$\frac{\mathrm{d}\Phi}{\mathrm{d}t}<0\Rightarrow\mathscr{E}_i>0$，表示感应电动势的实际方向与参考方向相同。

如果回路是 N 匝线圈组成，则总的感应电动势为

$$\mathscr{E}_i=-N\frac{\mathrm{d}\Phi}{\mathrm{d}t}$$

又
$$\Psi=N\Phi \text{（磁链）}$$

所以
$$\mathscr{E}_i=-\frac{\mathrm{d}\Psi}{\mathrm{d}t} \tag{9-2}$$

设回路电阻为 R（视为常数），感应电流 $I_i=\frac{\mathscr{E}_i}{R}=-\frac{1}{R}\frac{\mathrm{d}\Phi}{\mathrm{d}t}$，则在 t_1-t_2 内通过回路任一横截面的电荷量为

$$q=\int_{t_1}^{t_2}I_i\mathrm{d}t=\int_{t_1}^{t_2}\left(-\frac{1}{R}\frac{\mathrm{d}\Phi}{\mathrm{d}t}\right)\mathrm{d}t=-\frac{1}{R}\int_{\Phi(t_1)}^{\Phi(t_2)}\mathrm{d}\Phi$$
$$=-\frac{1}{R}[\Phi(t_2)-\Phi(t_1)]$$

可知 q 与 $\Phi(t_2)-\Phi(t_1)$ 成正比，与时间间隔无关。

9.1.2 应用举例

例 9-1 如图 9-2 所示，平面线圈面积为 S，共 N 匝，在匀强磁场 $\boldsymbol{B}$ 中绕轴 OO' 以速度 ω 匀速转动。OO' 轴与 $\boldsymbol{B}$ 垂直。当 $t=0$ 时，线圈平面法线方向 $\boldsymbol{n}$ 与 $\boldsymbol{B}$ 同向。求线圈中的感应电动势。若线圈电阻为 R，求线圈中的感应电流。

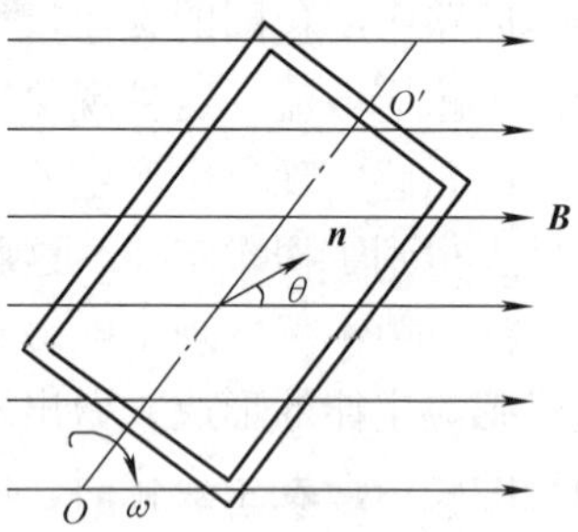

图 9-2 例 9-1 图

解 （1）设 t 时刻，$\boldsymbol{n}$ 与 $\boldsymbol{B}$ 夹角为 θ，此时穿过线圈总的磁通量为

$$\Psi=N\Phi=N(\boldsymbol{B}\cdot\boldsymbol{S})=NBS\cos\theta=NBS\cos\omega t$$

由法拉第电磁感应定律，线圈中感应电动势为

$$\mathscr{E}_i=-\frac{\mathrm{d}\Psi}{\mathrm{d}t}=NBS\omega\sin\omega t=\mathscr{E}_{i\max}\sin\omega t \quad (\mathscr{E}_{i\max}=NBS\omega)$$

（2）线圈中的感应电流为

$$I_i=\frac{\mathscr{E}_i}{R}=\frac{\mathscr{E}_{i\max}}{R}\sin\omega t=I_{i\max}\sin\omega t$$

$$\left(I_{i\max}=\frac{\mathscr{E}_{i\max}}{R}=\frac{NBS\omega}{R}\right)$$

例 9-2 一长直导线中通有交变电流 $i = I_0 \sin\omega t$，I_0 和 ω 是常量。旁边有一共面矩形线圈 $abcd$，如图 9-3 所示。$ab = L_1$，$bc = L_2$，ab 与导线平行且相距为 d。求线圈中的感应电动势。

解　设矩形线圈沿顺时针 $abcda$ 方向为绕行正方向。

建立坐标轴，在线框所包围面上取面元 $\mathrm{d}\boldsymbol{S}$，而 $\mathrm{d}S = L_1 \mathrm{d}x$，$\mathrm{d}\boldsymbol{S}$ 所在位置的磁感应强度大小为 $B = \dfrac{\mu_0 i}{2\pi x}$，如图 9-3 所示，方向垂直纸面向里。则穿过矩形线圈 $abcd$ 的磁通量为

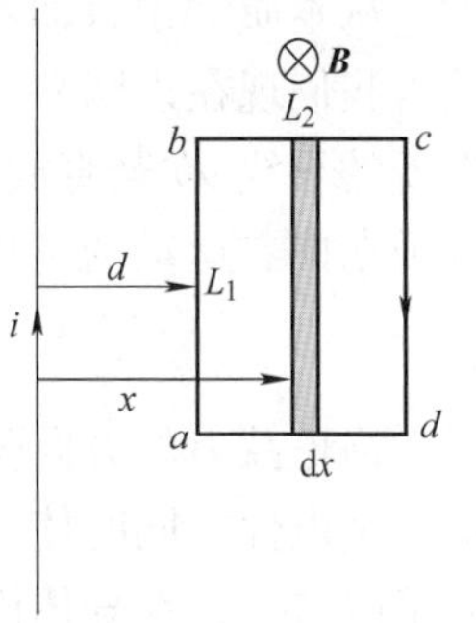

图 9-3　例 9-2 图

$$\Phi = \int_S \boldsymbol{B} \cdot \mathrm{d}\boldsymbol{S} = \int_d^{d+L_2} \frac{\mu_0 i}{2\pi x} L_1 \mathrm{d}x = \frac{\mu_0 i}{2\pi} L_1 \ln \frac{d + L_2}{d}$$

所以闭合回路 $abcd$ 中的感应电动势为

$$\mathscr{E}_{\mathrm{i}} = -\frac{\mathrm{d}\Phi}{\mathrm{d}t} = -\frac{\mu_0 \omega}{2\pi} L_1 I_0 \ln \frac{d + L_2}{d} \cos\omega t$$

$\mathscr{E}_{\mathrm{i}} > 0$ 时表示感应电动势沿顺时针方向；$\mathscr{E}_{\mathrm{i}} < 0$ 时表示感应电动势沿逆时针方向。

9.2　动生电动势和感生电动势

无论什么原因，当穿过一个闭合导体回路中的磁通量发生变化时，回路中都会产生感应电动势。实际中磁通量的变化大致分两种情况：一种是整个闭合回路或者闭合回路的一部分在稳恒磁场中运动，或者一段孤立导体在稳恒磁场中运动时，我们把这种情况下回路或者导体内产生的感应电动势叫作**动生电动势**；另一种是回路不动，磁场发生变化，这样产生的电动势叫作**感生电动势**。还有一种是磁场随时间变化且闭合回路也有运动，不难看出，这时的感应电动势是动生电动势和感生电动势的叠加。

下面我们分别讨论动生电动势和感生电动势产生的原因及其计算公式。

9.2.1　动生电动势

如图 9-4 所示，有一均匀的稳恒磁场，磁感应强度 $\boldsymbol{B}$ 的方向垂直纸面向里。一矩形导体线框放在纸面内，线框的 AB 边可以左右滑动，其长度为 L。设线框所围面积的法向正方向与磁感应强度的方向同向，由右手螺旋关系，回路的绕行正方向是顺时针的。当 AB 以速度 $\boldsymbol{v}$ 向右滑动时，线圈所围面积变大，穿过线框的磁通量也相应地增加。在 AB 边与线框左边相距为 x 时，穿过线框的磁通量为

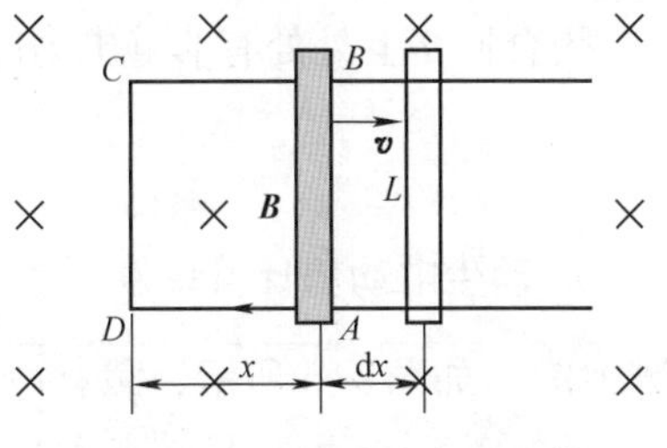

图 9-4　闭合回路中部分导体 AB 在均匀磁场中运动

$$\Phi = \boldsymbol{B} \cdot \boldsymbol{S} = BLx$$

线框中的产生的磁感应电动势为

$$\mathscr{E}_{\mathrm{i}} = -\frac{\mathrm{d}\Phi}{\mathrm{d}t} = -BL\frac{\mathrm{d}x}{\mathrm{d}t} = -BLv$$

如图 9-4 所示，感应电动势的参考正方向沿顺时针，负号表示感应电动势的实际方向与所选参考正方向相反沿逆时针。

实际上线框的另外三边没有动，只有导线 AB 横切磁场方向运动，所以动生电动势产生在

AB 上，方向由 A 端指向 B 端，AB 就相当于电源。

1. 动生电动势产生的原因

从本质上说，动生电动势的产生是运动的自由电荷在磁场中受洛伦兹力的结果。

我们现在以图 9-5 为例，分析动生电动势产生的原因，一均匀磁场垂直于纸面向里，长为 L 的导线 ab 竖直放置并以速度 $\boldsymbol{v}$ 水平向右运动。金属导线内的自由电子在向右运动的过程中受到磁场施加的洛伦兹力为

$$\boldsymbol{f} = -e\boldsymbol{v}\times\boldsymbol{B}$$

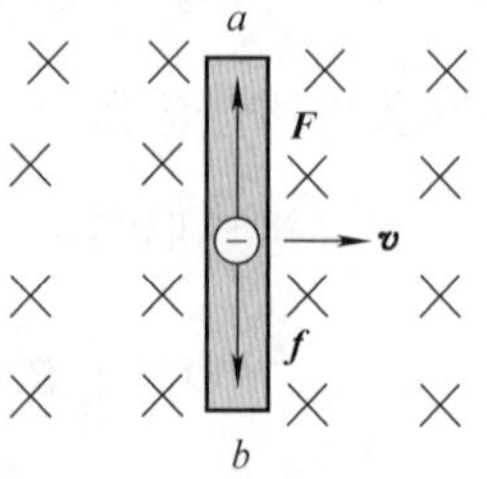

图 9-5　导体 ab 在均匀磁场中切割磁感线

洛伦兹力的方向竖直向下，驱使电子向 b 端积累，这样 b 端就显示了负电性，同时使 a 端显示出正电性，随着电荷的积累在 ab 两端形成了电势差，在导体内部形成一个静电场，电场强度的方向由 a 指向 b，电子同时还受一向上的电场力

$$\boldsymbol{F} = -e\boldsymbol{E}$$

电场力的方向竖直向上。随着电荷的积累电场不断加强，当电子受的洛伦兹力和电场力大小相等时，电荷停止积累，导体上保持稳定的电荷分布，形成稳定的动生电动势。因此，产生动生电动势的非静电力是洛伦兹力。

2. 动生电动势的计算公式

按照定义，单位正电荷从电源负极通过电源内部移动到电源正极的过程中，非静电力所做的功，叫作**电源的电动势**。

对于单位正电荷受的洛伦兹力（非静电力）为

$$\boldsymbol{f} = \boldsymbol{v}\times\boldsymbol{B} = \boldsymbol{E}_{\mathrm{k}} \quad (\boldsymbol{E}_{\mathrm{k}}\text{:非静电场场强})$$

由电动势的定义得动生电动势的表达式为

$$\mathscr{E}_{\mathrm{i}} = \int_{-}^{+} \boldsymbol{E}_{\mathrm{k}} \cdot \mathrm{d}\boldsymbol{l}$$

动生电动势的大小反映了洛伦兹力做功本领大小，通常表示为

$$\mathscr{E}_{\mathrm{i}} = \int_{-}^{+} (\boldsymbol{v}\times\boldsymbol{B}) \cdot \mathrm{d}\boldsymbol{l} \tag{9-3}$$

闭合回路上处处有非静电力时，整个回路都是电源，这时电动势用普遍式表示：

$$\mathscr{E} = \oint_{l} \boldsymbol{E}_{\mathrm{k}} \cdot \mathrm{d}\boldsymbol{l} \tag{9-4}$$

3. 动生电动势计算举例

例 9-3　如图 9-6 所示，载有电流 I 的长直导线附近，放一导体半圆环 MeN 与长直导线共面，且端点 MN 的连线与长直导线垂直。半圆环的半径为 b，环心 O 与导线相距 a，设半圆环以速度 $\boldsymbol{v}$ 平行导线平移。求半圆环上感应电动势的大小和方向及 MN 两端的电压。

视频讲解

解　作辅助线 MN，则在 $MeNOM$ 回路沿 $\boldsymbol{v}$ 方向运动时，穿过闭合回路的磁通量没有发生变化，即 $\mathrm{d}\Phi_{\mathrm{m}} = 0$。由法拉第电磁感应定律得整个回路产生电动势为 0，即

$$\mathscr{E}_{MeNOM}=0$$

$$\mathscr{E}_{MeN}+\mathscr{E}_{NOM}=0$$

因此 $\mathscr{E}_{MeN}=\mathscr{E}_{MN}$。由动生电动势公式

$$\mathscr{E}_{\mathrm{i}}=\int_{-}^{+}(\boldsymbol{v}\times\boldsymbol{B})\cdot\mathrm{d}\boldsymbol{l}$$

得 MeN 段的电动势大小为

$$\mathscr{E}_{MeN}=\mathscr{E}_{MN}=\int_{a-b}^{a+b}vB\cos\pi\mathrm{d}l=\frac{\mu_0 Iv}{2\pi}\ln\frac{a-b}{a+b}<0$$

所以，$\mathscr{E}_{MeN}$沿 NeM 方向。

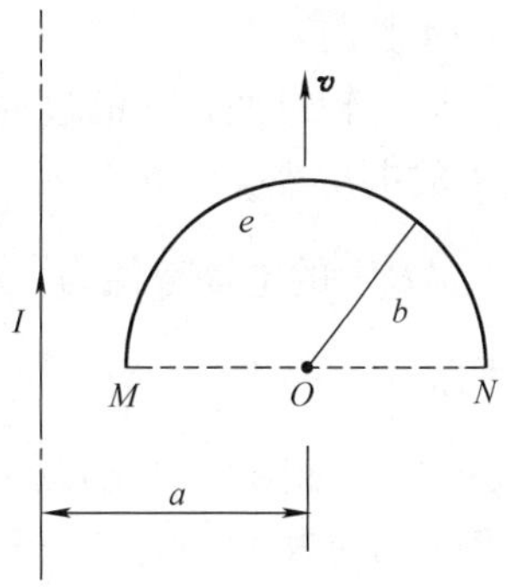

图9-6　例9-3图

MN 两端的电压大小为　$U_{MN}=\dfrac{\mu_0 Iv}{2\pi}\ln\dfrac{a+b}{a-b}$

M 点电势高于 N 点电势。

例9-4　如图9-7所示，长为 l 的细导体棒在匀强磁场 $\boldsymbol{B}$ 中，绕过 A 处垂直于纸面的轴以角速度 ω 匀速转动。求 AB 上产生的感应电动势的大小和方向。

解　方法一：用 $\mathscr{E}_{\mathrm{i}}=\int_{A}^{B}(\boldsymbol{v}\times\boldsymbol{B})\cdot\mathrm{d}\boldsymbol{l}$ 求解（选线元 $\mathrm{d}\boldsymbol{l}$ 沿 AB 方向）。

$\mathrm{d}\boldsymbol{l}$ 段产生的动生电动势为

$$\mathrm{d}\mathscr{E}_{\mathrm{i}}=(\boldsymbol{v}\times\boldsymbol{B})\cdot\mathrm{d}\boldsymbol{l}$$

因为$\boldsymbol{v}$和 $\boldsymbol{B}$ 垂直，$v=l\omega$，而$\boldsymbol{v}\times\boldsymbol{B}$ 与 $\mathrm{d}\boldsymbol{l}$ 同向，所以有

$$\mathrm{d}\mathscr{E}_{\mathrm{i}}=vB\mathrm{d}l=\omega Bl\mathrm{d}l$$

AB 棒产生的总电动势为

$$\mathscr{E}_{ab}=\int_{A}^{B}\mathrm{d}\mathscr{E}_{\mathrm{i}}=\int_{A}^{B}(\boldsymbol{v}\times\boldsymbol{B})\cdot\mathrm{d}\boldsymbol{l}=\int_{0}^{l}\omega Bl\mathrm{d}l=\frac{1}{2}\omega Bl^2$$

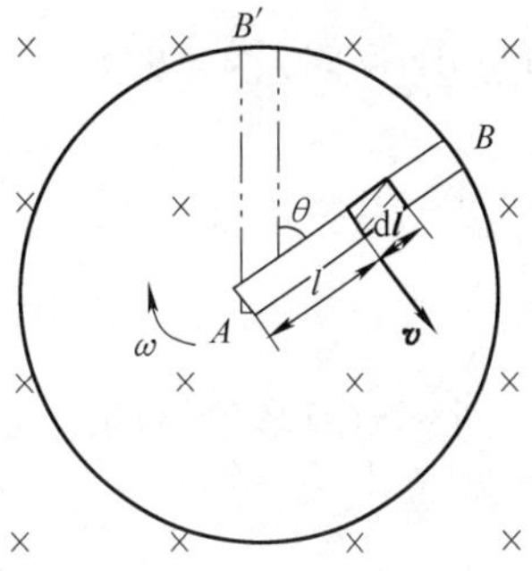

图9-7　例9-4图

因为 $\mathscr{E}_{\mathrm{i}}>0$，所以 $\mathscr{E}_{\mathrm{i}}$ 沿 $A\to B$ 方向，如图9-7所示。

即 B 点的电位比 A 点的电位高。

方法二：用 $\mathscr{E}_{\mathrm{i}}=-\dfrac{\mathrm{d}\Phi}{\mathrm{d}t}$求解。

设 $t=0$ 时，AB 位于 AB'位置，t 时刻转到实线位置，$\theta=\omega t$，这段时间转过的面积为 S，且 $S=\dfrac{1}{2}\omega tl^2$，由已知选顺时针为绕行正方向（感应电动势的参考方向），S 面积上穿过的磁通量为

$$\Phi=\boldsymbol{B}\cdot\boldsymbol{S}=BS\cos0^\circ=\frac{1}{2}B\omega tl^2$$

上式代入 $\mathscr{E}_{\mathrm{i}}=-\dfrac{\mathrm{d}\Phi}{\mathrm{d}t}$得

$$\mathscr{E}_{\mathrm{i}}=-\frac{1}{2}\omega Bl^2$$

$\mathscr{E}_{\mathrm{i}}<0$，表明实际方向与参考方向相反，所以 $\mathscr{E}_{\mathrm{i}}$ 的实际方向沿逆时针方向，即 $A\to B\to$

$B' \to A$ 方向。

因为转过面积 S 的过程中，只有 AB 在切割磁感线，所以整个回路上的电动势就是 AB 上产生的电动势。

AB 上的电动势值为
$$\mathscr{E}_{AB} = \frac{1}{2}\omega B l^2$$
方向沿 $A \to B$。

例 9-5　如图 9-8 所示，一无限长载流导线 AB，通过的电流为 $I = 20\text{A}$，导体细棒 CD 与 AB 共面，并互相垂直，CD 长为 $l = 0.02\text{m}$，C 端距 AB 为 $a = 0.01\text{m}$，CD 以匀速度 $v = 10\text{m} \cdot \text{s}^{-1}$ 的大小沿 $A \to B$ 方向运动，求 CD 中产生的感应电动势。

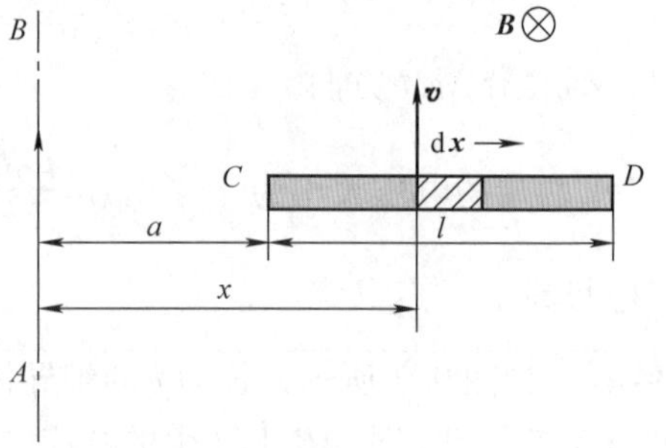

图 9-8　例 9-5 图

解　$\mathrm{d}\boldsymbol{x}$ 段产生的动生电动势为
$$\mathrm{d}\mathscr{E}_i = (\boldsymbol{v} \times \boldsymbol{B}) \cdot \mathrm{d}\boldsymbol{x}$$

CD 所在空间的 $\boldsymbol{B}$ 垂直指向纸面，是由 AB 上的电流产生的，因此 $\boldsymbol{v} \times \boldsymbol{B}$ 的方向由 $D \to C$ 方向，即与 $\mathrm{d}\boldsymbol{x}$ 反向，$\boldsymbol{v} \times \boldsymbol{B}$ 大小为 vB，而 $B = \dfrac{\mu_0 I}{2\pi x}$，所以
$$\mathrm{d}\mathscr{E}_i = (\boldsymbol{v} \times \boldsymbol{B}) \cdot \mathrm{d}\boldsymbol{x} = vB\mathrm{d}x\cos\pi = -vB\mathrm{d}x = -v\frac{\mu_0 I}{2\pi x}\mathrm{d}x$$

整个 CD 段产生的电动势 $\mathscr{E}_{CD}$ 为
$$\mathscr{E}_{CD} = \int_C^D \mathrm{d}\mathscr{E}_i = -\int_a^{a+l} v\frac{\mu_0 I}{2\pi x}\mathrm{d}x = -\frac{\mu_0 I v}{2\pi}\ln\frac{a+l}{a}$$

代入已知条件得
$$\mathscr{E}_{CD} = -\frac{\mu_0 I v}{2\pi}\ln\frac{a+l}{a} = -\left(\frac{4\pi \times 10^{-7} \times 20 \times 10}{2\pi}\ln 3\right)\text{V} = -4\ln 3 \times 10^{-5}\text{V}$$

因为 $\mathscr{E}_{CD} < 0$，所以 CD 上电动势的实际方向沿 $D \to C$，即 C 点比 D 点电势高。

9.2.2　感生电动势　涡旋电场

1. 感生电动势产生的原因

前面已经提到，如果回路不动而是回路所在空间的磁场发生变化，这样产生的电动势叫作感生电动势。我们知道一个电动势的产生，必须以非静电场 $\boldsymbol{E}_k$ 或非静电力 $\boldsymbol{F}_k$ 的存在作为前提，产生动生电动势的非静电力是洛伦兹力，但产生感生电动势的非静电力显然不是洛伦兹力（因为回路不动），那么，与感生电动势相应的非静电力是什么呢？

既然导体不动而磁场 $\boldsymbol{B}$ 变化时出现感生电动势，可见导体中的电子必然由于 $\boldsymbol{B}$ 的变化而受到一个力。迄今为止，关于电荷所受的力，我们已经认识了两种：①电荷受到其他电荷激发的电场对它的库仑力——静电场力；②运动电荷受到磁场对它的洛伦兹力——磁场力。现在又看到，静止电荷在变化磁场中也要受到一个力的作用，但这个力既不是洛伦兹力，也不是库仑力（因为库仑力与磁场无关），而是一种我们尚未认识的力。既然一个任意形状的、由任意金属材料制成的静止导体内的电子在变化磁场中都要受到这种力，可以推想，取走导体而在变化的磁场中放一个静止电子（或其他带电粒子），也会受到这样一种力。麦克斯韦分析和研究了这类电磁感应现象，提出了以下假说：不论有无导体或导体回路，变化的磁场都将在其周围空间产生具有闭合电场线的电场，并称此电场为感生电场或涡旋电场。用 $\boldsymbol{E}_{\mathrm{r}}$ 表示。大量的实验都证实了麦克斯韦这一假说是正确的。

综上所述，在自然界中存在两种电场：由自由电荷激发的静电场和由变化磁场激发的涡旋电场。涡旋电场和静电场的相同之处是都能对场中的电荷（无论静止与否）施加作用力，这个力就是电场力。如果在感生电场中放入导体，则导体中的电子在感生电场力的作用下将发生定向运动，在导体中形成电动势；如果导体构成闭合回路，就产生感应电流。因此，产生感生电动势的非静电力就是感生电场力或者涡旋电场力，它是形成感生电动势的起因和本质。

因为静电场是电荷产生的，电力线起始于正电荷而终止于负电荷，静电场是有源场，静电场也是保守场。

我们已经知道真空中反映静电场性质的数学表达式为

$$\oint_S \boldsymbol{E} \cdot \mathrm{d}\boldsymbol{S} = \frac{q}{\varepsilon_0}$$

$$\oint_L \boldsymbol{E} \cdot \mathrm{d}\boldsymbol{l} = 0$$

因为涡旋电场是变化磁场产生的，涡旋电场是无源场，电场线是闭合的，涡旋电场为非保守场。因此得真空中反映涡旋电场性质的数学表达式为

$$\oint_S \boldsymbol{E}_{\mathrm{r}} \cdot \mathrm{d}\boldsymbol{S} = 0$$

$$\oint_L \boldsymbol{E}_{\mathrm{r}} \cdot \mathrm{d}\boldsymbol{l} \neq 0$$

那么不等于零的 $\oint_L \boldsymbol{E}_{\mathrm{r}} \cdot \mathrm{d}\boldsymbol{l}$ 项到底等于什么呢？下面来讨论感生电动势的计算。

2. 感生电动势计算公式

既然产生感生电动势的非静电力是涡旋电场力，单位正电荷受到的涡旋电场力是 $\boldsymbol{f}_{涡} = q\boldsymbol{E}_{\mathrm{r}} = \boldsymbol{E}_{\mathrm{r}}$。根据电动势的定义，得导体上产生的电动势为

$$\mathscr{E}_{\mathrm{i}} = \int_{-}^{+} \boldsymbol{E}_{\mathrm{r}} \cdot \mathrm{d}\boldsymbol{l}$$

若导体是闭合的，感生电动势的表达式为

$$\mathscr{E}_{\mathrm{i}} = \oint_L \boldsymbol{E}_{\mathrm{r}} \cdot \mathrm{d}\boldsymbol{l}$$

感生电动势的大小，反映了涡旋电场力做功本领的大小。

再根据法拉第电磁感应定律，可有

$$\mathscr{E}_{\mathrm{i}} = \oint_L \boldsymbol{E}_{\mathrm{r}} \cdot \mathrm{d}\boldsymbol{l} = -\frac{\mathrm{d}\Phi}{\mathrm{d}t} \tag{9-5}$$

法拉第建立的电磁感应定律的原始形式 $\mathscr{E}_{\mathrm{i}} = -\frac{\mathrm{d}\Phi}{\mathrm{d}t}$ 只适用于导体构成的闭合回路情形；而

麦克斯韦关于感应电场的假设所建立的电磁感应定律 $\mathscr{E}_i = \oint_L \boldsymbol{E}_r \cdot \mathrm{d}\boldsymbol{l} = -\frac{\mathrm{d}\Phi}{\mathrm{d}t}$，闭合回路是否由导体组成都成立，闭合回路在真空中还是在介质中都适用。这就是说，只要通过某一闭合回路的磁通量发生变化，那么感生电场沿此闭合回路的环流总是满足 $\mathscr{E}_i = \oint_L \boldsymbol{E}_r \cdot \mathrm{d}\boldsymbol{l} = -\frac{\mathrm{d}\Phi}{\mathrm{d}t}$。只不过，对导体回路来说，有电荷定向运动，而形成感生电流和感生电动势；而对于非导体回路虽然无感生电流，感生电场和感生电动势还是存在的。

3. 感生电动势计算举例

例 9-6　如图 9-9 所示，均匀磁场 $\boldsymbol{B}$ 被局限在半径为 $R=0.50\mathrm{m}$ 的圆筒内，$\boldsymbol{B}$ 与筒轴平行，磁感应强度也以恒定变化率 $\frac{\mathrm{d}B}{\mathrm{d}t}=1.0\times10^{-4}\mathrm{T}\cdot\mathrm{s}^{-1}$ 增加，求距离轴心的半径为 $r=0.10\mathrm{m}$ 和 $r=1.00\mathrm{m}$ 的圆周上电场强度各是多少？电场强度的最大值是多少？画出电场强度随半径的变化关系图。

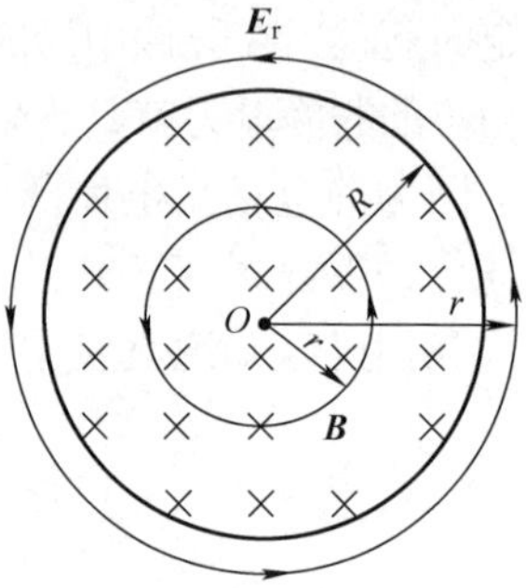

图 9-9　例 9-6 图

解　根据磁场分布的对称性可知，变化的磁场产生感应电场，电场线是一系列以筒轴线为圆心的同心圆。圆周上各点的切线方向为 $\boldsymbol{E}_r$ 的方向。

（1）距离轴心为 $r=0.10\mathrm{m}$ 位置（$r<R$）的感应电场强度的计算。

以 O 点为圆心，以 r 为半径，作闭合圆周回路 l，即闭合电场线回路，回路的绕行方向取顺时针，由麦克斯韦建立的电磁感应定律方程

$$\oint_L \boldsymbol{E}_r \cdot \mathrm{d}\boldsymbol{l} = -\frac{\mathrm{d}\Phi}{\mathrm{d}t}$$

因为

$$\oint_L \boldsymbol{E}_r \cdot \mathrm{d}\boldsymbol{l} = \oint_L E_r \mathrm{d}l = E_r \oint_L \mathrm{d}l = E_r \cdot 2\pi r$$

$$\frac{\mathrm{d}\Phi}{\mathrm{d}t} = \frac{\mathrm{d}}{\mathrm{d}t}(\boldsymbol{B}\cdot\boldsymbol{S}) = \frac{\mathrm{d}}{\mathrm{d}t}(BS) = \pi r^2\frac{\mathrm{d}B}{\mathrm{d}t}$$

视频讲解

所以有

$$E_r \cdot 2\pi r = -\pi r^2\frac{\mathrm{d}B}{\mathrm{d}t}$$

$$E_r = -\frac{1}{2}r\frac{\mathrm{d}B}{\mathrm{d}t}$$

因为 $\frac{\mathrm{d}B}{\mathrm{d}t}>0$，所以 $E_r<0$。代入已知条件得 $r=0.10\mathrm{m}$ 时的感生电场强度为

$$E_r = -\frac{1}{2}r\frac{\mathrm{d}B}{\mathrm{d}t} = \left(-\frac{1}{2}\times0.10\times1.0\times10^{-4}\right)\mathrm{N}\cdot\mathrm{C}^{-1} = -5\times10^{-6}\mathrm{N}\cdot\mathrm{C}^{-1}$$

电场强度 $\boldsymbol{E}_r$ 的方向如图 9-9 所示，沿圆周切线方向，与假定绕行方向相反。

（2）半径 $r=1.00\mathrm{m}$（$r>R$）的圆周上各点电场强度的计算。

以 O 点为圆心，以 r 为半径，作闭合圆周回路 l，即闭合电场线回路，回路的绕行方向取顺时针，由麦克斯韦建立的电磁感应定律方程求解。

因为

$$\oint_L \boldsymbol{E}_{\mathrm{r}} \cdot \mathrm{d}\boldsymbol{l} = \oint_L E_{\mathrm{r}} \mathrm{d}l = E_{\mathrm{r}} \oint_L \mathrm{d}l = E_{\mathrm{r}} \cdot 2\pi r$$

而

$$\frac{\mathrm{d}\Phi}{\mathrm{d}t} = \frac{\mathrm{d}}{\mathrm{d}t}(\boldsymbol{B} \cdot \boldsymbol{S}) = \frac{\mathrm{d}}{\mathrm{d}t}(BS) = \pi R^2 \frac{\mathrm{d}B}{\mathrm{d}t}$$

代入

$$\oint_L \boldsymbol{E}_{\mathrm{r}} \cdot \mathrm{d}\boldsymbol{l} = -\frac{\mathrm{d}\Phi}{\mathrm{d}t}$$

$$E_{\mathrm{r}} \cdot 2\pi r = -\pi R^2 \frac{\mathrm{d}B}{\mathrm{d}t}$$

$$E_{\mathrm{r}} = -\frac{R^2}{2r} \frac{\mathrm{d}B}{\mathrm{d}t}$$

因为$\frac{\mathrm{d}B}{\mathrm{d}t} > 0$，所以 $E_{\mathrm{r}} < 0$。代入已知条件得 $r = 1.00\mathrm{m}$ 时的电场强度为

$$\begin{aligned} E_{\mathrm{r}} &= -\frac{R^2}{2r} \frac{\mathrm{d}B}{\mathrm{d}t} = \left(-\frac{0.50^2}{2 \times 1.00} \times 1.0 \times 10^{-4}\right) \mathrm{N} \cdot \mathrm{C}^{-1} \\ &= -1.25 \times 10^{-5} \mathrm{N} \cdot \mathrm{C}^{-1} \end{aligned}$$

电场强度 $\boldsymbol{E}_{\mathrm{r}}$ 的方向如图 9-9 所示，沿圆周的切线方向与假定绕行方向相反。

（3）由 $E_{\mathrm{r}} = \frac{1}{2} r \frac{\mathrm{d}B}{\mathrm{d}t}$得，在 $r = R$ 处，电场强度 $\boldsymbol{E}_{\mathrm{r}}$ 最大。$\boldsymbol{E}_{\mathrm{r}}$ 最大值为

$$E_{\mathrm{r}} = \frac{1}{2} R \frac{\mathrm{d}B}{\mathrm{d}t} = \left(\frac{1}{2} \times 0.50 \times 1.0 \times 10^{-4}\right) \mathrm{N} \cdot \mathrm{C}^{-1} = 2.5 \times 10^{-5} \mathrm{N} \cdot \mathrm{C}^{-1}$$

涡旋电场强度 $\boldsymbol{E}_{\mathrm{r}}$ 的方向如图 9-9 所示，沿圆周的切线方向与假定绕行方向相反。涡旋电场强度 $\boldsymbol{E}_{\mathrm{r}}$ 的大小与半径 r 的变化关系如图 9-10 所示。

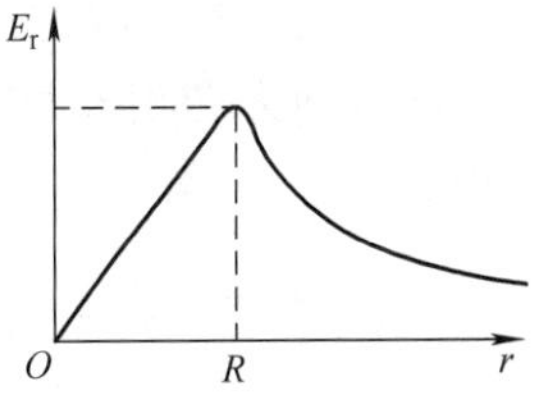

图 9-10　E_{r} 与 r 的变化关系图

通过该题得出结论：电场不仅存在于筒形磁场内，也存在于筒形磁场外；筒形磁场内的感应电场 $\boldsymbol{E}_{\mathrm{r}}$ 的大小与半径成正比，筒形磁场外的涡旋电场 $\boldsymbol{E}_{\mathrm{r}}$ 的大小与半径成反比，涡旋电场 $\boldsymbol{E}_{\mathrm{r}}$ 的方向可以方便地用楞次定律判定；方法是根据原磁场的方向，再根据原磁场的变化情况，最后由右手螺旋法则（具体由增反减同），弯曲的四指指向为感应电场的方向。即便是回路中没有导线只要磁场变化，感应电场仍然存在。

例 9-7

半径为 R 的无限长直螺线管的电流随时间线性增加$\left(\frac{\mathrm{d}I}{\mathrm{d}t} = 常数\right)$时，其内部的磁感应强度也以恒定变化率$\frac{\mathrm{d}B}{\mathrm{d}t}$增加，图 9-11 所示为无限长直螺线管的一个横截面。将长为 l 的金属棒 ab 垂直于磁场放置在该横截面内，求棒两端的感生电动势的大小及方向。

解　由于$\frac{\mathrm{d}B}{\mathrm{d}t} \neq 0$，在空间将激发涡旋电场，根据磁场分布的轴对称性及涡旋电场的场线是闭合曲线这两个特点，可以断定涡旋电场的场线在垂直螺线管轴线的平面内是以螺线管轴线

为圆心的一系列同心圆。因为$\frac{\mathrm{d}B}{\mathrm{d}t}$增加，根据楞次定律判定出涡旋电场的场线方向如图 9-11 所示，沿逆时针方向。

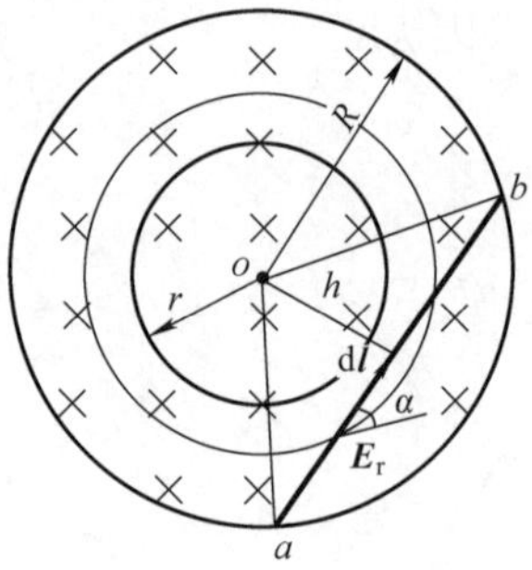

图 9-11　例 9-7 图

方法一：用 $\mathscr{E}_{ab}=\int_a^b \boldsymbol{E}_{\mathrm{r}}\cdot \mathrm{d}\boldsymbol{l}$ 求解。

沿金属棒 ab 取线元 $\mathrm{d}\boldsymbol{l}$，$\boldsymbol{E}_{\mathrm{r}}$ 与 $\mathrm{d}\boldsymbol{l}$ 的夹角为 α，则有

$$\mathscr{E}_{ab}=\int_a^b \boldsymbol{E}_{\mathrm{r}}\cdot \mathrm{d}\boldsymbol{l}=\int_a^b E_{\mathrm{r}}\mathrm{d}l\cos\alpha$$

因为根据上例的结论，在 $r<R$ 区域内，涡旋电场 $E_{\mathrm{r}}=\frac{1}{2}r\frac{\mathrm{d}B}{\mathrm{d}t}$，又因 $\cos\alpha=\frac{h}{r}$，代入感应电动势表达式，所以有

$$\begin{aligned}\mathscr{E}_{ab}&=\int_a^b \boldsymbol{E}_{\mathrm{r}}\cdot \mathrm{d}\boldsymbol{l}=\int_a^b E_{\mathrm{r}}\mathrm{d}l\cos\alpha\\&=\int_a^b \frac{r}{2}\frac{\mathrm{d}B}{\mathrm{d}t}\frac{h}{r}\mathrm{d}l=\frac{h}{2}\frac{\mathrm{d}B}{\mathrm{d}t}\int_a^b \mathrm{d}l=\frac{hl}{2}\frac{\mathrm{d}B}{\mathrm{d}t}\end{aligned}$$

视频讲解

其中，h 为 $\triangle oab$ 中 ab 边上的高，大小为 $h=\sqrt{R^2-\frac{l^2}{4}}$。

因为 $\mathscr{E}_{ab}>0$，所以感生电动势的方向由 a 指向 b，即 b 点的电势比 a 点的高。

方法二：用法拉第电磁感应定律求解。

作辅助线 oa、ob（见图 9-11）。因 $\boldsymbol{E}_{\mathrm{r}}$ 沿同心圆周的切向，任意点的 $\boldsymbol{E}_{\mathrm{r}}$ 都和该点的半径方向垂直，所以 $\boldsymbol{E}_{\mathrm{r}}$ 沿 oa 及 ob 的线积分为零，即 oa、ob 段的感生电动势为零，所以闭合曲线 $aboa$ 上的感生电动势就是 ab 段产生的感生电动势。

设绕向为沿闭合曲线 $aboa$，即逆时针，即 $\mathscr{E}_{\mathrm{i}}=\mathscr{E}_{aboa}=\mathscr{E}_{ab}+\mathscr{E}_{bo}+\mathscr{E}_{oa}=\mathscr{E}_{ab}$。而 $aboa$ 所围面积为

$$S=\frac{1}{2}hl$$

因为我们假设绕向沿逆时针，根据绕向方向，由右手螺旋法则，确定出 $\boldsymbol{S}$ 的法向正方向向外，所以穿过 S 面的磁通量为

$$\boldsymbol{\Phi}=\boldsymbol{B}\cdot\boldsymbol{S}=-BS=-\frac{1}{2}hlB$$

代入法拉第电磁感应定律表达式　　$\mathscr{E}_{\mathrm{i}}=-\frac{\mathrm{d}\Phi}{\mathrm{d}t}$

根据上面分析得 ab 上的感生电动势为

$$\mathscr{E}_{\mathrm{i}}=\mathscr{E}_{ab}=-\frac{\mathrm{d}\Phi}{\mathrm{d}t}=\frac{1}{2}hl\frac{\mathrm{d}B}{\mathrm{d}t}$$

其中，h 为 $\triangle oab$ 中 ab 边上的高，大小为 $h=\sqrt{R^2-\frac{l^2}{4}}$。

方法二与方法一的结果相同。

9.3 电磁感应现象的具体应用

9.3.1 自感

1. 自感现象

当一回路中有电流时，必然要在自身回路中有磁通量，当电流变化时，磁通量也发生变化，由法拉第电磁感应定律可知，在回路中一定会产生感应电动势。由于回路中电流发生变化，或者回路形状改变，而在本身回路中引起感应电动势的现象称为自感现象。自感现象中产生的电动势叫作自感电动势。

2. 自感系数

(1) 定义 设通过回路电流为 I，由毕奥-萨伐尔定律可知，电流在空间任意一点产生的 $\boldsymbol{B}$ 其大小与 I 成正比，所以通过回路本身的磁通量与 I 成正比，即

$$\Phi = LI \tag{9-6}$$

式中，L 定义为自感系数或自感，与回路的大小、形状、磁介质有关。在 SI 中，L 单位为亨利，记作 H。若回路周围没有铁磁性物质，L 的大小与电流 I 无关。若回路中有铁磁性物质，L 和电流 I 不呈线性关系。L 不再是常量。

(2) 自感电动势与 L 的意义 自感电动势记为 $\mathscr{E}_L$，可以表达为

$$\mathscr{E}_L = -\frac{\mathrm{d}\Phi}{\mathrm{d}t} = -\left(L\frac{\mathrm{d}I}{\mathrm{d}t} + I\frac{\mathrm{d}L}{\mathrm{d}t}\right)$$

当回路的形状、大小、磁介质不变时，且回路中没有铁磁性物质时，$L=$常数，所以$\frac{\mathrm{d}L}{\mathrm{d}t}=0$。

因此

$$\mathscr{E}_L = -L\frac{\mathrm{d}I}{\mathrm{d}t} \tag{9-7}$$

当线圈有 N 匝时，$\Psi = N\Phi = LI$，Ψ 称为磁通链匝数。

$$\mathscr{E}_L = -\frac{\mathrm{d}\Psi}{\mathrm{d}t} = -\left(L\frac{\mathrm{d}I}{\mathrm{d}t} + I\frac{\mathrm{d}L}{\mathrm{d}t}\right)$$

$$\mathscr{E}_L = -L\frac{\mathrm{d}I}{\mathrm{d}t}$$

例 9-8 如图 9-12 所示，长直螺线管长为 l，横截面面积为 S，共 N 匝，介质磁导率为 μ（均匀介质）。求线圈的自感系数。

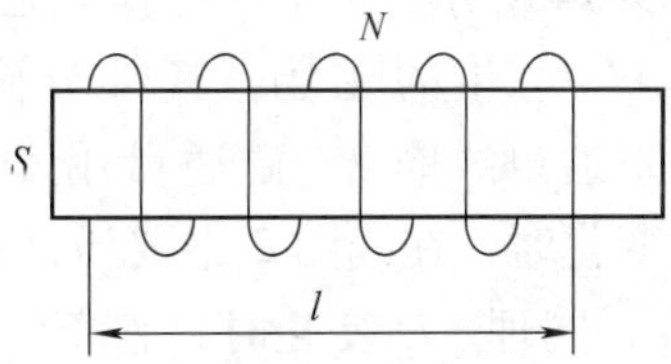

图 9-12 例 9-8 图

解 设线圈电流为 I，通过单匝线圈的磁通量为

$$\Phi = BS = \mu nIS$$

通过 N 匝线圈磁通链数为

$$\Psi = N\Phi = N\mu nIS$$

因为 $\Psi = LI$，所以有

$$L = N\mu nS = \frac{N}{l}\mu n(lS) = \mu n^2 V$$

式中，V 为螺线管的体积。

例 9-9　如图 9-13 所示，同轴电缆半径分别为 a、b，电流从内筒端流入，经外筒端流出，筒间充满磁导率为 μ 的介质，电流为 I。求单位长度同轴电缆的自感系数。

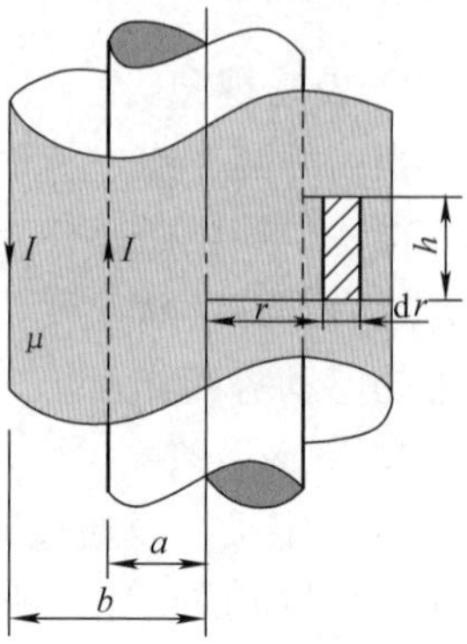

图 9-13　例 9-9 图

解　由安培环路定理知，筒间距轴 r 处 $\boldsymbol{H}$ 大小为 $H = \frac{I}{2\pi r}$，因此

$$B = \frac{\mu I}{2\pi r} \quad (B = \mu H)$$

取长为 h 一段电缆来考虑，穿过阴影面积磁通量为（取 d$\boldsymbol{S}$ 向里）

$$\mathrm{d}\Phi = \boldsymbol{B} \cdot \mathrm{d}\boldsymbol{S} = B\mathrm{d}S = Bh\mathrm{d}r$$

穿过长为 h 部分两筒间的总的磁通量为

$$\Phi = \int \mathrm{d}\Phi = \int_a^b \frac{\mu Ih}{2\pi r}\mathrm{d}r = \frac{\mu Ih}{2\pi}\ln\frac{b}{a}$$

所以长 h 部分电缆的自感系数为

$$L = \frac{\Phi}{I} = \frac{\mu h}{2\pi}\ln\frac{b}{a}$$

单位长度同轴电缆的自感系数为

$$L_0 = \frac{L}{h} = \frac{\mu}{2\pi}\ln\frac{b}{a}$$

由于计算中忽略了边缘效应，所以计算值是近似的，实际测量值比它小些。L 只与线圈大小、形状、匝数、磁介质有关。

自感现象在电工、电子技术中有广泛的应用。荧光灯镇流器是自感用在电子技术中最简单的例子。在电子线路中广泛使用自感，如线圈与电容组成的谐振电路和滤波器等。在供电系统中切断载有强大电流的电路时，由于电路中自感元件的作用，开关触头处会出现强烈的电弧，容易危及人身安全。为避免事故，必须使用带有灭弧结构的特殊开关，如油断路器等。

9.3.2　互感

1. 互感现象

假设有两个临近的线圈 1、2，如图 9-14 所示，它们通过电流分别为 I_1、I_2。I_1 产生的磁场，其部分磁力线（实线）通过线圈 2，磁通量用 Φ_{21} 表示，当 I_1 变化时，在线圈 2 中要激发感应电动势 $\mathscr{E}_{21}$，同理，I_2 变化时，它产生的磁场通过线圈 1 的磁通量 Φ_{12} 也变化，在回路 1 中也要激发感应电动势 $\mathscr{E}_{12}$。如上所述，一个回路的电

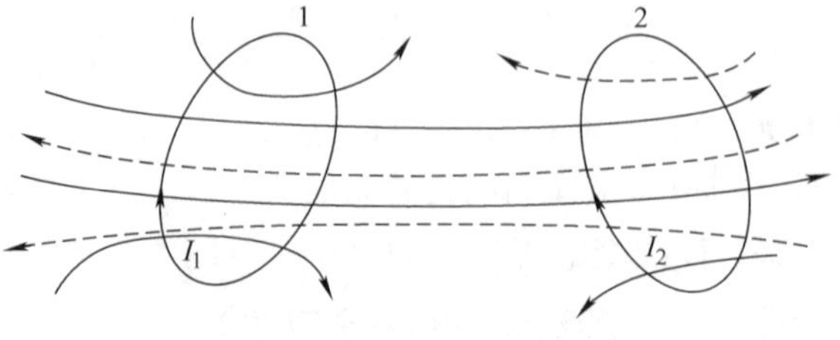

图 9-14　两个靠近的线圈

流发生变化时，在另外一个回路中激发感应电动势的现象称为互感现象，该电动势称为互感电动势。

2. 互感系数

（1）定义　根据毕奥-萨伐尔定律，I_1 在空间任一点产生的磁感应强度大小与 I_1 成正比，所以，I_1 产生的磁通量通过线圈 2 的磁通量 Φ_{21} 也与 I_1 成正比，即

$$\Phi_{21}=M_{21}I_1 \tag{9-8a}$$

同理：I_2 产生的部分穿过线圈 1 的磁通量 Φ_{12} 也与 I_2 成正比，即

$$\Phi_{12}=M_{12}I_2 \tag{9-8b}$$

如果两个回路的相对位置不变，而且在周围没有铁磁性物质时，则两个回路的互感等于其中一个回路中单位电流激发的磁场通过另一个回路所包围面积的磁链可以表示为

$$M_{21}=M_{12}=M=\frac{\Phi_{21}}{I_1}=\frac{\Phi_{12}}{I_2}$$

或者

$$\Phi_{21}=MI_1 \tag{9-8c}$$

$$\Phi_{12}=MI_2 \tag{9-8d}$$

也可以说当两个线圈相对位置固定不变，而且周围没有铁磁物质时，M 和电流的大小无关。式中，M 定义为互感系数，或互感。M 与回路的大小、形状、磁介质及二者相对位置有关。在 SI 中，M 单位为亨利（H）。

（2）互感电动势与 M 意义　由法拉第电磁感应定律知

$$\mathscr{E}_{21}=-\frac{\mathrm{d}\Phi_{21}}{\mathrm{d}t}=-\left(M\frac{\mathrm{d}I_1}{\mathrm{d}t}+I_1\frac{\mathrm{d}M}{\mathrm{d}t}\right)$$

$$\mathscr{E}_{12}=-\frac{\mathrm{d}\Phi_{12}}{\mathrm{d}t}=-\left(M\frac{\mathrm{d}I_2}{\mathrm{d}t}+I_2\frac{\mathrm{d}M}{\mathrm{d}t}\right)$$

当回路大小、形状、磁介质、线圈相对位置不变时，$M=$常数，即

$$\frac{\mathrm{d}M}{\mathrm{d}t}=0$$

因此线圈 2 上的感应电动势为

$$\mathscr{E}_{21}=-M\frac{\mathrm{d}I_1}{\mathrm{d}t} \tag{9-9a}$$

同理得线圈 1 上的感应电动势为

$$\mathscr{E}_{12}=-M\frac{\mathrm{d}I_2}{\mathrm{d}t} \tag{9-9b}$$

当线圈 1、2 分别有 N_1、N_2 匝数，则穿过 1、2 线圈的磁通链数分别为

$$\left.\begin{aligned}\Psi_{21}&=N_2\Phi_{21}=M_{21}I_1=MI_1\\ \Psi_{12}&=N_1\Phi_{12}=M_{12}I_2=MI_2\end{aligned}\right\}\quad（\Phi\text{ 是　匝线圈的磁通量}）$$

因此仍然有

$$\mathscr{E}_{21}=-M\frac{\mathrm{d}I_1}{\mathrm{d}t},\ \mathscr{E}_{12}=-M\frac{\mathrm{d}I_2}{\mathrm{d}t}$$

如果回路中有铁磁性物质存在，那么通过任一回路的磁链和另一个回路中的电流不再是

简单的线性关系，此时互感电动势仍为

$$\mathscr{E}_{12} = -\frac{\mathrm{d}\Phi_{12}}{\mathrm{d}t} = -\frac{\mathrm{d}\Phi_{12}}{\mathrm{d}I_2}\frac{\mathrm{d}I_2}{\mathrm{d}t} = -M\frac{\mathrm{d}I_2}{\mathrm{d}t}$$

$$\mathscr{E}_{21} = -\frac{\mathrm{d}\Phi_{21}}{\mathrm{d}t} = -\frac{\mathrm{d}\Phi_{21}}{\mathrm{d}I_1}\frac{\mathrm{d}I_1}{\mathrm{d}t} = -M\frac{\mathrm{d}I_1}{\mathrm{d}t}$$

其中 $M = \frac{\mathrm{d}\Phi_{21}}{\mathrm{d}I_1} = \frac{\mathrm{d}\Phi_{12}}{\mathrm{d}I_2}$，$M$ 除了和两个回路的相对位置有关外，还和电流有关，不再是常量。

例 9-10 如图 9-15 所示，一螺线管长为 l，横截面面积为 S，密绕导线 N_1 匝，在其中部再绕 N_2 匝另一导线线圈。管内介质的磁导率为 μ，求此两线圈间的互感系数。

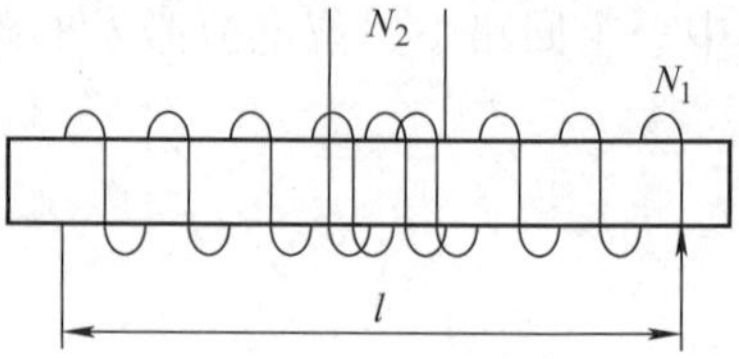

图 9-15 例 9-10 图

解 设长螺线管导线中电流为 I_1，它在中部产生 $\boldsymbol{B}_1$ 的大小为

$$B_1 = \mu\frac{N_1}{l}I_1$$

I_1 产生的磁场通过第二个线圈磁通链数为

$$\Psi_{21} = N_2B_1S_2 = N_2S\mu\frac{N_1}{l}I_1$$

依互感定义
$$M = \frac{\Psi_{21}}{I_1}$$

有
$$M = \mu\frac{N_1N_2}{l}S$$

例 9-11 如图 9-16 所示，两圆形线圈共面，半径依次为 R_1、R_2，$R_1 \gg R_2$，匝数分别为 N_1、N_2。求互感系数。

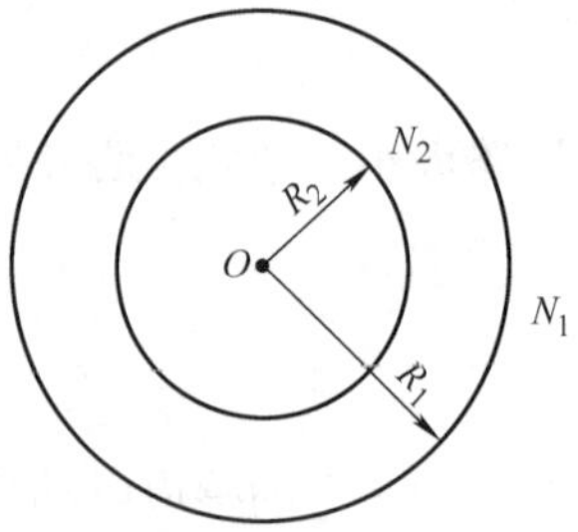

图 9-16 例 9-11 图

解 设大线圈通有电流 I_1，在其中心处产生磁场 $\boldsymbol{B}$ 大小为

$$B_1 = \frac{\mu_0I_1N_1}{2R_1}$$

因为 $R_1 \gg R_2$，所以小线圈所在的空间可视为匀强磁场，小线圈所处的磁场 $\boldsymbol{B}$ 为大线圈在圆心 O 处产生的 $\boldsymbol{B}_1$，通过小线圈的磁通链数为

$$\Psi_{21} = N_2\Phi_{21} = N_2\boldsymbol{B}_1\cdot\boldsymbol{S}_2 = N_2B_1S_2\ (\text{取 } \boldsymbol{B}_1 \text{ 与 } \boldsymbol{S}_2 \text{ 同向})$$
$$= N_2\frac{\mu_0I_1N_1}{2R_1}\pi R_2^2$$

由 $M = \frac{\Psi_{21}}{I_1}$，把上面结果代入得

$$M = \frac{\mu_0N_1N_2}{2R_1}\pi R_2^2$$

互感现象在电工、电子技术工农业生产生活中有广泛的应用。各类变压器就是利用互感

的原理工作的。常见的有电力变压器、输入输出变压器、电压互感器和电流互感器。互感现象已被广泛地应用于无线电技术、电磁测量技术及传感器中。通过互感线圈能够使能量或信号由一个线圈方便地传递到另一个线圈。

9.3.3 电子感应加速器 涡电流

1. 电子感应加速器

作为感应电动势的一个重要的应用，我们讨论电子感应加速器。它的结构如图 9-17 所示，在电磁铁的两个磁极间放置一个环形的真空室。电磁铁线圈中通以交变电流，在两极间产生交变磁场。交变磁场又在真空室激发涡旋电场。电子由电子枪注入环形真空室时，在洛伦兹力 $\boldsymbol{f}$ 和涡旋电场力 $\boldsymbol{F}$ 的共同作用下电子作加速圆周运动。由于涡旋电场和磁场都是周期性变化的，只有在涡旋电场的方向与电子绕行方向相反（见图 9-17 中所标箭头）时，电子才能得到加速，所以每次电子束注入并得到加速后，要在涡旋电场的方向改变之前把电子束引出使用。容易分析出，电子得到的加速时间最长只有交变电流周期 T 的 1/4。这个时间虽短，但由于电子束注入真空室时初速度相当大，所以在加速的极短时间内，电子束已在环内加速绕行了几十万圈。小型电子感应加速器可把电子加速到 0.1 ~ 1MeV，用来产生 X 射线。大型的加速器能量可以达数百兆电子伏特，用于科学研究。

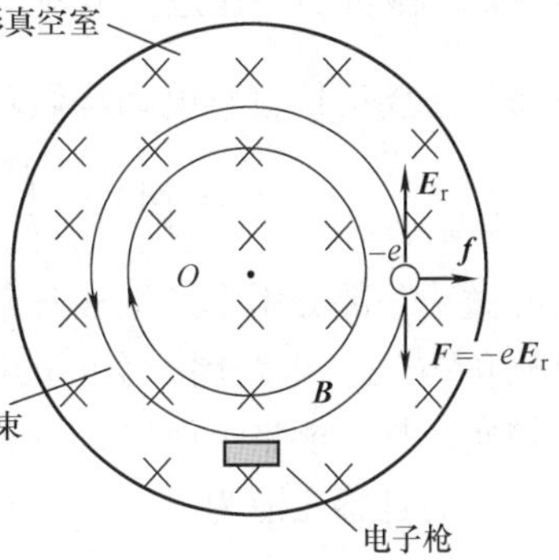

图 9-17 电子感应加速器

2. 涡电流

在一些电器设备中，常常遇到大块的金属导体在磁场中运动或者处在变化的磁场中，此时，金属内部也会有感生电流，这种在金属导体内部自成闭合回路的电流叫作涡电流。由于在大块金属导体中电流流经的横截面面积很大，电阻很小，所以涡电流可能达到很大的数值。利用涡电流的热效应可以使金属导体被加热。例如，高频感应冶金炉就是把难熔或贵重的金属放在陶瓷坩埚里，坩埚外面套上线圈，线圈中通以高频电流，利用高频电流激发的交变磁场在金属中产生的涡电流的热效应把金属熔化。在真空技术方面，也广泛利用涡电流给待抽真空仪器内部的金属部分加热，以清除附着在其表面的气体。

当大块金属导体在磁场中运动时，导体上产生涡电流。反过来，有涡电流的导体又受到磁场的安培力的作用。根据楞次定律，安培力阻碍金属导体在磁场中的运动，这就是电磁阻尼原理。一般的电磁测量仪器中，都设计有电磁阻尼装置。

涡电流的产生当然要消耗能量最后变成焦耳热。在发电机和变压器的铁心中就有这种能量损失，称为涡流损耗。为了减少这种损失，我们可以把铁心做成层状，层与层之间用绝缘材料隔开，以减少涡电流，一般变压器铁心均做成叠片式就是这个道理。另外，为减小涡电流，应增加铁心的电阻，所以常用电阻率比较大的硅钢做铁心材料。

一段柱状的均匀导体通过直流电流时，电流在导体的横截面上是均匀分布的，然而，交变电流通过柱状导线时，由于交变电流激发的交变磁场会在导体中产生涡电流，涡电流使得交变电流在导体的横截面上不再均匀分布，而是越靠近导体的外表面电流密度越大。这种交变电流集中于导体表面的现象叫作**趋肤效应**。由于趋肤效应，使得在高频电路中可以用空心导线代替实心导线。

9.3.4 自感磁能 磁场能量

1. 自感磁能

自感为 L 的线圈与电源接通，线圈中的电流 i 将由零增加到恒定值 I。这一电流变化在线圈中所产生的自感电动势与电流的方向相反，起着阻碍电流增大的作用，因此自感电动势 $\mathscr{E}_L = -L\dfrac{\mathrm{d}i}{\mathrm{d}t}$ 做负功。在建立电流 I 的整个过程中，外电源不仅要供给电路中产生焦耳热的能量，而且还要反抗自感电动势做功 A，即

$$A = \int \mathrm{d}A = \int_0^{\infty}(-\mathscr{E})i\mathrm{d}t = \int_0^{\infty} Li\frac{\mathrm{d}i}{\mathrm{d}t}\mathrm{d}t = \int_0^I Li\mathrm{d}i = \frac{1}{2}LI^2$$

即电源做功一部分用来产生焦耳热，一部分用来克服自感电动势做功。我们知道，当电路上电流从 $0 \to I$ 时，电路周围空间的磁场随电流的增加而增强，磁场与电场类似，是一种特殊形态的物质，具有能量。所以，电源反抗自感电动势做的功，必然转变为线圈的自感磁能。

线圈的自感磁能为

$$W_{\mathrm{m}} = \frac{1}{2}LI^2 \tag{9-10}$$

2. 磁场能量

下面以长直螺线管为例，求出磁场能量密度表达式。一很长的长直螺线管，管内充满磁导率为 μ 的均匀磁介质，当螺线管通有电流时，管中磁场近似看成均匀，而且把磁场看成全部集中在管内。因为管内的 $B = \mu nI$，它的自感 $L = \mu n^2 V$，其中 V 为螺线管的空间体积，n 为螺线管的单位长度的匝数。把 L 和 I 代入 $W_{\mathrm{m}} = \dfrac{1}{2}LI^2$，得螺线管磁场能量为

$$W_{\mathrm{m}} = \frac{1}{2}LI^2 = \frac{1}{2}\mu n^2 VI^2 = \frac{1}{2}\frac{B^2}{\mu}V$$

两边同除以 V，可得

$$w_{\mathrm{m}} = \frac{W_{\mathrm{m}}}{V} = \frac{1}{2}\frac{B^2}{\mu} = \frac{1}{2}BH \quad (B = \mu H)$$

即磁场能量密度函数为

$$w_{\mathrm{m}} = \frac{1}{2}BH = \frac{B^2}{2\mu} \tag{9-11}$$

任意磁场中，磁场能量可表示为

$$W_{\mathrm{m}} = \int_V w_{\mathrm{m}}\mathrm{d}V = \int_V \frac{B^2}{2\mu}\mathrm{d}V = \int_V \frac{1}{2}BH\mathrm{d}V \tag{9-12}$$

例 9-12 如图 9-18 所示，同轴电缆半径分别为 a、b，电流从内筒端流入，经外筒端流出，筒间充满磁导率为 μ 的介质，电流为 I。求单位长度电缆的自感系数。

解 由安培环路定理知

$$B=\begin{cases}0 & r<a\\ \dfrac{\mu I}{2\pi r} & a<r<b\\ 0 & r>b\end{cases}$$

所以磁场能量仅仅存在于两筒之间。在筒间距轴线为 r 处，磁场能量密度 w_m 为

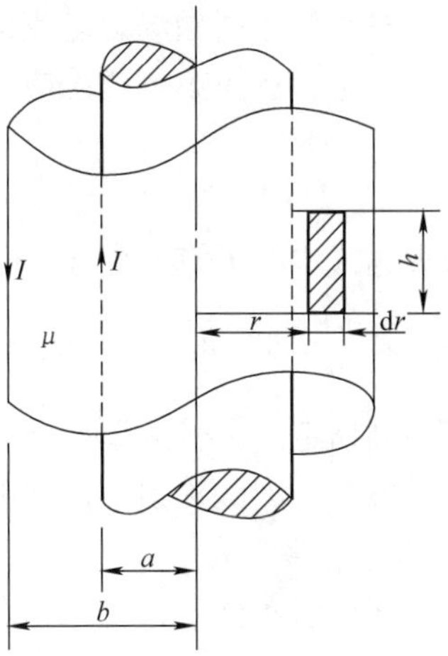

图 9-18　例 9-12 图

$$w_m=\frac{1}{2\mu}B^2=\frac{\mu I^2}{8\pi^2 r^2}$$

在半径为 r 处、厚为 dr、高为 h 的薄圆筒内的能量为

$$dW_m=w_m dV=\frac{\mu I^2}{8\pi^2 r^2}\cdot 2\pi r\cdot dr\cdot h=\frac{\mu h I^2}{4\pi r}dr$$

在两筒中间的总能量为

$$W_m=\int dW_m=\int_a^b \frac{\mu h I^2}{4\pi r}dr=\frac{\mu h I^2}{4\pi}\ln\frac{b}{a}$$

因为 $W_m=\frac{1}{2}LI^2$，代入上式得

$$L=\frac{\mu h}{2\pi}\ln\frac{b}{a}$$

单位长同轴电缆的自感系数为

$$L_0=\frac{L}{h}=\frac{\mu}{2\pi}\ln\frac{b}{a}$$

9.4　位移电流　麦克斯韦方程组

9.4.1　位移电流　全电流定律

1. 电磁场的基本规律

对于静电场，库仑定律和磁场叠加原理，可以导出描述电场性质的高斯定理和静电场环路定理

$$\oint_S \boldsymbol{D}\cdot d\boldsymbol{S}=\sum q_0$$

$$\oint_L \boldsymbol{E}\cdot d\boldsymbol{l}=0$$

对于稳恒磁场，由毕奥-萨伐尔定律和磁场叠加原理，可以导出描述稳恒磁场性质的高斯定理和安培环路定理

$$\oint_S \boldsymbol{B}\cdot d\boldsymbol{S}=0$$

$$\oint_L \boldsymbol{H}\cdot d\boldsymbol{l}=\sum I_0$$

对于变化的磁场，麦克斯韦提出，感生电动势现象预示着变化的磁场周围产生了涡旋电场。于是，法拉第电磁感应定律就表明了，在普遍情况下，电场的环路定理应该是

$$\oint_L \boldsymbol{E} \cdot \mathrm{d}\boldsymbol{l} = -\frac{\mathrm{d}\Phi}{\mathrm{d}t} = -\int_S \frac{\partial \boldsymbol{B}}{\partial t} \cdot \mathrm{d}\boldsymbol{S} \tag{9-13}$$

该表达式中的 $\boldsymbol{E}$ 包括静电场和非稳恒电场的总和。

若 $\frac{\partial \boldsymbol{B}}{\partial t} = \boldsymbol{0}$，得 $\oint_L \boldsymbol{E} \cdot \mathrm{d}\boldsymbol{l} = 0$，即静电场的环路定理。麦克斯韦假定了电场的高斯定理和磁场的高斯定理在普遍情况下仍然成立，然而却发现在安培环路定理用于分析非稳恒磁场时遇到了麻烦，因此提出了位移电流。

2. 位移电流

在稳恒条件下，无论回路周围有没有磁介质，安培环路定理都可以写成

$$\oint_L \boldsymbol{H} \cdot \mathrm{d}\boldsymbol{l} = \sum I_0 = \int_S \boldsymbol{j}_0 \cdot \mathrm{d}\boldsymbol{S} \tag{9-14}$$

式中，$\sum I_0$ 是穿过以 L 为边界的任意曲面 $\boldsymbol{S}$ 的传导电流的代数和；$\int_S \boldsymbol{j}_0 \cdot \mathrm{d}\boldsymbol{S}$ 是传导电流密度 $\boldsymbol{j}_0$ 在 $\boldsymbol{S}$ 面上通量。为了考察非稳恒条件下，安培环路定理是否成立，接下来我们分析下面电容器充放电的电路图。如图 9-19 所示，不论充电还是放电，在同一时刻通过导体回路中任何闭合回路中的电流相等，但是这种在金属导体中的传导电流不能在电容器的两极之间的真空或者电介质中流动，因而对整个电路来说传导电流是不连续的。在传导电流不连续的情况下，将安培环路定理用在同一个闭合回路 L 为边界的不同曲面时，对于传导电流来说就出现了下面结果。

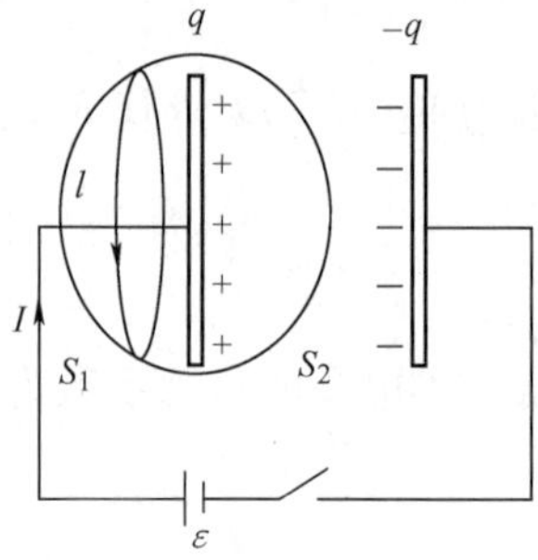

图 9-19　电容器的充放电回路

对 S_1 面得到

$$\oint_L \boldsymbol{H} \cdot \mathrm{d}\boldsymbol{l} = I = \int_{S_1} \boldsymbol{j}_0 \cdot \mathrm{d}\boldsymbol{S}$$

对 S_2 面有

$$\oint_L \boldsymbol{H} \cdot \mathrm{d}\boldsymbol{l} = 0$$

显然这两个式子就出现了矛盾的结果，在稳恒情况下的安培环路定理在非稳恒情况下就出现了问题，原因是在非稳恒情况下，传导电流不再连续。

在非稳恒情况下安培环路定理的形式又是怎样的呢？原来，电容器在充电或者放电时，导体中的电流 I 在电容器极板处被截断了。但是，电容器两极板上的电荷 q 和电荷密度 σ 发生了变化，充电时增加，放电时减少。其间的电位移 D 和通过整个截面的电位移通量 $\Phi = SD$ 也随时间而变化。

设平行板电容器极板的面积为 S，极板上的电荷面密度为 σ。在充放电过程中的任意瞬间，按照电荷守恒定律，导线中的电流应等于电荷量的变化率

$$I = S\frac{\mathrm{d}\sigma}{\mathrm{d}t}$$

因为两极板的电荷量发生了变化，所以两极板间的电场也随时间发生变化。设极板上该

时刻的电荷面密度为 σ，则 $D=\sigma$，代入上式有

$$I=S\frac{\mathrm{d}\sigma}{\mathrm{d}t}=S\frac{\mathrm{d}D}{\mathrm{d}t}$$

式中，$S\frac{\mathrm{d}\sigma}{\mathrm{d}t}$为导线上的电流；$S\frac{\mathrm{d}D}{\mathrm{d}t}$为两极板间的电流。麦克斯韦认为，可以把电位移通量对时间的变化率看成一种电流，叫作位移电流，用 I_d 表示。

和电通量一样，电位移通量还可以表示为

$$\Phi_D=\int_S \boldsymbol{D}\cdot\mathrm{d}\boldsymbol{S} \tag{9-15}$$

因此位移电流为

$$I_\mathrm{d}=\frac{\mathrm{d}\Phi_D}{\mathrm{d}t}\quad 或\quad I_\mathrm{d}=S\frac{\mathrm{d}D}{\mathrm{d}t} \tag{9-16}$$

导线上的电流和极板间的电流始终大小相等，方向相同。

相应的位移电流密度为

$$j_\mathrm{d}=\frac{\mathrm{d}D}{\mathrm{d}t} \tag{9-17}$$

3. 全电流定律

位移电流的引入，使安培环路定理在非稳恒电路里得到推广。在此引入了全电流的概念，电路中的全电流等于传导电流和位移电流的和，即

$$I=I_\mathrm{d}+I_0 \tag{9-18}$$

位移电流的引入，使得在传导电流 I_0 不连续时，电路中的总电流却是连续的。

在非稳恒电路中安培环路定理可以表示为：在磁场中 $\boldsymbol{H}$ 沿任一闭合回路的线积分，在数值上等于穿过该闭合回路为边界的任意曲面的全电流，即

$$\oint_L \boldsymbol{H}\cdot\mathrm{d}\boldsymbol{l}=\sum(I_0+I_\mathrm{d})$$

或者

$$\oint_L \boldsymbol{H}\cdot\mathrm{d}\boldsymbol{l}=\int_S \boldsymbol{j}_0\cdot\mathrm{d}\boldsymbol{S}+\int\frac{\partial\boldsymbol{D}}{\partial t}\cdot\mathrm{d}\boldsymbol{S} \tag{9-19}$$

还可以表示为

$$\oint_L \boldsymbol{H}\cdot\mathrm{d}\boldsymbol{l}=\sum I_0+\frac{\mathrm{d}\Phi_D}{\mathrm{d}t}$$

上式又叫作全电流定律。

用上式再次分析，如图 9-19 所示，对于 S_1 面得到

$$\oint_L \boldsymbol{H}\cdot\mathrm{d}\boldsymbol{l}=I$$

对 S_2 面有

$$\oint_L \boldsymbol{H}\cdot\mathrm{d}\boldsymbol{l}=\frac{\mathrm{d}\Phi_D}{\mathrm{d}t}=\frac{\mathrm{d}q}{\mathrm{d}t}=I$$

因此解决了上面问题的矛盾。

位移电流的引入揭示了电场和磁场间的内在联系和依存关系，反映了自然现象的统一性。

法拉第电磁感应定律说明了变化的磁场能激发涡旋电场，位移电流的论点说明了变化的电场能激发涡旋磁场。两种变化的场相互产生，形成了统一的电磁场。通常情况下导体中主要表现为传导电流，而电介质中主要表现为位移电流。

9.4.2　麦克斯韦方程组

自从确立了电荷、电流和磁场之间的普遍关系后，麦克斯韦又进一步建立了统一的电磁场理论。他指出，除了静止的电荷激发无旋电场外，变化的磁场也将激发涡旋电场；变化的电场和传导电流一样会激发涡旋磁场。变化的磁场和电场相互联系相互激发组成一个统一的电磁场。接下来我们根据麦克斯韦的这些理念，认识他的电磁场方程。我们重点学习他的积分形式。

1. 电场

自由电荷激发的电场和变化的磁场激发的电场性质不同，但高斯定理普遍适用。也就是说，高斯定理不仅适用于静电场，也适用于运动电荷的电场。而变化磁场激发的电场是涡旋场，涡旋电场对封闭的曲面产生的总通量为零。

无论对于自由电荷的电场还是变化磁场激发的电场，如果用 D 表示总的电位移，根据前面的阐述，得出电场中有介质时的高斯定理为

$$\oint_S \boldsymbol{D} \cdot \mathrm{d}\boldsymbol{S} = \sum q_0 \tag{9-20}$$

任意闭合曲面上穿过的总的电位移通量等于该闭合曲面所包围的自由电荷的代数和。

2. 磁场

磁场可以有不同的激发方式，如由传导电流、磁化电流、变化的电场激发等方式，但是任何方式激发的磁场都是涡旋场。因此，在任何磁场中，通过任何曲面的磁通量总和都是零，表达式为

$$\oint_S \boldsymbol{B} \cdot \mathrm{d}\boldsymbol{S} = 0 \tag{9-21}$$

3. 变化的电场和磁场的关系

$$\oint_L \boldsymbol{H} \cdot \mathrm{d}\boldsymbol{l} = \sum (I_0 + I_\mathrm{d}) = \sum I_0 + \int \frac{\partial \boldsymbol{D}}{\partial t} \cdot \mathrm{d}\boldsymbol{S} \tag{9-22}$$

式（9-22）揭示了传导电流的磁场和变化的电场激发的磁场之间的规律。磁场强度 $\boldsymbol{H}$ 沿任一闭合回路的线积分等于通过该闭合回路为边界的任意曲面的全电流。$\boldsymbol{H}$ 是传导电流和变化的电场共同产生的。

4. 变化的磁场和电场的关系

我们前面所讲的法拉第电磁感应定律，就是变化的磁场和电场之间的关系：

$$\oint_L \boldsymbol{E} \cdot \mathrm{d}\boldsymbol{l} = -\frac{\mathrm{d}\Phi}{\mathrm{d}t} = -\int_S \frac{\partial \boldsymbol{B}}{\partial t} \cdot \mathrm{d}\boldsymbol{S} \tag{9-23}$$

式中，$\boldsymbol{E}$ 是由电荷的静电场和变化的磁场激发的合电场强度。可以表达为：电场强度沿任意闭合曲线的积分等于通过该曲线包围的磁通量对时间变化率的负值。

所以，综合以上分析，可得麦克斯韦方程组的积分形式为

$$\oint_S \boldsymbol{D}\cdot \mathrm{d}\boldsymbol{S} = \sum q_0$$

$$\oint_S \boldsymbol{B}\cdot \mathrm{d}\boldsymbol{S} = 0$$

$$\oint_L \boldsymbol{H}\cdot \mathrm{d}\boldsymbol{l} = \int_S \boldsymbol{j}_0 \cdot \mathrm{d}\boldsymbol{S} + \int \frac{\partial \boldsymbol{D}}{\partial t}\cdot \mathrm{d}\boldsymbol{S}$$

$$\oint_L \boldsymbol{E}\cdot \mathrm{d}\boldsymbol{l} = -\frac{\mathrm{d}\Phi}{\mathrm{d}t} = -\int_S \frac{\partial \boldsymbol{B}}{\partial t}\cdot \mathrm{d}\boldsymbol{S}$$

麦克斯韦方程组描述的是在某有限区域内，以积分形式把各点的电场量（$\boldsymbol{E}$、$\boldsymbol{D}$、$\boldsymbol{B}$、$\boldsymbol{H}$）和电荷、电流之间的依存关系，而不能直接表示某一点上各电场量和电荷、电流的相互联系。

9.5 电磁波

9.5.1 振荡电偶极子产生的电磁波

由麦克斯韦方程组可知，当空间某区域内存在一个非线性变化的电场时，在邻近区域内将产生变化的磁场；这个变化的磁场在较远的区域产生新的变化电场……这种变化的电场和磁场交替产生，由近及远，以有限的速度在空间传播的过程称为电磁波。

我们把产生电磁波的装置叫作波源。电磁波波源的基本单元为振荡电偶极子。即电矩做周期性变化的电偶极子，其振荡电偶极矩为

$$p = ql\cos\omega t = p_0\cos\omega t \tag{9-24}$$

式中，$p_0 = ql$ 是电矩振幅；ω 为圆频率。式（9-24）表明，振荡的电偶极子中的正负电荷相对其中心处作简谐振动。由于真空中电磁场是以有限速度传播，因此空间各点电场的变化滞后电荷位置的变化，即空间某点 P 处在 t 时刻的电场线应该与 $t+\Delta t$ 时刻电荷位置决定的该处的场强相对应。

如图9-20所示，图中过 P 点的电场线与图9-20a中电荷位置所决定的 P 点的场强相对应，因此，在正负电荷靠近的 t 时刻，空间的电场线形状如图9-20b所示。当两个电荷相重合时，电场线闭合，如图9-20c所示。此后，闭合的电场线便脱离振子，而正负电荷向相反方向运动，如图9-20d所示。偶极子不断振荡形成的涡旋状电场线不断向外传播。同时，由于振荡电偶极子随时间变化的非线性关系，必然激起变化的涡旋磁场。后者又会激起新的涡旋

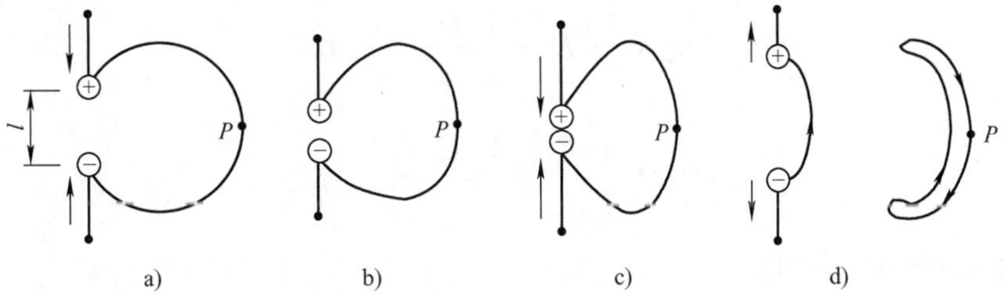

图9-20 振荡电偶极子产生的电磁波

电场，彼此相互激发，形成偶极子周围的电磁场。由麦克斯韦方程组推导可得：振荡的电偶极子在各向同性介质中辐射的电磁波，在远离电偶极子的空间任一点处，t 时刻的电场 $\boldsymbol{E}$ 和磁场 $\boldsymbol{H}$ 方向垂直。

9.5.2 平面电磁波

在更加远离电偶极子的地方，因 r 很大，在通常研究的范围内 θ 角的变化很小，$\boldsymbol{E}$ 与 $\boldsymbol{H}$ 可看成振幅恒定的矢量。因此得到

$$E = E_0 \cos\omega\left(t - \frac{r}{u}\right) \tag{9-25}$$

$$H = H_0 \cos\omega\left(t - \frac{r}{u}\right) \tag{9-26}$$

即在远离电偶极子的地方，电磁波可以看作平面电磁波。平面电磁波的性质如下：

1）$\boldsymbol{E}$ 与 $\boldsymbol{H}$ 相互垂直，且与传播方向垂直。都与传播方向垂直，所以是横波。

2）$\boldsymbol{E}$ 和 $\boldsymbol{H}$ 分别在各自平面上振动，这一特性叫作偏振性。电偶极子辐射的波是偏振波。

3）$\boldsymbol{E}$ 和 $\boldsymbol{H}$ 同相位，且 $\boldsymbol{E}\times\boldsymbol{H}$ 的方向为波速 $\boldsymbol{u}$ 的方向。

4）同一时刻 $\boldsymbol{E}$ 和 $\boldsymbol{H}$ 的量值关系为

$$\sqrt{\varepsilon}E = \sqrt{\mu}H \tag{9-27}$$

5）电磁波的波速为

$$u = \frac{1}{\sqrt{\varepsilon\mu}} \tag{9-28}$$

ε 和 μ 为媒质的介电系数和磁导率。即 u 只由媒质的介电常数和磁导率决定。在真空中

$$u = c = \frac{1}{\sqrt{\varepsilon_0\mu_0}} = 2.9979\times10^8\mathrm{m\cdot s^{-1}} \approx 3\times10^8\mathrm{m\cdot s^{-1}}$$

由于理论计算结果和实验测定的真空中的光速相符，因此可以肯定光是一种电磁波。

9.5.3 电磁波的能量和能流密度

电场和磁场都具有能量，已知电场和磁场的能量密度分别为

$$w_{\mathrm{e}} = \frac{1}{2}\varepsilon E^2 = \frac{1}{2}\frac{D^2}{\varepsilon} = \frac{1}{2}ED \tag{9-29}$$

$$w_{\mathrm{m}} = \frac{1}{2}\frac{B^2}{\mu} = \frac{1}{2}\mu H^2 = \frac{1}{2}BH \tag{9-30}$$

所以，电磁场的能量密度

$$w = w_{\mathrm{e}} + w_{\mathrm{m}} = \frac{1}{2}(\varepsilon E^2 + \mu H^2) \tag{9-31}$$

或
$$w=\frac{1}{2}(\boldsymbol{E}\cdot\boldsymbol{D}+\boldsymbol{B}\cdot\boldsymbol{H}) \tag{9-32}$$

当电磁场以波的形式向外传播时，必然有能量随之向外传播。单位时间内穿过任一面积 A 的能量叫作能流，记为 P，单位是瓦特（W）。单位时间内穿过与波的传播方向垂直的单位面积的能量称为电磁波的能流密度或辐射强度，也称坡印亭（Poynting）矢量，是描述电磁波能量传播的重要物理量，记为 $\boldsymbol{S}$。根据 $\boldsymbol{S}$ 的定义，它的单位是瓦每平方米（$\mathrm{W\cdot m^{-2}}$）。

为求能流密度，设想在空间有一与波传播方向垂直的小面元 $\mathrm{d}A$，在 $t\sim t+\mathrm{d}t$ 这段时间内，有 $\mathrm{d}W=w\mathrm{d}Au\mathrm{d}t$ 的能量穿过面元 $\mathrm{d}A$。根据能流密度的定义，电磁波的能流密度的量值

$$S=\frac{\mathrm{d}W}{\mathrm{d}t\cdot\mathrm{d}A}=wu \tag{9-33}$$

即电磁波的能流密度在量值上等于电磁场的能量密度乘以波传播的速度。

而 $u=1/\sqrt{\varepsilon\mu}$，$\sqrt{\varepsilon}E=\sqrt{\mu}H$，所以

$$S=\frac{1}{2}(\varepsilon E^2+\mu H^2)\frac{1}{\sqrt{\varepsilon\mu}}=\frac{1}{2}(\sqrt{\varepsilon}E\sqrt{\mu}H+\sqrt{\mu}H\sqrt{\varepsilon}E)\frac{1}{\sqrt{\varepsilon\mu}}=EH$$

即能流密度的量值为

$$S=EH \tag{9-34}$$

能流密度 $\boldsymbol{S}$ 的方向就是波传播的方向，即 $\boldsymbol{E}\times\boldsymbol{H}$ 的方向，所以能流密度可以写为

$$\boldsymbol{S}=\boldsymbol{E}\times\boldsymbol{H} \tag{9-35}$$

9.5.4 电磁波谱

自 1888 年赫兹用实验证明了电磁波的存在以后，人们陆续发现，不仅可见光是电磁波，红外线、紫外线、X 射线、γ 射线等也都是电磁波，电磁波是一个大家族。所有这些电磁波仅在波长 λ（或频率 ν）上有所差别，而在本质上是完全相同的，且波长不同的电磁波在真空中的传播速度都是相同的。

因为波的频率和波长满足关系式 $\nu\lambda=c$（真空中），所以电磁波的频率越高，相应的波长就越短。目前，人类通过各种方式已产生或观测到的电磁波的最低频率为 $\nu=10^{-2}\,\mathrm{Hz}$，其波长为地球半径的 5×10^3 倍，而最高频率为 $\nu=10^{25}\,\mathrm{Hz}$，它来自于宇宙的 γ 射线。电磁波按波长由长到短的排序依次是：

无线电波→微波→红外线→可见光→紫外线→X 射线→γ 射线

频率不同的电磁波，其用途不同。微波波长范围在 $0.1\times10^{-2}\sim1\mathrm{m}$ 之间，主要用于电视、雷达和导航；红外线波长范围在 $0.76\times10^{-6}\sim6\times10^{-4}\mathrm{m}$ 之间，有显著的热效应，常用于夜视镜、红外雷达和通信等军事目的；可见光波长范围在 $0.4\times10^{-6}\sim0.76\sim10^{-6}\mathrm{m}$ 之间；紫外线波长范围在 $0.5\times10^{-8}\sim0.4\times10^{-6}\mathrm{m}$ 之间，有明显的杀菌作用，主要用在医疗方面；X 射线又称伦琴射线，其波长范围在 $0.4\times10^{-10}\sim0.5\times10^{-8}\mathrm{m}$ 之间，与晶体中原子间的线度相近，主要用于分析晶体的结构，另外还用于人体透视；γ 射线波长范围在 $10^{-10}\mathrm{m}$ 以下，用于研究原子核的结构、金属探伤等，宇宙中存在大量 γ 射线，为地球上人类带来宇宙中的信息。随着科学技术的不断进步，相信电磁波谱的两端还将不断扩展，电磁波的应用也将进一步扩大。

本章逻辑主线

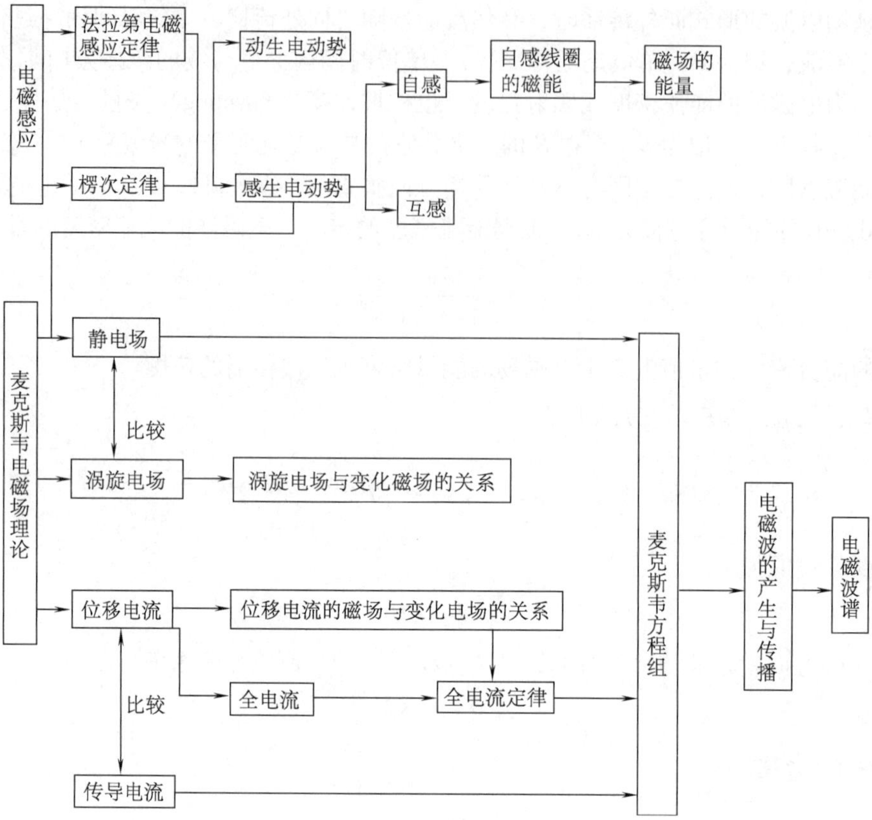

拓展阅读

杨振宁——理论物理学的开山辟路人

杨振宁1922年出生于安徽省合肥市，他的父亲杨武之是著名的数学家和数学教育家，杨振宁从小就接受了很好的家庭教育。日本侵华后，1942年，杨振宁辗转来到昆明，就读于西南联合大学，毕业后他前往美国留学，经过刻苦钻研，他在场论、粒子物理、统计物理和凝聚态物理等物理学的多个领域都做出了里程碑式的贡献。

杨振宁既是中国科学院院士，也是美国科学院外籍院士，还是俄罗斯科学院院士。他是泰斗级的物理学家，是当今中国获得荣誉级别最高的物理学家。他对全球和中国的科学发展都做出过巨大的贡献，是理论物理学的开山辟路人。正如清华大学原校长、清华大学高等研究院院长顾秉林所言："杨振宁先生的世界是科学的世界，也是中西融汇的世界，他将中国文化的根和西方科学的精神完美地结合在一起。他既属于中国，也属于全世界；他带动世界了解中国，更推动中国走向世界。"下面，让我们来了解一下杨振宁先生所做的一些重要工作。

牛顿以一本《自然哲学的数学原理》率先登场，他把数学引入了自然科学的国度，统一了当时天上和地下所有的力。麦克斯韦用其著名的麦克斯韦方程组，一举统一了所有的电和磁的现象，他将宏观世界里面，看起来风马牛不相及的东西，在微观层面给统一了起来。到了19世纪末期，人类所有已知现象背后的力就都归结为引力和电磁力，其中引力由牛顿的万有引力定律描述，电磁力由麦克斯韦方程组描述。1905年，爱因斯坦用狭义用相对论融合了电磁力；1915年，又用广义相对论升级了引力理论。相对论犹如一声惊雷，彻底改变了人类的时空观。接着，年轻有为的杨振宁先生出场了，1954年，32岁的杨振宁与米尔斯一起提出了非阿贝尔规范场的理论结构，人们称之为杨-米尔斯方程。杨-米尔斯方程与麦克斯韦方程、爱因斯坦场方程共同具有极其重要的历史地位。

可以说，爱因斯坦的相对论让我们深刻理解了时间、空间和物质，对于宇宙学研究意义重大；而杨振宁的学说则对于我们研究构成宇宙的物质粒子是如何构成的，通过什么机制来构成的，具有重要的指导意义。

1. 宇称不守恒定律

杨振宁先生的研究成果众多。让我们先来看看“相互作用中的宇称不守恒定律”这一把他推到诺贝尔物理学奖领奖台的研究成果。所谓宇称守恒是指在任何情况下，任何粒子的镜像与该粒子除自旋方向外，具有完全相同的性质，该定律于1926年提出，在强力、电磁力和万有引力中相继得到证明。对称性是物理学之美的一个重要的体现，它在20世纪物理学里如此重要，特别是爱因斯坦的相对论在时空对称方面取得的巨大成就，还有量子力学里对对称性的极度重视，使得那时候人们对对称性的信仰和依赖丝毫不亚于20世纪之前人们对牛顿绝对时空观的依赖。物理定律的守恒性具有极其重要的意义，有了这些守恒定律，自然界的变化就呈现出一种简单、和谐、对称的关系，也就变得易于理解了。所以，科学家在科学研究中，对守恒定律有一种特殊的热情和敏感，一旦某一个守恒定律被公认以后，人们是极不情愿把它推翻的。

“宇称”，就是指一个基本粒子与它的“镜像”粒子完全对称。人在照镜子时，镜中的影像和真实的自己总是具有完全相同的性质——包括容貌、装扮、表情和动作。同样，一个基本粒子与它的“镜像”粒子的所有性质也完全相同，它们的运动规律也完全一致，这就是“宇称守恒”。但根据实验中弱相互作用中 θ-τ 的衰变现象，杨振宁与李政道合作，提出假设宇称守恒定律会在弱相互作用中会被打破，并在1956年10月发表了《对于弱相互作用中宇称守恒的质疑》的论文，但在当时很多科学家都不认同这一观点。但是华人女物理学家吴健雄的实验结果证明了这一理论。1957年，诺贝尔委员会决定把当年的诺贝尔物理学奖颁给时年35岁的杨振宁和31岁的李政道，理由是：因“对（弱相互作用中）宇称不守恒定律的研究以及由此导致有关基本粒子方面的许多发现。”

在权威面前敢于提出质疑，并运用自己的智慧去证明，这本身就是一种勇气。权威一开始也并不是权威，有时候就是需要一种大胆质疑的精神，实践出真知，只有自己真正研究过、探索过、验证过，才能让真理之光发出卓越光芒。

对已经既定的权威提出质疑，是人类科学进步的基础，很多在当时看似不可思议的科学研究都源于对于曾经权威的质疑。但是仅有质疑是不行的，在当时质疑宇称守恒的人也不少，如果你从宇称不守恒出发，一出门就会处处碰壁。杨振宁和李政道是极为敏锐地意识到：在宇称守恒这个问题上要把强相互作用和弱相互作用分开，把目光锁定在弱相互作用之后，他们去全面审查了所有的 β 衰变实验，然后发现过去的 β 衰变实验跟宇称是否守恒无关，再接着他们发现了这个无关跟所谓的赝标量（一个跟核的自旋和电子的动量相关的物理量）有关，于是他们设计了包含测量赝标量的实验，最终在华人同胞吴健雄的鼎力支持下得以完成。

2. 杨-米尔斯理论

杨振宁最伟大的研究成果不是宇称不守恒定律，而是“杨-米尔斯理论”（Yang-Mills）。杨-米尔斯理论是现代规范场理论的基础。1954 年，杨振宁和米尔斯联合发表了其划时代的研究论文《同位旋守恒和同位旋规范不变性》，以及《同位旋守恒和一个推广的规范不变性》。具体讲，杨-米尔斯理论，就是把外尔发现的可交换群（阿贝尔群）的规范理论（应用于电磁理论）拓展到了不可交换群（非阿贝尔群）。拓展后的非阿贝尔规范场论最后成功地描述了电弱相互作用和强相互作用，它为当时的前沿科学指明了方向，是粒子物理标准模型的基础。

最初，这个理论并没有被物理学界普遍看重，到了 20 世纪 60 年代到 70 年代，经过许多学者的进一步研究，人们发现这个理论可以引入自发对称破缺观念，杨-米尔斯理论才被普遍重视起来，发展成今天物理学家普遍认可的描述强力、弱力和电磁力这三种基本力及组成所有物质的基本粒子的标准模型。有了杨-米尔斯方程，人们可以直接从强力和弱电理论里预言未被发现的粒子。以前是实验物理学家发现了新粒子，理论物理学家再去解释；现在则是理论物理学家预测粒子，实验物理学家再去寻找。

爱因斯坦为了让相对论进一步完善，在其后半生曾致力于大统一理论研究。他希望在一个数学框架内包容已知的四种基本自然力，统一现代物理的两大根基——量子力学和相对论，从而阐明自然界更深层次本质的物理理论，这就是大统一理论。但是直到 1954 年，也就是爱因斯坦去世前一年，他还是没有能够证明这一理论。正是杨-米尔斯理论，深刻地影响了 20 世纪甚至 21 世纪的物理学，为物理学家完善大统一理论提供了重要的理论支持。人们据此完成了电磁力、弱力和强力的统一，然而引力的统一至今仍未完成，现在的粒子物理学标准模型是不包括引力的。

我们知道，引力可以用广义相对论来描述；电磁力，在经典物理当中用麦克斯韦方程组来描述，在量子中可以用量子电动力学，就是 QED 来描述。那么弱力和强力呢？格拉肖等人基于杨-米尔斯规范场，直接将弱力和电磁力统一了，形成了弱电统一理论，弱力也被征服了；另一方面，盖尔曼等人是受到杨-米尔斯规范场的启发，给出了量子色动力学，就是 QCD，它从众多的试图描述强力的理论当中脱颖而出，占据了主导地位，最后一个基本作用力强力也被物理学家驯服了，所以说杨-米尔斯规范场很重要。也就是说，在杨-米尔斯理论体系下，已经可以将电磁力、弱核力、强核力这三种力构建出模型关系，仅仅剩下了引力，完成了大统一理论的 75%。利用该理论构建的模型预测到了粒子加速器的运行规律，甚至能预言此前未知的希格斯玻色子，对物理学的研究帮助极大。2012 年 7 月，科学家终于在大型强子对撞机（LHC）中找到了希格斯粒子，这一结果获得了 2013 年的诺贝尔物理学奖。爱因斯坦场方程和杨-米尔斯理论都是二阶非线性波动方程，要给出确定解都是很困难的。但这也是它们的相似性。由此来看，杨振宁的确是理论物理学的开山辟路人。

3. 但愿人长久，千里共同途

“但愿人长久，千里共同途”，2021 年 9 月 22 日下午，在清华大学，杨振宁先生在为其庆祝百岁诞辰的学术思想研讨会上，发表了上述题目的讲话。这个演讲会，是由清华大学、中国物理学会、香港中文大学联合主办的。“但愿人长久，千里共同途”，这句诗是 1971 年杨振宁回国时，邓稼先写给他的书信末尾的一句话。在演讲中，杨振宁深情回应：“稼先，我懂你‘共同途’的意思”。

清华大学校长邱勇在会上表示：杨振宁先生是当代最伟大的物理学大师之一，在场论、粒子物理、统计物理和凝聚态物理等物理学的多个领域取得了许多重要的开创性成就。杨振宁先生具有浓厚的家国情怀。自1971年回国访问到现在50年间，他多次向中央呼吁重视基础科学研究，积极建言中国科教政策，积极筹款资助和帮助中国学者访美，孜孜不倦推动中西方科学交流，助力中国科教发展。1997年，先生创建了清华大学高等研究院，并帮助清华物理系不断迈上新的台阶。他用半个世纪的人生历程践行了邓稼先先生“千里共同途”的瞩望。

杨振宁先生用自己的智慧，为物理学的发展，做出了自己的贡献。一直以来，他都明白：他的根在中国，中国文化的熏陶是植入他骨髓的。20世纪70年代，他用自己的影响力，为中美建交做出了自己的贡献。此外，在他的推荐之下，许多优秀的人才获得了出国留学、掌握先进科技的机会；在他的引领下，我国多所实验室和研究所得以成立，他对世界和中国物理学的影响都是极为深远的。

材料出处

1. 宇称不守恒定律_360百科　https://baike.so.com/doc/6162005-32322200.html.
2. 杨-米尔斯理论_360百科　https://baike.so.com/doc/7529159-7803252.html.
3. 科学大家 | 杨振宁：但愿人长久，千里共同途 | 杨振宁_新浪科技_新浪网　https://finance.sina.com.cn/tech/2021-09-23/doc-iktzscyx5883565.shtml.
4. 清华大学校长邱勇：科学巨擘杨振宁　功在世界，心怀家国 | 邱勇 | 杨振宁 | 清华大学_新浪科技_新浪网　https://finance.sina.com.cn/tech/2021-09-23/doc-iktzscyx5774513.shtml.

思考题

9.1　将尺寸完全相同的铜环和木环适当放置，使通过两环中的磁通量的变化率相等。问在两环中是否产生相同的感应电场和感应电流？

9.2　一条形磁铁在空中竖直下落，途中穿过一闭合金属环，如图9-21所示，环中会因此产生感应电流，试分析在此过程中磁铁受力情况和加速度的变化。

9.3　如图9-22所示的两个同心共面的圆形闭合回路，问当开关S合上的瞬间，小回路各段上受力方向如何？

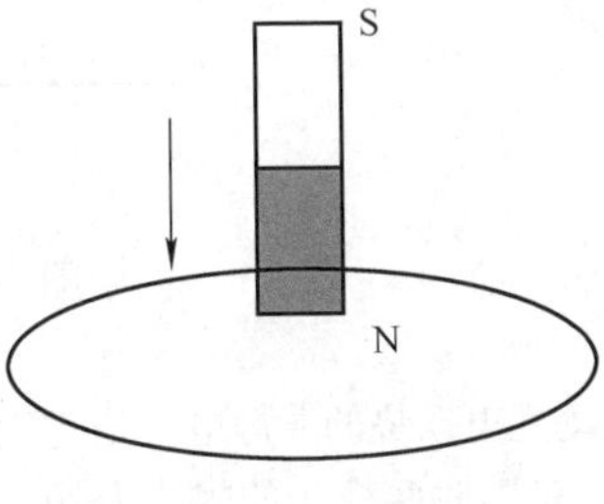

图9-21　思考题9.2图

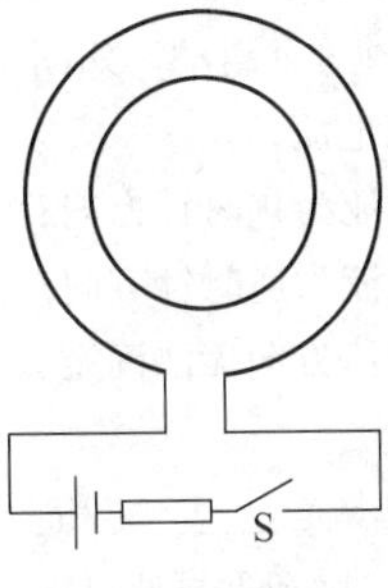

图9-22　思考题9.3图

9.4　试讨论动生电动势与感生电动势的共同点和不同点。

9.5　在一个电子感应加速器中从上向下看，电子沿逆时针方向旋转，试问在该加速器中磁场的方向为何？当电子正在受加速器作用时，这个磁场随时间如何变化？

9.6　有人说：“因为自感系数 $L=\Phi/I$，所以通过线圈中的电流越大，自感系数越小。”这种说法对吗？

9.7　$\mathscr{E}_L = -L\dfrac{\mathrm{d}I}{\mathrm{d}t}$与$\mathscr{E}_M = -M\dfrac{\mathrm{d}I}{\mathrm{d}t}$两式的形式相似，试说明它们各自的物理含义。

9.8　一个线圈自感的大小由哪些因素决定？怎样绕制一个自感为零的线圈？

9.9　你能举出证明麦克斯韦的两个基本假设是正确的事实吗？

9.10　真空中静电场的高斯定理$\oint \boldsymbol{E}\cdot \mathrm{d}\boldsymbol{S} = \dfrac{1}{\varepsilon_0}\sum q$和用于真空中电磁场的高斯定理$\oint \boldsymbol{E}\cdot \mathrm{d}\boldsymbol{S} = \dfrac{1}{\varepsilon_0}\sum q$在形式上是相同的，但理解上述两式时有何区别？对于真空中稳恒电流的磁场，$\oint \boldsymbol{B}\cdot \mathrm{d}\boldsymbol{S} = 0$，对于一般的电磁场又有$\oint \boldsymbol{B}\cdot \mathrm{d}\boldsymbol{S} = 0$这个式子，在这两种情况下，对矢量$\boldsymbol{B}$的理解上有哪些区别？

9.11　同步辐射是怎样产生的？有哪些特点？

习　　题

一、选择题

9.1　一圆形线圈在均匀磁场中作下列运动时，哪种情况会产生感应电流（　　）。

（A）以直径为轴转动，轴与磁场垂直；　（B）沿垂直磁场方向平移；

（C）以直径为轴转动，轴与磁场平行；　（D）沿平行磁场方向平移。

9.2　对于涡旋电场，下列说法不正确的是（　　）。

（A）涡旋电场由电荷激发；　（B）涡旋电场由变化的磁场产生；

（C）涡旋电场对电荷有作用力；　（D）涡旋电场的电场线是闭合的。

9.3　如图9-23所示，在圆柱形空间内有一磁感应强度为$\boldsymbol{B}$的均匀磁场，$\boldsymbol{B}$的变化率为$\dfrac{\mathrm{d}B}{\mathrm{d}t}>0$，相同长为$l$的三个导体分别在磁场中的不同位置，如图$O$位置过圆心所示，在三段导体上产生的感应电动势的关系为（　　）。

（A）$\mathscr{E}_A > \mathscr{E}_B > \mathscr{E}_O$；　（B）$\mathscr{E}_O > \mathscr{E}_B > \mathscr{E}_A$；

（C）$\mathscr{E}_A = \mathscr{E}_B = \mathscr{E}_O$；　（D）$\mathscr{E}_B > \mathscr{E}_A > \mathscr{E}_O$。

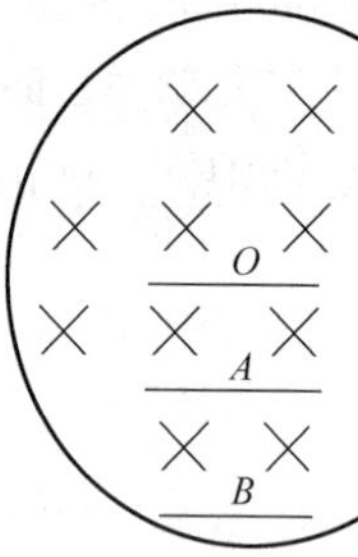

图9-23　题9.3图

9.4　一交变磁场被限制在一半径为R的圆柱体中，在柱内外分别有两个静止的点电荷q_A和q_B，则(　　)。

（A）q_A受力，q_B不受力；　（B）q_A、q_B都不受力；

（C）q_A、q_B都受力；　（D）q_A不受力，q_B受力。

9.5　一根无限长直导线载有I，一矩形线圈位于导线平面内沿垂直于载流导线方向以恒定速率v运动，如图9-24所示，则（　　）。

（A）线圈中无感应电流；

（B）线圈中感应电流为顺时针方向；

（C）线圈中感应电流为逆时针方向；

（D）线圈中感应电流方向无法确定。

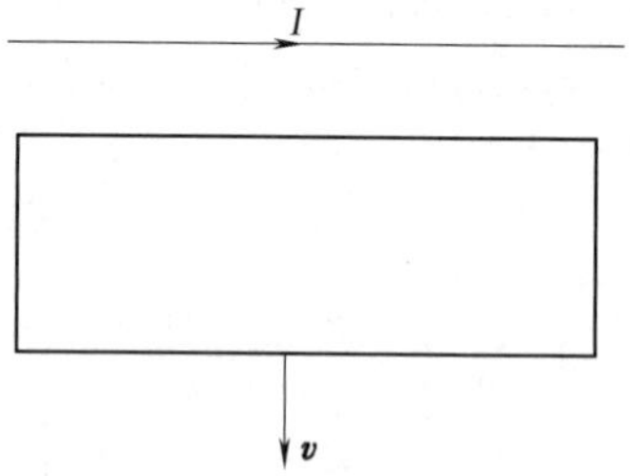

图9-24　题9.5图

二、填空题

9.6　电场产生的根源是________和________。产生动生电动势的非静电力是________。产生感生电动势的非静电力是________。已知垂直通过一平面线圈的磁通量随时间变化的规律为$\Phi_{\mathrm{m}} = 6t^2 + 7t + 1$(SI)，则$t$时刻线圈中的感应电动势的大小为$\mathscr{E}_{\mathrm{i}}$ =________V，它表明$\mathscr{E}_{\mathrm{i}}$是随时间t变化的。

9.7　如图9-25所示，金属圆环半径为R，位于磁感应强度为$\boldsymbol{B}$的均匀磁场中，圆环平面与磁场方向垂直。当圆环以恒定速度$\boldsymbol{v}$在环所在平面内运动时，环中的感应电动势为________，a、b两点间的电势差为________。

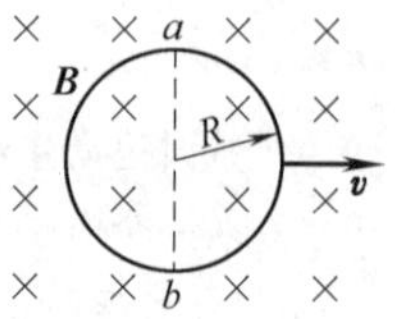

图9-25　题9.7图

9.8　反映电磁场基本性质和规律的积分形式的麦克斯韦方程组为

$$\oint_S \boldsymbol{D}\cdot \mathrm{d}\boldsymbol{S} = \sum_{i=1}^{n} q_0 \qquad ①$$

$$\oint_L \boldsymbol{E}\cdot \mathrm{d}\boldsymbol{l} = -\mathrm{d}\Phi_{\mathrm{m}}/\mathrm{d}t \qquad ②$$

$$\oint_S \boldsymbol{B}\cdot \mathrm{d}\boldsymbol{S} = 0 \qquad ③$$

$$\oint_L \boldsymbol{H}\cdot \mathrm{d}\boldsymbol{l} = \sum_{i=1}^{n} I_0 + \mathrm{d}\Phi_D/\mathrm{d}t \qquad ④$$

式______可反映出变化的磁场一定伴随有电场；式______可反映出磁感线是无头无尾的；式______可反映出电荷总伴随有电场；式______可反映出磁场有变化的电场和传导电流共同产生（将你确定的方程用代号填在相应结论后的空白处）。你认为麦克斯韦理论的核心是______。

9.9 在没有自由电荷和传导电流的变化的电磁场中：

$\boldsymbol{H}$ 沿任意闭合路径的环流 $\oint_L \boldsymbol{H}\cdot \mathrm{d}\boldsymbol{l}=$______。

$\boldsymbol{E}$ 沿任意闭合路径的环流 $\oint_L \boldsymbol{E}\cdot \mathrm{d}\boldsymbol{l}=$______。

9.10 如图9-26所示，在柱形空间分布均匀电场 $\boldsymbol{B}$，$\boldsymbol{B}$ 的变化率为 $\frac{\mathrm{d}B}{\mathrm{d}t}>0$，则 $\boldsymbol{B}$ 所在空间的涡旋电场可以表示为______；OA 段导线上的感应电动势为______；以 O 点为圆心、r 为半径所作的弧 BC 长为 L，则圆弧上的感应电动势为______。

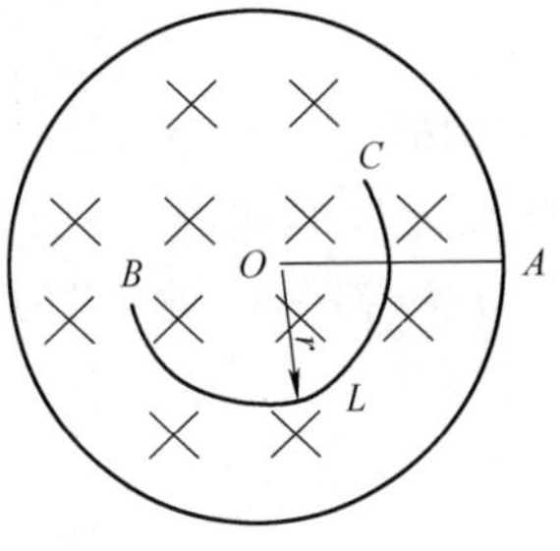

图9-26 题9.10图

三、计算题

9.11 一半径 $r=10\mathrm{cm}$ 的圆形回路放在 $B=0.8\mathrm{T}$ 的均匀磁场中，回路平面与 $\boldsymbol{B}$ 垂直，如图9-27所示。当回路半径以恒定速率 $\frac{\mathrm{d}r}{\mathrm{d}t}=80\mathrm{cm}\cdot\mathrm{s}^{-1}$ 收缩时，求回路中感应电动势的大小。

9.12 一对互相垂直的相等的半圆形导线构成回路，半径 $R=5\mathrm{cm}$，如图9-28所示。均匀磁场 $B=80\times10^{-3}\mathrm{T}$，$\boldsymbol{B}$ 的方向与两半圆的公共直径（在 Oz 轴上）垂直，且与两个半圆构成相等的角 α，当磁场在5ms内均匀降为零时，求回路中的感应电动势的大小及方向。

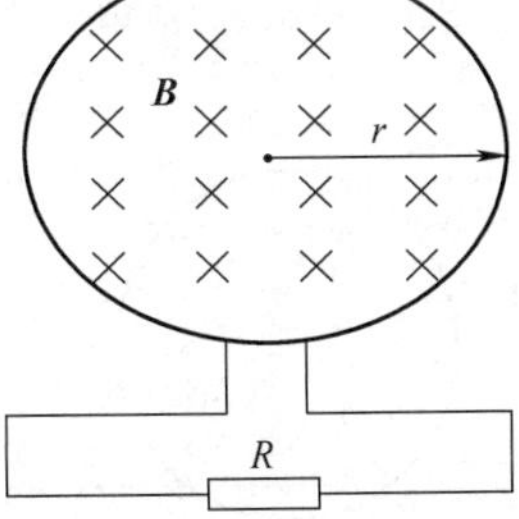

图9-27 题9.11图

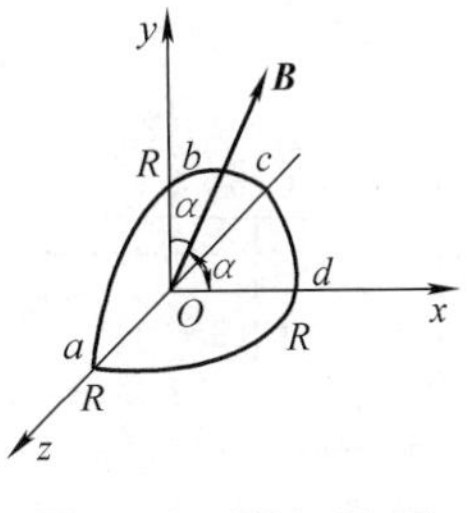

图9-28 题9.12图

9.13 如图9-29所示，在两平行载流的无限长直导线的平面内有一矩形线圈。两导线中的电流方向相反、大小相等，且电流以 $\frac{\mathrm{d}I}{\mathrm{d}t}$ 的变化率增大，求：（1）任一时刻线圈内所通过的磁通量；（2）线圈中的感应电动势。

9.14 如图9-30所示，用一根硬导线弯成半径为 r 的一个半圆。令这半圆形导线在磁场中以频率 f 绕图中半圆的直径旋转，整个电路的电阻为 R。求感应电流的最大值。

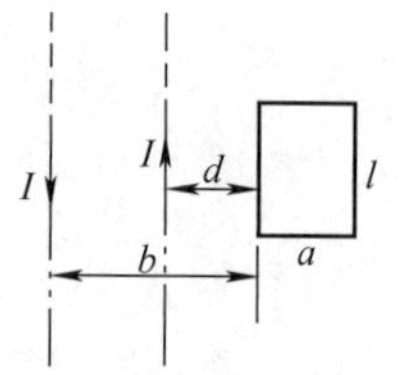

图 9-29　题 9.13 图

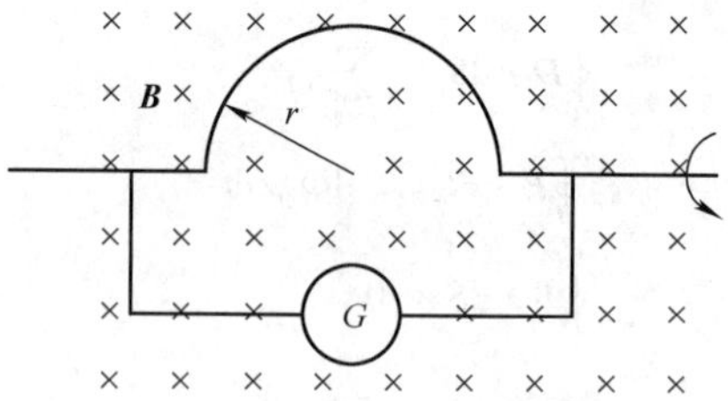

图 9-30　题 9.14 图

9.15　如图 9-31 所示，长直导线通以电流 $I=5\text{A}$，在其右方放一长方形线圈，两者共面。线圈长 $b=0.06\text{m}$，宽 $a=0.04\text{m}$，线圈以速度 $v=0.03\text{m}\cdot\text{s}^{-1}$ 垂直于直线平移远离。求 $d=0.05\text{m}$ 时线圈中感应电动势的大小和方向。

9.16　长度为 l 的金属杆 ab 以速率 v 在导电轨道 $abcd$ 上平行移动。已知导轨处于均匀磁场 $\boldsymbol{B}$ 中，$\boldsymbol{B}$ 的方向与回路的法线成 60°角，如图 9-32 所示，$\boldsymbol{B}$ 的大小为 $B=kt$（k 为常数）。设 $t=0$ 时杆位于 cd 处，求任一时刻 t 导线回路中感应电动势的大小和方向。

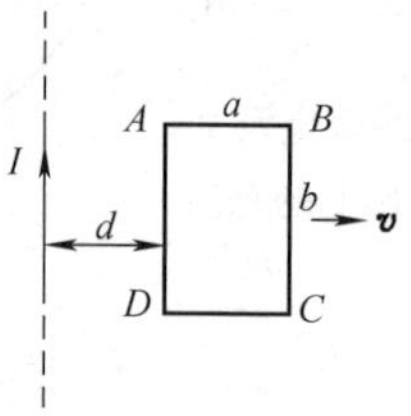

图 9-31　题 9.15 图

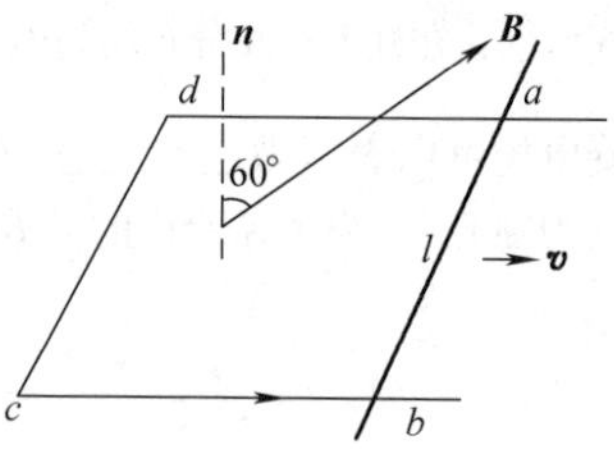

图 9-32　题 9.16 图

9.17　如图 9-33 所示，长度为 $2b$ 的金属杆位于两无限长直导线所在平面的正中间，并以速度 $\boldsymbol{v}$ 平行于两直导线运动。两直导线通以大小相等、方向相反的电流 I，两导线相距 $2a$。试求金属杆两端的电势差及其方向。

9.18　磁感应强度为 $\boldsymbol{B}$ 的均匀磁场充满一半径为 R 的圆柱形空间，一金属杆放在图 9-34 中位置，杆长为 $2R$，其中一半位于磁场内、另一半在磁场外。当 $\dfrac{\mathrm{d}B}{\mathrm{d}t}>0$ 时，求杆两端的感应电动势的大小和方向。

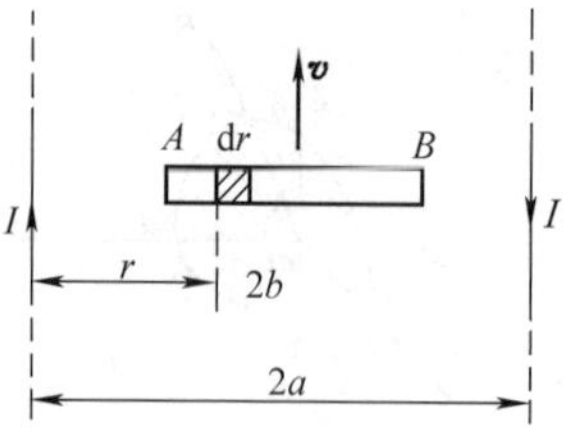

图 9-33　题 9.17 图

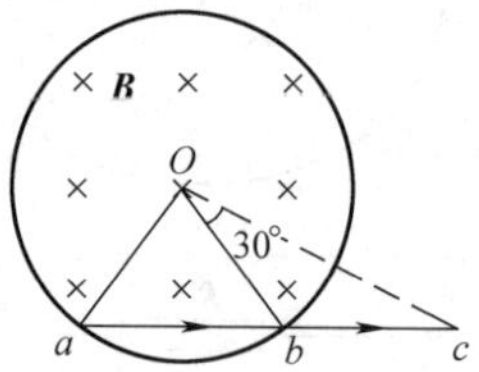

图 9-34　题 9.18 图

9.19　半径为 R 的直螺线管中，有 $\dfrac{\mathrm{d}B}{\mathrm{d}t}>0$ 的磁场，一任意闭合导线 $abca$，一部分在螺线管内绷直成 ab 弦，a、b 点与螺线管绝缘，如图 9-35 所示。设 $ab=R$，试求闭合导线中的感应电动势。

9.20　如图 9-36 所示，在垂直于直螺线管管轴的平面上放置导体 ab 于直径位置，另一导体 cd 在一弦上，导体均与螺线管绝缘。当螺线管接通电源的一瞬间管内磁场如图示方向。试求：（1）a、b 两端的电势差；（2）c、d 两点电势高低的情况。

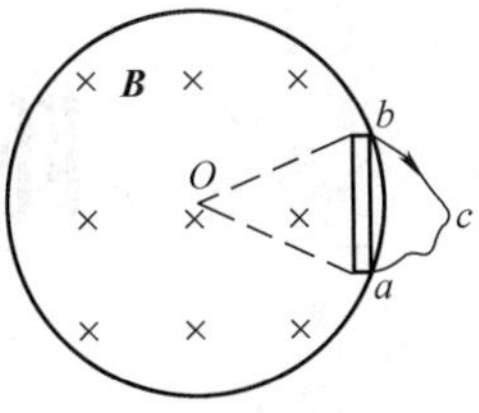

图9-35　题9.19图

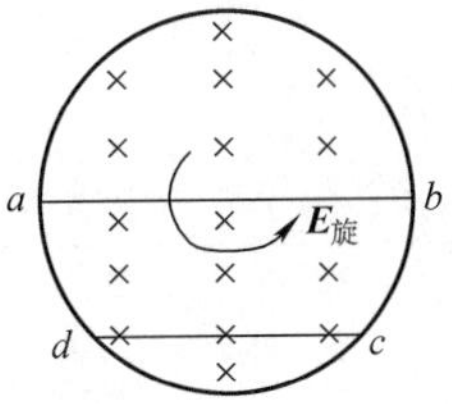

图9-36　题9.20图

9.21　一无限长的直导线和一正方形的线圈如图9-37所示放置（导线与线圈接触处绝缘）。求线圈与导线间的互感系数。

9.22　一矩形线圈长为$a=20\text{cm}$，宽为$b=10\text{cm}$，由100匝表面绝缘的导线绕成，放在一无限长导线的旁边且与线圈共面，如图9-38所示。求图示a、b两种情况下，线圈与长直导线间的互感。

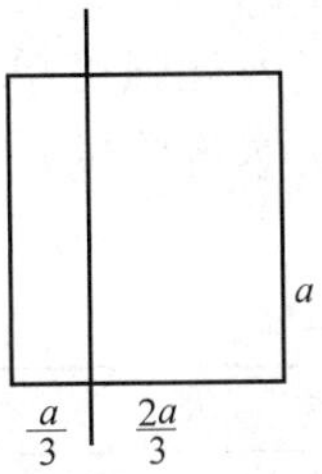

图9-37　题9.21图

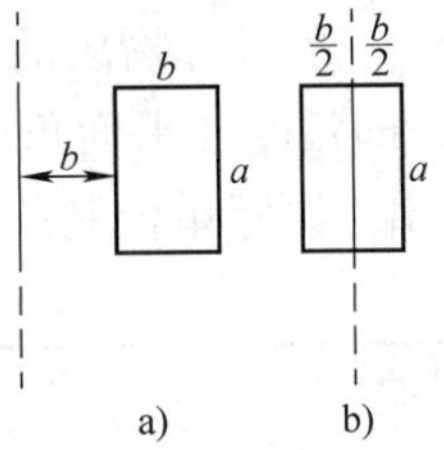

图9-38　题9.22图

9.23　圆柱形电容器内、外导体截面半径分别为R_1和$R_2(R_1<R_2)$，中间充满介电常数为ε的电介质，如图9-39所示。当两极板间的电压随时间的变化$\frac{\mathrm{d}U}{\mathrm{d}t}=k$时（$k$为常数），求介质内距圆柱轴线为$r$处的位移电流密度。

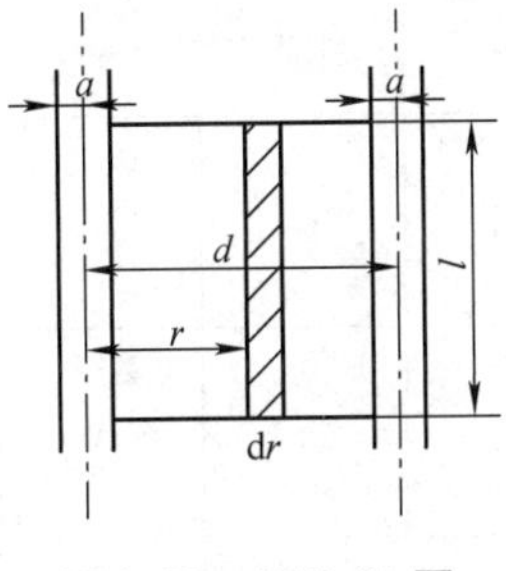

图9-39　题9.23图

9.24　试证：平行板电容器的位移电流可写成$I_{\mathrm{d}}=C\frac{\mathrm{d}U}{\mathrm{d}t}$，其中$C$为电容器的电容，$U$是电容器两极板的电势差。如果不是平板电容器，以上关系还适用吗？

9.25　半径为$R=0.10\text{m}$的两块圆板构成平行板电容器，放在真空中。今对电容器匀速充电，使两极板间电场的变化率为$\frac{\mathrm{d}E}{\mathrm{d}t}=1.0\times10^{13}\text{V}\cdot\text{m}^{-1}\cdot\text{s}^{-1}$。求两极板间的位移电流，并计算电容器内离两圆板中心连线$r(r<R)$处的磁感应强度B_r以及$r=R$处的磁感应强度B_R。

*9.26　一个很长的螺线管，每单位长度有n匝，截面半径为a，载有一增加的电流i，如图9-40所示。求：（1）在螺线管内距轴线为r处一点的感应电场；（2）在这点的坡印矢量的大小和方向。

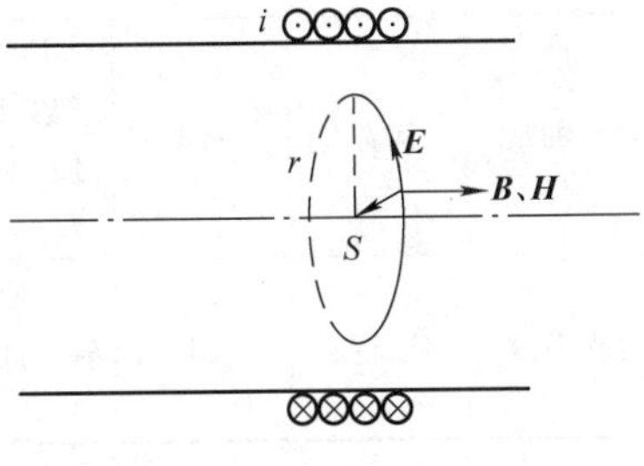

图9-40　题9.26图

本章重要知识点讲解

本章习题简答

附 录

附录 A 国际单位制（SI）

国际单位制是在米制基础上发展起来的。在国际单位制中，规定了七个基本单位（见表 A. 1），即米（长度单位）、千克（质量单位）、秒（时间单位）、安培（电流单位）、开尔文（热力学温度单位）、摩尔（物质的量单位）、坎德拉（发光强度单位），还规定了两个辅助单位（见表 A. 2），即弧度（平面角单位）、球面度（立体角单位）。其他单位均由这些基本单位和辅助单位导出。国际单位制的单位词头见表 A. 3。

表 A. 1 国际单位制的基本单位

量的名称	单位名称	单位符号	定 义
长度	米	m	米是光在真空中 1/299 792 458 s 的时间间隔内所经路程的长度（第 17 届国际计量大会，1983 年）
质量	千克	kg	千克是质量单位，等于国际千克原器的质量（第 1 届和第 3 届国际计量大会，1889 年，1901 年）
时间	秒	s	秒是铯-133 原子基态的两个超精细能级之间跃迁所对应的辐射的 9 192 631 770 个周期的持续时间（第 13 届国际计量大会，1967 年，决议 1）
电流	安培	A	安培是一恒定电流，若保持在处于真空中相距 1m 的两无限长而圆截面可忽略的平行直导线内，则此两导线之间产生的力在每米长度上等于 2×10^{-7}N（国际计量委员会，1946 年，决议 2；1948 年第 9 届国际计量大会批准）
热力学温度	开尔文	K	热力学温度单位开尔文是水三相点热力学温度的 1/273. 16（第 13 届国际计量大会，1967 年，决议 4）
物质的量	摩尔	mol	①摩尔是一系统的物质的量，该系统中所包含的基本单元数与 0. 012kg 碳-12 的原子数目相等。②在使用摩尔时，基本单元应予指明，可以是原子、分子、离子、电子及其他粒子，或是这些粒子的特定组合（国际计量委员会 1969 年提出；1971 年第 14 届国际计量大会通过，决议 3）
发光强度	坎德拉	cd	坎德拉是一光源在给定方向上的发光强度，该光源发出频率 540×10^{12} Hz 的单色辐射，且在此方向上的辐射强度为(1/683) W/sr（第 16 届国际计量大会，1979 年决议 3）

表 A. 2 国际单位制的辅助单位

量的名称	单位名称	单位符号	定 义
平面角	弧度	rad	弧度是一圆内两条半径之间的平面角，这两条半径在圆周上截取的弧长与半径相等（国际标准化组织建议书 R31 第 1 部分，1965 年 12 月第 2 版）
立体角	球面度	sr	球面度是一立体角，其顶点位于球心，而它在球面上所截取的面积等于以球半径为边长的正方形面积（国际标准化组织建议书 R31 第 1 部分，1965 年 12 月第 2 版）

表 A.3 国际单位制的单位词头

词 头	符 号	幂	词 头	符 号	幂
尧[它]yotta	Y	10^{24}	分 deci	d	10^{-1}
泽[它]zetta	Z	10^{21}	厘 centi	c	10^{-2}
艾[可萨]exa	E	10^{18}	毫 milli	m	10^{-3}
拍[它]peta	P	10^{15}	微 micro	u	10^{-6}
太[拉]tera	T	10^{12}	纳[诺]nano	n	10^{-9}
吉[咖]giga	G	10^{9}	皮[可]pico	p	10^{-12}
兆 mega	M	10^{6}	飞[母托]femto	f	10^{-15}
千 kilo	k	10^{3}	阿[托]atto	a	10^{-18}
百 hecto	h	10^{2}	仄[普托]zepto	z	10^{-21}
十 deca	da	10	幺[科托]yocto	y	10^{-24}

附录 B 常用基本物理常量

（1986 年国际推荐值）

物 理 量	符 号	数 值	不确定度($\times10^{-6}$)
真空中光速	c	$299\ 792\ 458\text{m}\cdot\text{s}^{-1}$	（精确）
真空磁导率	μ_0	$4\pi\times10^{-7}\text{N}\cdot\text{A}^{-2}$ $12.566\ 370\ 614\times10^{-12}\text{N}\cdot\text{A}^{-2}$	（精确）
真空介电常数	ε_0	$8.854\ 187\ 817\times10^{-12}\text{F}\cdot\text{m}^{-1}$	（精确）
引力常量	G	$6.672\ 59(85)\times10^{-11}\text{m}^3\cdot\text{kg}^{-1}\cdot\text{s}^{-2}$	128
普朗克常量	h $\hbar=h/2\pi$	$6.626\ 075\ 5(40)\times10^{-34}\text{J}\cdot\text{s}$ $1.054\ 572\ 66(63)\times10^{-34}\text{J}\cdot\text{s}$	0.60 0.60
阿伏伽德罗常量	N_A	$6.022\ 136\ 7(36)\times10^{23}\text{mol}^{-1}$	0.59
摩尔气体常数	R	$8.314\ 510(70)\text{J}\cdot\text{mol}^{-1}\cdot\text{K}^{-1}$	8.4
玻耳兹曼常数	k	$1.380\ 658(12)\times10^{-23}\text{J}\cdot\text{K}^{-1}$	8.4
斯特藩-玻耳兹曼常量	σ	$5.670\ 51(19)\times10^{-8}\text{W}\cdot\text{m}^{-2}\cdot\text{K}^{-4}$	34
摩尔体积(理想气体，$T=273.15\text{K},p=101325\text{Pa}$)	V_m	$0.022\ 414\ 10(19)\text{m}^3\cdot\text{mol}^{-1}$	8.4
维恩位移定律常量	b	$2.897\ 756(24)\times10^{-3}\text{m}\cdot\text{K}$	8.4
基本电荷	e	$1.602\ 177\ 33(49)\times10^{-19}\text{C}$	0.30
电子静质量	m_e	$9.109\ 389\ 7(54)\times10^{-31}\text{kg}$	0.59
质子静质量	m_p	$1.672\ 623\ 1(10)\times10^{-27}\text{kg}$	0.59
中子静质量	m_n	$1.674\ 928\ 6(10)\times10^{-27}\text{kg}$	0.59
电子荷质比	e/m	$1.758\ 819\ 62(53)\times10^{-11}\text{C}\cdot\text{kg}^{-1}$	0.30
电子磁矩	μ_e	$9.284\ 770\ 1(31)\times10^{-24}\text{A}\cdot\text{m}^2$	0.34
质子磁矩	μ_p	$1.410\ 607\ 61(47)\times10^{-26}\text{A}\cdot\text{m}^2$	0.34
中子磁矩	μ_n	$0.966\ 237\ 07(40)\times10^{-26}\text{A}\cdot\text{m}^2$	0.41
康普顿波长	λ_c	$2.426\ 310\ 58(22)\times10^{-12}\text{m}$	0.089
磁通量子，$h/2e$	Φ	$2.067\ 834\ 61(61)\times10^{-15}\text{Wb}$	0.30
玻尔磁子，$e\hbar/2m_e$	μ_B	$9.274\ 015\ 4(31)\times10^{-24}\text{A}\cdot\text{m}^2$	0.34
核磁子，$e\hbar/2m_p$	μ_N	$5.050\ 786\ 6(17)\times10^{-27}\text{A}\cdot\text{m}^2$	0.34
里德伯常量	R_∞	$10973731.534(13)\text{m}^{-1}$	0.0012
原子质量常量		$1.660\ 540\ 2(10)\times10^{-27}\text{kg}$	0.59

附录 C　物理量的名称、符号和单位（SI）

物理量名称	物理量符号	单位名称	单位符号
长度	l，L	米	m
面积	S，A	平方米	$\mathrm{m^2}$
体积，容积	V	立方米	$\mathrm{m^3}$
时间	t	秒	s
[平面]角	α，β，γ，θ，φ 等	弧度	rad
立体角	Ω	球面度	sr
角速度	ω	弧度每秒	$\mathrm{rad \cdot s^{-1}}$
角加速度	β	弧度每二次方秒	$\mathrm{rad \cdot s^{-2}}$
速度	v，u，c	米每秒	$\mathrm{m \cdot s^{-1}}$
加速度	a	米每二次方秒	$\mathrm{m \cdot s^{-2}}$
周期	T	秒	s
频率	ν，f	赫[兹]	Hz
角频率	ω	弧度每秒	$\mathrm{rad \cdot s^{-1}}$
波长	λ	米	m
波数	$\widetilde{\lambda}$	每米	$\mathrm{m^{-1}}$
振幅	A	米	m
质量	m	千克（公斤）	kg
密度	ρ	千克每立方米	$\mathrm{kg \cdot m^{-3}}$
面密度	ρ_S，ρ_A	千克每平方米	$\mathrm{kg \cdot m^{-2}}$
线密度	ρ_l	千克每米	$\mathrm{kg \cdot m^{-1}}$
动量	p	千克米每秒	$\mathrm{kg \cdot m \cdot s^{-1}}$
冲量	I		
动量矩，角动量	L	千克二次方米每秒	$\mathrm{kg \cdot m^2 \cdot s^{-1}}$
转动惯量	J	千克二次方米	$\mathrm{kg \cdot m^2}$
力	F	牛[顿]	N
力矩	M	牛[顿]米	$\mathrm{N \cdot m}$
压力，压强	p	帕[斯卡]	$\mathrm{N \cdot m^{-2}}$，Pa
相	φ	弧度	rad
功	W，A	焦[耳] 电子伏[特]	J eV
能量	E，W		
动能	E_k，T		
势能	E_p，V		
功率	P	瓦[特]	$\mathrm{J \cdot s^{-1}}$,W
热力学温度	T	开[尔文]	K

（续）

物理量名称	物理量符号	单位名称	单位符号
摄氏温度	t	摄氏度	℃
热量	Q	焦[耳]	N·m,J
热导率(导热系数)	k,λ	瓦[特]每米开[尔文]	$W\cdot m^{-1}\cdot K^{-1}$
热容[量]	C	焦[耳]每开[尔文]	$J\cdot K^{-1}$
质量热容	c	焦[耳]每千克开[尔文]	$J\cdot kg^{-1}\cdot K^{-1}$
摩尔质量	M	千克每摩[尔]	$kg\cdot mol^{-1}$
摩尔定压热容	$C_{p,m}$	焦[耳]每摩[尔]开[尔文]	$J\cdot mol^{-1}\cdot K^{-1}$
摩尔定容热容	$C_{V,m}$		
内能	U,E	焦[耳]	J
熵	S	焦[耳]每开[尔文]	$J\cdot K^{-1}$
平均自由程	$\overline{\lambda}$	米	m
扩散系数	D	二次方米每秒	$m^2\cdot s^{-1}$
电荷量	Q,q	库[仑]	C
电流	I,i	安[培]	A
电荷体密度	ρ	库[仑]每立方米	$C\cdot m^{-3}$
电荷面密度	σ	库[仑]每平方米	$C\cdot m^{-2}$
电荷线密度	λ	库[仑]每米	$C\cdot m^{-1}$
电场强度	E	伏[特]每米	$V\cdot m^{-1}$
电势	φ,V	伏[特]	V
电压,电势差	$U_{12},\varphi_1-\varphi_2$	伏[特]	V
电动势	$\mathscr{E}$	伏[特]	V
电位移	D	库[仑]每平方米	$C\cdot m^{-2}$
电位移通量	ψ,Φ_e	库[仑]	C
电容	C	法[拉]	$F(1F=1C\cdot V^{-1})$
电容率(介电常数)	ε	法[拉]每米	$F\cdot m^{-1}$
相对电容率	ε_r	—	—
电[偶极]矩	p,p_e	库[仑]米	C·m
电流密度	j	安[培]每平方米	$A\cdot m^{-2}$
磁场强度	H	安[培]每米	$A\cdot m^{-1}$
磁感应强度	B	特[斯拉]	T
磁通量	Φ_m	韦[伯]	Wb
自感	L	亨[利]	H
互感	M,L_{12}	亨[利]	
磁导率	μ	亨[利]每米	$H\cdot m^{-1}$
磁矩	m,P_m	安[培]每平方米	$A\cdot m^2$
电磁能密度	w	焦[耳]每立方米	$J\cdot m^{-3}$

（续）

物理量名称	物理量符号	单 位 名 称	单 位 符 号
坡印廷矢量	S	瓦[特]每平方米	$W \cdot m^{-2}$
[直流]电阻	R	欧[姆]	Ω
电阻率	ρ	欧[姆]米	$\Omega \cdot m$
光强	I	瓦[特]每平方米	$W \cdot m^{-2}$
相对磁导率	μ_r	—	—
折射率	n	—	—
发光强度	I	坎[德拉]	cd
辐[射]出[射]度	M	瓦[特]每平方米	$W \cdot m^{-2}$
辐[射]照度	E		
声强级	L_I	分贝	dB
核的结合能	E_B	焦[耳]	J
半衰期	τ	秒	s

附录 D 地球和太阳系的一些常用数据

表 D.1 地球一些常用数据

密度	$5.49 \times 10^3 kg \cdot m^{-3}$	大气压强（地球表面）	$1.01 \times 10^5 Pa$
半径	$6.37 \times 10^6 m$	地球与月球之间的距离	$3.84 \times 10^8 m$
质量	$5.98 \times 10^{24} kg$		

表 D.2 太阳系一些常用数据

星 体	平均轨道半径/m	星体半径/m	轨道周期/s	星体质量/kg
太阳	5.6×10^{20}（银河）	6.96×10^8	8×10^{15}	1.99×10^{30}
水星	5.79×10^{10}	2.42×10^6	7.51×10^6	3.35×10^{23}
金星	1.08×10^{11}	6.10×10^6	1.94×10^7	4.89×10^{23}
地球	1.50×10^{11}	6.37×10^6	3.15×10^7	5.98×10^{23}
火星	2.289×10^{11}	3.38×10^6	5.94×10^7	6.46×10^{24}
木星	7.78×10^{11}	7.13×10^7	3.74×10^8	1.90×10^{27}
土星	1.43×10^{12}	6.04×10^7	9.35×10^8	5.69×10^{26}
天王星	2.87×10	2.38×10^7	2.64×10^9	8.73×10^{25}
海王星	4.50×10^{12}	2.22×10^7	5.22×10^9	1.03×10^{26}
冥王星	5.91×10^{12}	3×10^6	7.82×10^9	5.4×10^{24}
月球	3.84×10^8（地球）	1.74×10^6	2.36×10^6	7.35×10^{22}

参 考 文 献

[1] 哈里德，瑞斯尼克，沃克．物理学基础［M］．张三慧，李椿，等译．北京：机械工业出版社，2004.
[2] 马文蔚，周雨青，解希顺．物理学教程［M］．2版．北京：高等教育出版社，2006.
[3] 康爱国，刘红利．大学物理简明教程［M］．北京：高等教育出版社，2014.
[4] 王玉国，康山林，赵保群．大学物理学［M］．北京：科学出版社，2013.
[5] 宋峰，常树人．热学（第二版）习题分析与解答［M］．北京：高等教育出版社，2010.
[6] 秦允豪．普通物理学教程：热学［M］．3版．北京：高等教育出版社，2011.
[7] 秦允豪．普通物理学教程：热学（第三版）习题思考题解题指导［M］．北京：高等教育出版社，2012.
[8] 上海交通大学物理教研室．大学物理［M］．上海：上海交通大学出版社，2014.
[9] 姚乾凯，梁富增．大学物理教程［M］．郑州：郑州大学出版社，2007.
[10] 贾瑜，沈岩．大学物理教程［M］．郑州：郑州大学出版社，2007.
[11] 赵近芳．大学物理学［M］．3版．北京：北京邮电大学出版社，2006.
[12] 张三慧．大学基础物理学［M］．北京：清华大学出版社，2003.
[13] 马文蔚，苏惠惠，董科．物理学原理在工程技术中的应用［M］．4版．北京：高等教育出版社，2015.
[14] 孙迺疆，胡盘新．普通物理学（第六版）习题分析与解答［M］．北京：高等教育出版社，2006.
[15] 梁红．大学物理精讲精练［M］．北京：北京师范大学出版社，2011.
[16] 张汉壮，倪牟翠，王磊．物理学导论［M］．北京：高等教育学出版社，2016.